野火

野火嵌入式系列

μC/OS-III™

The Real-Time Kernel

RTOS

μC/OS-III内核实现
与应用开发实战指南

基于STM32

刘火良 杨森 编著

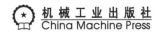

机械工业出版社

China Machine Press

图书在版编目（CIP）数据

μC/OS-III 内核实现与应用开发实战指南：基于 STM32 / 刘火良，杨森编著 . —北京：机械工业出版社，2019.6（2023.1 重印）
（电子与嵌入式系统设计丛书）

ISBN 978-7-111-62824-8

I. μ… II. ① 刘… ② 杨… III. 实时操作系统 – 指南 IV. TP316.2-62

中国版本图书馆 CIP 数据核字（2019）第 097540 号

μC/OS-Ⅲ 内核实现与应用开发实战指南：基于 STM32

出版发行：机械工业出版社（北京市西城区百万庄大街 22 号　邮政编码：100037）

责任编辑：赵亮宇		责任校对：殷　虹	
印　　刷：北京建宏印刷有限公司		版　　次：2023 年 1 月第 1 版第 3 次印刷	
开　　本：186mm×240mm　1/16		印　　张：32.5	
书　　号：ISBN 978-7-111-62824-8		定　　价：129.00 元	

客服电话：（010）88361066　68326294

前　言

如何学习本书

本书从 0 开始教你如何把 μC/OS-III 写出来，既讲解源码实现，也讲解 API 如何使用。当你拿到本书开始学习时一定会惊讶，原来 RTOS（Real Time Operation System，实时操作系统）的学习并没有那么复杂，原来自己也可以写操作系统，成就感立马爆棚。

全书内容循序渐进，不断迭代，前一章都是后一章的基础，因此最好从头开始阅读，不要跳跃。在学习时务必做到两点：一是不能一味地看书，要把代码和书本结合起来学习，一边看书，一边调试代码。如何调试代码呢？即单步执行每一条程序，看程序的执行流程和执行效果与自己所想的是否一致；二是在每学完一章之后，必须将配套的例程重写一遍（切记不要复制，哪怕是一个分号，但可以照书录入），以做到举一反三，确保真正理解。在自己写的时候肯定会错漏百出，这个时候要认真纠错，好好调试，这是你提高编程能力的最好机会。记住，编写程序不是一气呵成的，而是要一步一步地调试。

本书的编写风格

本书以 μC/OS-III 官方源码为蓝本，抽丝剥茧，不断迭代，教你逐步写出 μC/OS-III。书中涉及的数据类型、变量名称、函数名称、文件名称、文件存放的位置都完全按照 μC/OS-III 官方的方式来实现。学完本书之后，可以无缝地切换到原版的 μC/OS-III 中使用。要注意的是，在实现的过程中某些函数中会去掉一些形参和冗余的代码，只保留核心的功能，但这并不会影响学习。注意，本书的目的并不是让你自己写一个操作系统，而是让你了解 μC/OS-III 是如何写出来的，着重讲解原理实现，当你学完这本书之后，再学习其他 RTOS 将会事半功倍。

本书的技术论坛

如果在学习过程中遇到问题，可以到野火电子论坛 www.firebbs.cn 发帖交流，开源共享，共同进步。

鉴于水平有限，本书难免有错漏之处，热心的读者也可把勘误发送到论坛上以便改进。祝你学习愉快，μC/OS-III 的世界，野火与你同行。

引　言

为什么学习RTOS

当我们进入嵌入式这个领域时，首先接触的往往是单片机编程，单片机编程又首选 51 单片机来入门。这里说的单片机编程通常都是指裸机编程，即不加入任何 RTOS 的编程。常用的 RTOS 有国外的 FreeRTOS、μC/OS、RTX 以及国内的 Huawei LiteOS、RT-Thread 等，其中开源且免费的 FreeRTOS 的市场占有率最高，历史悠久的 μC/OS 位居第二。

在裸机系统中，所有的程序基本都是用户自己写的，所有的操作都是在一个无限的大循环中实现。现实生活中的很多中小型电子产品中用的都是裸机系统，而且能够满足需求。那为什么还要学习 RTOS 编程，要涉及一个操作系统呢？一是基于项目需求，随着产品要实现的功能越来越多，单纯的裸机系统已经不能完美地解决问题，反而会使编程变得更加复杂，如果想降低编程的难度，可以考虑引入 RTOS 实现多任务管理，这是使用 RTOS 的最大优势。二是出于学习的需要，必须学习更高级的技术，实现更好的职业规划，为将来能有更好的职业发展做准备，而不是拘泥于裸机编程。作为一个合格的嵌入式软件工程师，学习是永远不能停止的，时刻都要为将来做准备。"书到用时方恨少"，希望当机会来临时，你不要有这种感觉。

为了帮大家厘清 RTOS 编程的思路，本书将简单分析这两种编程方式的区别，我们称之为"学习 RTOS 的命门"，只要掌握这一关键内容，以后的 RTOS 学习可以说是易如反掌。在讲解这两种编程方式的区别时，我们主要讲解方法论，不会涉及具体的代码，即主要还是通过伪代码来讲解。

如何学习RTOS

RTOS 编程和裸机编程的风格不一样，而且很多人说学习 RTOS 很难，这就导致想要学习的人一听到 RTOS 编程就会忌惮三分，结果就是"出师未捷身先死"。

那么到底如何学习 RTOS 呢？最简单的方法就是在别人移植好的系统上先看一看 RTOS 中的 API 使用说明，然后调用这些 API 实现自己想要的功能，完全不用关心底层的移植，这是最简单、快速的入门方法。这种方法有利有弊：如果是做产品，好处是可以快速实现功能，将产品推向市场，赢得先机；弊端是当程序出现问题时，因对 RTOS 不够了解，会导致调试困难。如果想系统地学习 RTOS，那么只会简单地调用 API 是不可取的，我们应该深入学习一款 RTOS。

目前市场上的 RTOS，内核实现方式差异不大，只需要深入学习其中一款即可。万变不离其宗，只要掌握了一款 RTOS，以后换到其他型号的 RTOS，使用起来自然也得心应手。那么如何深入地学习一款 RTOS 呢？这里有一个非常有效但也十分难的方法，就是阅读 RTOS 的源码，深入研究内核和每个组件的实现方式。这个过程枯燥且痛苦，但为了能够学到 RTOS 的精华，还是很值得一试的。

市面上虽然有一些讲解 RTOS 源码的书，但如果基础知识掌握得不够，且先前没有使用过该款 RTOS，那么只看源码不仅非常枯燥，而且难以从全局掌握整个 RTOS 的构成和实现。

现在，我们采用一种全新的方法来教大家学习一款 RTOS，既不是单纯地介绍其中的 API 如何使用，也不是单纯地拿里面的源码一句句地讲解，而是从 0 开始，层层叠加，不断完善，教大家如何把一个 RTOS 从 0 到 1 写出来，让你在每一个阶段都能享受到成功的喜悦。在这个 RTOS 实现的过程中，只需要具备 C 语言基础即可，然后就是跟着本书笃定前行，最后定有所成。

如何选择 RTOS

如何选择 RTOS 取决于是学习还是做产品，如果是学习，则可以选择一个历史较久、商业化成功、安全验证较多的来学习，而且应深入学习。符合前面这几个标准的只有 μC/OS，所以学习 RTOS，首选 μC/OS，而且 μC/OS 的相关资料是很丰富的。当然，选择其他的 RTOS 来学习也是可以的。学完之后就要使用，如果是做产品，即在产品中使用 μC/OS，则要面临授权问题，需要支付一定的费用，所以开源免费的 FreeRTOS 受到了各个半导体厂商和开发者的青睐。目前，FreeRTOS 是市场占有率最高的 RTOS，非常适合用来做产品。另外，国内的 RT-Thread 也在迅速崛起，它同样是开源免费的，也是不错的选择。

目　　录

第一部分

从 0 到 1 教你写 µC/OS 内核

本部分以 µC/OS-III 为蓝本，抽丝剥茧，不断迭代，教你如何从 0 开始把 µC/OS-III 写出来。这一部分着重讲解 µC/OS-III 实现的过程，当你学完这部分之后，再来重新使用 µC/OS-III 或者其他 RTOS，将会得心应手，不仅知其然，而且知其所以然。在源码实现的过程中，涉及的数据类型、变量名称、函数名称、文件名称以及文件的存放目录都会完全按照 µC/OS-III 的来实现，一些不必要的代码将会被剔除，但这并不影响我们理解整个操作系统的功能。

本部分几乎每一章都以前一章为基础，环环相扣，逐渐揭开 µC/OS-III 的神秘面纱，让人读起来会有一种豁然开朗的感觉。如果把代码都敲一遍，仿真时得出的效果与书中给出的一样，那从心底油然而生的成就感简直就要爆棚，让人恨不得一下子把本书读完，真是看了还想看，读了还想读。

第 1 章
新建工程——软件仿真

在开始写 RTOS 之前，先新建一个工程，Device 选择 Cortex-M3 内核的处理器，调试方式选择软件仿真，到最后写完整个 RTOS 之后，再把 RTOS 移植到野火 STM32 开发板上。最后的移植其实已经非常简单，只需要换一下启动文件并添加 bsp 驱动即可。

1.1　新建本地工程文件夹

在开始新建工程之前，我们先在本地计算机端新建一个文件夹用于存放工程。文件夹名设置为 RTOS，然后在该文件夹下新建各个文件夹和文件，有关这些文件夹的包含关系和作用如表 1-1 所示。

表 1-1　工程文件夹根目录下的文件夹的作用

文件夹名称			文件夹作用
Doc	—	—	用于存放整个工程的说明文件，如 readme.txt。通常情况下，我们要对整个工程实现的功能、如何编译、如何使用等做一个简要的说明
Project	—	—	用于存放新建的工程文件
User	μC/OS-III	Source	用于存放 μC/OS-III 源码，其中的代码是纯软件相关的，与硬件无关
		Ports	用于存放接口文件，即 μC/OS-III 与 CPU 连接的文件，也就是我们通常所说的移植文件。要想在单片机上运行 μC/OS-III，这些移植文件必不可少
	μC-CPU	—	用于存放 μC/OS-III 根据 CPU 总结的通用代码，只与 CPU 相关
	μC-LIB	—	用于存放一些 C 语言函数库
	—	—	用于存放用户程序，如 app.c，main() 函数就放在 app.c 文件中

1.2　使用 KEIL 新建工程

开发环境我们使用 KEIL5，版本为 5.15，高于版本 5 即可。

1.2.1　New Project

首先打开 KEIL5 软件，新建一个工程，工程文件放在目录 Project\RVMDK（uv5）下面，名称为 YH-µC/OS-III，其中 YH 是野火拼音首字母的缩写，当然你也可以换成其他名称，但是必须是英文，不能是中文。

1.2.2　Select Device For Target

当设置好工程名称之后会弹出 Select Device for Target 对话框，在该对话框中可以选择处理器，这里选择 ARMCM3，具体如图 1-1 所示。

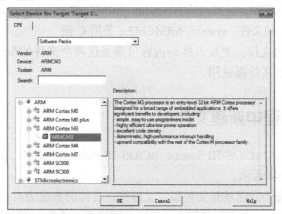

图 1-1　Select Device For Target 对话框

1.2.3　Manage Run-Time Environment

选择好处理器，单击 OK 按钮后会弹出 Manage Run-Time Environment 对话框。在 CMSIS 栏中选中 CORE，在 Device 栏中选中 Startup 文件，如图 1-2 所示。

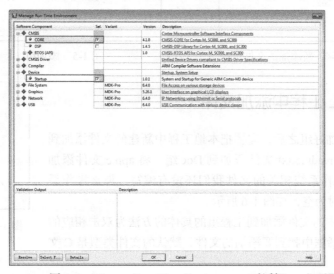

图 1-2　Manage Run-Time Environment 对话框

单击 OK 按钮，关闭 Manage Run-Time Environment 对话框之后，刚刚选择的 CORE（包含于 CMSIS）和 Startup（包含于 Device）这两个文件就会添加到工程组中，如图 1-3 所示⊖。

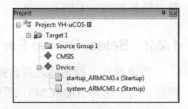

图 1-3 CORE 和 Startup 文件

其实这两个文件刚开始都是存放在 KEIL 的安装目录下，当配置 Manage Run-Time Environment 对话框之后，软件就会把选中的文件从 KEIL 的安装目录复制到工程目录 Project\RTE\Device\ARMCM3 下面。其中，startup_ARMCM3.s 是用汇编语言编写的启动文件，system_ARMCM3.c 是用 C 语言编写的与时钟相关的文件。更加具体的内容可参见这两个文件的源码。只要是 Cortex-M3 内核的单片机，这两个文件都适用。

1.3 在 KEIL 工程中新建文件组

在工程中添加 User、μC/OS-III Source、μC/OS-III Ports、μC/CPU、μC/LIB 和 Doc 文件组，用于管理文件，如图 1-4 所示。

对于新手，这里有个问题就是如何添加文件组，具体的方法为右击 Target1，在弹出的快捷菜单中选择 Add Group... 命令，如图 1-5 所示。需要多少个组，就按此方法操作多少次。

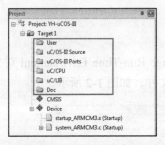

图 1-4 新添加的文件组

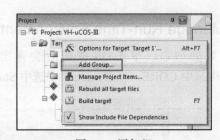

图 1-5 添加组

1.4 在 KEIL 工程中添加文件

在工程中添加好组之后，需要把本地工程中新建的文件添加到工程，具体为把 readme.txt 文件添加到 Doc 组，将 app.c 文件添加到 User 组，与操作系统相关的文件我们还没有编写，那么操作系统相关的组就暂时为空，如图 1-6 所示。

将本地工程中的文件添加到工程组的具体的方法为双击相应的组，在弹出的对话框中找到要添加的文件，默认的文件类型是 C 文

图 1-6 往组里面添加好的文件

⊖ 部分图片所示的文件或文件夹名称中，μ 或 / 无法显示，故将 μ 显示为 u，省略 /。——编辑注

件，如果要添加的是文本或者汇编文件，那么此时将看不到，这时就需要把文件类型设置为 All files，最后单击 Add 按钮即可，如图 1-7 所示。

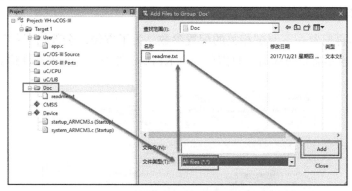

图 1-7　向组中添加文件

下面编写 main() 函数。

一个工程如果没有 main() 函数是无法编译成功的，因为系统在开始执行时先执行启动文件中的复位程序，复位程序中会调用 C 库函数 __main，__main 的作用是初始化系统变量，如全局变量、只读变量可读可写变量等。__main 最后会调用 __rtentry，再由 __rtentry 调用 main() 函数，从而由汇编进入 C 的世界，这里面的 main() 函数就需要我们手动编写，如果没有编写 main() 函数，就会出现 main() 函数未定义的错误，如图 1-8 所示。

```
Build Output
*** Using Compiler 'V5.05 update 2 (build 169)', folder: 'C:\Keil_v5\ARM\ARMCC\Bin'
Build target 'Target 1'
compiling app.c...
linking...
.\Objects\YH-uCOS-III.axf: Error: L6218E: Undefined symbol main (referred from __rtentry2.o).
Not enough information to list image symbols.
Finished: 1 information, 0 warning and 1 error messages.
".\Objects\YH-uCOS-III.axf" - 1 Error(s), 0 Warning(s).
Target not created.
Build Time Elapsed:  00:00:00
```

图 1-8　未定义 main() 函数的错误

我们将 main() 函数写在 app.c 文件中，因为是刚刚新建的工程，所以 main() 函数暂时为空，具体参见代码清单 1-1。

代码清单 1-1　main() 函数

```
1 int main(void)
2 {
3     for (;;) {
4         /* 无操作 */
5     }
6 }
```

1.5 调试配置

1.5.1 设置软件仿真

最后，我们再配置一下调试相关的配置参数。为了方便，全部代码都用软件仿真，既不需要开发板，也不需要仿真器，只需要一个 KEIL 软件即可，有关软件仿真的配置具体如图 1-9 所示。

图 1-9 软件仿真配置

1.5.2 修改时钟大小

在时钟相关文件 system_ARMCM3.c 的开头，有一段代码定义了系统时钟的大小为 25MHz，具体参见代码清单 1-2。在软件仿真时，为确保准确性，代码中的系统时钟与软件仿真的时钟必须一致，所以 Options for Target 对话框中 Target 的时钟频率应该由默认的 12MHz 改成 25MHz，如图 1-10 所示。

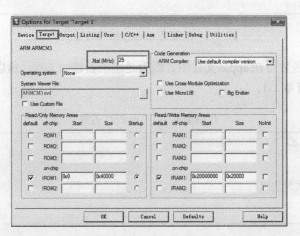

图 1-10 软件仿真时钟配置

代码清单 1-2　时钟相关宏定义

```
1 #define __HSI          (  8000000UL)
2 #define __XTAL         (  5000000UL)
3
4 #define __SYSTEM_CLOCK  (5*__XTAL)      /* 5×5000000 = 25M */
```

1.5.3　添加头文件路径

在 C/C++ 选项卡中指定工程头文件的路径，否则编译会出错，头文件路径的具体设置方法如图 1-11 所示。

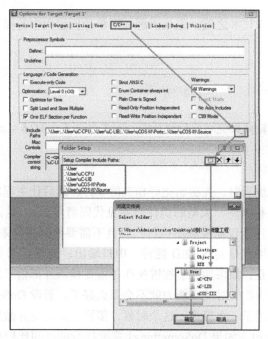

图 1-11　指定头文件的路径

至此，一个完整的基于 Cortex-M 内核的软件仿真工程建立完毕。

第 2 章
裸机系统与多任务系统

在真正开始动手写 RTOS 之前，先来讲解一下单片机编程中的裸机系统和多任务系统的区别。

2.1 裸机系统

裸机系统通常分成轮询系统和前后台系统，有关这两者的具体实现方式参见下面的讲解。

2.1.1 轮询系统

轮询系统即在裸机编程时，先初始化好相关的硬件，然后让主程序在一个死循环里面不断循环，顺序地处理各种事件，大概的伪代码参见代码清单 2-1。轮询系统是一种非常简单的软件结构，通常只适用于仅需要顺序执行代码且不需要外部事件来驱动就能完成的事情。在代码清单 2-1 中，如果只是实现 LED 翻转、串口输出、液晶显示等操作，那么使用轮询系统将会非常完美。但是，如果加入了按键操作等需要检测外部信号的事件，例如用来模拟紧急报警，那么整个系统的实时响应能力就不会那么好了。假设 DoSomething3 是按键扫描，当外部按键被按下，相当于一个警报，这个时候，需要立刻响应并做紧急处理，而这时程序刚好执行到 DoSomething1，如果 DoSomething1 需要执行的时间比较久，久到按键释放之后还没有执行完毕，那么当执行到 DoSomething3 时就会丢失一次事件。由此可见，轮询系统只适合顺序执行的功能代码，当有外部事件驱动时，实时性就会降低。

代码清单 2-1　轮询系统伪代码

```
1  int main(void)
2  {
3      /* 硬件相关初始化 */
4      HardWareInit();
5
6      /* 无限循环 */
7      for (;;) {
8          /* 处理事件 1 */
9          DoSomethin1();
10
```

```
11          /* 处理事件 2 */
12          DoSomething2();
13
14          /* 处理事件 3 */
15          DoSomething3();
16      }
17  }
```

2.1.2　前后台系统

相比轮询系统，前后台系统是在轮询系统的基础上加入了中断。外部事件的响应在中断里面完成，事件的处理还是回到轮询系统中完成，中断在这里称为前台，main() 函数中的无限循环称为后台，大概的伪代码参见代码清单 2-2。

代码清单 2-2　前后台系统伪代码

```
1 int flag1 = 0;
2 int flag2 = 0;
3 int flag3 = 0;
4
5 int main(void)
6 {
7      /* 硬件相关初始化 */
8      HardWareInit();
9
10     /* 无限循环 */
11     for (;;) {
12         if (flag1) {
13             /* 处理事件 1 */
14             DoSomething1();
15         }
16
17         if (flag2) {
18             /* 处理事件 2 */
19             DoSomething2();
20         }
21
22         if (flag3) {
23             /* 处理事件 3 */
24             DoSomething3();
25         }
26     }
27 }
28
29 void ISR1(void)
30 {
31     /* 置位标志位 */
32     flag1 = 1;
33     /* 如果事件处理时间很短，则在中断里面处理
34      * 如果事件处理时间比较长，则回到后台处理 */
```

```
35      DoSomething1();
36 }
37
38 void ISR2(void)
39 {
40      /* 置位标志位 */
41      flag2 = 1;
42
43      /* 如果事件处理时间很短，则在中断里面处理
44       * 如果事件处理时间比较长，则回到后台处理 */
45      DoSomething2();
46 }
47
48 void ISR3(void)
49 {
50      /* 置位标志位 */
51      flag3 = 1;
52
53      /* 如果事件处理时间很短，则在中断里面处理
54       * 如果事件处理时间比较长，则回到后台处理 */
55      DoSomething3();
56 }
```

在顺序执行后台程序时，如果出现中断，那么中断会打断后台程序的正常执行流，转而去执行中断服务程序，在中断服务程序中标记事件。如果事件要处理的事情很简短，则可在中断服务程序中处理；如果事件要处理的事情比较多，则返回后台程序中处理。虽然事件的响应和处理分开了，但是事件的处理还是在后台顺序执行的，但相比轮询系统，前后台系统确保了事件不会丢失，再加上中断具有可嵌套的功能，这可以大大提高程序的实时响应能力。在大多数中小型项目中，前后台系统运用得好，堪称有操作系统的效果。

2.2 多任务系统

相比前后台系统，多任务系统的事件响应也是在中断中完成的，但是事件的处理是在任务中完成的。在多任务系统中，任务与中断一样，也具有优先级，优先级高的任务会优先执行。当一个紧急事件在中断中被标记之后，如果事件对应的任务的优先级足够高，就会立刻得到响应。相比前后台系统，多任务系统的实时性又提高了。多任务系统的伪代码参见代码清单 2-3。

代码清单 2-3　多任务系统伪代码

```
1 int flag1 = 0;
2 int flag2 = 0;
3 int flag3 = 0;
4
5 int main(void)
6 {
```

```
7        /* 硬件相关初始化 */
8        HardWareInit();
9
10       /* 操作系统初始化 */
11       RTOSInit();
12
13       /* 操作系统启动，开始多任务调度，不再返回 */
14       RTOSStart();
15  }
16
17  void ISR1(void)
18  {
19       /* 置位标志位 */
20       flag1 = 1;
21  }
22
23  void ISR2(void)
24  {
25       /* 置位标志位 */
26       flag2 = 2;
27  }
28
29  void ISR3(void)
30  {
31       /* 置位标志位 */
32       flag3 = 1;
33  }
34
35  void DoSomething1(void)
36  {
37       /* 无限循环，不能返回 */
38       for (;;) {
39            /* 任务实体 */
40            if (flag1) {
41
42            }
43       }
44  }
45
46  void DoSomething2(void)
47  {
48       /* 无限循环，不能返回 */
49       for (;;) {
50            /* 任务实体 */
51            if (flag2) {
52
53            }
54       }
55  }
56
57  void DoSomething3(void)
58  {
59       /* 无限循环，不能返回 */
```

```
60    for (;;) {
61        /* 任务实体 */
62        if (flag3) {
63
64        }
65    }
66 }
```

相比前后台系统中后台顺序执行的程序主体，在多任务系统中，根据程序的功能，我们把这个程序主体分割成一个个独立的、无限循环且不能返回的小程序，这个小程序称为任务。每个任务都是独立的、互不干扰的，且具备自身的优先级，它由操作系统调度管理。加入操作系统后，我们在编程时不需要精心地设计程序的执行流，也不用担心每个功能模块之间是否存在干扰。加入了操作系统，我们的编程反而变得简单了。整个系统的额外开销仅为操作系统占据的少量 FLASH 和 RAM。如今，单片机的 FLASH 和 RAM 越来越大，完全足以抵消 RTOS 的开销。

无论是裸机系统中的轮询系统、前后台系统还是多任务系统，我们不能简单地说孰优孰劣，它们是不同时代的产物，在各自的领域都有相当大的应用价值，只有合适的才是最好的。有关这三者的软件模型区别如表 2-1 所示。

表 2-1　轮询、前后台和多任务系统软件模型的区别

模　　型	事 件 响 应	事 件 处 理	特　　点
轮询系统	主程序	主程序	轮询响应事件，轮询处理事件
前后台系统	中断	主程序	实时响应事件，轮询处理事件
多任务系统	中断	任务	实时响应事件，实时处理事件

第 3 章
任务的定义与任务切换

本章我们真正开始从 0 到 1 写 RTOS。必须学会创建任务，并重点掌握任务是如何切换的。因为任务的切换是由汇编代码来完成的，所以代码看起来比较难懂，但是我们会尽力把代码讲得透彻。如果不能掌握本章内容，那么后面的内容根本无从下手。

在本章中，我们会创建两个任务，并让这两个任务不断地切换，任务的主体都是让一个变量按照一定的频率翻转，通过 KEIL 的软件仿真功能，在逻辑分析仪中观察变量的波形变化，最终的波形图如图 3-1 所示。

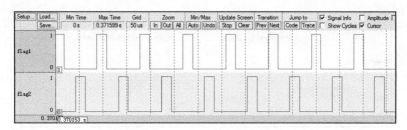

图 3-1　任务轮流切换波形图

其实，图 3-1 所示的波形图并不是真正的多任务系统中任务切换的效果图，这个效果其实可以完全由裸机代码实现，具体参见代码清单 3-1。

代码清单 3-1　裸机系统中两个变量轮流翻转

```
 1 /* flag 必须定义成全局变量才能添加到逻辑分析仪中观察波形
 2 ** 在逻辑分析仪中要设置为位 (Bit) 模式才能看到波形，不能使用默认的模拟量
 3 */
 4 uint32_t flag1;
 5 uint32_t flag2;
 6
 7
 8 /* 软件延时，不必纠结具体的时间 */
 9 void delay( uint32_t count )
10 {
11     for (; count!=0; count--);
12 }
13
14 int main(void)
```

```
15 {
16      /* 无限循环，顺序执行 */
17      for (;;) {
18          flag1 = 1;
19          delay( 100 );
20          flag1 = 0;
21          delay( 100 );
22
23          flag2 = 1;
24          delay( 100 );
25          flag2 = 0;
26          delay( 100 );
27      }
28 }
```

在多任务系统中，两个任务不断切换的效果图应该如图 3-2 所示，即两个变量的波形是完全一样的，就好像 CPU 在同时做两件事，这才是多任务的意义。虽然两者的波形图一样，但是代码的实现方式是完全不同的，由原来的顺序执行变成了任务的主动切换，这是根本区别。本章只是开始，我们先掌握好任务是如何切换的，在后面章节中，会陆续完善功能代码，加入系统调度，实现真正的多任务。

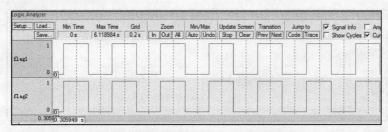

图 3-2　多任务系统中的任务切换波形图

3.1　多任务系统中任务的概念

在裸机系统中，系统的主体就是 main() 函数中顺序执行的无限循环，在这个无限循环中，CPU 按照顺序完成各种操作。在多任务系统中，根据功能不同，可以把整个系统分割成一个个独立的且无法返回的函数，这种函数称为任务，也有人称之为线程。任务的大概形式具体参见代码清单 3-2。

代码清单 3-2　多任务系统中任务的形式

```
1 void Task (void *parg)
2 {
3      /* 任务主体，无限循环且不能返回 */
4      for (;;) {
5          /* 任务主体代码 */
6      }
7 }
```

3.2　创建任务

3.2.1　定义任务栈

先回想一下，在一个裸机系统中，如果有全局变量，有子函数调用，有中断发生，那么系统在运行时，全局变量放在哪里？子函数调用时，局部变量放在哪里？中断发生时，函数返回地址放在哪里？如果只是单纯的裸机编程，可以不考虑上述问题，但是如果要写一个 RTOS，就必须明确这些参数是如何存储的。在裸机系统中，它们统统放在栈中。栈是单片机 RAM 中一段连续的内存空间，其大小由启动文件中的代码配置，具体参见代码清单 3-3，最后由 C 库函数 __main 进行初始化。

代码清单 3-3　裸机系统中的栈分配

```
1 Stack_Size      EQU      0x00000400
2
3               AREA     STACK, NOINIT, READWRITE, ALIGN=3
4 Stack_Mem       SPACE    Stack_Size
5 __initial_sp
```

但是，在多任务系统中，每个任务都是独立的、互不干扰的，所以要为每个任务都分配独立的栈空间，这个栈空间通常是一个预先定义好的全局数组。这些任务栈也存在于 RAM 中，能够使用的最大的栈尺寸也是由代码清单 3-3 中的 Stack_Size 决定的。只是多任务系统中任务的栈就是在一个统一的栈空间里面分配好一个个独立的"房间"，每个任务只能使用各自的房间，而需要在裸机系统中使用栈时，则可以天马行空，在栈里寻找任意空闲空间加以使用。

本章我们要实现两个变量按照一定的频率轮流翻转，需要用两个任务来实现，那么就需要定义两个任务栈，具体参见代码清单 3-4。在多任务系统中，有多少个任务就需要定义多少个任务栈。

代码清单 3-4　定义任务栈

```
1 #define   TASK1_STK_SIZE        128                              (1)
2 #define   TASK2_STK_SIZE        128
3
4 static    CPU_STK    Task1Stk[TASK1_STK_SIZE];                   (2)
5 static    CPU_STK    Task2Stk[TASK2_STK_SIZE];
```

代码清单 3-4（1）：任务栈的大小由宏定义控制，在 μC/OS-III 中，空闲任务的栈最小应该大于 128，这里的任务栈也暂且配置为 128。

代码清单 3-4（2）：任务栈其实就是一个预先定义好的全局数据，此处数据类型为 CPU_STK。在 μC/OS-III 中，凡是涉及数据类型的地方，μC/OS-III 都会将标准的 C 数据类型用 typedef 重新设置一个类型名，命名方式则采用见名知义的方式且使用大写字母。凡是与 CPU 类型相关的数据类型统一在 cpu.h 中定义，与操作系统相关的数据类型则在 os_type.h 中定义。CPU_STK 就是与 CPU 相关的数据类型，具体参见代码清单 3-5。首次使用 cpu.h，需要自行在 μC-CPU 文件夹中新建并添加到工程的 μC/CPU 组中。代码清单 3-5 中除了 CPU_STK 外，其他数据类型重定义是本章后面内容中需要用到的，这里统一给出，后面将不再赘述。

代码清单 3-5　cpu.h 中的数据类型

```
 1 #ifndef CPU_H
 2 #define CPU_H
 3
 4 typedef unsigned   short        CPU_INT16U;
 5 typedef unsigned   int          CPU_INT32U;
 6 typedef unsigned   char         CPU_INT08U;
 7
 8 typedef  CPU_INT32U  CPU_ADDR;
 9
10 /* 栈数据类型重定义 */
11 typedef  CPU_INT32U             CPU_STK;
12 typedef  CPU_ADDR               CPU_STK_SIZE;
13
14 typedef  volatile  CPU_INT32U CPU_REG32;
15
16 #endif/* CPU_H */
```

3.2.2　定义任务函数

任务是一个独立的函数，函数主体无限循环且不能返回。本章定义的两个任务具体参见代码清单 3-6。

代码清单 3-6　任务函数

```
 1 /* flag 必须定义成全局变量，才能添加到逻辑分析仪中观察波形
 2 ** 在逻辑分析仪中要设置为 Bit 模式才能看到波形，不能使用默认的模拟量
 3 */
 4 uint32_t flag1;                                                        (1)
 5 uint32_t flag2;
 6
 7
 8 /* 任务 1 */
 9 void Task1( void *p_arg )                                              (2)
10 {
11     for ( ;; ) {
12         flag1 = 1;
13         delay( 100 );
14         flag1 = 0;
15         delay( 100 );
16     }
17 }
18
19 /* 任务 2 */
```

```
20 void Task2( void *p_arg )                                         (3)
21 {
22     for ( ;; ) {
23         flag2 = 1;
24         delay( 100 );
25         flag2 = 0;
26         delay( 100 );
27     }
28 }
```

代码清单 3-6（1）：如果要在 KEIL 逻辑分析仪中观察波形的变量，则需要将其定义成全局变量，且要以 Bit 模式观察，不能使用默认的模拟量。

代码清单 3-6（2）（3）：正如介绍的那样，任务是一个独立的、无限循环且不能返回的函数。

3.2.3　定义任务控制块

在裸机系统中，程序的主体是 CPU 按照顺序执行的，而在多任务系统中，任务的执行是由系统调度的。系统为了顺利地调度任务，为每个任务都额外定义了一个任务控制块（Task Control Block，TCB），这个任务控制块相当于任务的身份证，里面存有任务的所有信息，比如任务栈、任务名称、任务形参等。有了 TCB，以后系统对任务的全部操作都可以通过这个 TCB 来实现。TCB 是一个新的数据类型，在 os.h 头文件中声明（第一次使用 os.h 时需要自行在文件夹 μC/OS-III\Source 中新建并添加到工程的 μC/OS-III Source 组），有关 TCB 具体的声明参见代码清单 3-7，使用它可以为每个任务都定义一个 TCB 实体。

代码清单 3-7　任务控制块类型声明

```
1 /* 任务控制块重定义 */
2 typedef struct os_tcb               OS_TCB;                        (1)
3
4 /* 任务控制块数据类型声明 */
5 struct os_tcb {                                                    (2)
6     CPU_STK        *StkPtr;
7     CPU_STK_SIZE    StkSize;
8 };
```

代码清单 3-7（1）：在 μC/OS-III 中，所有的数据类型都会被重新设置一个名称且用大写字母表示。

代码清单 3-7（2）：目前 TCB 里面的成员还比较少，只有栈指针和栈大小。为了以后操作方便，我们把栈指针作为 TCB 的第一个成员。

此处，在 app.c 文件中为两个任务定义的 TCB 具体参见代码清单 3-8。

代码清单 3-8　定义 TCB

```
1 static    OS_TCB    Task1TCB;
2 static    OS_TCB    Task2TCB;
```

3.2.4 实现任务创建函数

任务栈、任务的函数实体、任务的 TCB 最终需要联系起来才能由系统进行统一调度，这个联系的工作由任务创建函数 OSTaskCreate() 实现，该函数在 os_task.c 中定义（第一次使用 os_task.c 时需要自行在文件夹 µC/OS-III\Source 中新建并添加到工程的 µC/OS-III Source 组），所有与任务相关的函数都在这个文件中定义。OSTaskCreate() 函数的实现具体参见代码清单 3-9。

代码清单 3-9　OSTaskCreate() 函数

```
 1 void OSTaskCreate (OS_TCB      *p_tcb,            (1)
 2                    OS_TASK_PTR  p_task,           (2)
 3                    void        *p_arg,            (3)
 4                    CPU_STK     *p_stk_base,       (4)
 5                    CPU_STK_SIZE stk_size,         (5)
 6                    OS_ERR      *p_err)            (6)
 7 {
 8     CPU_STK      *p_sp;
 9
10     p_sp = OSTaskStkInit (p_task,                 (7)
11                           p_arg,
12                           p_stk_base,
13                           stk_size);
14     p_tcb->StkPtr = p_sp;                         (8)
15     p_tcb->StkSize = stk_size;                    (9)
16
17     *p_err = OS_ERR_NONE;                         (10)
18 }
```

代码清单 3-9：OSTaskCreate() 函数遵循 µC/OS-III 中的函数命名规则，以 OS 开头，表示这是一个外部函数，可以由用户调用；以 OS_ 开头的函数则表示内部函数，只能在 µC/OS-III 内部使用。紧接着是文件名，表示该函数放在哪个文件中，最后是函数功能名称。

代码清单 3-9（1）：p_tcb 是任务控制块指针。

代码清单 3-9（2）：p_task 是任务名，类型为 OS_TASK_PTR，原型声明在 os.h 文件中，具体参见代码清单 3-10。

代码清单 3-10　OS_TASK_PTR 原型声明

```
 1 typedef void                              (*OS_TASK_PTR)(void *p_arg);
```

代码清单 3-9（3）：p_arg 是任务形参，用于传递任务参数。

代码清单 3-9（4）：p_stk_base 用于指向任务栈的起始地址。

代码清单 3-9（5）：stk_size 表示任务栈的大小。

代码清单 3-9（6）：p_err 用于存储错误码。µC/OS-III 中为函数的返回值预先定义了很多错误码，通过这些错误码可以知道函数出现错误的原因。为了方便，我们现在把 µC/OS-III 中所有的错误码都给出来。错误码是枚举类型的数据，在 os.h 中定义，具体参见代码清单 3-11。

代码清单 3-11　错误码枚举定义

```
  1 typedefenum   os_err {
  2     OS_ERR_NONE                      =      0u,
  3
  4     OS_ERR_A                         = 10000u,
  5     OS_ERR_ACCEPT_ISR                = 10001u,
  6
  7     OS_ERR_B                         = 11000u,
  8
  9     OS_ERR_C                         = 12000u,
 10     OS_ERR_CREATE_ISR                = 12001u,
 11
 12 /* 限于篇幅，此处将中间部分删除，具体内容可查看本章配套的例程 */
199
200     OS_ERR_X                         = 33000u,
201
202     OS_ERR_Y                         = 34000u,
203     OS_ERR_YIELD_ISR                 = 34001u,
204
205     OS_ERR_Z                         = 35000u
206 } OS_ERR;
```

代码清单 3-9（7）：OSTaskStkInit() 是任务栈初始化函数。当任务第一次运行时，加载到 CPU 寄存器的参数就放在任务栈中，在任务创建时，预先初始化好栈。OSTaskStkInit() 函数在 os_cpu_c.c 中定义（第一次使用 os_cpu_c.c 时需要自行在文件夹 μC-CPU 中新建并添加到工程的 μC/CPU 组），具体参见代码清单 3-12。

代码清单 3-12　OSTaskStkInit() 函数

```
  1 CPU_STK *OSTaskStkInit (OS_TASK_PTR   p_task,                          (1)
  2                         void         *p_arg,                           (2)
  3                         CPU_STK      *p_stk_base,                      (3)
  4                         CPU_STK_SIZE stk_size)                         (4)
  5 {
  6     CPU_STK  *p_stk;
  7
  8     p_stk = &p_stk_base[stk_size];                                     (5)
  9     /* 异常发生时自动保存的寄存器 */                                      (6)
 10     *--p_stk = (CPU_STK)0x01000000u;    /* xPSR 的位 24 必须置 1    */
 11     *--p_stk = (CPU_STK)p_task;         /* R15(PC) 任务的入口地址   */
 12     *--p_stk = (CPU_STK)0x14141414u;    /* R14  (LR)              */
 13     *--p_stk = (CPU_STK)0x12121212u;    /* R12                    */
 14     *--p_stk = (CPU_STK)0x03030303u;    /* R3                     */
 15     *--p_stk = (CPU_STK)0x02020202u;    /* R2                     */
 16     *--p_stk = (CPU_STK)0x01010101u;    /* R1                     */
 17     *--p_stk = (CPU_STK)p_arg;          /* R0 : 任务形参           */
 18     /* 异常发生时需要手动保存的寄存器 */                                  (7)
 19     *--p_stk = (CPU_STK)0x11111111u;    /* R11                    */
 20     *--p_stk = (CPU_STK)0x10101010u;    /* R10                    */
 21     *--p_stk = (CPU_STK)0x09090909u;    /* R9                     */
```

```
22      *--p_stk = (CPU_STK)0x08080808u;     /* R8                    */
23      *--p_stk = (CPU_STK)0x07070707u;     /* R7                    */
24      *--p_stk = (CPU_STK)0x06060606u;     /* R6                    */
25      *--p_stk = (CPU_STK)0x05050505u;     /* R5                    */
26      *--p_stk = (CPU_STK)0x04040404u;     /* R4                    */
27
28      return (p_stk);                                              (8)
29  }
```

代码清单 3-12（1）：p_task 是任务名，表示任务的入口地址，在任务切换时，需要加载到 R15，即 PC 寄存器，这样 CPU 就可以找到要运行的任务。

代码清单 3-12（2）：p_arg 是任务的形参，用于传递参数，在任务切换时，需要加载到寄存器 R0。R0 寄存器通常用来传递参数。

代码清单 3-12（3）：p_stk_base 表示任务栈的起始地址。

代码清单 3-12（4）：stk_size 表示任务栈的大小，数据类型为 CPU_STK_SIZE，在 Cortex-M3 内核的处理器中等于 4 字节，即一个字。

代码清单 3-12（5）：获取任务栈的栈顶地址，ARMCM3 处理器的栈是由高地址向低地址生长的，所以在初始化栈之前，要获取栈顶地址，然后将栈地址逐一递减即可。

代码清单 3-12（6）：任务第一次运行时，加载到 CPU 寄存器的环境参数要预先初始化好。初始化的顺序固定，首先是异常发生时自动保存的 8 个寄存器，即 xPSR、R15、R14、R12、R3、R2、R1 和 R0。其中 xPSR 寄存器的位 24 必须是 1，R15 PC 指针必须存储任务的入口地址，R0 必须是任务形参。对于 R14、R12、R3、R2 和 R1，为了调试方便，应填入与寄存器号相对应的十六进制数。

代码清单 3-12（7）：剩下的是 8 个需要手动加载到 CPU 寄存器的参数，为了调试方便，应填入与寄存器号相对应的十六进制数。

代码清单 3-12（8）：返回栈指针 p_stk，这时 p_stk 指向剩余栈的栈顶。

代码清单 3-9（8）：将剩余栈的栈顶指针 p_sp 保存到 TCB 的第一个成员 StkPtr 中。

代码清单 3-9（9）：将任务栈的大小保存到 TCB 的成员 StkSize 中。

代码清单 3-9（10）：函数执行到这里表示没有错误，即 OS_ERR_NONE。

任务创建好之后，需要把任务添加到就绪列表，表示任务已经就绪，系统随时可以调度。将任务添加到就绪列表的代码具体参见代码清单 3-13。

代码清单 3-13　将任务添加到就绪列表

```
1 /* 将任务添加到就绪列表 */
2 OSRdyList[0].HeadPtr = &Task1TCB;                                 (1)
3 OSRdyList[1].HeadPtr = &Task2TCB;                                 (2)
```

代码清单 3-13（1）（2）：把 TCB 指针放到 OSRdyList 数组中。OSRdyList 是一个类型为 OS_RDY_LIST 的全局变量，在 os.h 中定义，具体参见代码清单 3-14。

代码清单 3-14　全局变量 OSRdyList 定义

（3）	（2）	（1）
1 OS_EXT	OS_RDY_LIST	OSRdyList[OS_CFG_PRIO_MAX];

代码清单 3-14（1）：OS_CFG_PRIO_MAX 是一个定义，表示这个系统支持多少个优先级（刚开始暂时不支持多个优先级，后面的章节中会支持），目前仅用来表示这个就绪列表可以存储多少个 TCB 指针。具体的宏在 os_cfg.h 中定义（第一次使用 os_cfg.h 时需要自行在文件夹 μC/OS-III\Source 中新建并添加到工程的 μC/OS-III Source 组），具体参见代码清单 3-15。

代码清单 3-15　OS_CFG_PRIO_MAX 宏定义

```
1 #ifndef OS_CFG_H
2 #define OS_CFG_H
3
4 /* 支持最大的优先级 */
5 #define OS_CFG_PRIO_MAX            32u
6
7
8 #endif/* OS_CFG_H */
```

代码清单 3-14（2）：OS_RDY_LIST 是就绪列表的数据类型，在 os.h 中声明，具体参见代码清单 3-16。

代码清单 3-16　OS_RDY_LIST 数据类型声明

```
1 typedefstruct   os_rdy_list        OS_RDY_LIST;          (1)
2
3 struct os_rdy_list {                                      (2)
4     OS_TCB        *HeadPtr;
5     OS_TCB        *TailPtr;
6 };
```

代码清单 3-16（1）：μC/OS-III 中会为每个数据类型重新设置一个字母大写的名称。

代码清单 3-16（2）：OS_RDY_LIST 中目前只有两个 TCB 类型的指针，一个是头指针，一个是尾指针。本章实验只用到头指针，用来指向任务的 TCB。只有当后面讲到同一个优先级支持多个任务时才需要使用头尾指针来将 TCB 串成一个双向链表。

代码清单 3-14（3）：OS_EXT 是一个在 os.h 中定义的宏，具体参见代码清单 3-17。

代码清单 3-17　OS_EXT 宏定义

```
1 #ifdef     OS_GLOBALS
2 #define    OS_EXT
3 #else
4 #define    OS_EXT    extern
5 #endif
```

这段代码的意思是，如果没有定义 OS_GLOBALS 这个宏，那么 OS_EXT 就为空，否则为 extern。

在 μC/OS-III 中，需要使用很多全局变量，这些全局变量都在 os.h 头文件中定义，但是 os.h 会被包含进很多文件中，那么编译时 os.h 中定义的全局变量就会出现重复定义的情况，而我们只想将 os.h 中的全局变量只定义一次，涉及包含 os.h 头文件时只是声明。有人提出可以加 extern，那么该如何加？

通常采取的做法是在 C 文件中定义全局变量，然后在头文件中需要使用全局变量的位置添加 extern 声明，但是 μC/OS-III 中文件非常多，这种方法可行，但不现实，所以就有了在 os.h 头文件中定义全局变量，然后在 os.h 文件的开头加上代码清单 3-17 中宏定义的方法。但是这样还没有成功，μC/OS-III 另外新建了一个 os_var.c 文件（第一次使用 os_var.c 时需要自行在文件夹 μC/OS-III\Source 中新建并添加到工程的 μC/OS-III Source 组），其中包含了 os.h，且只在这个文件中定义 OS_GLOBALS 这个宏，具体参见代码清单 3-18。

代码清单 3-18　os_var.c 文件内容

```
1 #define    OS_GLOBALS
2
3 #include "os.h"
```

经过这样的处理之后，在编译整个工程时，只有 var.c 中 os.h 的 OS_EXT 才会被替换为空，即变量的定义，其他包含 os.h 的文件因为没有定义 OS_GLOBALS 这个宏，所以 OS_EXT 会被替换成 extern，即变成了变量的声明。这样就实现了在头文件中定义变量。

在 μC/OS-III 中，将任务添加到就绪列表其实是在 OSTaskCreate() 函数中完成的。每当任务创建好就把任务添加到就绪列表，表示任务已经就绪，只是目前这里的就绪列表的实现还比较简单，不支持优先级，也不支持双向链表，只是简单地将 TCB 放到就绪列表的数组中。第 8 章将专门讲解就绪列表，等完善就绪列表之后，再把这部分的操作放回 OSTaskCreate() 函数中。

3.3　操作系统初始化

操作系统初始化一般是在硬件初始化完成之后进行的，主要是初始化 μC/OS-III 中定义的全局变量。操作系统初始化用 OSInit() 函数实现。OSInit() 函数在文件 os_core.c 中定义（第一次使用 os_core.c 时需要自行在文件夹 μC/OS-III\Source 中新建并添加到工程的 μC/OS-III Source 组），具体实现参见代码清单 3-19。

代码清单 3-19　OSInit() 函数

```
1 void OSInit (OS_ERR *p_err)
2 {
3     OSRunning =  OS_STATE_OS_STOPPED;                              (1)
4
```

```
5      OSTCBCurPtr = (OS_TCB *)0;                          (2)
6      OSTCBHighRdyPtr = (OS_TCB *)0;                       (3)
7
8      OS_RdyListInit();                                   (4)
9
10     *p_err = OS_ERR_NONE;                               (5)
11 }
```

代码清单 3-19（1）：系统用一个全局变量 OSRunning 指示其运行状态，刚开始初始化系统时，默认为停止状态，即 OS_STATE_OS_STOPPED。

代码清单 3-19（2）：全局变量 OSTCBCurPtr 是系统用于指向当前正在运行的任务的TCB 指针，在任务切换时用得到。

代码清单 3-19（3）：全局变量 OSTCBHighRdyPtr 用于指向就绪列表中优先级最高的任务的 TCB，在任务切换时用得到。本章暂时不支持优先级，则用于指向第一个运行的任务的TCB。

代码清单 3-19（4）：OS_RdyListInit() 用于初始化全局变量 OSRdyList[]，即初始化就绪列表。OS_RdyListInit() 在 os_core.c 文件中定义，具体实现参见代码清单 3-20。

代码清单 3-20　OS_RdyListInit() 函数

```
1 void OS_RdyListInit(void)
2 {
3      OS_PRIO i;
4      OS_RDY_LIST *p_rdy_list;
5
6      for ( i=0u; i<OS_CFG_PRIO_MAX; i++ ) {
7          p_rdy_list = &OSRdyList[i];
8          p_rdy_list->HeadPtr = (OS_TCB *)0;
9          p_rdy_list->TailPtr = (OS_TCB *)0;
10     }
11 }
```

代码清单 3-19（5）：代码运行到这里表示没有错误，即 OS_ERR_NONE。

代码清单 3-19 中的全局变量 OSTCBCurPtr 和 OSTCBHighRdyPtr 均在 os.h 中定义，具体参见代码清单 3-21。OS_STATE_OS_STOPPED 这个表示系统运行状态的宏也在 os.h 中定义，具体参见代码清单 3-22。

代码清单 3-21　OSInit() 函数中出现的全局变量的定义

```
1 OS_EXT      OS_TCB        *OSTCBCurPtr;
2 OS_EXT      OS_TCB        *OSTCBHighRdyPtr;
3 OS_EXT      OS_RDY_LIST   OSRdyList[OS_CFG_PRIO_MAX];
4 OS_EXT      OS_STATE      OSRunning;
```

代码清单 3-22 系统状态的宏定义

```
1 #define  OS_STATE_OS_STOPPED                          (OS_STATE)(0u)
2 #define  OS_STATE_OS_RUNNING                          (OS_STATE)(1u)
```

3.4 启动系统

任务创建好且系统初始化完毕之后，就可以启动系统了。系统启动函数 OSStart() 在 os_core.c 中定义，具体实现参见代码清单 3-23。

代码清单 3-23 OSStart() 函数

```
 1 void OSStart (OS_ERR *p_err)
 2 {
 3     if ( OSRunning == OS_STATE_OS_STOPPED ) {            (1)
 4         /* 手动配置任务 1 先运行 */
 5         OSTCBHighRdyPtr = OSRdyList[0].HeadPtr;           (2)
 6
 7         /* 启动任务切换，不会返回 */
 8         OSStartHighRdy();                                 (3)
 9
10         /* 不会运行到这里，如果运行到这里，则表示发生了错误 */
11         *p_err = OS_ERR_FATAL_RETURN;
12     } else {
13         *p_err = OS_STATE_OS_RUNNING;
14     }
15 }
```

代码清单 3-23（1）：如果系统是第一次启动，则 if 为真，继续往下运行。

代码清单 3-23（2）：OSTCBHighRdyPtr 指向第一个要运行的任务的 TCB。因为暂时不支持优先级，所以系统启动时先手动指定第一个要运行的任务。

代码清单 3-23（3）：OSStartHighRdy() 用于启动任务切换，即配置 PendSV 的优先级为最低，然后触发 PendSV 异常，在 PendSV 异常服务函数中进行任务切换。该函数不再返回，在文件 os_cpu_a.s 中定义（第一次使用 os_cpu_a.s 时需要自行在文件夹 μC/OS-III\Ports 中新建并添加到工程的 μC/OS-III Ports 组），用汇编语言编写，具体实现参见代码清单 3-24。os_cpu_a.s 文件中涉及的 ARM 汇编指令的用法如表 3-1 所示。

表 3-1 常用的 ARM 汇编指令

指令名称	作　　用
EQU	给数字常量设置一个符号名，相当于 C 语言中的 define
AREA	汇编一个新的代码段或者数据段
SPACE	分配内存空间
PRESERVE8	当前文件栈需要按照 8 字节对齐
EXPORT	声明一个标号具有全局属性，可被外部文件使用

（续）

指 令 名 称	作　　用
DCD	以字为单位分配内存，要求 4 字节对齐，并要求初始化这些内存
PROC	定义子程序，与 ENDP 成对使用，表示子程序结束
WEAK	弱定义，如果外部文件声明了一个标号，则优先使用外部文件定义的标号，如果没有定义外部文件也不出错。要注意的是，这不是 ARM 的指令，而是编译器的，这里放在一起只是为了方便
IMPORT	声明标号来自外部文件，与 C 语言中的 EXTERN 关键字类似
B	跳转到一个标号
ALIGN	编译器对指令或者数据的存放地址进行对齐，后面一般需要跟一个立即数，默认表示 4 字节对齐。要注意的是，这不是 ARM 的指令，而是编译器的，这里放在一起只是为了方便
END	到达文件的末尾，文件结束
IF, ELSE, ENDIF	汇编条件分支语句，与 C 语言的 if else 类似

代码清单 3-24　OSStartHighRdy() 函数

```
 1 ;**********************************************************
 2 ;                  开始第一次上下文切换
 3 ; 1) 配置 PendSV 异常的优先级为最低
 4 ; 2) 在开始第一次上下文切换之前，设置 psp=0
 5 ; 3) 触发 PendSV 异常，开始上下文切换
 6 ;**********************************************************
 7 OSStartHighRdy
 8     LDR     R0, = NVIC_SYSPRI14     ; 设置 PendSV 异常优先级为最低        (1)
 9     LDR     R1, = NVIC_PENDSV_PRI
10     STRB    R1, [R0]
11
12     MOVS    R0, #0                  ; 设置 PSP 的值为 0，开始第一次上下文切换  (2)
13     MSR     PSP, R0
14
15     LDR     R0, =NVIC_INT_CTRL      ; 触发 PendSV 异常                    (3)
16     LDR     R1, =NVIC_PENDSVSET
17     STR     R1, [R0]
18
19     CPSIE   I                       ; 启用总中断，NMI 和 HardFault 除外    (4)
20
21 OSStartHang
22     B       OSStartHang             ; 程序应永远不会运行到这里
```

代码清单 3-24 中涉及的 NVIC_INT_CTRL、NVIC_SYSPRI14、NVIC_PENDSV_PRI 和 NVIC_PENDSVSET 这 4 个常量在 os_cpu_a.s 的开头定义，具体参见代码清单 3-25，有关这 4 个常量的含义参见代码注释即可。

代码清单 3-25　NVIC_INT_CTRL、NVIC_SYSPRI14、NVIC_PENDSV_PRI 和
NVIC_PENDSVSET 常量定义

```
 1 ;**********************************************************
```

```
 2 ;                               常量
 3 ;********************************************************************
 4 ;--------------------------------------------------------------------
 5 ;有关内核外设寄存器定义可参考官方文档：STM32F10xxx Cortex-M3 programming manual
 6 ;系统控制块外设地址范围：0xE000ED00~0xE000ED3F
 7 ;--------------------------------------------------------------------
 8 NVIC_INT_CTRL    EQU      0xE000ED04      ; 中断控制及状态寄存器 SCB_ICSR
 9 NVIC_SYSPRI14    EQU      0xE000ED22      ; 系统优先级寄存器 SCB_SHPR3
10                                          ; 位 16~23
11 NVIC_PENDSV_PRI  EQU          0xFF        ; PendSV 优先级的值（最低）
12 NVIC_PENDSVSET   EQU      0x10000000      ; 触发 PendSV 异常的值位 28：PENDSVSET
```

代码清单 3-24（1）：配置 PendSV 的优先级为 0XFF，即最低。在 μC/OS-III 中，上下文切换是在 PendSV 异常服务程序中执行的，配置 PendSV 的优先级为最低，从而排除了在中断服务程序中执行上下文切换的可能。

代码清单 3-24（2）：设置 PSP 的值为 0，开始第一个任务切换。在任务中，使用的栈指针都是 PSP，后面如果判断出 PSP 为 0，则表示第一次任务切换。

代码清单 3-24（3）：触发 PendSV 异常，如果中断启用且编写了 PendSV 异常服务函数，则内核会响应 PendSV 异常，去执行 PendSV 异常服务函数。

代码清单 3-24（4）：开中断，因为有些用户在 main() 函数中会先关掉中断，等全部初始化完成后，在启动操作系统时才开中断。为了快速地开关中断，ARM CM3 专门设置了一条 CPS 指令，有 4 种用法，具体参见代码清单 3-26。

代码清单 3-26　CPS 指令用法

```
1 CPSID I ;PRIMASK=1     ;关中断
2 CPSIE I ;PRIMASK=0     ;开中断
3 CPSID F ;FAULTMASK=1   ;关异常
4 CPSIE F ;FAULTMASK=0   ;开异常
```

代码清单 3-26 中，PRIMASK 和 FAULTMASK 是 ARM CM3 中 3 个中断屏蔽寄存器中的两个，还有一个是 BASEPRI，有关这 3 个寄存器的详细用法如表 3-2 所示。

表 3-2　ARM CM3 中断屏蔽寄存器

名　称	功　能　描　述
PRIMASK	这是一个只有单一比特的寄存器。当它被置 1 后，将关掉所有可屏蔽的异常，只剩下 NMI 和硬 FAULT 可以响应。它的默认值是 0，表示没有关中断
FAULTMASK	这是一个只有一比特的寄存器。当它置 1 时，只有 NMI 才能响应，对于其他异常，甚至是硬 FAULT，也无法响应。它的默认值也是 0，表示没有关异常
BASEPRI	这个寄存器最多有 9 位（由表达优先级的位数决定），定义了被屏蔽优先级的阈值。当它被设置为某个值后，所有优先级大于等于此值的中断都被关闭（优先级值越高，优先级越低）。但若被设置为 0，则不关闭任何中断，0 也是默认值

3.5 任务切换

当调用 OSStartHighRdy() 函数，触发 PendSV 异常后，就需要编写 PendSV 异常服务函数，然后在其中进行任务切换。PendSV 异常服务函数具体参见代码清单 3-27。PendSV 异常服务函数名称必须与启动文件向量表中 PendSV 的向量名一致，如果不一致，则内核无法响应用户编写的 PendSV 异常服务函数，只响应启动文件中默认的 PendSV 异常服务函数。启动文件中为每个异常都编写好了默认的异常服务函数，函数体都是一个死循环，当发现代码跳转到这些启动文件中默认的异常服务函数时，就要检查异常函数名称是否写错了，是否与向量表中的一致。PendSV_Handler 函数中涉及的 ARM 汇编指令的讲解如表 3-3 所示。

代码清单 3-27　PendSV 异常服务函数

```
1 ;*********************************************************************
2 ;                        PendSVHandler 异常
3 ;*********************************************************************
4 PendSV_Handler
5 ; 关中断，NMI 和 HardFault 除外，防止上下文切换被中断
6    CPSID    I                                                      (1)
7
8 ; 将 PSP 的值加载到 R0
9    MRS      R0, PSP                                                (2)
10
11 ; 判断 R0，如果值为 0，则跳转到 OS_CPU_PendSVHandler_nosave
12 ; 进行第一次任务切换时，R0 肯定为 0
13   CBZ      R0, OS_CPU_PendSVHandler_nosave                        (3)
14
15 ;------------------------- 保存上文 -----------------------------
16 ; 任务的切换，即把下一个要运行的任务栈的内容加载到 CPU 寄存器中
17 ;-------------------------------------------------------------
18 ; 进入 PendSV 异常时，当前 CPU 的 xPSR、PC（任务入口地址）、
19 ; R14、R12、R3、R2、R1、R0 会自动存储到当前任务栈，
20 ; 同时递减 PSP 的值，可通过代码：MRS R0, PSP 把 PSP 的值传给 R0
21
22 ; 手动存储 CPU 寄存器 R4~R11 的值到当前任务栈
23   STMDB    R0!, {R4-R11}                                          (15)
24
25
26 ; 加载 OSTCBCurPtr 指针的地址到 R1，这里 LDR 属于伪指令
27   LDR      R1, = OSTCBCurPtr                                      (16)
28 ; 加载 OSTCBCurPtr 指针到 R1，这里 LDR 属于 ARM 指令
29   LDR      R1, [R1]                                               (17)
30 ; 存储 R0 的值到 OSTCBCurPtr->OSTCBStkPtr，这时 R0 存储的是任务空闲栈的栈顶
31 STR      R0, [R1]                                                 (18)
32
33 ;------------------------- 切换下文 -----------------------------
34 ; 实现 OSTCBCurPtr = OSTCBHighRdyPtr
35 ; 把下一个要运行的任务栈的内容加载到 CPU 寄存器中
36 ;-------------------------------------------------------------
37 OS_CPU_PendSVHandler_nosave                                       (4)
```

```
38
39   ; 加载 OSTCBCurPtr 指针的地址到 R0, 这里 LDR 属于伪指令
40   LDR     R0, = OSTCBCurPtr                                              (5)
41   ; 加载 OSTCBHighRdyPtr 指针的地址到 R1, 这里 LDR 属于伪指令
42   LDR     R1, = OSTCBHighRdyPtr                                          (6)
43   ; 加载 OSTCBHighRdyPtr 指针到 R2, 这里 LDR 属于 ARM 指令
44   LDR     R2, [R1]                                                       (7)
45   ; 存储 OSTCBHighRdyPtr 到 OSTCBCurPtr
46   STR     R2, [R0]                                                       (8)
47
48   ; 加载 OSTCBHighRdyPtr 到 R0
49   LDR     R0, [R2]                                                       (9)
50   ; 加载需要手动保存的信息到 CPU 寄存器 R4~R11
51   LDMIA   R0!, {R4-R11}                                                  (10)
52
53   ; 更新 PSP 的值, 这时 PSP 指向下一个要执行的任务栈的栈底
54   ; (这个栈底已经加上刚刚手动加载到 CPU 寄存器 R4~R11 的偏移)
55   MSR     PSP, R0                                                        (11)
56
57   ; 确保异常返回使用的栈指针是 PSP, 即 LR 寄存器的位 2 要为 1
58   ORR     LR, LR, #0x04                                                  (12)
59
60   ; 开中断
61   CPSIE   I                                                              (13)
62
63   ; 异常返回, 这时任务栈中剩下的内容将会自动加载到 xPSR、
64   ; PC (任务入口地址)、R14、R12、R3、R2、R1、R0 (任务的形参)
65   ; 同时 PSP 的值也将更新, 即指向任务栈的栈顶
66   ; 在 STM32 中, 栈是由高地址向低地址生长的
67   BX      LR                                                             (14)
```

代码清单 3-27 中, PendSV 异常服务中主要完成两项工作, 一是保存上文, 即保存当前正在运行的任务的环境参数; 二是切换下文, 即把下一个需要运行的任务的环境参数从任务栈中加载到 CPU 寄存器, 从而实现任务的切换。

PendSV 异常服务中用到了 OSTCBCurPtr 和 OSTCBHighRdyPtr 这两个全局变量, 它们在 os.h 中定义, 要想在汇编文件 os_cpu_a.s 中使用, 必须将这两个全局变量导入 os_cpu_a.s 中, 具体导入方法参见代码清单 3-28。

代码清单 3-28　导入 OSTCBCurPtr 和 OSTCBHighRdyPtr 到 os_cpu_a.s

```
1  ;********************************************************************
2  ;                          全局变量 & 函数
3  ;********************************************************************
4  IMPORT  OSTCBCurPtr             ; 外部文件引入的参考                  (1)
5  IMPORT  OSTCBHighRdyPtr
6
7  EXPORT  OSStartHighRdy          ; 该文件定义的函数                   (2)
8  EXPORT  PendSV_Handler
```

代码清单 3-28 (1): 使用 IMPORT 关键字将 os.h 中的 OSTCBCurPtr 和 OSTCBHighRdyPtr

这两个全局变量导入该汇编文件，从而该汇编文件可以使用这两个变量。如果是函数，也可以使用 IMPORT 导入。

代码清单 3-28（2）：使用 EXPORT 关键字导出该汇编文件中的 OSStartHighRdy 和 PendSV_Handler 函数，让外部文件可见。除了使用 EXPORT 导出外，还要在某个 C 的头文件中声明这两个函数（在 μC/OS-III 中是在 os_cpu.h 中声明），这样才可以在 C 文件中调用这两个函数。

表 3-3　PendSV_Handler 函数中涉及的 ARM 汇编指令

指 令 名 称	作　　　用
MRS	加载特殊功能寄存器的值到通用寄存器
MSR	存储通用寄存器的值到特殊功能寄存器
CBZ	比较，如果结果为 0 就转移
CBNZ	比较，如果结果非 0 就转移
LDR	从存储器中加载字到一个寄存器中
LDR[伪指令]	加载一个立即数或者一个地址值到一个寄存器。例如 " LDR Rd, = label"，如果 label 是立即数，那么 Rd 等于立即数；如果 label 是一个标识符，比如指针，那么存储到 Rd 的就是 label 这个标识符的地址
LDRH	从存储器中加载半字到一个寄存器中
LDRB	从存储器中加载字节到一个寄存器中
STR	把一个寄存器按字存储到存储器中
STRH	把一个寄存器器的低半字存储到存储器中
STRB	把一个寄存器的低字节存储到存储器中
LDMIA	加载多个字，并且在加载后自增基址寄存器
STMIA	存储多个字，并且在存储后自增基址寄存器
ORR	按位或
BX	直接跳转到由寄存器给定的地址
BL	跳转到标号对应的地址，并且把跳转前的下一条指令地址保存到 LR
BLX	跳转到由寄存器 REG 给出的地址，并根据 REG 的 LSB 切换处理器状态，还要把转移前的下一条指令地址保存到 LR。ARM(LSB=0), Thumb(LSB=1)。Cortex-CM3 只在 Thumb 中运行，那就必须保证 reg 的 LSB=1，否则会出现错误

接下来具体讲解代码清单 3-27 中主要代码的含义。

代码清单 3-27（1）：关中断，NMI 和 HardFault 除外，防止上下文切换被中断。在上下文切换完毕之后，会重新开中断。

代码清单 3-27（2）：将 PSP 的值加载到 R0 寄存器。MRS 是 ARM 32 位数据加载指令，功能是加载特殊功能寄存器的值到通用寄存器。

代码清单 3-27（3）：判断 R0，如果值为 0，则跳转到 OS_CPU_PendSVHandler_nosave。进行第一次任务切换时，PSP 在 OSStartHighRdy 初始化为 0，所以这时 R0 肯定为 0，因此跳转到 OS_CPU_PendSVHandler_nosave。CBZ 是 ARM 16 位转移指令，用于比较，结果为 0

则跳转。

代码清单 3-27（4）：当第一次切换任务时，会跳转到这里运行。当执行过一次任务切换之后，则顺序执行到这里。这个标号以后的内容属于下文切换。

代码清单 3-27（5）：加载 OSTCBCurPtr 指针的地址到 R0。在 ARM 汇编中，操作变量都属于间接操作，即要先获取这个变量的地址。这里 LDR 属于伪指令，不是 ARM 指令。例如 "LDR Rd, = label"，如果 label 是立即数，那么 Rd 等于立即数；如果 label 是一个标识符，比如指针，那么存到 Rd 的就是 label 这个标识符的地址。

代码清单 3-27（6）：加载 OSTCBHighRdyPtr 指针的地址到 R1，这里 LDR 也属于伪指令。

代码清单 3-27（7）：加载 OSTCBHighRdyPtr 指针到 R2，这里 LDR 属于 ARM 指令。

代码清单 3-27（8）：存储 OSTCBHighRdyPtr 到 OSTCBCurPtr，实现将下一个要运行的任务的 TCB 存储到 OSTCBCurPtr。

代码清单 3-27（9）：加载 OSTCBHighRdyPtr 到 R0。TCB 中第一个成员是栈指针 StkPtr，所以这时 R0 等于 StkPtr，后续操作任务栈都是通过操作 R0 来实现，不需要操作 StkPtr。

代码清单 3-27（10）：将任务栈中需要手动加载的内容加载到 CPU 寄存器 R4 ～ R11，同时会递增 R0，让 R0 指向空闲栈的栈顶。LDMIA 中的 I 是 increase 的缩写，A 是 after 的缩写，R0 后面的 "!" 表示会自动调节 R0 中存储的指针。当任务被创建时，任务的栈会被初始化，初始化的流程是先让栈指针 StkPtr 指向栈顶，然后从栈顶开始依次存储异常退出时会自动加载到 CPU 寄存器的值和需要手动加载到 CPU 寄存器的值，具体代码实现参见代码清单 3-12 中的 OSTaskStkInit() 函数，栈空间的分布情况如图 3-3 所示。当把需要手动加载到 CPU 的栈内容加载完毕之后，栈空间的分布图和栈指针指向如图 3-4 所示，注意这时 StkPtr 不变，改变的是 R0。

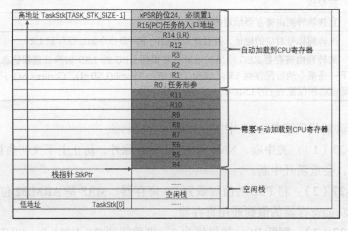

图 3-3 任务创建成功后栈空间的分布图

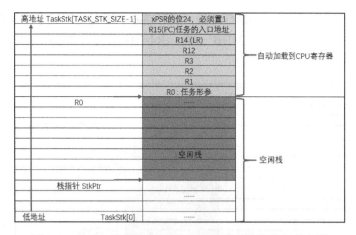

图 3-4　手动加载栈内容到 CPU 寄存器后的栈空间分布图

代码清单 3-27（11）：更新 PSP 的值，这时 PSP 与图 3-4 中 R0 的指向一致。

代码清单 3-27（12）：设置 LR 寄存器的位 2 为 1，确保异常退出时使用的栈指针是 PSP。当异常退出后，就切换到就绪任务中优先级最高的任务继续运行。

代码清单 3-27（13）：开中断。上下文切换已经完成了 3/4，剩下的就是异常退出时自动保存的部分。

代码清单 3-27（14）：异常返回，这时任务栈中的剩余内容将会自动加载到 xPSR、PC（任务入口地址）、R14、R12、R3、R2、R1、R0（任务的形参）寄存器，同时 PSP 的值也将更新，即指向任务栈的栈顶，这样就切换到了新的任务。这时栈空间的分布具体如图 3-5 所示。

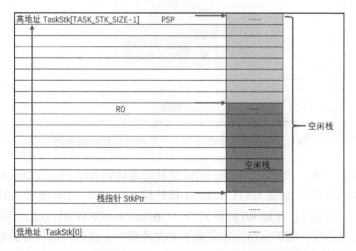

图 3-5　刚切换完成即将运行的任务的栈空间分布和栈指针指向

代码清单 3-27（15）：手动存储 CPU 寄存器 R4 ～ R11 的值到当前任务栈。当出现异常，进入 PendSV 异常服务函数时，当前 CPU 寄存器 xPSR、PC（任务入口地址）、R14、R12、

R3、R2、R1、R0 会自动存储到当前任务栈，同时递减 PSP 的值，这个时候当前任务的栈空间分布如图 3-6 所示。当执行" STMDB   R0!, {R4-R11}"后，当前任务的栈空间分布图如图 3-7 所示。

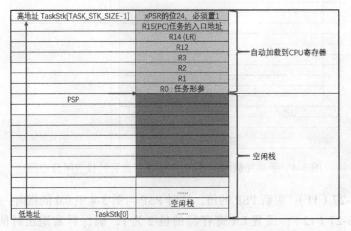

图 3-6   进入 PendSV 异常时，当前任务的栈空间分布

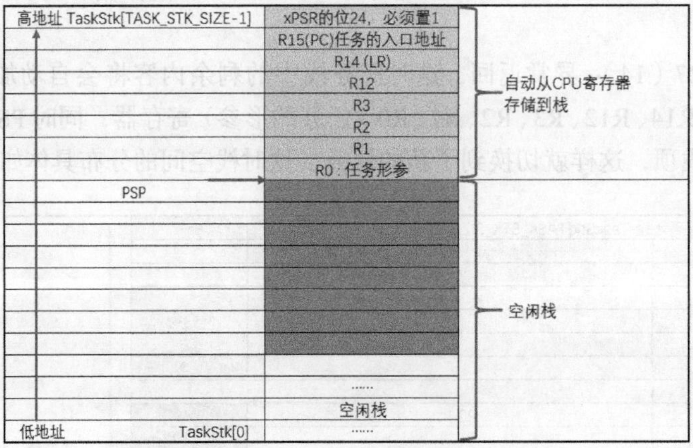

图 3-7   当前任务执行完上文保存时的栈空间分布

代码清单 3-27（16）：加载 OSTCBCurPtr 指针的地址到 R1，这里 LDR 属于伪指令。

代码清单 3-27（17）：加载 OSTCBCurPtr 指针到 R1，这里 LDR 属于 ARM 指令。

代码清单 3-27（18）：存储 R0 的值到 OSTCBCurPtr->OSTCBStkPtr，这时 R0 存储的是任务空闲栈的栈顶。执行到了这里，才完成了上文的保存。这时当前任务的栈空间分布和栈指针指向如图 3-8 所示。

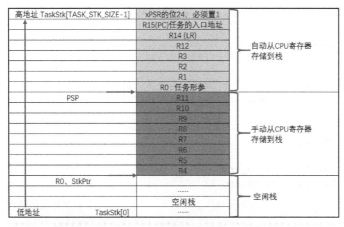

图 3-8　当前任务执行完上文保存时的栈空间分布和 StkPtr 指向

3.6　main() 函数

main() 函数在文件 app.c 中编写，app.c 文件的完整代码参见代码清单 3-29。

代码清单 3-29　app.c 文件

```
 1  /*
 2  ***********************************************************
 3  *                      包含的头文件
 4  ***********************************************************
 5  */
 6  #include "os.h"
 7  #include "ARMCM3.h"
 8
 9  /*
10  ***********************************************************
11  *                      宏定义
12  ***********************************************************
13  */
14
15
16  /*
17  ***********************************************************
18  *                      全局变量
19  ***********************************************************
20  */
21
22  uint32_t flag1;
23  uint32_t flag2;
24
25  /*
26  ***********************************************************
27  *                 TCB & STACK & 任务声明
```

```
28 ********************************************************************
29 */
30 #define   TASK1_STK_SIZE          20
31 #define   TASK2_STK_SIZE          20
32
33 static    CPU_STK    Task1Stk[TASK1_STK_SIZE];
34 static    CPU_STK    Task2Stk[TASK2_STK_SIZE];
35
36 static    OS_TCB     Task1TCB;
37 static    OS_TCB     Task2TCB;
38
39 void      Task1( void *p_arg );
40 void      Task2( void *p_arg );
41
42 /*
43 ********************************************************************
44 *                              函数声明
45 ********************************************************************
46 */
47 void delay(uint32_t count);
48
49 /*
50 ********************************************************************
51 *                              main() 函数
52 ********************************************************************
53 */
54 /*
55 * 注意事项: 1) 该工程使用软件仿真, debug 需要选择为 Ude Simulator
56 *           2) 在 Target 选项卡中把晶振 Xtal(MHz) 的值改为 25, 默认是 12,
57 *              改成 25 是为了与 system_ARMCM3.c 中定义的 __SYSTEM_CLOCK 相同,
58 *           3) 确保仿真时时钟一致
59 */
60 int main(void)
61 {
62     OS_ERR err;
63
64
65
66     /* 初始化相关的全局变量 */
67     OSInit(&err);
68
69     /* 创建任务 */
70     OSTaskCreate ((OS_TCB*)      &Task1TCB,
71                   (OS_TASK_PTR ) Task1,
72                   (void *)       0,
73                   (CPU_STK*)     &Task1Stk[0],
74                   (CPU_STK_SIZE) TASK1_STK_SIZE,
75                   (OS_ERR *)     &err);
76
77     OSTaskCreate ((OS_TCB*)      &Task2TCB,
78                   (OS_TASK_PTR ) Task2,
79                   (void *)       0,
80                   (CPU_STK*)     &Task2Stk[0],
```

```
81                          (CPU_STK_SIZE) TASK2_STK_SIZE,
82                          (OS_ERR *)     &err);
83
84      /* 将任务加入就绪列表 */
85      OSRdyList[0].HeadPtr = &Task1TCB;
86      OSRdyList[1].HeadPtr = &Task2TCB;
87
88      /* 启动操作系统，将不再返回 */
89      OSStart(&err);
90  }
91
92  /*
93  ************************************************************************
94  *                            函数实现
95  ************************************************************************
96  */
97  /* 软件延时 */
98  void delay (uint32_t count)
99  {
100 for (; count!=0; count--);
101 }
102
103
104
105 /* 任务 1 */
106 void Task1( void *p_arg )
107 {
108     for ( ;; ) {
109         flag1 = 1;
110         delay( 100 );
111         flag1 = 0;
112         delay( 100 );
113
114         /* 任务切换，这里是手动切换 */
115         OSSched();
116     }
117 }
118
119 /* 任务 2 */
120 void Task2( void *p_arg )
121 {
122     for ( ;; ) {
123         flag2 = 1;
124         delay( 100 );
125         flag2 = 0;
126         delay( 100 );
127
128         /* 任务切换，这里是手动切换 */
129         OSSched();
130     }
131 }
```

代码清单 3-29 中的所有代码在本小节之前都有循序渐进的讲解，这里只是融合在一起放在 main() 函数中。Task1 和 Task2 并不会真正自动切换，而是在各自的函数体中加入了 OSSched() 函数来实现手动切换。OSSched() 函数的实现具体参见代码清单 3-30。

代码清单 3-30 OSSched() 函数

```
 1  /* 任务切换，实际就是触发 PendSV 异常，然后在 PendSV 异常中进行上下文切换 */
 2  void OSSched (void)
 3  {
 4      if ( OSTCBCurPtr == OSRdyList[0].HeadPtr ) {
 5          OSTCBHighRdyPtr = OSRdyList[1].HeadPtr;
 6      } else {
 7          OSTCBHighRdyPtr = OSRdyList[0].HeadPtr;
 8      }
 9
10      OS_TASK_SW();
11  }
```

OSSched() 函数的调度算法很简单，即如果当前任务是任务 1，那么下一个任务就是任务 2，如果当前任务是任务 2，那么下一个任务就是任务 1，然后调用 OS_TASK_SW() 函数触发 PendSV 异常，再在 PendSV 异常中实现任务的切换。在此后的章节中，我们将继续完善，加入 SysTick 中断，从而实现系统调度的自动切换。OS_TASK_SW() 函数其实是一个宏定义，具体是往中断及状态控制寄存器 SCB_ICSR 的位 28（PendSV 异常启用位）写入 1，从而触发 PendSV 异常。OS_TASK_SW() 函数在 os_cpu.h 文件中实现（第一次使用 os_cpu.h 时需要自行在文件夹 μC-CPU 中新建并添加到工程的 μC/CPU 组），文件的内容具体参见代码清单 3-31。

代码清单 3-31 os_cpu.h 文件

```
 1  #ifndef   OS_CPU_H
 2  #define   OS_CPU_H
 3
 4  /*
 5  ************************************************************
 6  *                           宏定义
 7  ************************************************************
 8  */
 9
10  #ifndef   NVIC_INT_CTRL
11  /* 中断控制及状态寄存器 SCB_ICSR */
12  #define   NVIC_INT_CTRL                      *((CPU_REG32 *)0xE000ED04)
13  #endif
14
15  #ifndef   NVIC_PENDSVSET
16  /* 触发 PendSV 异常的值 Bit28: PENDSVSET */
17  #define   NVIC_PENDSVSET                     0x10000000
18  #endif
19
20  /* 触发 PendSV 异常 */
21  #define   OS_TASK_SW()                       NVIC_INT_CTRL = NVIC_PENDSVSET
```

```
22 /* 触发 PendSV 异常 */
23 #define  OSIntCtxSw()                    NVIC_INT_CTRL = NVIC_PENDSVSET
24 /*
25 *************************************************************************
26 *                           函数声明
27 *************************************************************************
28 */
29 void OSStartHighRdy(void);/* 在 os_cpu_a.s 中实现 */
30 void PendSV_Handler(void);/* 在 os_cpu_a.s 中实现 */
31
32
33 #endif/* OS_CPU_H */
```

3.7　实验现象

本章代码讲解完毕，接下来是软件调试仿真，具体过程如图 3-9 ～图 3-13 所示。

图 3-9　单击 Debug 按钮，进入调试界面

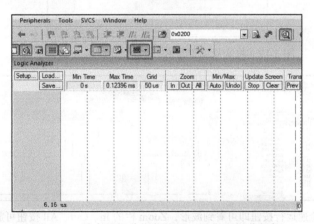

图 3-10　单击逻辑分析仪按钮，调出逻辑分析仪

至此，本章讲解完毕。但是只是把本章的内容看完，再仿真看看波形是远远不够的，应该是把任务栈、TCB、OSTCBCurPtr 和 OSTCBHighRdyPtr 这些变量统统添加到观察窗口，然后单步执行程序，观察这些变量是如何变化的，特别是任务切换时，CPU 寄存器、任务栈和 PSP 是如何变化的，让机器执行代码的过程在脑海中演示一遍。如图 3-14 所示就是我们在进行仿真调试时出现的观察窗口。

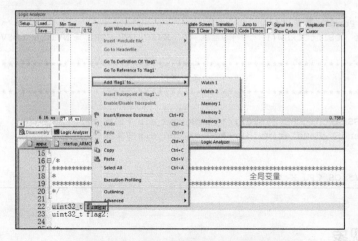

图 3-11　将要观察的变量添加到逻辑分析仪

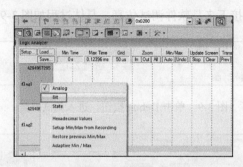

图 3-12　将变量设置为 Bit 模式，默认是 Analog 模式

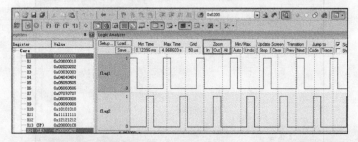

图 3-13　单击全速运行按钮即可看到波形，Zoom 栏的 In、Out、All 按钮可放大和缩小波形

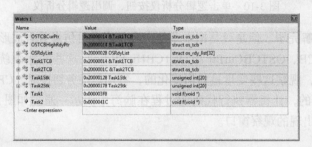

图 3-14　软件调试仿真时的观察窗口

第 4 章
任务时间片运行

本章在上一章的基础上加入 SysTick 中断，在 SysTick 中断服务函数中进行任务切换，从而实现双任务的时间片运行，即每个任务运行的时间都是一样的。

4.1　SysTick 简介

RTOS 需要一个时基来驱动，系统任务调度的频率等于该时基的频率。通常该时基由一个定时器来提供，也可以从其他周期性的信号源获得。恰好 Cortex-M 内核中有一个系统定时器 SysTick，它内嵌在 NVIC 中，是一个 24 位的递减的计数器，计数器每计数一次的时间为 1/SYSCLK。当重装载数值寄存器的值递减到 0 时，系统定时器就产生一次中断，按此循环。因为 SysTick 是嵌套在内核中的，所以不必修改操作系统在 Cortex-M 器件中编写的定时器代码，这使移植工作变得简单很多，因此 SysTick 是最适合给操作系统提供时基，用于维护系统心跳的定时器。有关 SysTick 的寄存器汇总如表 4-1 所示，常用寄存器的用法如表 4-2 ～表 4-4 所示。

表 4-1　SysTick 寄存器汇总

寄存器名称	描　述
CTRL	SysTick 控制及状态寄存器
LOAD	SysTick 重装载数值寄存器
VAL	SysTick 当前数值寄存器

表 4-2　SysTick 控制及状态寄存器

位段	名称	类型	复位值	描　述
16	COUNTFLAG	R/W	0	如果在上次读取本寄存器后，SysTick 已经计到了 0，则该位为 1
2	CLKSOURCE	R/W	0	时钟源选择位，0=AHB/8，1= 处理器时钟 AHB
1	TICKINT	R/W	0	1=SysTick 倒数计数到 0 时产生 SysTick 异常请求，0= 数到 0 时无动作。也可以通过读取 COUNTFLAG 标志位来确定计数器是否递减到 0
0	ENABLE	R/W	0	SysTick 定时器的启用位

表 4-3　SysTick 重装载数值寄存器

位段	名称	类型	复位值	描　述
23:0	RELOAD	R/W	0	当倒数计数至 0 时，将被重装载的值

表 4-4   SysTick 当前数值寄存器

位段	名称	类型	复位值	描 述
23:0	CURRENT	R/W	0	读取时返回当前倒数计数的值,写它则使之清零,同时还会清除在 SysTick 控制及状态寄存器中的 COUNTFLAG 标志

4.2   初始化 SysTick

使用 SysTick 非常简单,只需要一个初始化函数 OS_CPU_SysTickInit() 即可。此函数在 os_cpu_c.c 中定义,具体实现参见代码清单 4-1。在这里,我们没有使用 μC/OS-III 官方的 SysTick 初始化函数,而是另外编写了一个,区别是 μC/OS-III 官方的 OS_CPU_SysTickInit() 函数中涉及 SysTick 寄存器时都是重新在 cpu.h 中定义,而我们自己编写的函数则是使用 ARMCM3.h(记得在 os_cpu_c.c 的开头包含 ARMCM3.h 这个头文件)这个固件库文件中定义的寄存器。

代码清单 4-1   SysTick 初始化

```
 1 #if 0/* 不用 μC/OS-III 自带的 */
 2 void  OS_CPU_SysTickInit (CPU_INT32U  cnts)
 3 {
 4     CPU_INT32U  prio;
 5
 6     /* 填写 SysTick 的重载计数值 */
 7     CPU_REG_NVIC_ST_RELOAD = cnts - 1u;
 8
 9     /* 设置 SysTick 中断优先级 */
10     prio  = CPU_REG_NVIC_SHPRI3;
11     prio &= DEF_BIT_FIELD(24, 0);
12     prio |= DEF_BIT_MASK(OS_CPU_CFG_SYSTICK_PRIO, 24);
13
14     CPU_REG_NVIC_SHPRI3 = prio;
15
16     /* 启用 SysTick 的时钟源和启动计数器 */
17     CPU_REG_NVIC_ST_CTRL |= CPU_REG_NVIC_ST_CTRL_CLKSOURCE |
18                             CPU_REG_NVIC_ST_CTRL_ENABLE;
19     /* 启用 SysTick 的定时中断 */
20     CPU_REG_NVIC_ST_CTRL |= CPU_REG_NVIC_ST_CTRL_TICKINT;
21 }
22
23 #else/* 直接使用头文件 ARMCM3.h 中现有的寄存器定义和函数来实现 */
24 void  OS_CPU_SysTickInit (CPU_INT32U  ms)
25 {
26     /* 设置重装载寄存器的值 */
27     SysTick->LOAD  = ms * SystemCoreClock / 1000 - 1;              (1)
28
29     /* 配置中断优先级为最低 */
30     NVIC_SetPriority (SysTick_IRQn, (1<<__NVIC_PRIO_BITS) - 1);    (2)
31
```

```
32     /* 复位当前计数器的值 */
33     SysTick->VAL    = 0;                              (3)
34
35     /* 选择时钟源、启用中断、启用计数器 */
36     SysTick->CTRL   = SysTick_CTRL_CLKSOURCE_Msk |    (4)
37                       SysTick_CTRL_TICKINT_Msk   |    (5)
38                       SysTick_CTRL_ENABLE_Msk;        (6)
39 }
40 #endif
```

代码清单 4-1（1）：配置重装载寄存器的值，我们配合函数形参 ms 来配置，如果需要配置为 10ms 产生一次中断，则将形参设置为 10 即可。

代码清单 4-1（2）：配置 SysTick 的优先级，这里配置为 15，即最低。

代码清单 4-1（3）：复位当前计数器的值。

代码清单 4-1（4）：选择时钟源，这里选择 SystemCoreClock。

代码清单 4-1（5）：启用中断。

代码清单 4-1（6）：启用计数器开始计数。

4.3　编写 SysTick 中断服务函数

SysTick 中断服务函数也是在 os_cpu_c.c 中定义，具体实现参见代码清单 4-2。

代码清单 4-2　SysTick 中断服务函数

```
1 /* SysTick 中断服务函数 */
2 void SysTick_Handler(void)
3 {
4     OSTimeTick();
5 }
```

SysTick 中断服务函数很简单，其中仅调用了函数 OSTimeTick()。OSTimeTick() 是与时间相关的函数，在 os_time.c（第一次使用 os_time.c 时需要自行在文件夹 μC/OS-III\Source 中新建并添加到工程的 μC/OS-III Source 组）文件中定义，具体实现参见代码清单 4-3。

代码清单 4-3　OSTimeTick() 函数

```
1 void  OSTimeTick (void)
2 {
3     /* 任务调度 */
4     OSSched();
5 }
```

OSTimeTick() 函数仅调用了函数 OSSched()。OSSched() 函数暂时没有修改，具体参见代码清单 4-4。

代码清单 4-4 OSSched() 函数

```
1  void OSSched (void)
2  {
3      if ( OSTCBCurPtr == OSRdyList[0].HeadPtr ) {
4          OSTCBHighRdyPtr = OSRdyList[1].HeadPtr;
5      } else {
6          OSTCBHighRdyPtr = OSRdyList[0].HeadPtr;
7      }
8
9      OS_TASK_SW();
10 }
```

4.4 main() 函数

此处 main() 函数与第 3 章中区别不大，仅仅是加入了 SysTick 相关的内容，具体参见代码清单 4-5。

代码清单 4-5 main() 函数和任务代码

```
1  int main(void)
2  {
3      OS_ERR err;
4
5      /* 关闭中断 */
6      CPU_IntDis();                                       (1)
7
8      /* 配置 SysTick 10ms 中断一次 */
9      OS_CPU_SysTickInit (10);                            (2)
10
11     /* 初始化相关的全局变量 */
12     OSInit(&err);
13
14     /* 创建任务 */
15     OSTaskCreate ((OS_TCB*)      &Task1TCB,
16                   (OS_TASK_PTR ) Task1,
17                   (void *)       0,
18                   (CPU_STK*)     &Task1Stk[0],
19                   (CPU_STK_SIZE) TASK1_STK_SIZE,
20                   (OS_ERR *)     &err);
21
22     OSTaskCreate ((OS_TCB*)      &Task2TCB,
23                   (OS_TASK_PTR ) Task2,
24                   (void *)       0,
25                   (CPU_STK*)     &Task2Stk[0],
26                   (CPU_STK_SIZE) TASK2_STK_SIZE,
27                   (OS_ERR *)     &err);
28
29     /* 将任务加入就绪列表 */
30     OSRdyList[0].HeadPtr = &Task1TCB;
```

```
31        OSRdyList[1].HeadPtr = &Task2TCB;
32
33        /* 启动操作系统，将不再返回 */
34        OSStart(&err);
35    }
36
37
38
39 /* 任务 1 */
40 void Task1( void *p_arg )
41 {
42     for ( ;; ) {
43         flag1 = 1;
44         delay( 100 );
45         flag1 = 0;
46         delay( 100 );
47
48         /* 任务切换，这里是手动切换 */
49         //OSSched();                                    (3)
50     }
51 }
52
53 /* 任务 2 */
54 void Task2( void *p_arg )
55 {
56     for ( ;; ) {
57         flag2 = 1;
58         delay( 100 );
59         flag2 = 0;
60         delay( 100 );
61
62         /* 任务切换，这里是手动切换 */
63         //OSSched();                                    (4)
64     }
65 }
```

代码清单 4-5（1）：关闭中断。因为在操作系统初始化之前启用了 SysTick 定时器产生 10ms 的中断，在中断中触发任务调度，如果一开始不关闭中断，就会在操作系统还未启动之前就进入 SysTick 中断，然后发生任务调度。既然操作系统都还未启动，那么调度是不允许发生的，所以应先关闭中断。操作系统启动后，中断由 OSStart() 函数中的 OSStartHighRdy() 重启。

代码清单 4-5（2）：配置 SysTick 为 10ms 中断一次。任务的调度是在 SysTick 的中断服务函数中完成的，中断的频率越高意味着操作系统的调度越高，系统的负荷就越重，一直在不断地进入中断，则执行任务的时间就会减少。选择合适的 SysTick 中断频率会提高系统的运行效率，μC/OS-III 官方推荐为 10ms，也可设置得再高一些。

代码清单 4-5（3）（4）：任务调度将不再在各自的任务中实现，而是放到了 SysTick 中断服务函数中，从而实现每个任务都运行相同的时间片，平等地享有 CPU。

4.5 实验现象

进入软件调试，单击全速运行按钮即可看到实验波形，如图 4-1 所示。

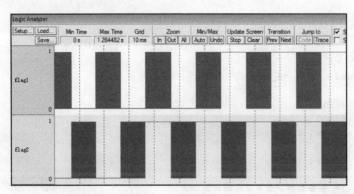

图 4-1 实验现象 1

从图 4-1 可以看到，两个任务轮流占有 CPU，享有相同的时间片。其实目前的实验现象与第 3 章的实验现象还没有本质上的区别，加入 SysTick 只是为了后续章节做准备。第 3 章中的两个任务也是轮流占有 CPU，也享有相同的时间片，该时间片是任务单次运行的时间。不同的是本章任务的时间片等于 SysTick 定时器的时基，是很多个任务单次运行时间的综合。即在这个时间片里面任务运行了很多次，如果把波形放大，就会发现大波形里面包含了很多小波形，如图 4-2 所示。

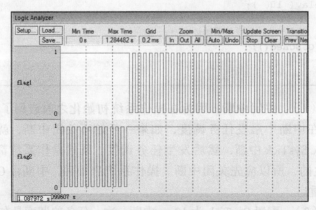

图 4-2 实验现象 2

第 5 章
空闲任务与阻塞延时

在第 4 章中，任务中的延时使用的是软件延时，即还是让 CPU 空等来达到延时的效果。使用 RTOS 的优势就是充分发挥 CPU 的性能，永远不让它闲着。任务如果需要延时，也就不能再让 CPU 空等来实现延时的效果。RTOS 中的延时叫作阻塞延时，即当任务需要延时时，会放弃 CPU 的使用权，CPU 可以去做其他的事情，当任务延时时间到，将重新获取 CPU 使用权，任务继续运行，这样就充分利用了 CPU 的资源，而不是空等。

当任务需要延时而进入阻塞状态时，CPU 在做什么？如果没有其他任务可以运行，RTOS 都会为 CPU 创建一个空闲任务，这时 CPU 就运行空闲任务。在 μC/OS-III 中，空闲任务是系统在初始化时创建的优先级最低的任务，空闲任务主体很简单，只是对一个全局变量进行计数。鉴于空闲任务的这种特性，在实际应用中，当系统进入空闲任务时，可在空闲任务中让单片机进入休眠或者低功耗等操作。

5.1 实现空闲任务

5.1.1 定义空闲任务栈

空闲任务栈在 os_cfg_app.c（第一次使用 os_cfg_app.c 时需要自行在文件夹 μC/OS-III\Source 中新建并添加到工程的 μC/OS-III Source 组）文件中定义，具体参见代码清单 5-1。

代码清单 5-1 os_cfg_app.c 文件

```
 1 /*
 2 ************************************************************
 3 *                        数据域
 4 ************************************************************
 5 */
 6
 7 CPU_STK    OSCfg_IdleTaskStk[OS_CFG_IDLE_TASK_STK_SIZE];          (1)
 8
 9
10
11 /*
12 ************************************************************
13 *                        常量
```

```
14  ***************************************************************
15  */
16
17  /* 空闲任务栈起始地址 */
18  CPU_STK      * const  OSCfg_IdleTaskStkBasePtr  = \                    (2)
19      (CPU_STK    *)&OSCfg_IdleTaskStk[0];
20  /* 空闲任务栈大小 */
21  CPU_STK_SIZE   const  OSCfg_IdleTaskStkSize    = \
22      (CPU_STK_SIZE)OS_CFG_IDLE_TASK_STK_SIZE;
```

代码清单 5-1（1）：空闲任务栈是一个定义好的数组，大小由 OS_CFG_IDLE_TASK_
STK_SIZE 这个宏控制。OS_CFG_IDLE_TASK_STK_SIZE 在 os_cfg_app.h 头文件中定义，
大小为 128，具体参见代码清单 5-2。

代码清单 5-2　os_cfg_app.h 文件

```
1  #ifndef OS_CFG_APP_H
2  #define OS_CFG_APP_H
3
4  /*
5  ***************************************************************
6  *                          常量
7  ***************************************************************
8  */
9
10  /* 空闲任务栈大小 */
11  #define  OS_CFG_IDLE_TASK_STK_SIZE      128u
12
13  #endif/* OS_CFG_APP_H */
```

代码清单 5-1（2）：空闲任务栈的起始地址和大小均被定义成一个常量，不能被修改。
变量 OSCfg_IdleTaskStkBasePtr 和 OSCfg_IdleTaskStkSize 还在 os.h 中声明，这样就具有全局
属性，可以在其他文件中调用，具体声明参见代码清单 5-3。

代码清单 5-3　OSCfg_IdleTaskStkBasePtr 和 OSCfg_IdleTaskStkSize 声明

```
1  /* 空闲任务栈起始地址 */
2  extern CPU_STK      *  const  OSCfg_IdleTaskStkBasePtr;
3  /* 空闲任务栈大小 */
4  extern CPU_STK_SIZE   const  OSCfg_IdleTaskStkSize;
```

5.1.2　定义空闲任务的任务控制块

任务控制块（TCB）是每一个任务必需的，空闲任务的 TCB 在 os.h 中定义，是一个全局
变量，具体参见代码清单 5-4。

代码清单 5-4　定义空闲任务的 TCB

```
/* 空闲任务的 TCB */
1  OS_EXT    OS_TCB          OSIdleTaskTCB;
```

5.1.3　定义空闲任务函数

空闲任务正如其名，空闲，任务体中只是对全局变量执行 OSIdleTaskCtr ++ 操作，具体实现参见代码清单 5-5。

代码清单 5-5　空闲任务函数

```
1 /* 空闲任务 */
2 void  OS_IdleTask (void  *p_arg)
3 {
4    p_arg = p_arg;
5
6    /* 空闲任务什么都不做，只对全局变量执行 OSIdleTaskCtr++ 操作 */
7    for (;;) {
8        OSIdleTaskCtr++;
9    }
10 }
```

代码清单 5-5 中的全局变量 OSIdleTaskCtr 在 os.h 中定义，具体参见代码清单 5-6。

代码清单 5-6　OSIdleTaskCtr 定义

```
/* 空闲任务计数变量 */
1 OS_EXT    OS_IDLE_CTR    OSIdleTaskCtr;
```

代码清单 5-6 中的 OS_IDLE_CTR 是在 os_type.h 中重新定义的数据类型，具体参见代码清单 5-7。

代码清单 5-7　OS_IDLE_CTR 定义

```
/* 空闲任务计数变量定义 */
1 typedef   CPU_INT32U        OS_IDLE_CTR;
```

5.1.4　空闲任务初始化

空闲任务的初始化用 OSInit() 函数完成，这意味着在系统还没有启动之前空闲任务就已经创建好，具体在 os_core.c 中定义，具体代码参见代码清单 5-8。

代码清单 5-8　空闲任务初始化函数

```
1 void OSInit (OS_ERR *p_err)
2 {
3     /* 配置操作系统初始状态为停止态 */
4     OSRunning =  OS_STATE_OS_STOPPED;
5
6     /* 初始化两个全局 TCB，这两个 TCB 用于任务切换 */
7     OSTCBCurPtr = (OS_TCB *)0;
8     OSTCBHighRdyPtr = (OS_TCB *)0;
9
```

```
10       /* 初始化就绪列表 */
11       OS_RdyListInit();
12
13       /* 初始化空闲任务 */
14       OS_IdleTaskInit(p_err);                                              (1)
15       if (*p_err != OS_ERR_NONE) {
16           return;
17       }
18  }
19
20  /* 空闲任务初始化 */
21  void  OS_IdleTaskInit(OS_ERR  *p_err)
22  {
23       /* 初始化空闲任务计数器 */
24       OSIdleTaskCtr = (OS_IDLE_CTR)0;                                      (2)
25
26       /* 创建空闲任务 */
27       OSTaskCreate( (OS_TCB      *)&OSIdleTaskTCB,                         (3)
28                     (OS_TASK_PTR )OS_IdleTask,
29                     (void        *)0,
30                     (CPU_STK     *)OSCfg_IdleTaskStkBasePtr,
31                     (CPU_STK_SIZE)OSCfg_IdleTaskStkSize,
32                     (OS_ERR      *)p_err );
33  }
```

代码清单 5-8（1）：空闲任务初始化函数在 OSInit() 中调用，在系统还没有启动之前就被创建。

代码清单 5-8（2）：初始化空闲任务计数器，这是预先在 os.h 中定义好的全局变量。

代码清单 5-8（3）：创建空闲任务，把栈、TCB、任务函数联系在一起。

5.2　实现阻塞延时

阻塞延时的阻塞是指任务调用该延时函数后，会被剥夺 CPU 使用权，然后进入阻塞状态，直到延时结束，任务重新获取 CPU 使用权才可以继续运行。在任务阻塞的这段时间，CPU 可以执行其他任务，如果其他任务也处于延时状态，那么 CPU 就将运行空闲任务。阻塞延时函数在 os_time.c 中定义，具体代码实现参见代码清单 5-9。

代码清单 5-9　阻塞延时

```
1  /* 阻塞延时 */
2  void  OSTimeDly(OS_TICK dly)
3  {
4       /* 设置延时时间 */
5       OSTCBCurPtr->TaskDelayTicks = dly;                                   (1)
6
7       /* 进行任务调度 */
8       OSSched();                                                           (2)
9  }
```

代码清单 5-9（1）：TaskDelayTicks 是任务控制块的一个成员，用于记录任务需要延时的时间，单位为 SysTick 的中断周期。比如我们设置的 SysTick 的中断周期为 10ms，调用 OSTimeDly(2) 则完成 2*10ms 的延时。TaskDelayTicks 的定义具体参见代码清单 5-10。

代码清单 5-10　TaskDelayTicks 定义

```
1 struct os_tcb {
2    CPU_STK          *StkPtr;
3    CPU_STK_SIZE      StkSize;
4
5    /* 任务延时周期个数 */
6    OS_TICK           TaskDelayTicks;
7 };
```

代码清单 5-9（2）：任务调度。这时的任务调度与第 4 章的不一样，具体参见代码清单 5-11，其中加粗部分为第 4 章的代码，现已用条件编译屏蔽掉。

代码清单 5-11　任务调度

```
1 void OSSched(void)
2 {
3 #if 0/* 非常简单的任务调度：两个任务轮流执行 */
4    if ( OSTCBCurPtr == OSRdyList[0].HeadPtr ) {
5        OSTCBHighRdyPtr = OSRdyList[1].HeadPtr;
6    } else {
7        OSTCBHighRdyPtr = OSRdyList[0].HeadPtr;
8    }
9 #endif
10
11    /* 如果当前任务是空闲任务，那么尝试执行任务1或者任务2，
12     * 看看其延时时间是否结束，如果任务的延时时间均没有到期，
13     * 就返回继续执行空闲任务 */
14    if ( OSTCBCurPtr == &OSIdleTaskTCB ) {                          (1)
15        if (OSRdyList[0].HeadPtr->TaskDelayTicks == 0) {
16            OSTCBHighRdyPtr = OSRdyList[0].HeadPtr;
17        } else if (OSRdyList[1].HeadPtr->TaskDelayTicks == 0) {
18            OSTCBHighRdyPtr = OSRdyList[1].HeadPtr;
19        } else {
20            /* 任务延时均没有到期则返回，继续执行空闲任务 */
21            return;
22        }
23    } else {                                                        (2)
24    /* 如果是 task1 或者 task2，则检查另外一个任务，
25     * 如果另外的任务不在延时中，则切换到该任务
26     * 否则，判断当前任务是否应该进入延时状态，
27     * 如果是，则切换到空闲任务，否则就不进行任何切换 */
28    if (OSTCBCurPtr == OSRdyList[0].HeadPtr) {
29        if (OSRdyList[1].HeadPtr->TaskDelayTicks == 0) {
30            OSTCBHighRdyPtr = OSRdyList[1].HeadPtr;
31        } else if (OSTCBCurPtr->TaskDelayTicks != 0) {
32            OSTCBHighRdyPtr = &OSIdleTaskTCB;
```

```
33              } else {
34                  /* 返回，不进行切换，因为两个任务都处于延时状态 */
35                  return;
36              }
37          } else if (OSTCBCurPtr == OSRdyList[1].HeadPtr) {
38              if (OSRdyList[0].HeadPtr->TaskDelayTicks == 0) {
39                  OSTCBHighRdyPtr = OSRdyList[0].HeadPtr;
40              } else if (OSTCBCurPtr->TaskDelayTicks != 0) {
41                  OSTCBHighRdyPtr = &OSIdleTaskTCB;
42              } else {
43                  /* 返回，不进行切换，因为两个任务都处于延时中 */
44                  return;
45              }
46          }
47      }
48
49      /* 任务切换 */
50      OS_TASK_SW();                                                        (3)
51  }
```

代码清单 5-11（1）：如果当前任务是空闲任务，则尝试执行任务 1 或者任务 2，看看其延时时间是否结束，如果任务的延时时间均没有到期，就返回继续执行空闲任务。

代码清单 5-11（2）：如果当前任务不是空闲任务，则会执行到此，那就看看当前任务是哪个任务。无论是哪个任务，都要检查另外一个任务是否处于延时状态，如果没有延时，就切换到该任务，如果处于延时状态，则判断当前任务是否应该进入延时状态，如果是，则切换到空闲任务，否则不进行任务切换。

代码清单 5-11（3）：任务切换，实际就是触发 PendSV 异常。

5.3   main() 函数

main() 函数和任务代码变动不大，具体参见代码清单 5-12，有变动的部分代码已加粗。

代码清单 5-12   main() 函数

```
 1  int main(void)
 2  {
 3      OS_ERR err;
 4
 5      /* 关闭中断 */
 6      CPU_IntDis();
 7
 8      /* 配置 SysTick 每 10ms 中断一次 */
 9      OS_CPU_SysTickInit (10);
10
11      /* 初始化相关的全局变量 */
12      OSInit(&err);                                                        (1)
13
14      /* 创建任务 */
```

```
15      OSTaskCreate ((OS_TCB*)        &Task1TCB,
16                    (OS_TASK_PTR )  Task1,
17                    (void *)        0,
18                    (CPU_STK*)      &Task1Stk[0],
19                    (CPU_STK_SIZE)  TASK1_STK_SIZE,
20                    (OS_ERR *)      &err);
21
22      OSTaskCreate ((OS_TCB*)        &Task2TCB,
23                    (OS_TASK_PTR )  Task2,
24                    (void *)        0,
25                    (CPU_STK*)      &Task2Stk[0],
26                    (CPU_STK_SIZE)  TASK2_STK_SIZE,
27                    (OS_ERR *)      &err);
28
29      /* 将任务加入就绪列表 */
30      OSRdyList[0].HeadPtr = &Task1TCB;
31      OSRdyList[1].HeadPtr = &Task2TCB;
32
33      /* 启动操作系统，将不再返回 */
34      OSStart(&err);
35  }
36
37  /* 任务1 */
38  void Task1( void *p_arg )
39  {
40      for ( ;; ) {
41          flag1 = 1;
42          //delay( 100 );
43          OSTimeDly(2);                                            (2)
44          flag1 = 0;
45          //delay( 100 );
46          OSTimeDly(2);
47
48          /* 任务切换，这里是手动切换 */
49          //OSSched();
50      }
51  }
52
53  /* 任务2 */
54  void Task2( void *p_arg )
55  {
56      for ( ;; ) {
57          flag2 = 1;
58          //delay( 100 );
59          OSTimeDly(2);                                            (3)
60          flag2 = 0;
61          //delay( 100 );
62          OSTimeDly(2);
63
64          /* 任务切换，这里是手动切换 */
65          //OSSched();
66      }
67  }
```

代码清单 5-12（1）：空闲任务初始化函数在 OSInit() 中调用，在系统启动之前创建好空闲任务。

代码清单 5-12（2）（3）：延时函数均替代为阻塞延时，延时时间均为 2 个 SysTick 中断周期，即 20ms。

5.4 实验现象

进入软件调试，全速运行程序，从逻辑分析仪中可以看到两个任务的波形是完全同步的，就好像 CPU 同时在做两件事情，具体仿真波形图如图 5-1 和图 5-2 所示。

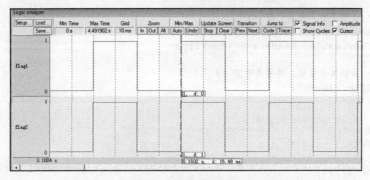

图 5-1 实验现象 1

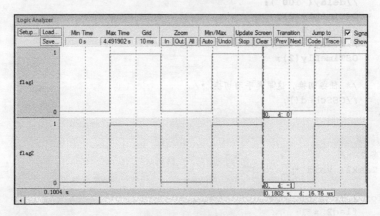

图 5-2 实验现象 2

由图 5-1 和图 5-2 可以看出，flag1 和 flag2 的高电平的时间为（0.1802 − 0.1602）s，恰好等于阻塞延时的 20ms，所以实验现象与代码要实现的功能是相符的。

第 6 章
时 间 戳

本章实现时间戳用的是 ARM Cortex-M 系列内核中 DWT 这个外设的功能，有关此外设的功能和寄存器说明具体参见手册 "STM32F10xxx Cortex-M3 programming manual"。

6.1 时间戳简介

在 μC/OS-III 中，很多代码中都加入了时间测量的功能，比如任务关中断的时间、关调度器的时间等。知道了某段代码的运行时间，就可以知道该代码的执行效率，如果时间过长，就可以优化或者调整代码策略。如果要测量一段代码 A 的运行时间，那么可以在代码段 A 运行前记录一个时间点 TimeStart，在代码段 A 运行完记录一个时间点 TimeEnd，那么代码段 A 的运行时间 TimeUse 就等于 TimeEnd 减去 TimeStart。此处两个时间点 TimeEnd 和 TimeStart 就叫作时间戳。

6.2 时间戳的实现

通常执行一条代码是需要多个时钟周期的，为纳秒级别。要想准确测量代码的运行时间，时间戳的精度很重要。通常单片机中的硬件定时器的精度都是微秒级别，远达不到测量几条代码运行时间所需的精度。

在 ARM Cortex-M 系列内核中，有一个 DWT 的外设，该外设有一个 32 位的寄存器，叫作 CYCCNT，它是一个向上的计数器，记录的是内核时钟 HCLK 运行的个数。当 CYCCNT 溢出之后，会清零重新开始向上计数。该计数器在 μC/OS-III 中恰好被用来实现时间戳的功能。

在 STM32F103 系列的单片机中，HCLK 时钟频率最高为 72MHz，单个时钟的周期为 $1/72μs = 0.0139μs = 14ns$，CYCCNT 总共能记录的时间为 $2^{32}*14=60s$。在 μC/OS-III 中，要测量的时间都是很短的，为毫秒级别，所以不需要考虑定时器溢出的问题。如果内核代码执行的时间超过 s 的级别，就背离实时操作系统实时的设计初衷了，没有意义。

6.3 时间戳代码

6.3.1 CPU_Init() 函数

CPU_Init() 函数在 cpu_core.c 中实现（第一次使用 cpu_core.c 文件时需要自行在文件夹 µC-CPU 中新建并添加到工程的 µC/CPU 组），主要用于做 3 件事：1）初始化时间戳；2）初始化中断禁用时间测量；3）初始化 CPU 名称。第 2、3 个功能目前还没有用到，只实现了初始化时间戳的代码，具体参见代码清单 6-1。

代码清单 6-1　CPU_Init() 函数

```
1  /* CPU 初始化函数 */
2  void  CPU_Init (void)
3  {
4      /* CPU 初始化函数中总共做了 3 件事
5       * 1）初始化时间戳
6       * 2）初始化中断禁用时间测量
7       * 3）初始化 CPU 名字
8       * 此处只介绍时间戳功能，剩下两个的初始化代码则删除不讲 */
9
10  #if ((CPU_CFG_TS_EN      == DEF_ENABLED) || \          (1)
11      (CPU_CFG_TS_TMR_EN == DEF_ENABLED))
12      CPU_TS_Init();                                      (2)
13  #endif
14
15  }
```

代码清单 6-1（1）：CPU_CFG_TS_EN 和 CPU_CFG_TS_TMR_EN 这两个宏在 cpu_core. h 中定义，用于控制时间戳相关的功能代码，具体定义参见代码清单 6-2。

代码清单 6-2　CPU_CFG_TS_EN 和 CPU_CFG_TS_TMR_EN 宏定义

```
1  #if     ((CPU_CFG_TS_32_EN == DEF_ENABLED) || \        (1)
2           (CPU_CFG_TS_64_EN == DEF_ENABLED))
3  #define  CPU_CFG_TS_EN                        DEF_ENABLED
4  #else
5  #define  CPU_CFG_TS_EN                        DEF_DISABLED
6  #endif
7
8  #if     ((CPU_CFG_TS_EN == DEF_ENABLED) || \
9  (defined(CPU_CFG_INT_DIS_MEAS_EN)))
10 #define  CPU_CFG_TS_TMR_EN                    DEF_ENABLED
11 #else
12 #define  CPU_CFG_TS_TMR_EN                    DEF_DISABLED
13 #endif
```

代码清单 6-2（1）：CPU_CFG_TS_32_EN 和 CPU_CFG_TS_64_EN 这两个宏在 cpu_cfg.h 文件中定义（第一次使用 cpu_cfg.h 文件时需要自行在文件夹 µC-CPU 中新建并添加到工程的

μC/CPU 组），用于控制时间戳是 32 位或 64 位，默认启用 32 位，具体参见代码清单 6-3。

代码清单 6-3 CPU_CFG_TS_32_EN 和 CPU_CFG_TS_64_EN 宏定义

```
1 #ifndef  CPU_CFG_MODULE_PRESENT
2 #define  CPU_CFG_MODULE_PRESENT
3
4
5 #define  CPU_CFG_TS_32_EN                        DEF_ENABLED
6 #define  CPU_CFG_TS_64_EN                        DEF_DISABLED
7
8 #define  CPU_CFG_TS_TMR_SIZE                     CPU_WORD_SIZE_32
9
10
11 #endif/* CPU_CFG_MODULE_PRESENT */
```

6.3.2 CPU_TS_Init() 函数

代码清单 6-1（2）：CPU_TS_Init() 是时间戳初始化函数，在 cpu_core.c 中实现，具体参见代码清单 6-4。

代码清单 6-4 CPU_TS_Init() 函数

```
1 #if ((CPU_CFG_TS_EN     == DEF_ENABLED) || \
2     (CPU_CFG_TS_TMR_EN == DEF_ENABLED))
3 static  void  CPU_TS_Init (void)
4 {
5
6 #if (CPU_CFG_TS_TMR_EN == DEF_ENABLED)
7     CPU_TS_TmrFreq_Hz  = 0u;                                    (1)
8     CPU_TS_TmrInit();                                           (2)
9 #endif
10
11 }
12 #endif
```

代码清单 6-4（1）：CPU_TS_TmrFreq_Hz 是一个在 cpu_core.h 中定义的全局变量，表示 CPU 的系统时钟，具体大小与硬件相关，如果使用 STM32F103 系列，就等于 72000000Hz。CPU_TS_TmrFreq_Hz 变量的定义以及时间戳相关的数据类型的定义具体参见代码清单 6-5。

代码清单 6-5 CPU_TS_TmrFreq_Hz 和时间戳相关的数据类型定义

```
1 /*
2 ******************************************************************
3 *                        EXTERNS
4 *                   在 cpu_core.h 开头定义
5 ******************************************************************
6 */
7
8 #ifdef   CPU_CORE_MODULE/* CPU_CORE_MODULE 只在 cpu_core.c 文件的开头定义 */
```

```
 9 #define  CPU_CORE_EXT
10 #else
11 #define  CPU_CORE_EXT  extern
12 #endif
13
14 /*
15 ************************************************************
16 *                        时间戳数据类型
17 *                    在 cpu_core.h 文件中定义
18 ************************************************************
19 */
20
21 typedef  CPU_INT32U  CPU_TS32;
22
23 typedef  CPU_INT32U   CPU_TS_TMR_FREQ;
24 typedef  CPU_TS32     CPU_TS;
25 typedef  CPU_INT32U   CPU_TS_TMR;
26
27
28 /*
29 ************************************************************
30 *                         全局变量
31 *                    在 cpu_core.h 文件中定义
32 ************************************************************
33 */
34
35 #if  (CPU_CFG_TS_TMR_EN   == DEF_ENABLED)
36 CPU_CORE_EXT  CPU_TS_TMR_FREQ  CPU_TS_TmrFreq_Hz;
37 #endif
```

6.3.3 CPU_TS_TmrInit() 函数

代码清单 6-4（2）：时间戳定时器初始化函数 CPU_TS_TmrInit() 在 cpu_core.c 中实现，具体参见代码清单 6-6。

代码清单 6-6 CPU_TS_TmrInit() 函数

```
 1 /* 时间戳定时器初始化 */
 2 #if (CPU_CFG_TS_TMR_EN == DEF_ENABLED)
 3 void  CPU_TS_TmrInit (void)
 4 {
 5     CPU_INT32U  fclk_freq;
 6
 7
 8     fclk_freq = BSP_CPU_ClkFreq();                                    (2)
 9
10     /* 启用 DWT 外设 */
11     BSP_REG_DEM_CR       |= (CPU_INT32U)BSP_BIT_DEM_CR_TRCENA;        (1)
12     /* DWT CYCCNT 寄存器计数清零 */
13     BSP_REG_DWT_CYCCNT   = (CPU_INT32U)0u;
14     /* 注意：当使用软件仿真全速运行时，会先停在这里，
```

```
15        * 就好像在这里设置了一个断点一样，需要手动运行才能跳过，
16        * 当使用硬件仿真时却不会 */
17      /* 启用 Cortex-M3 DWT CYCCNT 寄存器 */
18      BSP_REG_DWT_CR        |= (CPU_INT32U)BSP_BIT_DWT_CR_CYCCNTENA;
19
20      CPU_TS_TmrFreqSet((CPU_TS_TMR_FREQ)fclk_freq);                        (3)
21 }
22 #endif
```

代码清单 6-6(1)：初始化时间戳计数器 CYCCNT，启用 CYCCNT 计数的操作步骤如下：

1) 启用 DWT 外设，这由另外的内核调试寄存器 DEMCR 的位 24 控制，写 1 启用。

2) 启用 CYCCNT 寄存器之前，先清零。

3) 启用 CYCCNT 寄存器，这由 DWT_CTRL（代码中宏定义为 DWT_CR）的位 0 控制，写 1 启用。这 3 个步骤中涉及的寄存器在 cpu_core.c 文件的开头定义，具体参见代码清单 6-7。

代码清单 6-7　DWT 外设相关寄存器定义

```
 1 /*
 2 ************************************************************************
 3 *                         寄存器定义
 4 ************************************************************************
 5 */
 6 #define    BSP_REG_DEM_CR              (*(CPU_REG32 *)0xE000EDFC)
 7 #define    BSP_REG_DWT_CR              (*(CPU_REG32 *)0xE0001000)
 8 #define    BSP_REG_DWT_CYCCNT          (*(CPU_REG32 *)0xE0001004)
 9 #define    BSP_REG_DBGMCU_CR           (*(CPU_REG32 *)0xE0042004)
10
11 /*
12 ************************************************************************
13 *                         寄存器位定义
14 ************************************************************************
15 */
16
17 #define    BSP_DBGMCU_CR_TRACE_IOEN_MASK         0x10
18 #define    BSP_DBGMCU_CR_TRACE_MODE_ASYNC        0x00
19 #define    BSP_DBGMCU_CR_TRACE_MODE_SYNC_01      0x40
20 #define    BSP_DBGMCU_CR_TRACE_MODE_SYNC_02      0x80
21 #define    BSP_DBGMCU_CR_TRACE_MODE_SYNC_04      0xC0
22 #define    BSP_DBGMCU_CR_TRACE_MODE_MASK         0xC0
23
24 #define    BSP_BIT_DEM_CR_TRCENA                 (1<<24)
25
26 #define    BSP_BIT_DWT_CR_CYCCNTENA              (1<<0)
```

6.3.4　BSP_CPU_ClkFreq() 函数

代码清单 6-6（2）：BSP_CPU_ClkFreq() 是一个用于获取 CPU 的 HCLK 时钟的 BSP 函数，与硬件相关，目前只是使用软件仿真，所以注释掉了硬件相关的代码，直接手动设置

CPU 的 HCLK 时钟等于软件仿真的时钟 25000000Hz。BSP_CPU_ClkFreq() 在 cpu_core.c 中实现，具体定义参见代码清单 6-8。

代码清单 6-8　BSP_CPU_ClkFreq() 函数

```
1  /* 获取 CPU 的 HCLK 时钟
2   * 与硬件相关，目前是软件仿真，所以暂时屏蔽了与硬件相关的代码，
3   * 直接手动设置 CPU 的 HCLK 时钟 */
4  CPU_INT32U  BSP_CPU_ClkFreq (void)
5  {
6  #if 0
7      RCC_ClocksTypeDef   rcc_clocks;
8
9
10     RCC_GetClocksFreq(&rcc_clocks);
11     return ((CPU_INT32U)rcc_clocks.HCLK_Frequency);
12 #else
13     CPU_INT32U    CPU_HCLK;
14
15
16     /* 目前软件仿真我们使用 25MHz 的系统时钟 */
17     CPU_HCLK = 25000000;
18
19     return CPU_HCLK;
20 #endif
21 }
```

6.3.5　CPU_TS_TmrFreqSet() 函数

代码清单 6-6（3）：CPU_TS_TmrFreqSet() 函数在 cpu_core.c 中定义，其作用是将函数 BSP_CPU_ClkFreq() 获取的 CPU 的 HCLK 时钟赋值给全局变量 CPU_TS_TmrFreq_Hz，具体实现参见代码清单 6-9。

代码清单 6-9　CPU_TS_TmrFreqSet() 函数

```
1  /* 初始化 CPU_TS_TmrFreq_Hz，这就是系统的时钟，单位为 Hz */
2  #if (CPU_CFG_TS_TMR_EN == DEF_ENABLED)
3  void  CPU_TS_TmrFreqSet (CPU_TS_TMR_FREQ  freq_hz)
4  {
5      CPU_TS_TmrFreq_Hz = freq_hz;
6  }
7  #endif
```

6.3.6　CPU_TS_TmrRd() 函数

CPU_TS_TmrRd() 函数用于获取 CYCNNT 计数器的值，在 cpu_core.c 中定义，具体实现参见代码清单 6-10。

代码清单 6-10　CPU_TS_TmrRd() 函数

```
1  #if (CPU_CFG_TS_TMR_EN == DEF_ENABLED)
2  CPU_TS_TMR  CPU_TS_TmrRd (void)
3  {
4      CPU_TS_TMR  ts_tmr_cnts;
5
6
7      ts_tmr_cnts = (CPU_TS_TMR)BSP_REG_DWT_CYCCNT;
8
9      return (ts_tmr_cnts);
10 }
11 #endif
```

6.3.7　OS_TS_GET() 函数

　　OS_TS_GET() 函数也用于获取 CYCNNT 计数器的值，它实际上是一个宏定义，将 CPU 底层的函数 CPU_TS_TmrRd() 重新命名并封装，供内核和用户函数使用，在 os_cpu.h 头文件中定义，具体实现参见代码清单 6-11。

代码清单 6-11　OS_TS_GET() 函数

```
1  /*
2  ************************************************************
3  *                      时间戳配置
4  ************************************************************
5  */
6  /* 启用时间戳，在 os_cfg.h 头文件中启用 */
7  #define OS_CFG_TS_EN                    1u
8
9  #if      OS_CFG_TS_EN == 1u
10 #define OS_TS_GET()              (CPU_TS)CPU_TS_TmrRd()
11 #else
12 #define OS_TS_GET()              (CPU_TS)0u
13 #endif
```

6.4　main() 函数

　　主函数与之前区别不大，首先在 main() 函数开头加入 CPU_Init() 函数，然后在任务 1 中对延时函数的执行时间进行测量。新加入的代码以粗体显示，具体参见代码清单 6-12。

代码清单 6-12　main() 函数

```
1  uint32_t TimeStart;/* 定义 3 个全局变量 */
2  uint32_t TimeEnd;
3  uint32_t TimeUse;
4
5
```

```
 6  /*
 7  ************************************************************
 8  *                          main() 函数
 9  ************************************************************
10  */
11
12  int main(void)
13  {
14      OS_ERR err;
15
16
17      /* CPU 初始化: 初始化时间戳 */
18      CPU_Init();
19
20      /* 关闭中断 */
21      CPU_IntDis();
22
23      /* 配置 SysTick 每 10ms 中断一次 */
24      OS_CPU_SysTickInit (10);
25
26      /* 初始化相关的全局变量 */
27      OSInit(&err);
28
29      /* 创建任务 */
30      OSTaskCreate ((OS_TCB*)       &Task1TCB,
31                    (OS_TASK_PTR )  Task1,
32                    (void *)        0,
33                    (CPU_STK*)      &Task1Stk[0],
34                    (CPU_STK_SIZE)  TASK1_STK_SIZE,
35                    (OS_ERR *)      &err);
36
37      OSTaskCreate ((OS_TCB*)       &Task2TCB,
38                    (OS_TASK_PTR )  Task2,
39                    (void *)        0,
40                    (CPU_STK*)      &Task2Stk[0],
41                    (CPU_STK_SIZE)  TASK2_STK_SIZE,
42                    (OS_ERR *)      &err);
43
44      /* 将任务加入就绪列表 */
45      OSRdyList[0].HeadPtr = &Task1TCB;
46      OSRdyList[1].HeadPtr = &Task2TCB;
47
48      /* 启动操作系统, 将不再返回 */
49      OSStart(&err);
50  }
51
52  /* 任务 1 */
53  void Task1( void *p_arg )
54  {
55      for ( ;; ) {
56          flag1 = 1;
57
58          TimeStart = OS_TS_GET();
```

```
59          OSTimeDly(20);
60          TimeEnd = OS_TS_GET();
61          TimeUse = TimeEnd - TimeStart;
62
63          flag1 = 0;
64          OSTimeDly(2);
65      }
66 }
```

6.5 实验现象

时间戳的时间测量功能在软件仿真时不能使用，只能用于硬件仿真，这里仅讲解代码功能。有关硬件仿真，我们提供了一个测量 SysTick 定时时间的例程 "7-SysTick—系统定时器 STM32 时间戳【硬件仿真】"，在配套的程序源码中可以找到。

第 7 章
临 界 段

7.1 临界段简介

临界段，用一句话概括就是一段在执行时不能被中断的代码段。在 μC/OS 中，临界段最常出现的场景就是对全局变量的操作。全局变量就好像是一个枪靶子，谁都可以对其开枪，但是有一人开枪，其他人就不能开枪，否则就不知道是谁命中了靶子。

临界段代码也称作临界域，是一段不可分割的代码。μC/OS 中包含了很多临界段代码。如果临界段可能被中断，那么就需要关中断以保护临界段。如果临界段可能被任务级代码打断，就需要锁定调度器以保护临界段。

那么什么情况下临界段会被中断？一个是系统调度，还有一个就是外部中断。在 μC/OS 的系统调度中，最终也是产生 PendSV 中断，在 PendSV Handler 里面实现任务的切换，所以还是可以归结为中断。既然这样，μC/OS 对临界段的保护最终还是回到对中断的开和关的控制。

μC/OS 中定义了一个进入临界段的宏和两个出临界段的宏，用户可以通过这些宏定义进入和退出临界段：

- OS_CRITICAL_ENTER()
- OS_CRITICAL_EXIT()
- OS_CRITICAL_EXIT_NO_SCHED()

此外还有一个开中断但是锁定调度器的宏定义 OS_CRITICAL_ENTER_CPU_EXIT()。

7.2 Cortex-M 内核快速关中断指令

为了快速地开关中断，Cortex-M 内核专门设置了一条 CPS 指令，有 4 种用法，具体参见代码清单 7-1。

代码清单 7-1　CPS 指令用法

```
1 CPSID I ;PRIMASK=1        ;关中断
```

```
2 CPSIE I ;PRIMASK=0      ;开中断
3 CPSID F ;FAULTMASK=1    ;关异常
4 CPSIE F ;FAULTMASK=0    ;开异常
```

其中 PRIMASK 和 FAULTMASK 是 Cortex-M 内核中三个中断屏蔽寄存器中的两个，还有一个是 BASEPRI，有关这三个寄存器的详细用法可参见之前的表 3-2。

但是在 μC/OS 中，对中断的开和关是通过操作 PRIMASK 寄存器来实现的，使用 CPSID I 指令就能立即关闭中断，非常方便。

7.3　关中断

μC/OS 中，关中断的函数在 cpu_a.asm 中定义，无论上层的宏定义是如何实现的，底层操作中关中断的函数还是 CPU_SR_Save()，具体实现参见代码清单 7-2。

代码清单 7-2　关中断

```
1 CPU_SR_Save
2       MRS R0,  PRIMASK                                          (1)
3       CPSID   I                                                 (2)
4       BX      LR                                                (3)
```

代码清单 7-2（1）：通过 MRS 指令将特殊寄存器 PRIMASK 的值存储到通用寄存器 R0。当在 C 中调用汇编的子程序返回时，会将 R0 作为函数的返回值。所以在 C 中调用 CPU_SR_Save() 时，需要先声明一个变量用来存储 CPU_SR_Save() 的返回值，即 R0 寄存器的值，也就是 PRIMASK 的值。

代码清单 7-2（2）：关闭中断，即使用 CPS 指令将 PRIMASK 寄存器的值置 1。在这里，相信一定会有人有这样的疑问：关中断，不是直接使用 CPSID I 指令就可以吗？为什么还要在执行 CPSID I 指令前，先把 PRIMASK 的值保存起来？这个疑问将在 7.5 节中揭晓。

代码清单 7-2（3）：子程序返回。

7.4　开中断

开中断要与关中断配合使用，μC/OS 中开中断的函数在 cpu_a.asm 中定义，无论上层的宏定义是如何实现的，底层操作中开中断的函数还是 CPU_SR_Restore()，具体实现参见代码清单 7-3。

代码清单 7-3　开中断

```
1 CPU_SR_Restore
2       MSR     PRIMASK, R0                                       (1)
3       BX      LR                                                (2)
```

代码清单 7-3（1）：通过 MSR 指令将通用寄存器 R0 的值存储到特殊寄存器 PRIMASK。当在 C 中调用汇编的子程序返回时，会将第一个形参传入通用寄存器 R0。所以在 C 中调用 CPU_SR_Restore() 时，需要传入一个形参，该形参是进入临界段之前保存的 PRIMASK 的值。为什么这里不使用 CPSIE I 指令开中断呢？其中奥妙将在 7.5 节揭晓。

代码清单 7-3（2）：子程序返回。

7.5 临界段代码的应用

在进入临界段之前，会先把中断关闭，退出临界段时再把中断打开。而且 Cortex-M 内核中设置了快速关中断的 CPS 指令，那么按照我们的第一反应，开关中断的函数的实现和临界段代码的保护应该类似代码清单 7-4 中所示。

代码清单 7-4　开关中断的函数的实现和临界段代码的保护

```
1  ;// 开关中断函数的实现
2  ;/*
3  ; * void CPU_SR_Save();
4  ; */
5  CPU_SR_Save
6          CPSID   I                                                    (1)
7          BX      LR
8
9  ;/*
10 ; * void CPU_SR_Restore(void);
11 ; */
12 CPU_SR_Restore
13         CPSIE   I                                                    (2)
14         BX      LR
15
16 PRIMASK = 0;              /* PRIMASK 初始值为 0，表示没有关中断 */      (3)
17
18 /* 临界段代码保护 */
19 {
20    /* 临界段开始 */
21    CPU_SR_Save();          /* 关中断, PRIMASK = 1 */                   (4)
22    {
23     /* 执行临界段代码, 不可中断 */                                     (5)
24    }
25    /* 临界段结束 */
26    CPU_SR_Restore();       /* 开中断, PRIMASK = 0 */                   (6)
27 }
```

代码清单 7-4（1）：关中断直接使用了 CPSID I，没有像代码清单 7-2 一样事先将 PRIMASK 的值保存在 R0 中。

代码清单 7-4（2）：开中断直接使用了 CPSIE I，而不是像代码清单 7-3 那样从传进来的形参来恢复 PRIMASK 的值。

代码清单 7-4（3）：假设 PRIMASK 的初始值为 0，表示没有关中断。

代码清单 7-4（4）：临界段开始，调用关中断函数 CPU_SR_Save()，此时 PRIMASK 的值等于 1，中断已经关闭。

代码清单 7-4（5）：执行临界段代码，不可中断。

代码清单 7-4（6）：临界段结束，调用开中断函数 CPU_SR_Restore()，此时 PRIMASK 的值等于 0，中断已经开启。

乍一看，代码清单 7-4 中实现开关中断的方法确实有效，没有什么错误，但是我们忽略了一种情况——当临界段出现嵌套时，采用这种开关中断的方法就不行了，具体参见代码清单 7-5。

代码清单 7-5　开关中断的函数的实现和嵌套临界段代码的保护（有错误，只为讲解）

```
1  // 开关中断函数的实现
2  /*
3   * void CPU_SR_Save();
4   */
5  CPU_SR_Save
6          CPSID    I
7          BX       LR
8
9   /*
10  *void CPU_SR_Restore(void);
11  */
12  CPU_SR_Restore
13          CPSIE    I
14          BX       LR
15
16  PRIMASK = 0;                    /* PRIMASK 初始值为 0，表示没有关中断 */
17
18  /* 临界段代码 */
19  {
20      /* 临界段 1 开始 */
21      CPU_SR_Save();              /* 关中断，PRIMASK = 1 */
22      {
23          /* 临界段 2 */
24          CPU_SR_Save();          /* 关中断，PRIMASK = 1 */
25          {
26
27          }
28          CPU_SR_Restore();       /* 开中断，PRIMASK = 0 */          （注意）
29      }
30      /* 临界段 1 结束 */
31      CPU_SR_Restore();           /* 开中断，PRIMASK = 0 */
32  }
```

代码清单 7-5（注意）：当临界段出现嵌套时，这里以一重嵌套为例。临界段 1 开始和结束时 PRIMASK 分别等于 1 和 0，表示关闭中断和开启中断，这是没有问题的。临界段 2 开始时，PRIMASK 等于 1，表示关闭中断，这也是没有问题的，问题出现在临界段 2 结束时，

PRIMASK 的值等于 0。如果单纯对于临界段 2 来说，这仍是没有问题的，因为临界段 2 已经结束，可是临界段 2 是嵌套在临界段 1 中，虽然临界段 2 已经结束，但是临界段 1 还没有结束，中断是不能开启的，如果此时有外部中断来临，那么临界段 1 就会被中断，违背了我们的初衷，那应该怎么办？正确的做法参见代码清单 7-6。

代码清单 7-6　开关中断的函数的实现和嵌套临界段代码的保护（正确）

```
1   // 开关中断函数的实现
2   /*
3    * void CPU_SR_Save();
4    */
5   CPU_SR_Save
6           MRS      R0, PRIMASK
7           CPSID    I
8           BX       LR
9
10  /*
11   * void CPU_SR_Restore(void);
12   */
13  CPU_SR_Restore
14          MSR      PRIMASK, R0
15          BX       LR
16
17   PRIMASK = 0;           /* PRIMASK 初始值为 0，表示没有关中断 */       (1)
18
19   CPU_SR  cpu_sr1 = (CPU_SR)0
20   CPU_SR  cpu_sr2 = (CPU_SR)0                                          (2)
21
22  /* 临界段代码 */
23  {
24    /* 临界段 1 开始 */
25    cpu_sr1 = CPU_SR_Save();        /* 关中断, cpu_sr1=0, PRIMASK=1 */   (3)
26     {
27         /* 临界段 2 */
28         cpu_sr2 = CPU_SR_Save(); /* 关中断, cpu_sr2=1, PRIMASK=1 */    (4)
29         {
30
31         }
32         CPU_SR_Restore(cpu_sr2); /* 开中断, cpu_sr2=1, PRIMASK=1 */    (5)
33     }
34     /* 临界段 1 结束 */
35     CPU_SR_Restore(cpu_sr1);        /* 开中断, cpu_sr1=0, PRIMASK=0 */  (6)
36  }
```

代码清单 7-6（1）：假设 PRIMASK 初始值为 0，表示没有关中断。

代码清单 7-6（2）：定义两个变量，留着后面使用。

代码清单 7-6（3）：临界段 1 开始，调用关中断函数 CPU_SR_Save()。CPU_SR_Save() 函数先将 PRIMASK 的值存储在通用寄存器 R0，一开始我们假设 PRIMASK 的值等于 0，所以此时 R0 的值即为 0。然后执行汇编指令 CPSID I 关闭中断，即设置 PRIMASK 等于 1，在返回时将 R0 当作函数的返回值存储在 cpu_sr1 中，所以 cpu_sr1 = R0 = 0。

代码清单 7-6（4）：临界段 2 开始，调用关中断函数 CPU_SR_Save()。CPU_SR_Save() 函数先将 PRIMASK 的值存储在通用寄存器 R0，临界段 1 开始时我们关闭了中断，即设置 PRIMASK 等于 1，所以此时 R0 的值等于 1。然后执行汇编指令 CPSID I 关闭中断，即设置 PRIMASK 等于 1，在返回时将 R0 当作函数的返回值存储在 cpu_sr2 中，所以 cpu_sr2 = R0 = 1。

代码清单 7-6（5）：临界段 2 结束，调用开中断函数 CPU_SR_Restore(cpu_sr2)，cpu_sr2 作为函数的形参传入通用寄存器 R0，然后执行汇编指令 "MSR R0, PRIMASK" 恢复 PRIMASK 的值。此时 PRIAMSK = R0 = cpu_sr2 = 1。关键点来了，为什么临界段 2 结束了，PRIMASK 还是等于 1，而不是等于 0？因为此时临界段 2 是嵌套在临界段 1 中的，还没有完全离开临界段的范畴，所以不能把中断打开，如果临界段没有嵌套，使用当前的开关中断的方法，那么 PRIMASK 确实等于 1，具体举例参见代码清单 7-7。

代码清单 7-7　开关中断的函数的实现和一重临界段代码的保护（正确）

```
 1  // 开关中断函数的实现
 2  /*
 3   * void CPU_SR_Save();
 4   */
 5  CPU_SR_Save
 6          MRS      R0, PRIMASK
 7          CPSID    I
 8          BX       LR
 9
10  /*
11   * void CPU_SR_Restore(void);
12   */
13  CPU_SR_Restore
14          MSR      PRIMASK, R0
15          BX       LR
16
17  PRIMASK = 0;                     /* PRIMASK 初始值为 0，表示没有关中断 */
18
19    CPU_SR   cpu_sr1 = (CPU_SR)0
20
21  /* 临界段代码 */
22  {
23    /* 临界段开始 */
24    cpu_sr1 = CPU_SR_Save();       /* 关中断，cpu_sr1=0，PRIMASK=1 */
25    {
26
27    }
28    /* 临界段结束 */
29    CPU_SR_Restore(cpu_sr1);       /* 开中断，cpu_sr1=0，PRIMASK=0，需要注意 */
30  }
```

代码清单 7-6（6）：临界段 1 结束，PRIMASK 等于 0，开启中断，与进入临界段 1 呼应。

7.6　测量关中断时间

µC/OS 提供了测量关中断时间的功能，设置 cpu_cfg.h 中的宏定义 CPU_CFG_INT_DIS_MEAS_EN 为 1 表示启用该功能。

系统会在每次关中断前开始测量，开中断后结束测量，测量功能保存了两个方面的测量值——总的关中断时间与最近一次关中断的时间。因此，用户可以根据得到的关中断时间对其加以优化。时间戳的速率取决于 CPU 的速率。例如，如果 CPU 速率为 72MHz，时间戳的速率就为 72MHz，那么时间戳的分辨率为（1/72M）µs，大约为 13.8ns。显然，系统测出的关中断时间还包括测量时消耗的额外时间，那么用测量得到的时间减掉测量时所耗时间就是实际的关中断时间。关中断时间与处理器的指令、速度、内存访问速度有很大关系。

7.6.1　测量关中断时间初始化

关中断之前要用 CPU_IntDisMeasInit() 函数进行初始化，可以直接调用 CPU_Init() 函数进行初始化，具体参见代码清单 7-8。

代码清单 7-8　CPU_IntDisMeasInit() 源码

```
 1 #ifdef  CPU_CFG_INT_DIS_MEAS_EN
 2 static  void  CPU_IntDisMeasInit (void)
 3 {
 4     CPU_TS_TMR  time_meas_tot_cnts;
 5     CPU_INT16U  i;
 6     CPU_SR_ALLOC();
 7
 8     CPU_IntDisMeasCtr        = 0u;
 9     CPU_IntDisNestCtr        = 0u;
10     CPU_IntDisMeasStart_cnts = 0u;
11     CPU_IntDisMeasStop_cnts  = 0u;
12     CPU_IntDisMeasMaxCur_cnts = 0u;
13     CPU_IntDisMeasMax_cnts   = 0u;
14     CPU_IntDisMeasOvrhd_cnts = 0u;
15
16     time_meas_tot_cnts = 0u;
17     CPU_INT_DIS();                              /* 关中断 */
18     for (i = 0u; i < CPU_CFG_INT_DIS_MEAS_OVRHD_NBR; i++)
19     {
20         CPU_IntDisMeasMaxCur_cnts = 0u;
21         CPU_IntDisMeasStart();                  /* 执行多个连续的开始 / 停止时间测量   */
22         CPU_IntDisMeasStop();
23         time_meas_tot_cnts += CPU_IntDisMeasMaxCur_cnts; /* 计算总的时间 */
24     }
25
26     CPU_IntDisMeasOvrhd_cnts  = (time_meas_tot_cnts +
27  (CPU_CFG_INT_DIS_MEAS_OVRHD_NBR / 2u))/CPU_CFG_INT_DIS_MEAS_OVRHD_NBR;
28                               /* 得到平均值，就是每一次测量额外消耗的时间   */
29     CPU_IntDisMeasMaxCur_cnts =  0u;
30     CPU_IntDisMeasMax_cnts    =  0u;
```

```
31     CPU_INT_EN();
32 }
33 #endif
```

关中断测量本身也会耗费一定的时间，这些时间包含在我们测量到的最大关中断时间中，如果能够计算出这段时间，后面计算时将其减去可以得到更加准确的结果。这段代码的核心思想很简单，就是多次重复开始测量与停止测量，然后取得平均值，那么这个值就可以看作一次开始测量与停止测量的时间，保存在 CPU_IntDisMeasOvrhd_cnts 变量中。

7.6.2　测量最大关中断时间

如果启用了 CPU_CFG_INT_DIS_MEAS_EN 这个宏定义，那么系统在关中断时会调用开始测量关中断最大时间的函数 CPU_IntDisMeasStart()，开中断时调用停止测量关中断最大时间的函数 CPU_IntDisMeasStop()。从代码中可以看到，只要在关中断且嵌套层数 OSSched-LockNestingCtr 为 0 时保存时间戳，如果嵌套层数不为 0，那么肯定不是刚刚进入中断，退出中断且嵌套层数为 0 时，才算真正退出中断，把测得的时间戳减去一次测量额外消耗的时间，便得到这次关中断的时间，再将这个时间与之前保存的最大的关中断时间对比，刷新最大的关中断时间，具体源码参见代码清单 7-9。

代码清单 7-9　开始 / 停止测量关中断时间

```
 1 /* 开始测量关中断时间  */
 2 #ifdef  CPU_CFG_INT_DIS_MEAS_EN
 3 void  CPU_IntDisMeasStart (void)
 4 {
 5     CPU_IntDisMeasCtr++;
 6     if (CPU_IntDisNestCtr == 0u)                    /* 嵌套层数为 0*/
 7     {
 8         CPU_IntDisMeasStart_cnts = CPU_TS_TmrRd();  /* 保存时间戳 */
 9     }
10     CPU_IntDisNestCtr++;
11 }
12 #endif
13
14 /* 停止测量关中断时间  */
15 #ifdef  CPU_CFG_INT_DIS_MEAS_EN
16 void  CPU_IntDisMeasStop (void)
17 {
18     CPU_TS_TMR   time_ints_disd_cnts;
19
20
21     CPU_IntDisNestCtr--;
22     if (CPU_IntDisNestCtr == 0u)                    /* 嵌套层数为 0*/
23     {
24         CPU_IntDisMeasStop_cnts = CPU_TS_TmrRd();  /* 保存时间戳 */
25
26         time_ints_disd_cnts = CPU_IntDisMeasStop_cnts -
27       CPU_IntDisMeasStart_cnts;/* 得到关中断时间 */
```

```
28       /* 更新最大关中断时间  */
29       if (CPU_IntDisMeasMaxCur_cnts < time_ints_disd_cnts)
30          {
31              CPU_IntDisMeasMaxCur_cnts = time_ints_disd_cnts;
32          }
33       if (CPU_IntDisMeasMax_cnts    < time_ints_disd_cnts)
34          {
35              CPU_IntDisMeasMax_cnts    = time_ints_disd_cnts;
36          }
37      }
38 }
39 #endif
```

7.6.3 获取最大关中断时间

现在得到了关中断时间，μC/OS 中提供了 3 个与获取关中断时间有关的函数，分别是：

- CPU_IntDisMeasMaxCurReset()
- CPU_IntDisMeasMaxCurGet()
- CPU_IntDisMeasMaxGet()

如果想直接获取整个程序运行过程中最大的关中断时间，直接调用函数 CPU_IntDis-MeasMaxGet() 即可。

如果要测量某段程序执行的最大关中断时间，那么在这段程序的前面调用 CPU_IntDisMeasMaxCurReset() 函数将 CPU_IntDisMeasMaxCur_cnts 变量清零，在这段程序结束时调用函数 CPU_IntDisMeasMaxCurGet() 即可。

这些函数的源码很简单，具体参见代码清单 7-10。

代码清单 7-10 获取最大关中断时间相关源码

```
 1 #ifdef  CPU_CFG_INT_DIS_MEAS_EN                 // 如果启用了关中断时间测量
 2 CPU_TS_TMR  CPU_IntDisMeasMaxCurGet (void)  // 获取测量的程序段的最大关中断时间
 3 {
 4    CPU_TS_TMR  time_tot_cnts;
 5    CPU_TS_TMR  time_max_cnts;
 6    CPU_SR_ALLOC();  // 用到临界段（在关 / 开中断时）时必须用到该宏，该宏声明和
 7    // 定义一个局部变量，用于保存关中断前的 CPU 状态寄存器
 8    // SR（临界段关中断只需要保存 SR），开中断时将该值还原
 9    CPU_INT_DIS();                                           // 关中断
10    time_tot_cnts = CPU_IntDisMeasMaxCur_cnts;
11                    // 获取未处理的程序段最大关中断时间
12    CPU_INT_EN();                                            // 开中断
13    time_max_cnts = CPU_IntDisMeasMaxCalc(time_tot_cnts);
14                    // 获取减去测量时间后的最大关中断时间
15
16    return (time_max_cnts);                         // 返回程序段的最大关中断时间
17 }
18 #endif
19
```

```
20 #ifdef  CPU_CFG_INT_DIS_MEAS_EN                      // 如果启用了关中断时间测量
21 CPU_TS_TMR  CPU_IntDisMeasMaxGet (void)
22 // 获取整个程序目前最大的关中断时间
23 {
24     CPU_TS_TMR  time_tot_cnts;
25     CPU_TS_TMR  time_max_cnts;
26     CPU_SR_ALLOC(); // 用到临界段（在关 / 开中断时）时必须使用该宏，该宏声明和
27     // 定义一个局部变量，用于保存关中断前的 CPU 状态寄存器
28     // SR（临界段关中断只需要保存 SR），开中断时将该值还原
29     CPU_INT_DIS();                                          // 关中断
30     time_tot_cnts = CPU_IntDisMeasMax_cnts;
31                     // 获取尚未处理的最大关中断时间
32     CPU_INT_EN();                                          // 开中断
33     time_max_cnts = CPU_IntDisMeasMaxCalc(time_tot_cnts);
34                     // 获取减去测量时间后的最大关中断时间
35
36     return (time_max_cnts);                                // 返回目前最大关中断时间
37 }
38 #endif
39
40 #ifdef  CPU_CFG_INT_DIS_MEAS_EN                      // 如果启用了关中断时间测量
41 CPU_TS_TMR  CPU_IntDisMeasMaxCurReset (void)
42                     // 初始化（复位）测量程序段的最大关中断时间
43 {
44     CPU_TS_TMR  time_max_cnts;
45     CPU_SR_ALLOC(); // 用到临界段（在关 / 开中断时）时必须使用该宏，该宏声明和
46     // 定义一个局部变量，用于保存关中断前的 CPU 状态寄存器
47     // SR（临界段关中断只需要保存 SR），开中断时将该值还原
48     time_max_cnts=CPU_IntDisMeasMaxCurGet();        // 获取复位前的程序段最大关中断时间
49     CPU_INT_DIS();                                     // 关中断
50     CPU_IntDisMeasMaxCur_cnts = 0u;                    // 清零程序段的最大关中断时间
51     CPU_INT_EN();                                      // 开中断
52
53     return (time_max_cnts);                            // 返回复位前的程序段最大关中断时间
54 }
55 #endif
```

7.7 main() 函数

本章 main() 函数没有添加新的测试代码，只需要理解章节内容即可。

7.8 实验现象

本章没有实验，只需要理解章节内容即可。

第 8 章
就 绪 列 表

在 μC/OS-III 中，任务被创建后，其 TCB 会被放入就绪列表中，表示任务处于就绪态，随时可以运行。就绪列表包含一个表示任务优先级的优先级表和一个存储 TCB 的 TCB 双向链表。

8.1 优先级表的定义及函数

优先级表在代码层面上来看就是一个数组，在文件 os_prio.c 的开头定义（第一次使用 os_prio.c 时需要自行在文件夹 μC/OS-III\Source 中新建并添加到工程的 μC/OS-III Source 组），具体参见代码清单 8-1。

代码清单 8-1 优先级表 OSPrioTbl[] 定义

```
1 /* 定义优先级表，在 os.h 中用 extern 声明 */
2 CPU_DATA    OSPrioTbl[OS_PRIO_TBL_SIZE];                                  (1)
```

代码清单 8-1（1）：正如我们所说，优先级表是一个数组，数组类型为 CPU_DATA，在 Cortex-M 内核芯片的 MCU 中 CPU_DATA 为 32 位整型。数组的大小由宏 OS_PRIO_TBL_SIZE 控制。OS_PRIO_TBL_SIZE 的具体取值与 μC/OS-III 支持多少个优先级有关，支持的优先级越多，优先级表越大，需要的 RAM 空间就越多。理论上只要 RAM 足够大，μC/OS-III 可支持无限多的优先级。宏 OS_PRIO_TBL_SIZE 在 os.h 文件中定义，具体实现参见代码清单 8-2。

代码清单 8-2 OS_PRIO_TBL_SIZE 宏定义

```
1                            (1)                              (2)
2 #define  OS_PRIO_TBL_SIZE((OS_CFG_PRIO_MAX - 1u) / (DEF_INT_CPU_NBR_BITS) + 1u)
```

代码清单 8-2（1）：OS_CFG_PRIO_MAX 表示支持多少个优先级，在 os_cfg.h 中定义，本书设置为 32，即最大支持 32 个优先级。

代码清单 8-2（2）：DEF_INT_CPU_NBR_BITS 定义 CPU 整型数据有多少位，本书适配的是基于 Cortex-M 系列的 MCU，宏展开为 32 位。

所以，经过 OS_CFG_PRIO_MAX 和 DEF_INT_CPU_NBR_BITS 这两个宏展开运算之后，可得出 OS_PRIO_TBL_SIZE 的值为 1，即优先级表只需要一个成员即可表示 32 个优先级。如果要支持 64 个优先级，即需要两个成员，以此类推。如果 MCU 的类型是 16 位、8 位或者 64 位，则只需要把优先级表的数据类型 CPU_DATA 修改为相应的位数即可。

那么优先级表又是如何与任务的优先级联系在一起的？具体的优先级表示意图如图 8-1 所示。

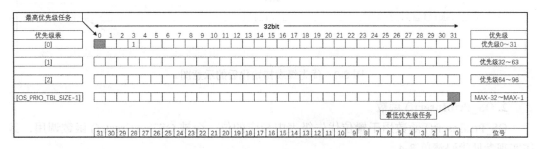

图 8-1 优先级表

在图 8-1 中，优先级表的成员是 32 位的，每个成员可以表示 32 个优先级。如果优先级超过 32 个，那么优先级表的成员就要相应增加。以本书中为例，CPU 的类型为 32 位，支持的最大优先级为 32 级，优先级表只需要一个成员即可，即只有 OSPrioTbl[0]。假如创建一个优先级为 Prio 的任务，将 OSPrioTbl[0] 的位 [31-prio] 置 1 即可。如果 Prio 等于 3，那么就将位 28 置 1。OSPrioTbl[0] 的位 31 表示的是优先级最高的任务，以此递减，直到 OSPrioTbl[OS_PRIO_TBL_SIZE-1]] 的 位 0，OSPrioTbl[OS_PRIO_TBL_SIZE-1]] 的位 0 表示的是最低的优先级。

优先级表相关的函数在 os_prio.c 文件中实现，在 os.h 文件中声明，相关函数汇总如表 8-1 所示。

表 8-1 优先级表相关函数汇总

函 数 名 称	函 数 作 用
OS_PrioInit	初始化优先级表
OS_PrioInsert	设置优先级表中相应的位
OS_PrioRemove	清除优先级表中相应的位
OS_PrioGetHighest	查找最高的优先级

1. OS_PrioInit() 函数

OS_PrioInit() 函数用于初始化优先级表，在 OSInit() 函数中调用，具体实现参见代码清单 8-3。

代码清单 8-3 OS_PrioInit() 函数

```
1 /* 初始化优先级表 */
2 void OS_PrioInit( void )
3 {
4     CPU_DATA i;
5
6     /* 默认全部初始化为 0 */
7     for ( i=0u; i<OS_PRIO_TBL_SIZE; i++ ) {
```

```
8          OSPrioTbl[i] = (CPU_DATA)0;
9      }
10 }
```

本书中，优先级表 OS_PrioTbl[] 只有一个成员，即 OS_PRIO_TBL_SIZE 等于 1，经过代码清单 8-3 初始化之后，具体示意图如图 8-2 所示。

图 8-2　优先级表初始化后的示意图

2. OS_PrioInsert() 函数

OS_PrioInsert() 函数用于置位优先级表中相应的位，会被 OSTaskCreate() 函数调用，具体实现参见代码清单 8-4。

代码清单 8-4　OS_PrioInsert() 函数

```
1 /* 置位优先级表中相应的位 */
2 void  OS_PrioInsert (OS_PRIO  prio)
3 {
4      CPU_DATA  bit;
5      CPU_DATA  bit_nbr;
6      OS_PRIO   ix;
7
8
9      /* 求模操作，获取优先级表数组的下标索引 */
10     ix           = prio / DEF_INT_CPU_NBR_BITS;                          (1)
11
12     /* 求余操作，将优先级限制在 DEF_INT_CPU_NBR_BITS 之内 */
13     bit_nbr      = (CPU_DATA)prio & (DEF_INT_CPU_NBR_BITS - 1u);         (2)
14
15     /* 获取优先级在优先级表中对应的位的位置 */                                  (3)
16     bit          = 1u;
17     bit          <<= (DEF_INT_CPU_NBR_BITS - 1u) - bit_nbr;
18
19     /* 将优先级在优先级表中对应的位置 1 */
20     OSPrioTbl[ix] |= bit;                                               (4)
21 }
```

代码清单 8-4（1）：求模操作，获取优先级表数组的下标索引，即定位 prio 这个优先级对应优先级表数组的哪个成员。假设 prio 等于 3，DEF_INT_CPU_NBR_BITS（用于表示 CPU 一个整型数有多少位）等于 32，那么 ix 等于 0，即对应 OSPrioTBL[0]。

代码清单 8-4（2）：求余操作，将优先级限制在 DEF_INT_CPU_NBR_BITS 之内，超过 DEF_INT_CPU_NBR_BITS 的优先级就要增加优先级表的数组成员了。假设 prio 等于 3，

DEF_INT_CPU_NBR_BITS（用于表示 CPU 一个整型数有多少位）等于 32，那么 bit_nbr 等于 3，但是这还不是真正需要被置位的位。

代码清单 8-4（3）：获取优先级在优先级表中对应的位的位置。置位优先级对应的位是从高位开始的，而不是从低位开始。位 31 对应的是优先级 0，在 µC/OS-III 中，优先级数值越小，逻辑优先级越高。假设 prio 等于 3，DEF_INT_CPU_NBR_BITS（用于表示 CPU 一个整型数有多少位）等于 32，那么 bit 就等于 28。

代码清单 8-4（4）：将优先级在优先级表中对应的位置 1。假设 prio 等于 3，DEF_INT_CPU_NBR_BITS（用于表示 CPU 一个整型数有多少位）等于 32，那么置位的就是 OSPrioTbl[0] 的位 28。

在优先级最高为 32，DEF_INT_CPU_NBR_BITS 等于 32 的情况下，如果分别创建了优先级 3、5、8 和 11 这 4 个任务，任务创建成功后，优先级表的设置情况是什么样的？具体如图 8-3 所示。有一点要注意的是，在 µC/OS-III 中，最高优先级和最低优先级是留给系统任务使用的，用户任务不能使用。

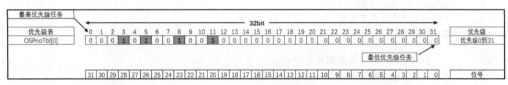

图 8-3　创建优先级 3、5、8 和 11 后优先级表的设置情况

3. OS_PrioRemove() 函数

OS_PrioRemove() 函数用于清除优先级表中相应的位，这与 OS_PrioInsert() 函数的作用刚好相反，具体实现参见代码清单 8-5，有关代码的讲解参考代码清单 8-4 即可，不同的是置位操作改成了清零操作。

代码清单 8-5　OS_PrioRemove() 函数

```
1  /* 清除优先级表中相应的位 */
2  void  OS_PrioRemove (OS_PRIO  prio)
3  {
4      CPU_DATA   bit;
5      CPU_DATA   bit_nbr;
6      OS_PRIO    ix;
7
8
9      /* 求模操作，获取优先级表数组的下标索引 */
10     ix          = prio / DEF_INT_CPU_NBR_BITS;
11
12     /* 求余操作，将优先级限制在 DEF_INT_CPU_NBR_BITS 之内 */
13     bit_nbr     = (CPU_DATA)prio & (DEF_INT_CPU_NBR_BITS - 1u);
14
15     /* 获取优先级在优先级表中对应的位的位置 */
16     bit         = 1u;
17     bit         <<= (DEF_INT_CPU_NBR_BITS - 1u) - bit_nbr;
```

```
18
19        /* 将优先级在优先级表中对应的位清零 */
20        OSPrioTbl[ix] &= ~bit;
21 }
```

4. OS_PrioGetHighest() 函数

OS_PrioGetHighest() 函数用于从优先级表中查找最高的优先级，具体实现参见代码清单 8-6。

代码清单 8-6　OS_PrioGetHighest() 函数

```
1 /* 获取最高的优先级 */
2 OS_PRIO  OS_PrioGetHighest (void)
3 {
4     CPU_DATA  *p_tbl;
5     OS_PRIO   prio;
6
7
8     prio = (OS_PRIO)0;
9     /* 获取优先级表首地址 */
10    p_tbl = &OSPrioTbl[0];                              (1)
11
12    /* 找到数值不为 0 的数组成员 */                      (2)
13    while (*p_tbl == (CPU_DATA)0) {
14        prio += DEF_INT_CPU_NBR_BITS;
15        p_tbl++;
16    }
17
18    /* 找到优先级表中置位的最高的优先级 */
19    prio += (OS_PRIO)CPU_CntLeadZeros(*p_tbl);          (3)
20    return (prio);
21 }
```

代码清单 8-6（1）：获取优先级表的首地址，从头开始搜索整个优先级表，直到找到最高的优先级。

代码清单 8-6（2）：找到优先级表中数值不为 0 的数组成员，只要不为 0 就表示该成员中至少有一个位是置位的。我们知道，在图 8-4 所示的优先级表中，优先级按照从左到右、从上到下依次减小，左上角为最高的优先级，右下角为最低的优先级，所以只需要找到第一个不是 0 的优先级表成员即可。

代码清单 8-6（3）：确定好优先级表中第一个不为 0 的成员后，找出该成员中第一个置1 的位（从高位到低位开始找）就算找到了最高优先级。在一个变量中，按照从高位到低位的顺序查找第一个置1 的位的方法是通过计算前导零函数 CPU_CntLeadZeros() 来实现的。从高位开始找 1 叫作计算前导零，从低位开始找 1 叫作计算后导零。如果分别创建了优先级 3、5、8 和 11 这 4 个任务，任务创建成功后，优先级表的设置情况如图 8-5 所示。调用 CPU_CntLeadZeros() 函数可以计算出 OSPrioTbl[0] 第一个置 1 的位前面有 3 个 0，那么 3 就是我们要查找的最高优先级，至于后面还有多少个位置 1 则不需要考虑，只要找到第一个 1 即可。

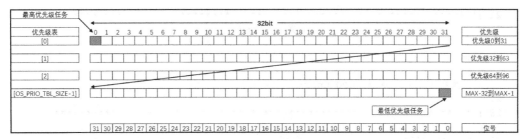

图 8-4 优先级表

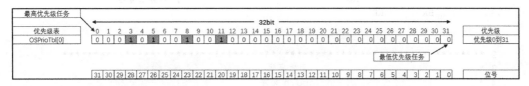

图 8-5 创建优先级 3、5、8 和 11 后优先级表的设置情况

CPU_CntLeadZeros() 函数可用汇编语言或者 C 语言来实现。如果使用的处理器支持前导零指令 CLZ，可用汇编语言来实现，加快指令运算；如果不支持，则用 C 语言来实现。在 μC/OS-III 中，这两种实现方法均提供了代码，使用哪种方法由 CPU_CFG_LEAD_ZEROS_ASM_PRESEN 宏控制，定义了这个宏则使用汇编语言来实现，没有定义则使用 C 语言来实现。

Cortex-M 系列处理器自带 CLZ 指令，所以 CPU_CntLeadZeros() 函数默认由汇编语言编写，在 cpu_a.asm 文件中实现，在 cpu.h 文件中声明，具体参见代码清单 8-7。

代码清单 8-7 CPU_CntLeadZeros() 函数实现与声明

```
1  ;********************************************************************
2  ;                        PUBLIC FUNCTIONS
3  ;********************************************************************
4         EXPORT   CPU_CntLeadZeros
5         EXPORT   CPU_CntTrailZeros
6
7  ;********************************************************************
8  ;                        计算前导零函数
9  ;
10 ; 描述:
11 ;
12 ; 函数声明: CPU_DATA  CPU_CntLeadZeros(CPU_DATA  val);
13 ;
14 ;********************************************************************
15 CPU_CntLeadZeros
16         CLZ      R0, R0                          ; 计算前导零
17         BX       LR
18
19
20
```

```
21 ;**************************************************************
22 ;                         计算后导零函数
23 ;
24 ; 描述:
25 ;
26 ; 函数声明: CPU_DATA  CPU_CntTrailZeros(CPU_DATA  val);
27 ;
28 ;**************************************************************
29
30 CPU_CntTrailZeros
31       RBIT     R0, R0                           ; 逆位
32       CLZ      R0, R0                           ; 计算后导零
33       BX       LR
```

```
1 /*
2 **************************************************************
3 *                       函数声明
4 *                       cpu.h 文件
5 **************************************************************
6 */
7 #define    CPU_CFG_LEAD_ZEROS_ASM_PRESEN
8 CPU_DATA    CPU_CntLeadZeros (CPU_DATA  val);      /* 在 cpu_a.asm 中定义 */
9 CPU_DATA    CPU_CntTrailZeros(CPU_DATA  val);      /* 在 cpu_a.asm 中定义 */
```

如果处理器不支持前导零指令，CPU_CntLeadZeros() 函数就用 C 语言编写，在 cpu_core.c 文件中实现，在 cpu.h 文件中声明，具体参见代码清单 8-8。

代码清单 8-8　由 C 语言实现的 CPU_CntLeadZeros() 函数

```
1 #ifndef    CPU_CFG_LEAD_ZEROS_ASM_PRESENT
2 CPU_DATA   CPU_CntLeadZeros (CPU_DATA  val)
3 {
4     CPU_DATA    nbr_lead_zeros;
5     CPU_INT08U  ix;
6
7     /* 检查高 16 位 */
8     if (val > 0x0000FFFFu) {                                              (1)
9         /* 检查 bits [31:24] : */
10        if (val > 0x00FFFFFFu) {                                          (2)
11
12            /* 获取 bits [31:24] 的值，并转换成 8 位 */
13            ix           = (CPU_INT08U)(val >> 24u);                      (3)
14            /* 查表找到优先级 */
15            nbr_lead_zeros=(CPU_DATA)(CPU_CntLeadZerosTbl[ix]+0u);        (4)
16
17        }
18        /* 检查 bits [23:16] : */
19        else {
20            /* 获取 bits [23:16] 的值，并转换成 8 位 */
21            ix           = (CPU_INT08U)(val >> 16u);
22            /* 查表找到优先级 */
23            nbr_lead_zeros = (CPU_DATA  )(CPU_CntLeadZerosTbl[ix] +  8u);
```

```
24              }
25
26      }
27      /* 检查低 16 位 */
28      else {
29          /* 检查 bits [15:08] : */
30          if (val > 0x000000FFu) {
31              /* 获取 bits [15:08] 的值, 并转换成 8 位 */
32              ix              = (CPU_INT08U)(val >>   8u);
33              /* 查表找到优先级 */
34              nbr_lead_zeros = (CPU_DATA  )(CPU_CntLeadZerosTbl[ix] + 16u);
35
36          }
37          /* 检查 bits [07:00] : */
38          else {
39              /* 获取 bits [15:08] 的值, 并转换成 8 位 */
40              ix              = (CPU_INT08U)(val >>   0u);
41              /* 查表找到优先级 */
42              nbr_lead_zeros = (CPU_DATA  )(CPU_CntLeadZerosTbl[ix] + 24u);
43          }
44      }
45
46      /* 返回优先级 */
47      return (nbr_lead_zeros);
48 }
49 #endif
```

在 µC/OS-III 中，由 C 语言实现的 CPU_CntLeadZeros() 函数支持 8 位、16 位、32 位和 64 位的变量的前导零计算，但最终的代码实现都是分离成 8 位来计算的。这里只讲解 32 位的情况，其他情况与之类似。

代码清单 8-8（1）：分离出高 16 位，else 则为低 16 位。

代码清单 8-8（2）：分离出高 16 位的高 8 位，else 则为高 16 位的低 8 位。

代码清单 8-8（3）：将高 16 位的高 8 位通过移位强制转化为 8 位的变量，用于后面的查表操作。

代码清单 8-8（4）：将 8 位的变量 ix 作为数组 CPU_CntLeadZerosTbl[] 的索引，返回索引对应的值，那么该值就是 8 位变量 ix 对应的前导零，再加上（24- 右移的位数）就等于优先级。数组 CPU_CntLeadZerosTbl[] 在 cpu_core.c 的开头定义，具体参见代码清单 8-9。

代码清单 8-9　CPU_CntLeadZerosTbl[] 定义

```
1 #ifndef    CPU_CFG_LEAD_ZEROS_ASM_PRESENT
2 static   const  CPU_INT08U  CPU_CntLeadZerosTbl[256] = {/*    索引                */
3    8u,7u,6u,6u,5u,5u,5u,5u,4u,4u,4u,4u,4u,4u,4u,4u,    /*    0x00 to 0x0F        */
4    3u,3u,3u,3u,3u,3u,3u,3u,3u,3u,3u,3u,3u,3u,3u,3u,    /*    0x10 to 0x1F        */
5    2u,2u,2u,2u,2u,2u,2u,2u,2u,2u,2u,2u,2u,2u,2u,2u,    /*    0x20 to 0x2F        */
6    2u,2u,2u,2u,2u,2u,2u,2u,2u,2u,2u,2u,2u,2u,2u,2u,    /*    0x30 to 0x3F        */
7    1u,1u,1u,1u,1u,1u,1u,1u,1u,1u,1u,1u,1u,1u,1u,1u,    /*    0x40 to 0x4F        */
8    1u,1u,1u,1u,1u,1u,1u,1u,1u,1u,1u,1u,1u,1u,1u,1u,    /*    0x50 to 0x5F        */
```

```
 9     1u,1u,1u,1u,1u,1u,1u,1u,1u,1u,1u,1u,1u,1u,1u,1u,    /*   0x60 to 0x6F   */
10     1u,1u,1u,1u,1u,1u,1u,1u,1u,1u,1u,1u,1u,1u,1u,1u,    /*   0x70 to 0x7F   */
11     0u,0u,0u,0u,0u,0u,0u,0u,0u,0u,0u,0u,0u,0u,0u,0u,    /*   0x80 to 0x8F   */
12     0u,0u,0u,0u,0u,0u,0u,0u,0u,0u,0u,0u,0u,0u,0u,0u,    /*   0x90 to 0x9F   */
13     0u,0u,0u,0u,0u,0u,0u,0u,0u,0u,0u,0u,0u,0u,0u,0u,    /*   0xA0 to 0xAF   */
14     0u,0u,0u,0u,0u,0u,0u,0u,0u,0u,0u,0u,0u,0u,0u,0u,    /*   0xB0 to 0xBF   */
15     0u,0u,0u,0u,0u,0u,0u,0u,0u,0u,0u,0u,0u,0u,0u,0u,    /*   0xC0 to 0xCF   */
16     0u,0u,0u,0u,0u,0u,0u,0u,0u,0u,0u,0u,0u,0u,0u,0u,    /*   0xD0 to 0xDF   */
17     0u,0u,0u,0u,0u,0u,0u,0u,0u,0u,0u,0u,0u,0u,0u,0u,    /*   0xE0 to 0xEF   */
18     0u,0u,0u,0u,0u,0u,0u,0u,0u,0u,0u,0u,0u,0u,0u,0u     /*   0xF0 to 0xFF   */
19 };
20 #endif
```

在代码清单 8-8 中，对一个 32 位的变量计算前导零的个数时都是分离成 8 位的变量来计算，然后将这个 8 位的变量作为数组 CPU_CntLeadZerosTbl[] 的索引，索引下对应的值就是这个 8 位变量的前导零个数。一个 8 位的变量的取值范围为 0 ~ 0XFF，这些值作为数组 CPU_CntLeadZerosTbl[] 的索引，每一个值的前导零的个数都预先算出来作为该数组索引下的值。通过查询 CPU_CntLeadZerosTbl[] 这个表就可以很快得知一个 8 位变量的前导零个数，根本不需要计算，只是浪费了定义 CPU_CntLeadZerosTbl[] 这个表的一点空间而已。在处理器内存很充足的情况下，可优先选择这种方法。

8.2 就绪列表的定义及函数

准备好运行的任务的 TCB 都会被放到就绪列表中，系统可随时调度任务运行。就绪列表在代码的层面上看就是一个 OS_RDY_LIST 数据类型的数组 OSRdyList[]，数组的大小由宏 OS_CFG_PRIO_MAX 决定，支持多少个优先级，OSRdyList[] 就有多少个成员。任务的优先级与 OSRdyList[] 的索引一一对应，比如优先级 3 的任务的 TCB 会被放到 OSRdyList[3] 中。OSRdyList[] 是一个在 os.h 文件中定义的全局变量，具体参见代码清单 8-10。

代码清单 8-10　OSRdyList[] 数组定义

```
/* 就绪列表定义 */
1 OS_EXT    OS_RDY_LIST    OSRdyList[OS_CFG_PRIO_MAX];
```

代码清单 8-10 中的数据类型 OS_RDY_LIST 在 os.h 中定义，专用于就绪列表，具体实现参见代码清单 8-11。

代码清单 8-11　OS_RDY_LIST 定义

```
1 typedef struct  os_rdy_list          OS_RDY_LIST;                          (1)
2
3 struct os_rdy_list {
4     OS_TCB     *HeadPtr;                                                   (2)
5     OS_TCB     *TailPtr;
6     OS_OBJ_QTY   NbrEntries;                                               (3)
7 };
```

代码清单 8-11（1）：在 µC/OS-III 中，内核对象的数据类型都会用大写字母重新定义。

代码清单 8-11（2）：OSRdyList[] 的成员与任务的优先级一一对应，同一个优先级的多个任务会以双向链表的形式存储在 OSRdyList[] 同一个索引下，HeadPtr 用于指向链表的头节点，TailPtr 用于指向链表的尾节点，该优先级下索引成员的地址则称为该优先级下双向链表的根节点，知道根节点的地址就可以查找到该链表下的每一个节点。

代码清单 8-11（3）：NbrEntries 表示 OSRdyList[] 同一个索引下有多少个任务。

一个空的就绪列表，OSRdyList[] 索引下的 HeadPtr、TailPtr 和 NbrEntries 都会被初始化为 0，如图 8-6 所示。

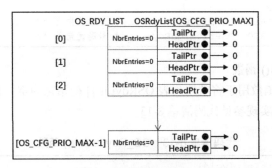

图 8-6 空的就绪列表

就绪列表相关的所有函数都在 os_core.c 中实现，这些函数都是以 "OS_" 开头，表示是操作系统的内部函数，用户不能调用。这些函数的汇总如表 8-2 所示。

表 8-2 就绪列表相关函数汇总

函 数 名 称	函 数 作 用
OS_RdyListInit	初始化就绪列表为空
OS_RdyListInsert	插入一个 TCB 到就绪列表
OS_RdyListInsertHead	插入一个 TCB 到就绪列表的头部
OS_RdyListInsertTail	插入一个 TCB 到就绪列表的尾部
OS_RdyListMoveHeadToTail	将 TCB 从就绪列表的头部移到尾部
OS_RdyListRemove	将 TCB 从就绪列表中移除

在实现就绪列表相关函数之前，需要在结构体 os_tcb 中添加 Prio、NextPtr 和 PrevPtr 这 3 个成员，然后在 os.h 中定义 2 个全局变量 OSPrioCur 和 OSPrioHighRdy，具体定义参见代码清单 8-12，其中，要实现的就绪列表相关的函数中会用到几个变量。

代码清单 8-12 就绪列表函数需要用到的变量定义

```
1 struct os_tcb {
2     CPU_STK          *StkPtr;
3     CPU_STK_SIZE     StkSize;
4
```

```
 5         /* 任务延时周期个数 */
 6         OS_TICK         TaskDelayTicks;
 7
 8         /* 任务优先级 */
 9         OS_PRIO         Prio;
10
11        /* 就绪列表双向链表的下一个指针 */
12        OS_TCB          *NextPtr;
13        /* 就绪列表双向链表的前一个指针 */
14        OS_TCB          *PrevPtr;
15  };
16
17  /* 在 os.h 中定义 */
18  OS_EXT    OS_PRIO  OSPrioCur;        /* 当前优先级 */
19  OS_EXT    OS_PRIO  OSPrioHighRdy;    /* 最高优先级 */
```

1. OS_RdyListInit() 函数

OS_RdyListInit() 函数用于将就绪列表 OSRdyList[] 初始化为空，初始化完毕之后的示意图如图 8-6 所示，具体实现参见代码清单 8-13。

代码清单 8-13　OS_RdyListInit() 函数

```
 1  void OS_RdyListInit(void)
 2  {
 3      OS_PRIO i;
 4      OS_RDY_LIST *p_rdy_list;
 5
 6      /* 循环初始化，所有成员都初始化为 0 */
 7      for ( i=0u; i<OS_CFG_PRIO_MAX; i++ ) {
 8          p_rdy_list = &OSRdyList[i];
 9          p_rdy_list->NbrEntries = (OS_OBJ_QTY)0;
10          p_rdy_list->HeadPtr = (OS_TCB *)0;
11          p_rdy_list->TailPtr = (OS_TCB *)0;
12      }
13  }
```

2. OS_RdyListInsertHead() 函数

OS_RdyListInsertHead() 函数用于在链表头部插入一个 TCB 节点，插入时分两种情况，第一种情况是链表为空链表，第二种情况是链表中已有节点，具体示意图如图 8-7 所示，具体实现参见代码清单 8-14，阅读代码时最好结合示意图来理解。

代码清单 8-14　OS_RdyListInsertHead() 函数

```
 1  void  OS_RdyListInsertHead (OS_TCB  *p_tcb)
 2  {
 3      OS_RDY_LIST  *p_rdy_list;
 4      OS_TCB       *p_tcb2;
 5
 6
 7
```

```
 8      /* 获取链表根部 */
 9      p_rdy_list = &OSRdyList[p_tcb->Prio];
10
11      /* CASE 0: 链表是空链表 */
12      if (p_rdy_list->NbrEntries == (OS_OBJ_QTY)0) {
13          p_rdy_list->NbrEntries =  (OS_OBJ_QTY)1;
14          p_tcb->NextPtr         =  (OS_TCB   *)0;
15          p_tcb->PrevPtr         =  (OS_TCB   *)0;
16          p_rdy_list->HeadPtr    =  p_tcb;
17          p_rdy_list->TailPtr    =  p_tcb;
18      }
19      /* CASE 1: 链表已有节点 */
20      else {
21          p_rdy_list->NbrEntries++;
22          p_tcb->NextPtr         = p_rdy_list->HeadPtr;
23          p_tcb->PrevPtr         = (OS_TCB   *)0;
24          p_tcb2                 = p_rdy_list->HeadPtr;
25          p_tcb2->PrevPtr        = p_tcb;
26          p_rdy_list->HeadPtr    = p_tcb;
27      }
28  }
```

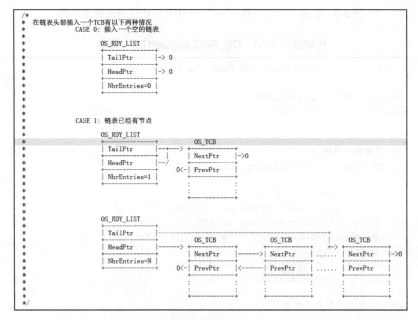

图 8-7　在链表的头部插入一个 TCB 节点前链表的可能情况

3. OS_RdyListInsertTail() 函数

OS_RdyListInsertTail() 函数用于在链表尾部插入一个 TCB 节点，插入时分两种情况，第一种情况是链表为空链表，第二种情况是链表中已有节点，具体示意图如图 8-8 所示，具体的代码实现参见代码清单 8-15，阅读代码时最好结合示意图来理解。

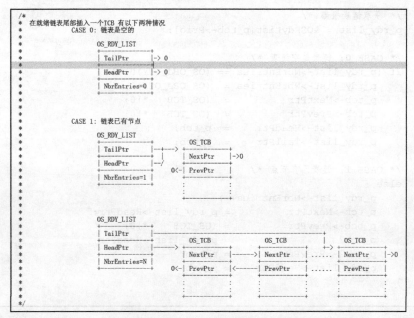

图 8-8　在链表的尾部插入一个 TCB 节点前链表的可能情况

代码清单 8-15　OS_RdyListInsertTail() 函数

```
1 void  OS_RdyListInsertTail (OS_TCB  *p_tcb)
2 {
3     OS_RDY_LIST  *p_rdy_list;
4     OS_TCB       *p_tcb2;
5
6
7     /* 获取链表根部 */
8     p_rdy_list = &OSRdyList[p_tcb->Prio];
9
10    /* CASE 0: 链表是空链表 */
11    if (p_rdy_list->NbrEntries == (OS_OBJ_QTY)0) {
12        p_rdy_list->NbrEntries  = (OS_OBJ_QTY)1;
13        p_tcb->NextPtr          = (OS_TCB   *)0;
14        p_tcb->PrevPtr          = (OS_TCB   *)0;
15        p_rdy_list->HeadPtr     = p_tcb;
16        p_rdy_list->TailPtr     = p_tcb;
17    }
18    /* CASE 1: 链表已有节点 */
19    else {
20        p_rdy_list->NbrEntries++;
21        p_tcb->NextPtr          = (OS_TCB   *)0;
22        p_tcb2                  = p_rdy_list->TailPtr;
23        p_tcb->PrevPtr          = p_tcb2;
24        p_tcb2->NextPtr         = p_tcb;
25        p_rdy_list->TailPtr     = p_tcb;
26    }
27 }
```

4. OS_RdyListInsert() 函数

OS_RdyListInsert() 函数用于将任务的 TCB 插入就绪列表，插入时分成两步：第一步是根据优先级将优先级表中的相应位置位，这通过调用 OS_PrioInsert() 函数实现；第二步是根据优先级将任务的 TCB 放到 OSRdyList[优先级] 中，如果优先级等于当前的优先级，则插入链表的尾部，否则插入链表的头部，具体实现参见代码清单 8-16。

代码清单 8-16　OS_RdyListInsert() 函数

```
1  /* 在就绪列表中插入一个 TCB */
2  void  OS_RdyListInsert (OS_TCB  *p_tcb)
3  {
4      /* 将优先级插入优先级表 */
5      OS_PrioInsert(p_tcb->Prio);
6
7      if (p_tcb->Prio == OSPrioCur) {
8          /* 如果是当前优先级，则插入链表尾部 */
9          OS_RdyListInsertTail(p_tcb);
10     } else {
11     /* 否则插入链表头部 */
12         OS_RdyListInsertHead(p_tcb);
13     }
14 }
```

5. OS_RdyListMoveHeadToTail() 函数

OS_RdyListMoveHeadToTail() 函数用于将节点从链表头部移动到尾部，移动时分 4 种情况：第 1 种是链表为空，则不进行任何操作；第 2 种是链表只有一个节点，也不进行操作；第 3 种是链表只有两个节点；第 4 种是链表有两个以上节点，具体示意图如图 8-9 所示，具体代码实现参见代码清单 8-17，阅读代码时最好结合示意图来理解。

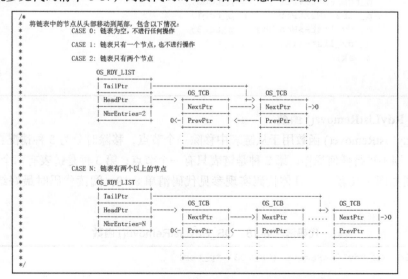

图 8-9　将节点从链表头部移动到尾部前链表的可能情况

代码清单 8-17　OS_RdyListMoveHeadToTail() 函数

```
1 void  OS_RdyListMoveHeadToTail (OS_RDY_LIST  *p_rdy_list)
2 {
3      OS_TCB *p_tcb1;
4      OS_TCB *p_tcb2;
5      OS_TCB *p_tcb3;
6
7
8
9      switch (p_rdy_list->NbrEntries) {
10     case 0:
11     case 1:
12         break;
13
14     case 2:
15         p_tcb1              = p_rdy_list->HeadPtr;
16         p_tcb2              = p_rdy_list->TailPtr;
17         p_tcb1->PrevPtr     = p_tcb2;
18         p_tcb1->NextPtr     = (OS_TCB *)0;
19         p_tcb2->PrevPtr     = (OS_TCB *)0;
20         p_tcb2->NextPtr     = p_tcb1;
21         p_rdy_list->HeadPtr = p_tcb2;
22         p_rdy_list->TailPtr = p_tcb1;
23         break;
24
25     default:
26         p_tcb1              = p_rdy_list->HeadPtr;
27         p_tcb2              = p_rdy_list->TailPtr;
28         p_tcb3              = p_tcb1->NextPtr;
29         p_tcb3->PrevPtr     = (OS_TCB *)0;
30         p_tcb1->NextPtr     = (OS_TCB *)0;
31         p_tcb1->PrevPtr     = p_tcb2;
32         p_tcb2->NextPtr     = p_tcb1;
33         p_rdy_list->HeadPtr = p_tcb3;
34         p_rdy_list->TailPtr = p_tcb1;
35         break;
36     }
37 }
```

6. OS_RdyListRemove() 函数

OS_RdyListRemove() 函数用于从链表中移除一个节点，移除时分为 3 种情况：第 1 种是链表为空，则不进行任何操作；第 2 种是链表只有一个节点；第 3 种是链表有两个以上节点，具体示意图如图 8-10 所示，具体代码实现参见代码清单 8-18，阅读代码时最好结合示意图来理解。

代码清单 8-18　OS_RdyListRemove() 函数

```
1 void  OS_RdyListRemove (OS_TCB  *p_tcb)
2 {
3      OS_RDY_LIST  *p_rdy_list;
```

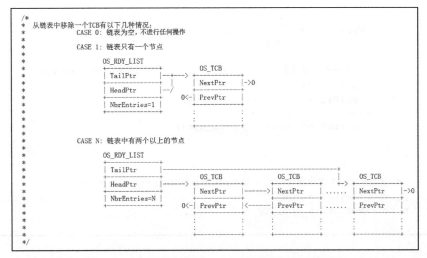

图 8-10　从链表中移除一个节点前链表的可能情况

```c
4        OS_TCB          *p_tcb1;
5        OS_TCB          *p_tcb2;
6
7
8
9        p_rdy_list = &OSRdyList[p_tcb->Prio];
10
11       /* 保存要删除的 TCB 节点的前一个和后一个节点 */
12       p_tcb1       = p_tcb->PrevPtr;
13       p_tcb2       = p_tcb->NextPtr;
14
15       /* 要移除的 TCB 节点是链表中的第一个节点 */
16       if (p_tcb1 == (OS_TCB *)0) {
17           /* 且该链表中只有一个节点 */
18           if (p_tcb2 == (OS_TCB *)0) {
19               /* 根节点全部初始化为 0 */
20               p_rdy_list->NbrEntries = (OS_OBJ_QTY)0;
21               p_rdy_list->HeadPtr    = (OS_TCB    *)0;
22               p_rdy_list->TailPtr    = (OS_TCB    *)0;
23
24               /* 清除在优先级表中相应的位 */
25               OS_PrioRemove(p_tcb->Prio);
26           }
27           /* 该链表中不止一个节点 */
28           else {
29               /* 节点减 1 */
30               p_rdy_list->NbrEntries--;
31               p_tcb2->PrevPtr        = (OS_TCB    *)0;
32               p_rdy_list->HeadPtr    = p_tcb2;
33           }
34       }
35       /* 要移除的 TCB 节点不是链表中的第一个节点 */
```

```
36      else {
37          p_rdy_list->NbrEntries--;
38          p_tcb1->NextPtr = p_tcb2;
39
40          /* 如果要删除的节点的下一个节点是 0，即要删除的节点是最后一个节点 */
41          if (p_tcb2 == (OS_TCB *)0) {
42              p_rdy_list->TailPtr = p_tcb1;
43          } else {
44              p_tcb2->PrevPtr       = p_tcb1;
45          }
46      }
47
48      /* 复位从就绪列表中删除的 TCB 的 PrevPtr 和 NextPtr 这两个指针 */
49      p_tcb->PrevPtr = (OS_TCB *)0;
50      p_tcb->NextPtr = (OS_TCB *)0;
51  }
```

8.3 main() 函数

本章 main() 函数中没有添加新的测试代码，只需要理解章节内容即可。

8.4 实验现象

本章没有实验，只需要理解章节内容即可。

第 9 章
多 优 先 级

在本章之前，操作系统还没有支持优先级，只支持两个任务互相切换。从本章开始，将在任务中加入优先级的功能。在 µC/OS-III 中，数字优先级越小，逻辑优先级越高。

9.1 定义优先级相关全局变量

在支持任务多优先级时，需要在 os.h 头文件中添加两个优先级相关的全局变量，具体定义参见代码清单 9-1。

代码清单 9-1　定义优先级相关全局变量

```
1 /* 在 os.h 中定义 */
2 /* 当前优先级 */
3 OS_EXT              OS_PRIO                OSPrioCur;
4 /* 最高优先级 */
5 OS_EXT              OS_PRIO                OSPrioHighRdy;
```

9.2 修改 OSInit() 函数

刚刚新添加的优先级相关的全部变量，需要在 OSInit() 函数中进行初始化，具体参见代码清单 9-2 中的加粗部分。其实操作系统中定义的所有全局变量都是在 OSInit() 中初始化的。

代码清单 9-2　OSInit() 函数

```
1 void OSInit (OS_ERR *p_err)
2 {
3     /* 配置操作系统初始状态为停止态 */
4     OSRunning =  OS_STATE_OS_STOPPED;
5
6     /* 初始化两个全局 TCB，这两个 TCB 用于任务切换 */
7     OSTCBCurPtr = (OS_TCB *)0;
8     OSTCBHighRdyPtr = (OS_TCB *)0;
9
10    /* 初始化优先级变量 */
```

```
11    OSPrioCur                          = (OS_PRIO)0;
12    OSPrioHighRdy                      = (OS_PRIO)0;
13
14    /* 初始化优先级表 */
15    OS_PrioInit();
16
17    /* 初始化就绪列表 */
18    OS_RdyListInit();
19
20    /* 初始化空闲任务 */
21    OS_IdleTaskInit(p_err);
22    if (*p_err != OS_ERR_NONE) {
23        return;
24    }
25 }
```

9.3　修改任务控制块

在任务控制块（TCB）中，加入优先级字段 Prio，具体参见代码清单 9-3 中的加粗部分。优先级 Prio 的数据类型为 OS_PRIO，宏展开后是 8 位的整型数据，所以只支持 255 个优先级。

代码清单 9-3　在 TCB 中加入优先级

```
1 struct os_tcb {
2     CPU_STK        *StkPtr;
3     CPU_STK_SIZE    StkSize;
4
5     /* 任务延时周期个数 */
6     OS_TICK         TaskDelayTicks;
7
8     /* 任务优先级 */
9     OS_PRIO         Prio;
10
11    /* 就绪列表双向链表的下一个指针 */
12    OS_TCB          *NextPtr;
13    /* 就绪列表双向链表的上一个指针 */
14    OS_TCB          *PrevPtr;
15 };
```

9.4　修改 OSTaskCreate() 函数

修改 OSTaskCreate() 函数，在其中加入优先级相关的处理，具体参见代码清单 9-4 中的加粗部分。

代码清单 9-4　OSTaskCreate() 函数加入优先级处理

```
1 void OSTaskCreate (OS_TCB        *p_tcb,
2                    OS_TASK_PTR    p_task,
```

```
3                    void         *p_arg,
4                    OS_PRIO      prio,                              (1)
5                    CPU_STK      *p_stk_base,
6                    CPU_STK_SIZE stk_size,
7                    OS_ERR       *p_err)
8 {
9     CPU_STK      *p_sp;
10    CPU_SR_ALLOC();                                                (2)
11
12    /* 初始化 TCB 为默认值 */
13    OS_TaskInitTCB(p_tcb);                                         (3)
14
15    /* 初始化栈 */
16    p_sp = OSTaskStkInit( p_task,
17                          p_arg,
18                          p_stk_base,
19                          stk_size );
20
21    p_tcb->Prio = prio;                                            (4)
22
23    p_tcb->StkPtr = p_sp;
24    p_tcb->StkSize = stk_size;
25
26    /* 进入临界段 */
27    OS_CRITICAL_ENTER();                                           (5)
28
29    /* 将任务添加到就绪列表 */                                       (6)
30    OS_PrioInsert(p_tcb->Prio);
31    OS_RdyListInsertTail(p_tcb);
32
33    /* 退出临界段 */
34    OS_CRITICAL_EXIT();                                            (7)
35
36    *p_err = OS_ERR_NONE;
37 }
```

代码清单 9-4（1）：在函数形参中，加入优先级字段。任务的优先级由用户在创建任务时通过形参 Prio 传进来。

代码清单 9-4（2）：定义一个局部变量，用来存储 CPU 关中断前的中断状态，因为接下来将任务添加到就绪列表这段代码属于临界段代码，需要关中断。

代码清单 9-4（3）：初始化 TCB 为默认值，其实就是全部初始化为 0，OS_TaskInitTCB() 函数在 os_task.c 文件的开头定义，具体参见代码清单 9-5。

代码清单 9-5　OS_TaskInitTCB() 函数

```
1 void  OS_TaskInitTCB (OS_TCB  *p_tcb)
2 {
3     p_tcb->StkPtr      = (CPU_STK       *)0;
4     p_tcb->StkSize     = (CPU_STK_SIZE  )0u;
5
```

```
 6    p_tcb->TaskDelayTicks    = (OS_TICK        )0u;
 7
 8    p_tcb->Prio              = (OS_PRIO        )OS_PRIO_INIT;           (1)
 9
10    p_tcb->NextPtr           = (OS_TCB     *)0;
11    p_tcb->PrevPtr           = (OS_TCB     *)0;
12 }
```

代码清单 9-5（1）：OS_PRIO_INIT 是任务 TCB 初始化时给的一个默认的优先级，宏展开等于 OS_CFG_PRIO_MAX，这是一个不会被操作系统用到的优先级。OS_PRIO_INIT 在 os.h 中定义。

代码清单 9-4（4）：将形参传入的优先级存储到 TCB 的优先级字段。

代码清单 9-4（5）：进入临界段。

代码清单 9-4（6）：将任务插入就绪列表，这里需要分成两步来实现：1）根据优先级置位优先级表中的相应位置；2）将 TCB 放到 OSRdyList[优先级] 中，如果同一个优先级有多个任务，那么这些任务的 TCB 就会被放到 OSRdyList[优先级] 中串成一个双向链表。

代码清单 9-4（7）：退出临界段。

9.5　修改 OS_IdleTaskInit() 函数

修改 OS_IdleTaskInit() 函数，是因为该函数调用了任务创建函数 OSTaskCreate()，我们刚刚为 OSTaskCreate() 函数加入了优先级，所以这里要为空闲任务分配一个优先级，具体参见代码清单 9-6 中的加粗部分。

代码清单 9-6　OS_IdleTaskInit() 函数

```
 1 /* 空闲任务初始化 */
 2 void  OS_IdleTaskInit(OS_ERR  *p_err)
 3 {
 4     /* 初始化空闲任务计数器 */
 5     OSIdleTaskCtr = (OS_IDLE_CTR)0;
 6
 7     /* 创建空闲任务 */
 8     OSTaskCreate( (OS_TCB       *)&OSIdleTaskTCB,
 9                   (OS_TASK_PTR )OS_IdleTask,
10                   (void        *)0,
11                   (OS_PRIO)(OS_CFG_PRIO_MAX - 1u),                       (1)
12                   (CPU_STK     *)OSCfg_IdleTaskStkBasePtr,
13                   (CPU_STK_SIZE)OSCfg_IdleTaskStkSize,
14                   (OS_ERR      *)p_err );
15 }
```

代码清单 9-6（1）：空闲任务是 μC/OS-III 的内部任务，在 OSInit() 中被创建，在系统没有任何用户任务运行的情况下，空闲任务就会被运行，优先级最低，即等于 OS_CFG_PRIO_MAX - 1u。

9.6　修改 OSStart() 函数

加入优先级之后，OSStart() 函数需要修改，具体最先运行哪一个任务则由优先级决定，新加入的代码具体参见代码清单 9-7 中的加粗部分。

代码清单 9-7　OSStart() 函数

```
1  /* 启动 RTOS，将不再返回 */
2  void OSStart (OS_ERR *p_err)
3  {
4      if ( OSRunning == OS_STATE_OS_STOPPED ) {
5  #if 0
6          /* 手动配置任务 1 先运行 */
7          OSTCBHighRdyPtr = OSRdyList[0].HeadPtr;
8  #endif
9          /* 寻找最高的优先级 */
10         OSPrioHighRdy   = OS_PrioGetHighest();                        (1)
11         OSPrioCur       = OSPrioHighRdy;
12
13         /* 找到最高优先级的 TCB */
14         OSTCBHighRdyPtr = OSRdyList[OSPrioHighRdy].HeadPtr;           (2)
15         OSTCBCurPtr     = OSTCBHighRdyPtr;
16
17         /* 标记操作系统开始运行 */
18         OSRunning       = OS_STATE_OS_RUNNING;
19
20         /* 启动任务切换，不会返回 */
21         OSStartHighRdy();
22
23         /* 正常情况不会运行到这里，运行到这里则表示发生了致命的错误 */
24         *p_err = OS_ERR_FATAL_RETURN;
25     } else {
26         *p_err = OS_STATE_OS_RUNNING;
27     }
28 }
```

代码清单 9-7（1）：调取 OS_PrioGetHighest() 函数从全局变量优先级表 OSPrioTbl[] 获取最高的优先级，放到 OSPrioHighRdy 全局变量中，然后把 OSPrioHighRdy 的值再赋给当前优先级 OSPrioCur 这个全局变量。在任务切换时需要用到 OSPrioHighRdy 和 OSPrioCur 这两个全局变量。

代码清单 9-7（2）：将 OSPrioHighRdy 的值作为全局变量 OSRdyList[] 的下标索引找到最高优先级任务的 TCB，传给全局变量 OSTCBHighRdyPtr，然后再将 OSTCBHighRdyPtr 赋值给 OSTCBCurPtr。在任务切换时需要用到 OSTCBHighRdyPtr 和 OSTCBCurPtr 这两个全局变量。

9.7　修改 PendSV_Handler() 函数

PendSV_Handler() 函数中添加了优先级相关的代码，具体参见代码清单 9-8 中加粗部分。有关 PendSV_Handler() 函数的具体讲解可参考第 3 章，这里不再赘述。

代码清单 9-8 PendSV_Handler() 函数

```
1  ;********************************************************************
2  ;                           PendSVHandler 异常
3  ;********************************************************************
4
5  OS_CPU_PendSVHandler_nosave
6
7  ; OSPrioCur   = OSPrioHighRdy
8      LDR       R0, =OSPrioCur
9      LDR       R1, =OSPrioHighRdy
10     LDRB      R2, [R1]
11     STRB      R2, [R0]
12
13 ; OSTCBCurPtr = OSTCBHighRdyPtr
14     LDR       R0, = OSTCBCurPtr
15     LDR       R1, = OSTCBHighRdyPtr
16     LDR       R2, [R1]
17     STR       R2, [R0]
18
19     LDR       R0, [R2]
20     LDMIA     R0!, {R4-R11}
21
22     MSR       PSP, R0
23     ORR       LR, LR, #0x04
24     CPSIE     I
25     BX        LR
26
27
28     NOP
29
30     ENDP
```

9.8 修改 OSTimeDly() 函数

任务调用 OSTimeDly() 函数之后，就处于阻塞态，需要将任务从就绪列表中移除，具体修改参见代码清单 9-9 中的加粗部分。

代码清单 9-9 OSTimeDly() 函数

```
1  /* 阻塞延时 */
2  void  OSTimeDly(OS_TICK dly)
3  {
4  #if 0
5      /* 设置延时时间 */
6      OSTCBCurPtr->TaskDelayTicks = dly;
7
8      /* 进行任务调度 */
```

```
 9     OSSched();
10 #endif
11
12     CPU_SR_ALLOC();                                           (1)
13
14     /* 进入临界段 */
15     OS_CRITICAL_ENTER();                                      (2)
16
17     /* 设置延时时间 */
18     OSTCBCurPtr->TaskDelayTicks = dly;
19
20     /* 从就绪列表中移除 */
21     //OS_RdyListRemove(OSTCBCurPtr);
22     OS_PrioRemove(OSTCBCurPtr->Prio);                         (3)
23
24     /* 退出临界段 */
25     OS_CRITICAL_EXIT();                                       (4)
26
27     /* 任务调度 */
28     OSSched();
29 }
```

代码清单 9-9（1）：定义一个局部变量，用来存储 CPU 关中断前的中断状态，因为接下来将任务从就绪列表移除这段代码属于临界段代码，需要关中断。

代码清单 9-9（2）：进入临界段。

代码清单 9-9（3）：将任务从就绪列表移除，这里只需要将任务在优先级表中对应的位清除即可，暂时不需要把 TCB 从 OSRdyList[] 中移除，因为接下来 OSTimeTick() 函数还是通过扫描 OSRdyList[] 来判断任务的延时时间是否到期。当加入时基列表之后，任务调用 OSTimeDly() 函数进行延时，这时就可以把任务的 TCB 从就绪列表删除，然后把 TCB 插入时基列表，OSTimeTick() 函数判断任务的延时是否到期只需扫描时基列表即可。时基列表将在第 10 章实现，所以这里暂时不能把 TCB 从就绪列表中删除，只是将任务优先级在优先级表中对应的位清除来达到使任务不处于就绪态的目的。

代码清单 9-9（4）：退出临界段。

9.9　修改 OSSched() 函数

任务调度函数 OSSched() 用于实现根据优先级来调度任务，具体修改参见代码清单 9-10 中的加粗部分，被迭代的代码已经通过条件编译屏蔽。

代码清单 9-10　OSSched() 函数

```
1 void OSSched(void)
2 {
3 #if 0
4     /* 如果当前任务是空闲任务，就去尝试执行任务 1 或者任务 2，
```

```
 5        *  看看其延时时间是否结束，如果未结束，
 6        *  则返回继续执行空闲任务 */
 7            if ( OSTCBCurPtr == &OSIdleTaskTCB ) {
 8            if (OSRdyList[0].HeadPtr->TaskDelayTicks == 0){
 9                OSTCBHighRdyPtr = OSRdyList[0].HeadPtr;
10            } else if (OSRdyList[1].HeadPtr->TaskDelayTicks == 0) {
11                OSTCBHighRdyPtr = OSRdyList[1].HeadPtr;
12            } else {
13                return;    /* 任务延时均没有到期则返回，继续执行空闲任务 */
14            }
15        } else {
16            /*如果是任务 1 或者任务 2，那么检查一下另外一个任务，
17             * 如果另外的任务不在延时状态，就切换到该任务，
18             * 否则，判断当前任务是否应该进入延时状态，
19             * 如果是，则切换到空闲任务，否则不进行任何切换 */
20            if (OSTCBCurPtr == OSRdyList[0].HeadPtr) {
21                if (OSRdyList[1].HeadPtr->TaskDelayTicks == 0) {
22                    OSTCBHighRdyPtr = OSRdyList[1].HeadPtr;
23                } else if (OSTCBCurPtr->TaskDelayTicks != 0) {
24                    OSTCBHighRdyPtr = &OSIdleTaskTCB;
25                } else {
26                    /* 返回，不进行切换，因为两个任务都处于延时中 */
27                    return;
28                }
29            } else if (OSTCBCurPtr == OSRdyList[1].HeadPtr) {
30                if (OSRdyList[0].HeadPtr->TaskDelayTicks == 0) {
31                    OSTCBHighRdyPtr = OSRdyList[0].HeadPtr;
32                } else if (OSTCBCurPtr->TaskDelayTicks != 0) {
33                    OSTCBHighRdyPtr = &OSIdleTaskTCB;
34                } else {
35                    /* 返回，不进行切换，因为两个任务都处于延时中 */
36                    return;
37                }
38            }
39        }
40
41    /* 任务切换 */
42    OS_TASK_SW();
43 #endif
44
45    CPU_SR_ALLOC();                                                    (1)
46
47    /* 进入临界段 */
48    OS_CRITICAL_ENTER();                                               (2)
49
50    /* 查找最高优先级的任务 */
51    OSPrioHighRdy    = OS_PrioGetHighest();                            (3)
52    OSTCBHighRdyPtr = OSRdyList[OSPrioHighRdy].HeadPtr;
53
54    /* 如果最高优先级的任务是当前任务则直接返回，不进行任务切换 */    (4)
55    if (OSTCBHighRdyPtr == OSTCBCurPtr) {
56        /* 退出临界段 */
57        OS_CRITICAL_EXIT();
```

```
58
59        return;
60    }
61    /* 退出临界段 */
62    OS_CRITICAL_EXIT();                                                    (5)
63
64    /* 任务切换 */
65    OS_TASK_SW();                                                          (6)
66 }
```

代码清单 9-10（1）：定义一个局部变量，用来存储 CPU 关中断前的中断状态，因为接下来查找最高优先级这段代码属于临界段代码，需要关中断。

代码清单 9-10（2）：进入临界段。

代码清单 9-10（3）：查找最高优先级任务。

代码清单 9-10（4）：判断最高优先级任务是不是当前任务，如果是则直接返回，否则将继续往下执行，最后执行任务切换。

代码清单 9-10（5）：退出临界段。

代码清单 9-10（6）：任务切换。

9.10 修改 OSTimeTick() 函数

OSTimeTick() 函数在 SysTick 中断服务函数中被调用，是一个周期函数，具体用于扫描就绪列表 OSRdyList[]，判断任务的延时时间是否到期。如果到期则将任务在优先级表中对应的位置位，修改的代码参见代码清单 9-11 中的加粗部分，被迭代的代码则通过条件编译屏蔽。

代码清单 9-11 OSTimeTick() 函数

```
 1 void  OSTimeTick (void)
 2 {
 3     unsigned int i;
 4     CPU_SR_ALLOC();                                                      (1)
 5
 6     /* 进入临界段 */
 7     OS_CRITICAL_ENTER();                                                 (2)
 8
 9     /* 扫描就绪列表中所有任务的 TaskDelayTicks，如果不为 0，则减 1 */
10 #if 0
11     for (i=0; i<OS_CFG_PRIO_MAX; i++) {
12         if (OSRdyList[i].HeadPtr->TaskDelayTicks > 0) {
13             OSRdyList[i].HeadPtr->TaskDelayTicks --;
14         }
15     }
16 #endif
17
18     for (i=0; i<OS_CFG_PRIO_MAX; i++) {                                  (3)
```

```
19              if (OSRdyList[i].HeadPtr->TaskDelayTicks > 0) {
20                  OSRdyList[i].HeadPtr->TaskDelayTicks --;
21                  if (OSRdyList[i].HeadPtr->TaskDelayTicks == 0) {
22                      /* 为 0 则表示延时时间到，让任务就绪 */
23                      //OS_RdyListInsert (OSRdyList[i].HeadPtr);
24                      OS_PrioInsert(i);
25                  }
26              }
27          }
28
29      /* 退出临界段 */
30      OS_CRITICAL_EXIT();                                                    (4)
31
32      /* 任务调度 */
33      OSSched();
34  }
```

代码清单 9-11（1）：定义一个局部变量，用来存储 CPU 关中断前的中断状态，因为接下来扫描就绪列表 OSRdyList[] 这段代码属于临界段代码，需要关中断。

代码清单 9-11（2）：进入临界段。

代码清单 9-11（3）：扫描就绪列表 OSRdyList[]，判断任务的延时时间是否到期，如果到期，则将任务在优先级表中对应的位置位。

代码清单 9-11（4）：退出临界段。

9.11 main() 函数

main() 函数具体参见代码清单 9-12，修改部分已经加粗显示。

代码清单 9-12   main() 函数

```
 1  /*
 2  ********************************************************************
 3  *                          全局变量
 4  ********************************************************************
 5  */
 6
 7  uint32_t flag1;
 8  uint32_t flag2;
 9  uint32_t flag3;
10
11  /*
12  ********************************************************************
13  *                  TCB & STACK & 任务声明
14  ********************************************************************
15  */
16  #define   TASK1_STK_SIZE         128
17  #define   TASK2_STK_SIZE         128
18  #define   TASK3_STK_SIZE         128
```

```
19
20
21 static    OS_TCB     Task1TCB;
22 static    OS_TCB     Task2TCB;
23 static    OS_TCB     Task3TCB;
24
25
26 static    CPU_STK    Task1Stk[TASK1_STK_SIZE];
27 static    CPU_STK    Task2Stk[TASK2_STK_SIZE];
28 static    CPU_STK    Task3Stk[TASK2_STK_SIZE];
29
30
31 void      Task1( void *p_arg );
32 void      Task2( void *p_arg );
33 void      Task3( void *p_arg );
34
35
36 /*
37 ************************************************************************
38 *                            函数声明
39 ************************************************************************
40 */
41 void delay(uint32_t count);
42
43 /*
44 ************************************************************************
45 *                            main() 函数
46 ************************************************************************
47 */
48 /*
49 * 注意事项: 1) 该工程使用软件仿真, debug 需要选择为 Ude Simulator
50 *          2) 在 Target 选项卡中把晶振 Xtal(MHz) 的值改为 25, 默认是 12,
51 *             改成 25 是为了与 system_ARMCM3.c 中定义的 __SYSTEM_CLOCK 相同,
52 *             确保仿真时时钟一致
53 */
54 int main(void)
55 {
56     OS_ERR err;
57
58
59     /* CPU 初始化: 初始化时间戳 */
60     CPU_Init();
61
62     /* 关闭中断 */
63     CPU_IntDis();
64
65     /* 配置 SysTick 每 10ms 中断一次 */
66     OS_CPU_SysTickInit (10);
67
68     /* 初始化相关的全局变量 */
69     OSInit(&err);                                                    (1)
70
71     /* 创建任务 */
```

```
72      OSTaskCreate( (OS_TCB*)&Task1TCB,
73                    (OS_TASK_PTR )Task1,
74                    (void *)0,
75                    (OS_PRIO)1,                                           (2)
76                    (CPU_STK*)&Task1Stk[0],
77                    (CPU_STK_SIZE)  TASK1_STK_SIZE,
78                    (OS_ERR *)&err );
79
80      OSTaskCreate( (OS_TCB*)&Task2TCB,
81                    (OS_TASK_PTR )Task2,
82                    (void *)0,
83                    (OS_PRIO)2,                                           (3)
84                    (CPU_STK*)&Task2Stk[0],
85                    (CPU_STK_SIZE)  TASK2_STK_SIZE,
86                    (OS_ERR *)&err );
87
88      OSTaskCreate( (OS_TCB*)&Task3TCB,
89                    (OS_TASK_PTR )Task3,
90                    (void *)0,
91                    (OS_PRIO)3,                                           (4)
92                    (CPU_STK*)&Task3Stk[0],
93                    (CPU_STK_SIZE)  TASK3_STK_SIZE,
94                    (OS_ERR *)&err );
95 #if 0
96      /* 将任务加入就绪列表 */                                           (5)
97      OSRdyList[0].HeadPtr = &Task1TCB;
98      OSRdyList[1].HeadPtr = &Task2TCB;
        OSRdyList[2].HeadPtr = &Task3TCB;
99 #endif
100
101     /* 启动操作系统,将不再返回 */
102     OSStart(&err);
103 }
104
105 /*
106 *************************************************************************
107 *                              函数实现
108 *************************************************************************
109 */
110 /* 软件延时 */
111 void delay (uint32_t count)
112 {
113     for (; count!=0; count--);
114 }
115
116
117
118 void Task1( void *p_arg )
119 {
120     for ( ;; ) {
121         flag1 = 1;
122         OSTimeDly(2);
123         flag1 = 0;
```

```
124         OSTimeDly(2);
125     }
126 }
127
128 void Task2( void *p_arg )
129 {
130     for ( ;; ) {
131         flag2 = 1;
132         OSTimeDly(2);
133         flag2 = 0;
134         OSTimeDly(2);
135     }
136 }
137
138 void Task3( void *p_arg )
139 {
140     for ( ;; ) {
141         flag3 = 1;
142         OSTimeDly(2);
143         flag3 = 0;
144         OSTimeDly(2);
145     }
146 }
```

代码清单 9-12（1）：加入了优先级相关的全局变量 **OSPrioCur** 和 **OSPrioHighRdy** 的初始化。

代码清单 9-12（2）～（4）：为每个任务分配了优先级，任务 1 的优先级为 1，任务 2 的优先级为 2，任务 3 的优先级为 3。

代码清单 9-12（5）：将任务插入就绪列表这部分功能由 **OSTaskCreate()** 实现，这里通过条件编译屏蔽掉。

9.12　实验现象

进入软件调试，全速运行程序，从逻辑分析仪中可以看到 3 个任务的波形是完全同步的，就好像 CPU 在同时做 3 件事，具体仿真波形图如图 9-1 所示。

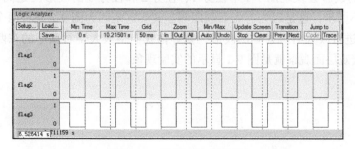

图 9-1　实验现象（宏观）

任务开始的启动过程如图 9-2 所示，这个启动过程要认真地理解一下。

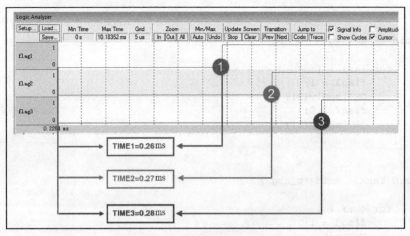

图 9-2　任务的启动过程（微观）

图 9-2 展示了任务 1、任务 2 和任务 3 刚开始启动时的软件仿真波形图，系统从启动到任务 1 开始运行前花的时间为 TIME1，等于 0.26ms。任务 1 开始运行，然后调用 OSTimeDly(1) 进入延时，随后进行任务切换，切换到任务 2 开始运行，从任务 1 切换到任务 2 花费的时间等于 TIME2 – TIME1，等于 0.01ms。任务 2 开始运行，然后调用 OSTimeDly(1) 进入延时，随后进行任务切换，切换到任务 3 开始运行，从任务 2 切换到任务 3 花费的时间等于 TIME3 – TIME1，等于 0.01ms。任务 3 开始运行，然后调用 OSTimeDly(1) 进入延时，随后进行任务切换，这时我们创建的 3 个任务都处于延时状态，系统切换到空闲任务，在 3 个任务延时未到期之前，系统一直在运行空闲任务。当第一个 SysTick 中断产生，中断服务函数会调用 OSTimeTick() 函数扫描每个任务的延时是否到期，因为是延时一个 SysTick 周期，所以第一个 SysTick 中断产生就意味着延时都到期，任务 1、任务 2 和任务 3 依次进入就绪态，再次回到任务本身接着运行，将自身的 Flag 清零，然后任务 1、任务 2 和任务 3 又依次调用 OSTimeDly(1) 进入延时状态，直到下一个 SysTick 中断产生前，系统都处于空闲任务中，一直这样循环下去。

有些细心的读者会发现图 9-1 中任务 1、任务 2 和任务 3 的波形图是同步的，而图 9-2 中任务的波形不同步，这是因为有先后顺序吗？其实这是因为图 9-2 是将两个任务切换花费的时间 0.01ms 进行放大后观察到的波形，就好像我们用放大镜看微小的东西一样，如果不用放大镜，在宏观层面观察就是图 9-1 显示的实验现象。

第 10 章

时 基 列 表

从本章开始，我们在操作系统中加入时基列表。时基列表是与时间相关的，处于延时状态的任务和等待事件超时后都会从就绪列表中移除，然后插入时基列表。时基列表在 OSTimeTick() 函数中更新，如果任务的延时时间结束或者超时到期，就会让任务就绪，从时基列表中移除，插入就绪列表。到目前为止，我们在操作系统中只实现了两个列表，一个是就绪列表，一个是本章将要实现的时基列表，在本章之前，任务要么位于就绪列表，要么位于时基列表。

10.1　实现时基列表

10.1.1　定义时基列表变量

时基列表在代码层面上由全局数组 OSCfg_TickWheel[] 和全局变量 OSTickCtr 构成，一个空的时基列表示意图如图 10-1 所示，时基列表的代码实现具体参见代码清单 10-1。

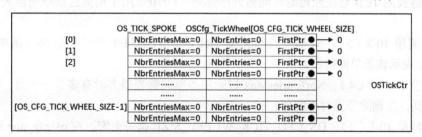

图 10-1　空的时基列表

代码清单 10-1　时基列表定义

```
1  /* 时基列表大小，在 os_cfg_app.h 中定义 */
2  #define  OS_CFG_TICK_WHEEL_SIZE            17u
3
4  /* 在 os_cfg_app.c 中定义 */
5  /* 时基列表 */
6      (1)                                (2)
7  OS_TICK_SPOKE  OSCfg_TickWheel[OS_CFG_TICK_WHEEL_SIZE];
```

```
 8  /* 时基列表大小 */
 9  OS_OBJ_QTY const OSCfg_TickWheelSize = (OS_OBJ_QTY  )OS_CFG_TICK_WHEEL_SIZE;
10
11
12
13  /* 在 os.h 中声明时基列表 */
14  extern  OS_TICK_SPOKE  OSCfg_TickWheel[];
15  /* 在 os.h 中声明时基列表大小 */
16  extern  OS_OBJ_QTY    const OSCfg_TickWheelSize;
17
18
19  /* Tick 计数器,在 os.h 中定义 */
20  OS_EXT          OS_TICK              OSTickCtr;                        (3)
```

代码清单 10-1（1）: OS_TICK_SPOKE 为时基列表数组 OSCfg_TickWheel[] 的数据类型,在 os.h 文件中定义,具体参见代码清单 10-2。

代码清单 10-2　OS_TICK_SPOKE 定义

```
1  typedefstruct  os_tick_spoke          OS_TICK_SPOKE;                    (1)
2
3  struct  os_tick_spoke {
4      OS_TCB              *FirstPtr;                                      (2)
5      OS_OBJ_QTY           NbrEntries;                                    (3)
6      OS_OBJ_QTY           NbrEntriesMax;                                 (4)
7  };
```

代码清单 10-2（1）: 在 μC/OS-III 中,内核对象的数据类型都会用大写字母重新定义。

代码清单 10-2（2）: 时基列表 OSCfg_TickWheel[] 的每个成员都包含一条单向链表,被插入该条链表的 TCB 会按照延时时间做升序排列。FirstPtr 用于指向这条单向链表的第一个节点。

代码清单 10-2（3）: 时基列表 OSCfg_TickWheel[] 的每个成员都包含一条单向链表,NbrEntries 表示该条单向链表当前有多少个节点。

代码清单 10-2（4）: NbrEntriesMax 记录该条单向链表最多时有多少个节点,在增加节点时会刷新,在删除节点时不刷新。

代码清单 10-1（2）: OS_CFG_TICK_WHEEL_SIZE 是一个宏,在 os_cfg_app.h 中定义,用于控制时基列表的大小。OS_CFG_TICK_WHEEL_SIZE 的推荐值为任务数 /4,不推荐使用偶数,如果得出偶数,则加 1 变成参数,实际上参数是一个很好的选择。

代码清单 10-1（3）: OSTickCtr 为 SysTick 周期计数器,记录系统启动到现在或者从上一次复位到现在经过了多少个 SysTick 周期。

10.1.2　修改任务控制块

如前所述,时基列表 OSCfg_TickWheel[] 的每个成员都包含一条单向链表,被插入该条链表的 TCB 会按照延时时间做升序排列,为了 TCB 能按照延时时间从小到大串接在一起,需要在 TCB 中加入几个成员，具体参见代码清单 10-3 中的加粗部分。

代码清单 10-3　在 TCB 中加入时基列表相关字段

```
 1 struct os_tcb {
 2    CPU_STK          *StkPtr;
 3    CPU_STK_SIZE     StkSize;
 4
 5    /* 任务延时周期个数 */
 6    OS_TICK          TaskDelayTicks;
 7
 8    /* 任务优先级 */
 9    OS_PRIO          Prio;
10
11    /* 就绪列表双向链表的下一个指针 */
12    OS_TCB           *NextPtr;
13    /* 就绪列表双向链表的上一个指针 */
14    OS_TCB           *PrevPtr;
15
16    /* 时基列表相关字段 */
17    OS_TCB           *TickNextPtr;                                    (1)
18    OS_TCB           *TickPrevPtr;                                    (2)
19    OS_TICK_SPOKE    *TickSpokePtr;                                   (5)
20
21    OS_TICK          TickCtrMatch;                                    (4)
22    OS_TICK          TickRemain;                                      (3)
23 };
```

代码清单 10-3 中加粗部分的字段可以结合图 10-2 一起理解，这样会更容易。图 10-2 所示是在时基列表 OSCfg_TickWheel[] 索引 11 这条链表中插入了 2 个 TCB，一个需要延时 1 个时钟周期，另外一个需要延时 13 个时钟周期。

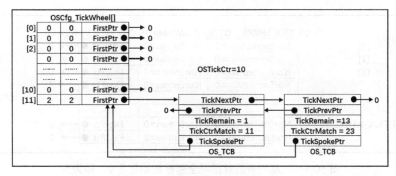

图 10-2　时基列表中有两个 TCB

代码清单 10-3（1）：TickNextPtr 用于指向链表中的下一个 TCB 节点。

代码清单 10-3（2）：TickPrevPtr 用于指向链表中的上一个 TCB 节点。

代码清单 10-3（3）：TickRemain 用于设置任务还需要等待多少个时钟周期，每等待一个时钟周期，该值就会递减 1。

代码清单 10-3（4）：TickCtrMatch 的值等于时基计数器 OSTickCtr 的值加上 TickRemain 的值，当 TickCtrMatch 的值等于 OSTickCtr 的值时，表示等待到期，TCB 会从链表中删除。

代码清单 10-3（5）：每个被插入链表的 TCB 都包含一个字段 TickSpokePtr，用于回指到链表的根部。

10.1.3   实现时基列表相关函数

时基列表相关函数在 os_tick.c 中实现，在 os.h 中声明。如果 os_tick.c 文件是第一次使用，需要自行在文件夹 µC/OS-III\Source 中新建并添加到工程的 µC/OS-III Source 组。

1. OS_TickListInit() 函数

OS_TickListInit() 函数用于初始化时基列表，即将全局变量 OSCfg_TickWheel[] 的数据域全部初始化为 0，如代码清单 10-4 所示。一个初始化为 0 的时基列表如图 10-3 所示。

代码清单 10-4   OS_TickListInit() 函数

```
1  /* 初始化时基列表的数据域 */
2  void   OS_TickListInit (void)
3  {
4      OS_TICK_SPOKE_IX    i;
5      OS_TICK_SPOKE      *p_spoke;
6
7  for (i = 0u; i < OSCfg_TickWheelSize; i++) {
8      p_spoke                   = (OS_TICK_SPOKE *)&OSCfg_TickWheel[i];
9      p_spoke->FirstPtr         = (OS_TCB          *)0;
10     p_spoke->NbrEntries       = (OS_OBJ_QTY      )0u;
11     p_spoke->NbrEntriesMax    = (OS_OBJ_QTY      )0u;
12  }
13 }
```

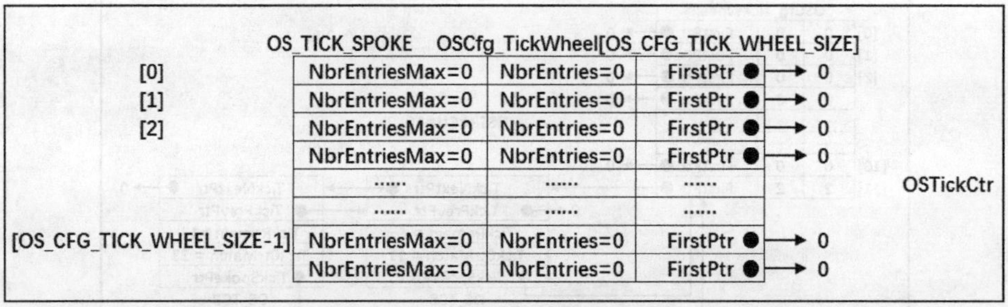

图 10-3   时基列表的数据域全部被初始化为 0，即为空

2. OS_TickListInsert() 函数

OS_TickListInsert() 函数用于向时基列表中插入一个 TCB，具体实现参见代码清单 10-5。代码清单 10-5 可结合图 10-4 一起阅读，这样理解起来会更容易。

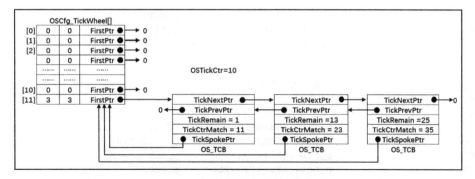

图 10-4 时基列表中有 3 个 TCB

代码清单 10-5 OS_TickListInsert() 函数

```
1  /* 将一个任务插入时基列表，根据延时时间的大小升序排列 */
2  void  OS_TickListInsert (OS_TCB *p_tcb,OS_TICK time)
3  {
4      OS_TICK_SPOKE_IX    spoke;
5      OS_TICK_SPOKE      *p_spoke;
6      OS_TCB             *p_tcb0;
7      OS_TCB             *p_tcb1;
8
9      p_tcb->TickCtrMatch = OSTickCtr + time;                              (1)
10     p_tcb->TickRemain   = time;                                         (2)
11
12     spoke    = (OS_TICK_SPOKE_IX)(p_tcb->TickCtrMatch % OSCfg_TickWheelSize); (3)
13     p_spoke = &OSCfg_TickWheel[spoke];                                  (4)
14
15     /* 插入 OSCfg_TickWheel[spoke] 的第一个节点 */
16     if (p_spoke->NbrEntries == (OS_OBJ_QTY)0u) {                        (5)
17         p_tcb->TickNextPtr    = (OS_TCB   *)0;
18         p_tcb->TickPrevPtr    = (OS_TCB   *)0;
19         p_spoke->FirstPtr     =  p_tcb;
20         p_spoke->NbrEntries   = (OS_OBJ_QTY)1u;
21     }
22     /* 如果插入的不是第一个节点，则按照 TickRemain 的大小升序排列 */
23     else {                                                              (6)
24         /* 获取第一个节点指针 */
25         p_tcb1 = p_spoke->FirstPtr;
26         while (p_tcb1 != (OS_TCB *)0) {
27             /* 计算比较节点的剩余时间 */
28             p_tcb1->TickRemain = p_tcb1->TickCtrMatch - OSTickCtr;
29
30             /* 插入至比较节点的后面 */
31             if (p_tcb->TickRemain > p_tcb1->TickRemain) {
32                 if (p_tcb1->TickNextPtr != (OS_TCB *)0) {
33                     /* 寻找下一个比较节点 */
34                     p_tcb1 =  p_tcb1->TickNextPtr;
35                 } else {   /* 在最后一个节点插入 */
36                     p_tcb->TickNextPtr    = (OS_TCB *)0;
```

```
37                       p_tcb->TickPrevPtr    =  p_tcb1;
38                       p_tcb1->TickNextPtr   =  p_tcb;
39                       p_tcb1                = (OS_TCB *)0;              (7)
40                   }
41               }
42               /* 插入至比较节点的前面 */
43               else {
44                   /* 在第一个节点插入 */
45                   if (p_tcb1->TickPrevPtr == (OS_TCB *)0) {
46                       p_tcb->TickPrevPtr    = (OS_TCB *)0;
47                       p_tcb->TickNextPtr    =  p_tcb1;
48                       p_tcb1->TickPrevPtr   =  p_tcb;
49                       p_spoke->FirstPtr     =  p_tcb;
50                   } else {
51                       /* 插入两个节点之间 */
52                       p_tcb0                =  p_tcb1->TickPrevPtr;
53                       p_tcb->TickPrevPtr    =  p_tcb0;
54                       p_tcb->TickNextPtr    =  p_tcb1;
55                       p_tcb0->TickNextPtr   =  p_tcb;
56                       p_tcb1->TickPrevPtr   =  p_tcb;
57                   }
58                   /* 跳出 while 循环 */
59                   p_tcb1 = (OS_TCB *)0;                                (8)
60               }
61           }
62
63           /* 节点成功插入 */
64           p_spoke->NbrEntries++;                                       (9)
65       }
66
67       /* 刷新 NbrEntriesMax 的值 */
68       if (p_spoke->NbrEntriesMax < p_spoke->NbrEntries) {             (10)
69           p_spoke->NbrEntriesMax = p_spoke->NbrEntries;
70       }
71
72       /* TCB 中的 TickSpokePtr 回指根节点 */
73       p_tcb->TickSpokePtr = p_spoke;                                   (11)
74   }
```

代码清单 10-5（1）：TickCtrMatch 的值等于当前时基计数器的值 OSTickCtr 加上任务要延时的时间 time，time 由函数形参传进来。OSTickCtr 是一个全局变量，记录的是系统自启动以来或者自上次复位以来经过了多少个 SysTick 周期。OSTickCtr 的值每经过一个 SysTick 周期其值就加 1，当 TickCtrMatch 的值与其相等时，就表示任务等待时间到期。

代码清单 10-5（2）：将任务需要延时的时间 time 保存到 TCB 的 TickRemain，它表示任务还需要延时多少个 SysTick 周期，每到来一个 SysTick 周期，TickRemain 会减 1。

代码清单 10-5（3）：由任务的 TickCtrMatch 对时基列表的大小 OSCfg_TickWheelSize 进行求余操作，得出的值 spoke 作为时基列表 OSCfg_TickWheel[] 的索引。只要各任务的 TickCtrMatch 对 OSCfg_TickWheelSize 求余后得到的值 spoke 相等，那么任务的 TCB 就会

被插入 OSCfg_TickWheel[spoke] 下的单向链表中，节点按照任务的 TickCtrMatch 值做升序排列。例如，在图 10-4 中，时基列表 OSCfg_TickWheel[] 的大小 OSCfg_TickWheelSize 等于 12，当前时基计数器 OSTickCtr 的值为 10，有 3 个任务分别需要延时 TickTemain=1、TickTemain=23 和 TickTemain=25 个时钟周期，3 个任务的 TickRemain 加上 OSTickCtr 可分别得出它们的 TickCtrMatch 等于 11、23 和 35，这 3 个任务的 TickCtrMatch 对 OSCfg_TickWheelSize 求余操作后的值 spoke 都等于 11，所以这 3 个任务的 TCB 会被插入 OSCfg_TickWheel[11] 下的同一条链表，节点顺序根据 TickCtrMatch 的值做升序排列。

代码清单 10-5（4）：根据刚刚算出的索引值 spoke，获取该索引值下的成员的地址，也叫作根指针，因为该索引下对应的成员 OSCfg_TickWheel[spoke] 会维护一条双向的链表。

代码清单 10-5（5）：将 TCB 插入链表中分两种情况，第一种是当前链表是空的，插入的节点将成为第一个节点，这个处理非常简单；第二种是当前链表已经有节点。

代码清单 10-5（6）：当前的链表中已经有节点，插入时则根据 TickCtrMatch 的值做升序排列，分三种情况，第一种是在最后一个节点之间插入，第二种是在第一个节点之前插入，第三种是在两个节点之间插入。

代码清单 10-5（7）（8）：节点成功插入 p_tcb1 指针，跳出 while 循环。

代码清单 10-5（9）：节点成功插入，记录当前链表节点个数的计数器 NbrEntries 加 1。

代码清单 10-5（10）：刷新 NbrEntriesMax 的值，NbrEntriesMax 用于记录当前链表最多曾有多少个节点，只有在增加节点时才刷新，在删除节点时是不刷新的。

代码清单 10-5（11）：TCB 被成功插入链表，TCB 中的 TickSpokePtr 回指所在链表的根指针。

3. OS_TickListRemove() 函数

OS_TickListRemove() 用于从时基列表中删除一个指定的 TCB 节点，具体实现参见代码清单 10-6。

代码清单 10-6　OS_TickListRemove() 函数

```
 1  /* 从时基列表中移除一个任务 */
 2  void  OS_TickListRemove (OS_TCB  *p_tcb)
 3  {
 4      OS_TICK_SPOKE    *p_spoke;
 5      OS_TCB           *p_tcb1;
 6      OS_TCB           *p_tcb2;
 7
 8      /* 获取 TCB 所在链表的根指针 */
 9      p_spoke = p_tcb->TickSpokePtr;                          (1)
10
11      /* 确保任务在链表中 */
12      if (p_spoke != (OS_TICK_SPOKE *)0) {
13          /* 将剩余时间清零 */
14          p_tcb->TickRemain = (OS_TICK)0u;
15
16      /* 要移除的刚好是第一个节点 */
```

```
17          if (p_spoke->FirstPtr == p_tcb) {                            (2)
18              /* 更新第一个节点，原来的第一个节点需要被移除 */
19              p_tcb1           = (OS_TCB *)p_tcb->TickNextPtr;
20              p_spoke->FirstPtr = p_tcb1;
21              if (p_tcb1 != (OS_TCB *)0) {
22                  p_tcb1->TickPrevPtr = (OS_TCB *)0;
23              }
24          }
25          /* 要移除的不是第一个节点 */                                    (3)
26          else {
27              /* 保存要移除的节点的前后节点的指针 */
28              p_tcb1           = p_tcb->TickPrevPtr;
29              p_tcb2           = p_tcb->TickNextPtr;
30
31              /* 节点移除，将节点的前后两个节点连接在一起 */
32              p_tcb1->TickNextPtr = p_tcb2;
33              if (p_tcb2 != (OS_TCB *)0) {
34                  p_tcb2->TickPrevPtr = p_tcb1;
35              }
36          }
37
38          /* 复位 TCB 中时基列表相关的字段成员 */                          (4)
39          p_tcb->TickNextPtr  = (OS_TCB        *)0;
40          p_tcb->TickPrevPtr  = (OS_TCB        *)0;
41          p_tcb->TickSpokePtr = (OS_TICK_SPOKE *)0;
42          p_tcb->TickCtrMatch = (OS_TICK       )0u;
43
44          /* 节点减 1 */
45          p_spoke->NbrEntries--;                                        (5)
46      }
47  }
```

代码清单 10-6（1）：获取 TCB 所在链表的根指针。

代码清单 10-6（2）：要删除的节点是链表的第一个节点，这个操作很好处理，只需更新第一个节点即可。

代码清单 10-6（3）：要删除的节点不是链表的第一个节点，则先保存要删除的节点的前后节点，然后把这两个节点相连即可。

代码清单 10-6（4）：复位 TCB 中时基列表相关的字段成员。

代码清单 10-6（5）：节点删除成功，链表中的节点计数器 NbrEntries 减 1。

4. OS_TickListUpdate() 函数

OS_TickListUpdate() 函数在每个 SysTick 周期到来时在 OSTimeTick() 中被调用，用于更新时基计数器 OSTickCtr，扫描时基列表中的任务延时是否到期，具体实现参见代码清单 10-7。

代码清单 10-7　OS_TickListUpdate() 函数

```
1 void  OS_TickListUpdate (void)
2 {
```

```
3      OS_TICK_SPOKE_IX    spoke;
4      OS_TICK_SPOKE      *p_spoke;
5      OS_TCB             *p_tcb;
6      OS_TCB             *p_tcb_next;
7      CPU_BOOLEAN         done;
8
9      CPU_SR_ALLOC();
10
11     /* 进入临界段 */
12     OS_CRITICAL_ENTER();
13
14     /* 时基计数器 ++ */
15     OSTickCtr++;                                                        (1)
16
17     spoke   = (OS_TICK_SPOKE_IX)(OSTickCtr % OSCfg_TickWheelSize);      (2)
18     p_spoke = &OSCfg_TickWheel[spoke];
19
20     p_tcb   = p_spoke->FirstPtr;
21     done    = DEF_FALSE;
22
23     while (done == DEF_FALSE) {
24         if (p_tcb != (OS_TCB *)0) {                                     (3)
25             p_tcb_next = p_tcb->TickNextPtr;
26
27             p_tcb->TickRemain = p_tcb->TickCtrMatch - OSTickCtr;        (4)
28
29             /* 节点延时时间到 */
30             if (OSTickCtr == p_tcb->TickCtrMatch) {                     (5)
31                 /* 让任务就绪 */
32                 OS_TaskRdy(p_tcb);
33             } else {                                                    (6)
34                 /* 如果第一个节点延时期未满, 则退出 while 循环
35                  * 因为链表是根据升序排列的, 第一个节点延时期未满, 那后面的肯定未满 */
36                 done = DEF_TRUE;
37             }
38
39             /* 如果第一个节点延时期满, 则继续遍历链表, 看看还有没有延时期满的任务
40              * 如果有, 则让它就绪 */
41             p_tcb = p_tcb_next;                                         (7)
42         } else {
43             done   = DEF_TRUE;                                          (8)
44         }
45     }
46
47     /* 退出临界段 */
48     OS_CRITICAL_EXIT();
49 }
```

代码清单 10-7（1）：每到来一个 SysTick 时钟周期，时基计数器 OSTickCtr 都要加 1。

代码清单 10-7（2）：计算要扫描的时基列表的索引，每次只扫描一条链表。时基列表中可能有多条链表，为什么可以只扫描其中一条？因为当任务插入时基列表时，插入的索

引值 spoke_insert 是通过 TickCtrMatch 对 OSCfg_TickWheelSize 求余得出，现在需要扫描的索引值 spoke_update 是通过 OSTickCtr 对 OSCfg_TickWheelSize 求余得出，TickCtrMatch 的值等于 OSTickCt 加上 TickRemain，只有在经过 TickRemain 个时钟周期后，spoke_update 的值才有可能等于 spoke_insert。如果算出的 spoke_update 小于 spoke_insert，且 OSCfg_TickWheel[spoke_update] 下的链表的任务没有到期，那么后面的任务肯定都没有到期，不用继续扫描。

例如，在图 10-5 中，时基列表 OSCfg_TickWheel[] 的大小 OSCfg_TickWheelSize 等于 12，当前时基计数器 OSTickCtr 的值为 7，有 3 个任务分别需要延时 TickTemain=16、TickTemain=28 和 TickTemain=40 个时钟周期，3 个任务的 TickRemain 加上 OSTickCtr 可分别得出它们的 TickCtrMatch 等于 23、35 和 47，这 3 个任务的 TickCtrMatch 对 OSCfg_TickWheelSize 求余操作后的值 spoke 都等于 11，所以这 3 个任务的 TCB 会被插入 OSCfg_TickWheel[11] 下的同一条链表，节点顺序根据 TickCtrMatch 的值做升序排列。当下一个 SysTick 时钟周期到来时，会调用 OS_TickListUpdate() 函数，这时 OSTickCtr 加 1 操作后等于 8，对 OSCfg_TickWheelSize（等于 12）求余算得要扫描更新的索引值 spoke_update 等于 8，则对 OSCfg_TickWheel[8] 下面的链表进行扫描，从图 10-5 可知，8 这个索引下没有节点，则直接退出，刚刚插入的 3 个 TCB 是在 OSCfg_TickWheel[11] 下的链表，根本不用扫描，因为时间刚刚过了 1 个时钟周期，远远没有达到它们需要的延时时间。

代码清单 10-7（3）：判断链表是否为空，为空则跳转到代码清单 10-7（8）。

代码清单 10-7（4）：链表不为空，递减第一个节点的 TickRemain。

代码清单 10-7（5）：判断第一个节点的延时时间是否到期，如果到期，则让任务就绪，即将任务从时基列表中删除，插入就绪列表，这两步由函数 OS_TaskRdy() 完成，该函数在 os_core.c 中定义，具体实现参见代码清单 10-8。

代码清单 10-8　OS_TaskRdy() 函数

```
1 void  OS_TaskRdy (OS_TCB  *p_tcb)
2 {
3     /* 从时基列表中删除 */
4     OS_TickListRemove(p_tcb);
5
6     /* 插入就绪列表 */
7     OS_RdyListInsert(p_tcb);
8 }
```

代码清单 10-7（6）：如果第一个节点延时期未满，则退出 while 循环，因为链表是根据升序排列的，第一个节点延时期未满，那么后面的肯定也未满。

代码清单 10-7（7）：如果第一个节点延时到期，则继续判断下一个节点延时是否到期。

代码清单 10-7（8）：链表为空，退出扫描，因为时基列表的其他节点还没到期。

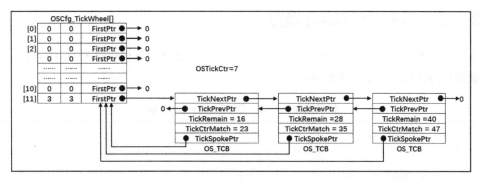

图 10-5 时基列表中有 3 个 TCB

10.2 修改 OSTimeDly() 函数

加入时基列表之后，需要修改 OSTimeDly() 函数，具体参见代码清单 10-9 中的加粗部分，被迭代的代码已经用条件编译屏蔽。

代码清单 10-9 OSTimeDly() 函数

```
 1 void  OSTimeDly(OS_TICK dly)
 2 {
 3     CPU_SR_ALLOC();
 4
 5     /* 进入临界段 */
 6     OS_CRITICAL_ENTER();
 7 #if 0
 8     /* 设置延时时间 */
 9     OSTCBCurPtr->TaskDelayTicks = dly;
10
11     /* 从就绪列表中移除 */
12     //OS_RdyListRemove(OSTCBCurPtr);
13     OS_PrioRemove(OSTCBCurPtr->Prio);
14 #endif
15
16     /* 插入时基列表 */
17     OS_TickListInsert(OSTCBCurPtr, dly);
18
19     /* 从就绪列表移除 */
20     OS_RdyListRemove(OSTCBCurPtr);
21
22     /* 退出临界段 */
23     OS_CRITICAL_EXIT();
24
25     /* 任务调度 */
26     OSSched();
27 }
```

10.3 修改 OSTimeTick() 函数

加入时基列表之后，需要修改 OSTimeTick() 函数，具体参见代码清单 10-10 中的加粗部分，被迭代的代码已经用条件编译屏蔽。

代码清单 10-10 OSTimeTick() 函数

```
1 void  OSTimeTick (void)
2 {
3 #if 0
4     unsigned int i;
5     CPU_SR_ALLOC();
6
7     /* 进入临界段 */
8     OS_CRITICAL_ENTER();
9
10    for (i=0; i<OS_CFG_PRIO_MAX; i++) {
11        if (OSRdyList[i].HeadPtr->TaskDelayTicks > 0) {
12            OSRdyList[i].HeadPtr->TaskDelayTicks --;
13            if (OSRdyList[i].HeadPtr->TaskDelayTicks == 0) {
14                /* 为 0 则表示延时时间到，让任务就绪 */
15                //OS_RdyListInsert (OSRdyList[i].HeadPtr);
16                OS_PrioInsert(i);
17            }
18        }
19    }
20
21    /* 退出临界段 */
22    OS_CRITICAL_EXIT();
23
24 #endif
25
26    /* 更新时基列表 */
27    OS_TickListUpdate();
28
29    /* 任务调度 */
30    OSSched();
31 }
```

10.4 main() 函数

main() 函数与第 9 章一样，不再赘述。

10.5 实验现象

实验现象与第 9 章一样，但区别是任务在延时状态时，TCB 不再继续放在就绪列表中，而是放在时基列表中。

第 11 章

时 间 片

从本章开始，我们让操作系统支持同一个优先级下可以有多个任务的功能，这些任务可以分配不同的时间片，当任务时间片用完时，任务会从链表的头部移动到尾部，让下一个任务共享时间片，以此循环。

11.1 实现时间片

11.1.1 修改任务控制块

为了实现时间片功能，我们需要先在 TCB 中添加两个时间片相关的变量，具体参见代码清单 11-1 中的加粗部分。

代码清单 11-1　在 TCB 中添加时间片相关的变量

```
 1 struct os_tcb {
 2     CPU_STK          *StkPtr;
 3     CPU_STK_SIZE     StkSize;
 4
 5     /* 任务延时周期个数 */
 6     OS_TICK          TaskDelayTicks;
 7
 8     /* 任务优先级 */
 9     OS_PRIO          Prio;
10
11     /* 就绪列表双向链表的下一个指针 */
12     OS_TCB           *NextPtr;
13     /* 就绪列表双向链表的上一个指针 */
14     OS_TCB           *PrevPtr;
15
16     /* 时基列表相关字段 */
17     OS_TCB           *TickNextPtr;
18     OS_TCB           *TickPrevPtr;
19     OS_TICK_SPOKE    *TickSpokePtr;
20
21     OS_TICK          TickCtrMatch;
22     OS_TICK          TickRemain;
23
```

```
24      /* 时间片相关字段 */
25      OS_TICK                 TimeQuanta;                                      (1)
26      OS_TICK                 TimeQuantaCtr;                                   (2)
27 };
```

代码清单 11-1（1）：TimeQuanta 表示任务需要多少个时间片，单位为系统时钟周期 Tick。

代码清单 11-1（2）：TimeQuantaCtr 表示任务还剩下多少个时间片，每到来一个系统时钟周期，TimeQuantaCtr 会减 1，当 TimeQuantaCtr 等于 0 时，表示时间片用完，TCB 会从就绪列表的链表头部移动到尾部，进而让下一个任务共享时间片。

11.1.2　实现时间片调度函数

时间片调度函数 OS_SchedRoundRobin() 在 os_core.c 中实现，在 OSTimeTick() 中调用，具体参见代码清单 11-2。在阅读代码清单 11-2 时，可结合图 11-1 一起理解，该图展示了在一个就绪列表中，有 3 个任务就绪，其中在优先级 2 下面有 2 个任务，均分配了 2 个时间片，任务 3 的时间片已用完，则位于链表的末尾，任务 2 的时间片还剩 1 个，则位于链表的头部。当下一个时钟周期到来时，任务 2 的时间片将耗完，相应的 TimeQuantaCtr 会递减为 0，任务 2 的 TCB 会被移动到链表的末尾，任务 3 则成为链表的头部，然后重置任务 3 的时间片计数器 TimeQuantaCtr 的值为 2，使其重新享有时间片。

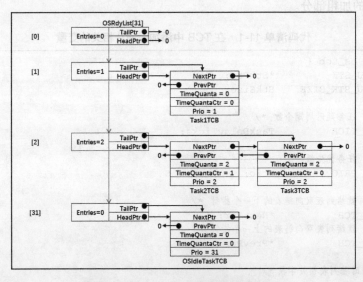

图 11-1　时间片调度函数代码配图讲解

代码清单 11-2　时间片调度函数

```
1 #if OS_CFG_SCHED_ROUND_ROBIN_EN > 0u                                          (1)
2 void OS_SchedRoundRobin(OS_RDY_LIST  *p_rdy_list)
```

```
3  {
4      OS_TCB   *p_tcb;
5      CPU_SR_ALLOC();
6
7      /*  进入临界段 */
8      CPU_CRITICAL_ENTER();
9
10     p_tcb = p_rdy_list->HeadPtr;                                    (2)
11
12     /* 如果 TCB 节点为空，则退出 */
13     if (p_tcb == (OS_TCB *)0) {                                     (3)
14         CPU_CRITICAL_EXIT();
15         return;
16     }
17
18     /* 如果是空闲任务，也退出 */
19     if (p_tcb == &OSIdleTaskTCB) {                                  (4)
20         CPU_CRITICAL_EXIT();
21         return;
22     }
23
24     /* 时间片自减 */
25     if (p_tcb->TimeQuantaCtr > (OS_TICK)0) {                        (5)
26         p_tcb->TimeQuantaCtr--;
27     }
28
29     /* 时间片没有用完，则退出 */
30     if (p_tcb->TimeQuantaCtr > (OS_TICK)0) {                        (6)
31         CPU_CRITICAL_EXIT();
32         return;
33     }
34
35     /* 如果当前优先级只有一个任务，则退出 */
36     if (p_rdy_list->NbrEntries < (OS_OBJ_QTY)2) {                   (7)
37         CPU_CRITICAL_EXIT();
38         return;
39     }
40
41     /* 时间片耗完，将任务放到链表的最后一个节点 */
42     OS_RdyListMoveHeadToTail(p_rdy_list);                           (8)
43
44     /* 重新获取任务节点 */
45     p_tcb = p_rdy_list->HeadPtr;                                    (9)
46     /* 重载默认的时间片计数值 */
47     p_tcb->TimeQuantaCtr = p_tcb->TimeQuanta;
48
49     /* 退出临界段 */
50     CPU_CRITICAL_EXIT();
51  }
52  #endif/* OS_CFG_SCHED_ROUND_ROBIN_EN > 0u */
```

代码清单 11-2（1）：时间片是一个可选的功能，是否选择由 OS_CFG_SCHED_ROUND_

ROBIN_EN 控制，在 os_cfg.h 中定义。

代码清单 11-2（2）：获取链表的第一个节点。

代码清单 11-2（3）：如果节点为空，则退出。

代码清单 11-2（4）：如果节点不为空，看是否为空闲任务，如果是则退出。

代码清单 11-2（5）：如果不是空闲任务，则时间片计数器 TimeQuantaCtr 执行减 1 操作。

代码清单 11-2（6）：时间片计数器 TimeQuantaCtr 递减之后，判断时间片是否用完，如果没有用完，则退出。

代码清单 11-2（7）：如果时间片用完，则判断该优先级下有多少个任务，如果是一个，则退出。

代码清单 11-2（8）：时间片用完，如果该优先级下有两个以上的任务，则将刚刚耗完时间片的节点移到链表的末尾，此时位于末尾的 TCB 字段中的 TimeQuantaCtr 等于 0，只有等它下一次运行时，其值才会重置为 TimeQuanta。

代码清单 11-2（9）：重新获取链表的第一个节点，重置时间片计数器 TimeQuantaCtr 的值等于 TimeQuanta，任务重新享有时间片。

11.2　修改 OSTimeTick() 函数

任务的时间片的单位在每个系统时钟周期到来时被更新，时间片调度函数则由时基周期处理函数 OSTimeTick() 调用，只需要在更新时基列表之后调用时间片调度函数即可，具体修改参见代码清单 11-3 中的加粗部分。

代码清单 11-3　OSTimeTick() 函数

```
1  void  OSTimeTick (void)
2  {
3      /* 更新时基列表 */
4      OS_TickListUpdate();
5
6  #if OS_CFG_SCHED_ROUND_ROBIN_EN > 0u
7      /* 时间片调度 */
8      OS_SchedRoundRobin(&OSRdyList[OSPrioCur]);
9  #endif
10
11     /* 任务调度 */
12     OSSched();
13 }
```

11.3　修改 OSTaskCreate() 函数

任务的时间片在函数创建时指定，具体修改参见代码清单 11-4 中的加粗部分。

代码清单 11-4　OSTaskCreate() 函数

```
 1 void OSTaskCreate (OS_TCB        *p_tcb,
 2                    OS_TASK_PTR   p_task,
 3                    void          *p_arg,
 4                    OS_PRIO       prio,
 5                    CPU_STK       *p_stk_base,
 6                    CPU_STK_SIZE  stk_size,
 7                    OS_TICK       time_quanta,                    (1)
 8                    OS_ERR        *p_err)
 9 {
10     CPU_STK       *p_sp;
11     CPU_SR_ALLOC();
12
13     /* 初始化 TCB 为默认值 */
14     OS_TaskInitTCB(p_tcb);
15
16     /* 初始化栈 */
17     p_sp = OSTaskStkInit( p_task,
18                           p_arg,
19                           p_stk_base,
20                           stk_size );
21
22     p_tcb->Prio = prio;
23
24     p_tcb->StkPtr = p_sp;
25     p_tcb->StkSize = stk_size;
26
27     /* 时间片相关初始化 */
28     p_tcb->TimeQuanta     = time_quanta;                        (2)
29 #if OS_CFG_SCHED_ROUND_ROBIN_EN > 0u
30     p_tcb->TimeQuantaCtr = time_quanta;                         (3)
31 #endif
32
33     /* 进入临界段 */
34     OS_CRITICAL_ENTER();
35
36     /* 将任务添加到就绪列表 */
37     OS_PrioInsert(p_tcb->Prio);
38     OS_RdyListInsertTail(p_tcb);
39
40     /* 退出临界段 */
41     OS_CRITICAL_EXIT();
42
43     *p_err = OS_ERR_NONE;
44 }
```

代码清单 11-4（1）：时间片在任务创建时由函数形参 time_quanta 指定。

代码清单 11-4（2）：初始化 TCB 字段的时间片变量 TimeQuanta，该变量表示任务能享有的最大时间片，该值一旦初始化后就不会变，除非人为修改。

代码清单 11-4（3）：初始化时间片计数器 TimeQuantaCtr 的值等于 TimeQuanta，每经过一个系统时钟周期，该值会递减，如果该值为 0，则表示时间片耗完。

11.4　修改 OS_IdleTaskInit() 函数

因为在 OS_IdleTaskInit() 函数中创建了空闲任务，所以该函数也需要修改，只需要在空闲任务创建函数中添加一个时间片的形参即可，将时间片分配为 0，这是因为在空闲任务优先级下只有一个空闲任务，没有其他的任务，具体修改参见代码清单 11-5 中的加粗部分。

代码清单 11-5　OS_IdleTaskInit() 函数

```
 1 void  OS_IdleTaskInit(OS_ERR  *p_err)
 2 {
 3     /* 初始化空闲任务计数器 */
 4     OSIdleTaskCtr = (OS_IDLE_CTR)0;
 5
 6     /* 创建空闲任务 */
 7     OSTaskCreate( (OS_TCB       *)&OSIdleTaskTCB,
 8                   (OS_TASK_PTR )OS_IdleTask,
 9                   (void         *)0,
10                   (OS_PRIO)(OS_CFG_PRIO_MAX - 1u),
11                   (CPU_STK      *)OSCfg_IdleTaskStkBasePtr,
12                   (CPU_STK_SIZE)OSCfg_IdleTaskStkSize,
13                   (OS_TICK          )0,
14                   (OS_ERR       *)p_err );
15 }
```

11.5　main() 函数

这里我们创建任务 1、任务 2 和任务 3，其中任务 1 的优先级为 1，时间片为 0，任务 2 和任务 3 的优先级相同，均为 2，均分配 2 个时间片，当任务创建完毕后，就绪列表的分布图如图 11-2 所示。

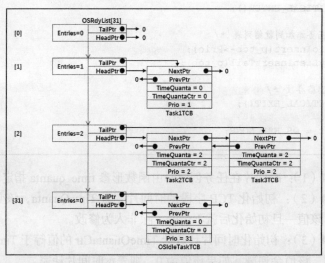

图 11-2　main() 函数代码讲解配图

代码清单 11-6　main() 函数

```
 1 int main(void)
 2 {
 3     OS_ERR err;
 4
 5
 6     /* CPU 初始化: 初始化时间戳 */
 7     CPU_Init();
 8
 9     /* 关闭中断 */
10     CPU_IntDis();
11
12     /* 配置 SysTick 10ms 中断一次 */
13     OS_CPU_SysTickInit (10);
14
15     /* 初始化相关的全局变量 */
16     OSInit(&err);
17
18     /* 创建任务 */
19     OSTaskCreate( (OS_TCB       *)&Task1TCB,
20                   (OS_TASK_PTR  )Task1,
21                   (void         *)0,
22                   (OS_PRIO      )1,                           (1)
23                   (CPU_STK      *)&Task1Stk[0],
24                   (CPU_STK_SIZE )TASK1_STK_SIZE,
25                   (OS_TICK      )0,                           (1)
26                   (OS_ERR       *)&err );
27
28     OSTaskCreate( (OS_TCB       *)&Task2TCB,
29                   (OS_TASK_PTR  )Task2,
30                   (void         *)0,
31                   (OS_PRIO      )2,                           (2)
32                   (CPU_STK      *)&Task2Stk[0],
33                   (CPU_STK_SIZE )TASK2_STK_SIZE,
34                   (OS_TICK      )1,                           (2)
35                   (OS_ERR       *)&err );
36
37     OSTaskCreate( (OS_TCB       *)&Task3TCB,
38                   (OS_TASK_PTR  )Task3,
39                   (void         *)0,
40                   (OS_PRIO      )2,                           (2)
41                   (CPU_STK      *)&Task3Stk[0],
42                   (CPU_STK_SIZE )TASK3_STK_SIZE,
43                   (OS_TICK      )1,                           (2)
44                   (OS_ERR       *)&err );
45
46     /* 启动操作系统, 将不再返回 */
47     OSStart(&err);
48 }
49
50 void Task1( void *p_arg )
51 {
```

```
52 for ( ;; ) {
53         flag1 = 1;
54         OSTimeDly(2);
55         flag1 = 0;
56         OSTimeDly(2);
57     }
58 }
59
60 void Task2( void *p_arg )
61 {
62 for ( ;; ) {
63         flag2 = 1;
64         //OSTimeDly(1);                                              (3)
65         delay(0xff);
66         flag2 = 0;
67         //OSTimeDly(1);
68         delay(0xff);
69     }
70 }
71
72 void Task3( void *p_arg )
73 {
74 for ( ;; ) {
75         flag3 = 1;
76         //OSTimeDly(1);                                              (3)
77         delay(0xff);
78         flag3 = 0;
79         //OSTimeDly(1);
80         delay(0xff);
81     }
82 }
```

代码清单 11-6（1）：任务 1 的优先级为 1，时间片为 0。当同一个优先级下有多个任务时才需要时间片功能。

代码清单 11-6（2）：任务 2 和任务 3 的优先级相同，均为 2，且分配相同的时间片。时间片也可以不同。

代码清单 11-6（3）：任务 2 和任务 3 的优先级相同，分配了相同的时间片。也可以分配不同的时间片，并把阻塞延时换成软件延时。不管是阻塞延时还是软件延时，延时的时间都必须小于时间片，因为相同优先级的任务在运行时，运行时间不能超过时间片的时间。

11.6　实验现象

进入软件调试，单击全速运行按钮即可看到实验波形，如图 11-3 所示。在图中可以看到，在任务 1 的 flag1 置 1 和置 0 的两个时间片内，任务 2 和任务 3 各运行了一次，运行的时间均为 1 个时间片，在这 1 个时间片内任务 2 和任务 3 的 flag 变量翻转了多次，即任务运行了多次。

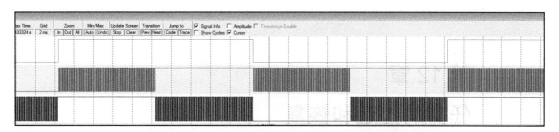

图 11-3 实验现象

第 12 章

任务的挂起和恢复

从本章开始，我们让操作系统的任务支持挂起和恢复的功能。挂起相当于暂停，暂停后任务从就绪列表中移除；恢复即重新将任务插入就绪列表。一个任务挂起多少次，就要被恢复多少次，之后才能重新运行。

12.1 实现任务的挂起和恢复

12.1.1 定义任务的状态

在任务实现挂起和恢复时，要根据任务的状态操作，任务的状态不同，操作也不同，有关任务状态的宏定义在 os.h 中实现，总共有 9 种状态，具体定义参见代码清单 12-1。

代码清单 12-1 定义任务的状态

```
 1 /* ---------- 任务的状态 -------*/
 2 #define  OS_TASK_STATE_BIT_DLY          (OS_STATE)(0x01u)/* /-------- 挂起位 */
 3 /*                                          */
 4 #define  OS_TASK_STATE_BIT_PEND         (OS_STATE)(0x02u)/* | /----- 等待位 */
 5 /*    | |                                   */
 6 #define  OS_TASK_STATE_BIT_SUSPENDED    (OS_STATE)(0x04u)/* | | /--- 延时 / 超时位 */
 7 /*    | | |                                 */
 8 /*    V V V                                 */
 9
10 #define  OS_TASK_STATE_RDY              (OS_STATE)(  0u)  /* 0 0 0  就绪 */
11 #define  OS_TASK_STATE_DLY              (OS_STATE)(  1u)/* 0 0 1  延时或者超时 */
12 #define  OS_TASK_STATE_PEND             (OS_STATE)(  2u)  /* 0 1 0  等待 */
13 #define  OS_TASK_STATE_PEND_TIMEOUT     (OS_STATE)(  3u)/* 0 1 1  等待 + 超时 */
14 #define  OS_TASK_STATE_SUSPENDED        (OS_STATE)(  4u)  /* 1 0 0  挂起 */
15 #define  OS_TASK_STATE_DLY_SUSPENDED
                                          (OS_STATE)(  5u)/* 1 0 1  挂起 + 延时或者超时 */
16 #define  OS_TASK_STATE_PEND_SUSPENDED   (OS_STATE)(  6u)/*1 1 0  挂起 + 等待 */
17 #define  OS_TASK_STATE_PEND_TIMEOUT_SUSPENDED
                                          (OS_STATE)(  7u)/* 1 1 1  挂起 + 等待 + 超时 */
18 #define  OS_TASK_STATE_DEL     (OS_STATE)(255u)
```

12.1.2 修改任务控制块

为了实现任务的挂起和恢复，需要先在 TCB 中添加任务的状态 TaskState 和任务挂起计数器 SusPendCtr 这两个成员，具体参见代码清单 12-2 中的加粗部分。

代码清单 12-2　修改 TCB

```
 1 struct os_tcb {
 2     CPU_STK           *StkPtr;
 3     CPU_STK_SIZE      StkSize;
 4
 5     /* 任务延时周期个数 */
 6     OS_TICK           TaskDelayTicks;
 7
 8     /* 任务优先级 */
 9     OS_PRIO           Prio;
10
11     /* 就绪列表双向链表的下一个指针 */
12     OS_TCB            *NextPtr;
13     /* 就绪列表双向链表的上一个指针 */
14     OS_TCB            *PrevPtr;
15
16     /* 时基列表相关字段 */
17     OS_TCB            *TickNextPtr;
18     OS_TCB            *TickPrevPtr;
19     OS_TICK_SPOKE     *TickSpokePtr;
20
21     OS_TICK           TickCtrMatch;
22     OS_TICK           TickRemain;
23
24     /* 时间片相关字段 */
25     OS_TICK           TimeQuanta;
26     OS_TICK           TimeQuantaCtr;
27
28     OS_STATE          TaskState;                              (1)
29
30 #if OS_CFG_TASK_SUSPEND_EN > 0u                               (2)
31     /* 任务挂起函数 OSTaskSuspend() 计数器 */
32     OS_NESTING_CTR    SuspendCtr;                             (3)
33 #endif
34
35 };
```

代码清单 12-2（1）：TaskState 用来表示任务的状态，在本章之前，任务出现了两种状态，一种是任务刚刚创建好时所处的就绪态，另一种是调用阻塞延时函数时所处的延时态。本章要实现的是任务的挂起态，后续章节中还会有等待态、超时态、删除态等。TaskState 能够取的值具体参见代码清单 12-1。

代码清单 12-2（2）：任务挂起功能是可选的，通过宏 OS_CFG_TASK_SUSPEND_EN 来控制，该宏在 os_cfg.h 文件中定义。

代码清单 12-2（3）：任务挂起计数器，任务每被挂起一次，SuspendCtr 递增一次，一个任务挂起多少次，就要被恢复多少次，之后才能重新运行。

12.1.3　编写任务挂起和恢复函数

1. OSTaskSuspend() 函数

OSTaskSuspend() 函数的具体实现参见代码清单 12-3。

代码清单 12-3　OSTaskSuspend() 函数

```
1  #if OS_CFG_TASK_SUSPEND_EN > 0u
2  void    OSTaskSuspend (OS_TCB  *p_tcb,
3                         OS_ERR  *p_err)
4  {
5      CPU_SR_ALLOC();
6
7
8  #if 0/* 屏蔽开始 */                                                            (1)
9  #ifdef OS_SAFETY_CRITICAL
10     /* 安全检查, OS_SAFETY_CRITICAL_EXCEPTION() 函数需要用户自行编写 */
11     if (p_err == (OS_ERR *)0) {
12         OS_SAFETY_CRITICAL_EXCEPTION();
13         return;
14     }
15 #endif
16
17 #if OS_CFG_CALLED_FROM_ISR_CHK_EN > 0u
18     /* 不能在 ISR 程序中调用该函数 */
19     if (OSIntNestingCtr > (OS_NESTING_CTR)0) {
20         *p_err = OS_ERR_TASK_SUSPEND_ISR;
21         return;
22     }
23 #endif
24
25     /* 不能挂起空闲任务 */
26     if (p_tcb == &OSIdleTaskTCB) {
27         *p_err = OS_ERR_TASK_SUSPEND_IDLE;
28         return;
29     }
30
31 #if OS_CFG_ISR_POST_DEFERRED_EN > 0u
32     /* 不能挂起中断处理任务 */
33     if (p_tcb == &OSIntQTaskTCB) {
34         *p_err = OS_ERR_TASK_SUSPEND_INT_HANDLER;
35         return;
36     }
37 #endif
38
39 #endif/* 屏蔽结束 */                                                            (2)
40
41     CPU_CRITICAL_ENTER();
```

```
42
43      /* 是否挂起自己 */                                              (3)
44      if (p_tcb == (OS_TCB *)0) {
45          p_tcb = OSTCBCurPtr;
46      }
47
48      if (p_tcb == OSTCBCurPtr) {
49          /* 如果调度器锁住则不能挂起自己 */
50          if (OSSchedLockNestingCtr > (OS_NESTING_CTR)0) {
51              CPU_CRITICAL_EXIT();
52              *p_err = OS_ERR_SCHED_LOCKED;
53              return;
54          }
55      }
56
57      *p_err = OS_ERR_NONE;
58
59      /* 根据任务的状态来决定挂起操作 */                              (4)
60      switch (p_tcb->TaskState) {
61      case OS_TASK_STATE_RDY:                                       (5)
62          OS_CRITICAL_ENTER_CPU_CRITICAL_EXIT();
63          p_tcb->TaskState  = OS_TASK_STATE_SUSPENDED;
64          p_tcb->SuspendCtr = (OS_NESTING_CTR)1;
65          OS_RdyListRemove(p_tcb);
66          OS_CRITICAL_EXIT_NO_SCHED();
67          break;
68
69      case OS_TASK_STATE_DLY:                                       (6)
70          p_tcb->TaskState  = OS_TASK_STATE_DLY_SUSPENDED;
71          p_tcb->SuspendCtr = (OS_NESTING_CTR)1;
72          CPU_CRITICAL_EXIT();
73          break;
74
75      case OS_TASK_STATE_PEND:                                      (7)
76          p_tcb->TaskState  = OS_TASK_STATE_PEND_SUSPENDED;
77          p_tcb->SuspendCtr = (OS_NESTING_CTR)1;
78          CPU_CRITICAL_EXIT();
79          break;
80
81      case OS_TASK_STATE_PEND_TIMEOUT:                              (8)
82          p_tcb->TaskState  = OS_TASK_STATE_PEND_TIMEOUT_SUSPENDED;
83          p_tcb->SuspendCtr = (OS_NESTING_CTR)1;
84          CPU_CRITICAL_EXIT();
85          break;
86
87      case OS_TASK_STATE_SUSPENDED:                                 (9)
88      case OS_TASK_STATE_DLY_SUSPENDED:
89      case OS_TASK_STATE_PEND_SUSPENDED:
90      case OS_TASK_STATE_PEND_TIMEOUT_SUSPENDED:
91          p_tcb->SuspendCtr++;
92          CPU_CRITICAL_EXIT();
93          break;
94
```

```
95       default:                                                        (10)
96           CPU_CRITICAL_EXIT();
97           *p_err = OS_ERR_STATE_INVALID;
98           return;
99       }
100
101      /* 任务切换 */
102      OSSched();                                                       (11)
103 }
104 #endif
```

代码清单 12-3（1）（2）：这部分代码是为了确保程序的鲁棒性写的代码，即添加了各种判断，避免用户的误操作。在 μC/OS-III 中，这段代码随处可见，但为了讲解方便，我们把这部分代码注释掉，里面涉及的一些宏和函数我们均不实现，只需要了解即可，在后面的讲解中，如果出现这段代码，我们将直接删除，这不会影响核心功能。

代码清单 12-3（3）：如果任务挂起的是自己，则判断调度器是否锁住，如果锁住则退出返回错误码，没有锁住则继续往下执行。

代码清单 12-3（4）：根据任务的状态来决定挂起操作。

代码清单 12-3（5）：任务在就绪状态，则将任务的状态改为挂起态，挂起计数器置 1，然后从就绪列表删除。

代码清单 12-3（6）：任务在延时状态，则将任务的状态改为延时加挂起态，挂起计数器置 1，不用改变 TCB 的位置，即还是在延时的时基列表中。

代码清单 12-3（7）：任务在等待状态，则将任务的状态改为等待加挂起态，挂起计数器置 1，不用改变 TCB 的位置，即还是在等待列表中等待。等待列表暂时没有实现，将会在后面的章节中实现。

代码清单 12-3（8）：任务在等待加超时态，则将任务的状态改为等待加超时加挂起态，挂起计数器置 1，不用改变 TCB 的位置，即还在等待列表和时基列表中。

代码清单 12-3（9）：只要有一个是挂起状态，则将挂起计数器执行加 1 操作，不用改变 TCB 的位置。

代码清单 12-3（10）：其他状态则无效，退出返回状态无效错误码。

代码清单 12-3（11）：任务切换。凡是涉及改变任务状态的地方，都需要进行任务切换。

2. OSTaskResume() 函数

OSTaskResume() 函数用于恢复被挂起的函数，但是不能恢复自己，但可以挂起自己，具体实现参见代码清单 12-4。

代码清单 12-4　OSTaskResume() 函数

```
1 #if OS_CFG_TASK_SUSPEND_EN > 0u
2 void  OSTaskResume (OS_TCB  *p_tcb,
3                     OS_ERR  *p_err)
4 {
5     CPU_SR_ALLOC();
```

```
6
7
8  #if 0/* 屏蔽开始 */                                              (1)
9  #ifdef OS_SAFETY_CRITICAL
10     /* 安全检查，OS_SAFETY_CRITICAL_EXCEPTION() 函数需要用户自行编写 */
11     if (p_err == (OS_ERR *)0) {
12         OS_SAFETY_CRITICAL_EXCEPTION();
13         return;
14     }
15 #endif
16
17 #if OS_CFG_CALLED_FROM_ISR_CHK_EN > 0u
18     /* 不能在 ISR 程序中调用该函数 */
19     if (OSIntNestingCtr > (OS_NESTING_CTR)0) {
20         *p_err = OS_ERR_TASK_RESUME_ISR;
21         return;
22     }
23 #endif
24
25
26     CPU_CRITICAL_ENTER();
27 #if OS_CFG_ARG_CHK_EN > 0u
28     /* 不能自己恢复自己 */
29     if ((p_tcb == (OS_TCB *)0) ||
30         (p_tcb == OSTCBCurPtr)) {
31         CPU_CRITICAL_EXIT();
32         *p_err = OS_ERR_TASK_RESUME_SELF;
33         return;
34     }
35 #endif
36
37 #endif/* 屏蔽结束 */                                             (2)
38
39     *p_err  = OS_ERR_NONE;
40     /* 根据任务的状态来决定挂起的动作 */
41     switch (p_tcb->TaskState) {                                 (3)
42     case OS_TASK_STATE_RDY:                                     (4)
43     case OS_TASK_STATE_DLY:
44     case OS_TASK_STATE_PEND:
45     case OS_TASK_STATE_PEND_TIMEOUT:
46         CPU_CRITICAL_EXIT();
47         *p_err = OS_ERR_TASK_NOT_SUSPENDED;
48         break;
49
50     case OS_TASK_STATE_SUSPENDED:                               (5)
51         OS_CRITICAL_ENTER_CPU_CRITICAL_EXIT();
52         p_tcb->SuspendCtr--;
53         if (p_tcb->SuspendCtr == (OS_NESTING_CTR)0) {
54             p_tcb->TaskState = OS_TASK_STATE_RDY;
55             OS_TaskRdy(p_tcb);
56         }
57         OS_CRITICAL_EXIT_NO_SCHED();
58         break;
```

```
59
60        case OS_TASK_STATE_DLY_SUSPENDED:                                   (6)
61            p_tcb->SuspendCtr--;
62            if (p_tcb->SuspendCtr == (OS_NESTING_CTR)0) {
63                p_tcb->TaskState = OS_TASK_STATE_DLY;
64            }
65            CPU_CRITICAL_EXIT();
66            break;
67
68        case OS_TASK_STATE_PEND_SUSPENDED:                                  (7)
69            p_tcb->SuspendCtr--;
70            if (p_tcb->SuspendCtr == (OS_NESTING_CTR)0) {
71                p_tcb->TaskState = OS_TASK_STATE_PEND;
72            }
73            CPU_CRITICAL_EXIT();
74            break;
75
76        case OS_TASK_STATE_PEND_TIMEOUT_SUSPENDED:                          (8)
77            p_tcb->SuspendCtr--;
78            if (p_tcb->SuspendCtr == (OS_NESTING_CTR)0) {
79                p_tcb->TaskState = OS_TASK_STATE_PEND_TIMEOUT;
80            }
81            CPU_CRITICAL_EXIT();
82            break;
83
84        default:                                                           (9)
85            CPU_CRITICAL_EXIT();
86            *p_err = OS_ERR_STATE_INVALID;
87            return;
88        }
89
90        /* 任务切换 */
91        OSSched();                                                        (10)
92 }
93 #endif
```

代码清单 12-4（1）（2）：这部分代码是为了确保程序的鲁棒性编写的代码，即添加了各种判断，避免用户的误操作。在 μC/OS-III 中，这段代码随处可见，但为了讲解方便，我们把这部分代码注释掉，里面涉及的一些宏和函数我们均不实现，只需要了解即可，在后面的讲解中，如果出现这段代码，我们将直接删除，这不会影响核心功能。

代码清单 12-4（3）：根据任务的状态来决定恢复操作。

代码清单 12-4（4）：只要任务没有被挂起，则退出并返回任务没有被挂起的错误码。

代码清单 12-4（5）：任务只在挂起态，则递减挂起计数器 SuspendCtr，如果 SuspendCtr 等于 0，则将任务的状态改为就绪态，并让任务就绪。

代码清单 12-4（6）：任务在延时加挂起态，则递减挂起计数器 SuspendCtr，如果 SuspendCtr 等于 0，则将任务的状态改为延时态。

代码清单 12-4（7）：任务在延时加等待态，则递减挂起计数器 SuspendCtr，如果

SuspendCtr 等于 0，则将任务的状态改为等待态。

代码清单 12-4（8）：任务在等待加超时加挂起态，则递减挂起计数器 SuspendCtr，如果 SuspendCtr 等于 0，则将任务的状态改为等待加超时态。

代码清单 12-4（9）：其他状态则无效，退出并返回状态无效错误码。

代码清单 12-4（10）：任务切换。凡是涉及改变任务状态的地方，都需要进行任务切换。

12.2　main() 函数

这里，我们创建任务 1、任务 2 和任务 3，其中任务 1 的优先级为 1，任务 2 的优先级为 2，任务 3 的优先级为 3。任务 1 将自身的 flag 每翻转一次后均将自己挂起，任务 2 在经过两个时钟周期后将任务 1 恢复，任务 3 每隔一个时钟周期翻转一次。具体代码参见代码清单 12-5。

代码清单 12-5　main() 函数

```
 1 int main(void)
 2 {
 3     OS_ERR err;
 4
 5
 6     /* CPU 初始化：初始化时间戳 */
 7     CPU_Init();
 8
 9     /* 关闭中断 */
10     CPU_IntDis();
11
12     /* 配置 SysTick 每 10ms 中断一次 */
13     OS_CPU_SysTickInit (10);
14
15     /* 初始化相关的全局变量 */
16     OSInit(&err);
17
18     /* 创建任务 */
19     OSTaskCreate( (OS_TCB       *)&Task1TCB,
20                   (OS_TASK_PTR  )Task1,
21                   (void         *)0,
22                   (OS_PRIO      )1,
23                   (CPU_STK      *)&Task1Stk[0],
24                   (CPU_STK_SIZE )TASK1_STK_SIZE,
25                   (OS_TICK      )0,
26                   (OS_ERR       *)&err );
27
28     OSTaskCreate( (OS_TCB       *)&Task2TCB,
29                   (OS_TASK_PTR  )Task2,
30                   (void         *)0,
31                   (OS_PRIO      )2,
32                   (CPU_STK      *)&Task2Stk[0],
33                   (CPU_STK_SIZE )TASK2_STK_SIZE,
```

```
34                         (OS_TICK           )0,
35                         (OS_ERR           *)&err );
36
37     OSTaskCreate( (OS_TCB         *)&Task3TCB,
38                   (OS_TASK_PTR    )Task3,
39                   (void          *)0,
40                   (OS_PRIO        )3,
41                   (CPU_STK       *)&Task3Stk[0],
42                   (CPU_STK_SIZE   )TASK3_STK_SIZE,
43                   (OS_TICK        )0,
44                   (OS_ERR        *)&err );
45
46     /* 启动操作系统, 将不再返回 */
47     OSStart(&err);
48 }
49
50 void Task1( void *p_arg )
51 {
52     OS_ERR err;
53
54     for ( ;; ) {
55         flag1 = 1;
56         OSTaskSuspend(&Task1TCB,&err);
57         flag1 = 0;
58         OSTaskSuspend(&Task1TCB,&err);
59     }
60 }
61
62 void Task2( void *p_arg )
63 {
64     OS_ERR err;
65
66     for ( ;; ) {
67         flag2 = 1;
68         OSTimeDly(1);
69         //OSTaskResume(&Task1TCB,&err);
70         flag2 = 0;
71         OSTimeDly(1);;
72         OSTaskResume(&Task1TCB,&err);
73     }
74 }
75
76 void Task3( void *p_arg )
77 {
78     for ( ;; ) {
79         flag3 = 1;
80         OSTimeDly(1);
81         flag3 = 0;
82         OSTimeDly(1);
83     }
84 }
```

12.3　实验现象

　　进入软件调试，单击全速运行按钮即可看到实验波形，如图 12-1 所示。在图 12-1 中，可以看到任务 2 和任务 3 的波形图是一样的，任务 1 的波形周期是任务 2 的 2 倍，与代码实现相符。如果想实现其他效果，可自行修改代码实现。

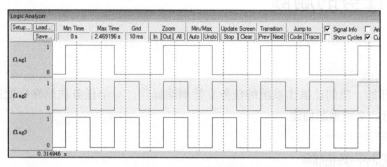

图 12-1　实验现象

第 13 章
任务的删除

从本章开始，我们让操作系统的任务支持删除操作，一个任务被删除后就进入休眠态，要想继续运行，必须重新创建。

13.1 实现任务删除

任务删除函数 OSTaskDel() 用于删除一个指定的任务，也可以删除自身，在 os_task.c 中定义，具体实现参见代码清单 13-1。

代码清单 13-1 OSTaskDel() 函数

```
1  #if OS_CFG_TASK_DEL_EN > 0u                                        (1)
2  void  OSTaskDel (OS_TCB  *p_tcb,
3                   OS_ERR  *p_err)
4  {
5      CPU_SR_ALLOC();
6
7      /* 不允许删除空闲任务 */                                        (2)
8      if (p_tcb == &OSIdleTaskTCB) {
9          *p_err = OS_ERR_TASK_DEL_IDLE;
10         return;
11     }
12
13     /* 删除自己 */                                                 (3)
14     if (p_tcb == (OS_TCB *)0) {
15         CPU_CRITICAL_ENTER();
16         p_tcb  = OSTCBCurPtr;
17         CPU_CRITICAL_EXIT();
18     }
19
20     OS_CRITICAL_ENTER();
21
22     /* 根据任务的状态来决定删除的动作 */
23     switch (p_tcb->TaskState) {
24     case OS_TASK_STATE_RDY:                                        (4)
25         OS_RdyListRemove(p_tcb);
26         break;
```

```
27
28      case OS_TASK_STATE_SUSPENDED:                               (5)
29         break;
30
31      /* 任务只是在延时，并没有在任何等待列表中 */
32      case OS_TASK_STATE_DLY:                                     (6)
33      case OS_TASK_STATE_DLY_SUSPENDED:
34         OS_TickListRemove(p_tcb);
35         break;
36
37      case OS_TASK_STATE_PEND:                                    (7)
38      case OS_TASK_STATE_PEND_SUSPENDED:
39      case OS_TASK_STATE_PEND_TIMEOUT:
40      case OS_TASK_STATE_PEND_TIMEOUT_SUSPENDED:
41         OS_TickListRemove(p_tcb);
42
43  #if 0/* 目前我们还没有实现等待列表，暂时注释这部分代码 */
44         /* 看看在等待什么 */
45         switch (p_tcb->PendOn) {
46         case OS_TASK_PEND_ON_NOTHING:
47         /* 任务信号量和队列没有等待队列，直接退出 */
48         case OS_TASK_PEND_ON_TASK_Q:
49         case OS_TASK_PEND_ON_TASK_SEM:
50            break;
51
52         /* 从等待列表中移除 */
53         case OS_TASK_PEND_ON_FLAG:
54         case OS_TASK_PEND_ON_MULTI:
55         case OS_TASK_PEND_ON_MUTEX:
56         case OS_TASK_PEND_ON_Q:
57         case OS_TASK_PEND_ON_SEM:
58            OS_PendListRemove(p_tcb);
59            break;
60
61         default:
62            break;
63         }
64         break;
65  #endif
66      default:
67         OS_CRITICAL_EXIT();
68         *p_err = OS_ERR_STATE_INVALID;
69         return;
70      }
71
72      /* 初始化 TCB 为默认值 */
73      OS_TaskInitTCB(p_tcb);                                      (8)
74      /* 修改任务的状态为删除态，即处于休眠状态 */
75      p_tcb->TaskState = (OS_STATE)OS_TASK_STATE_DEL;             (9)
76
77      OS_CRITICAL_EXIT_NO_SCHED();
78      /* 任务切换，寻找最高优先级的任务 */
79      OSSched();                                                  (10)
```

```
80
81      *p_err = OS_ERR_NONE;
82  }
83  #endif/* OS_CFG_TASK_DEL_EN > 0u */
```

代码清单 13-1（1）：任务删除是一个可选功能，由 OS_CFG_TASK_DEL_EN 控制，该宏在 os_cfg.h 中定义。

代码清单 13-1（2）：空闲任务不能被删除。系统必须至少有一个任务在运行，当没有其他用户任务运行时，系统就会运行空闲任务。

代码清单 13-1（3）：删除自己。

代码清单 13-1（4）：任务只在就绪态，则从就绪列表中移除。

代码清单 13-1（5）：任务只是被挂起，则退出返回，不用做什么。

代码清单 13-1（6）：任务在延时或者延时加挂起态，则从时基列表中移除。

代码清单 13-1（7）：任务在多种状态，但只要有一种是等待状态，就需要从等待列表中移除。如果任务等的是自身的信号量和消息，则直接退出返回，因为任务信号量和消息是没有等待列表的。等待列表暂时还没有实现，所以先将等待部分相关的代码屏蔽。

代码清单 13-1（8）：初始化 TCB 为默认值。

代码清单 13-1（9）：修改任务的状态为删除态，即处于休眠状态。

代码清单 13-1（10）：任务调度，寻找优先级最高的任务来运行。

13.2   main() 函数

本章 main() 函数没有添加新的测试代码，只需理解章节内容即可。

13.3   实验现象

本章没有实验，只需理解章节内容即可。

第二部分

μC/OS-III 内核应用开发

本部分以野火 STM32 全系列开发板（包括 M3、M4 和 M7）为硬件
平台，来讲解 μC/OS-III 的内核应用。本部分不会再深究源码的实现，而
是着重讲解 μC/OS-III 各个内核对象的使用，例如任务如何创建、优先级
如何分配、内部 IPC 通信机制如何使用等 RTOS 知识点。

第 14 章
移植 µC/OS-III 到 STM32

从本章开始，先新建一个基于野火 STM32 全系列（包含 M3/M4/M7）开发板的 µC/OS-III 的工程模板，让 µC/OS-III 先运行起来。以后所有与 µC/OS-III 相关的例程都在此模板上修改和添加代码，不用再重复创建。在本书配套的例程中，每一章中都有针对野火 STM32 每一个板子的例程，但是区别都很小，有区别之处会在教程中详细指出，如果没有特别备注，就表示这些例程都是一样的。

14.1 获取 STM32 的裸机工程模板

STM32 的裸机工程模板我们直接使用野火 STM32 开发板配套的固件库例程即可。这里选取比较简单的例程 "GPIO 输出—使用固件库点亮 LED 灯" 作为裸机工程模板。该裸机工程模板均可以在对应板子的 A 盘\程序源码\固件库例程的目录下获取，下面以野火 "F103– 霸道" 板子的光盘目录为例，如图 14-1 所示。

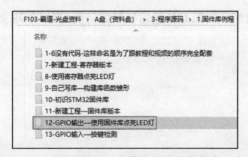

图 14-1　STM32 裸机工程模板在光盘资料中的位置

14.2 下载 µC/OS-III 源码

在移植之前，首先要获取 µC/OS-III 的官方源码包。首先，打开 Micrium 公司官方网站（http://micrium.com/），选择 Downloads 选项卡进入下载页面，在 Browse by MCU Manufacturer 栏展开 STMicroelectronics，选择 View all STMicroelectronics，如图 14-2 和图 14-3 所示。

图 14-2　Downloads 选项卡

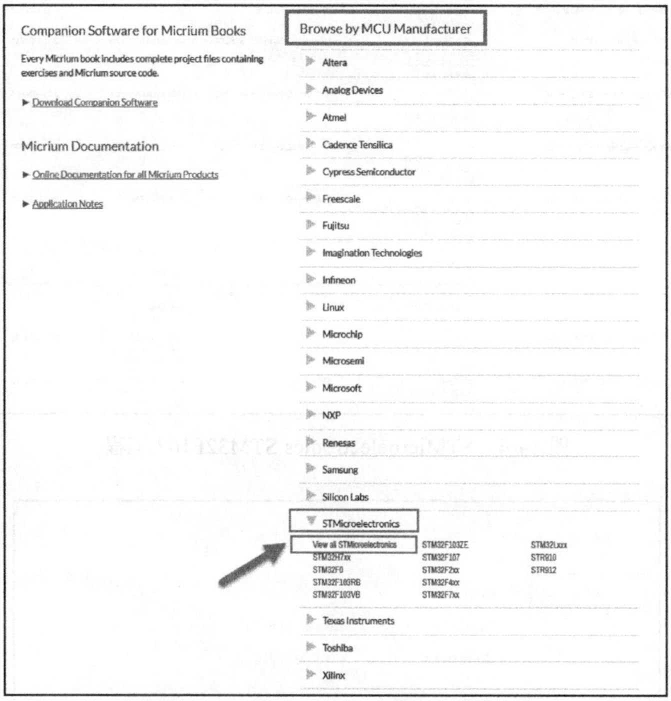

图 14-3　View all STMicroelectronics 选项

　　μC/OS-III 是一个操作系统，其实也可以理解成一个软件库，它可以移植到多种硬件平台，如 M3、M4、M7 内核的 STM32，或者 ARM9 等其他芯片。核心代码肯定是一致的，但是针对不同的处理器，需要不同的实现部分。这里选择与我们开发板最为接近的版本（STMicroelectronics STM32F107），因为野火 STM32 霸道开发板是 M3 内核的，μC/OS-III 的这个官方代码就满足我们的需求，也更便捷，若要从 0 开始移植 μC/OS-III 到目标硬件平台，需要花费极大的精力并具有较高的软件水平。

在 Projects 栏中选择一个基于 Keil MDK 平台在 Cortex-M3 内核 MCU 评估板上测试的 μC/OS-III 源码，单击即可。我们选择 STMicroelectronics STM32F107 这个项目的代码，在打开的下载界面单击 Log in to Download 超链接下载即可，不过在 μC/OS 官网下载这些源码是需要注册账号的，为便于读者使用，我们已将其下载并汇总至配套资源中，具体如图 14-4 ～图 14-6 所示。

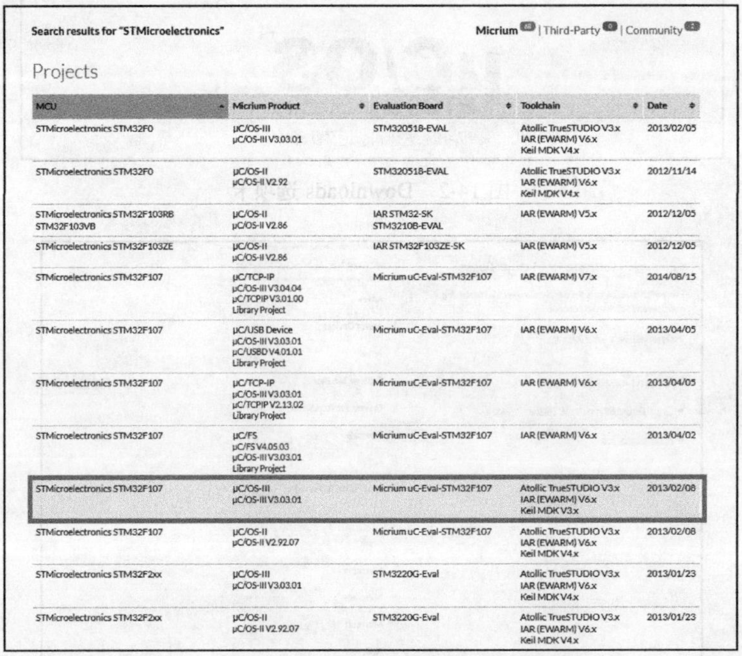
Search results for "STMicroelectronics"　Micrium | Third-Party | Community

Projects

MCU	Micrium Product	Evaluation Board	Toolchain	Date
STMicroelectronics STM32F0	μC/OS-III μC/OS-III V3.03.01	STM320518-EVAL	Atollic TrueSTUDIO V3.x IAR (EWARM) V6.x Keil MDK V4.x	2013/02/05
STMicroelectronics STM32F0	μC/OS-II μC/OS-II V2.92	STM320518-EVAL	Atollic TrueSTUDIO V3.x IAR (EWARM) V6.x Keil MDK V4.x	2012/11/14
STMicroelectronics STM32F103RB STM32F103VB	μC/OS-II μC/OS-II V2.86	IAR STM32-SK STM3210B-EVAL	IAR (EWARM) V5.x	2012/12/05
STMicroelectronics STM32F103ZE	μC/OS-II μC/OS-II V2.86	IAR STM32F103ZE-SK	IAR (EWARM) V5.x	2012/12/05
STMicroelectronics STM32F107	μC/TCP-IP μC/OS-III V3.04.04 μC/TCPIP V3.01.00 Library Project	Micrium uC-Eval-STM32F107	IAR (EWARM) V7.x	2014/08/15
STMicroelectronics STM32F107	μC/USB Device μC/OS-III V3.03.01 μC/USBD V4.01.01 Library Project	Micrium uC-Eval-STM32F107	IAR (EWARM) V6.x	2013/04/05
STMicroelectronics STM32F107	μC/TCP-IP μC/OS-III V3.03.01 μC/TCPIP V2.13.02 Library Project	Micrium uC-Eval-STM32F107	IAR (EWARM) V6.x	2013/04/05
STMicroelectronics STM32F107	μC/FS μC/FS V4.05.03 μC/OS-III V3.03.01 Library Project	Micrium uC-Eval-STM32F107	IAR (EWARM) V6.x	2013/04/02
STMicroelectronics STM32F107	μC/OS-III μC/OS-III V3.03.01	Micrium uC-Eval-STM32F107	Atollic TrueSTUDIO V3.x IAR (EWARM) V6.x Keil MDK V3.x	2013/02/08
STMicroelectronics STM32F107	μC/OS-II μC/OS-II V2.92.07	Micrium uC-Eval-STM32F107	Atollic TrueSTUDIO V3.x IAR (EWARM) V6.x Keil MDK V4.x	2013/02/08
STMicroelectronics STM32F2xx	μC/OS-III μC/OS-III V3.03.01	STM3220G-Eval	Atollic TrueSTUDIO V3.x IAR (EWARM) V6.x Keil MDK V4.x	2013/01/23
STMicroelectronics STM32F2xx	μC/OS-II μC/OS-II V2.92.07	STM3220G-Eval	Atollic TrueSTUDIO V3.x IAR (EWARM) V6.x Keil MDK V4.x	2013/01/23

图 14-4　STMicroelectronics STM32F107 工程

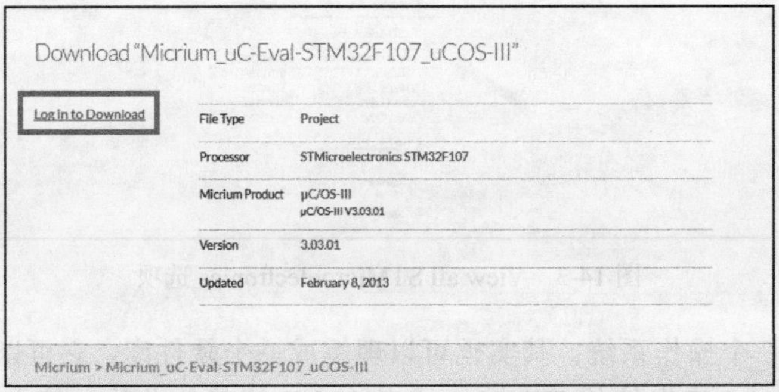

图 14-5　STMicroelectronics STM32F107 工程下载

图 14-6　经汇总的 µC/OS-III 源码

14.3　µC/OS-III 源码文件介绍

从 µC/OS-III 源码下面的文件夹中看到，里面只有 4 个文件，分别是 EvalBoards、µC-CPU、µC-LIB、µCOS-III，下面介绍这几个文件夹的作用。

14.3.1　EvalBoards

EvalBoards 文件夹中包含评估板相关文件，在移植时只提取部分文件，如图 14-7 所示，然后在工程模板中的 User 文件夹下新建一个 APP 文件夹，将这 9 个文件复制到 APP 文件夹下，如图 14-8 所示。

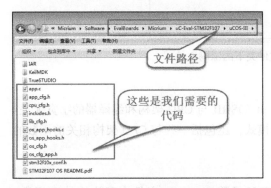

图 14-7　EvalBoards 中提取的代码　　　图 14-8　复制 EvalBoards 中的文件到 APP 文件夹下

将 EvalBoards\Micrium\uC-Eval-STM32F107\BSP 路径下的 bsp.c、bsp.h 文件复制到工程中的 User\BSP 文件夹下，如图 14-9 和图 14-10 所示。

14.3.2　µC-CPU

µC-CPU 是和 CPU 紧密相关的文件，里面的一些文件很重要，都是我们需要使用的。在 ARM-Cortex-M3 文件夹下，有 GNU、IAR、RealView 等文件夹，其中包括 cpu-c.c 等重要文件，目前使用的开发环境是 MDK（Keil），所以选择 RealView 文件夹下的源码文件来讲解。下面具体介绍一下 µC-CPU 中的文件，如图 14-11 所示。

图 14-9 提取 BSP 源码

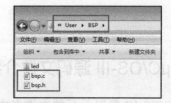

图 14-10 复制到工程中的 User\BSP 文件夹下

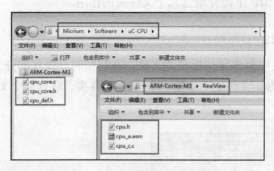

图 14-11 μC-CPU 文件夹下的源码文件

1. cpu.h

cpu.h 文件包含了一些数据类型的定义，让 μC/OS-III 与 CPU 架构和编译器的字宽无关。同时还指定了 CPU 使用的是大端模式还是小端模式，还包括一些与 CPU 架构相关的函数的声明。

2. cpu_c.c 与 cpu_a.asm

这两个文件主要是 CPU 底层相关的一些 CPU 函数，cpu_c.c 文件中存放的是 C 函数，包含了一些 CPU 架构相关的代码。为什么要用 C 语言实现呢？μC/OS 是为了移植方便而采用 C 语言编写；cpu_a.asm 存放的是汇编代码，有一些代码只能用汇编语言实现，包含一些用来开关中断的指令、前导零指令等。

3. cpu_core.c

cpu_core.c 文件包含了适用于所有 CPU 架构的 C 代码，也就是常说的通用代码。这是一个很重要的文件，主要包含的函数是 CPU 名字的命名、时间戳的计算等，与 CPU 底层的移植关系不大，主要保留的是 CPU 前导零的 C 语言计算函数以及一些其他的函数，因为前导零指令是靠硬件实现的，这里采用 C 语言方式实现，以防止某些 CPU 不支持前导零指令。

4. cpu_core.h

该文件中主要是对 cpu_core.c 文件中一些函数的说明，以及一些时间戳相关等待定义。

5. cpu_def.h

cpu_def.h 文件包含 CPU 相关的一些宏定义、常量以及利用 #define 进行定义的相关信息。

14.3.3 µC-LIB

可有选择地使用 Micriµm 公司提供的官方库，诸如字符串操作、内存操作等接口，一般用于代替标准库中的一些函数，使得在嵌入式中应用更加方便、安全。

14.3.4 µC/OS-III

这是关键目录，我们接下来要着重分析的文件位于此目录下。

首先查看 µC/OS-III\Ports\ARM-Cortex-M3\Generic\RealView 目录下的文件，如图 14-12 所示。

µC/OS 是软件，开发板是硬件，软硬件

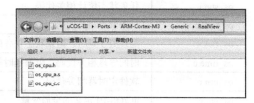

图 14-12 µC/OS-III\Ports 下的文件

必须有桥梁来连接，这些与处理器架构相关的代码可以称为 RTOS 硬件接口层，它们位于 µC/OS-III\Ports 文件夹下，在不同的编译器中选择不同的文件。我们使用了 MDK，就选择 RealView 文件夹下的文件，这些文件是官方文件，不需要修改，直接使用即可。

1. os_cpu.h

os_cpu.h 文件用于定义数据类型、处理器相关代码、声明函数原型。

2. oc_cpu_a.asm

oc_cpu_a.asm 文件中存储了与处理器相关的汇编代码，主要是与任务切换相关。

3. os_cpu_c.c

os_cpu_c.c 文件定义用户钩子函数，提供扩充软件功能的接口。

再打开 Source 文件夹，其中存储的是 µC/OS 的源码文件，它们是 µC/OS 核心文件，是非常重要的，在移植时必须将这些文件添加到工程中，如图 14-13 所示。

下面介绍一下 Source 文件夹中每个文件的作用，如表 14-1 所示。

表 14-1 Source 文件夹中文件的作用

文　　件	作　　用
os.h	包含 µC/OS-III 的主要头文件，定义了一些与系统相关的宏定义、常量，声明了一些全局变量、函数原型等
os_cfg_app.c	根据 os_cfg_app.h 中的配置来定义变量和数组
os_core.c	包括内核数据结构管理、µC/OS-III 的核心、任务切换等
os_dbg.c	µC/OS-III 内核调试相关的代码
os_flag.c	包括与事件块管理、事件标志组管理等功能相关代码
os_int.c	涵盖内核的初始化相关代码

（续）

文　件	作　　用
os_mem.c	系统内存管理相关代码
os_msg.c	消息处理相关代码
os_mutex.c	互斥量相关代码
os_pend_multi.c	在多个消息队列、信号量等待的相关代码
os_prio.c	这是一个内部调用的文件，存储关于任务就绪相关的代码
os_q.c	消息队列相关代码
os_sem.c	信号量相关代码
os_stat.c	任务状态统计相关代码
os_task.c	任务管理相关代码
os_tick.c	处理处于延时、阻塞状态任务的相关代码
os_time.c	时间管理相关代码，阻塞延时等
os_tmr.c	软件定时器相关代码
os_var.c	μC/OS-III 定义的全局变量
os_type.h	μC/OS-III 数据类型声明相关代码

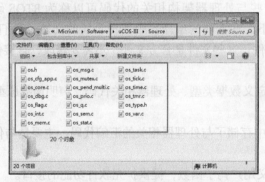

图 14-13　μC/OS 源码

至此，关于 μC/OS-III 源码的文件就简单介绍完成，下面需要将其复制到我们的工程中，将 μC-CPU、μC-LIB、μC/OS-III 这 3 个文件夹复制到工程中的 User 文件夹下，然后进行移植，如图 14-14 所示。

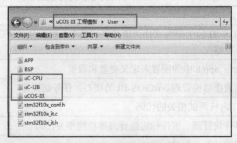

图 14-14　复制源码到工程中

14.4　移植到 STM32 工程

之前我们只是将 µC/OS-III 的源码放到了本地工程目录下，还没有添加到开发环境的组文件夹中，所以 µC/OS-III 也就没有移植到工程中去，现在开始讲解如何将 µC/OS-III 的源码添加到工程中。

14.4.1　在工程中添加文件分组

我们需要先在工程中创建一些分组，以便分模块管理 µC/OS-III 中的文件。按照 µC/OS-III 官方的命名方式创建文件分组即可，如图 14-15 所示。

14.4.2　添加文件到对应分组

向 APP 分组添加 \User\APP 文件夹下的所有文件，如图 14-16 所示。

向 BSP 分组添加 \User\BSP 文件夹下的所有文件和 \User\BSP\led 文件夹下的源文件，如图 14-17 所示。

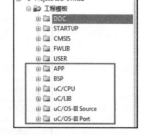

图 14-15　在工程中添加文件分组

图 14-16　APP 分组的文件

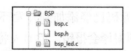

图 14-17　BSP 分组的文件

向 µC/CPU 分组添加 \User\µC-CPU 文件夹下和 \User\µC-CPU\ARM-Cortex-M3\RealView 文件夹下的所有文件，如图 14-18 所示。

向 µC/LIB 分组添加 \User\µC-LIB 文件夹和 \User\µC-LIB\Ports\ARM-Cortex-M3\RealView 文件夹下的所有文件，如图 14-19 所示。

图 14-18　µC/CPU 分组的文件

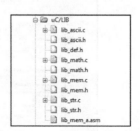

图 14-19　µC/LIB 分组的文件

向 µC/OS-III Source 分组添加 \User\µC/OS-III Source 文件夹下的所有文件，如图 14-20

所示。

向 μC/OS-III Port 分组添加 \User\μC/OS-III\Ports\ARM-Cortex-M3\Generic\RealView 文件夹下的所有文件，如图 14-21 所示。

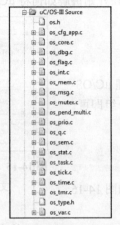

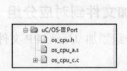

图 14-20　μC/OS-III Source 分组的文件　　　　图 14-21　μC/OS-III Port 分组的文件

至此，我们的源码文件就添加到工程中了，当然此时仅仅是完成添加而已，并不是移植成功了，如果编译一下工程就会发现很多错误，所以还需要努力移植工程。

14.4.3　添加头文件路径到工程中

μC/OS-III 的源码已经添加到开发环境的组文件夹中，编译时需要为这些源文件指定头文件的路径，否则编译会报错。此时先将头文件添加到工程中，如图 14-22 所示。

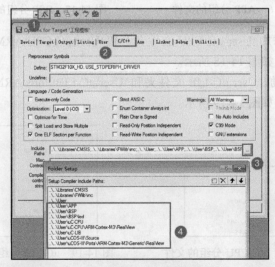

图 14-22　添加头文件路径到工程中

至此，μC/OS 的整体工程基本移植完毕，我们需要修改 μC/OS 配置文件。

14.4.4　具体的工程文件修改

添加完头文件路径后，可以编译一下整个工程，但肯定会有错误，因为 μC/OS-III 的移植尚未完毕，接下来需要对工程文件进行修改。首先修改工程的启动文件 startup_stm32f10x_hd.s，将 PendSV_Handler 和 SysTick_Handler 分别改为 OS_CPU_PendSVHandler 和 OS_CPU_SysTickHandler，共两处，因为 μC/OS 官方已经处理好对应的中断函数，无须我们处理与系统相关的中断；同时还需要将 stm32f10x_it.c 文件中的 PendSV_Handler 和 SysTick_Handler 函数注释掉（当然，不注释掉也是没问题的），具体如图 14-23 ～图 14-25 所示。

```
startup_stm32f10x_hd.s
64                  DCD     NMI_Handler                ; NMI Handler
65                  DCD     HardFault_Handler          ; Hard Fault Handler
66                  DCD     MemManage_Handler          ; MPU Fault Handler
67                  DCD     BusFault_Handler           ; Bus Fault Handler
68                  DCD     UsageFault_Handler         ; Usage Fault Handler
69                  DCD     0                          ; Reserved
70                  DCD     0                          ; Reserved
71                  DCD     0                          ; Reserved
72                  DCD     0                          ; Reserved
73                  DCD     SVC_Handler                ; SVCall Handler
74                  DCD     DebugMon_Handler           ; Debug Monitor Handler
75                  DCD     0                          ; Reserved
76                  DCD     OS_CPU_PendSVHandler           ; PendSV Handler  ;// Modified by fire （原是 PendSV Handler）
77                  DCD     OS_CPU_SysTickHandler          ; SysTick Handler ;// Modified by fire （原是 SysTick Handler）
78
```

图 14-23　修改 startup_stm32f10x_hd.s 文件（第 76、77 行）

```
startup_stm32f10x_hd.s
184                 EXPORT  SVC_Handler                [WEAK]
185                 B       .
186                 ENDP
187 DebugMon_Handler\
188                 PROC
189                 EXPORT  DebugMon_Handler           [WEAK]
190                 B       .
191                 ENDP
192 OS_CPU_PendSVHandler  PROC                                ;// Modified by fire （原是 PendSV Handler）
193                 EXPORT  OS_CPU_PendSVHandler           [WEAK]  ;// Modified by fire （原是 PendSV Handler）
194                 B       .
195                 ENDP
196 OS_CPU_SysTickHandler PROC                                ;// Modified by fire （原是 SysTick Handler）
197                 EXPORT  OS_CPU_SysTickHandler          [WEAK]  ;// Modified by fire （原是 SysTick Handler）
198                 B       .
199                 ENDP
```

图 14-24　修改 startup_stm32f10x_hd.s 文件（第 193、197 行）

```
/**
  * @brief  This function handles PendSVC exception.
  * @param  None
  * @retval None
  */
//void PendSV_Handler(void)
//{
//}

///**
//  * @brief  This function handles SysTick Handler.
//  * @param  None
//  * @retval None
//  */
//void SysTick_Handler(void)
//{
//}
```

图 14-25　注释掉 PendSV_Handler 和 SysTick_Handler 函数

如果使用的是 M4/M7 内核带有 FPU（浮点运算单元）的处理器，则还需要修改启动文件，如果想要使用 FPU [⊖]，那么需要在启动文件中添加以下代码，处理器必须处于特权模式才能读取和写入 CPACR，具体参见代码清单 14-1 与图 14-26。

代码清单 14-1 启用 FPU（汇编）

```
 1  IF {FPU} != "SoftVFP"
 2                                  ; 在 FPU 重置时启用浮点支持
 3  LDR.W   R0, =0xE000ED88         ; 向 CPACR 在 FPU 重置时启用浮点支持
 4  LDR     R1, [R0]                ; 读取
 5  ORR     R1, R1, #(0xF <<20)     ; 设置位 20 ~ 23 值
 6                                  ; 写入修改后的 CPACR 值
 7  STR     R1, [R0]                ; 等待存储完成
 8  DSB
 9
10                                  ; 禁用自动 FP 寄存器
11                                  ; 禁用惰性上下文切换
12  LDR.W   R0, =0xE000EF34         ; 向 FPCCR 寄存器加载地址
13  LDR     R1, [R0]
14  AND     R1, R1, #(0x3FFFFFFF)   ; 清除 LSPEN 和 ASPEN 位
15  STR     R1, [R0]
16  ISB                             ; 重置管道，现在启用 3FPU
17  ENDIF
```

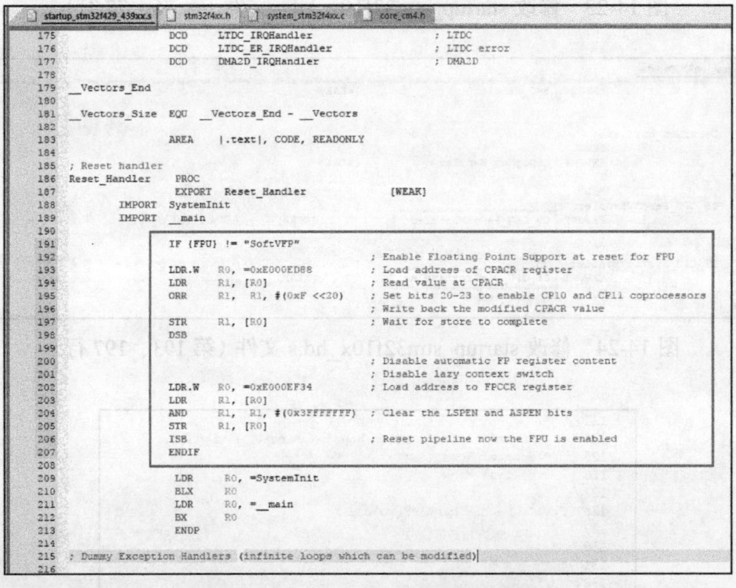

图 14-26 在启动文件中插入代码

同时将对应芯片头文件中启用 FPU 的宏定义 __FPU_PRESENT 配置为 1（默认是启用的），然后在 Option->Target->Floating Point Hardware 中选择启用浮点运算（Single Precision），如图 14-27 所示。

⊖ 关于具体的 FPU 相关说明，请参考《ARM-Cortex-M4 内核参考手册》第 7 章相关内容。

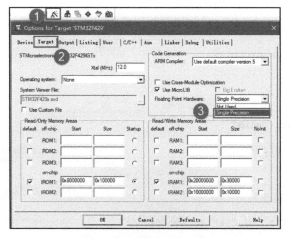

图 14-27　启用浮点运算

14.4.5　修改源码中的 bsp.c 与 bsp.h 文件

我们知道 bsp 是板级相关的文件，也就是对应开发板的文件，而 μC/OS-III 源码的 bsp 肯定与我们的开发板不一样，所以需要进行修改，而且以后我们的板级文件都在 bsp.c 文件中进行初始化，所以按照我们修改好的源码进行修改即可，具体参见代码清单 14-2 中加粗部分。

代码清单 14-2　修改后的 bsp.c 文件（已删掉注释）

```
 1
 2 #define   BSP_MODULE
 3 #include <bsp.h>
 4
 5
 6 CPU_INT32U   BSP_CPU_ClkFreq_MHz;
 7
 8
 9
10 #define   DWT_CR        *(CPU_REG32 *)0xE0001000
11 #define   DWT_CYCCNT    *(CPU_REG32 *)0xE0001004
12 #define   DEM_CR        *(CPU_REG32 *)0xE000EDFC
13 #define   DBGMCU_CR     *(CPU_REG32 *)0xE0042004
14
15
16
17
18 #define   DBGMCU_CR_TRACE_IOEN_MASK        0x10
19 #define   DBGMCU_CR_TRACE_MODE_ASYNC       0x00
20 #define   DBGMCU_CR_TRACE_MODE_SYNC_01     0x40
21 #define   DBGMCU_CR_TRACE_MODE_SYNC_02     0x80
22 #define   DBGMCU_CR_TRACE_MODE_SYNC_04     0xC0
23 #define   DBGMCU_CR_TRACE_MODE_MASK        0xC0
```

```
24
25 #define  DEM_CR_TRCENA                (1 << 24)
26
27 #define  DWT_CR_CYCCNTENA             (1 <<  0)
28
29
30
31
32 void  BSP_Init (void)
33 {
34     LED_Init ();
35
36 }
37
38
39 CPU_INT32U  BSP_CPU_ClkFreq (void)
40 {
41     RCC_ClocksTypeDef  rcc_clocks;
42
43
44     RCC_GetClocksFreq(&rcc_clocks);
45
46     return ((CPU_INT32U)rcc_clocks.HCLK_Frequency);
47 }
48
49
50
51
52
53 #if ((APP_CFG_PROBE_OS_PLUGIN_EN == DEF_ENABLED) && \
54      (OS_PROBE_HOOKS_EN          == 1))
55 void  OSProbe_TmrInit (void)
56 {
57 }
58 #endif
59
60
61
62
63 #if ((APP_CFG_PROBE_OS_PLUGIN_EN == DEF_ENABLED) && \
64      (OS_PROBE_HOOKS_EN          == 1))
65 CPU_INT32U  OSProbe_TmrRd (void)
66 {
67     return ((CPU_INT32U)DWT_CYCCNT);
68 }
69 #endif
70
71
72 #if (CPU_CFG_TS_TMR_EN == DEF_ENABLED)
73 void  CPU_TS_TmrInit (void)
74 {
75     CPU_INT32U  cpu_clk_freq_hz;
76
```

```
77
78    DEM_CR          |= (CPU_INT32U)DEM_CR_TRCENA;
79    DWT_CYCCNT       = (CPU_INT32U)0u;
80    DWT_CR          |= (CPU_INT32U)DWT_CR_CYCCNTENA;
81
82    cpu_clk_freq_hz = BSP_CPU_ClkFreq();
83    CPU_TS_TmrFreqSet(cpu_clk_freq_hz);
84 }
85 #endif
86
87
88
89 #if (CPU_CFG_TS_TMR_EN == DEF_ENABLED)
90 CPU_TS_TMR  CPU_TS_TmrRd (void)
91 {
92    return ((CPU_TS_TMR)DWT_CYCCNT);
93 }
94 #endif
```

在 bsp.h 文件中需要添加我们自己的板级驱动头文件，头文件代码具体参见代码清单 14-3。

代码清单 14-3　在 bsp.h 文件中添加板级驱动头文件

```
1 #include"stm32f10x.h"// Modified by fire
2
3 #include  <app_cfg.h>
4
5 #include"bsp_led.h"// Modified by fire
```

14.5　按需配置最适合的工程

虽然前面的编译是没有错误的，工程模板也是可用的，但是此时还不是最适合的工程模板。最适合的工程往往是根据需要配置的，μC/OS 提供裁剪的功能，可以按需对系统进行裁剪。

14.5.1　os_cfg.h

os_cfg.h 文件是系统的配置文件，主要是让用户自己配置一些系统默认的功能，用户可以选择某些或者全部功能，比如消息队列、信号量、互斥量、事件标志位等，系统默认全部使用，用户可以直接关闭不需要的功能，在对应的宏定义中设置为 0 即可，这样就不会占用系统的 SRAM，以节省系统资源。os_cfg.h 文件的配置说明具体参见代码清单 14-4。

代码清单 14-4　os_cfg.h

```
1 #ifndef OS_CFG_H
2 #define OS_CFG_H
3
```

```
 4
 5  /* --- 其他配置 --- */
 6  #define OS_CFG_APP_HOOKS_EN              1u/* 是否使用钩子函数 */
 7  #define OS_CFG_ARG_CHK_EN                1u/* 是否使用参数检查 */
 8  #define OS_CFG_CALLED_FROM_ISR_CHK_EN    1u/* 是否使用中断调用检查 */
 9  #define OS_CFG_DBG_EN                    1u/* 是否使用 debug */
10  #define OS_CFG_ISR_POST_DEFERRED_EN      1u/* 是否使用中断延迟 post 操作 */
11  #define OS_CFG_OBJ_TYPE_CHK_EN           1u/* 是否使用对象类型检查 */
12  #define OS_CFG_TS_EN                     1u/* 是否使用时间戳 */
13
14  #define OS_CFG_PEND_MULTI_EN             1u/* 是否使用支持多个任务pend操作 */
15
16  #define OS_CFG_PRIO_MAX                 32u/* 定义任务的最大优先级 */
17
18  #define OS_CFG_SCHED_LOCK_TIME_MEAS_EN   1u/* 是否使用支持测量调度器锁定时间 */
19  #define OS_CFG_SCHED_ROUND_ROBIN_EN      1u/* 是否支持循环调度 */
20  #define OS_CFG_STK_SIZE_MIN             64u/* 最小的任务栈大小 */
21
22
23  /* ---------- 事件标志位 ---------- */
24  #define OS_CFG_FLAG_EN                   1u/* 是否使用事件标志位 */
25  #define OS_CFG_FLAG_DEL_EN               1u/* 是否包含 OSFlagDel() 的代码 */
26  #define OS_CFG_FLAG_MODE_CLR_EN          1u/* 是否包含清除事件标志位的代码 */
27  #define OS_CFG_FLAG_PEND_ABORT_EN        1u/* 是否包含 OSFlagPendAbort() 的代码 */
28
29
30  /* --------- 内存管理 --- */
31  #define OS_CFG_MEM_EN                    1u/* 是否使用内存管理 */
32
33
34  /* -------- 互斥量 ----- */
35  #define OS_CFG_MUTEX_EN                  1u/* 是否使用互斥量 */
36  #define OS_CFG_MUTEX_DEL_EN              1u/* 是否包含 OSMutexDel() 的代码 */
37  #define OS_CFG_MUTEX_PEND_ABORT_EN       1u/* 是否包含 OSMutexPendAbort() 的代码 */
38
39
40  /* ------- 消息队列 --------------- */
41  #define OS_CFG_Q_EN                      1u/* 是否使用消息队列 */
42  #define OS_CFG_Q_DEL_EN                  1u/* 是否包含 OSQDel() 的代码 */
43  #define OS_CFG_Q_FLUSH_EN                1u/* 是否包含 OSQFlush() 的代码 */
44  #define OS_CFG_Q_PEND_ABORT_EN           1u/* 是否包含 OSQPendAbort() 的代码 */
45
46
47  /* ------------- 信号量 --------- */
48  #define OS_CFG_SEM_EN                    1u/* 是否使用信号量 */
49  #define OS_CFG_SEM_DEL_EN                1u/* 是否包含 OSSemDel() 的代码 */
50  #define OS_CFG_SEM_PEND_ABORT_EN         1u/* 是否包含 OSSemPendAbort() 的代码 */
51  #define OS_CFG_SEM_SET_EN                1u/* 是否包含 OSSemSet() 的代码 */
52
53
54  /* ----------- 任务管理 ------------- */
55  #define OS_CFG_STAT_TASK_EN              1u/* 是否使用任务统计功能 */
56  #define OS_CFG_STAT_TASK_STK_CHK_EN      1u/* 从统计任务中检查任务栈 */
```

```
57
58 #define OS_CFG_TASK_CHANGE_PRIO_EN        1u/* 是否包含 OSTaskChangePrio() 的代码 */
59 #define OS_CFG_TASK_DEL_EN                1u/* 是否包含 OSTaskDel() 的代码 */
60 #define OS_CFG_TASK_Q_EN                  1u/* 是否包含 OSTaskQXXXX() 的代码 */
61 #define OS_CFG_TASK_Q_PEND_ABORT_EN       1u/* 是否包含 OSTaskQPendAbort() 的代码 */
62 #define OS_CFG_TASK_PROFILE_EN            1u/* 是否在 OS_TCB 中包含变量以进行性能分析 */
63 #define OS_CFG_TASK_REG_TBL_SIZE          1u/* 任务特定寄存器的数量 */
64 #define OS_CFG_TASK_SEM_PEND_ABORT_EN     1u/* 是否包含 OSTaskSemPendAbort() 的代码 */
65 #define OS_CFG_TASK_SUSPEND_EN            1u/* 是否包含 OSTaskSuspend() 和
66                                           * OSTaskResume() 的代码 */
67
68 /* ------- 时间管理 ------- */
69 #define OS_CFG_TIME_DLY_HMSM_EN           1u/* 是否包含 OSTimeDlyHMSM() 的代码 */
70 #define OS_CFG_TIME_DLY_RESUME_EN         1u/* 是否包含 OSTimeDlyResume() 的代码 */
71
72
73 /* ---------- 定时器管理 ------- */
74 #define OS_CFG_TMR_EN                     1u/* 是否使用定时器 */
75 #define OS_CFG_TMR_DEL_EN                 1u/* 是否支持 OSTmrDel() */
76
77 #endif
```

14.5.2　cpu_cfg.h

cpu_cfg.h 文件主要用于配置 CPU 相关的宏定义，可以选择对不同的 CPU 进行配置，当然，如果对 CPU 不是很熟悉，可以直接忽略这个文件，此处我们只需要注意关于时间戳与前导零指令相关的内容。我们使用的 CPU 是 STM32，是 32 位的 CPU，那么时间戳使用 32 位的变量即可，而且 STM32 支持前导零指令，使用它可以让寻找最高优先级的任务执行得更加快捷，具体参见代码清单 14-5。

μC/OS 支持两种方法来选择下一个要执行的任务：一种方法是采用 C 语言实现前导零指令，这种方法通常称为通用方法，CPU_CFG_LEAD_ZEROS_ASM_PRESENT 没有被定义时才使用通用方法获取下一个即将运行的任务。通用方法可以用于所有 μC/OS 支持的硬件平台，因为这种方法完全用 C 语言实现，所以效率略低于特殊方法，但不强制要求限制最大可用优先级数目；另一种方法是以硬件方式查找下一个要运行的任务，必须定义 CPU_CFG_LEAD_ZEROS_ASM_PRESENT 这个宏，因为这种方法必须依赖一个或多个特定架构的汇编指令（一般是类似计算前导零 [CLZ] 指令，在 M3、M4、M7 内核中都有，这个指令用于计算一个变量从最高位开始的连续零的个数），所以效率略高于通用方法，但受限于硬件平台。

代码清单 14-5　cpu_cfg.h

```
1 #ifndef  CPU_CFG_MODULE_PRESENT
2 #define  CPU_CFG_MODULE_PRESENT
3
4 /*    是否使用 CPU 名称：DEF_ENABLED 或者 DEF_DISABLED        */
5 #define  CPU_CFG_NAME_EN                          DEF_ENABLED
6
```

```
 7
 8
 9  /* CPU 名称大小（ASCII 字符串形式）   */
10  #define  CPU_CFG_NAME_SIZE                        16u
11
12
13  /* CPU 时间戳功能配置（只能选择其中一个）*/
14  /* 是否使用 32 位的时间戳变量：DEF_ENABLED 或者 DEF_DISABLED */
15  #define  CPU_CFG_TS_32_EN                         DEF_ENABLED
16  /* 是否使用 64 位的时间戳变量：DEF_ENABLED 或者 DEF_DISABLED */
17  #define  CPU_CFG_TS_64_EN                         DEF_DISABLED
18  /* 配置 CPU 时间戳定时器字大小 */
19  #define  CPU_CFG_TS_TMR_SIZE                      CPU_WORD_SIZE_32
20
21
22
23  /* 是否使用测量 CPU 禁用中断的时间   */
24  #if 0
25  #define  CPU_CFG_INT_DIS_MEAS_EN
26  #endif
27  /* 配置测量的次数 */
28  #define  CPU_CFG_INT_DIS_MEAS_OVRHD_NBR           1u
29
30
31  /* 是否使用 CPU 前导零指令（需要硬件支持，在 STM32 中可以使用这个指令）*/
32  #if 1
33  #define  CPU_CFG_LEAD_ZEROS_ASM_PRESENT
34  #endif
35
36  #endif
```

14.5.3　os_cfg_app.h

　　os_cfg_app.h 是系统应用配置的头文件，简单来说就是系统默认的任务配置，如任务的优先级、栈大小等基本信息，但是有两个任务是必须开启的，一个是空闲任务，另一个是时钟节拍任务，它们是让系统正常运行的最基本任务，其他任务按需配置即可。

代码清单 14-6　os_cfg_app.h

```
 1  #ifndef OS_CFG_APP_H
 2  #define OS_CFG_APP_H
 3
 4
 5  /* -------------------- MISCELLANEOUS -------------------- */
 6  #define  OS_CFG_MSG_POOL_SIZE             100u/* 支持的最大消息数量 */
 7  #define  OS_CFG_ISR_STK_SIZE              128u/* ISR 栈的大小 */
 8  #define  OS_CFG_TASK_STK_LIMIT_PCT_EMPTY 10u /* 检查栈的剩余大小（百分百形式，
 9                                            * 此处是 10%）*/
10
11
12  /* -------------------- 空闲任务 -------------------- */
```

```
13 #define  OS_CFG_IDLE_TASK_STK_SIZE          128u/* 空闲任务栈大小 */
14
15
16 /* ------------------ 中断处理任务 ------------------ */
17 #define  OS_CFG_INT_Q_SIZE                   10u/* 中断处理任务队列大小 */
18 #define  OS_CFG_INT_Q_TASK_STK_SIZE          128u/* 中断处理任务的栈大小 */
19
20
21 /* ------------------ 统计任务 ------------------ */
22 #define  OS_CFG_STAT_TASK_PRIO               11u/* 统计任务的优先级 */
23 #define  OS_CFG_STAT_TASK_RATE_HZ            10u/* 统计任务的指向频率（10Hz）*/
24 #define  OS_CFG_STAT_TASK_STK_SIZE           128u/* 统计任务的栈大小 */
25
26
27 /* --------------------- 时钟节拍任务 --------------------- */
28 #define  OS_CFG_TICK_RATE_HZ           1000u/* 系统的时钟节拍（一般为 10 ~ 1000 Hz）*/
29 #define  OS_CFG_TICK_TASK_PRIO               1u/* 时钟节拍任务的优先级 */
30 #define  OS_CFG_TICK_TASK_STK_SIZE           128u/* 时钟节拍任务的栈大小 */
31 #define  OS_CFG_TICK_WHEEL_SIZE              17u/* 时钟节拍任务的列表大小 */
32
33
34 /* --------------------- 定时器任务 --------------------- */
35 #define  OS_CFG_TMR_TASK_PRIO                11u/* 定时器任务的优先级 */
36 #define  OS_CFG_TMR_TASK_RATE_HZ             10u/* 定时器频率（10Hz 是典型值）*/
37 #define  OS_CFG_TMR_TASK_STK_SIZE            128u/* 定时器任务的栈大小 */
38 #define  OS_CFG_TMR_WHEEL_SIZE               17u/* 定时器任务的列表大小 */
39
40 #endif
```

此处要注意时钟节拍任务，µC/OS 的时钟节拍任务是用于管理时钟节拍的，建议将其优先级设置得更高一些，这样在调度时，时钟节拍任务能抢占其他任务执行，从而能够更新任务。相对于其他操作系统，寻找处于最高优先级的就绪任务都是在中断中，µC/OS 将其放在任务中能更好地解决关中断时间过长的问题。

14.6　修改 app.c

将原来裸机工程中 app.c 的文件内容全部删除，新增如下内容，具体参见代码清单 14-7。

代码清单 14-7　app.c 文件内容

```
1 /**
2  ************************************************************
3  * @file    app.c
4  * @author  fire
5  * @version V1.0
6  * @date    2018-xx-xx
7  * @brief   µC/OS-III + STM32 工程模板
8  ************************************************************
9  * @attention
```

```
10     *
11     * 实验平台 : 野火 STM32 开发板
12     * 论坛 :http://www.firebbs.cn
13     * 淘宝 :https://fire-stm32.taobao.com
14     *
15     ********************************************************************
16     */
17
18   /*
19   ********************************************************************
20   *                          包含的头文件
21   ********************************************************************
22   */
23   #include <includes.h>
24
25
26
27   /*
28   ********************************************************************
29   *                             变量
30   ********************************************************************
31   */
32
33
34   /*
35   ********************************************************************
36   *                           函数声明
37   ********************************************************************
38   */
39
40
41
42   /*
43   ********************************************************************
44   *                          main() 函数
45   ********************************************************************
46   */
47   /**
48     * @brief  主函数
49     * @param  无
50     * @retval 无
51     */
52   int main(void)
53   {
54       /* 暂时没有在 main() 中创建任务 */
55   }
56
57
58   /**********************************END OF FILE*************************/
```

14.7　下载验证

　　将程序编译好，用 DAP 仿真器把程序下载到野火 STM32 开发板（具体型号根据购买的板子而定，每个型号的板子都配套有对应的程序），但没有显示任何现象，这是因为目前我们还没有在 main() 函数中创建任务，系统也没有运行起来。如果想看到现象，需要先在 main() 函数中创建应用任务并且让 μC/OS 运行起来。关于如何使用 μC/OS 创建任务，请参见第 15 章。

经过上述步骤，将 DAP 仿真器固件从火烧到基于火 STM32 开发板（具体见《刷。
要显示图中之，单个按 J5 和 C 串口器连接和连接图图片），打开本章中图中已按之例如
按过设备好了 arduino 按好出好中后再改之，或连接过好还之了文件改正。这是如果前后怎么，为我或名。
arduino 中创建过改正好了，并且用 LED，COS 运行过每续，关于怎么这个头之了。
我过里 15 章。

15.1　硬件初始化

本章创建的任务需要用到开发板上的 LED，所以先要将 LED 相关的函数初始化好，为
了方便以后统一管理板级外设的初始化过程，我们在 bsp.c 文件中创建一个 BSP_Init() 函数，
专门用于实现板级外设初始化，具体参见代码清单 15-1 中的加粗部分。

代码清单 15-1　在 BSP_Init() 中添加硬件初始化函数

```
1  /*******************************************************************
2   * @ 函数名：BSP_Init
3   * @ 功能说明：板级外设初始化，所有板子上的初始化均可放在这个函数中
4   * @ 参数：
5   * @ 返回值：无
6   *******************************************************************/
7  static void BSP_Init(void)
8  {
9      /*
10      * STM32 中断优先级分组为 4，即 4 位都用来表示抢占优先级，范围为 0~15
11      * 优先级只需要分组一次即可，以后如果有其他任务需要用到中断，
12      * 都统一用这个优先级分组，千万不要再分组
13      */
14     NVIC_PriorityGroupConfig( NVIC_PriorityGroup_4 );
15
16     /* LED 初始化 */
17     LED_GPIO_Config();
18
19     /* 串口初始化 */
20     USART_Config();
21
22  }
```

执行到 BSP_Init() 函数时，尚未涉及操作系统，即 BSP_Init() 函数所做的工作与我们以

前编写的裸机工程中的硬件初始化工作是一样的。运行完 BSP_Init () 函数，接下来才慢慢启动操作系统，最后运行创建好的任务。有时候任务创建好，整个系统运行起来了，可想要的实验现象就是出不来，比如 LED 不会亮，串口没有输出，LCD 没有显示等。如果是初学者，这个时候就会心急如焚，那怎么办？此时如何判断是硬件的问题还是系统的问题？有一个小技巧，即在硬件初始化好之后，顺便测试一下硬件，测试方法与裸机编程一样，具体实现参见代码清单 15-2 中的加粗部分。

代码清单 15-2　在 BSP_Init() 中添加硬件测试函数

```
1  /* 开发板硬件bsp头文件 */
2  #include "bsp_led.h"
3  #include "bsp_usart.h"
4
5  /***********************************************************************
6   * @ 函数名：BSP_Init
7   * @ 功能说明：板级外设初始化，所有板子上的初始化均可放在这个函数中
8   * @ 参数：无
9   * @ 返回值：无
10  **********************************************************************/
11 static void BSP_Init(void)
12 {
13     /*
14      * STM32 中断优先级分组为 4，即 4 位都用来表示抢占优先级，范围为 0~15。
15      * 优先级只需要分组一次即可，以后如果有其他的任务需要用到中断，
16      * 都统一用这个优先级分组，千万不要再分组
17      */
18     NVIC_PriorityGroupConfig( NVIC_PriorityGroup_4 );
19
20     /* LED 初始化 */
21     LED_GPIO_Config();                                              (1)
22
23     /* 测试硬件是否正常工作 */                                          (2)
24     LED1_ON;
25
26     /* 其他硬件初始化和测试 */
27
28     /* 让程序停在这里，不再继续往下执行 */
29     while (1);                                                      (3)
30
31     /* 串口初始化 */
32     USART_Config();
33
34 }
```

代码清单 15-2（1）：初始化硬件后，顺便测试硬件，看硬件是否正常工作。

代码清单 15-2（2）：可以继续添加其他的硬件初始化和测试。确认没有问题之后，硬件测试代码可删可不删，因为 BSP_Init() 函数只执行一遍。

代码清单 15-2（3）：为了方便测试硬件好坏，让程序停在这里，不再继续往下执行，当

测试完毕后，"while(1);" 必须删除。

注意： 以上仅仅是测试代码，以实际工程代码为准。

15.2　创建单任务

创建一个单任务，任务栈和任务控制块都使用静态内存，即预先定义好的全局变量，这些预先定义好的全局变量都存储在内部的 SRAM 中。

15.2.1　定义任务栈

目前我们只创建了一个任务，当任务进入延时时，因为没有其他就绪的任务，所以系统就会进入空闲任务，空闲任务是 μC/OS 系统自己创建并且启动的一个任务，优先级最低。当整个系统都没有就绪任务时，系统必须保证有一个任务在运行，空闲任务就是为此设计的。当用户任务延时到期，又会从空闲任务切换回用户任务。

在 μC/OS 系统中，每一个任务都是独立的，它们的运行环境都单独保存在各自的栈空间当中。那么在定义好任务函数之后，我们还要为任务定义一个栈，目前我们使用的是静态内存，所以任务栈是一个独立的全局变量，具体参见代码清单 15-3。任务栈占用的是 MCU 内部的 RAM，当任务越多时，需要使用的栈空间就越大，即需要使用的 RAM 空间就越多。一个 MCU 能够支持多少任务，取决于 RAM 空间有多大。

代码清单 15-3　定义任务栈

```
1 #define  APP_TASK_START_STK_SIZE                    128
2
3 static  CPU_STK  AppTaskStartStk[APP_TASK_START_STK_SIZE];
```

15.2.2　定义任务控制块

定义好任务函数和任务栈之后，还需要为任务定义一个任务控制块，通常我们称任务控制块为任务的身份证。在 C 代码中，任务控制块就是一个结构体，其中有很多成员，这些成员共同描述了任务的全部信息，具体参见代码清单 15-4。

代码清单 15-4　定义任务控制块

```
1 static  OS_TCB   AppTaskStartTCB;
```

15.2.3　定义任务主体函数

任务实际上就是一个无限循环且不带返回值的 C 函数。目前，我们创建一个这样的任务，让开发板上面的 LED 灯以 500ms 的时间间隔闪烁，具体实现参见代码清单 15-5。

代码清单 15-5　定义任务函数（此处为伪代码，以工程代码为准）

```
1  static voidLED_Task (void* parameter)
2  {
3      while (1)                                                              (1)
4      {
5          LED1_ON;
6          OSTimeDly (500,OS_OPT_TIME_DLY,&err);/* 延时 500 个 tick */        (2)
7
8          LED1_OFF;
9          OSTimeDly (500,OS_OPT_TIME_DLY,&err);/* 延时 500 个 tick */
10
11     }
12 }
```

代码清单 15-5（1）：任务必须是一个死循环，否则任务将通过 LR 返回。如果 LR 指向了非法的内存，就会产生 HardFault_Handler，而 μC/OS 指向一个任务退出函数 OS_TaskReturn()，该函数如果支持任务删除，则进行任务删除操作，否则将进入死循环，这样的任务是不安全的，所以要避免这种情况。任务一般都是死循环并且无返回值的，只执行一次的任务，在执行完毕后要及时删除。

代码清单 15-5（2）：任务中的延时函数必须使用 μC/OS 提供的阻塞延时函数，不能使用裸机编程中的那种延时。这两种的延时的区别是 μC/OS 的延时是阻塞延时，即调用 OSTimeDly() 函数时，当前任务会被挂起，调度器会切换到其他就绪的任务，从而实现多任务。如果还是使用裸机编程中的那种延时，那么整个任务就成为了一个死循环，如果恰好该任务的优先级是最高的，那么系统永远都在这个任务中运行，比它优先级更低的任务无法运行，根本无法实现多任务，因此任务中必须有能阻塞任务的函数，才能切换到其他任务中。

15.2.4　创建任务

任务的三要素是任务主体函数、任务栈和任务控制块，那么如何把这些要素结合在一起？μC/OS 中的任务创建函数 OSTaskCreate() 可将任务主体函数、任务栈和任务控制块联系在一起，让任务在创建之后可以随时被系统启动与调度，具体参见代码清单 15-6。

代码清单 15-6　创建任务

```
1  OSTaskCreate((OS_TCB      *)&AppTaskStartTCB,                           (1)
2              (CPU_CHAR    *)"App Task Start",                           (2)
3              (OS_TASK_PTR ) AppTaskStart,                               (3)
4              (void        *) 0,                                        (4)
5              (OS_PRIO     ) APP_TASK_START_PRIO,                       (5)
6              (CPU_STK     *)&AppTaskStartStk[0],                       (6)
7              (CPU_STK_SIZE) APP_TASK_START_STK_SIZE / 10,              (7)
8              (CPU_STK_SIZE) APP_TASK_START_STK_SIZE,                   (8)
9              (OS_MSG_QTY  ) 5u,                                        (9)
10             (OS_TICK     ) 0u,                                        (10)
11             (void        *) 0,                                        (11)
```

```
12                (OS_OPT    )(OS_OPT_TASK_STK_CHK | OS_OPT_TASK_STK_CLR),    (12)
13                (OS_ERR    *)&err);                                          (13)
```

代码清单 15-6（1）：任务控制块，由用户自己定义。

代码清单 15-6（2）：任务名称，为字符串形式。这里任务名称最好要与任务函数入口名称一致，方便进行调试。

代码清单 15-6（3）：任务入口函数，即任务函数的名称，需要我们自己定义并且实现。

代码清单 15-6（4）：任务入口函数形参，不用时配置为 0 或者 NULL 即可，p_arg 是指向可选数据区域的指针，用于将参数传递给任务，因为任务一旦执行，必须处于一个死循环中，所以传递参数操作只在首次执行时有效。

代码清单 15-6（5）：任务的优先级，由用户自己定义。

代码清单 15-6（6）：指向栈基址的指针（即栈的起始地址）。

代码清单 15-6（7）：设置栈深度的限制位置。这个值表示任务栈满溢之前剩余的栈容量。例如，指定 stk_size 值的 10% 表示将达到栈限制，当栈中已用容量达到 90%，就表示任务栈已满。

代码清单 15-6（8）：任务栈大小，单位由用户决定，如果 CPU_STK 被设置为 CPU_INT08U，则单位为字节，而如果 CPU_STK 被设置为 CPU_INT16U，则单位为半字，同理，如果 CPU_STK 被设置为 CPU_INT32U，则单位为字。在 32 位的处理器下（STM32），一个字等于 4 个字节，那么任务大小就为 APP_TASK_START_STK_SIZE * 4 字节。

代码清单 15-6（9）：设置可以发送到任务的最大消息数，按需设置即可。

代码清单 15-6（10）：在任务之间循环时的时间片的时间量（以滴答为单位）。指定为 0 则使用默认值。

代码清单 15-6（11）：是指向用户提供的内存位置的指针，用作 TCB 扩展。例如，该用户存储器可以在上下文切换期间保存浮点寄存器的内容，如每个任务执行的时间、次数、任务是否已经切换等。

代码清单 15-6（12）：用户可选的任务特定选项，具体参见代码清单 15-7。

代码清单 15-7   任务特定选项

```
1 #define    OS_OPT_TASK_NONE        (OS_OPT)(0x0000u)        (1)
2 #define    OS_OPT_TASK_STK_CHK     (OS_OPT)(0x0001u)        (2)
3 #define    OS_OPT_TASK_STK_CLR     (OS_OPT)(0x0002u)        (3)
4 #define    OS_OPT_TASK_SAVE_FP     (OS_OPT)(0x0004u)        (4)
5 #define    OS_OPT_TASK_NO_TLS      (OS_OPT)(0x0008u)        (5)
```

代码清单 15-7（1）：未选择任何选项。

代码清单 15-7（2）：启用任务栈检查。

代码清单 15-7（3）：任务创建时清除栈。

代码清单 15-7（4）：保存任何浮点寄存器的内容，这需要 CPU 硬件的支持，CPU 需要有浮点运算硬件与专门保存浮点类型数据的寄存器。

代码清单 15-7（5）：指定任务不需要 TLS 支持。

代码清单 15-6（13）：用于保存返回的错误代码。

15.2.5　启动任务

任务创建好后处于就绪态。就绪态的任务可以参与操作系统的调度。任务调度器只启动一次，之后不会再次执行，μC/OS 中启动任务调度器的函数是 OSStart()，并且启动任务调度器时不会返回，从此任务都由 μC/OS 管理，此时才是真正进入实时操作系统的第一步，具体参见代码清单 15-8。

代码清单 15-8　启动任务

```
/* 启动任务，开启调度 */
1 OSStart(&err);
```

15.2.6　app.c

现在把任务主体、任务栈、任务控制块这三部分代码统一放到 app.c 中，我们在 app.c 文件中创建一个 AppTaskStart 任务，这个任务仅用于测试用户任务，以后为了方便管理，所有任务的创建都统一放在这个任务中，在这个任务中创建成功的任务就可以直接参与任务调度了，具体内容参见代码清单 15-9。

代码清单 15-9　app.c

```
 1 #include <includes.h>
 2
 3
 4 /*
 5 ************************************************
 6 *                     LOCAL DEFINES
 7 *******************************************************************
 8 */
 9
10 /*
11 *******************************************************************
12 *                     TCB
13 *******************************************************************
14 */
15
16 static  OS_TCB     AppTaskStartTCB;
17
18
19 /*
20 ************************************************
21 *                     STACKS
22 *******************************************************************
23 */
24
25 static   CPU_STK   AppTaskStartStk[APP_TASK_START_STK_SIZE];
```

```
26
27
28 /*
29 ************************************************************
30 *                          FUNCTION PROTOTYPES
31 ************************************************************
32 */
33
34 static  void  AppTaskStart (void *p_arg);
35
36
37 /*
38 ***************************************************************************
39 *                                    main()
40 *
41 * Description : This is the standard entry point for C code.
42 *               It is assumed that your code will callmain() once
43 *               you have performed all necessary initialization.
44 * Arguments   : none
45 *
46 * Returns     : none
47 ***************************************************************************
48 */
49
50 int  main (void)
51 {
52     OS_ERR  err;
53
54
55     OSInit(&err);                      /* 初始化 μC/OS-III */
56
57
58     OSTaskCreate((OS_TCB      *)&AppTaskStartTCB, /* 创建初始任务 */
59
60                  (CPU_CHAR    *)"App Task Start",
61                  (OS_TASK_PTR ) AppTaskStart,
62                  (void        *) 0,
63                  (OS_PRIO     ) APP_TASK_START_PRIO,
64                  (CPU_STK     *)&AppTaskStartStk[0],
65                  (CPU_STK_SIZE) APP_TASK_START_STK_SIZE / 10,
66                  (CPU_STK_SIZE) APP_TASK_START_STK_SIZE,
67                  (OS_MSG_QTY  ) 5u,
68                  (OS_TICK     ) 0u,
69                  (void        *) 0,
70                  (OS_OPT      )(OS_OPT_TASK_STK_CHK | OS_OPT_TASK_STK_CLR),
71                  (OS_ERR      *)&err);
72
73     OSStart(&err);/* 启动多任务管理 (交由 μC/OS-III 控制) */
74
75
76
77 }
78
```

```
79
80  /*
81  ************************************************************************
82  *                                                    STARTUP TASK
83  * 说明：这是启动任务的示例
84  *              只有一次初始化
85  *              并且创建多个任务
86  * 参数 : p_arg     创建任务时的传参
87  *
88  * 返回值 : 无
89  *
90  * 说明：第一行的 "(void)p_arg;" 代码是为了防止编译器报错
91  *              因为未使用 p_arg
92  *
93  ************************************************************************
94  */
95
96  static  void  AppTaskStart (void *p_arg)
97  {
98      CPU_INT32U  cpu_clk_freq;
99      CPU_INT32U  cnts;
100     OS_ERR      err;
101
102
103     (void)p_arg;
104
105     BSP_Init();   /* 初始化 BSP*/
106
107     CPU_Init();
108     /* 确定 SysTick 参考频率 */
109     cpu_clk_freq = BSP_CPU_ClkFreq();
110     /* 确定 nbr SysTick 增量 */
111     cnts = cpu_clk_freq / (CPU_INT32U)OSCfg_TickRate_Hz;
112
113     OS_CPU_SysTickInit(cnts); /* 初始化 µC/OS 周期 src (SysTick)*/
114
115
116     Mem_Init();    /* 初始化内存管理模块 */
117
118
119 #if OS_CFG_STAT_TASK_EN > 0u
120     OSStatTaskCPUUsageInit(&err); /* 在没有任务运行的情况下计算 CPU 容量 */
121
122 #endif
123
124     CPU_IntDisMeasMaxCurReset();
125
126
127     while (DEF_TRUE) {         /* 任务主体总是为无限循环 */
128
129         macLED1_TOGGLE ();
130         OSTimeDly ( 5000, OS_OPT_TIME_DLY, & err );
131     }
```

15.3 下载验证单任务

将程序编译好，用 DAP 仿真器把程序下载到野火 STM32 开发板（具体型号根据购买的板子而定，每个型号的板子都配套有对应的程序），可以看到开发板上的 LED 灯已经在闪烁，说明我们创建的单任务已经运行起来了。

15.4 创建多任务

创建多任务只需要按照创建单任务的方法进行即可，接下来我们创建 4 个任务，分别是初始任务、LED1 任务、LED2 任务和 LED3 任务。LED1 任务控制 LED1 灯闪烁，LED2 任务控制 LED2 灯闪烁，LED3 任务控制 LED3 灯闪烁，3 个 LED 灯闪烁的频率不一样，3 个任务的优先级不一样。主函数运行时创建初始任务，初始任务运行时创建 3 个 LED 灯的任务和删除自身，之后就运行 3 个 LED 灯的任务。3 个 LED 灯的任务优先级不一样，LED1 任务为 LED1 每隔 1s 切换一次亮灭状态，LED2 任务为 LED2 每隔 5s 切换一次亮灭状态，LED3 任务为 LED3 每隔 10s 切换一次亮灭状态，首先在 app_cfg.h 中增加定义 3 个 LED 灯任务的优先级和栈空间大小，然后修改 app.c 的源码，具体参见代码清单 15-10 中加粗部分。

代码清单 15-10 修改 app.c

```
 1 #include <includes.h>
 2
 3
 4 /*
 5 *********************************************************************
 6 *                        LOCAL DEFINES
 7 *********************************************************************
 8 */
 9
10 /*
11 *********************************************************************
12 *                            TCB
13 *********************************************************************
14 */
15
16 static   OS_TCB     AppTaskStartTCB;
17
18 static   OS_TCB     AppTaskLed1TCB;
19 static   OS_TCB     AppTaskLed2TCB;
20 static   OS_TCB     AppTaskLed3TCB;
21
22
23 /*
24 *********************************************************************
25 *                           STACKS
26 *********************************************************************
27 */
```

```
28
29 static   CPU_STK   AppTaskStartStk[APP_TASK_START_STK_SIZE];
30
31 static   CPU_STK   AppTaskLed1Stk [ APP_TASK_LED1_STK_SIZE ];
32 static   CPU_STK   AppTaskLed2Stk [ APP_TASK_LED2_STK_SIZE ];
33 static   CPU_STK   AppTaskLed3Stk [ APP_TASK_LED3_STK_SIZE ];
34
35
36 /*
37 ************************************************************************
38 *                              FUNCTION PROTOTYPES
39 ************************************************************************
40 */
41
42 static  void  AppTaskStart  (void *p_arg);
43
44 static  void  AppTaskLed1  ( void *p_arg );
45 static  void  AppTaskLed2  ( void *p_arg );
46 static  void  AppTaskLed3  ( void *p_arg );
47
48
49 /*
50 ************************************************************************
51 *                                  main()
52 *
53 * Description : This is the standard entry point for C code.  It is
54 *               assumed that your code will call main() once you have
55 *               performed all necessary initialization.
56 * Arguments   : none
57 *
58 * Returns     : none
59 ************************************************************************
60 */
61
62 int  main (void)
63 {
64     OS_ERR  err;
65
66
67     OSInit(&err);              /* 初始化 µC/OS-III */
68
69
70     OSTaskCreate((OS_TCB     *)&AppTaskStartTCB,    /*创建初始任务 */
71
72                  (CPU_CHAR   *)"App Task Start",
73                  (OS_TASK_PTR ) AppTaskStart,
74                  (void       *) 0,
75                  (OS_PRIO    ) APP_TASK_START_PRIO,
76                  (CPU_STK    *)&AppTaskStartStk[0],
77                  (CPU_STK_SIZE) APP_TASK_START_STK_SIZE / 10,
78                  (CPU_STK_SIZE) APP_TASK_START_STK_SIZE,
79                  (OS_MSG_QTY ) 5u,
80                  (OS_TICK    ) 0u,
```

```
 81                     (void       *) 0,
 82                     (OS_OPT      )(OS_OPT_TASK_STK_CHK | OS_OPT_TASK_STK_CLR),
 83                     (OS_ERR      *)&err);
 84
 85       OSStart(&err);                        /* 启动多任务管理（交由 μC/OS-III 控制）*/
 86
 87
 88
 89  }
 90
 91
 92  /*
 93  ************************************************************************
 94  *                          STARTUP TASK
 95  *
 96  * 说明：这是启动任务的示例
 97  *              只有一次初始化
 98  *              并且创建多个任务
 99  * 参数：p_arg     创建任务时的传参
100  *
101  * 返回值：无
102  *
103  * 说明：第一行的 "(void)p_arg;" 代码是为了防止编译器报错
104  *              因为未使用 p_arg
105  *
106  ************************************************************************
107  */
108  static  void  AppTaskStart (void *p_arg)
109  {
110      CPU_INT32U  cpu_clk_freq;
111      CPU_INT32U  cnts;
112      OS_ERR      err;
113
114
115      (void)p_arg;
116
117      BSP_Init();                             /* 初始化 BSP 函数 */
118
119      CPU_Init();
120
121      cpu_clk_freq = BSP_CPU_ClkFreq();       /* 确定 SysTick 参考频率 */
122
123      cnts = cpu_clk_freq / (CPU_INT32U)OSCfg_TickRate_Hz; /* 确定 nbrSysTick 增量 */
124
125  OS_CPU_SysTickInit(cnts); /* 初始化 μC/OS 周期 src(SysTick)*/
126
127
128      Mem_Init();                 /* 初始化内存管理模块 */
129
130
131  #if OS_CFG_STAT_TASK_EN > 0u
132      OSStatTaskCPUUsageInit(&err); /* 在没有任务运行的情况下计算 CPU 容量 */
133
```

```
134 #endif
135
136     CPU_IntDisMeasMaxCurReset();
137
138
139     OSTaskCreate((OS_TCB       *)&AppTaskLed1TCB,/* 创建 Led1 任务 */
140                  (CPU_CHAR      *)"App Task Led1",
141                  (OS_TASK_PTR ) AppTaskLed1,
142                  (void        *) 0,
143                  (OS_PRIO     ) APP_TASK_LED1_PRIO,
144                  (CPU_STK      *)&AppTaskLed1Stk[0],
145                  (CPU_STK_SIZE) APP_TASK_LED1_STK_SIZE / 10,
146                  (CPU_STK_SIZE) APP_TASK_LED1_STK_SIZE,
147                  (OS_MSG_QTY  ) 5u,
148                  (OS_TICK     ) 0u,
149                  (void        *) 0,
150 (OS_OPT       )(OS_OPT_TASK_STK_CHK | OS_OPT_TASK_STK_CLR),
151                  (OS_ERR      *)&err);
152
153     OSTaskCreate((OS_TCB       *)&AppTaskLed2TCB, /* 创建 Led2 任务 */
154                  (CPU_CHAR      *)"App Task Led2",
155                  (OS_TASK_PTR ) AppTaskLed2,
156                  (void        *) 0,
157                  (OS_PRIO     ) APP_TASK_LED2_PRIO,
158                  (CPU_STK      *)&AppTaskLed2Stk[0],
159                  (CPU_STK_SIZE) APP_TASK_LED2_STK_SIZE / 10,
160                  (CPU_STK_SIZE) APP_TASK_LED2_STK_SIZE,
161                  (OS_MSG_QTY  ) 5u,
162                  (OS_TICK     ) 0u,
163                  (void        *) 0,
164 (OS_OPT       )(OS_OPT_TASK_STK_CHK | OS_OPT_TASK_STK_CLR),
165                  (OS_ERR      *)&err);
166
167     OSTaskCreate((OS_TCB       *)&AppTaskLed3TCB, /* 创建 Led3 任务 */
168                  (CPU_CHAR      *)"App Task Led3",
169                  (OS_TASK_PTR ) AppTaskLed3,
170                  (void        *) 0,
171                  (OS_PRIO     ) APP_TASK_LED3_PRIO,
172                  (CPU_STK      *)&AppTaskLed3Stk[0],
173                  (CPU_STK_SIZE) APP_TASK_LED3_STK_SIZE / 10,
174                  (CPU_STK_SIZE) APP_TASK_LED3_STK_SIZE,
175                  (OS_MSG_QTY  ) 5u,
176                  (OS_TICK     ) 0u,
177                  (void        *) 0,
178 (OS_OPT       )(OS_OPT_TASK_STK_CHK | OS_OPT_TASK_STK_CLR),
179                  (OS_ERR      *)&err);
180
181
182     OSTaskDel ( & AppTaskStartTCB, & err );
183
184
185 }
186
```

```
187
188 /*
189 ************************************************************
190 *                         LED1 TASK
191 ************************************************************
192 */
193
194 static  void  AppTaskLed1 ( void * p_arg )
195 {
196     OS_ERR      err;
197
198
199    (void)p_arg;
200
201
202    while (DEF_TRUE) {      /* 任务主体总是为无限循环 */
203
204        macLED1_TOGGLE ();
205        OSTimeDly ( 1000, OS_OPT_TIME_DLY, & err );
206    }
207
208
209 }
210
211
212 /*
213 ************************************************************
214 *                         LED2 TASK
215 ************************************************************
216 */
217
218 static  void  AppTaskLed2 ( void * p_arg )
219 {
220     OS_ERR      err;
221
222
223    (void)p_arg;
224
225
226    while (DEF_TRUE) {                /* 任务主体总是为无限循环 */
227
228        macLED2_TOGGLE ();
229        OSTimeDly ( 5000, OS_OPT_TIME_DLY, & err );
230    }
231
232
233 }
234
235
236 /*
237 ************************************************************
238 *                         LED3 TASK
239 ************************************************************
```

```
240 */
241
242 static  void  AppTaskLed3 ( void * p_arg )
243 {
244     OS_ERR      err;
245
246
247     (void)p_arg;
248
249
250     while (DEF_TRUE) {            /* 任务主体总是为无限循环 */
251
252         macLED3_TOGGLE ();
253         OSTimeDly ( 10000, OS_OPT_TIME_DLY, & err );
254     }
255
256
257 }
```

15.5　下载验证多任务

　　将程序编译好，用 DAP 仿真器把程序下载到野火 STM32 开发板（具体型号根据购买的板子而定，每个型号的板子都配套有对应的程序），可以看到开发板上的 3 个 LED 灯以不同的频率在闪烁，说明我们创建的多任务已经运行起来了。

第 16 章
µC/OS-III 的启动流程

在目前的 RTOS 中，主要有两种比较流行的启动方式，接下来将通过伪代码的方式讲解这两种启动方式的区别，然后再具体分析一下 µC/OS 的启动流程。

16.1 "万事俱备，只欠东风" 法

第一种方法，可称之为 "万事俱备，只欠东风" 法。这种方法是在 main() 函数中将硬件、RTOS 系统初始化，所有任务创建完毕，称之为 "万事俱备"，最后只欠一道 "东风"，即启动 RTOS 的调度器，开始多任务的调度，具体的伪代码实现参见代码清单 16-1。

代码清单 16-1　"万事俱备，只欠东风" 法伪代码实现

```
1  int main (void)
2  {
3      /* 硬件初始化 */
4      HardWare_Init();                                                    (1)
5
6      /* RTOS 系统初始化 */
7      RTOS_Init();                                                        (2)
8
9      /* 创建任务1，但任务1不会执行，因为调度器还没有开启 */                (3)
10     RTOS_TaskCreate(Task1);
11     /* 创建任务2，但任务2不会执行，因为调度器还没有开启 */
12     RTOS_TaskCreate(Task2);
13
14     /* 继续创建各种任务 */
15
16     /* 启动RTOS，开始调度 */
17     RTOS_Start();                                                       (4)
18  }
19
20  void Task1( void *arg )                                                (5)
21  {
22      while (1)
23      {
24          /* 任务实体，必须有阻塞的情况出现 */
25      }
```

```
26  }
27
28  void Task1( void *arg )                                              (6)
29  {
30      while (1)
31      {
32          /* 任务实体，必须有阻塞的情况出现 */
33      }
34  }
```

代码清单 16-1（1）：硬件初始化。这一步还属于裸机的范畴，我们可以把需要用到的硬件都初始化好并测试好，确保无误。

代码清单 16-1（2）：RTOS 系统初始化。比如 RTOS 中全局变量的初始化，空闲任务的创建等。不同的 RTOS，它们的初始化有细微的差别。

代码清单 16-1（3）：创建各种任务。这里把所有要用到的任务都创建好，但还不会进入调度，因为这时 RTOS 的调度器还没有开启。

代码清单 16-1（4）：启动 RTOS 调度器，开始任务调度。这时调度器就从刚刚创建好的任务中选择一个优先级最高的任务开始运行。

代码清单 16-1（5）（6）：任务实体通常是一个不带返回值的无限循环的 C 函数，函数体必须有阻塞的情况出现，否则任务（如果优先权恰好是最高）会一直在 while 循环中执行，导致其他任务没有执行的机会。

16.2　"小心翼翼，十分谨慎"法

第二种方法可称为"小心翼翼，十分谨慎"法。这种方法是在 main() 函数中将硬件和 RTOS 系统先初始化好，然后在创建一个启动任务后就启动调度器，在启动任务中创建各种应用任务，当所有任务都创建成功后，启动任务把自己删除，具体的伪代码实现参见代码清单 16-2。

代码清单 16-2　"小心翼翼，十分谨慎"法伪代码实现

```
1  int main (void)
2  {
3      /* 硬件初始化 */
4      HardWare_Init();                                                  (1)
5
6      /* RTOS 系统初始化 */
7      RTOS_Init();                                                      (2)
8
9      /* 创建一个任务 */
10     RTOS_TaskCreate(AppTaskCreate);                                   (3)
11
12     /* 启动 RTOS，开始调度 */
13     RTOS_Start();                                                     (4)
```

```
14  }
15
16  /* 初始任务, 在里面创建任务 */
17  void AppTaskCreate( void *arg )                                            (5)
18  {
19      /* 创建任务1, 然后执行 */
20      RTOS_TaskCreate(Task1);                                                (6)
21
22      /* 当任务1阻塞时, 继续创建任务2, 然后执行 */
23      RTOS_TaskCreate(Task2);
24
25  /* 继续创建各种任务 */
26
27      /* 当任务创建完成, 删除初始任务 */
28      RTOS_TaskDelete(AppTaskCreate);                                        (7)
29  }
30
31  void Task1( void *arg )                                                    (8)
32  {
33      while (1)
34      {
35      /* 任务实体, 必须有阻塞的情况出现 */
36      }
37  }
38
39  void Task2( void *arg )                                                    (9)
40  {
41      while (1)
42      {
43      /* 任务实体, 必须有阻塞的情况出现 */
44      }
45  }
```

代码清单 16-2（1）：硬件初始化。来到硬件初始化这一步还属于裸机的范畴，我们可以把需要用到的硬件都初始化并测试好，确保无误。

代码清单 16-2（2）：RTOS 系统初始化。比如 RTOS 中全局变量的初始化、空闲任务的创建等。不同的 RTOS，它们的初始化有细微的差别。

代码清单 16-2（3）：创建一个初始任务，然后在这个初始任务中创建各种应用任务。

代码清单 16-2（4）：启动 RTOS 调度器，开始任务调度。这时调度器就去执行刚刚创建好的初始任务。

代码清单 16-2（5）：我们通常说任务是一个不带返回值的无限循环的 C 函数，但是因为初始任务的特殊性，它不能是无限循环的，只执行一次后就关闭。在初始任务中创建我们需要的各种任务。

代码清单 16-2（6）：创建任务。每创建一个任务后它都将进入就绪态，系统会进行一次调度，如果新创建的任务的优先级比初始任务的优先级高，那么将执行新创建的任务，当新的任务阻塞时再回到初始任务被打断的地方继续执行。反之，则继续往下创建新的任务，直到所有任务创建完成。

代码清单 16-2（7）：各种应用任务创建完成后，初始任务自己关闭自己，使命完成。

代码清单 16-2（8）（9）：任务实体通常是一个不带返回值的无限循环的 C 函数，函数体必须有阻塞的情况出现，否则任务（如果优先级恰好是最高）会一直在 while 循环中执行，其他任务没有执行的机会。

16.3　两种方法的适用情况

上述两种方法孰优孰劣？笔者比较喜欢使用第二种。对于 COS 和 LiteOS，两种方法都可以使用，由用户选择，RT-Thread 和 FreeRTOS 则默认使用第二种。接下来我们详细讲解μC/OS 的启动流程。

16.4　系统的启动

我们知道，在系统上电时第一个执行的是启动文件中语言汇编用编写的复位函数 Reset_Handler，具体参见代码清单 16-3。复位函数的最后会调用 C 库函数 __main，具体参见代码清单 16-3 中的加粗部分。__main 函数的主要工作是初始化系统的堆和栈，最后调用 C 中的main() 函数，从而进入 C 的世界。

代码清单 16-3　Reset_Handler 函数

```
1 Reset_Handler    PROC
2                  EXPORT   Reset_Handler          [WEAK]
3                  IMPORT   __main
4                  IMPORT   SystemInit
5                  LDRR0, =SystemInit
6                  BLX      R0
7                  LDRR0, =__main
8                  BX       R0
9                  ENDP
```

16.4.1　系统初始化

在调用创建任务函数之前，必须对系统进行一次初始化，而系统的初始化是根据我们配置宏定义进行的，有一些则是系统必要的初始化，如空闲任务、时钟节拍任务等。下面看一看系统初始化的源码，具体参见代码清单 16-4。

代码清单 16-4　系统初始化（已删减）

```
1 void  OSInit (OS_ERR  *p_err)
2 {
3    CPU_STK       *p_stk;
```

```
 4     CPU_STK_SIZE  size;
 5
 6     if (p_err == (OS_ERR *)0) {
 7         OS_SAFETY_CRITICAL_EXCEPTION();
 8         return;
 9     }
10 #endi
11     OSInitHook();                                    /* 初始化钩子函数相关的代码 */
12
13     OSIntNestingCtr= (OS_NESTING_CTR)0;         /* 清除中断嵌套计数器 */
14
15     OSRunning =  OS_STATE_OS_STOPPED;           /* 未启动多任务处理 */
16
17     OSSchedLockNestingCtr = (OS_NESTING_CTR)0;/* 清除锁定计数器 */
18
19     OSTCBCurPtr= (OS_TCB *)0;                   /* 将 OS_TCB 指针初始化为已知状态   */
20     OSTCBHighRdyPtr = (OS_TCB *)0;
21
22     OSPrioCur = (OS_PRIO)0;                      /* 将优先级变量初始化为已知状态 */
23     OSPrioHighRdy               = (OS_PRIO)0;
24     OSPrioSaved                 = (OS_PRIO)0;
25
26
27     if (OSCfg_ISRStkSize > (CPU_STK_SIZE)0) {
28         p_stk = OSCfg_ISRStkBasePtr;            /* 清除异常栈以进行栈检查 */
29         if (p_stk != (CPU_STK *)0) {
30             size  = OSCfg_ISRStkSize;
31             while (size > (CPU_STK_SIZE)0) {
32                 size--;
33                 *p_stk = (CPU_STK)0;
34                 p_stk++;
35             }
36         }
37     }
38
39     OS_PrioInit();                              /* 初始化优先级位图表 */
40
41     OS_RdyListInit();                           /* 初始化就绪列表 */
42
43     OS_TaskInit(p_err);                          /* 初始化任务管理器 */
44     if (*p_err != OS_ERR_NONE) {
45         return;
46     }
47
48     OS_IdleTaskInit(p_err);                      /* 初始化空闲任务   */      (1)
49     if (*p_err != OS_ERR_NONE) {
50         return;
51     }
52
53     OS_TickTaskInit(p_err);                      /*  初始化时钟节拍任务 */     (2)
54     if (*p_err != OS_ERR_NONE) {
55         return;
56     }
```

```
57
58      OSCfg_Init();
59 }
```

在这个系统初始化中，有两处需要注意，一个是空闲任务的初始化，一个是时钟节拍任务的初始化，这两个任务是必须存在的任务，否则系统无法正常运行。

代码清单 16-4（1）：其实初始化就是创建一个空闲任务，空闲任务的相关信息由系统默认指定，用户不能修改，OS_IdleTaskInit() 函数源码具体参见代码清单 16-5。

代码清单 16-5　OS_IdleTaskInit() 源码

```
 1 void  OS_IdleTaskInit (OS_ERR  *p_err)
 2 {
 3 #ifdef OS_SAFETY_CRITICAL
 4     if (p_err == (OS_ERR *)0) {
 5         OS_SAFETY_CRITICAL_EXCEPTION();
 6         return;
 7     }
 8 #endif
 9
10     OSIdleTaskCtr = (OS_IDLE_CTR)0;                                          (1)
11     /* ---------------- CREATE THE IDLE TASK ---------------- */
12     OSTaskCreate((OS_TCB      *)&OSIdleTaskTCB,
13                  (CPU_CHAR    *)((void *)"μC/OS-III Idle Task"),
14                  (OS_TASK_PTR)OS_IdleTask,
15                  (void        *)0,
16                  (OS_PRIO     )(OS_CFG_PRIO_MAX - 1u),
17                  (CPU_STK     *)OSCfg_IdleTaskStkBasePtr,
18                  (CPU_STK_SIZE)OSCfg_IdleTaskStkLimit,
19                  (CPU_STK_SIZE)OSCfg_IdleTaskStkSize,
20                  (OS_MSG_QTY  )0u,
21                  (OS_TICK     )0u,
22                  (void        *)0,
23                  (OS_OPT)(OS_OPT_TASK_STK_CHK | OS_OPT_TASK_STK_CLR |OS_OPT_
TASK_NO_TLS),
24                  (OS_ERR      *)p_err);                                     (2)
25 }
```

代码清单 16-5（1）：OSIdleTaskCtr 在 os.h 头文件中定义，是一个 32 位无符号整型变量，该变量的作用是统计空闲任务的运行。如何统计呢？我们将在下一处代码说明中讲解。现在初始化空闲任务，系统就将 OSIdleTaskCtr 清零。

代码清单 16-5（2）：可以很容易看到系统只是调用了 OSTaskCreate() 函数来创建一个任务，这个任务就是空闲任务，任务优先级为 OS_CFG_PRIO_MAX-1u。OS_CFG_PRIO_MAX 是一个宏，该宏定义表示 μC/OS 的任务优先级数值的最大值。我们知道，在 μC/OS 系统中，任务的优先级数值越大，表示任务的优先级越低，所以空闲任务的优先级是最低的。空闲任务栈大小为 OSCfg_IdleTaskStkSize，它也是一个宏，在 os_cfg_app.c 文件中定义，默认为 128，则空闲任务栈默认为 128*4=512 字节。

空闲任务其实就是一个函数，其函数入口是 OS_IdleTask()，其源码具体参见代码清单 16-6。

代码清单 16-6　OS_IdleTask() 源码

```
1  void  OS_IdleTask (void  *p_arg)
2  {
3      CPU_SR_ALLOC();
4
5
6          /* 防止编译器警告, 不使用 'p_arg'*/
7      p_arg = p_arg;
8
9      while (DEF_ON) {
10         CPU_CRITICAL_ENTER();
11         OSIdleTaskCtr++;
12 #if OS_CFG_STAT_TASK_EN > 0u
13         OSStatTaskCtr++;
14 #endif
15         CPU_CRITICAL_EXIT();
16         /* 调用用户可定义的钩子函数 */
17         OSIdleTaskHook();
18     }
19 }
```

空闲任务的作用还是很大的，它是一个无限的死循环，因为其优先级是最低的，所以任何优先级比它高的任务都能抢占它从而取得 CPU 的使用权。为什么系统中要有空闲任务呢？因为 CPU 是不会停下来的，此时系统就必须保证有一个随时处于就绪态的任务，而且这个任务不会抢占其他任务的资源。当且仅当系统的其他任务处于阻塞态时，系统才会运行空闲任务，这个任务可以做很多事情，如任务统计、钩入用户自定义的钩子函数实现用户自定义的功能等，但是需要注意的是，在钩子函数中，用户不允许调用任何可以使空闲任务阻塞的函数接口，空闲任务是不允许被阻塞的。

代码清单 16-4（2）：OS_TickTaskInit() 函数创建一个时钟节拍任务，具体参见代码清单 16-7。

代码清单 16-7　OS_TickTaskInit() 源码

```
1  void  OS_TickTaskInit (OS_ERR  *p_err)
2  {
3  #ifdef OS_SAFETY_CRITICAL
4      if (p_err == (OS_ERR *)0) {
5          OS_SAFETY_CRITICAL_EXCEPTION();
6          return;
7      }
8  #endif
9
10     OSTickCtr       = (OS_TICK)0u; /* 清空时钟计数器 */
11
```

```
12          OSTickTaskTimeMax = (CPU_TS)0u;
13
14
15          OS_TickListInit();/* 初始化时钟列表数据结构 */
16
17          /* ---------------- CREATE THE TICK TASK ---------------- */
18          if (OSCfg_TickTaskStkBasePtr == (CPU_STK *)0) {
19              *p_err = OS_ERR_TICK_STK_INVALID;
20              return;
21          }
22
23          if (OSCfg_TickTaskStkSize < OSCfg_StkSizeMin) {
24              *p_err = OS_ERR_TICK_STK_SIZE_INVALID;
25              return;
26          }
27          /* 只有一个任务处于"空闲任务"优先级 */
28          if (OSCfg_TickTaskPrio >= (OS_CFG_PRIO_MAX - 1u)) {
29              *p_err = OS_ERR_TICK_PRIO_INVALID;
30              return;
31          }
32
33          OSTaskCreate((OS_TCB      *)&OSTickTaskTCB,
34                       (CPU_CHAR    *)((void *)"μC/OS-III Tick Task"),
35                       (OS_TASK_PTR )OS_TickTask,
36                       (void        *)0,
37                       (OS_PRIO     )OSCfg_TickTaskPrio,
38                       (CPU_STK     *)OSCfg_TickTaskStkBasePtr,
39                       (CPU_STK_SIZE)OSCfg_TickTaskStkLimit,
40                       (CPU_STK_SIZE)OSCfg_TickTaskStkSize,
41                       (OS_MSG_QTY  )0u,
42                       (OS_TICK     )0u,
43                       (void        *)0,
44                       (OS_OPT)(OS_OPT_TASK_STK_CHK | OS_OPT_TASK_STK_CLR | OS_
                         OPT_TASK_NO_TLS),
45                       (OS_ERR      *)p_err);
46 }
```

当然，系统的初始化远远不止初始化这两个任务，其他资源也是需要进行初始化的，这里暂时不讲解，有兴趣的读者可以自行查看系统初始化的源码。

16.4.2 CPU 初始化

在 main() 函数中，除了需要对板级硬件进行初始化，还需要进行一些系统相关的初始化，如 CPU 的初始化。在 μC/OS 中，有一个很重要的功能就是时间戳，它的精度高达纳秒级别，是 CPU 内核的一个资源，所以使用时要对 CPU 进行相关的初始化，具体参见代码清单 16-8。

代码清单 16-8 CPU 初始化源码

```
1 void  CPU_Init (void)
```

```
2  {
3  /* --------------------- INIT TS --------------------- */
4  #if ((CPU_CFG_TS_EN      == DEF_ENABLED) || \
5       (CPU_CFG_TS_TMR_EN == DEF_ENABLED))
6      CPU_TS_Init();          /* 时间戳测量的初始化 */
7
8  #endif
9  /* -------------- INIT INT DIS TIME MEAS -------------- */
10 #ifdef  CPU_CFG_INT_DIS_MEAS_EN
11     CPU_IntDisMeasInit();   /* 最大关中断时间测量初始化 */
12
13 #endif
14
15     /* ------------------ INIT CPU NAME ------------------ */
16 #if (CPU_CFG_NAME_EN == DEF_ENABLED)
17     CPU_NameInit();             //CPU 名称初始化
18 #endif
19 }
```

我们重点来介绍一下 μC/OS 的时间戳。

在 Cortex-M（注意：M0 内核不可用）内核中有一个外设 DWT（Data Watchpoint and Trace），用于系统调试及跟踪如图 6-1 所示。它有一个 32 位的寄存器 CYCCNT，是一个向上的计数器，记录的是内核时钟运行的个数，内核时钟跳动一次，该计数器就加 1，当 CYCCNT 溢出之后，会清零重新开始向上计数。CYCCNT 的精度非常高，其精度取决于内核的频率，如果是 STM32F1 系列，内核时钟是 72MHz，那么精度就是 1/72MHz = 14ns，而

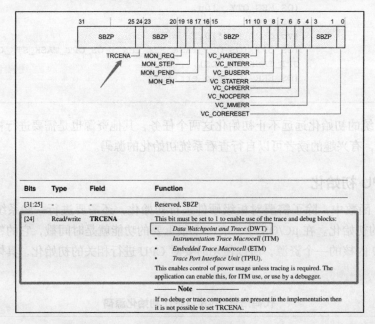

图 16-1　启用 DWT

程序的运行时间都是微秒级别的，所以 14ns 的精度是足够的。最长能记录的时间为 60s = $2^{32}/72000000$（假设内核频率为 72MHz，内核跳一次的时间大概为 1/72MHz = 14ns）。如果是 STM32H7 系列这种 400MHz 主频的芯片，那么它的计时精度高达 2.5ns（1/400000000 = 2.5），而如果是 i.MX RT1052 这种性能更好的处理器，最长能记录的时间为 8.13s = $2^{32}/528000000$（假设内核频率为 528MHz，内核跳一次的时间大概为 1/528MHz = 1.9ns）。

想要启用 DWT 外设，需要由另外的内核调试寄存器 DEMCR 的位 24 控制，写 1 启用，DEMCR 的地址是 0xE000 EDFC。

启用 DWT_CYCCNT 寄存器之前，先清零。让我们看一看 DWT_CYCCNT 的基地址。从 ARM-Cortex-M 手册中可以看到其基地址是 0xE0001004，复位默认值是 0，而且它的类型是可读可写的，向 0xE0001004 这个地址写 0 就将 DWT_CYCCNT 清零了，如图 16-2 所示。

Name	Type	Address	Reset value	Description
DWT_CTRL	Read/write	0xE0001000	0x40000000	DWT Control Register
DWT_CYCCNT	Read/write	0xE0001004	0x00000000	DWT Current PC Sampler Cycle Count Register
DWT_CPICNT	Read/write	0xE0001008	-	DWT Current CPI Count Register
DWT_EXCCNT	Read/write	0xE000100C	-	DWT Current Interrupt Overhead Count Register
DWT_SLEEPCNT	Read/write	0xE0001010	-	DWT Current Sleep Count Register
DWT_LSUCNT	Read/write	0xE0001014	-	DWT Current LSU Count Register
DWT_FOLDCNT	Read/write	0xE0001018	-	DWT Current Fold Count Register
DWT_PCSR	Read-only	0xE000101C	-	DWT PC Sample Register
DWT_COMP0	Read/write	0xE0001020	-	DWT Comparator Register
DWT_MASK0	Read/write	0xE0001024	-	DWT Mask Registers
DWT_FUNCTION0	Read/write	0xE0001028	0x00000000	DWT Function Registers
DWT_COMP1	Read/write	0xE0001030	-	DWT Comparator Register

图 16-2 DWT_CYCCNT

关于 CYCCNTENA（见图 16-3），它是 DWT 控制寄存器的第一位，写 1 启用，则启用 CYCCNT 计数器，否则 CYCCNT 计数器将不会工作，它的地址是 0xE000EDFC。

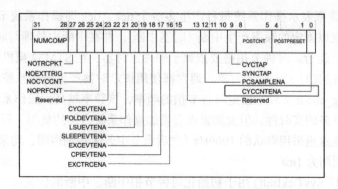

图 16-3 CYCCNTENA

想要使用 DWT 的 CYCCNT，步骤如下：

1）先启用 DWT 外设，这由内核调试寄存器 DEMCR 的位 24 控制，写 1 启用。

2）在启用 CYCCNT 寄存器之前，先清零。

3）启用 CYCCNT 寄存器，由 DWT 的 CYCCNTENA 控制，也就是 DWT 控制寄存器的位 0 控制，写 1 启用。

这样，就可以看一看 µC/OS 的时间戳的初始化了，具体参见代码清单 16-9。

代码清单 16-9　CPU_TS_TmrInit() 源码

```
 1 #define  DWT_CR        *(CPU_REG32 *)0xE0001000
 2 #define  DWT_CYCCNT    *(CPU_REG32 *)0xE0001004
 3 #define  DEM_CR        *(CPU_REG32 *)0xE000EDFC
 4
 5 #define  DEM_CR_TRCENA                (1 << 24)
 6
 7 #define  DWT_CR_CYCCNTENA             (1 <<  0)
 8
 9 #if (CPU_CFG_TS_TMR_EN == DEF_ENABLED)
10 void  CPU_TS_TmrInit (void)
11 {
12     CPU_INT32U  cpu_clk_freq_hz;
13
14        /* 启用 Cortex-M3 的 DWT CYCCNT */
15     DEM_CR        |= (CPU_INT32U)DEM_CR_TRCENA;
16
17     DWT_CYCCNT     = (CPU_INT32U)0u;
18     DWT_CR        |= (CPU_INT32U)DWT_CR_CYCCNTENA;
19
20     cpu_clk_freq_hz = BSP_CPU_ClkFreq();
21     CPU_TS_TmrFreqSet(cpu_clk_freq_hz);
22 }
23 #endif
```

16.4.3　SysTick 初始化

时钟节拍的频率表示操作系统每秒产生多少个 tick。tick 即操作系统节拍的时钟周期。时钟节拍就是系统以固定的频率产生中断（时基中断），并在中断中处理与时间相关的事件，推动所有任务向前运行。时钟节拍需要依赖于硬件定时器，在 STM32 裸机程序中经常使用的 SysTick 时钟是 MCU 的内核定时器，通常都使用该定时器产生操作系统的时钟节拍。用户需要先在 os_cfg_app.h 文件中设定时钟节拍的频率，该频率越高，操作系统检测事件就越频繁，可以增强任务的实时性，但太频繁也会增加操作系统内核的负担，所以用户需要权衡该频率的设置。在这里采用默认的 1000Hz（之后章节中若无特别声明，均采用 1000Hz），也就是时钟节拍的周期为 1ms。

函数 OS_CPU_SysTickInit() 用于初始化时钟节拍中断、中断的优先级、控制 SysTick 中断的启用等，这个函数要针对不同的 CPU 进行编写，并且在系统任务的第一个任务开始时进行调用，如果在此之前进行调用，可能会造成系统崩溃，因为系统还没有初始化好就进入中断，可能在进入和退出中断时调用系统未初始化好的一些模块，具体参见代码清单 16-10。

代码清单 16-10　SysTick 初始化

```
1 cpu_clk_freq = BSP_CPU_ClkFreq(); /* 确定 SysTick 的参考频率 */
2 cnts = cpu_clk_freq / (CPU_INT32U)OSCfg_TickRate_Hz;
3 OS_CPU_SysTickInit(cnts);                /* 初始化 µC/OS 周期时间 src (SysTick) */
```

16.4.4　内存初始化

我们都知道，内存在嵌入式系统中是很珍贵的，而系统是软件，必须为其分配一块内存，所以在系统创建任务之前，必须将系统必要的内容进行初始化。µC/OS 采用一块连续的大数组 CPU_INT08U Mem_Heap[LIB_MEM_CFG_HEAP_SIZE] 作为系统管理的内存，在使用之前就需要先将管理的内存进行初始化，具体参见代码清单 16-11。

代码清单 16-11　内存初始化

```
1 Mem_Init();        /* 初始化内存管理模块 */
```

16.4.5　OSStart() 函数

在创建完任务时，需要开启调度器，因为创建仅仅是把任务添加到系统中，还没有真正调度。那么怎样才能让系统支持运行呢？ µC/OS 提供了一个系统启动的函数接口——OSStart()，使用 OSStart() 函数就可以让系统开始运行，具体参见代码清单 16-12。

代码清单 16-12　OSStart() 函数

```
 1 void  OSStart (OS_ERR  *p_err)
 2 {
 3 #ifdef OS_SAFETY_CRITICAL
 4     if (p_err == (OS_ERR *)0) {
 5         OS_SAFETY_CRITICAL_EXCEPTION();
 6         return;
 7     }
 8 #endif
 9
10 if (OSRunning == OS_STATE_OS_STOPPED) {
11         OSPrioHighRdy  = OS_PrioGetHighest();/* 找到最高优先级 */
12         OSPrioCur      = OSPrioHighRdy;
13         OSTCBHighRdyPtr = OSRdyList[OSPrioHighRdy].HeadPtr;
14         OSTCBCurPtr    = OSTCBHighRdyPtr;
15         OSRunning      = OS_STATE_OS_RUNNING;
16         OSStartHighRdy();/* 执行针对特定目标的代码来启动任务 */
17         *p_err         = OS_ERR_FATAL_RETURN;
18         /* OSStart() 函数无返回值 */
19     } else {
```

```
20            *p_err              = OS_ERR_OS_RUNNING; /* 操作系统已经运行 */
21
22       }
23 }
```

关于任务切换的详细过程在第一部分已经讲解完毕，此处就不再赘述。

16.4.6　app.c

当我们拿到一个移植好 µC/OS 的例程时，不出意外，首先看到的应是 main() 函数。main() 函数只是让系统初始化和硬件初始化，然后创建并启动一些任务，具体参见代码清单16-13。这样高度封装的函数使用起来非常方便，可以防止用户忘记初始化系统的某些必要资源，造成系统启动失败，而作为用户，如果只是单纯使用 µC/OS，则无须过于关注 µC/OS 接口函数中的实现过程，但是仍然建议深入了解 µC/OS 后再使用，避免出现问题。

代码清单 16-13　main() 函数

```
 1 int  main (void)
 2 {
 3    OS_ERR  err;
 4
 5
 6    OSInit(&err);                                    /* 初始化 µC/OS-III */
 7
 8
 9    OSTaskCreate((OS_TCB     *)&AppTaskStartTCB,/* 创建初始任务 */
10
11                (CPU_CHAR   *)"App Task Start",
12                (OS_TASK_PTR ) AppTaskStart,                             (1)
13                (void       *) 0,
14                (OS_PRIO    ) APP_TASK_START_PRIO,
15                (CPU_STK    *)&AppTaskStartStk[0],
16                (CPU_STK_SIZE) APP_TASK_START_STK_SIZE / 10,
17                (CPU_STK_SIZE) APP_TASK_START_STK_SIZE,
18                (OS_MSG_QTY ) 5u,
19                (OS_TICK    ) 0u,
20                (void       *) 0,
21                (OS_OPT     )(OS_OPT_TASK_STK_CHK | OS_OPT_TASK_STK_CLR),
22                (OS_ERR     *)&err);
23    /* 开始多任务（交由对 µC/OS-III 进行控制）*/
24    OSStart(&err);                                                      (2)
25
26 }
```

代码清单 16-13（1）：系统初始化完成，就创建一个 AppTaskStart 任务，在 AppTaskStart 任务中创建各种应用任务，具体参见代码清单 16-14。

代码清单 16-14　AppTaskStart() 函数

```
 1 static  void  AppTaskStart (void *p_arg)
 2 {
 3     CPU_INT32U  cpu_clk_freq;
 4     CPU_INT32U  cnts;
 5     OS_ERR      err;
 6
 7
 8     (void)p_arg;
 9
10     BSP_Init();        /* 初始化 BSP */
11
12     CPU_Init();
13
14     cpu_clk_freq = BSP_CPU_ClkFreq();/* 确定 SysTick 的参考频率 */
15      /* 确定 nbr SysTick 增量 */
16     cnts = cpu_clk_freq / (CPU_INT32U)OSCfg_TickRate_Hz;
17
18     OS_CPU_SysTickInit(cnts); /* 初始化 μC/OS 周期时间 src (SysTick) */
19
20
21     Mem_Init();                /* 初始化内存管理模块 */
22
23
24 #if OS_CFG_STAT_TASK_EN > 0u
25     /* 在不运行任务的情况下计算 CPU 容量 */
26     OSStatTaskCPUUsageInit(&err);
27 #endif
28
29     CPU_IntDisMeasMaxCurReset();
30
31
32     OSTaskCreate((OS_TCB     *)&AppTaskLed1TCB, /* 创建 Led1 任务 */
33                  (CPU_CHAR   *)"App Task Led1",
34                  (OS_TASK_PTR ) AppTaskLed1,
35                  (void       *) 0,
36                  (OS_PRIO     ) APP_TASK_LED1_PRIO,
37                  (CPU_STK    *)&AppTaskLed1Stk[0],
38                  (CPU_STK_SIZE) APP_TASK_LED1_STK_SIZE / 10,
39                  (CPU_STK_SIZE) APP_TASK_LED1_STK_SIZE,
40                  (OS_MSG_QTY ) 5u,
41                  (OS_TICK    ) 0u,
42                  (void       *) 0,
43                  (OS_OPT      )(OS_OPT_TASK_STK_CHK | OS_OPT_TASK_STK_CLR),
44                  (OS_ERR     *)&err);
45
46     OSTaskCreate((OS_TCB     *)&AppTaskLed2TCB, /* 创建 Led2 任务 */
47                  (CPU_CHAR   *)"App Task Led2",
48                  (OS_TASK_PTR ) AppTaskLed2,
49                  (void       *) 0,
50                  (OS_PRIO     ) APP_TASK_LED2_PRIO,
51                  (CPU_STK    *)&AppTaskLed2Stk[0],
```

```
52                    (CPU_STK_SIZE) APP_TASK_LED2_STK_SIZE / 10,
53                    (CPU_STK_SIZE) APP_TASK_LED2_STK_SIZE,
54                    (OS_MSG_QTY ) 5u,
55                    (OS_TICK    ) 0u,
56                    (void      *) 0,
57                    (OS_OPT      )(OS_OPT_TASK_STK_CHK | OS_OPT_TASK_STK_CLR),
58                    (OS_ERR     *)&err);
59
60     OSTaskCreate((OS_TCB      *)&AppTaskLed3TCB,  /* 创建 Led3 任务 */
61                    (CPU_CHAR   *)"App Task Led3",
62                    (OS_TASK_PTR ) AppTaskLed3,
63                    (void      *) 0,
64                    (OS_PRIO    ) APP_TASK_LED3_PRIO,
65                    (CPU_STK    *)&AppTaskLed3Stk[0],
66                    (CPU_STK_SIZE) APP_TASK_LED3_STK_SIZE / 10,
67                    (CPU_STK_SIZE) APP_TASK_LED3_STK_SIZE,
68                    (OS_MSG_QTY ) 5u,
69                    (OS_TICK    ) 0u,
70                    (void      *) 0,
71                    (OS_OPT      )(OS_OPT_TASK_STK_CHK | OS_OPT_TASK_STK_CLR),
72                    (OS_ERR     *)&err);
73
74
75     OSTaskDel ( & AppTaskStartTCB, & err );
76 }
```

当在 AppTaskStart() 中创建的应用任务的优先级比 AppTaskStart 任务的优先级高、低或者相等时，程序是如何执行的？假如像此处代码中一样在临界区创建任务，任务只能在退出临界区时才执行最高优先级任务。假如没使用临界区，就会分 3 种情况：

- 应用任务的优先级比初始任务的优先级高，创建完后立刻执行刚刚创建的应用任务。当应用任务被阻塞时，回到初始任务被打断的地方继续往下执行，直到所有应用任务创建完成，最后初始任务把自己删除，完成自己的使命。
- 应用任务的优先级与初始任务的优先级一样，那么创建完后根据任务的时间片来执行，直到所有应用任务创建完成，最后初始任务把自己删除，完成自己的使命。
- 应用任务的优先级比初始任务的优先级低，那么创建完后任务不会被执行，如果还有应用任务，则创建应用任务；如果应用任务的优先级出现了比初始任务高或者相等的情况，请参考前两种处理方式，直到所有应用任务创建完成。最后初始任务把自己删除，完成自己的使命。

代码清单 16-13（2）：在启动任务调度器时，假如启动成功，任务就不会有返回值；假如启动不成功，则通过 LR 寄存器指定的地址退出。在创建 AppTaskStart 任务时，任务栈对应 LR 寄存器指向任务退出函数 OS_TaskReturn()，当系统启动不成功时，系统就不会运行。

第 17 章
任 务 管 理

17.1　任务的基本概念

从系统的角度看，任务是竞争系统资源的最小运行单元。μC/OS 是一个支持多任务的操作系统。在 μC/OS 中，任务可以使用或等待 CPU、使用内存空间等系统资源，并独立于其他任务运行。任何数量的任务都可以共享同一个优先级，处于就绪态的多个相同优先级的任务将会以时间片切换的方式共享处理器。

简而言之，μC/OS 的任务可以看作一系列独立任务的集合。每个任务在自己的环境中运行。在任何时刻，只有一个任务得到运行，μC/OS 调度器决定运行哪个任务。调度器会不断启动、停止每一个任务，宏观看上去所有的任务都在同时在执行。作为任务，不需要对调度器的活动有所了解，在任务切入、切出时保存上下文环境（寄存器值、栈内容）是调度器主要的职责。为了实现这一点，每个 μC/OS 任务都需要有自己的栈空间。当任务切出时，它的执行环境会被保存在该任务的栈空间中，这样当任务再次运行时，就能从栈中正确恢复上次的运行环境。任务越多，需要的栈空间就越大，而一个系统能运行多少个任务，取决于系统可用的 SRAM。

μC/OS 可以给用户提供多个任务单独享有的独立的栈空间，系统可以决定任务的状态、任务是否可以运行，还能运用内核的 IPC 通信资源实现任务之间的通信，帮助用户管理业务程序流程。这样用户可以将更多的精力投入业务功能的实现中。

μC/OS 中的任务采用抢占式调度机制，高优先级的任务可打断低优先级任务，低优先级任务必须在高优先级任务阻塞或结束后才能得到调度。同时 μC/OS 也支持时间片轮转调度方式，只不过时间片的调度不允许抢占任务的 CPU 使用权。

任务通常会运行在一个死循环中，也不会退出，如果不再需要某个任务，可以调用 μC/OS 中的删除任务 API 函数显式地将其删除。

17.2 任务调度器的基本概念

μC/OS 中提供的任务调度器是基于优先级的全抢占式调度：在系统中除了中断处理函数、调度器上锁部分的代码和禁止中断的代码是不可抢占的之外，系统的其他部分都是可以抢占的。系统理论上可以支持无数个优先级（0 ～ N），优先级数值越大，任务优先级越低，OS_CFG_PRIO_MAX - 1u 为最低优先级，分配给空闲任务使用，一般不建议用户来使用这个优先级。一般系统默认的最大可用优先级数目为 32。在一些资源比较紧张的系统中，用户可以根据实际情况选择只支持 8 个或自定义个数优先级的系统配置。在系统中，当有比当前任务优先级更高的任务就绪时，当前任务将立刻被切出，高优先级任务抢占处理器运行。

一个操作系统如果只是具备了高优先级任务能够"立即"获得处理器并得到执行的特点，那么它仍然不算是实时操作系统。因为这个查找最高优先级任务的过程决定了调度时间是否具有确定性，例如一个包含 n 个就绪任务的系统中，如果仅仅从头找到尾，那么这个时间将直接和 n 相关，而下一个就绪任务抉择时间的长短将会极大地影响系统的实时性。

μC/OS 内核中采用两种方法寻找最高优先级的任务，第一种方法是通用方法，因为 μC/OS 防止 CPU 平台不支持前导零指令，就采用 C 语言模仿前导零指令的效果实现了快速查找到最高优先级任务的方法。而第二种方法则是特殊方法，利用硬件计算前导零指令 CLZ，这样一次就能知道哪一个优先级任务能够运行，这种调度算法比普通方法更快捷，但受限于平台（在 STM32 中就使用这种方法）。

如果分别创建了优先级 3、5、8 和 11 这 4 个任务，任务创建成功后，调用 CPU_Cnt-LeadZeros() 可以计算出 OSPrioTbl[0] 第一个置 1 的位前面有 3 个 0，那么这个 3 就是我们要查找的最高优先级，至于后面还有多少个位置 1 都不用考虑，只需要找到第一个 1 即可。

μC/OS 内核中也允许创建相同优先级的任务。相同优先级的任务采用时间片轮转方式进行调度（也就是通常说的分时调度器），时间片轮转调度仅在当前系统中无更高优先级就绪任务存在的情况下才有效。为了保证系统的实时性，系统尽最大可能地保证高优先级的任务得以运行。任务调度的原则是一旦任务状态发生了改变，并且当前运行的任务优先级小于优先级队列组中任务最高优先级时，立刻进行任务切换（除非当前系统处于中断处理程序中或禁止任务切换的状态）。

17.3 任务状态迁移

μC/OS 系统中的每一个任务都有多种运行状态，它们之间的转换关系是怎样的呢？从运行态变成阻塞态，或者从阻塞态变成就绪态，这些任务状态是如何进行迁移的？下面就一起了解一下任务状态迁移，如图 17-1 所示。

图 17-1 ①：创建任务→就绪态（Ready）。任务创建完成后进入就绪态，表明任务已准备就绪，随时可以运行，只等待调度器进行调度。

图 17-1 ②：就绪态→运行态（Running）。发生任务切换时，就绪列表中最高优先级的任

务被执行，从而进入运行态。

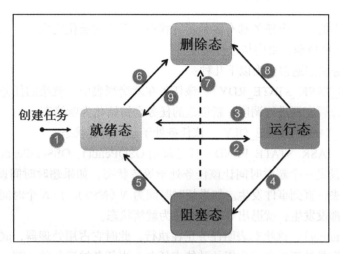

图 17-1　任务状态迁移图

图 17-1 ③：运行态→就绪态。有更高优先级任务创建或者恢复后，会发生任务调度，此刻就绪列表中最高优先级任务变为运行态，那么原先运行的任务由运行态变为就绪态，依然在就绪列表中，等待最高优先级的任务运行完毕继续运行原来的任务（此处可以看作 CPU 使用权被更高优先级的任务抢占了）。

图 17-1 ④：运行态→阻塞态（或者称为挂起态（Suspended））。正在运行的任务发生阻塞（挂起、延时、读信号量等待）时，该任务会从就绪列表中删除，任务状态由运行态变成阻塞态，然后发生任务切换，运行就绪列表当中当前最高优先级任务。

图 17-1 ⑤：阻塞态→就绪态。阻塞的任务被恢复后（任务恢复、延时时间超时、读信号量超时或读到信号量等），此时被恢复的任务会被加入就绪列表，从而由阻塞态变成就绪态；如果此时被恢复任务的优先级高于正在运行任务的优先级，则会发生任务切换，该任务将再次转换任务状态，由就绪态变成运行态。

图 17-1 ⑥⑦⑧：就绪态、阻塞态、运行态→删除态（Delete）。任务可以通过调用 OSTaskDel() API 函数将处于任何状态的任务删除，被删除后的任务将不能再次使用，关于任务的资源都会被系统回收。

图 17-1 ⑨：删除态→就绪态。

这就是创建任务的过程，一个任务将会从无到有，创建成功的任务可以参与系统的调度。

注意： 此处的任务状态只是大致的任务状态而非 μC/OS 的所有任务状态，下面会具体介绍 μC/OS 中的任务状态。

17.4 μC/OS 的任务状态

μC/OS 系统中的每一个任务都有多种运行状态。系统初始化完成后，创建的任务就可以在系统中竞争一定的资源，由内核进行调度。

μC/OS 的任务状态通常分为以下几种：

- 就绪（OS_TASK_STATE_RDY）：该任务在就绪列表中，就绪的任务已经具备执行能力，只等待调度器进行调度，新创建的任务会初始化为就绪态。
- 延时（OS_TASK_STATE_DLY）：该任务处于延时调度状态。
- 等待（OS_TASK_STATE_PEND）：任务调用 OSQPend()、OSSemPend() 这类等待函数，系统就会设置一个超时时间让该任务处于等待状态，如果超时时间设置为 0，将会无限期等下去，直到事件发生。如果超时时间为 N（$N>0$），在 N 个时间内任务等待的事件或信号都没发生，就退出等待状态转为就绪状态。
- 运行（Running）：该状态表明任务正在执行，此时它占用处理器，μC/OS 调度器选择运行的永远是处于最高优先级的就绪态任务，当任务被运行的一刻，它的任务状态就变成了运行态，其实运行态的任务也是处于就绪列表中的。
- 挂起（OS_TASK_STATE_SUSPENDED）：任务通过调用 OSTaskSuspend() 函数挂起自己或其他任务，调用 OSTaskResume() 函数是使被挂起的任务恢复运行的唯一方法。挂起一个任务意味着该任务被恢复运行以前不能取得 CPU 的使用权，类似强行暂停一个任务。
- 延时 + 挂起（OS_TASK_STATE_DLY_SUSPENDED）：任务先产生一个延时，延时没结束时被其他任务挂起，挂起的效果叠加，当且仅当延时结束并且挂起被恢复了，该任务才能够再次运行。
- 等待 + 挂起（OS_TASK_STATE_PEND_SUSPENDED）：任务先等待一个事件或信号的发生（无限期等待），还没等待到就被其他任务挂起，挂起的效果叠加，当且仅当任务等待到事件或信号并且挂起被恢复了，该任务才能够再次运行。
- 超时等待 + 挂起（OS_TASK_STATE_PEND_TIMEOUT_SUSPENDED）：任务在指定时间内等待事件或信号的产生，但是任务已经被其他任务挂起。
- 删除（OS_TASK_STATE_DEL）：任务被删除后的状态。任务被删除后将不再运行，除非重新创建任务。

17.5 常用的任务函数

相信大家通过第一部分的学习，对任务创建以及任务调度的实现已经掌握了，下面就补充一些 μC/OS 提供的任务操作中的一些常用函数。

17.5.1 任务挂起函数 OS_TaskSuspend()

OS_TaskSuspend() 函数用于挂起指定任务。被挂起的任务不会得到 CPU 的使用权，不管该任务具有什么优先级。

任务挂起函数是我们经常使用的一个函数，想要使用就必须启用宏定义 OS_CFG_TASK_SUSPEND_EN，这样在编译时才会包含 OS_TaskSuspend() 这个函数，下面一起看一看任务挂起的源码，具体参见代码清单 17-1。

代码清单 17-1　任务挂起函数 OS_TaskSuspend() 源码

```
1  #if OS_CFG_TASK_SUSPEND_EN > 0u// 如果启用了函数 OSTaskSuspend()
2  void   OS_TaskSuspend (OS_TCB   *p_tcb,         // 任务控制块指针                    (1)
3                         OS_ERR   *p_err)         // 返回错误类型                      (2)
4  {
5      CPU_SR_ALLOC();   // 使用到临界段（在关/开中断时）时必须用到该宏，该宏声明和
6      // 定义一个局部变量，用于保存关中断前的 CPU 状态寄存器
7      // SR（临界段关中断只需保存 SR），开中断时将该值还原
8
9      CPU_CRITICAL_ENTER();                        // 关中断
10     if (p_tcb == (OS_TCB *)0) {                   // 如果 p_tcb 为空                (3)
11         p_tcb = OSTCBCurPtr;                      // 挂起自身
12     }
13
14     if (p_tcb == OSTCBCurPtr) {                   // 如果是挂起自身                 (4)
15         if (OSSchedLockNestingCtr > (OS_NESTING_CTR)0) {    // 如果调度器被锁
16             CPU_CRITICAL_EXIT();                  // 开中断
17             *p_err = OS_ERR_SCHED_LOCKED;         // 错误类型为"调度器被锁"
18             return;                               // 返回，停止执行
19         }
20     }
21
22     *p_err = OS_ERR_NONE;                         // 错误类型为"无错误"
23     switch (p_tcb->TaskState) {                   // 根据 p_tcb 的任务状态分类处理    (5)
24     case OS_TASK_STATE_RDY:                       // 如果是就绪状态                 (6)
25         OS_CRITICAL_ENTER_CPU_EXIT();             // 锁调度器，重开中断
26         p_tcb->TaskState = OS_TASK_STATE_SUSPENDED; // 任务状态改为"挂起状态"
27         p_tcb->SuspendCtr = (OS_NESTING_CTR)1;    // 挂起嵌套数为 1
28         OS_RdyListRemove(p_tcb);                  // 将任务从就绪列表移除
29         OS_CRITICAL_EXIT_NO_SCHED();              // 开调度器，不进行调度
30         break;                                    // 跳出
31
32     case OS_TASK_STATE_DLY:                       // 如果是延时状态，将改为"延时中被挂起"(7)
33         p_tcb->TaskState = OS_TASK_STATE_DLY_SUSPENDED;
34         p_tcb->SuspendCtr = (OS_NESTING_CTR)1;    // 挂起嵌套数为 1
35         CPU_CRITICAL_EXIT();                      // 开中断
36         break;                                    // 跳出
37
38     case OS_TASK_STATE_PEND: // 如果是无期限等待状态，将改为"无期限等待中被挂起"  (8)
39         p_tcb->TaskState = OS_TASK_STATE_PEND_SUSPENDED;
40         p_tcb->SuspendCtr = (OS_NESTING_CTR)1;    // 挂起嵌套数为 1
41         CPU_CRITICAL_EXIT();                      // 开中断
```

```
42          break;                                      // 跳出
43
44      case OS_TASK_STATE_PEND_TIMEOUT:
                                // 如果是有期限等待状态，将改为"有期限等待中被挂起"  (9)
45          p_tcb->TaskState  = OS_TASK_STATE_PEND_TIMEOUT_SUSPENDED;
46          p_tcb->SuspendCtr = (OS_NESTING_CTR)1;      // 挂起嵌套数为1
47          CPU_CRITICAL_EXIT();                        // 开中断
48          break;                                      // 跳出
49
50  case OS_TASK_STATE_SUSPENDED:                        // 如果状态中有挂起状态    (10)
51  case OS_TASK_STATE_DLY_SUSPENDED:
52  case OS_TASK_STATE_PEND_SUSPENDED:
53  case OS_TASK_STATE_PEND_TIMEOUT_SUSPENDED:
54          p_tcb->SuspendCtr++;                        // 挂起嵌套数加1
55          CPU_CRITICAL_EXIT();                        // 开中断
56          break;                                      // 跳出
57
58  default:                                            // 如果任务状态超出预期    (11)
59          CPU_CRITICAL_EXIT();                        // 开中断
60          *p_err = OS_ERR_STATE_INVALID;              // 错误类型为"状态非法"
61          return;                                     // 返回，停止执行
62      }
63
64      OSSched();                                      // 调度任务          (12)
65  }
66  #endif
```

代码清单 17-1（1）：任务控制块指针，该指针指向要挂起的任务，也可以是任务自身，但是不能是空闲任务。空闲任务永远不允许挂起。

代码清单 17-1（2）：用于存放返回的错误代码，如果挂起任务失败，则返回对应的错误代码。

代码清单 17-1（3）：如果传递进来的任务控制块指针是 NULL 或者是 0，则表明要挂起的任务是任务自身，将任务控制块的指针指向当前任务。

代码清单 17-1（4）：如果挂起任务自身，则需要判断一下调度器是否被锁定，因为挂起任务自身之后，肯定需要切换任务，而如果调度器被锁定，就无法切换任务，所以会返回错误类型"调度器被锁"，然后退出。

代码清单 17-1（5）：根据要挂起的任务状态分类处理，这样处理逻辑简单，更加便捷。

代码清单 17-1（6）：如果任务处于就绪状态，那么该任务能直接挂起，但是接下来我们要操作就绪列表，时间是不确定的。我们不能将中断关闭太久，这样会影响系统对中断的响应，此时系统就会打开中断，但是系统又不想其他任务影响我们操作就绪列表，所以还会锁定调度器，不进行任务切换，这样就不会有任务打扰我们的操作了。然后，将任务状态变为挂起态，挂起次数为 1 次，调用 OS_RdyListRemove() 函数将任务从就绪列表移除，再打开调度器，然后跳出，最后才进行任务的调度。

代码清单 17-1（7）：如果任务当前处于延时状态，那么也能被挂起，任务状态将改为"延

时中被挂起"状态，挂起次数为 1 次，然后打开中断，退出。

代码清单 17-1（8）：如果任务当前处于无期限等待状态，那么也能被挂起，任务状态将改为"无期限等待中被挂起"状态，挂起次数为 1 次，然后打开中断，退出。

代码清单 17-1（9）：如果任务当前处于有期限等待状态，那么也能被挂起，任务状态将改为"有期限等待中被挂起"状态，挂起次数为 1 次，然后打开中断，退出。

代码清单 17-1（10）：如果要挂起的任务本身就处于挂起态，那么再次挂起就要记录挂起的次数，将挂起的次数加 1，然后打开中断，退出。

代码清单 17-1（11）：对于其他任务状态，返回状态非法错误，然后退出。

代码清单 17-1（12）：进行一次任务调度。

注意： 任务可以调用 OSTaskSuspend() 函数来挂起任务自身，但是在挂起自身时会进行一次任务上下文切换，需要挂起自身就将任务控制块指针设置为 NULL 或 0 传递进来即可。无论任务是什么状态都可以被挂起，只要调用了 OSTaskSuspend() 函数就会挂起成功，不论是挂起其他任务还是挂起任务自身。

任务的挂起与恢复函数在很多时候都是很有用的，比如我们想暂停某个任务一段时间，但是又需要其在恢复时能继续工作，那么删除任务是不可行的，因为如果删除了任务，任务的所有信息都是不可恢复的，删除意味着彻底清除，里面的资源都被系统释放掉。但是挂起任务就不会这样，调用挂起任务函数，仅仅是使任务进入挂起态，其内部的资源都会保留下来，同时也不会参与系统中任务的调度，当调用恢复函数时，整个任务立即从挂起态进入就绪态，并且参与任务的调度。如果该任务的优先级是当前就绪态优先级最高的任务，那么立即会按照挂起前的任务状态继续执行该任务，从而达到需要的效果。注意，是继续执行，也就是说，挂起任务之前的状态会被系统保留下来，在恢复的瞬间继续执行。这个任务函数的使用方法是很简单的，只需要把任务句柄传递进来即可。OSTaskSuspend() 会根据任务句柄的信息将对应的任务挂起，具体参见代码清单 17-2 中加粗部分。

代码清单 17-2　任务挂起函数 OSTaskSuspend() 实例

```
 1  /*************************** 任务句柄 *********************************/
 2  /*
 3   * 任务句柄是一个指针，用于指向一个任务。当任务创建好之后，就具有了一个任务句柄，
 4   * 以后我们要想操作这个任务，都需要用到这个任务句柄。如果是操作自身，那么
 5   * 这个句柄可以为 NULL
 6   */
 7  static OS_TCB    AppTaskLed1TCB;/* LED 任务句柄 */
 8  static void KEY_Task(void* parameter)
 9  {
10      OS_ERR       err;
11      while (1) {
12          if ( Key_Scan(KEY1_GPIO_PORT,KEY1_GPIO_PIN) == KEY_ON ) {
13              /* KEY1 被按下 */
14              printf(" 挂起 LED 任务! \n");
15              OSTaskSuspend (AppTaskLed1TCB, & err );    /* 挂起 LED 任务 */
```

```
16              }
17              OSTimeDly ( 20, OS_OPT_TIME_DLY, & err );    /* 延时20个tick */
18          }
19 }
```

17.5.2　任务恢复函数 OSTaskResume()

既然有任务的挂起，那么就有任务的恢复。任务恢复就是让挂起的任务重新进入就绪态，恢复的任务会保留挂起前的状态信息，在恢复时根据挂起时的状态继续运行。如果被恢复的任务在所有就绪态任务中处于最高优先级列表的第 1 位，那么系统将进行任务上下文的切换。任务恢复函数 OSTaskResume() 的源码具体参见代码清单 17-3。

代码清单 17-3　任务恢复函数 OSTaskResume() 源码

```
 1 #if OS_CFG_TASK_SUSPEND_EN > 0u// 如果启用了函数 OSTaskResume()
 2 void  OSTaskResume (OS_TCB *p_tcb,          // 任务控制块指针              (1)
 3                     OS_ERR *p_err)          // 返回错误类型                (2)
 4 {
 5     CPU_SR_ALLOC();  // 使用到临界段（在关 / 开中断时）时必须用到该宏，该宏声明和
 6     // 定义一个局部变量，用于保存关中断前的 CPU 状态寄存器
 7     // SR（临界段关中断只需保存 SR），开中断时将该值还原
 8
 9 #ifdef OS_SAFETY_CRITICAL// 如果启用了安全检测
10     if (p_err == (OS_ERR *)0) {             // 如果 p_err 为空           (3)
11         OS_SAFETY_CRITICAL_EXCEPTION();     // 执行安全检测异常函数
12         return;                             // 返回，停止执行
13     }
14 #endif
15 // 如果禁用了中断延迟发布和中断中非法调用检测
16 #if (OS_CFG_ISR_POST_DEFERRED_EN    == 0u) && \
17     (OS_CFG_CALLED_FROM_ISR_CHK_EN >  0u)                                (4)
18     if (OSIntNestingCtr > (OS_NESTING_CTR)0) {  // 如果在中断中调用该函数
19         *p_err = OS_ERR_TASK_RESUME_ISR;        // 错误类型为"在中断中恢复任务"
20         return;                                 // 返回，停止执行
21     }
22 #endif
23
24
25     CPU_CRITICAL_ENTER();                   // 关中断
26 #if OS_CFG_ARG_CHK_EN > 0u                  // 如果启用了参数检测
27     if ((p_tcb == (OS_TCB *)0) ||           // 如果被恢复任务为空或是自身
28         (p_tcb == OSTCBCurPtr)) {                                        (5)
29         CPU_CRITICAL_EXIT();                // 开中断
30         *p_err  = OS_ERR_TASK_RESUME_SELF;  // 错误类型为"恢复自身"
31         return;                             // 返回，停止执行
32     }
33 #endif
34     CPU_CRITICAL_EXIT();                    // 关中断
35
36 #if OS_CFG_ISR_POST_DEFERRED_EN > 0u        // 如果启用了中断延迟发布     (6)
```

```
37       if (OSIntNestingCtr > (OS_NESTING_CTR)0) {   // 如果该函数在中断中被调用
38           OS_IntQPost((OS_OBJ_TYPE)OS_OBJ_TYPE_TASK_RESUME,
39                       (void        *)p_tcb,
40                       (void        *)0,
41                       (OS_MSG_SIZE)0,
42                       (OS_FLAGS    )0,
43                       (OS_OPT      )0,
44                       (CPU_TS      )0,
45                       (OS_ERR      *)p_err);// 把恢复任务命令发布到中断消息队列
46           return;                          // 返回，停止执行
47       }
48 #endif
49       /* 如果禁用了中断延迟发布或不是在中断中调用该函数 */
50       OS_TaskResume(p_tcb, p_err);         // 直接将任务 p_tcb 恢复                     (7)
51 }
52 #endif
```

代码清单 17-3（1）：任务控制块指针，该指针指向要恢复的任务，与挂起任务不同的是，该指针不允许指向任务自身。

代码清单 17-3（2）：用于存放返回的错误代码，如果恢复任务失败，则返回对应的错误代码。

代码清单 17-3（3）：如果启用了安全检测（OS_SAFETY_CRITICAL）这个宏定义，那么在编译代码时会包含安全检测。如果 p_err 指针为空，系统会执行安全检测异常函数 OS_SAFETY_CRITICAL_EXCEPTION()，然后退出。

代码清单 17-3（4）：如果禁用了中断延迟发布和中断中非法调用检测，那么在中断中恢复任务则是非法的，会直接返回错误类型为"在中断中恢复任务"，并且退出。如果启用了中断延迟发布，就可以在中断中恢复任务，因为中断延迟发布的真正操作是在中断发布任务中。

代码清单 17-3（5）：如果启用了参数检测（OS_CFG_ARG_CHK_EN）这个宏定义，那么被恢复任务为空或是自身也是不允许的，会返回错误类型为"恢复自身"，并且退出操作。

代码清单 17-3（6）：如果启用了中断延迟发布，并且该函数在中断中被调用，系统就会把恢复任务命令发布到中断消息队列中，唤醒中断发布任务，在任务中恢复指定任务，并且退出。

代码清单 17-3（7）：如果禁用了中断延迟发布或不是在中断中调用该函数，将直接调用 OS_TaskResume() 函数恢复任务，该函数源码具体参见代码清单 17-4。

代码清单 17-4　OS_TaskResume() 函数源码

```
1 #if OS_CFG_TASK_SUSPEND_EN > 0u
    // 如果启用了 OS_CFG_TASK_SUSPEND_EN 宏定义，表示开启 OS_TaskResume() 函数恢复任务
2 void  OS_TaskResume (OS_TCB   *p_tcb,       // 任务控制块指针
3                      OS_ERR   *p_err)       // 返回错误类型
4 {
5     CPU_SR_ALLOC(); // 使用到临界段（在关 / 开中断时）时必须用到该宏，该宏声明和
```

```
6       // 定义一个局部变量,用于保存关中断前的 CPU 状态寄存器
7       // SR (临界段关中断只需保存 SR),开中断时将该值还原
8       CPU_CRITICAL_ENTER();                           // 关中断
9       *p_err = OS_ERR_NONE;                            // 错误类型为"无错误"
10      switch (p_tcb->TaskState) {                      // 根据 p_tcb 的任务状态分类处理    (1)
11      case OS_TASK_STATE_RDY:                          // 如果状态中没有挂起状态
12      case OS_TASK_STATE_DLY:
13      case OS_TASK_STATE_PEND:
14      case OS_TASK_STATE_PEND_TIMEOUT:
15          CPU_CRITICAL_EXIT();                         // 开中断
16          *p_err = OS_ERR_TASK_NOT_SUSPENDED;          // 错误类型为"任务未被挂起"       (2)
17          break;                                       // 跳出
18
19      case OS_TASK_STATE_SUSPENDED:                    // 如果是"挂起状态"                (3)
20          OS_CRITICAL_ENTER_CPU_EXIT();                // 锁调度器,重开中断
21          p_tcb->SuspendCtr--;                         // 任务的挂起嵌套数减 1            (4)
22          if (p_tcb->SuspendCtr == (OS_NESTING_CTR)0) { // 如果挂起嵌套数为 0
23              p_tcb->TaskState = OS_TASK_STATE_RDY;    // 修改状态为"就绪状态"
24              OS_TaskRdy(p_tcb);                       // 把 p_tcb 插入就绪列表
25          }
26          OS_CRITICAL_EXIT_NO_SCHED();                 // 开调度器,不调度任务
27          break;                                       // 跳出
28
29  case OS_TASK_STATE_DLY_SUSPENDED:                    // 如果是"延时中被挂起"            (5)
30          p_tcb->SuspendCtr--;                         // 任务的挂起嵌套数减 1
31          if (p_tcb->SuspendCtr == (OS_NESTING_CTR)0) { // 如果挂起嵌套数为 0
32              p_tcb->TaskState = OS_TASK_STATE_DLY;    // 修改状态为"延时状态"
33          }
34          CPU_CRITICAL_EXIT();                         // 开中断
35          break;                                       // 跳出
36
37      case OS_TASK_STATE_PEND_SUSPENDED:               // 如果是"无期限等待中被挂起"      (6)
38          p_tcb->SuspendCtr--;                         // 任务的挂起嵌套数减 1
39          if (p_tcb->SuspendCtr == (OS_NESTING_CTR)0) { // 如果挂起嵌套数为 0
40              p_tcb->TaskState = OS_TASK_STATE_PEND;   // 修改状态为"无期限等待状态"
41          }
42          CPU_CRITICAL_EXIT();                         // 开中断
43          break;                                       // 跳出
44
45      case OS_TASK_STATE_PEND_TIMEOUT_SUSPENDED:// 如果是"有期限等待中被挂起"           (7)
46          p_tcb->SuspendCtr--;                         // 任务的挂起嵌套数减 1
47          if (p_tcb->SuspendCtr == (OS_NESTING_CTR)0) { // 如果挂起嵌套数为 0
48              p_tcb->TaskState = OS_TASK_STATE_PEND_TIMEOUT;
49          }
50          CPU_CRITICAL_EXIT();                         // 开中断
51          break;                                       // 跳出
52
53      default:                                         // 如果 p_tcb 任务状态超出预期     (8)
54          CPU_CRITICAL_EXIT();                         // 开中断
55          *p_err = OS_ERR_STATE_INVALID;               // 错误类型为"状态非法"
56          return;// 跳出
57      }
58
```

```
59      OSSched();                          // 调度任务                    (9)
60  }
61  #endif
```

代码清单 17-4（1）：根据要挂起的任务状态分类处理，这样处理逻辑简单，更加便捷。

代码清单 17-4（2）：如果要恢复的任务状态中没有挂起状态，则表示任务没有被挂起，根本不需要恢复任务，返回错误类型为"任务未被挂起"，并且退出操作。

代码清单 17-4（3）：如果要恢复的任务是单纯的挂起状态，那么可以恢复任务。

代码清单 17-4（4）：任务的挂起记录次数减 1，如果挂起前次数为 0，则表示任务已经完全恢复了，那么就可以参与系统的调度，此时就要把任务添加到就绪列表中，并且将任务的状态变为就绪态，操作完成之后就跳出 switch 语句，打开中断但是不进行任务调度，因为在最后才会进行任务调度。

代码清单 17-4（5）：如果任务在延时的时候被挂起了，也可以进行恢复任务操作，任务的挂起记录次数减 1。如果挂起前次数为 0，则表示任务已经完全恢复了，那么会恢复挂起前的状态——延时状态，然后退出。

代码清单 17-4（6）：同理，如果任务在无期限等待时被挂起了，也可以进行恢复任务操作，任务的挂起记录次数减 1。如果挂起前次数为 0，则表示任务已经完全恢复了，那么会恢复挂起前的状态——无期限等待状态，然后退出。

代码清单 17-4（7）：如果任务在有期限等待时被挂起了，也可以进行恢复任务操作，任务的挂起记录次数减 1。如果挂起前次数为 0，则表示任务已经完全恢复了，那么会恢复挂起前的状态——有期限等待状态，然后退出。

代码清单 17-4（8）：对于其他任务状态，返回"状态非法"错误，然后退出。

代码清单 17-4（9）：进行一次任务调度。

OSTaskResume() 函数用于恢复挂起的任务。任务在挂起时候调用过多少次的 OS_TaskSuspend() 函数，就需要调用多少次 OSTaskResume() 函数才能将任务恢复运行，任务恢复函数 OSTaskResume() 的使用实例参见代码清单 17-5 中的加粗部分。

代码清单 17-5　任务恢复函数 OSTaskResume() 实例

```
1  /*
2   * 任务句柄是一个指针，用于指向一个任务。当任务创建好之后，就具有了一个任务句柄，
3   * 以后我们要想操作这个任务，都需要用到这个任务句柄。如果是操作自身，那么
4   * 这个句柄可以为 NULL
5   */
6  static OS_TCB    AppTaskLed1TCB;            /* LED 任务句柄 */
7
8  static void KEY_Task(void* parameter)
9  {   OS_ERR      err;
10     while (1) {
11         if ( Key_Scan(KEY2_GPIO_PORT,KEY2_GPIO_PIN) == KEY_ON ) {
12             /* KEY2 被按下 */
13             printf(" 恢复 LED 任务! \n");
```

```
14              OSTaskResume ( &AppTaskLed1TCB, & err );      /* 恢复 LED 任务 */
15          }
16          OSTimeDly ( 20, OS_OPT_TIME_DLY, & err );         /* 延时 20 个 tick */
17      }
18 }
```

17.5.3　任务删除函数 OSTaskDel()

OSTaskDel() 函数用于删除一个任务。当一个任务删除另外一个任务时，形参为要删除任务创建时返回的任务句柄。如果是删除自身，则形参为 NULL。要想使用该函数，必须在 os_cfg.h 中把 OS_CFG_TASK_DEL_EN 宏定义配置为 1，删除的任务将从所有就绪、阻塞、挂起和事件列表中删除。任务删除函数 OSTaskDel() 源码具体参见代码清单 17-6。

代码清单 17-6　任务删除函数 OSTaskDel() 源码

```
 1 #if OS_CFG_TASK_DEL_EN > 0u// 如果启用了函数 OSTaskDel()
 2 void  OSTaskDel (OS_TCB  *p_tcb,              // 目标任务控制块指针
 3                  OS_ERR  *p_err)              // 返回错误类型
 4 {
 5     CPU_SR_ALLOC(); // 使用到临界段 (在关 / 开中断时) 时必须用到该宏，该宏声明和
 6     // 定义一个局部变量，用于保存关中断前的 CPU 状态寄存器
 7     // SR (临界段关中断只需保存 SR), 开中断时将该值还原
 8
 9 #ifdef OS_SAFETY_CRITICAL                     // 如果启用 (默认禁用) 了安全检测
10     if (p_err == (OS_ERR *)0) {              // 如果 p_err 为空
11         OS_SAFETY_CRITICAL_EXCEPTION();      // 执行安全检测异常函数
12         return;                              // 返回，停止执行
13     }
14 #endif
15
16 #if OS_CFG_CALLED_FROM_ISR_CHK_EN > 0u        // 如果启用了中断中非法调用检测 (1)
17     if (OSIntNestingCtr > (OS_NESTING_CTR)0) { // 如果该函数在中断中被调用
18         *p_err = OS_ERR_TASK_DEL_ISR;        // 错误类型为 "在中断中删除任务"
19         return;                              // 返回，停止执行
20     }
21 #endif
22
23     if (p_tcb == &OSIdleTaskTCB) {           // 如果目标任务是空闲任务         (2)
24         *p_err = OS_ERR_TASK_DEL_IDLE;       // 错误类型为 "删除空闲任务"
25         return;                              // 返回，停止执行
26     }
27
28 #if OS_CFG_ISR_POST_DEFERRED_EN > 0u          // 如果启用了中断延迟发布         (3)
29     if (p_tcb == &OSIntQTaskTCB) {           // 如果目标任务是中断延迟提交任务
30         *p_err = OS_ERR_TASK_DEL_INVALID;    // 错误类型为 "非法删除任务"
31         return;                              // 返回，停止执行
32     }
33 #endif
34
35     if (p_tcb == (OS_TCB *)0) {              // 如果 p_tcb 为空             (4)
```

```
36          CPU_CRITICAL_ENTER();                    // 关中断
37          p_tcb = OSTCBCurPtr;                     // 目标任务设为自身
38          CPU_CRITICAL_EXIT();                     // 开中断
39      }
40
41      OS_CRITICAL_ENTER();                         // 进入临界段
42      switch (p_tcb->TaskState) {                  // 根据目标任务的任务状态分类处理          (5)
43      case OS_TASK_STATE_RDY:                      // 如果是就绪状态
44          OS_RdyListRemove(p_tcb);                 // 将任务从就绪列表移除                  (6)
45          break;                                   // 跳出
46
47      case OS_TASK_STATE_SUSPENDED:                // 如果是挂起状态                      (7)
48          break;                                   // 直接跳出
49
50      case OS_TASK_STATE_DLY:                      // 如果包含延时状态                     (8)
51      case OS_TASK_STATE_DLY_SUSPENDED:
52          OS_TickListRemove(p_tcb);                // 将任务从节拍列表移除
53          break;                                   // 跳出
54
55      case OS_TASK_STATE_PEND:                     // 如果包含等待状态                     (9)
56      case OS_TASK_STATE_PEND_SUSPENDED:
57      case OS_TASK_STATE_PEND_TIMEOUT:
58      case OS_TASK_STATE_PEND_TIMEOUT_SUSPENDED:
59          OS_TickListRemove(p_tcb);                // 将任务从节拍列表移除                 (10)
60          switch (p_tcb->PendOn) {                 // 根据任务的等待对象分类处理           (11)
61          case OS_TASK_PEND_ON_NOTHING:            // 如果没在等待内核对象
62          case OS_TASK_PEND_ON_TASK_Q:             // 如果等待的是任务消息队列
63          case OS_TASK_PEND_ON_TASK_SEM:           // 如果等待的是任务信号量
64              break;                               // 直接跳出
65
66          case OS_TASK_PEND_ON_FLAG:               // 如果等待的是事件
67          case OS_TASK_PEND_ON_MULTI:              // 如果等待多个内核对象
68          case OS_TASK_PEND_ON_MUTEX:              // 如果等待的是互斥量
69          case OS_TASK_PEND_ON_Q:                  // 如果等待的是消息队列
70          case OS_TASK_PEND_ON_SEM:                // 如果等待的是信号量
71              OS_PendListRemove(p_tcb);            // 将任务从等待列表移除                 (12)
72              break;                               // 跳出
73
74          default:                                 // 如果等待对象超出预期
75              break;                               // 直接跳出
76          }
77          break;                                   // 跳出
78
79      default:                                     // 如果目标任务状态超出预期             (13)
80          OS_CRITICAL_EXIT();                      // 退出临界段
81          *p_err = OS_ERR_STATE_INVALID;           // 错误类型为"状态非法"
82          return;                                  // 返回，停止执行
83      }
84
85  #if OS_CFG_TASK_Q_EN > 0u                         // 如果启用了任务消息队列               (14)
86      (void)OS_MsgQFreeAll(&p_tcb->MsgQ);          // 释放任务的所有任务消息
87  #endif
88
```

```
89      OSTaskDelHook(p_tcb);                   // 调用用户自定义的钩子函数           (15)
90
91 #if defined(OS_CFG_TLS_TBL_SIZE) && (OS_CFG_TLS_TBL_SIZE > 0u)
92      OS_TLS_TaskDel(p_tcb);                  // 调用 TLS 钩子函数
93 #endif
94
95 #if OS_CFG_DBG_EN > 0u                        // 如果启用了调试代码和变量           (16)
96      OS_TaskDbgListRemove(p_tcb);            // 将任务从任务调试双向列表移除
97 #endif
98      OSTaskQty--;                            // 任务数目减 1                    (17)
99
100     OS_TaskInitTCB(p_tcb);                  // 初始化任务控制块                 (18)
101     p_tcb->TaskState = (OS_STATE)OS_TASK_STATE_DEL;// 标定任务已被删除
102
103     OS_CRITICAL_EXIT_NO_SCHED();            // 退出临界段（无调度）
104
105     *p_err = OS_ERR_NONE;                   // 错误类型为“无错误”
106
107     OSSched();                              // 调度任务                       (19)
108 }
109 #endif
```

代码清单 17-6（1）：如果启用了中断中非法调用检测，那么在中断中删除任务是非法的，会直接返回错误类型“在中断中删除任务”，并且退出。

代码清单 17-6（2）：如果要删除的目标任务是空闲任务，这是不允许的，系统中必须存在空闲任务，否则会返回错误类型为“删除空闲任务”的错误代码，并且退出。

代码清单 17-6（3）：如果启用了中断延迟发布，但是要删除的目标任务是中断延迟发布任务，这也是不允许的，因为启用了中断延迟发布，则代表着系统中必须有一个中断延迟发布任务处理在中断中发布的内容，所以会返回错误类型为“非法删除任务”的错误代码，并且退出。

代码清单 17-6（4）：如果传递进来的任务控制块指针为 0，表示要删除的任务是任务自身，则将任务控制块指针指向当前任务，目标任务设为任务自身。

代码清单 17-6（5）：根据目标任务的任务状态分类处理。

代码清单 17-6（6）：如果任务是处于就绪态的，就将任务从就绪列表中移除。

代码清单 17-6（7）：如果任务处于挂起状态，就直接跳出 switch 语句。

代码清单 17-6（8）：如果任务包含延时状态，那么将任务从节拍列表中移除。

代码清单 17-6（9）～（11）：如果任务包含等待状态，系统首先会将任务从节拍列表中移除，然后根据任务的等待对象分类处理。如果没在等待内核对象或者等待的是任务消息队列或任务信号量，那么直接跳出 switch 语句。

代码清单 17-6（12）：任务如果在等待内核资源，如事件、消息队列、信号量等，那么系统会直接将任务从等待列表移除，然后跳出 switch 语句。

代码清单 17-6（13）：如果目标任务状态超出预期，则直接返回错误类型为“状态非法”的错误代码，并且退出删除操作。

代码清单 17-6（14）：如果启用了任务消息队列，则将释放任务的所有任务消息。

代码清单 17-6（15）：在删除任务时，系统还会调用用户自定义的钩子函数。用户可以通过该钩子函数进行自定义操作。

代码清单 17-6（16）：如果启用了调试代码和变量，则将任务从任务调试双向列表中移除。

代码清单 17-6（17）：执行任务的删除操作，系统的任务数目减 1。

代码清单 17-6（18）：初始化对应的任务控制块，将任务状态变为删除态，退出临界段但不进行调度，返回错误类型为"无错误"的错误代码。

代码清单 17-6（19）：进行一次任务调度。

删除任务不是删除代码，是指任务将返回并处于删除（休眠）状态，任务的代码不再被 μC/OS 调用。删除任务和挂起任务看上去相似，但有着本质的区别，最大的不同就是删除任务时对任务控制块的操作。我们知道在创建任务时，需要给每个任务分配一个任务控制块，这个任务控制块存储关于这个任务的重要信息，对任务间的调用有至关重要的作用，挂起任务不涉及任务控制块，但删除任务就会把任务控制块进行初始化，这样关于任务的所有信息都会被抹去。注意，删除任务并不会释放任务的栈空间。

删除任务函数的使用实例具体参见代码清单 17-7。

代码清单 17-7　删除任务函数 OSTaskDel() 实例

```
 1 /*
 2  * 任务句柄是一个指针，用于指向一个任务。当任务创建好之后，就具有了一个任务句柄，
 3  * 以后我们要想操作这个任务，都需要用到这个任务句柄。如果操作自身，那么
 4  * 这个句柄可以为 NULL
 5  */
 6 static OS_TCB    AppTaskLed1TCB;                        /* LED 任务句柄 */
 7
 8 static void KEY_Task(void* parameter)
 9 {    OS_ERR        err;
10 while (1) {
11         if ( Key_Scan(KEY2_GPIO_PORT,KEY2_GPIO_PIN) == KEY_ON ) {
12             /* KEY2 被按下 */
13             printf(" 删除 LED 任务! \n");
14             OSTaskDel( &AppTaskLed1TCB, & err );    /* 删除 LED 任务 */
15         }
16         OSTimeDly ( 20, OS_OPT_TIME_DLY, & err );    /* 延时 20 个 tick */
17     }
18 }
```

17.5.4　任务延时函数

1. OSTimeDly()

OSTimeDly() 在任务中用得非常多，每个任务都必须是死循环，并且必须有阻塞的情况，否则低优先级的任务无法运行。OSTimeDly() 函数常用于停止当前任务，延时一段时间

后再运行。OSTimeDly() 函数源码具体参见代码清单 17-8。

代码清单 17-8　OSTimeDly() 函数源码

```
 1 void  OSTimeDly (OS_TICK   dly,              // 延时的时钟节拍数        (1)
 2                  OS_OPT    opt,              // 选项                   (2)
 3                  OS_ERR    *p_err)           // 返回错误类型            (3)
 4 {
 5     CPU_SR_ALLOC();
 6     // 使用到临界段 (在关 / 开中断时) 时必须用到该宏, 该宏声明和定义一个局部变
 7     // 量, 用于保存关中断前的 CPU 状态寄存器 SR (临界段关中断只需保存 SR),
 8     // 开中断时将该值还原
 9
10 #ifdef OS_SAFETY_CRITICAL                    // 如果启用 (默认禁用) 了安全检测  (4)
11     if (p_err == (OS_ERR *)0) {              // 如果错误类型实参为空
12         OS_SAFETY_CRITICAL_EXCEPTION();      // 执行安全检测异常函数
13         return;                              // 返回, 不执行延时操作
14     }
15 #endif
16                                                                      (5)
17 #if OS_CFG_CALLED_FROM_ISR_CHK_EN > 0u   // 如果启用 (默认启用) 了中断中非法调用检测
18     if (OSIntNestingCtr > (OS_NESTING_CTR)0u){  // 如果该延时函数是在中断中被调用
19         *p_err = OS_ERR_TIME_DLY_ISR;        // 错误类型为 "在中断函数中延时"
20         return;                              // 返回, 不执行延时操作
21     }
22 #endif
23     /* 当调度器被锁时任务不能延时 */                                   (6)
24     if (OSSchedLockNestingCtr > (OS_NESTING_CTR)0u) {  // 如果调度器被锁
25         *p_err = OS_ERR_SCHED_LOCKED;        // 错误类型为 "调度器被锁"
26         return;                              // 返回, 不执行延时操作
27     }
28
29     switch (opt) {                           // 根据延时选项参数 opt 分类操作    (7)
30     case OS_OPT_TIME_DLY:                    // 如果选择相对时间 (从现在起延时多长时间)
31     case OS_OPT_TIME_TIMEOUT:                // 如果选择超时 (实际同上)
32     case OS_OPT_TIME_PERIODIC:               // 如果选择周期性延时
33         if (dly == (OS_TICK)0u) {            // 如果参数 dly 为 0 (0 表示不延时)   (8)
34             *p_err = OS_ERR_TIME_ZERO_DLY;   // 错误类型为 "零延时"
35             return;                          // 返回, 不执行延时操作
36         }
37         break;
38
39     case OS_OPT_TIME_MATCH:                                            (9)
40         // 如果选择绝对时间 (匹配系统开始运行 (OSStart()) 后的时钟节拍数)
41         break;
42
43
44
45
46     default:                                 // 如果选项超出范围              (10)
47         *p_err = OS_ERR_OPT_INVALID;         // 错误类型为 "选项非法"
48         return;                              // 返回, 不执行延时操作
49     }
```

```
50
51     OS_CRITICAL_ENTER();                              // 进入临界段
52     OSTCBCurPtr->TaskState = OS_TASK_STATE_DLY;                          (11)
                                                         // 修改当前任务的任务状态为延时状态
53     OS_TickListInsert(OSTCBCurPtr,                    // 将当前任务插入节拍列表
54                       dly,
55                       opt,
56                       p_err);                                           (12)
57 if (*p_err != OS_ERR_NONE) {                          // 如果当前任务插入节拍列表时出现错误
58         OS_CRITICAL_EXIT_NO_SCHED();                  // 退出临界段（无调度）
59         return;                                       // 返回，不执行延时操作
60     }
61     OS_RdyListRemove(OSTCBCurPtr);                     // 从就绪列表移除当前任务     (13)
62     OS_CRITICAL_EXIT_NO_SCHED();                       // 退出临界段（无调度）
63     OSSched();                                         // 任务切换                  (14)
64     *p_err = OS_ERR_NONE;                              // 错误类型为"无错误"
65 }
```

代码清单 17-8（1）：任务延时的时钟节拍数，也就是延时的时间。

代码清单 17-8（2）：任务延时的可选选项，在 os.h 文件中定义，具体参见代码清单 17-9。

代码清单 17-9　任务延时的可选选项

```
1 #define   OS_OPT_TIME_DLY                DEF_BIT_NONE              (1)
2 #define   OS_OPT_TIME_TIMEOUT            ((OS_OPT)DEF_BIT_01)      (2)
3 #define   OS_OPT_TIME_MATCH              ((OS_OPT)DEF_BIT_02)      (3)
4 #define   OS_OPT_TIME_PERIODIC           ((OS_OPT)DEF_BIT_03)      (4)
```

代码清单 17-9（1）：OS_OPT_TIME_DLY, dly 为相对时间，就是从现在起延时多长时间，到时钟节拍总计数 OSTickCtr = OSTickCtr 当前系统时间 + dly 延时时间。

代码清单 17-9（2）：OS_OPT_TIME_TIMEOUT，与 OS_OPT_TIME_DLY 的情况一样。

代码清单 17-9（3）：OS_OPT_TIME_MATCH, dly 为绝对时间，就是从系统开始运行（调用 OSStart()）时到节拍总计数 OSTickCtr = dly 时延时结束。

代码清单 17-9（4）：OS_OPT_TIME_PERIODIC，周期性延时，与 OS_OPT_TIME_DLY 的作用类似，如果是长时间延时，该选项更精准一些。

代码清单 17-8（3）：用于存放返回的错误代码。如果挂起任务失败，则返回对应的错误代码。

代码清单 17-8（4）：如果启用（默认禁用）了安全检测，则系统会执行安全检测的代码。如果错误类型实参为空，则执行安全检测异常函数，然后返回，不执行延时操作。

代码清单 17-8（5）：如果启用（默认启用）了中断中非法调用检测，该延时函数在中断中被调用，则将返回错误类型为"在中断函数中延时"的错误代码，退出，不执行延时操作。

代码清单 17-8（6）：如果调度器被锁，则不允许进行延时操作，返回错误类型为"调度器被锁"的错误代码，并且退出延时操作。因为延时就必须进行任务的切换，所以在延时的时候不能锁定调度器。

代码清单 17-8（7）：根据延时选项参数 opt 分类操作。

代码清单 17-8（8）：如果选择相对时间（从现在起延时多长时间）、超时时间或者周期性延时，则表示延时时间。如果参数 dly 为 0（0 表示不延时），就会返回错误类型为"零延时"的错误代码，并且退出，不执行延时操作。

代码清单 17-8（9）：如果选择绝对时间（匹配系统开始运行（OSStart()）后的时钟节拍数，则直接退出。

代码清单 17-8（10）：如果选项超出范围，则视为非法，返回错误类型为"选项非法"的错误代码，并且退出，不执行延时操作。

代码清单 17-8（11）：程序能执行到这里，说明能正常进行延时操作，那么系统就会修改当前任务的任务状态为延时状态。

代码清单 17-8（12）：调用 OS_TickListInsert() 函数将当前任务插入节拍列表，加入节拍列表的任务会按照延时时间进行升序排列。OS_TickListInsert() 函数的源码具体参见代码清单 17-10。

代码清单 17-10　OS_TickListInsert() 源码

```
 1 void  OS_TickListInsert (OS_TCB    *p_tcb,  // 任务控制块
 2                          OS_TICK    time,   // 时间
 3                          OS_OPT     opt,    // 选项
 4                          OS_ERR    *p_err)  // 返回错误类型
 5 {
 6     OS_TICK            tick_delta;
 7     OS_TICK            tick_next;
 8     OS_TICK_SPOKE     *p_spoke;
 9     OS_TCB            *p_tcb0;
10     OS_TCB            *p_tcb1;
11     OS_TICK_SPOKE_IX   spoke;
12
13
14
15     if (opt == OS_OPT_TIME_MATCH) {                 // 如果 time 是绝对时间
16         tick_delta = time - OSTickCtr - 1u;        // 计算离到期还有多长时间
17         if (tick_delta > OS_TICK_TH_RDY) {         // 如果延时时间超过了限制
18             p_tcb->TickCtrMatch = (OS_TICK)0u;     // 将任务的时钟节拍的匹配变量置 0
19             p_tcb->TickRemain   = (OS_TICK)0u;     // 将任务的延时还需要的时钟节拍数置 0
20             p_tcb->TickSpokePtr = (OS_TICK_SPOKE *)0; // 该任务不插入节拍列表
21             *p_err       = OS_ERR_TIME_ZERO_DLY;   // 错误类型相当于"零延时"
22             return;                                // 返回，不将任务插入节拍列表
23         }
24         p_tcb->TickCtrMatch = time;            // 任务等待的匹配点为 OSTickCtr = time
25         p_tcb->TickRemain   = tick_delta + 1u; // 计算任务离到期还有多长时间
26
27     } else if (time > (OS_TICK)0u) {               // 如果 time > 0
28         if (opt == OS_OPT_TIME_PERIODIC) {         // 如果 time 是周期性时间
29             tick_next   = p_tcb->TickCtrPrev + time;
30             // 计算任务接下来要匹配的时钟节拍总计数
31             tick_delta = tick_next - OSTickCtr - 1u; // 计算任务离匹配还有多长时间
```

```
32              if (tick_delta < time) {// 如果 p_tcb->TickCtrPrev<OSTickCtr+1
33          p_tcb->TickCtrMatch = tick_next; // 将 p_tcb->TickCtrPrev + time
34 设为时钟节拍匹配点
35              } else {                    // 如果 p_tcb->TickCtrPrev >= OSTickCtr + 1
36 p_tcb->TickCtrMatch = OSTickCtr + time; // 将 OSTickCtr + time 设为时钟节拍匹配点
37          }
38 p_tcb->TickRemain = p_tcb->TickCtrMatch - OSTickCtr; // 计算任务离到期还有多长时间
39              p_tcb->TickCtrPrev  = p_tcb->TickCtrMatch;
40                                  // 保存当前匹配值为下一周期延时用
41          } else {                    // 如果 time 是相对时间
42          p_tcb->TickCtrMatch = OSTickCtr + time;
                                    // 任务等待的匹配点为 OSTickCtr + time
43              p_tcb->TickRemain  = time;  // 计算任务离到期的时间就是 time
44          }
45
46      } else {                            // 如果 time = 0
47          p_tcb->TickCtrMatch = (OS_TICK)0u; // 将任务的时钟节拍的匹配变量置0
48          p_tcb->TickRemain  = (OS_TICK)0u; // 将任务的延时还需要的时钟节拍数置0
49          p_tcb->TickSpokePtr = (OS_TICK_SPOKE *)0; // 该任务不插入节拍列表
50          *p_err           = OS_ERR_TIME_ZERO_DLY; // 错误类型为"零延时"
51          return;                         // 返回，不将任务插入节拍列表
52      }
53
54
55      spoke   = (OS_TICK_SPOKE_IX)(p_tcb->TickCtrMatch % OSCfg_TickWheelSize);
56              // 使用哈希算法（取余）来决定任务存于数组
57              //OSCfg_TickWheel 的哪个元素（组织一个节拍列表）
58      // 与更新节拍列表相对应，便于查找到期任务
59      p_spoke = &OSCfg_TickWheel[spoke];
60      if (p_spoke->NbrEntries == (OS_OBJ_QTY)0u) {       // 如果当前节拍列表为空
61          p_tcb->TickNextPtr   = (OS_TCB   *)0;
62                                  // 任务中指向节拍列表中下一个任务的指针置空
63          p_tcb->TickPrevPtr   = (OS_TCB   *)0;
64                                  // 任务中指向节拍列表中上一个任务的指针置空
65          p_spoke->FirstPtr   = p_tcb;
66                                  // 当前任务被列为该节拍列表的第一个任务
67          p_spoke->NbrEntries = (OS_OBJ_QTY)1u;       // 节拍列表中的元素数目为 1
68      } else {                            // 如果当前节拍列表非空
69          p_tcb1 = p_spoke->FirstPtr;         // 获取列表中的第一个任务
70          while (p_tcb1 != (OS_TCB *)0) {         // 如果该任务存在
71            p_tcb1->TickRemain = p_tcb1->TickCtrMatch // 计算该任务的剩余等待时间
72                                - OSTickCtr;
73                  if (p_tcb->TickRemain > p_tcb1->TickRemain) {
74                              // 如果当前任务的剩余等待时间大于该任务的
75 if (p_tcb1->TickNextPtr != (OS_TCB *)0) {// 如果该任务不是列表的最后一个元素
76                  p_tcb1 = p_tcb1->TickNextPtr;
77                                  // 让当前任务继续与该任务的下一个任务进行比较
78              } else {                // 如果该任务是列表的最后一个元素
79                  p_tcb->TickNextPtr   = (OS_TCB *)0;
80                                  // 当前任务为列表的最后一个元素
81                  p_tcb->TickPrevPtr   = p_tcb1; // 该任务是当前任务的前一个元素
82                  p_tcb1->TickNextPtr  = p_tcb; // 当前任务是该任务的后一个元素
```

```
82                      p_tcb1 = (OS_TCB *)0; // 插入完成，退出 while 循环
83                  }
84           } else {                       // 如果当前任务的剩余等待时间不大于该任务的
85
86              if (p_tcb1->TickPrevPtr == (OS_TCB *)0) {// 如果该任务是列表的第一个元素
87                  p_tcb->TickPrevPtr   = (OS_TCB *)0;
88                                           // 当前任务作为列表的第一个元素
88                  p_tcb->TickNextPtr   = p_tcb1; // 该任务是当前任务的后一个元素
89                  p_tcb1->TickPrevPtr  = p_tcb; // 当前任务是该任务的前一个元素
90                  p_spoke->FirstPtr    = p_tcb; // 当前任务是列表的第一个元素
91              } else {                     // 如果该任务也不是列表的第一个元素
92                  p_tcb0   = p_tcb1->TickPrevPtr;
92                                           // p_tcb0 暂存该任务的前一个任务
93                  p_tcb->TickPrevPtr   = p_tcb0;
94                                  // 该任务的前一个任务作为当前任务的前一个任务
95                  p_tcb->TickNextPtr   = p_tcb1;
95                                      // 该任务作为当前任务的后一个任务
96                  p_tcb0->TickNextPtr  = p_tcb; // 将 p_tcb0
97 // 暂存的任务的下一个任务改为当前任务
98                  p_tcb1->TickPrevPtr  = p_tcb;
98                                      // 该任务的前一个任务也改为当前任务
99              }
100                 p_tcb1 = (OS_TCB *)0;         // 插入完成，退出 while 循环
101          }
102      }
103      p_spoke->NbrEntries++;                   // 节拍列表中的元素数目加 1
104  } // 更新节拍列表的元素数目的最大记录
105  if (p_spoke->NbrEntriesMax < p_spoke->NbrEntries) {
106      p_spoke->NbrEntriesMax = p_spoke->NbrEntries;
107  }
108  p_tcb->TickSpokePtr = p_spoke;               // 记录当前任务存放于哪个节拍列表
109  *p_err              = OS_ERR_NONE;           // 错误类型为"无错误"
110 }
```

代码清单 17-8（13）：调用 OS_RdyListRemove() 函数从就绪列表移除当前任务，进行延时操作。

代码清单 17-8（14）：进行一次任务切换。

OSTimeDly 函数的使用实例具体见代码清单 17-11 中的加粗部分。

代码清单 17-11　延时函数 OSTimeDly() 实例

```
1 void vTaskA( void* pvParameters )
2 {
3     while (1) {
4         //  ...
5         //  这里为任务主体代码
6         //  ...
7
8         /* 调用相对延时函数，阻塞 1000 个 tick */
9         OSTimeDly ( 1000, OS_OPT_TIME_DLY, & err );
10    }
11 }
```

2. OSTimeDlyHMSM()

OSTimeDlyHMSM() 函数与 OSTimeDly() 函数的功能类似，也用于停止当前任务，延时一段时间后再运行，但是 OSTimeDlyHMSM() 函数会更加直观显示延时多少小时、分钟、秒或毫秒。但是，若要使用 OSTimeDlyHMSM() 函数，必须将宏 OS_CFG_TIME_DLY_HMSM_EN 设为 1，该宏定义位于 os_cfg.h 文件中。OSTimeDlyHMSM() 函数源码具体参见代码清单 17-12。

代码清单 17-12　OSTimeDlyHMSM() 函数源码

```
1  #if OS_CFG_TIME_DLY_HMSM_EN > 0u// 如果启用（默认启用）了 OSTimeDlyHMSM() 函数
2  void   OSTimeDlyHMSM (CPU_INT16U    hours,      // 延时小时数                       (1)
3                        CPU_INT16U    minutes,    // 分钟数                          (2)
4                        CPU_INT16U    seconds,    // 秒数                           (3)
5                        CPU_INT32U    milli,      // 毫秒数                          (4)
6                        OS_OPT        opt,        // 选项                           (5)
7                        OS_ERR        *p_err)     // 返回错误类型                     (6)
8  {
9  #if OS_CFG_ARG_CHK_EN > 0u              // 如果启用（默认启用）了参数检测功能        (7)
10     CPU_BOOLEAN  opt_invalid;           // 声明变量用于参数检测
11     CPU_BOOLEAN  opt_non_strict;
12 #endif
13     OS_OPT       opt_time;
14     OS_RATE_HZ   tick_rate;
15     OS_TICK      ticks;
16     CPU_SR_ALLOC();
17
18
19
20 #ifdef OS_SAFETY_CRITICAL               // 如果启用（默认禁用）了安全检测 (8)
21 if (p_err == (OS_ERR *)0) {             // 如果错误类型实参为空
22         OS_SAFETY_CRITICAL_EXCEPTION(); // 执行安全检测异常函数
23         return;                         // 返回，不执行延时操作
24     }
25 #endif
26
27 #if OS_CFG_CALLED_FROM_ISR_CHK_EN > 0u                                           (9)
28 // 如果启用（默认启用）了中断中非法调用检测
29 if (OSIntNestingCtr > (OS_NESTING_CTR)0u){// 如果该延时函数是在中断中被调用
30         *p_err = OS_ERR_TIME_DLY_ISR;   // 错误类型为"在中断函数中延时"
31         return;                         // 返回，不执行延时操作
32     }
33 #endif
34 /* 当调度器被锁时任务不能延时 */
35 if (OSSchedLockNestingCtr > (OS_NESTING_CTR)0u) { // 如果调度器被锁            (10)
36         *p_err = OS_ERR_SCHED_LOCKED;            // 错误类型为"调度器被锁"
37         return;                                  // 返回，不执行延时操作
38     }
39
40     opt_time = opt & OS_OPT_TIME_MASK; // 检测除选项中与延时时间性质有关的位    (11)
41     switch (opt_time) {                // 根据延时选项参数 opt 分类操作
```

```
42        caseOS_OPT_TIME_DLY:                      // 如果选择相对时间（从现在起延时多长时间）
43        case OS_OPT_TIME_TIMEOUT:                 // 如果选择超时（实际同上）
44        case OS_OPT_TIME_PERIODIC:                        // 如果选择周期性延时
45           if (milli == (CPU_INT32U)0u) {               // 如果毫秒数为 0
46              if (seconds == (CPU_INT16U)0u) {          // 如果秒数为 0
47                 if (minutes == (CPU_INT16U)0u) {       // 如果分钟数为 0
48                    if (hours == (CPU_INT16U)0u) {      // 如果小时数为 0
49                       *p_err = OS_ERR_TIME_ZERO_DLY; // 错误类型为 "零延时"
50                       return;              // 返回，不执行延时操作       (12)
51                    }
52                 }
53              }
54           }
55           break;
56
57 case OS_OPT_TIME_MATCH:                                                   (13)
58           // 如果选择绝对时间（把系统开始运行 OSStart() 时作为起点）
59 break;
60
61
62
63        default:                                           // 如果选项超出范围      (14)
64           *p_err = OS_ERR_OPT_INVALID;             // 错误类型为 "选项非法"
65           return;                                   // 返回，不执行延时操作
66        }
67
68 #if OS_CFG_ARG_CHK_EN > 0u                                                (15)
69 // 如果启用（默认启用）了参数检测功能
70     opt_invalid = DEF_BIT_IS_SET_ANY(opt, ~OS_OPT_TIME_OPTS_MASK);
71                        // 检测除选项位以后其他位是否被置位
72     if (opt_invalid == DEF_YES) {                                        (16)
73        // 如果除选项位以后其他位有被置位的
74        *p_err = OS_ERR_OPT_INVALID;                  // 错误类型为 "选项非法"
75        return;                                       // 返回，不执行延时操作
76     }
77
78     opt_non_strict = DEF_BIT_IS_SET(opt, OS_OPT_TIME_HMSM_NON_STRICT);    (17)
79                         // 检测有关时间参数取值范围的选项位
80     if (opt_non_strict != DEF_YES) {// 如果选择了 OS_OPT_TIME_HMSM_STRICT
81        if (milli   > (CPU_INT32U)999u) {           // 如果毫秒数大于 999     (18)
82        *p_err = OS_ERR_TIME_INVALID_MILLISECONDS; // 错误类型为 "毫秒数不可用"
83           return;                                  // 返回，不执行延时操作
84        }
85        if (seconds > (CPU_INT16U)59u) {            // 如果秒数大于 59       (19)
86           *p_err = OS_ERR_TIME_INVALID_SECONDS;   // 错误类型为 "秒数不可用"
87           return;                                  // 返回，不执行延时操作
88        }
89        if (minutes > (CPU_INT16U)59u) {            // 如果分钟数大于 59      (20)
90           *p_err = OS_ERR_TIME_INVALID_MINUTES;   // 错误类型为 "分钟数不可用"
91           return;                                  // 返回，不执行延时操作
92        }
93        if (hours   > (CPU_INT16U)99u) {            // 如果小时数大于 99      (21)
94           *p_err = OS_ERR_TIME_INVALID_HOURS;     // 错误类型为 "小时数不可用"
```

```
 95          return;                              //返回，不执行延时操作
 96       }
 97    } else {                     // 如果选择了 OS_OPT_TIME_HMSM_NON_STRICT
 98
 99       if (minutes > (CPU_INT16U)9999u) {    // 如果分钟数大于 9999         (22)
100          *p_err = OS_ERR_TIME_INVALID_MINUTES;  // 错误类型为"分钟数不可用"
101          return;                              // 返回，不执行延时操作
102       }
103       if (hours   > (CPU_INT16U)999u) {    // 如果小时数 >999              (23)
104          *p_err = OS_ERR_TIME_INVALID_HOURS;    // 错误类型为"小时数不可用"
105          return;                              // 返回，不执行延时操作
106       }
107    }
108 #endif
109
110
111    /* 将延时时间转换成时钟节拍数 */
112    tick_rate = OSCfg_TickRate_Hz;                // 获取时钟节拍的频率         (24)
113    ticks     = ((OS_TICK)hours * (OS_TICK)3600u + (OS_TICK)minutes *
114             (OS_TICK)60u + (OS_TICK)seconds) * tick_rate
115             + (tick_rate * ((OS_TICK)milli + (OS_TICK)500u /
116             tick_rate)) / (OS_TICK)1000u; // 将延时时间转换成时钟节拍数      (25)
117
118 if (ticks > (OS_TICK)0u) {                      // 如果延时节拍数大于 0         (26)
119       OS_CRITICAL_ENTER();                       // 进入临界段
120       OSTCBCurPtr->TaskState = OS_TASK_STATE_DLY;
                                                      // 修改当前任务的任务状态为延时状态
121       OS_TickListInsert(OSTCBCurPtr,             // 将当前任务插入节拍列表
122                   ticks,
123                   opt_time,
124                   p_err);                                                      (27)
125       if(*p_err != OS_ERR_NONE) {  // 如果当前任务插入节拍列表时出现错误
126          OS_CRITICAL_EXIT_NO_SCHED();            // 退出临界段（无调度）
127          return;                                 // 返回，不执行延时操作
128       }
129       OS_RdyListRemove(OSTCBCurPtr);             // 从就绪列表移除当前任务      (28)
130       OS_CRITICAL_EXIT_NO_SCHED();               // 退出临界段（无调度）
131       OSSched();                                 // 任务切换                  (29)
132       *p_err = OS_ERR_NONE;                      // 错误类型为"无错误"
133    } else {                                      // 如果延时节拍数为 0
134       *p_err = OS_ERR_TIME_ZERO_DLY;             // 错误类型为"零延时"
135    }
136 }
137 #endif
```

代码清单 17-12（1）：延时时间——小时数。

代码清单 17-12（2）：延时时间——分钟数。

代码清单 17-12（3）：延时时间——秒数。

代码清单 17-12（4）：延时时间——毫秒数。

代码清单 17-12（5）：任务延时的可选选项，在 os.h 中定义，具体参见代码清单 17-13。

代码清单 17-13　任务延时的可选选项

```
1 #define   OS_OPT_TIME_DLY                DEF_BIT_NONE              (1)
2 #define   OS_OPT_TIME_TIMEOUT            ((OS_OPT)DEF_BIT_01)      (2)
3 #define   OS_OPT_TIME_MATCH              ((OS_OPT)DEF_BIT_02)      (3)
4 #define   OS_OPT_TIME_PERIODIC           ((OS_OPT)DEF_BIT_03)      (4)
5
6 #define   OS_OPT_TIME_HMSM_STRICT        ((OS_OPT)DEF_BIT_NONE)    (5)
7 #define   OS_OPT_TIME_HMSM_NON_STRICT    ((OS_OPT)DEF_BIT_04)      (6)
```

代码清单 17-13（1）：OS_OPT_TIME_DLY，dly 为相对时间，就是从现在起延时多长时间，到时钟节拍总计数 OSTickCtr = OSTickCtr 当前 + dly 时延时结束。

代码清单 17-13（2）：OS_OPT_TIME_TIMEOUT，与 OS_OPT_TIME_DLY 的作用一样。

代码清单 17-13（3）：OS_OPT_TIME_MATCH，dly 为绝对时间，就是从系统开始运行（调用 OSStart()）时到节拍总计数 OSTickCtr = dly 时延时结束。

代码清单 17-13（4）：OS_OPT_TIME_PERIODIC，周期性延时，与 OS_OPT_TIME_DLY 的作用类似，如果是长时间延时，则该选项更精准一些。

代码清单 17-13（5）：延时时间取值比较严格。

- 小时数（hours）：0 ～ 99
- 分钟数（minutes）：0 ～ 59
- 秒数（seconds）：0 ～ 59
- 毫秒数（milliseconds）：0 ～ 999

代码清单 17-13（6）：延时时间取值比较宽松。

- 小时数（hours）：0 ～ 999
- 分钟数（minutes）：0 ～ 9999
- 秒数（seconds）：0 ～ 65535
- 毫秒数（milliseconds）：0 ～ 4294967295

代码清单 17-12（6）：用于存放返回错误代码，如果挂起任务失败，则返回对应的错误代码。

代码清单 17-12（7）：如果启用（默认启用）了参数检测功能，则定义一些变量用于参数检测。

代码清单 17-12（8）：如果启用（默认禁用）了安全检测功能，就会包含安全检测的代码。如果错误类型实参为空，则执行安全检测异常函数，然后返回，不执行延时操作。

代码清单 17-12（9）：如果启用（默认启用）了中断中非法调用检测功能，并且该延时函数是在中断中被调用，则被视为非法，返回错误类型为"在中断函数中延时"的错误，然后退出，不执行延时操作。

代码清单 17-12（10）：当调度器被锁时任务不能延时，任务延时后会进行任务调度，如果调度器被锁，就会返回错误类型为"调度器被锁"的错误，然后退出，不执行延时操作。

代码清单 17-12（11）：检测除选项中与延时时间性质有关的位，并且根据延时选项参数

opt 分类操作。

代码清单 17-12（12）：如果选择相对延时（从现在起延时多长时间）、超时延时、周期性延时等延时类型，就会检测延时的时间是多少，如果是 0，则是不允许的，返回错误类型为"零延时"的错误，不进行延时操作。

代码清单 17-12（13）：如果选择绝对时间，会把系统开始运行 OSStart() 时作为起点。

代码清单 17-12（14）：如果选项超出范围，则返回错误类型为"选项非法"的错误，然后退出，不进行延时操作。

代码清单 17-12（15）：如果启用（默认启用）了参数检测功能，就会检测除选项位以外其他位是否被置位。

代码清单 17-12（16）：如果除选项位以外其他位有被置位的，则返回错误类型为"选项非法"的错误，然后退出，不执行延时操作。

代码清单 17-12（17）：检测有关时间参数取值范围的选项位，如果选择了 OS_OPT_TIME_HMSM_STRICT，就是比较严格的参数范围。

代码清单 17-12（18）：如果毫秒数大于 999，则返回错误类型为"毫秒数不可用"的错误，然后退出，不执行延时操作。

代码清单 17-12（19）：如果秒数大于 59，则返回错误类型为"秒数不可用"的错误，然后退出，不执行延时操作。

代码清单 17-12（20）：如果分钟数大于 59，则返回错误类型为"分钟数不可用"的错误，然后退出，不执行延时操作。

代码清单 17-12（21）：如果小时数大于 99，则返回错误类型为"小时数不可用"的错误，然后退出，不执行延时操作。

代码清单 17-12（22）：而如果选择了 OS_OPT_TIME_HMSM_NON_STRICT，就是比较宽松的延时操作，如果分钟数大于 9999，则返回错误类型为"分钟数不可用"的错误，然后退出，不执行延时操作。

代码清单 17-12（23）：如果小时数大于 999，则返回错误类型为"小时数不可用"的错误，然后退出，不执行延时操作。

代码清单 17-12（24）：因为我们延时的时间是时、分、秒、毫秒，但是系统的时间单位是时钟节拍，所以需要将延时时间转换成时钟节拍数，首先获取时钟节拍的频率。

代码清单 17-12（25）：然后根据延时的时间进行计算转换，将延时时间转换成时钟节拍数 tick。

代码清单 17-12（26）：如果延时节拍数大于 0，则表示可以延时，修改当前任务的任务状态为延时状态。

代码清单 17-12（27）：调用 OS_TickListInsert() 函数将当前任务插入节拍列表。

代码清单 17-12（28）：调用 OS_RdyListRemove() 函数从就绪列表移除当前任务。

代码清单 17-12（29）：进行一次任务切换。

任务延时函数 OSTimeDlyHMSM() 的使用实例具体参见代码清单 17-14。

代码清单 17-14 延时函数 OSTimeDlyHMSM() 实例

```
 1 void vTaskA( void * pvParameters )
 2 {
 3     while (1) {
 4         //  ...
 5         //  这里为任务主体代码
 6         //  ...
 7
 8         /* 调用延时函数，延时 1s */
 9         OSTimeDlyHMSM(0,0,1,0, OS_OPT_TIME_DLY, & err );
10     }
11 }
```

17.6　任务的设计要点

嵌入式开发人员要对自己设计的嵌入式系统了如指掌，对于任务的优先级信息，任务与中断的处理，任务的运行时间、逻辑、状态等都要明确，这样才能设计出好的系统，所以在设计时需要根据需求制定框架。在设计之初就应该考虑下面几点因素：任务运行的上下文环境、任务执行时间的合理设计。

µC/OS 中程序运行的上下文包括中断服务函数、普通任务和空闲任务。

1. 中断服务函数

中断服务函数是一种需要特别注意的上下文环境，它运行在非任务的执行环境下（一般为芯片的一种特殊运行模式，也称作特权模式），在这个上下文环境中不能使用挂起当前任务的操作，不允许调用任何会阻塞运行的 API 函数接口。另外需要注意的是，中断服务程序最好保持精简短小、快进快出，一般在中断服务函数中只标记事件的发生，然后通知任务，让对应任务去执行相关处理，因为中断服务函数的优先级高于任何优先级的任务，如果中断处理时间过长，将会导致整个系统的任务无法正常运行。所以，在设计时必须考虑中断的频率、中断的处理时间等重要因素，以便配合对应中断处理任务的工作。

µC/OS 支持中断延迟发布，使得原本在中断中发布的信息变成任务级发布，这样会使中断服务函数的处理更加快速，屏蔽中断的时间更短，能快速响应其他中断，实现真正意义上的实时操作。

2. 普通任务

对于普通任务，看似没有限制程序执行的因素，所有操作都可以执行，但是作为一个优先级明确的实时系统，如果一个任务中的程序出现了死循环操作（此处的死循环是指没有阻塞机制的任务循环体），那么比这个任务优先级低的任务都将无法执行，当然也包括空闲任务，因为进入死循环后，任务不会主动让出 CPU，低优先级的任务是不可能得到 CPU 的使用权的，而高优先级的任务就可以抢占 CPU。在实时操作系统中必须注意这种情况，所以在任务中不允许出现死循环。如果一个任务只有就绪态而无阻塞态，势必会影响其他低优先级任务的执行，所以在进行任务设计时，应该保证任务在不活跃可以进入阻塞态以交出 CPU 使用权，这就需要我们明确在什么情况下让任务进入阻塞态，保证低优先级任务可以正常运行。在实际设计中，一般会将紧急处理事件的任务优先级设置得高一些。

3. 空闲任务

空闲任务（idle 任务）是 μC/OS 系统中没有其他工作进行时自动进入的系统任务，因为处理器总是需要代码来执行，所以至少要有一个任务处于运行态。μC/OS 为了保证这一点，当调用 OSInit() 函数进行系统初始化时，系统会自动创建一个空闲任务。空闲任务是一个非常短小的循环。用户可以通过空闲任务钩子方式，在空闲任务上钩入自己的功能函数。通常这个空闲任务钩子能够完成一些额外的特殊功能，例如系统运行状态的指示、系统省电模式等。空闲任务是唯一一个不允许出现阻塞情况的任务，因为 μC/OS 需要保证系统永远都有一个可运行的任务。

空闲任务钩子上挂接的空闲钩子函数，应该满足以下的条件：

- 永远不会挂起空闲任务。
- 不应该陷入死循环，需要留出部分时间用于统计系统的运行状态等。

任务的执行时间一般是指两个方面，一是任务从开始到结束的时间，二是任务的周期。

在设计系统时，这两个时间都需要考虑，例如，对于事件 A 对应的服务任务 Ta，系统要求的实时响应指标是 10ms，而 Ta 的最大运行时间是 1ms，那么 10ms 就是任务 Ta 的周期，1ms 则是任务的运行时间，简单来说，任务 Ta 在 10ms 内完成对事件 A 的响应即可。此时，系统中还存在以 50ms 为周期的另一任务 Tb，它每次运行的最大时间长度是 100μs。在这种情况下，即使把任务 Tb 的优先级设置得比 Ta 高，对系统的实时性指标也没什么影响，因为即使在 Ta 运行的过程中，Tb 抢占了 Ta 的资源，等到 Tb 执行完毕，消耗的时间也只不过是 100μs，还是在事件 A 规定的响应时间内（10ms），Ta 能够安全完成对事件 A 的响应。但是假如系统中还存在任务 Tc，其运行时间为 20ms，假如将 Tc 的优先级设置得比 Ta 更高，那么在 Ta 运行时突然被 Tc 打断，等到 Tc 执行完毕，Ta 已经错过对事件 A（10ms）的响应了，这是不允许的。所以在设计系统时必须考虑任务的时间，一般来说，处理时间更短的任务优先级应设置得更高。

17.7 任务管理实验

任务管理实验是将任务常用的函数进行一次实验，在野火 STM32 开发板上进行该实验。创建 LED1、LED2 和 LED3 这 3 个应用任务，3 个任务的优先级均是 3，使用时间片轮转调度任务运行。系统开始运行后，3 个任务均每隔 1s 切换一次自己的 LED 灯的亮灭状态。当 LED2 和 LED3 任务切换 5 次后均挂起自身，停止切换，而 LED1 继续切换其 LED 灯的亮灭状态，当 LED1 切换 10 次时，会恢复 LED2 和 LED3 任务的运行，以此循环，具体参见代码清单 17-15。

代码清单 17-15　任务管理实验

```
 1  /*
 2  ************************************************************************
 3  ****
 4  * EXAMPLE CODE
 5  *
 6  *             (c) Copyright 2003-2013; Micrium, Inc.; Weston, FL
 7  *
 8  *All rights reserved.  Protected by international copyright laws.
 9  *Knowledge of the source code may NOT be used to develop a similar product.
10  *Please help us continue to provide the Embedded community with the finest
11  *             software available.  Your honesty is greatly appreciated.
12  ************************************************************************
13  ****
14  */
15
16  /*
17  ************************************************************************
18  ****
19  *
20  *                                        EXAMPLE CODE
21  *
22  *                              ST Microelectronics STM32
23  *                                           on the
24  *
25  *                              Micrium uC-Eval-STM32F107
26  *                                     Evaluation Board
27  *
28  * Filename      : app.c
29  * Version       : V1.00
30  * Programmer(s) : EHS
31  *                 DC
32  ************************************************************************
33  ****
34  */
35
36  /*
37  ************************************************************************
38  ****
39  *                                        INCLUDE FILES
40  ************************************************************************
41  ****
42  */
43
44  #include <includes.h>
45  #include <string.h>
46
47
48  /*
49  ************************************************************************
50  ****
51  *                                        LOCAL DEFINES
```

```
52 **************************************************************************
53 ****
54 */
55
56 //OS_MEM  mem;                        // 声明内存管理对象
57 //uint8_t ucArray [ 3 ] [ 20 ];      // 声明内存分区大小
58
59
60 /*
61 **************************************************************************
62 ****
63 *                                                              TCB
64 **************************************************************************
65 ****
66 */
67
68 static  OS_TCB    AppTaskStartTCB;      // 任务控制块
69
70 static  OS_TCB    AppTaskLed1TCB;
71 static  OS_TCB    AppTaskLed2TCB;
72 static  OS_TCB    AppTaskLed3TCB;
73
74
75 /*
76 **************************************************************************
77 ****
78 *                                                            STACKS
79 **************************************************************************
80 ****
81 */
82
83 static  CPU_STK   AppTaskStartStk[APP_TASK_START_STK_SIZE];        // 任务栈
84
85 static  CPU_STK   AppTaskLed1Stk [ APP_TASK_LED1_STK_SIZE ];
86 static  CPU_STK   AppTaskLed2Stk [ APP_TASK_LED2_STK_SIZE ];
87 static  CPU_STK   AppTaskLed3Stk [ APP_TASK_LED3_STK_SIZE ];
88
89
90 /*
91 **************************************************************************
92 ****
93 *                                               FUNCTION PROTOTYPES
94 **************************************************************************
95 ****
96 */
97
98 static  void  AppTaskStart  (void *p_arg);              // 任务函数声明
99
100 static  void  AppTaskLed1  ( void *p_arg );
101 static  void  AppTaskLed2  ( void *p_arg );
102 static  void  AppTaskLed3  ( void *p_arg );
103
104
```

```
105 /*
106 ************************************************************************
107 ****
108 *                                              main()
109 *
110 * Description : This is the standard entry point for C code.  It is
111 *  assumed that your code will call main() once you have performed all
112 *      necessary initialization.
113 * Arguments  : none
114 *
115 * Returns    : none
116 ************************************************************************
117 ****
118 */
119
120 int  main (void)
121 {
122     OS_ERR  err;
123
124
125     OSInit(&err);                                       // 初始化 μC/OS-III
126
127     /* 创建初始任务 */
128     OSTaskCreate((OS_TCB      *)&AppTaskStartTCB,        // 任务控制块地址
129                  (CPU_CHAR    *)"App Task Start",        // 任务名称
130                  (OS_TASK_PTR ) AppTaskStart,            // 任务函数
131                  (void        *) 0,
132                  //传递给任务函数 (形参 p_arg) 的实参
133                  (OS_PRIO     ) APP_TASK_START_PRIO,     // 任务的优先级
134                  (CPU_STK     *)&AppTaskStartStk[0],
135                  //任务栈的基地址
136                  (CPU_STK_SIZE) APP_TASK_START_STK_SIZE / 10,
137                  //任务栈空间剩下 1/10 时限制其增长
138                  (CPU_STK_SIZE) APP_TASK_START_STK_SIZE,
139                  //任务栈空间 (单位: sizeof(CPU_STK))
140                  (OS_MSG_QTY  ) 5u,
141                  //任务可接收的最大消息数
142                  (OS_TICK     ) 0u,
143                  //任务的时间片节拍数 (0 表示默认值 OSCfg_TickRate_Hz/10)
144                  (void        *) 0,
145                  //任务扩展 (0 表示不扩展)
146                  (OS_OPT      )(OS_OPT_TASK_STK_CHK |OS_OPT_TASK_STK_CLR),// 任务选项
147                  (OS_ERR      *)&err);                   // 返回错误类型
148
149     OSStart(&err);
150     // 启动多任务管理 (交由 μC/OS-III 控制)
151
152 }
153
154
155 /*
156 ************************************************************************
157 ****
```

```
158 *                                    STARTUP TASK
159 *
160 * Description : This is an example of a startup task.  As mentioned in the book's
161 *       text, you MUST initialize the ticker only once multitasking has started.
162 *
163 * Arguments   : p_arg   is the argument passed to 'AppTaskStart()' by
164 *                       'OSTaskCreate()'.
165 * Returns     : none
166 *
167 * Notes   : 1) The first line of code is used to prevent a compiler warning
168 because 'p_arg' is not
169 * used.  The compiler should not generate any code for this statement.
170 *********************************************************************************
171 ****
172 */
173
174 static  void  AppTaskStart (void *p_arg)
175 {
176     CPU_INT32U  cpu_clk_freq;
177     CPU_INT32U  cnts;
178     OS_ERR      err;
179
180
181     (void)p_arg;
182
183     BSP_Init();                                           // 板级初始化
184     CPU_Init();
185     // 初始化 CPU 组件 (时间戳、关中断时间测量和主机名)
186
187     cpu_clk_freq = BSP_CPU_ClkFreq();
188     // 获取 CPU 内核时钟频率 (SysTick 工作时钟)
189     cnts = cpu_clk_freq / (CPU_INT32U)OSCfg_TickRate_Hz;
190     // 根据用户设定的时钟节拍频率计算 SysTick 定时器的计数值
191     OS_CPU_SysTickInit(cnts);
192     // 调用 SysTick 初始化函数, 设置定时器计数值和启动定时器
193
194     Mem_Init();
195     // 初始化内存管理组件 (堆内存池和内存池表)
196
197 #if OS_CFG_STAT_TASK_EN > 0u
198     // 如果启用 (默认启用) 了统计任务
199     OSStatTaskCPUUsageInit(&err); // 计算没有应用任务 (只有空闲任务) 运行时 CPU
200
201 // 的 (最大) 容量 (决定 OS_Stat_IdleCtrMax 的值, 为后面计算 CPU 使用率使用)
202 #endif
203
204
205     CPU_IntDisMeasMaxCurReset();                // 复位 (清零) 当前最大关中断时间
206
207
208
209     /* 配置时间片轮转调度 */
210     OSSchedRoundRobinCfg((CPU_BOOLEAN    )DEF_ENABLED, // 启用时间片轮转调度
```

```
211                         (OS_TICK          )0,    // 把 OSCfg_TickRate_Hz / 10
212                                                 // 设为默认时间片值
213                         (OS_ERR          *)&err ); // 返回错误类型
214
215
216     /* 创建 LED1 任务 */
217     OSTaskCreate((OS_TCB       *)&AppTaskLed1TCB,            // 任务控制块地址
218                  (CPU_CHAR     *)"App Task Led1",
219                  (OS_TASK_PTR ) AppTaskLed1,                 // 任务函数
220                  (void        *) 0,
221                  // 传递给任务函数 (形参 p_arg) 的实参
222                  (OS_PRIO     ) APP_TASK_LED1_PRIO,          // 任务的优先级
223                  (CPU_STK     *)&AppTaskLed1Stk[0],
224                  // 任务栈的基地址
225                  (CPU_STK_SIZE) APP_TASK_LED1_STK_SIZE / 10,
226                  // 任务栈空间剩下 1/10 时限制其增长
227                  (CPU_STK_SIZE) APP_TASK_LED1_STK_SIZE,
228                  // 任务栈空间 (单位: sizeof(CPU_STK))
229                  (OS_MSG_QTY  ) 5u,
230                  // 任务可接收的最大消息数
231                  (OS_TICK     ) 0u,
232                  // 任务的时间片节拍数 (0 表示默认值)
233                  (void        *) 0,
234                  // 任务扩展 (0 表示不扩展)
235                  (OS_OPT      )(OS_OPT_TASK_STK_CHK | OS_OPT_TASK_STK_CLR),
236                  (OS_ERR      *)&err);                       // 返回错误类型
237
238     /* 创建 LED2 任务 */
239     OSTaskCreate((OS_TCB       *)&AppTaskLed2TCB,            // 任务控制块地址
240                  (CPU_CHAR     *)"App Task Led2",            // 任务名称
241                  (OS_TASK_PTR ) AppTaskLed2,                 // 任务函数
242                  (void        *) 0,
243                  // 传递给任务函数 (形参 p_arg) 的实参
244                  (OS_PRIO     ) APP_TASK_LED2_PRIO,          // 任务的优先级
245                  (CPU_STK     *)&AppTaskLed2Stk[0],
246                  // 任务栈的基地址
247                  (CPU_STK_SIZE) APP_TASK_LED2_STK_SIZE / 10,
248                  // 任务栈空间剩下 1/10 时限制其增长
249                  (CPU_STK_SIZE) APP_TASK_LED2_STK_SIZE,
250                  // 任务栈空间 (单位: sizeof(CPU_STK))
251                  (OS_MSG_QTY  ) 5u,
252                  // 任务可接收的最大消息数
253                  (OS_TICK     ) 0u,
254                  // 任务的时间片节拍数 (0 表示默认值)
255                  (void        *) 0,
256                  // 任务扩展 (0 表示不扩展)
257                  (OS_OPT      )(OS_OPT_TASK_STK_CHK | OS_OPT_TASK_STK_CLR),
258                  (OS_ERR      *)&err);                       // 返回错误类型
259
260     /* 创建 LED3 任务 */
261     OSTaskCreate((OS_TCB       *)&AppTaskLed3TCB,            // 任务控制块地址
262                  (CPU_CHAR     *)"App Task Led3",            // 任务名称
263                  (OS_TASK_PTR ) AppTaskLed3,                 // 任务函数
```

```
264                      (void          *) 0,
265                      // 传递给任务函数 (形参 p_arg) 的实参
266                      (OS_PRIO       ) APP_TASK_LED3_PRIO,         // 任务的优先级
267                      (CPU_STK       *)&AppTaskLed3Stk[0],
268                      // 任务栈的基地址
269                      (CPU_STK_SIZE) APP_TASK_LED3_STK_SIZE / 10,
270                      // 任务栈空间剩下 1/10 时限制其增长
271                      (CPU_STK_SIZE) APP_TASK_LED3_STK_SIZE,
272                      // 任务栈空间 (单位: sizeof(CPU_STK))
273                      (OS_MSG_QTY   ) 5u,
274                      // 任务可接收的最大消息数
275                      (OS_TICK      ) 0u,
276                      // 任务的时间片节拍数 (0 表示默认值)
277                      (void         *) 0,
278                      // 任务扩展 (0 表示不扩展)
279                      (OS_OPT       )(OS_OPT_TASK_STK_CHK | OS_OPT_TASK_STK_CLR),
280                      (OS_ERR       *)&err); // 返回错误类型
281
282
283      OSTaskDel ( 0, & err );                 // 删除初始任务本身, 该任务不再运行
284
285
286 }
287
288
289 /*
290 *************************************************************************
291 ****
292 *                                              LED1 TASK
293 *************************************************************************
294 ****
295 */
296
297 static  void  AppTaskLed1 ( void *p_arg )
298 {
299     OS_ERR      err;
300     OS_REG      value;
301
302
303     (void)p_arg;
304
305
306     while (DEF_TRUE)                        // 任务体, 通常写成一个死循环
307     {
308         macLED1_TOGGLE ();                  // 切换 LED1 的亮灭状态
309
310         value = OSTaskRegGet ( 0, 0, & err ); // 获取自身任务寄存器值
311
312         if ( value < 10 )                  // 如果任务寄存器值小于 10
313         {
314             OSTaskRegSet ( 0, 0, ++ value, & err );// 继续累加任务寄存器值
315         }
316         else                               // 如果累加到 10
```

```
317              {
318                  OSTaskRegSet ( 0, 0, 0, & err );                // 将任务寄存器值归 0
319
320                  OSTaskResume ( & AppTaskLed2TCB, & err );       // 恢复 LED2 任务
321                  printf(" 恢复 LED2 任务! \n");
322
323                  OSTaskResume ( & AppTaskLed3TCB, & err );       // 恢复 LED3 任务
324                  printf(" 恢复 LED3 任务! \n");
325              }
326
327          OSTimeDly ( 1000, OS_OPT_TIME_DLY, & err );             // 相对性延时 1000
328                                                                   个时钟节拍（1s）
329
330      }
331
332
333  }
334
335
336  /*
337  *********************************************************************************
338  ****
339  *                                   LED2 TASK
340  *********************************************************************************
341  ****
342  */
343
344  static  void  AppTaskLed2 ( void *p_arg )
345  {
346      OS_ERR      err;
347      OS_REG      value;
348
349
350      (void)p_arg;
351
352
353      while (DEF_TRUE)                          // 任务体，通常写成一个死循环
354      {
355          macLED2_TOGGLE ();                    // 切换 LED2 的亮灭状态
356
357          value = OSTaskRegGet ( 0, 0, & err ); // 获取自身任务寄存器值
358
359          if ( value < 5 )                      // 如果任务寄存器值小于 5
360          {
361              OSTaskRegSet ( 0, 0, ++ value, & err );  // 继续累加任务寄存器值
362          }
363          else                                  // 如果累加到 5
364          {
365              OSTaskRegSet ( 0, 0, 0, & err );         // 将任务寄存器值归 0
366
367              OSTaskSuspend ( 0, & err );              // 挂起自身
368              printf(" 挂起 LED2 任务（自身）! \n");
369          }
```

```
370
371          OSTimeDly ( 1000, OS_OPT_TIME_DLY, & err );    // 相对性延时 1000 个时钟
372                                                            节拍（1s）
373
374      }
375
376
377  }
378
379
380  /*
381  ***********************************************************************
382  ****
383  *                                              LED3 TASK
384  ***********************************************************************
385  ****
386  */
387
388  static   void   AppTaskLed3 ( void *p_arg )
389  {
390      OS_ERR      err;
391      OS_REG      value;
392
393
394      (void)p_arg;
395
396
397      while (DEF_TRUE)                                // 任务体，通常写成一个死循环
398      {
399          macLED3_TOGGLE ();                          // 切换 LED3 的亮灭状态
400
401          value = OSTaskRegGet ( 0, 0, & err );       // 获取自身任务寄存器值
402
403          if ( value < 5 )                            // 如果任务寄存器值小于 5
404          {
405              OSTaskRegSet ( 0, 0, ++ value, & err ); // 继续累加任务寄存器值
406          }
407          else                                        // 如果累加到 5
408          {
409              OSTaskRegSet ( 0, 0, 0, & err );        // 将任务寄存器值归 0
410
411              OSTaskSuspend ( 0, & err );             // 挂起自身
412              printf(" 挂起 LED3 任务（自身）！ \n");
413          }
414
415          OSTimeDly ( 1000, OS_OPT_TIME_DLY, & err ); // 相对性延时 1000 个
416                                                        时钟节拍（1s）
417
418      }
419
420
421  }
```

17.8　实验现象

将程序编译好，用 USB 线连接计算机和开发板的 USB 接口（对应丝印为 USB 转串口），用 DAP 仿真器把配套程序下载到野火 STM32 开发板（具体型号根据购买的板子而定，每个型号的板子都配套有对应的程序），在计算机上打开串口调试助手，然后复位开发板就可以在调试助手中看到串口的打印信息。在开发板中可以看到 LED 灯在闪烁，同时在串口调试助手中也输出了相应的信息，说明任务已经被挂起与恢复，如图 17-2 所示。

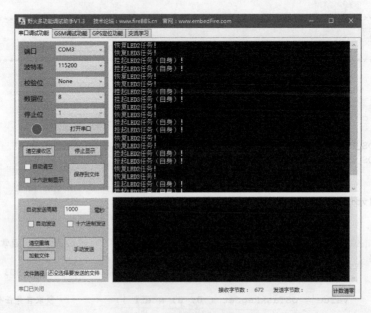

图 17-2　任务管理实验现象

第 18 章

消息队列

回想一下，在裸机的编程中，我们是如何使用全局数组的呢？

18.1 消息队列的基本概念

队列又称消息队列，是一种常用于任务间通信的数据结构。队列可以在任务与任务间、中断与任务间传递信息，实现了任务接收来自其他任务或中断的不固定长度的消息。任务能够从队列中读取消息，当队列中的消息为空时，读取消息的任务将被阻塞。用户还可以指定阻塞的任务时间 timeout，在这段时间中，如果队列为空，该任务将保持阻塞状态以等待队列数据有效。当队列中有新消息时，被阻塞的任务会被唤醒并处理新消息；当等待的时间超过指定的阻塞时间，即使队列中尚无有效数据，任务也会自动从阻塞态转为就绪态。消息队列是一种异步的通信方式。

通过消息队列服务，任务或中断服务程序可以将消息放入消息队列中。同样，一个或多个任务可以从消息队列中获得消息。当有多个消息发送到消息队列时，通常是将先进入消息队列的消息先传给任务，也就是说，任务先得到的是最先进入消息队列的消息，即先进先出原则（FIFO），但是 μC/OS 也支持后进先出原则（LIFO）。

μC/OS 中使用队列数据结构实现任务异步通信工作，具有如下特性：

- 消息支持先进先出方式排队，支持异步读写工作方式。
- 消息支持后进先出方式排队，向队首发送消息。
- 读消息队列支持超时机制。
- 可以允许不同长度的任意类型消息（因为是以引用方式传递，所以无论多大的数据都只是一个指针）。
- 一个任务能够从任意一个消息队列接收和发送消息。
- 多个任务能够从同一个消息队列接收和发送消息。
- 当队列使用结束后，可以通过删除队列函数进行删除。

18.2 消息队列的工作过程

在 μC/OS-III 中定义了一个数组 OSCfg_MsgPool[OS_CFG_MSG_POOL_SIZE]，因为在使用消息队列时存取消息比较频繁，所以在系统初始化时将这个大数组的各个元素串成单向链表，组成消息池，这些元素我们称之为消息。为什么这里是单向链表而不是之前在各种列表中看到的双向链表？因为消息的存取并不需要从链表中间进行，只需要在链表的首尾存取即可，单向链表即够用，使用双向链表反而更复杂。消息池的大小 OS_CFG_MSG_POOL_SIZE 由用户自己定义，该宏定义在 os_cfg_app.h 头文件中。

可能很多读者会有疑问，为什么 μC/OS 的消息队列要有消息池呢？因为这样处理会很快，并且共享了资源，系统中所有被创建的队列都可以从消息池中取出消息，挂载到自身的队列上，以表示消息队列拥有消息，当消息使用完毕，则又会被释放，回到消息池中，其他队列也可以从中取出消息，这样，消息资源可被系统中所有消息队列反复使用。

18.2.1 消息池初始化

在进行系统初始化时，也会将消息池初始化，其中，OS_MsgPoolInit() 函数就是用来初始化消息池的，其定义位于 os_msg.c 文件中，源码参见代码清单 18-1。

代码清单 18-1 OS_MsgPoolInit() 函数源码

```
 1 void  OS_MsgPoolInit (OS_ERR  *p_err)     // 返回错误类型
 2 {
 3     OS_MSG       *p_msg1;
 4     OS_MSG       *p_msg2;
 5     OS_MSG_QTY   i;
 6     OS_MSG_QTY   loops;
 7
 8
 9
10 #ifdef OS_SAFETY_CRITICAL              // 如果启用（默认禁用）了安全检测            (1)
11     if (p_err == (OS_ERR *)0) {        // 如果错误类型实参为空
12         OS_SAFETY_CRITICAL_EXCEPTION(); // 执行安全检测异常函数
13         return;                        // 返回，停止执行
14     }
15 #endif
16
17 #if OS_CFG_ARG_CHK_EN > 0u             // 如果启用了参数检测                      (2)
18     if (OSCfg_MsgPoolBasePtr == (OS_MSG *)0) { // 如果消息池不存在
19         *p_err = OS_ERR_MSG_POOL_NULL_PTR;    // 错误类型为"消息池指针为空"
20         return;                        // 返回，停止执行
21     }
22 if (OSCfg_MsgPoolSize == (OS_MSG_QTY)0) {    // 如果消息池不能存放消息
23         *p_err = OS_ERR_MSG_POOL_EMPTY;       // 错误类型为"消息池为空"
24         return;                        // 返回，停止执行
25     }
26 #endif
27     /* 将消息池里的消息逐条串成单向链表，方便管理 */
```

```
28        p_msg1 = OSCfg_MsgPoolBasePtr;
29        p_msg2 = OSCfg_MsgPoolBasePtr;
30        p_msg2++;
31        loops  = OSCfg_MsgPoolSize - 1u;
32        for (i = 0u; i < loops; i++) {              // 初始化每一条消息           (3)
33            p_msg1->NextPtr = p_msg2;
34            p_msg1->MsgPtr  = (void      *)0;
35            p_msg1->MsgSize = (OS_MSG_SIZE)0u;
36            p_msg1->MsgTS   = (CPU_TS     )0u;
37            p_msg1++;
38            p_msg2++;
39        }
40        p_msg1->NextPtr = (OS_MSG     *)0;          // 最后一条消息               (4)
41        p_msg1->MsgPtr  = (void       *)0;
42        p_msg1->MsgSize = (OS_MSG_SIZE)0u;
43        p_msg1->MsgTS   = (CPU_TS     )0u;
44        /* 初始化消息池数据 */
45        OSMsgPool.NextPtr     = OSCfg_MsgPoolBasePtr;                            (5)
46        OSMsgPool.NbrFree     = OSCfg_MsgPoolSize;
47        OSMsgPool.NbrUsed     = (OS_MSG_QTY)0;
48        OSMsgPool.NbrUsedMax  = (OS_MSG_QTY)0;
49        *p_err                = OS_ERR_NONE;        // 错误类型为 "无错误"
50 }
```

代码清单 18-1（1）：如果启用了安全检测（OS_SAFETY_CRITICAL）这个宏定义，那么在编译代码时会包含安全检测，如果 p_err 指针为空，系统会执行安全检测异常函数 OS_SAFETY_CRITICAL_EXCEPTION()，然后退出。

代码清单 18-1（2）：如果启用了参数检测（OS_CFG_ARG_CHK_EN）这个宏定义，那么在编译代码时会包含参数检测，如果消息池不存在，系统会返回错误类型为 "消息池指针为空" 的错误代码，然后退出，不执行初始化操作；如果消息池不能存放消息，系统会返回错误类型为 "消息池为空" 的错误代码，然后退出，也不执行初始化操作。

代码清单 18-1（3）：系统会将消息池里的消息逐条串成单向链表，方便管理，通过 for 循环将消息池中的每个消息元素（消息）进行初始化，并且通过单链表连接起来。

代码清单 18-1（4）：初始化最后一条消息，每条消息有 4 个元素，例如，图 18-1 所示为 OS_MSG 包含的元素。

- NextPtr：指向下一个可用的消息。
- MsgPtr：指向实际的消息。
- MsgSize：记录消息的大小（以字节为单位）。
- MsgTS：记录发送消息时的时间戳。

代码清单 18-1（5）：OSMsgPool 是一个全局变量，用来管理内存池的存取操作，包含以下 4 个元素，如图 18-2 所示。

- NextPtr：指向下一个可用的消息。
- NbrFree：记录消息池中可用的消息个数。
- NbrUsed：记录已用的消息个数。

● NbrUsedMax：记录使用的消息峰值数量。

图 18-1 OS_MSG 包含的元素

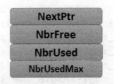

图 18-2 OSMsgPool 包含的元素

初始化完成的消息池示意图如图 18-3 所示。

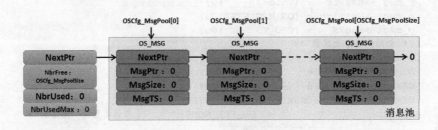

图 18-3 初始化完成的消息池

18.2.2 消息队列的运作机制

μC/OS 的消息队列控制块由多个元素组成，当消息队列被创建时，编译器会静态为消息队列分配对应的内存空间（因为我们需要自己定义一个消息队列控制块），用于保存消息队列的一些信息，如队列的名字、队列可用的最大消息个数、入队指针、出队指针等。创建成功时，这些内存就被占用了。创建队列时，用户指定队列的最大消息个数，无法再次更改，每个消息空间可以存放任意类型的数据。

任务或者中断服务程序都可以给消息队列发送消息，当发送消息时，如果队列未满，μC/OS 将会从消息池中取出一个消息，将消息挂载到队列的尾部，消息中的成员变量 MsgPtr 指向要发送的消息。如果队列已满，则返回错误代码，入队失败。

μC/OS 还支持发送紧急消息，也就是我们所说的后进先出（LIFO）排队，其过程与发送消息几乎一样，唯一的不同是，当发送紧急消息时，发送的消息会挂载到队列的队头而非队尾，这样，接收者就能够优先接收紧急消息，从而及时进行消息处理。

当某个任务试图读一个队列时，可以指定一个阻塞超时时间。在这段时间中，如果队列为空，该任务将保持阻塞状态以等待队列数据有效。当其他任务或中断服务程序往向等待的队列中写入了数据，该任务将自动由阻塞态转换为就绪态。当等待的时间超过了指定的阻塞时间，即使队列中尚无有效数据，任务也会自动从阻塞态转换为就绪态。

当消息队列不再被使用时，可以对其进行删除操作，一旦删除操作完成，消息队列将被永久性地删除，所有关于队列的信息会被清空，直到再次创建才可使用。

消息队列的运作过程如图 18-4 所示。

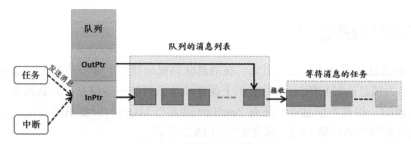

图 18-4 消息队列运作过程

18.3 消息队列的阻塞机制

我们使用的消息队列一般不是属于某个任务的队列，在很多时候，我们创建的队列是每个任务都可以去对其进行读写操作的，但是为了保护每个任务对其进行读操作的过程（μC/OS 队列的写操作是没有阻塞的），必须有阻塞机制。在某个任务对其进行读操作时，必须保证该任务能正常完成读操作，而不受后来任务的干扰。

那么，如何实现这个机制呢？很简单，μC/OS 中已经提供了这种机制，直接使用即可，每个对消息队列读的函数都有这种机制，称为阻塞机制。假设有一个任务 A 对某个队列进行读操作时（也就是出队）发现它没有消息，那么此时任务 A 有 3 个选择：第 1 个选择，既然队列没有消息，那么不再等待，去处理其他操作，这样任务 A 不会进入阻塞态；第 2 个选择，任务 A 继续等待，此时任务 A 会进入阻塞状态，等待消息到来，而任务 A 的等待时间就由我们自己定义，比如设置 1000 个系统 tick 的等待，在这 1000 个 tick 到来之前任务 A 都是处于阻塞态，若阻塞的这段时间任务 A 等到了队列的消息，那么任务 A 就会从阻塞态变成就绪态，如果此时任务 A 比当前运行的任务优先级还高，那么任务 A 就会得到消息并且运行，假如 1000 个 tick 过去了队列还没有消息，那么任务 A 就不等了，从阻塞态中唤醒，返回一个没等到消息的错误代码，然后继续执行任务 A 的其他代码；第 3 个选择，任务 A 一直等待，直到收到消息，这样任务 A 就会进入阻塞态，直到完成读取队列的消息。

假如有多个任务阻塞在一个消息队列中，那么这些阻塞的任务将按照任务优先级进行排序，优先级高的任务将优先获得队列的访问权。

如果发送消息时用户选择广播消息，那么在等待中的任务都会收到一样的消息。

18.4 消息队列的应用场景

消息队列可以应用于发送不定长消息的场合，包括任务与任务间的消息交换，队列是μC/OS 中任务与任务间、中断与任务间主要的通信方式，发送到队列的消息是通过引用方式实现的，这意味着队列存储的是数据的地址，可以通过这个地址将这个数据读取出来，这样，无论数据量有多大，其操作时间都是一定的，只是一个指向数据地址指针。

18.5 消息队列的结构

μC/OS 的消息队列由多个元素组成，在消息队列被创建时，需要由我们自己定义消息队列（也可以称为消息队列句柄），因为它用于保存消息队列的一些信息，其数据结构 OS_Q 中除了队列必须的一些基本信息外，还有 PendList 链表与 MsgQ，以便系统管理消息队列。其数据结构具体参见代码清单 18-2，示意图如图 18-5 所示。

图 18-5 消息队列的结构

代码清单 18-2 消息队列结构

```
 1 struct  os_q {
 2     /* ------------------ GENERIC  MEMBERS ------------------- */
 3     OS_OBJ_TYPE           Type;                              (1)
 4     CPU_CHAR             *NamePtr;                           (2)
 5     OS_PEND_LIST          PendList;                          (3)
 6 #if OS_CFG_DBG_EN > 0u
 7     OS_Q                 *DbgPrevPtr;
 8     OS_Q                 *DbgNextPtr;
 9     CPU_CHAR             *DbgNamePtr;
10 #endif
11 /* ------------------ SPECIFIC MEMBERS ------------------- */
12     OS_MSG_Q              MsgQ;                              (4)
13 };
```

代码清单 18-2（1）：消息队列的类型，用户无须理会。

代码清单 18-2（2）：消息队列的名字。

代码清单 18-2（3）：等待消息队列的任务列表。

代码清单 18-2（4）：消息列表，这里才是用户要注意的地方，这是真正管理队列中消息的地方，其结构具体参见代码清单 18-3。

代码清单 18-3　os_msg_q 结构

```
1 struct  os_msg_q {                          /* OS_MSG_Q */
2     OS_MSG            *InPtr;     /* 指向要插入队列的下一个 OS_MSG 的指针 */    (1)
3     OS_MSG            *OutPtr;    /* 指向要从队列中提取的下一个 OS_MSG 的指针 */ (2)
4     OS_MSG_QTY        NbrEntriesSize;/* 队列中允许的最大消息个数 */             (3)
5     OS_MSG_QTY        NbrEntries;     /* 队列中当前的消息个数 */              (4)
6     OS_MSG_QTY        NbrEntriesMax; /* 队列中消息个数的峰值 */               (5)
7 };
```

代码清单 18-3（1）（2）：队列中消息也是用单向链表串联起来的，但存取消息不像消息
池只是从固定的一端进行。队列存取消息有两种模式，一种是 FIFO 模式，即先进先出，这
时消息的存取是在单向链表的两端，一个头一个尾，存取位置可能不一样，这就产生了两个
输入指针和输出指针，具体如图 18-6 所示；另一种是 LIFO 模式，即后进先出，这时消息的
存取都是在单向链表的一端，仅用 OutPtr 就足够指示存取的位置，具体如图 18-7 所示。当
队列中已经存在比较多的消息没有处理，这时又一个紧急的消息需要马上传送到其他任务
去，这种情况下就可以在发布消息时选择 LIFO 模式。

代码清单 18-3（3）：消息队列最大可用的消息个数。消息队列创建时由用户指定这个值
的大小。

代码清单 18-3（4）：记录消息队列中当前的消息个数，每发送一个消息，若没有任务在
等待该消息队列的消息，那么新发送的消息被插入此消息队列后此值加 1，NbrEntries 的大小
不能超过 NbrEntriesSize。

代码清单 18-3（5）：记录队列中消息个数的最大值。

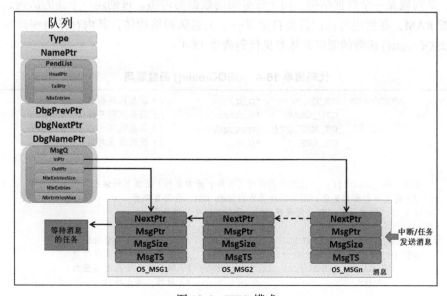

图 18-6　FIFO 模式

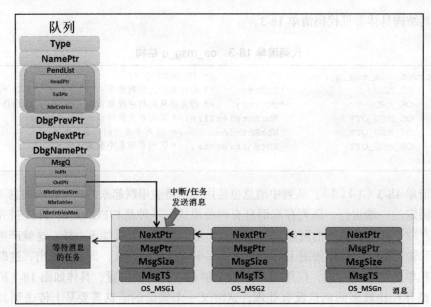

图 18-7 LIFO 模式

18.6 消息队列常用函数

18.6.1 消息队列创建函数 OSQCreate()

要使用 μC/OS 的消息队列，必须先声明和创建消息队列。OSQCreate() 用于创建一个新的队列。队列就是一个数据结构，用于任务间的数据的传递。每创建一个新的队列，都需要为其分配 RAM，在创建时我们需要自定义一个消息队列结构体，其内存是由编译器自动分配的，OSQCreate() 函数的源码具体参见代码清单 18-4。

代码清单 18-4　OSQCreate() 函数源码

```
 1 void  OSQCreate (OS_Q         *p_q,           // 消息队列指针                  (1)
 2                  CPU_CHAR     *p_name,        // 消息队列名称                  (2)
 3                  OS_MSG_QTY   max_qty,        // 消息队列大小（不能为 0）       (3)
 4                  OS_ERR       *p_err)         // 返回错误类型                  (4)
 5
 6 {
 7     CPU_SR_ALLOC();// 使用临界段时（在关 / 开中断时）必须用到该宏，该宏声明和      (5)
 8     // 定义一个局部变量，用于保存关中断前的 CPU 状态寄存器
 9     // SR（临界段关中断只需保存 SR），开中断时将该值还原
10
11 #ifdef OS_SAFETY_CRITICAL                     // 如果启用了安全检测              (6)
12     if (p_err == (OS_ERR *)0) {               // 如果错误类型实参为空
13         OS_SAFETY_CRITICAL_EXCEPTION();       // 执行安全检测异常函数
14         return;                               // 返回，停止执行
15     }
```

```
16  #endif
17  #ifdef OS_SAFETY_CRITICAL_IEC61508      // 如果启用了安全关键检测
18      // 如果在调用 OSSafetyCriticalStart() 后创建
19      if (OSSafetyCriticalStartFlag == DEF_TRUE) {
20          *p_err = OS_ERR_ILLEGAL_CREATE_RUN_TIME; // 错误类型为"非法创建内核对象"
21          return;                             // 返回,停止执行
22      }
23  #endif
24
25  #if OS_CFG_CALLED_FROM_ISR_CHK_EN > 0u         // 如果启用了中断中非法调用检测  (7)
26      if (OSIntNestingCtr > (OS_NESTING_CTR)0) {   // 如果该函数是在中断中被调用
27          *p_err = OS_ERR_CREATE_ISR;              // 错误类型为"在中断中创建对象"
28          return;                             // 返回,停止执行
29      }
30  #endif
31
32  #if OS_CFG_ARG_CHK_EN > 0u                 // 如果启用了参数检测              (8)
33      if (p_q == (OS_Q *)0) {                 // 如果 p_q 为空
34          *p_err = OS_ERR_OBJ_PTR_NULL;       // 错误类型为"创建对象为空"
35          return;                             // 返回,停止执行
36      }
37      if (max_qty == (OS_MSG_QTY)0) {         // 如果 max_qty = 0          (9)
38          *p_err = OS_ERR_Q_SIZE;             // 错误类型为"队列空间为0"
39          return;                             // 返回,停止执行
40      }
41  #endif
42
43      OS_CRITICAL_ENTER();                    // 进入临界段
44      p_q->Type    = OS_OBJ_TYPE_Q;           // 标记创建对象数据结构为消息队列(10)
45      p_q->NamePtr = p_name;                  // 标记消息队列的名称              (11)
46      OS_MsgQInit(&p_q->MsgQ,                 // 初始化消息队列
47                  max_qty);                   //                              (12)
48      OS_PendListInit(&p_q->PendList);        // 初始化该消息队列的等待列表      (13)
49
50  #if OS_CFG_DBG_EN > 0u                      // 如果启用了调试代码和变量
51      OS_QDbgListAdd(p_q);                    // 将该队列添加到消息队列双向调试链表
52  #endif
53      OSQQty++;                               // 消息队列个数加 1              (14)
54
55      OS_CRITICAL_EXIT_NO_SCHED();            // 退出临界段(无调度)
56      *p_err = OS_ERR_NONE;                   // 错误类型为"无错误"
57  }
```

代码清单 18-4（1）：消息队列指针，在创建之前要定义一个队列的数据结构，然后将消息队列指针指向该队列。

代码清单 18-4（2）：消息队列的名称，字符串形式，这个名称一般与消息队列名称一致，为了方便调试。

代码清单 18-4（3）：消息队列的大小，也就是消息队列的可用消息个数最大为多少，一旦确定无法修改。

代码清单 18-4（4）：用于保存返回的错误类型。

代码清单 18-4（5）：使用到临界段（在关 / 开中断时）时必须用到该宏，该宏声明和定义一个局部变量，用于保存关中断前的 CPU 状态寄存器 SR（临界段关中断只需保存 SR），开中断时将该值还原。

代码清单 18-4（6）：如果启用了安全检测，在编译时则会包含安全检测相关的代码，如果错误类型实参为空，那么系统会执行安全检测异常函数，然后返回，停止执行。

代码清单 18-4（7）：如果启用了中断中非法调用检测，在编译时则会包含中断非法调用检测相关的代码，如果该函数是在中断中被调用，则是非法的，返回错误类型为"在中断中创建对象"的错误代码，并且退出，不执行创建队列操作。

代码清单 18-4（8）：如果启用了参数检测，在编译时则会包含参数检测相关的代码，如果 p_q 参数为空，则返回错误类型为"创建对象为空"的错误代码，并且退出，不执行创建队列操作。

代码清单 18-4（9）：如果 max_qty 参数为 0，表示不存在消息空间，这也是错误的，返回错误类型为"队列空间为 0"的错误代码，并且退出，不执行创建队列操作。

代码清单 18-4（10）：标记创建对象数据结构为消息队列。

代码清单 18-4（11）：初始化消息队列的名称。

代码清单 18-4（12）：调用 OS_MsgQInit() 函数初始化消息队列，其实就是初始化消息队列结构的相关信息，该函数源码具体见代码清单 18-5。

代码清单 18-5　OS_MsgQInit() 函数源码

```
1 void  OS_MsgQInit (OS_MSG_Q    *p_msg_q,          // 消息队列指针
2                    OS_MSG_QTY   size)             // 消息队列空间
3 {
4     p_msg_q->NbrEntriesSize = (OS_MSG_QTY)size; // 消息队列可存放消息数目
5     p_msg_q->NbrEntries     = (OS_MSG_QTY)0;    // 消息队列目前可用消息数
6     p_msg_q->NbrEntriesMax  = (OS_MSG_QTY)0;    // 可用消息数的最大历史记录
7     p_msg_q->InPtr          = (OS_MSG    *)0;   // 队列的入队指针
8     p_msg_q->OutPtr         = (OS_MSG    *)0;   // 队列的出队指针
9 }
```

代码清单 18-4（13）：初始化消息队列的阻塞列表。消息队列的阻塞列表用于记录阻塞在此消息队列上的任务。

代码清单 18-4（14）：OSQQty 是系统中的一个全局变量，用于记录已经创建的消息队列个数，现在创建队列完毕，所以该变量要加 1。

消息队列创建完成的示意图如图 18-8 所示。

在创建消息队列时，需要用户自定义消息队列的句柄，但是要注意，定义了队列的句柄并不等于创建了队列，队列必须通过调用消息队列创建函数进行创建，否则，以后根据队列句柄使用消息队列的其他函数时会发生错误，用户通过消息队列句柄就可使用消息队列进行发送与获取消息的操作，可以根据返回的错误代码判断消息队列是否创建成功。消息队列创建函数 OSQCreate() 使用实例具体参见代码清单 18-6。

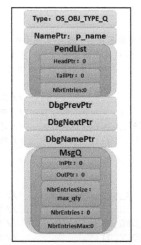

图 18-8　消息队列创建完成

代码清单 18-6　OSQCreate() 函数实例

```
1 OS_Q queue;                                    //声明消息队列
2
3 OS_ERR      err;
4
5 /* 创建消息队列 queue */
6 OSQCreate ((OS_Q        *)&queue,              //指向消息队列的指针
7           (CPU_CHAR     *)"Queue For Test",    //队列的名字
8           (OS_MSG_QTY   )20,                   //最多可存放消息的数目
9           (OS_ERR       *)&err);               //返回错误类型
```

18.6.2　消息队列删除函数 OSQDel()

　　队列删除函数是根据队列结构（队列句柄）直接删除的，删除之后这个消息队列的所有信息都会被系统清空，而且不能再次使用这个消息队列。需要注意，如果某个消息队列没有被定义，那么是无法删除的。想要使用消息队列删除函数，必须将 OS_CFG_Q_DEL_EN 宏定义配置为 1，其函数源码具体参见代码清单 18-7。

代码清单 18-7　OSQDel() 函数源码

```
1 #if OS_CFG_Q_DEL_EN > 0u           // 如果启用了 OSQDel() 函数
2 OS_OBJ_QTY  OSQDel (OS_Q   *p_q,    // 消息队列指针                (1)
3                    OS_OPT   opt,    // 选项                        (2)
4                    OS_ERR  *p_err)  // 返回错误类型                (3)
5 {
6     OS_OBJ_QTY     cnt;
7     OS_OBJ_QTY     nbr_tasks;
8     OS_PEND_DATA  *p_pend_data;
9     OS_PEND_LIST  *p_pend_list;
```

```
10      OS_TCB          *p_tcb;
11      CPU_TS          ts;
12      CPU_SR_ALLOC();  // 使用临界段时 (在关 / 开中断时) 必须用到该宏, 该宏声明和
13      // 定义一个局部变量, 用于保存关中断前的 CPU 状态寄存器
14      // SR (临界段关中断只需保存 SR), 开中断时将该值还原
15
16 #ifdef OS_SAFETY_CRITICAL                       // 如果启用 (默认禁用) 了安全检测          (4)
17 if (p_err == (OS_ERR *)0) {                     // 如果错误类型实参为空
18          OS_SAFETY_CRITICAL_EXCEPTION();        // 执行安全检测异常函数
19          return ((OS_OBJ_QTY)0);                // 返回 0 (有错误), 停止执行
20      }
21 #endif
22
23 #if OS_CFG_CALLED_FROM_ISR_CHK_EN > 0u          // 如果启用了中断中非法调用检测          (5)
24 if (OSIntNestingCtr > (OS_NESTING_CTR)0) {      // 如果该函数在中断中被调用
25          *p_err = OS_ERR_DEL_ISR;               // 错误类型为 "在中断中中止等待"
26          return (OS_OBJ_QTY)0);                 // 返回 0 (有错误), 停止执行
27      }
28 #endif
29
30 #if OS_CFG_ARG_CHK_EN > 0u                       // 如果启用了参数检测                    (6)
31 if (p_q == (OS_Q *)0) {                          // 如果 p_q 为空
32          *p_err =  OS_ERR_OBJ_PTR_NULL;         // 错误类型为 "删除对象为空"
33          return ((OS_OBJ_QTY)0u);               // 返回 0 (有错误), 停止执行
34      }
35     switch (opt) {                              // 根据选项分类处理                    (7)
36     case OS_OPT_DEL_NO_PEND:                     // 如果选项在预期内
37     case OS_OPT_DEL_ALWAYS:
38          break;                                 // 直接跳出
39
40 default:                                         //                                  (8)
41          *p_err =  OS_ERR_OPT_INVALID;          // 如果选项超出预期
42          return ((OS_OBJ_QTY)0u);               // 返回 0 (有错误), 停止执行
43      }
44 #endif
45
46 #if OS_CFG_OBJ_TYPE_CHK_EN > 0u                  // 如果启用了对象类型检测                (9)
47     if (p_q->Type != OS_OBJ_TYPE_Q) {           // 如果 p_q 不是消息队列类型
48          *p_err = OS_ERR_OBJ_TYPE;              // 错误类型为 "对象类型有误"
49          return ((OS_OBJ_QTY)0);                // 返回 0 (有错误), 停止执行
50      }
51 #endif
52
53     CPU_CRITICAL_ENTER();                        // 关中断
54     p_pend_list = &p_q->PendList;                // 获取消息队列的等待列表            (10)
55     cnt         = p_pend_list->NbrEntries;       // 获取等待该队列的任务数            (11)
56     nbr_tasks   = cnt;                           // 按照任务数目逐个处理              (12)
57     switch (opt) {                               // 根据选项分类处理                  (13)
58     case OS_OPT_DEL_NO_PEND:             // 如果只在没有任务等待的情况下删除队列      (14)
59          if (nbr_tasks == (OS_OBJ_QTY)0) {// 如果没有任务在等待该队列               (15)
60 #if OS_CFG_DBG_EN > 0u                           // 如果启用了调试代码和变量
61              OS_QDbgListRemove(p_q);             // 将该队列从消息队列调试列表移除
62 #endif
```

```
63              OSQQty--;                        // 消息队列数目减1              (16)
64              OS_QClr(p_q);                    // 清除该队列的内容            (17)
65              CPU_CRITICAL_EXIT();             // 开中断
66              *p_err = OS_ERR_NONE;            // 错误类型为"无错误"          (18)
67          } else {                             // 如果有任务在等待该队列        (19)
68              CPU_CRITICAL_EXIT();             // 开中断
69              *p_err = OS_ERR_TASK_WAITING;    // 错误类型为"有任务在等待该队列"
70          }
71          break;
72
73  case OS_OPT_DEL_ALWAYS:                       // 如果必须删除消息队列         (20)
74          OS_CRITICAL_ENTER_CPU_EXIT();        // 进入临界段，重开中断
75          ts = OS_TS_GET();                    // 获取时间戳
76          while (cnt > 0u) {                   // 逐个移除该队列等待列表中的任务 (21)
77              p_pend_data = p_pend_list->HeadPtr;
78              p_tcb      = p_pend_data->TCBPtr;
79              OS_PendObjDel((OS_PEND_OBJ *)((void *)p_q),
80                            p_tcb,
81                            ts);
82              cnt--;                                                       (22)
83          }
84  #if OS_CFG_DBG_EN > 0u                        // 如果启用了调试代码和变量
85          OS_QDbgListRemove(p_q);              // 将该队列从消息队列调试列表移除
86  #endif
87          OSQQty--;                            // 消息队列数目减1             (23)
88          OS_QClr(p_q);                        // 清除消息队列内容            (24)
89          OS_CRITICAL_EXIT_NO_SCHED();         // 退出临界段（无调度）
90          OSSched();                           // 调度任务                  (25)
91          *p_err = OS_ERR_NONE;                // 错误类型为"无错误"          (26)
92          break;                               // 跳出
93
94      default:                                 // 如果选项超出预期            (27)
95          CPU_CRITICAL_EXIT();                 // 开中断
96          *p_err = OS_ERR_OPT_INVALID;         // 错误类型为"选项非法"
97          break;                               // 跳出
98      }
99      return (nbr_tasks);                      // 返回在等待消息队列的任务个数
100 }
101 #endif
```

代码清单 18-7（1）：消息队列指针，指向要删除的消息队列。

代码清单 18-7（2）：操作消息队列的选项，具体在后面讲解。

代码清单 18-7（3）：用于保存返回的错误类型。

代码清单 18-7（4）：如果启用（默认禁用）了安全检测，在编译时则会包含安全检测相关的代码，如果错误类型实参为空，系统会执行安全检测异常函数，然后返回，停止执行。

代码清单 18-7（5）：如果启用了中断中非法调用检测，在编译时则会包含中断非法调用检测相关的代码，如果该函数是在中断中被调用，则是非法的，返回错误类型为"在中断中中止等待"的错误代码，并且退出，不执行删除队列操作。

代码清单 18-7（6）：如果启用了参数检测，在编译时则会包含参数检测相关的代码，如

果 p_q 参数为空，则返回错误类型为"删除对象为空"的错误代码，并且退出，不执行删除队列操作。

代码清单 18-7（7）：根据选项分类处理，如果选项在预期内，直接跳出 switch 语句。

代码清单 18-7（8）：如果选项超出预期，则退出，不执行删除队列操作。

代码清单 18-7（9）：如果启用了对象类型检测，在编译时则会包含对象类型检测相关代码，如果 p_q 不是消息队列类型，那么返回错误类型为"对象类型有误"的错误代码，并且退出，不执行删除队列操作。

代码清单 18-7（10）：程序能执行到这里，说明传入的参数都是正确的，此时可以执行删除队列操作，系统首先获取消息队列中的等待列表，通过 p_pend_list 变量进行消息队列等待列表的访问。

代码清单 18-7（11）：获取阻塞在该队列上的任务个数。

代码清单 18-7（12）：按照任务数目逐个处理。

代码清单 18-7（13）：根据选项分类处理。

代码清单 18-7（14）：如果删除选项是只在没有任务等待的情况下删除队列，系统就会判断有没有任务阻塞在该队列上。

代码清单 18-7（15）：如果没有任务在等待该队列，则执行删除操作。

代码清单 18-7（16）：系统的消息队列数目减 1。

代码清单 18-7（17）：清除该队列的内容。

代码清单 18-7（18）：返回错误类型为"无错误"的错误代码。

代码清单 18-7（19）：如果有任务在等待该队列，就无法进行删除操作，返回错误类型为"有任务在等待该队列"的错误代码。

代码清单 18-7（20）：如果删除操作的选项是必须删除消息队列，无论是否有任务阻塞在该消息队列上，系统都会进行删除操作。

代码清单 18-7（21）：根据消息队列当前等待的任务个数，逐个移除该队列等待列表中的任务。

代码清单 18-7（22）：调用 OS_PendObjDel() 函数将阻塞在内核对象（如信号量）上的任务从阻塞态恢复，此时系统在删除内核对象，删除之后，这些等待事件的任务需要被恢复，其源码具体参见代码清单 18-8。每移除一个，消息队列的任务个数就减 1，当没有任务阻塞在该队列上，就进行删除队列操作。

代码清单 18-8　OS_PendObjDel() 函数源码

```
1 void  OS_PendObjDel (OS_PEND_OBJ  *p_obj,          // 被删除对象的类型               (1)
2                      OS_TCB       *p_tcb,          // 任务控制块指针                 (2)
3                      CPU_TS        ts)             // 信号量被删除时的时间戳         (3)
4 {
5     switch (p_tcb->TaskState)                      // 根据任务状态分类处理           (4)
6     {
7     case OS_TASK_STATE_RDY:                        // 如果任务是就绪状态
8     case OS_TASK_STATE_DLY:                        // 如果任务是延时状态
```

```
9        case OS_TASK_STATE_SUSPENDED:                    // 如果任务是挂起状态
10       case OS_TASK_STATE_DLY_SUSPENDED:                // 如果任务是在延时中被挂起
11            break;                                                                (5)
12            // 这些情况均与等待无关, 直接跳出
13
14       case OS_TASK_STATE_PEND:                         // 如果任务是无期限等待状态
15       case OS_TASK_STATE_PEND_TIMEOUT:                 // 如果任务是有期限等待状态
16            if (p_tcb->PendOn == OS_TASK_PEND_ON_MULTI)
17                 // 如果任务在等待多个信号量或消息队列
18            {
19                 OS_PendObjDel1(p_obj,                   // 强制解除任务对某一对象的等待
20                               p_tcb,
21                               ts);                                               (6)
22            }
23 #if (OS_MSG_EN > 0u)                                    // 如果启用了任务队列或消息队列    (7)
24            p_tcb->MsgPtr    = (void *)0;                // 清除 (复位) 任务的消息域
25            p_tcb->MsgSize   = (OS_MSG_SIZE)0u;
26 #endif
27            p_tcb->TS        = ts;                                               (8)
28 // 保存等待被中止时的时间戳到任务控制块
29            OS_PendListRemove(p_tcb);                    // 将任务从所有等待列表中移除      (9)
30            OS_TaskRdy(p_tcb);                           // 让任务进准备运行              (10)
31            p_tcb->TaskState  = OS_TASK_STATE_RDY;       // 修改任务状态为就绪态           (11)
32            p_tcb->PendStatus = OS_STATUS_PEND_DEL;      // 标记任务的等待对象被删除        (12)
33            p_tcb->PendOn = OS_TASK_PEND_ON_NOTHING;     // 标记任务目前没有等待任何对象     (13)
34            break;                                       // 跳出
35
36       case OS_TASK_STATE_PEND_SUSPENDED:               // 如果任务在无期限等待中被挂起
37       case OS_TASK_STATE_PEND_TIMEOUT_SUSPENDED:       // 如果任务在有期限等待中被挂起
38            if (p_tcb->PendOn == OS_TASK_PEND_ON_MULTI)
39                 // 如果任务在等待多个信号量或消息队列
40            {
41                 OS_PendObjDel1(p_obj,                   // 强制解除任务对某一对象的等待
42                               p_tcb,
43                               ts);                                               (14)
44            }
45 #if (OS_MSG_EN > 0u)                                    // 如果启用了任务队列或消息队列    (15)
46            p_tcb->MsgPtr    = (void    *)0;// 清除 (复位) 任务的消息域              (16)
47            p_tcb->MsgSize   = (OS_MSG_SIZE)0u;
48 #endif
49            p_tcb->TS        = ts;                                               (17)
50 // 保存等待被中止时的时间戳到任务控制块
51            OS_TickListRemove(p_tcb);                    // 让任务脱离节拍列表             (18)
52            OS_PendListRemove(p_tcb);                    // 将任务从所有等待列表中移除      (19)
53            p_tcb->TaskState  = OS_TASK_STATE_SUSPENDED; // 修改任务状态为挂起态    (20)
54            p_tcb->PendStatus = OS_STATUS_PEND_DEL;(21)// 标记任务的等待对象被删除
55            p_tcb->PendOn = OS_TASK_PEND_ON_NOTHING;     // 标记任务目前没有等待任何对象
56            break;                                       // 跳出
57
58       default:                                         // 如果任务状态超出预期            (22)
59            break;                                       // 不需要处理, 直接跳出
60   }
61 }
```

代码清单 18-8（1）：被删除对象的类型（如消息队列、信号量、互斥量、事件等）。

代码清单 18-8（2）：任务控制块指针。

代码清单 18-8（3）：内核对象被删除时的时间戳。

代码清单 18-8（4）：根据任务状态分类处理。

代码清单 18-8（5）：如果任务是就绪状态、延时状态、挂起状态或者是在延时中被挂起，这些任务状态均与等待内核对象无关，在内核对象被删除时无须进行任何操作。

代码清单 18-8（6）：如果任务是无期限等待状态或者是有期限等待状态，那么在内核对象被删除时需要将这些任务恢复。如果这些任务在等待多个内核对象（信号量或消息队列等），那么就需要强制解除任务对某一对象的等待，比如现在删除的是消息队列，那么就将该任务对消息队列的等待解除。

代码清单 18-8（7）：如果启用了任务队列或消息队列，清除（复位）任务的消息指针，任务等待的消息大小为 0。

代码清单 18-8（8）：保存等待被中止时的时间戳到任务控制块。

代码清单 18-8（9）：调用 OS_PendListRemove() 函数将任务从所有等待列表中移除。

代码清单 18-8（10）：调用 OS_TaskRdy() 函数让任务进入就绪态参与系统调度，准备运行。

代码清单 18-8（11）：修改任务状态为就绪态。

代码清单 18-8（12）：标记任务的等待对象被删除。

代码清单 18-8（13）：标记任务目前没有等待任何对象。

代码清单 18-8（14）：如果任务在无期限等待中被挂起或者在有期限等待中被挂起，也需要将这些等待内核对象的任务从等待的对象中移除，但是由于在等待中被挂起，那么就不会将这些任务恢复为就绪态，仅仅是将任务从等待列表中移除。如果任务在等待多个信号量或消息队列，也是将任务从等待的对象中移除即可。

代码清单 18-8(15)（16）：如果启用了任务队列或消息队列，则需要清除（复位）任务的消息指针，任务等待的消息大小为 0。

代码清单 18-8（17）：保存等待被中止时的时间戳到任务控制块。

代码清单 18-8（18）：调用 OS_TickListRemove() 函数让任务脱离节拍列表。

代码清单 18-8（19）：调用 OS_PendListRemove() 函数将任务从所有等待列表中移除。

代码清单 18-8（20）：修改任务状态为挂起态，因为在等待中被挂起，此时即使任务不等待内核对象了，它还是处于挂起态。

代码清单 18-8（21）：任务的等待对象被删除，标记任务目前没有等待任何对象。

代码清单 18-8（22）：如果任务状态超出预期，不需要处理，直接跳出。

代码清单 18-7（23）：系统的消息队列数目减 1。

代码清单 18-7（24）：清除消息队列内容。

代码清单 18-7（25）：发起一次调度任务。

代码清单 18-7（26）：返回错误类型为"无错误"的错误代码。

代码清单 18-7（27）：如果选项超出预期，则返回错误类型为"选项非法"的错误代码，然后退出。

消息队列删除函数 OSQDel() 的使用也是很简单的，只需要传入要删除的消息队列的句柄、选项并保存返回的错误类型即可。调用函数时，系统将删除这个消息队列。需要注意的是在调用删除消息队列函数前，系统应存在已创建的消息队列。如果删除消息队列时有任务正在等待消息，则不应该进行删除操作，删除之后的消息队列就不可用了，删除消息队列函数 OSQDel() 的使用实例具体参见代码清单 18-9。

代码清单 18-9　消息队列删除函数 OSQDel() 实例

```
1 OS_Q queue;                                 // 声明消息队列
2
3 OS_ERR        err;
4
5 /* 删除消息队列 queue */
6     OSQDel ((OS_Q         *)&queue,          // 指向消息队列的指针
7             OS_OPT_DEL_NO_PEND,
8             (OS_ERR        *)&err);          // 返回错误类型
```

18.6.3　消息队列发送函数 OSQPost()

任务或者中断服务程序都可以给消息队列发送消息，当发送消息时，如果队列未满，就说明运行信息入队。μC/OS 会从消息池中取出一个消息，挂载到消息队列的末尾（FIFO 发送方式）。如果是 LIFO 发送方式，则将消息挂载到消息队列的头部，然后将消息中 MsgPtr 成员变量指向要发送的消息（此处可以理解为添加要发送的信息到消息（块）中）。如果系统有任务阻塞在消息队列中，那么在发送了消息队列时，会将任务解除阻塞，其源码具体参见代码清单 18-10。

代码清单 18-10　OSQPost() 函数源码

```
1 void  OSQPost (OS_Q        *p_q,         // 消息队列指针              (1)
2               void        *p_void,       // 消息指针                  (2)
3               OS_MSG_SIZE  msg_size,     // 消息大小（单位：字节）     (3)
4               OS_OPT       opt,          // 选项                      (4)
5               OS_ERR       *p_err)       // 返回错误类型              (5)
6 {
7     CPU_TS  ts;
8
9
10
11 #ifdef OS_SAFETY_CRITICAL               // 如果启用（默认禁用）了安全检测  (6)
12     if (p_err == (OS_ERR *)0) {         // 如果错误类型实参为空
13         OS_SAFETY_CRITICAL_EXCEPTION(); // 执行安全检测异常函数
14         return;                         // 返回，停止执行
15     }
16 #endif
```

```
17
18 #if OS_CFG_ARG_CHK_EN > 0u                                  // 如果启用了参数检测                    (7)
19     if (p_q == (OS_Q *)0) {                                // 如果 p_q 为空
20         *p_err = OS_ERR_OBJ_PTR_NULL;                      // 错误类型为"内核对象为空"
21         return;                                            // 返回，停止执行
22     }
23 switch (opt) {                                             // 根据选项分类处理                    (8)
24     case OS_OPT_POST_FIFO:                                 // 如果选项在预期内
25     case OS_OPT_POST_LIFO:
26     case OS_OPT_POST_FIFO | OS_OPT_POST_ALL:
27     case OS_OPT_POST_LIFO | OS_OPT_POST_ALL:
28     case OS_OPT_POST_FIFO | OS_OPT_POST_NO_SCHED:
29     case OS_OPT_POST_LIFO | OS_OPT_POST_NO_SCHED:
30     case OS_OPT_POST_FIFO | OS_OPT_POST_ALL | OS_OPT_POST_NO_SCHED:
31     case OS_OPT_POST_LIFO | OS_OPT_POST_ALL | OS_OPT_POST_NO_SCHED:
32         break;                                             // 直接跳出
33
34 default:                                                   // 如果选项超出预期                    (9)
35         *p_err =  OS_ERR_OPT_INVALID;                      // 错误类型为"选项非法"
36         return;                                            // 返回，停止执行
37     }
38 #endif
39
40 #if OS_CFG_OBJ_TYPE_CHK_EN > 0u                             // 如果启用了对象类型检测               (10)
41     if (p_q->Type != OS_OBJ_TYPE_Q) {                      // 如果 p_q 不是消息队列类型
42         *p_err = OS_ERR_OBJ_TYPE;                          // 错误类型为"对象类型错误"
43         return;                                            // 返回，停止执行
44     }
45 #endif
46
47     ts = OS_TS_GET();                                      // 获取时间戳
48
49 #if OS_CFG_ISR_POST_DEFERRED_EN > 0u // 如果启用了中断延迟发布                                      (11)
50     if (OSIntNestingCtr > (OS_NESTING_CTR)0) {  // 如果该函数在中断中被调用
51         OS_IntQPost((OS_OBJ_TYPE)OS_OBJ_TYPE_Q, // 将该消息发布到中断消息队列
52                     (void        *)p_q,
53                     (void        *)p_void,
54                     (OS_MSG_SIZE)msg_size,
55                     (OS_FLAGS    )0,
56                     (OS_OPT      )opt,
57                     (CPU_TS      )ts,
58                     (OS_ERR      *)p_err);
59     return;                                                // 返回（尚未发布），停止执行
60     }
61 #endif
62
63     OS_QPost(p_q,                                          // 将消息按照普通方式发送
64              p_void,
65              msg_size,
66              opt,
67              ts,
68              p_err);                                                                           (12)
69 }
```

代码清单 18-10（1）：消息队列指针，指向要发送消息的队列。

代码清单 18-10（2）：消息指针，指向任何类型的消息数据。

代码清单 18-10（3）：消息的大小（单位：字节）。

代码清单 18-10（4）：发送消息的选项，在 os.h 文件中定义，具体参见代码清单 18-11。

代码清单 18-11　发送消息的选项

```
1 #define  OS_OPT_POST_FIFO   (OS_OPT)(0x0000u)/* 默认采用 FIFO 方式发送 */
2 #define  OS_OPT_POST_LIFO   (OS_OPT)(0x0010u)/* 采用 LIFO 方式发送消息 */
3 #define  OS_OPT_POST_1     (OS_OPT)(0x0000u)/* 将消息发布到最高优先级的等待任务 */
4 #define  OS_OPT_POST_ALL   (OS_OPT)(0x0200u)/* 向所有等待的任务广播消息 */
5
6 #define  OS_OPT_POST_NO_SCHED (OS_OPT)(0x8000u)/* 发送消息但不进行任务调度 */
```

代码清单 18-10（5）：保存返回的错误类型，用户可以根据此变量得知出现错误的原因。

代码清单 18-10（6）：如果启用（默认禁用）了安全检测，在编译时则会包含安全检测相关的代码，如果错误类型实参为空，则系统会执行安全检测异常函数，然后返回，停止执行。

代码清单 18-10（7）：如果启用了参数检测，在编译时则会包含参数检测相关的代码，如果 p_q 参数为空，则返回错误类型为"内核对象为空"的错误代码，并且退出，不执行发送消息操作。

代码清单 18-10（8）：根据 opt 选项进行分类处理，如果选项在预期内，则直接退出。其实这里只是对选项的一个检查，查看传入的选项参数是否正确。

代码清单 18-10（9）：如果 opt 选项超出预期，则返回错误类型为"选项非法"的错误代码，并且退出，不执行发送消息操作。

代码清单 18-10（10）：如果启用了对象类型检测，在编译时则会包含对象类型检测相关代码。如果 p_q 不是消息队列类型，那么返回错误类型为"对象类型有误"的错误代码，并且退出，不执行发送消息操作。

代码清单 18-10（11）：如果启用了中断延迟发布，并且发送消息的函数是在中断中被调用，此时就不该立即发送消息，而是将消息的发送放在指定发布任务中，此时系统就将消息发布到中断消息队列中，等待到中断发布任务唤醒再发送消息，该函数会在第 26 章详细讲解。

代码清单 18-10（12）：如果不是在中断中调用 OSQPost() 函数，或者未启用中断延迟发布，则直接调用 OS_QPost() 函数进行消息的发送。OS_QPost() 函数源码具体参见代码清单 18-12。

代码清单 18-12　OS_QPost() 函数源码

```
1 void  OS_QPost (OS_Q      *p_q,      // 消息队列指针
2                 void       *p_void,   // 消息指针
3                 OS_MSG_SIZE  msg_size, // 消息大小（单位：字节）
4                 OS_OPT     opt,       // 选项
```

```
 5                     CPU_TS        ts,        // 消息被发布时的时间戳
 6                     OS_ERR        *p_err)           // 返回错误类型
 7  {
 8      OS_OBJ_QTY       cnt;
 9      OS_OPT           post_type;
10      OS_PEND_LIST    *p_pend_list;
11      OS_PEND_DATA    *p_pend_data;
12      OS_PEND_DATA    *p_pend_data_next;
13      OS_TCB          *p_tcb;
14      CPU_SR_ALLOC();   // 使用到临界段 (在关 / 开中断时) 时必须用到该宏, 该宏声明和
15      // 定义一个局部变量, 用于保存关中断前的 CPU 状态寄存器
16      //  SR (临界段关中断只需保存 SR), 开中断时将该值还原
17
18      OS_CRITICAL_ENTER();                          // 进入临界段
19      p_pend_list = &p_q->PendList;                 // 取出该队列的等待列表
20      if (p_pend_list->NbrEntries == (OS_OBJ_QTY)0)  // 如果没有任务在等待该队列(1)
21      {
22          if ((opt & OS_OPT_POST_LIFO) == (OS_OPT)0) // 把消息发布到队列的末端
23          {
24              post_type = OS_OPT_POST_FIFO;                           (2)
25          }
26          else// 把消息发布到队列的前端
27          {
28              post_type = OS_OPT_POST_LIFO;                           (3)
29          }
30
31          OS_MsgQPut(&p_q->MsgQ,                        // 把消息放入消息队列
32                     p_void,
33                     msg_size,
34                     post_type,
35                     ts,
36                     p_err);                                          (4)
37          OS_CRITICAL_EXIT();                          // 退出临界段
38          return;                                      // 返回, 执行完毕
39      }
40      /* 如果有任务在等待该队列 */
41      if ((opt & OS_OPT_POST_ALL) != (OS_OPT)0)// 如果要把消息发布给所有等待任务 (5)
42      {
43          cnt = p_pend_list->NbrEntries;              // 获取等待任务数目
44      }
45      else                                            // 如果要把消息发布给一个等待任务
46      {
47          cnt = (OS_OBJ_QTY)1;                         // 要处理的任务数目为 1        (6)
48      }
49      p_pend_data = p_pend_list->HeadPtr;             // 获取等待列表的头部 (任务)      (7)
50      while (cnt > 0u)                                 // 根据要发布的任务数目逐个发布    (8)
51      {
52          p_tcb            = p_pend_data->TCBPtr;                                  (9)
53          p_pend_data_next = p_pend_data->NextPtr;
54          OS_Post((OS_PEND_OBJ *)((void *)p_q),        // 把消息发布给任务
55                  p_tcb,
56                  p_void,
57                  msg_size,
```

```
58                  ts);                                    (10)
59             p_pend_data = p_pend_data_next;
60             cnt--;                                        (11)
61         }
62         OS_CRITICAL_EXIT_NO_SCHED();               // 退出临界段（无调度）
63         if ((opt & OS_OPT_POST_NO_SCHED) == (OS_OPT)0) // 如果没选择"发布完不调度任务"
64         {
65             OSSched();                             // 任务调度          (12)
66         }
67         *p_err = OS_ERR_NONE;                      // 错误类型为"无错误"
68 }
```

代码清单 18-12（1）：使用局部变量 p_pend_list 获取队列的等待列表，然后查看等待列表中是否有任务在等待，分情况处理，因为没有任务等待时直接将消息放入队列中即可，而有任务在等待则有可能需要唤醒该任务。

代码清单 18-12（2）（3）：如果没有任务在等待，系统就会查看用户发送消息的选项是什么，如果是发送到队尾（FIFO 方式），则表示发送类型的 post_type 变量被设置为 OS_OPT_POST_FIFO，否则设置为 OS_OPT_POST_LIFO，采用 LIFO 方式发送消息，将消息发送到队头。

代码清单 18-12（4）：调用 OS_MsgQPut() 函数将消息放入队列中，执行完毕就退出，其源码具体参见代码清单 18-13。

代码清单 18-13　OS_MsgQPut() 函数源码

```
 1 void   OS_MsgQPut (OS_MSG_Q    *p_msg_q,     // 消息队列指针
 2                    void         *p_void,     // 消息指针
 3                    OS_MSG_SIZE   msg_size,   // 消息大小（单位：字节）
 4                    OS_OPT        opt,        // 选项
 5                    CPU_TS        ts,         // 消息被发布时的时间戳
 6                    OS_ERR       *p_err)      // 返回错误类型
 7 {
 8     OS_MSG  *p_msg;
 9     OS_MSG  *p_msg_in;
10
11
12
13 #ifdef OS_SAFETY_CRITICAL                     // 如果启用了安全检测
14     if (p_err == (OS_ERR *)0)                 // 如果错误类型实参为空
15     {
16         OS_SAFETY_CRITICAL_EXCEPTION();       // 执行安全检测异常函数
17         return;                               // 返回，停止执行
18     }
19 #endif
20
21     if (p_msg_q->NbrEntries >= p_msg_q->NbrEntriesSize)// 如果消息队列已没有可用空间
22     {
23         *p_err = OS_ERR_Q_MAX;                // 错误类型为"队列已满"
24         return;                               // 返回，停止执行
25     }
```

```
26
27      if (OSMsgPool.NbrFree == (OS_MSG_QTY)0))// 如果消息池没有可用消息
28      {
29          *p_err = OS_ERR_MSG_POOL_EMPTY;              // 错误类型为"消息池没有消息"
30          return;                                      // 返回, 停止执行
31      }
32      /* 从消息池获取一个消息 (暂存于 p_msg ) */
33      p_msg              = OSMsgPool.NextPtr;          // 将消息控制块从消息池移除      (1)
34      OSMsgPool.NextPtr = p_msg->NextPtr;             // 指向下一个消息 (取走首个消息)(2)
35      OSMsgPool.NbrFree--;                             // 消息池可用消息数减 1          (3)
36      OSMsgPool.NbrUsed++;                             // 消息池已用消息数加 1          (4)
37      if (OSMsgPool.NbrUsedMax < OSMsgPool.NbrUsed)   // 更新消息已用最大数目的历史记录 (5)
38      {
39          OSMsgPool.NbrUsedMax = OSMsgPool.NbrUsed;
40      }
41      /* 将获取的消息插入消息队列 */
42      if (p_msg_q->NbrEntries == (OS_MSG_QTY)0)       // 如果消息队列目前没有消息      (6)
43      {
44          p_msg_q->InPtr     = p_msg;                 // 将其入队指针指向该消息
45          p_msg_q->OutPtr    = p_msg;                 // 出队指针也指向该消息
46          p_msg_q->NbrEntries = (OS_MSG_QTY)1;        // 队列的消息数为 1
47          p_msg->NextPtr     = (OS_MSG *)0;           // 该消息的下一个消息为空
48      }
49      else                                            // 如果消息队列目前已有消息      (7)
50      {
51      if ((opt & OS_OPT_POST_LIFO) == OS_OPT_POST_FIFO) // 如果用 FIFO 方式插入队列
52          {
53              p_msg_in        = p_msg_q->InPtr;       // 将消息插入入队端, 入队
54              p_msg_in->NextPtr = p_msg;              // 指针指向该消息
55              p_msg_q->InPtr   = p_msg;
56              p_msg->NextPtr   = (OS_MSG *)0;
57          }
58          else                                        // 如果用 LIFO 方式插入队列      (8)
59          {
60              p_msg->NextPtr   = p_msg_q->OutPtr;     // 将消息插入出队端, 出队
61              p_msg_q->OutPtr  = p_msg;               // 指针指向该消息
62          }
63          p_msg_q->NbrEntries++;                      // 消息队列的消息数目加 1        (9)
64      }
65      if (p_msg_q->NbrEntriesMax < p_msg_q->NbrEntries)                               (10)
                                                        // 更新改消息队列的最大消息数目
66      {
67          p_msg_q->NbrEntriesMax = p_msg_q->NbrEntries;
68      }
69      p_msg->MsgPtr = p_void;                         // 给该消息填写消息内容          (11)
70      p_msg->MsgSize = msg_size;                      // 给该消息填写消息大小          (12)
71      p_msg->MsgTS   = ts;                            // 填写发布该消息时的时间戳(13)
72      *p_err         = OS_ERR_NONE;                   // 错误类型为"无错误"            (14)
73  }
```

代码清单 18-13（1）：从消息池获取一个消息（暂存于 **p_msg**)，OSMsgPool 是消息池，它的 NextPtr 成员变量指向消息池中可用的消息。

代码清单 18-13（2）：更新消息池中 NextPtr 成员变量，指向消息池中下一个可用的消息。

代码清单 18-13（3）：消息池可用消息个数减 1。

代码清单 18-13（4）：消息池已使用的消息个数加 1。

代码清单 18-13（5）：更新消息已用最大数目的历史记录。

代码清单 18-13（6）：将获取的消息插入消息队列，插入队列时分两种情况：一种是队列中有消息的情况，另一种是队列中没有消息的情况。如果消息队列中目前没有消息，则将队列中的入队指针指向该消息，出队指针也指向该消息，因为现在消息放进来了，只有一个消息，无论是入队还是出队，都是该消息，更新队列的消息个数为 1，该消息的下一个消息为空。

代码清单 18-13（7）：如果消息队列目前已有消息，那么又分两种入队的选项——是先进先出排队还是后进先出排队。果采用 FIFO 方式插入队列，那么就将消息插入入队端，消息队列的最后一个消息的 NextPtr 指针就指向该消息，然后入队的消息成为队列中排队的最后一个消息，那么需要更新它的下一个消息为空。

代码清单 18-13（8）：如果采用 LIFO 方式插入队列，则将消息插入出队端，队列中出队指针 OutPtr 指向该消息，需要出队时该消息首先出队，这就是后进先出原则。

代码清单 18-13（9）：无论是采用哪种方式入队，消息队列的消息数目都要加 1。

代码清单 18-13（10）：更新该消息队列的最大消息数目的历史纪录。

代码清单 18-13（11）：既然消息已经入队了，需要给该消息填写消息内容，消息中的 MsgPtr 指针指向我们的消息内容。

代码清单 18-13（12）：给该消息填写发送的消息大小。

代码清单 18-13（13）：填写发布该消息时的时间戳。

代码清单 18-13（14）：当程序执行到这里，表示没有错误，返回错误类型为"无错误"的错误代码。

代码清单 18-12（5）（6）：如果有任务在等待消息，会有两种情况，一种是将消息发送到所有等待任务（广播消息），另一种是只将消息发送到等待任务中最高优先级的任务。根据 opt 选项选择其中一种方式进行发送消息，如果要把消息发送给所有等待任务，那就首先获取到等待任务个数，保存在要处理任务个数变量 cnt 中，否则就是把消息发布给一个等待任务，要处理任务个数变量 cnt 为 1。

代码清单 18-12（7）：获取等待列表中的第一个任务。

代码清单 18-12（8）：根据要处理任务个数 cnt 逐个将消息发送出去。

代码清单 18-12（9）：获取任务的控制块。

代码清单 18-12（10）：调用 OS_Post() 函数把消息发送给任务，其源码具体参见代码清单 18-14。

代码清单 18-12（11）：每处理完一个任务，cnt 变量就要减 1，等到为 0 时退出 while 循环。

代码清单 18-12（12）：如果没有选择"发送完不调度任务"，在发送消息完成时就要进行一次任务调度。

代码清单 18-14　OS_Post()b 函数源码

```
 1 void  OS_Post (OS_PEND_OBJ *p_obj,          // 内核对象类型指针        (1)
 2                OS_TCB      *p_tcb,          // 任务控制块              (2)
 3                void        *p_void,         // 消息                   (3)
 4                OS_MSG_SIZE  msg_size,       // 消息大小               (4)
 5                CPU_TS       ts)             // 时间戳                 (5)
 6 {
 7     switch (p_tcb->TaskState)               // 根据任务状态分类处理     (6)
 8     {
 9         case OS_TASK_STATE_RDY:             // 如果任务处于就绪状态
10         case OS_TASK_STATE_DLY:             // 如果任务处于延时状态
11         case OS_TASK_STATE_SUSPENDED:       // 如果任务处于挂起状态
12         case OS_TASK_STATE_DLY_SUSPENDED:
13         // 如果任务处于延时中被挂起状态
14             break;                          // 不用处理，直接跳出       (7)
15
16         case OS_TASK_STATE_PEND:            // 如果任务处于无期限等待状态
17         case OS_TASK_STATE_PEND_TIMEOUT:    // 如果任务处于有期限等待状态
18             if (p_tcb->PendOn == OS_TASK_PEND_ON_MULTI)                 (8)
19             // 如果任务在等待多个信号量或消息队列
20             {
21                 OS_Post1(p_obj,             // 标记哪个内核对象被发布
22                          p_tcb,
23                          p_void,
24                          msg_size,
25                          ts);                                           (9)
26             }
27             else                                                        (10)
28             // 如果任务不是在等待多个信号量或消息队列
29             {
30 #if (OS_MSG_EN > 0u)
31             // 如果启用了任务队列或消息队列
32                 p_tcb->MsgPtr  = p_void;    // 保存消息到等待任务         (11)
33                 p_tcb->MsgSize = msg_size;
34 #endif
35                 p_tcb->TS      = ts;        // 保存时间戳到等待任务       (12)
36             }
37             if (p_obj != (OS_PEND_OBJ *)0)  // 如果内核对象不为空
38             {
39                 OS_PendListRemove(p_tcb);   // 从等待列表移除该等待任务   (13)
40 #if OS_CFG_DBG_EN > 0u                       // 如果启用了调试代码和变量
41                 OS_PendDbgNameRemove(p_obj, // 移除内核对象的调试名
42                                      p_tcb);
43 #endif
44             }
45             OS_TaskRdy(p_tcb);              // 让该等待任务准备运行       (14)
46             p_tcb->TaskState  = OS_TASK_STATE_RDY;    // 任务状态改为就绪态 (15)
47             p_tcb->PendStatus = OS_STATUS_PEND_OK;    // 清除等待状态     (16)
48             p_tcb->PendOn     = OS_TASK_PEND_ON_NOTHING; // 标记不再等待  (17)
49             break;
50
51         case OS_TASK_STATE_PEND_SUSPENDED:
```

```
52      // 如果任务在无期限等待中被挂起
53      case OS_TASK_STATE_PEND_TIMEOUT_SUSPENDED:
54      // 如果任务在有期限等待中被挂起
55      if (p_tcb->PendOn == OS_TASK_PEND_ON_MULTI)                        (18)
56          // 如果任务在等待多个信号量或消息队列
57          {
58              OS_Post1(p_obj,                    // 标记哪个内核对象被发布
59                       p_tcb,
60                       p_void,
61                       msg_size,
62                       ts);                                             (19)
63          }
64      else                                                              (20)
65          // 如果任务不等待多个信号量或消息队列
66          {
67 #if (OS_MSG_EN > 0u)
68              p_tcb->MsgPtr  = p_void;           // 保存消息到等待任务      (21)
69              p_tcb->MsgSize = msg_size;
70 #endif
71              p_tcb->TS      = ts;               // 保存时间戳到等待任务
72          }
73          OS_TickListRemove(p_tcb);              // 从节拍列表移除该等待任务  (22)
74          if (p_obj != (OS_PEND_OBJ *)0)         // 如果内核对象为空
75          {
76              OS_PendListRemove(p_tcb);          // 从等待列表移除该等待任务  (23)
77 #if OS_CFG_DBG_EN > 0u                          // 如果启用了调试代码和变量
78              OS_PendDbgNameRemove(p_obj,        // 移除内核对象的调试名
79                                   p_tcb);
80 #endif
81          }
82          p_tcb->TaskState  = OS_TASK_STATE_SUSPENDED;   // 任务状态改为挂起态  (24)
83          p_tcb->PendStatus = OS_STATUS_PEND_OK;         // 清除等待状态      (25)
84          p_tcb->PendOn     = OS_TASK_PEND_ON_NOTHING;   // 标记不再等待      (26)
85          break;
86
87      default:                                   // 如果任务状态超出预期      (27)
88          break;                                 // 直接跳出
89      }
90 }
```

代码清单 18-14（1）：内核对象类型指针，表示是哪个内核对象进行发布（释放 / 发送）操作。

代码清单 18-14（2）：任务控制块指针，指向被操作的任务。

代码清单 18-14（3）：消息指针。

代码清单 18-14（4）：消息大小。

代码清单 18-14（5）：时间戳。

代码清单 18-14（6）：根据任务状态分类处理。

代码清单 18-14（7）：如果任务处于就绪状态、延时状态、挂起态或者是延时中被挂起状态，都不用处理，直接退出，因为现在这个操作是内核对象进行发布（释放）操作，而这

些状态是与内核对象无关的状态，也就是这些任务没在等待相关的内核对象（如消息队列、信号量等）。

代码清单 18-14（8）：如果任务处于无期限等待状态或者有期限等待状态，那么需要加以处理，先看任务是不是在等待多个内核对象。

代码清单 18-14（9）：如果任务在等待多个信号量或消息队列，就调用 OS_Post1() 函数标记是哪个内核对象进行发布（释放）操作。

代码清单 18-14（10）：如果任务不是在等待多个信号量或消息队列，那么直接操作即可。

代码清单 18-14（11）：如果启用了任务队列或消息队列（启用了 OS_MSG_EN 宏定义），则保存消息到等待任务控制块的 MsgPtr 成员变量中，将消息的大小保存到等待任务控制块的 MsgSize 成员变量中。

代码清单 18-14（12）：保存时间戳到等待任务控制块的 TS 成员变量中。

代码清单 18-14（13）：如果内核对象不为空，则调用 OS_PendListRemove() 函数从等待列表移除该等待任务。

代码清单 18-14（14）：调用 OS_TaskRdy() 函数让该等待任务准备运行。

代码清单 18-14（15）：任务状态改为就绪态。

代码清单 18-14（16）：清除任务的等待状态。

代码清单 18-14（17）：标记任务不再等待。

代码清单 18-14（18）：如果任务在无期限等待中被挂起，或者任务在有期限等待中被挂起，也能进行内核对象发布（释放）操作，同理，先看看任务是不是在等待多个内核对象。

代码清单 18-14（19）：如果任务在等待多个信号量或消息队列，就调用 OS_Post1() 函数标记是哪个内核对象进行发布（释放）操作。

代码清单 18-14（20）：如果任务不在等待多个信号量或消息队列，那么直接操作即可。

代码清单 18-14（21）：如果启用了任务队列或消息队列（即启用了 OS_MSG_EN 宏定义），则保存消息到等待任务控制块的 MsgPtr 成员变量中，将消息的大小保存到等待任务控制块的 MsgSize 成员变量中。

代码清单 18-14（22）：调用 OS_TickListRemove() 函数将任务从节拍列表中移除。

代码清单 18-14（23）：从等待列表移除该等待任务。

代码清单 18-14（24）：任务状态改为挂起态。

代码清单 18-14（25）：清除任务的等待状态。

代码清单 18-14（26）：标记任务不再等待。

代码清单 18-14（27）：如果任务状态超出预期，则直接跳出。

从消息队列的入队操作（发送消息）可以看出，µC/OS 支持向所有任务发送消息，也支持只向一个任务发送消息，这样系统的灵活性就会大大提高，与此同时，µC/OS 还支持中断延迟发布，不在中断中直接发送消息。

消息队列的发送函数 OSQPost() 的使用实例具体参见代码清单 18-15。

代码清单 18-15 OSQPost() 使用实例

```
1  /* 发送消息到消息队列 queue */
2  OSQPost ((OS_Q        *)&queue,                                    // 消息变量指针
3           (void         *)"Binghuo µC/OS-III",
4          // 要发送的数据的指针, 将内存块首地址通过队列 "发送出去"
5           (OS_MSG_SIZE  )sizeof ( "Binghuo µC/OS-III" ),           // 数据字节大小
6           (OS_OPT       )OS_OPT_POST_FIFO | OS_OPT_POST_ALL,
7          // 先进先出和发布给全部任务的形式
8           (OS_ERR       *)&err);                                    // 返回错误类型
```

18.6.4 消息队列获取函数 OSQPend()

当任务试图从队列中的获取消息时, 用户可以指定一个阻塞超时时间, 当且仅当消息队列中有消息时, 任务才能获取消息。在这段时间中, 如果队列为空, 该任务将保持阻塞状态以等待队列消息有效。当其他任务或中断服务程序向其等待的队列中写入数据时, 该任务将自动由阻塞态转为就绪态。当任务等待的时间超过用户指定的阻塞时间, 即使队列中尚无有效消息, 任务也会自动从阻塞态转为就绪态。OSQPend() 函数源码具体参见代码清单 18-16。

代码清单 18-16 OSQPend() 函数源码

```
1  void  *OSQPend (OS_Q         *p_q,           // 消息队列指针                    (1)
2                  OS_TICK       timeout,        // 等待期限 (单位: 时钟节拍)       (2)
3                  OS_OPT        opt,            // 选项                          (3)
4                  OS_MSG_SIZE  *p_msg_size,     // 返回消息大小 (单位: 字节)       (4)
5                  CPU_TS       *p_ts,           // 获取等到消息时的时间戳          (5)
6                  OS_ERR       *p_err)          // 返回错误类型                    (6)
7  {
8      OS_PEND_DATA  pend_data;
9      void         *p_void;
10     CPU_SR_ALLOC(); // 使用到临界段 (在关 / 开中断时) 时必须用到该宏, 该宏声明和
11    // 定义一个局部变量, 用于保存关中断前的 CPU 状态寄存器
12    // SR (临界段关中断只需保存 SR), 开中断时将该值还原
13
14 #ifdef OS_SAFETY_CRITICAL                     // 如果启用 (默认禁用) 了安全检测    (7)
15 if (p_err == (OS_ERR *)0)                     // 如果错误类型实参为空
16     {
17         OS_SAFETY_CRITICAL_EXCEPTION(); // 执行安全检测异常函数
18         return ((void *)0);                   // 返回 0 (有错误), 停止执行
19     }
20 #endif
21
22 #if OS_CFG_CALLED_FROM_ISR_CHK_EN > 0u        // 如果启用了中断中非法调用检测      (8)
23     if (OSIntNestingCtr > (OS_NESTING_CTR)0)  // 如果该函数在中断中被调用
24     {
25         *p_err = OS_ERR_PEND_ISR;             // 错误类型为 "在中断中获取消息"
26         return ((void *)0);                   // 返回 0 (有错误), 停止执行
27     }
28 #endif
29
```

```
30 #if OS_CFG_ARG_CHK_EN > 0u                    // 如果启用了参数检测                    (9)
31     if (p_q == (OS_Q *)0)                      // 如果 p_q 为空
32     {
33         *p_err = OS_ERR_OBJ_PTR_NULL;          // 错误类型为"对象为空"
34         return ((void *)0);                    // 返回 0 (有错误), 停止执行
35     }
36     if (p_msg_size == (OS_MSG_SIZE *)0)        // 如果 p_msg_size 为空
37     {
38         *p_err = OS_ERR_PTR_INVALID;           // 错误类型为"指针不可用"
39         return ((void *)0);                    // 返回 0 (有错误), 停止执行
40     }
41     switch (opt)                               // 根据选项分类处理                    (10)
42     {
43     case OS_OPT_PEND_BLOCKING:                 // 如果选项在预期内
44     case OS_OPT_PEND_NON_BLOCKING:
45         break;                                 // 直接跳出
46
47     default:                                   // 如果选项超出预期                    (11)
48         *p_err = OS_ERR_OPT_INVALID;           // 返回错误类型为"选项非法"
49         return ((void *)0);                    // 返回 0 (有错误), 停止执行
50     }
51 #endif
52
53 #if OS_CFG_OBJ_TYPE_CHK_EN > 0u                // 如果启用了对象类型检测              (12)
54 if (p_q->Type != OS_OBJ_TYPE_Q)               // 如果 p_q 不是消息队列类型
55     {
56         *p_err = OS_ERR_OBJ_TYPE;              // 错误类型为"对象类型有误"
57         return ((void *)0);                    // 返回 0 (有错误), 停止执行
58     }
59 #endif
60
61     if (p_ts != (CPU_TS *)0)                   // 如果 p_ts 非空                      (13)
62     {
63         *p_ts  = (CPU_TS  )0;                  // 初始化 (清零) p_ts, 待用于返回时间戳
64     }
65
66     CPU_CRITICAL_ENTER();  // 关中断
67     p_void = OS_MsgQGet(&p_q->MsgQ,            // 从消息队列获取一个消息              (14)
68                 p_msg_size,
69                 p_ts,
70                 p_err);
71     if (*p_err == OS_ERR_NONE)                 // 如果获取消息成功                    (15)
72     {
73         CPU_CRITICAL_EXIT();                   // 开中断
74         return (p_void);                       // 返回消息内容
75     }
76     /* 如果获取消息不成功 */                                                        (16)
77     if ((opt & OS_OPT_PEND_NON_BLOCKING) != (OS_OPT)0) // 如果选择了不阻塞任务
78     {
79         CPU_CRITICAL_EXIT();                                // 开中断
80         *p_err = OS_ERR_PEND_WOULD_BLOCK;     // 错误类型为"等待渴求阻塞"
81         return ((void *)0);                   // 返回 0 (有错误), 停止执行
82     }
```

```
83 else(17)                                                    // 如果选择了阻塞任务
84    {
85    if (OSSchedLockNestingCtr > (OS_NESTING_CTR)0)// 如果调度器被锁         (18)
86       {
87          CPU_CRITICAL_EXIT();                      // 开中断
88          *p_err = OS_ERR_SCHED_LOCKED;             // 错误类型为 "调度器被锁"
89          return ((void *)0);                        // 返回 0 (有错误), 停止执行
90       }
91    }
92    /* 如果调度器未被锁 */
93    OS_CRITICAL_ENTER_CPU_EXIT();                   // 锁调度器, 重开中断        (19)
94    OS_Pend(&pend_data,
95    // 阻塞当前任务, 等待消息队列,
96          (OS_PEND_OBJ *)((void *)p_q),              // 将当前任务脱离就绪列表, 并
97          OS_TASK_PEND_ON_Q,                         // 插入节拍列表和等待列表
98          timeout);                                                          (20)
99    OS_CRITICAL_EXIT_NO_SCHED();                    // 开调度器, 但不进行调度
100
101   OSSched();                                                               (21)
102       // 找到并调度最高优先级就绪任务
103   /* 当前任务 (获得消息队列的消息) 得以继续运行 */
104   CPU_CRITICAL_ENTER();                           // 关中断                   (22)
105   switch (OSTCBCurPtr->PendStatus)                                         (23)
106       // 根据当前运行任务的等待状态分类处理
107   {
108   case OS_STATUS_PEND_OK:                         // 如果等待状态正常          (24)
109       p_void    = OSTCBCurPtr->MsgPtr;                                    (25)
110               // 从任务控制块提取消息
111       *p_msg_size = OSTCBCurPtr->MsgSize;          // 提取消息大小
112       if (p_ts  != (CPU_TS *)0)                   // 如果 p_ts 非空
113       {
114          *p_ts   = OSTCBCurPtr->TS;               // 获取任务等到消息时的时间戳
115       }
116       *p_err    = OS_ERR_NONE;                    // 错误类型为 "无错误"
117       break;                                       // 跳出
118
119   case OS_STATUS_PEND_ABORT:                      // 如果等待被中止           (26)
120       p_void    = (void    *)0;                   // 返回消息内容为空
121       *p_msg_size = (OS_MSG_SIZE)0;               // 返回消息大小为 0
122       if (p_ts  != (CPU_TS *)0)                   // 如果 p_ts 非空
123       {
124          *p_ts   = OSTCBCurPtr->TS;               // 获取等待被中止时的时间戳
125       }
126       *p_err    = OS_ERR_PEND_ABORT;              // 错误类型为 "等待被中止"
127   break;                                           // 跳出
128
129   case OS_STATUS_PEND_TIMEOUT:                     // 如果等待超时             (27)
130       p_void    = (void    *)0;                   // 返回消息内容为空
131       *p_msg_size = (OS_MSG_SIZE)0;               // 返回消息大小为 0
132       if (p_ts  != (CPU_TS *)0)                   // 如果 p_ts 非空
133       {
134          *p_ts   = (CPU_TS  )0;                   // 清零 p_ts
135       }
```

```
136            *p_err    = OS_ERR_TIMEOUT;              // 错误类型为"等待超时"
137            break;                                   // 跳出
138
139        case OS_STATUS_PEND_DEL:                     // 如果等待的内核对象被删除    (28)
140            p_void     = (void      *)0;             // 返回消息内容为空
141            *p_msg_size = (OS_MSG_SIZE)0;            // 返回消息大小为 0
142            if (p_ts    != (CPU_TS *)0)              // 如果 p_ts 非空
143            {
144                *p_ts   =  OSTCBCurPtr->TS;          // 获取对象被删除时的时间戳
145            }
146            *p_err     = OS_ERR_OBJ_DEL;             // 错误类型为"等待对象被删除"
147            break;                                   // 跳出
148
149        default:                                     // 如果等待状态超出预期          (29)
150            p_void     = (void      *)0;             // 返回消息内容为空
151            *p_msg_size = (OS_MSG_SIZE)0;            // 返回消息大小为 0
152            *p_err     = OS_ERR_STATUS_INVALID;      // 错误类型为"状态非法"
153            break;                                   // 跳出
154        }
155        CPU_CRITICAL_EXIT();                         // 开中断
156        return(p_void);                              // 返回消息内容                  (30)
157 }
```

代码清单 18-16（1）：消息队列指针，指向要获取消息的队列。

代码清单 18-16（2）：指定阻塞时间（单位：时钟节拍）。

代码清单 18-16（3）：获取消息的选项，在 os.h 中有定义。

代码清单 18-16（4）：用于保存获取的消息大小（单位：字节）。

代码清单 18-16（5）：用于保存返回等到消息时的时间戳。

代码清单 18-16（6）：用于保存返回的错误类型，用户可以根据此变量得知出现错误的原因。

代码清单 18-16（7）：如果启用（默认禁用）了安全检测，在编译时则会包含安全检测相关的代码；如果错误类型实参为空，系统会执行安全检测异常函数，然后返回，停止执行。

代码清单 18-16（8）：如果启用了中断中非法调用检测，并且该函数在中断中被调用，则返回错误类型为"在中断中获取消息"的错误代码，然后退出，停止执行。

代码清单 18-16（9）：如果启用了参数检测，在编译时则会包含参数检测相关的代码；如果 p_q 参数为空，则返回错误类型为"对象为空"的错误代码，并且退出，不执行获取消息操作。

代码清单 18-16（10）：根据 opt 选项进行分类处理，如果选项在预期内，则直接退出。其实在这里只是对选项的一个检查，看看传入的选项参数是否正确。

代码清单 18-16（11）：如果 opt 选项超出预期，则返回错误类型为"选项非法"的错误代码，并且退出，不执行获取消息操作。

代码清单 18-16（12）：如果启用了对象类型检测，在编译时则会包含对象类型检测相关代码；如果 p_q 不是消息队列类型，那么返回错误类型为"对象类型有误"的错误代码，并且退出，不执行获取消息操作。

代码清单 18-16（13）：如果 p_ts 非空，则初始化（清零）p_ts，待用于返回时间戳。

代码清单 18-16（14）：调用 OS_MsgQGet() 函数从消息队列获取一个消息，其源码具体参见代码清单 18-17。

代码清单 18-17　OS_MsgQGet() 函数源码

```
 1 void   *OS_MsgQGet (OS_MSG_Q      *p_msg_q,      // 消息队列
 2                     OS_MSG_SIZE   *p_msg_size,   // 返回消息大小
 3                     CPU_TS        *p_ts,         // 返回某些操作的时间戳
 4                     OS_ERR        *p_err)        // 返回错误类型
 5 {
 6     OS_MSG  *p_msg;
 7     void    *p_void;
 8
 9
10
11 #ifdef OS_SAFETY_CRITICAL                         // 如果启用（默认禁用）了安全检测
12     if (p_err == (OS_ERR *)0)                     // 如果错误类型实参为空
13     {
14         OS_SAFETY_CRITICAL_EXCEPTION();           // 执行安全检测异常函数
15         return ((void *)0);                       // 返回空消息，停止执行
16     }
17 #endif
18
19     if (p_msg_q->NbrEntries == (OS_MSG_QTY)0)     // 如果消息队列没有消息        (1)
20     {
21         *p_msg_size = (OS_MSG_SIZE)0;             // 返回消息长度为 0
22         if (p_ts != (CPU_TS *)0)                  // 如果 p_ts 非空
23         {
24             *p_ts  = (CPU_TS  )0;                 // 清零 p_ts
25         }
26         *p_err = OS_ERR_Q_EMPTY;                  // 错误类型为 "队列没消息"
27         return ((void *)0);                       // 返回空消息，停止执行
28     }
29     /* 如果消息队列有消息 */
30     p_msg       = p_msg_q->OutPtr;                // 从队列的出口端提取消息        (2)
31     p_void      = p_msg->MsgPtr;                  // 提取消息内容                (3)
32     *p_msg_size = p_msg->MsgSize;                 // 提取消息长度                (4)
33     if (p_ts != (CPU_TS *)0)                      // 如果 p_ts 非空              (5)
34     {
35         *p_ts  = p_msg->MsgTS;                    // 获取消息被发布时的时间戳
36     }
37
38     p_msg_q->OutPtr = p_msg->NextPtr;             // 修改队列的出队指针          (6)
39
40     if (p_msg_q->OutPtr == (OS_MSG *)0)           // 如果队列没有消息了          (7)
41     {
42         p_msg_q->InPtr      = (OS_MSG   *)0; // 清零出队指针
43         p_msg_q->NbrEntries = (OS_MSG_QTY)0; // 清零消息数
44     }
45     else                                          // 如果队列还有消息            (8)
```

```
46      {
47          p_msg_q->NbrEntries--;                    // 队列的消息数减 1
48      }
49      /* 从消息队列提取完消息信息后，将消息释放回消息池供继续使用 */
50      p_msg->NextPtr      = OSMsgPool.NextPtr;      // 将消息插回消息池              (9)
51      OSMsgPool.NextPtr = p_msg;
52      OSMsgPool.NbrFree++;                          // 消息池的可用消息数加 1        (10)
53      OSMsgPool.NbrUsed--;                          // 消息池的已用消息数减 1        (11)
54
55      *p_err          = OS_ERR_NONE;                // 错误类型为"无错误"
56      return (p_void);                              // 返回消息内容                  (12)
57 }
```

代码清单 18-17（1）：如果消息队列中目前没有可用消息，则返回消息长度为 0，并且返回错误类型为"队列没消息"的错误代码和空消息，停止执行。

代码清单 18-17（2）：如果队列中有消息，则从队列的出口端提取消息。

代码清单 18-17（3）：提取消息内容。

代码清单 18-17（4）：提取消息长度。

代码清单 18-17（5）：如果 p_ts 非空，则获取消息入队时的时间戳。

代码清单 18-17（6）：修改队列的出队指针。

代码清单 18-17（7）：如果队列中没有消息了，则将出队指针与消息个数清零。

代码清单 18-17（8）：如果队列中还有消息，则将队列的消息个数减 1。

代码清单 18-17（9）：将消息插回消息池，以便重复利用。

代码清单 18-17（10）：消息池的可用消息数加 1。

代码清单 18-17（11）：消息池的已用消息数减 1。

代码清单 18-17（12）：返回消息内容。

代码清单 18-16（15）：如果获取消息成功，则返回消息的内容。

代码清单 18-16（16）：如果获取消息不成功，并且用户选择了不阻塞等待，则返回错误类型为"等待渴求阻塞"（OS_ERR_PEND_WOULD_BLOCK）的错误代码，并且返回 0，表示没有获取到消息。

代码清单 18-16（17）：当获取消息不成功时，用户选择了阻塞等待，那么会将任务状态变为阻塞态以等待消息。

代码清单 18-16（18）：判断调度器是否被锁，如果被锁了，则返回错误类型为"调度器被锁"的错误代码，然后退出。

代码清单 18-16（19）：如果调度器未被锁，则锁定调度器，重新打开中断。此时读者可能会问，为什么刚刚调度器被锁会出现错误，而现在又要锁定调度器？这是因为之前锁定的调度器不是由这个函数锁定的，这是不允许的，因为现在要阻塞当前任务，而调度器锁定了就表示无法进行任务调度，这也是不允许的。那为什么又要关闭调度器呢？因为接下来需要操作队列与任务的列表，这个时间不会很短，系统不希望有其他任务来操作任务列表，因为可能引起其他任务解除阻塞，这可能会发生优先级翻转。比如任务 A 的优先级低于当前任务，但是在当前任务进入阻塞的过程中，任务 A 却因为其他原因解除阻塞了，那系统肯定是会去运行任务 A，这显然是要禁止的，因为挂起调度器意味着任务不能切换并且不准调用可能引起任务切换的 API 函数，所以锁定调度器，打开中断，既不会影响中断的响应，又避免了其他任务来操作队列与任务的列表。

代码清单 18-16（20）：调用 OS_Pend() 函数将当前任务脱离就绪列表，并根据用户指定的阻塞时间插入节拍列表和队列等待列表，然后打开调度器，但不进行调度。OS_Pend() 函数源码具体参见代码清单 18-18。

代码清单 18-18　OS_Pend() 函数源码

```
1 void  OS_Pend (OS_PEND_DATA  *p_pend_data,  // 待插入等待列表的元素
2               OS_PEND_OBJ   *p_obj,        // 等待的内核对象
3               OS_STATE      pending_on,    // 等待哪种对象内核
4               OS_TICK       timeout)       // 等待期限
5 {
6     OS_PEND_LIST  *p_pend_list;
7
8
9
10    OSTCBCurPtr->PendOn     = pending_on;            // 资源不可用，开始等待
11    OSTCBCurPtr->PendStatus = OS_STATUS_PEND_OK;     // 正常等待中
12
13    OS_TaskBlock(OSTCBCurPtr,                         // 阻塞当前运行任务
14            timeout);       // 如果 timeout 非 0，则把任务插入节拍列表
15
16
17 if (p_obj != (OS_PEND_OBJ *)0)                       // 如果等待对象非空
18    {
19        p_pend_list = &p_obj->PendList; // 获取对象的等待列表到 p_pend_list
20
21        p_pend_data->PendObjPtr = p_obj;             // 保存要等待的对象
22        OS_PendDataInit((OS_TCB     *)OSTCBCurPtr,   // 初始化 p_pend_data
23                                                     // (待插入等待列表)
24                       (OS_PEND_DATA *)p_pend_data,
25                       (OS_OBJ_QTY    )1);
26                       // 按优先级将 p_pend_data 插入等待列表
27        OS_PendListInsertPrio(p_pend_list,
28                        p_pend_data);
29    }
30    else                                             // 如果等待对象为空
31    {
32        OSTCBCurPtr->PendDataTblEntries = (OS_OBJ_QTY)0; // 清零当前任务的等待域数据
33        OSTCBCurPtr->PendDataTblPtr     = (OS_PEND_DATA *)0;
34    }
35 #if OS_CFG_DBG_EN > 0u                               // 如果启用了调试代码和变量
36    OS_PendDbgNameAdd(p_obj,                          // 更新消息队列的 DbgNamePtr 元素为其等待
37                OSTCBCurPtr);                          // 列表中优先级最高的任务的名称
38
39
40 #endif
41 }
```

代码清单 18-16（21）：在这里只进行一次任务的调度。

代码清单 18-16（22）：程序能执行到这里，就说明可能有两种情况——消息队列中有消息入队，任务获取到消息了；任务还没有获取到消息（任务没获取到消息的情况有很多种），无论是哪种情况，都先把中断关掉。

代码清单 18-16（23）：根据当前运行任务的等待状态分类处理。

代码清单 18-16（24）：如果任务状态是 OS_STATUS_PEND_OK，则表示任务获取到消息了。

代码清单 18-16（25）：从任务控制块中提取消息，这是因为在发送消息给任务时，会将消息放入任务控制块的 MsgPtr 成员变量中，然后继续提取消息大小。如果 p_ts 非空，记录获取任务等到消息时的时间戳，返回错误类型为"无错误"的错误代码，跳出 switch 语句。

代码清单 18-16（26）：如果任务在等待（阻塞）被中止，则返回消息内容为空，返回消息大小为 0；如果 p_ts 非空，则获取等待被中止时的时间戳，返回错误类型为"等待被中止"的错误代码，跳出 switch 语句。

代码清单 18-16（27）：如果等待（阻塞）超时，则说明等待的时间过去了，任务也没获取到消息，则返回消息内容为空，返回消息大小为 0。如果 p_ts 非空，则将 p_ts 清零，返回错误类型为"等待超时"的错误代码，跳出 switch 语句。

代码清单 18-16（28）：如果等待的内核对象被删除，则返回消息内容为空，返回消息大小为 0。如果 p_ts 非空，则获取对象被删除时的时间戳，返回错误类型为"等待对象被删除"的错误代码，跳出 switch 语句。

代码清单 18-16（29）：如果等待状态超出预期，则返回消息内容为空，返回消息大小为 0，返回错误类型为"状态非法"的错误代码，跳出 switch 语句。

代码清单 18-16（30）：打开中断，返回消息内容。

消息队列获取函数的使用实例具体参见代码清单 18-19。

代码清单 18-19 OSQPend() 函数实例

```
1  OS_Q  queue;                                      // 声明消息队列
2
3  OS_ERR      err;
4  OS_MSG_SIZE msg_size;
5
6  /* 获取消息队列 queue 的消息 */
7  pMsg = OSQPend ((OS_Q       *)&queue,             // 消息变量指针
8                 (OS_TICK     )0,                   // 等待时长为无限
9                 (OS_OPT      )OS_OPT_PEND_BLOCKING, // 如果没有获取到信号量就等待
10                (OS_MSG_SIZE *)&msg_size,          // 获取消息的字节大小
11                (CPU_TS      *)0,                   // 获取任务发送时的时间戳
12                (OS_ERR      *)&err);              // 返回错误
```

18.7 使用消息队列的注意事项

在使用 μC/OS 提供的消息队列函数时，需要了解以下几点：

1）使用 OSQPend()、OSQPost() 等函数之前，应先创建消息队列，并根据队列句柄（队列控制块）进行操作。

2）队列读取采用的是先进先出（FIFO）模式，会先读取先存储在队列中的数据。当然，µC/OS 也支持后进先出（LIFO）模式，那么读取时就会先读取后进入队列的数据。

3）无论是发送消息还是接收消息，都是以数据引用的方式进行。

4）队列是具有独立权限的内核对象，并不属于任何任务。所有任务都可以向同一队列写入和读出数据。一个队列由多任务或中断写入是比较常见的，但由多个任务读出用得则比较少。

5）消息的传递实际上只是传递传送内容的指针和传送内容的字节大小。在使用消息队列时要注意，获取消息之前不能释放存储在消息中的指针内容，比如中断定义了一个局部变量，然后将其地址放在消息中进行传递，中断退出之前消息并没有被其他任务获取，退出中断时 CPU 已经释放了中断中的这个局部变量，后面任务获取这个地址的内容就会出错，所以一定要保证在获取内容地址之前不能释放有内容的内存单元。有 3 种方式可以避免这种情况：

- 将变量定义为静态变量，即在其前面加上 static，这样内存单元就不会被释放。
- 将变量定义为全局变量。
- 将要传递的内容当作指针传递过去。比如地址 0x12345678 存放一个变量的值为 5，常规做法是把 0x12345678 这个地址传递给接收消息的任务，任务接收到这个消息后，取出这个地址的内容 5。但是如果把 5 当作"地址"传递给任务，最后接收消息的任务直接将这个"地址"当作内容去处理即可。不过这种方法不能传递结构体等比较复杂的数据结构，因为消息中存放地址的变量内存大小是有限的（一个指针大小）。

18.8　消息队列实验

消息队列实验是在 µC/OS 中创建 2 个任务 AppTaskPost() 和 AppTaskPend()，任务 AppTaskPost() 用于发送消息，任务 AppTaskPend() 用于接收消息，2 个任务独立运行，并把接收到的消息通过串口调试助手打印出来。具体参见代码清单 18-20。

代码清单 18-20　消息队列实验

```
 1
 2
 3 #include <includes.h>
 4
 5
 6 /*
 7 ***********************************************************************************
 ************************
 8 ****
 9 *                                                    LOCAL DEFINES
10 ***********************************************************************************
```

```
11  ****
12  */
13
14  OS_Q  queue;                                              // 声明消息队列
15
16
17  /*
18  ************************************************************************
19  ****
20  *                                                              TCB
21  ************************************************************************
22  ****
23  */
24
25  static  OS_TCB    AppTaskStartTCB;                         // 任务控制块
26
27  static  OS_TCB    AppTaskPostTCB;
28  static  OS_TCB    AppTaskPendTCB;
29
30
31  /*
32  ************************************************************************
33  ****
34  *                                                            STACKS
35  ************************************************************************
36  ****
37  */
38
39  static  CPU_STK   AppTaskStartStk[APP_TASK_START_STK_SIZE];      // 任务栈
40
41  static  CPU_STK   AppTaskPostStk [ APP_TASK_POST_STK_SIZE ];
42  static  CPU_STK   AppTaskPendStk [ APP_TASK_PEND_STK_SIZE ];
43
44
45  /*
46  ************************************************************************
47  ****
48  *                                              FUNCTION PROTOTYPES
49  ************************************************************************
50  ****
51  */
52
53  static  void  AppTaskStart  (void *p_arg);                 // 任务函数声明
54
55  static  void  AppTaskPost   ( void *p_arg );
56  static  void  AppTaskPend   ( void *p_arg );
57
58
59  /*
60  ************************************************************************
61  ****
62  *                                              main()
63  *
```

```
64 * Description : This is the standard entry point for C code.  It is assumed that
65 *    your code will call main() once you have performed all necessary
66 *       initialization.
67 * Arguments   : none
68 *
69 * Returns     : none
70 **********************************************************************
71 ****
72 */
73
74 int  main (void)
75 {
76     OS_ERR  err;
77
78
79     OSInit(&err);                                           // 初始化 μC/OS-III
80
81     /* 创建初始任务 */
82     OSTaskCreate((OS_TCB       *)&AppTaskStartTCB,          // 任务控制块地址
83                  (CPU_CHAR     *)"App Task Start",          // 任务名称
84                  (OS_TASK_PTR ) AppTaskStart,               // 任务函数
85                  (void        *) 0,
86                  // 传递给任务函数（形参 p_arg）的实参
87                  (OS_PRIO      ) APP_TASK_START_PRIO,       // 任务的优先级
88                  (CPU_STK     *)&AppTaskStartStk[0],
89                  // 任务栈的基地址
90                  (CPU_STK_SIZE) APP_TASK_START_STK_SIZE / 10,
91                  // 任务栈空间剩下 1/10 时限制其增长
92                  (CPU_STK_SIZE) APP_TASK_START_STK_SIZE,
93                  // 任务栈空间（单位：sizeof(CPU_STK)）
94                  (OS_MSG_QTY  ) 5u,
95                  // 任务可接收的最大消息数
96                  (OS_TICK     ) 0u,
97                  // 任务的时间片节拍数（0 表示默认值 OSCfg_TickRate_Hz/10）
98                  (void        *) 0,
99                  // 任务扩展（0 表示不扩展）
100                 (OS_OPT       )(OS_OPT_TASK_STK_CHK | OS_OPT_TASK_STK_CLR),
101                 (OS_ERR      *)&err);   // 返回错误类型
102
103    OSStart(&err);
104            // 启动多任务管理（交由 μC/OS-III 控制）
105
106 }
107
108
109 /*
110 **********************************************************************
111 ****
112 *                                        STARTUP TASK
113 *
114 * Description : This is an example of a startup task.  As mentioned in
115 * the book's text, you MUST initialize the ticker only once mu
116 *             ltitasking has started.
```

```
117 * Arguments  : p_arg    is the argument passed to 'AppTaskStart()' by
118 *                        'OSTaskCreate()'.
119 * Returns    : none
120 *
121 * Notes      : The first line of code is used to prevent a compiler
122                warning because 'p_arg' is not
123 *              used.  The compiler should not generate any code for
124 this statement.
125 ******************************************************************
126 */
127
128 static  void  AppTaskStart (void *p_arg)
129 {
130     CPU_INT32U  cpu_clk_freq;
131     CPU_INT32U  cnts;
132     OS_ERR      err;
133
134
135     (void)p_arg;
136
137     BSP_Init();        // 板级初始化
138     CPU_Init();        // 初始化 CPU 组件 (时间戳、关中断时间测量和主机名)
139
140
141     cpu_clk_freq = BSP_CPU_ClkFreq(); // 获取 CPU 内核时钟频率 (SysTick 工作时钟)
142
143     cnts = cpu_clk_freq / (CPU_INT32U)OSCfg_TickRate_Hz;
144     // 根据用户设定的时钟节拍率计算 SysTick 定时器的计数值
145     OS_CPU_SysTickInit(cnts); // 调用 SysTick 初始化函数，设置定时器计数值和启动定时器
146
147
148     Mem_Init();        // 初始化内存管理组件 (堆内存池和内存池表)
149
150
151 #if OS_CFG_STAT_TASK_EN > 0u
152     // 如果启用 (默认启用) 了统计任务
153     OSStatTaskCPUUsageInit(&err);
154 /* 计算没有应用任务 (只有空闲任务) 运行时 CPU 的 (最大) 容量 (决定 OS_Stat_IdleCtrMax
155  * 的值，用于后面计算 CPU 利用率) */
156 #endif
157 #endif
158
159     CPU_IntDisMeasMaxCurReset();     // 复位 (清零) 当前最大关中断时间
160
161
162
163     /* 创建消息队列 */
164     OSQCreate ((OS_Q          *)&queue,             // 指向消息队列的指针
165                (CPU_CHAR       *)"Queue For Test",  // 队列的名字
166                (OS_MSG_QTY     )20,                 // 最多可存放消息的数目
167                (OS_ERR         *)&err);             // 返回错误类型
168
169
```

```
170        /* 创建 AppTaskPost 任务 */
171        OSTaskCreate((OS_TCB      *)&AppTaskPostTCB,           // 任务控制块地址
172                     (CPU_CHAR    *)"App Task Post",           // 任务名称
173                     (OS_TASK_PTR ) AppTaskPost,               // 任务函数
174                     (void        *) 0,
175                     // 传递给任务函数 (形参 p_arg) 的实参
176                     (OS_PRIO     ) APP_TASK_POST_PRIO,   // 任务的优先级
177                     (CPU_STK     *)&AppTaskPostStk[0],
178                     // 任务栈的基地址
179                     (CPU_STK_SIZE) APP_TASK_POST_STK_SIZE / 10,
180                     // 任务栈空间剩下 1/10 时限制其增长
181                     (CPU_STK_SIZE) APP_TASK_POST_STK_SIZE,
182                     // 任务栈空间 (单位: sizeof(CPU_STK))
183                     (OS_MSG_QTY  ) 5u,
184                     // 任务可接收的最大消息数
185                     (OS_TICK     ) 0u,
186                     // 任务的时间片节拍数 (0 表示默认值 OSCfg_TickRate_Hz/10)
187                     (void        *) 0,
188                     // 任务扩展 (0 表示不扩展)
189                     (OS_OPT      )(OS_OPT_TASK_STK_CHK | OS_OPT_TASK_STK_CLR),
190                     (OS_ERR      *)&err);                      // 返回错误类型
191
192        /* 创建 AppTaskPend 任务 */
193        OSTaskCreate((OS_TCB      *)&AppTaskPendTCB,           // 任务控制块地址
194                     (CPU_CHAR    *)"App Task Pend",           // 任务名称
195                     (OS_TASK_PTR ) AppTaskPend,               // 任务函数
196                     (void        *) 0,
197                     // 传递给任务函数 (形参 p_arg) 的实参
198                     (OS_PRIO     ) APP_TASK_PEND_PRIO,        // 任务的优先级
199                     (CPU_STK     *)&AppTaskPendStk[0],
200                     // 任务栈的基地址
201                     (CPU_STK_SIZE) APP_TASK_PEND_STK_SIZE / 10,
202                     // 任务栈空间剩下 1/10 时限制其增长
203                     (CPU_STK_SIZE) APP_TASK_PEND_STK_SIZE,
204                     // 任务栈空间 (单位: sizeof(CPU_STK))
205                     (OS_MSG_QTY  ) 5u,
206                     // 任务可接收的最大消息数
207                     (OS_TICK     ) 0u,
208                     // 任务的时间片节拍数 (0 表示默认值 OSCfg_TickRate_Hz/10)
209                     (void        *) 0,
210                     // 任务扩展 (0 表示不扩展)
211                     (OS_OPT      )(OS_OPT_TASK_STK_CHK | OS_OPT_TASK_STK_CLR),
212                     (OS_ERR      *)&err);                      // 返回错误类型
213
214                     OSTaskDel ( & AppTaskStartTCB, & err );
215                     // 删除初始任务本身, 该任务不再运行
216
217
218 }
219
220
221 /*
222 ********************************************************************************
```

```
223  ****
224  *                                              POST TASK
225  *********************************************************************
226  ****
227  */
228  static  void  AppTaskPost ( void * p_arg )
229  {
230      OS_ERR       err;
231
232
233      (void)p_arg;
234
235
236      while (DEF_TRUE)                                    // 任务体
237      {
238          /* 发布消息到消息队列 queue */
239          OSQPost ((OS_Q         *)&queue,              // 消息变量指针
240                   (void          *)"Fire μC/OS-III",
241                   // 要发送的数据的指针, 将内存块首地址通过队列 "发送出去"
242                   (OS_MSG_SIZE )sizeof ( "Fire μC/OS-III" ),// 数据字节大小
243                   (OS_OPT       )OS_OPT_POST_FIFO | OS_OPT_POST_ALL,
244                   // 先进先出和发布给全部任务的形式
245                   (OS_ERR       *)&err);               // 返回错误类型
246
247          OSTimeDlyHMSM ( 0, 0, 0, 500, OS_OPT_TIME_DLY, & err );
248
249      }
250
251  }
252
253
254  /*
255  *********************************************************************
256  ****
257  *                                              PEND TASK
258  *********************************************************************
259  ****
260  */
261  static  void  AppTaskPend ( void * p_arg )
262  {
263      OS_ERR       err;
264      OS_MSG_SIZE msg_size;
265      CPU_SR_ALLOC(); // 使用临界段 (在关 / 开中断时) 时必须用到该宏, 该宏声明和
266      // 定义一个局部变量, 用于保存关中断前的 CPU 状态寄存器
267      // SR (临界段关中断只需保存 SR), 开中断时将该值还原
268      char * pMsg;
269
270
271      (void)p_arg;
272
273
274      while (DEF_TRUE)                                    // 任务体
275      {
```

```
276        /* 请求消息队列 queue 的消息 */
277        pMsg = OSQPend ((OS_Q           *)&queue,          // 消息变量指针
278                       (OS_TICK        )0,                 // 等待时长为无限制
279                       (OS_OPT         )OS_OPT_PEND_BLOCKING,
280                       // 如果没有获取到消息队列，则等待
281                       (OS_MSG_SIZE    *)&msg_size,         // 获取消息的字节大小
282                       (CPU_TS         *)0,                // 获取任务发送时的时间戳
283                       (OS_ERR         *)&err);            // 返回错误
284
285        if ( err == OS_ERR_NONE )                          // 如果接收成功
286          {
287                OS_CRITICAL_ENTER();                        // 进入临界段
288
289            printf ( "\r\n 接收消息的长度：%d 字节，内容：%s\r\n", msg_size, pMsg );
290
291                OS_CRITICAL_EXIT();
292
293          }
294
295      }
296
297  }
```

18.9 实验现象

将程序编译好，用 USB 线连接计算机和开发板的 USB 接口（对应丝印为 USB 转串口），用 DAP 仿真器把配套程序下载到野火 STM32 开发板（具体型号根据购买的板子而定，每个型号的板子都配套有对应的程序），在计算机上打开串口调试助手，然后复位开发板就可以在调试助手中看到串口的打印信息，如图 18-9 所示。

图 18-9 消息队列实验现象

第 19 章
信 号 量

回想一下，你是否在裸机编程中这样使用过一个变量：用于标记某个事件是否发生，或者标记某个硬件是否正在被使用，如果是被占用了或者没有发生，就不对它进行操作。

19.1 信号量的基本概念

信号量（semaphore）是一种实现任务间通信的机制，可以实现任务之间同步或临界资源的互斥访问，常用于协助一组相互竞争的任务来访问临界资源。在多任务系统中，各任务之间需要同步或互斥地实现临界资源的保护，信号量功能可以为用户提供这方面的支持。

抽象地讲，信号量是一个非负整数，所有获取它的任务都会将该整数减 1（获取它当然是为了使用资源），当该整数值为零时，所有试图获取它的任务都将处于阻塞状态。通常一个信号量的计数值用于对应有效的资源数，表示剩余可被占用的临界资源数，其值分两种情况：

- 0：表示没有积累下来的释放信号量操作，且有可能在此信号量上阻塞的任务。
- 正值：表示有一个或多个释放信号量操作。

注意：μC/OS 的信号量并没有区分二值信号量与计数信号量，笔者为了更详细地解释信号量的相关内容，自行区分二值信号量与计数信号量，其实二者的原理是一样的，只不过用途不一样而已。μC/OS 中的信号量不具备传递数据的功能。

19.1.1 二值信号量

二值信号量既可以用于临界资源访问，也可以用于同步功能。

二值信号量和互斥信号量（以下使用互斥量表示互斥信号量）非常相似，但是有一些细微差别：互斥量有优先级继承机制，二值信号量则没有这个机制。这使得二值信号量更偏向应用于同步功能（任务与任务间的同步或任务和中断间同步），而互斥量更偏向应用于临界资源的互斥访问。

用作同步时，信号量在创建后应被置为空，任务 1 获取信号量而进入阻塞，任务 2 在达到某种条件后释放信号量，于是任务 1 获得信号量得以进入就绪态，如果任务 1 的优先级是最高的，就会立即切换任务，从而达到两个任务间的同步。同样地，在中断服务函数中释放信号量，任务 1 也会得到信号量，从而达到任务与中断间的同步。

还记得我们经常说的中断要快进快出吗？在裸机开发中我们经常是在中断中做一个标记，然后在退出时进行轮询处理，这就类似我们使用信号量进行同步，当标记发生了，我们再做其他事情。在 μC/OS 中将信号量用于同步，如任务与任务的同步、中断与任务的同步，可以大大提高效率。

19.1.2　计数信号量

顾名思义，计数信号量肯定是用于计数的，在实际使用中，我们常将计数信号量用于事件计数与资源管理。每当某个事件发生时，任务或者中断将释放一个信号量（信号量计数值加 1），当处理事件时（一般在任务中处理），处理任务会取走该信号量（信号量计数值减 1）。信号量的计数值则表示还有多少个事件未被处理。此外，系统中还有很多资源也可以用计数信号量来管理，信号量的计数值表示系统中可用的资源数目，任务必须先获取信号量才能获取资源访问权，当信号量的计数值为 0 时表示系统没有可用的资源，但是要注意，在使用完资源时必须归还信号量，否则当计数值为 0 时任务就无法访问该资源了。

计数信号量允许多个任务对其进行操作，但限制了任务的数量。比如有一个停车场，里面只有 100 个车位，那么能停放的车只有 100 辆，相当于信号量有 100 个，假如一开始停车场的车位还有 100 个，那么每进去一辆车就要消耗一个停车位，车位的数量就要减 1，相应地，信号量在使用之后也需要减 1，当停车场停满了 100 辆车时，此时的停车位数量为 0，再来的车不能停进去，否则将造成事故，这相当于信号量为 0，后面的任务对这个停车场资源的访问也无法进行；当有车从停车场离开时，车位又空余出来了，后面的车就能停进去了，对信号量的操作也是一样的，当释放了这个资源，后面的任务才能对这个资源进行访问。

19.2　信号量的应用场景

在嵌入式操作系统中，二值信号量是任务与任务间、任务与中断间同步的重要手段，使用得最多的信号量是二值信号量与互斥量（互斥量在第 20 章讲解）。为什么叫二值信号量呢？因为信号量资源被获取了，信号量的值就是 0，而信号量资源被释放，信号量的值就是 1，于是把这种只有 0 和 1 两种情况的信号量称为二值信号量。

在多任务系统中，经常使用二值信号量，比如某个任务需要等待一个标记，那么任务可以在轮询中查询这个标记有没有被置位，但是这样做会十分消耗 CPU 资源并且妨碍其他任务执行，更好的做法是使任务的大部分时间处于阻塞态（允许其他任务执行），直到某些事件发生，该任务才被唤醒。可以使用二值信号量实现这种同步，当任务取信号量时，因为此时尚未发生特定事件，信号量为空，任务会进入阻塞态；当事件的条件满足后，任务 / 中断便会释放信号量，告知任务这个事件发生了，任务取得信号量便被唤醒去执行对应的操作，任务执行完毕并不需要归还信号量，这样 CPU 的效率可以大大提高，而且实时响应速度也是最快的。

再比如某个任务使用信号量在等中断的标记出现，在这之前任务已经进入了阻塞态，在等待着中断的发生，当在中断发生之后，释放一个信号量，也就是我们常说的标记，当它退出中断之后，操作系统会进行任务的调度，如果这个任务能够运行，系统就会执行这个任务，这样就大大提高了效率。

二值信号量在任务与任务间同步的应用场景举例如下：假设有一个温湿度的传感器，该传感器每 1s 采集一次数据，那么我们要让其在液晶屏中显示数据，这个周期也是 1s。如果液晶屏刷新的周期是 100ms，那么此时温湿度的数据还没有更新，液晶屏根本无须刷新，只需要在 1s 后温湿度数据更新时刷新即可，否则 CPU 就是白白做了多次无效的数据更新，CPU 的资源被刷新数据这个任务占用了大半，造成 CPU 资源浪费。如果液晶屏刷新的周期是 10s，那么温湿度的数据变化了 10 次，液晶屏才来更新数据，那么它显示的数据就是不准确的，所以，还是需要同步协调工作，在温湿度采集完毕之后再进行液晶屏数据的刷新，这样，结果才是最准确的，并且不会浪费 CPU 资源。

同理，二值信号量在任务与中断间同步的应用场景举例如下：在串口接收中，不知道什么时候会有数据发送过来，有一个任务用于接收这些数据，但显然不能在任务中每时每刻都查询有没有数据到来，那样会浪费 CPU 资源，所以在这种情况下使用二值信号量是很好的办法，当没有数据到来时，任务进入阻塞态，不参与任务的调度，等到数据到来时，释放一个二值信号量，任务就立即解除阻塞态，进入就绪态，然后在运行时处理数据，这样系统的资源就会得到很好的利用。

而计数信号量则用于资源统计，比如当前任务中来了很多消息，但是这些消息都放在缓冲区中，尚未处理，这时就可以利用计数信号量对这些资源进行统计，每来一个消息就加 1，每处理完一个消息就减 1，这样系统就知道有多少资源未处理。

19.3 二值信号量的运作机制

创建信号量时，系统会为创建的信号量对象分配内存，并把可用信号量初始化为用户自定义的个数。二值信号量的最大可用信号量个数为 1。

任何任务都可以从创建的二值信号量资源中获取一个二值信号量，获取成功则返回正确结果，否则任务会根据用户指定的阻塞超时时间来等待其他任务/中断释放信号量。在等待期间，系统将任务变成阻塞态，任务将被挂到该信号量的阻塞等待列表中。

当二值信号量无效时，假如此时有任务获取该信号量，那么任务将进入阻塞态，如图 19-1 所示。

假如某个时间中断/任务释放了信号量，其过程如图 19-2 所示，那么由于获取无效信号量而进入阻塞态的任务将获得信号量并且恢复为就绪态，其过程如图 19-3 所示。

图 19-1　信号量无效时获取　　　　　图 19-2　中断、任务释放信号量

图 19-3　二值信号量运作机制

19.4　计数信号量的运作机制

计数信号量可以用于资源管理，允许多个任务获取信号量访问共享资源，但会限制任务的最大数目。访问的任务数达到可支持的最大数目时，会阻塞其他试图获取该信号量的任务，直到有任务释放了信号量。这就是计数信号量的运作机制，虽然计数信号量允许多个任务访问同一个资源，但是也有限定，比如某个资源限定只能有 3 个任务访问，那么第 4 个任务访问时，会因为获取不到信号量而进入阻塞，等到有任务（比如任务 1）释放该资源时，第 4 个任务才能获取到信号量从而进行资源的访问，其运作机制如图 19-4 所示。

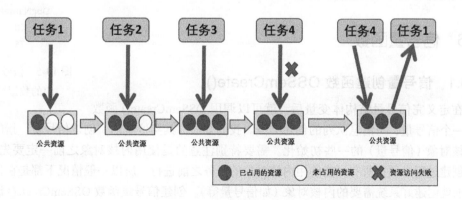

图 19-4　计数信号量运作机制

19.5　信号量控制块

μC/OS 的信号量由多个元素组成，在信号量被创建时，需要由用户定义信号量控制块

（也可以称之为信号量句柄）。因为它用于保存信号量的相关信息，所以其数据结构 OS_SEM 中除了信号量必需的一些基本信息外，还有 PendList 链表与 Ctr，目的是方便系统管理信号量。其数据结构具体参见代码清单 19-1，示意图如图 19-5 所示。

代码清单 19-1　信号控制块的数据结构

```
 1 struct  os_sem
 2 {
 3
 4     OS_OBJ_TYPE          Type;                              (1)
 5     CPU_CHAR            *NamePtr;                           (2)
 6     OS_PEND_LIST         PendList;                          (3)
 7 #if OS_CFG_DBG_EN > 0u
 8     OS_SEM              *DbgPrevPtr;
 9     OS_SEM              *DbgNextPtr;
10     CPU_CHAR            *DbgNamePtr;
11 #endif
12
13     OS_SEM_CTR           Ctr;                               (4)
14     CPU_TS               TS;                                (5)
15 };
```

代码清单 19-1（1）：信号量的类型，用户无须理会。

代码清单 19-1（2）：信号量的名称。

代码清单 19-1（3）：等待信号量的任务列表。

代码清单 19-1（4）：可用信号量的个数，如果为 0 则表示无可用信号量。

代码清单 19-1（5）：用于记录时间戳。

图 19-5　信号量控制块的数据结构

19.6　信号量函数

19.6.1　信号量创建函数 OSSemCreate()

在定义完信号量结构体变量后，就可以调用 OSSemCreate() 函数创建一个信号量，与消息队列的创建类似。我们知道，其实这里的"创建信号量"指的就是对内核对象（信号量）的一些初始化。需要特别注意的是使用内核对象之前一定要先创建，这个创建过程必须在所有可能使用内核对象的任务之前进行，所以一般情况下都是在创建任务之前就创建好系统需要的内核对象（如信号量等）。创建信号量函数 OSSemCreate() 源码具体参见代码清单 19-2。

代码清单 19-2　OSSemCreate() 函数源码

```
 1 void  OSSemCreate (OS_SEM      *p_sem,      // 信号量控制块指针        (1)
 2                    CPU_CHAR    *p_name,      // 信号量名称              (2)
 3                    OS_SEM_CTR   cnt,         // 资源数目或事件是否发生标志 (3)
```

```
4                         OS_ERR        *p_err)      // 返回错误类型                        (4)
5 {
6     CPU_SR_ALLOC();
7 // 使用到临界段（在关/开中断时）时必须用到该宏，该宏声明和定义一个局部变量，
8
9 // 用于保存关中断前的 CPU 状态寄存器 SR（临界段关中断只需保存 SR），
10 // 开中断时将该值还原
11
12 #ifdef OS_SAFETY_CRITICAL                         // 如果启用了安全检测（默认禁用）           (5)
13 if (p_err == (OS_ERR *)0)                         // 如果错误类型实参为空
14     {
15         OS_SAFETY_CRITICAL_EXCEPTION(); // 执行安全检测异常函数
16         return;                                   // 返回，不继续执行
17     }
18 #endif
19
20 #ifdef OS_SAFETY_CRITICAL_IEC61508         // 如果启用了安全关键检测（默认禁用）        (6)
21 // 如果是在调用 OSSafetyCriticalStart() 函数后创建该信号量
22 if (OSSafetyCriticalStartFlag == DEF_TRUE)
23     {
24         *p_err = OS_ERR_ILLEGAL_CREATE_RUN_TIME; // 错误类型为"非法创建内核对象"
25         return;                                              // 返回，不继续执行
26     }
27 #endif
28
29 #if OS_CFG_CALLED_FROM_ISR_CHK_EN > 0u                                           (7)
30 // 如果启用（默认启用）了中断中非法调用检测
31 if (OSIntNestingCtr > (OS_NESTING_CTR)0)          // 如果该函数是在中断中被调用
32     {
33         *p_err = OS_ERR_CREATE_ISR;               // 错误类型为"在中断函数中创建对象"
34         return;                                   // 返回，不继续执行
35     }
36 #endif
37
38 #if OS_CFG_ARG_CHK_EN > 0u                         // 如果启用了参数检测（默认启用）          (8)
39 if (p_sem == (OS_SEM *)0)                         // 如果参数 p_sem 为空
40     {
41         *p_err = OS_ERR_OBJ_PTR_NULL;    // 错误类型为"信号量对象为空"
42         return;                                   // 返回，不继续执行
43     }
44 #endif
45
46     OS_CRITICAL_ENTER();                         // 进入临界段
47     p_sem->Type      = OS_OBJ_TYPE_SEM;          // 初始化信号量指标                      (9)
48     p_sem->Ctr       = cnt;
49     p_sem->TS        = (CPU_TS)0;
50     p_sem->NamePtr = p_name;
51     OS_PendListInit(&p_sem->PendList);           // 初始化该信号量的等待列表               (10)
52
53 #if OS_CFG_DBG_EN > 0u          // 如果启用了调试代码和变量（默认启用）
54     OS_SemDbgListAdd(p_sem); // 将该定时添加到信号量双向调试链表
55 #endif
56     OSSemQty++;                    // 信号量个数加 1                            (11)
```

```
57
58    OS_CRITICAL_EXIT_NO_SCHED();        // 退出临界段（无调度）
59    *p_err = OS_ERR_NONE;               // 错误类型为“无错误”
60 }
```

代码清单 19-2（1）：信号量控制块指针，指向我们定义的信号量控制块结构体变量，所以在创建之前需要先定义一个信号量控制块变量。

代码清单 19-2（2）：信号量名称，为字符串形式。

代码清单 19-2（3）：这个值表示初始化时资源的个数或事件是否发生，一般为二值信号量时，该值为 0 或者为 1；如果为计数信号量时，该值定义为初始资源的个数。

代码清单 19-2（4）：用于保存返回错误类型。

代码清单 19-2（5）：如果启用了安全检测（默认禁用），在编译时则会包含安全检测相关的代码。如果错误类型实参为空，则系统会执行安全检测异常函数，然后返回，不执行创建信号量操作。

代码清单 19-2（6）：如果启用（默认禁用）了安全关键检测，在编译时则会包含安全关键检测相关的代码。如果在调用 OSSafetyCriticalStart() 函数后创建该信号量，则是非法的，返回错误类型为“非法创建内核对象”错误代码，并且退出，不执行创建信号量操作。

代码清单 19-2（7）：如果启用了中断中非法调用检测（默认启用），在编译时则会包含中断非法调用检测相关的代码。如果该函数是在中断中被调用，则是非法的，返回错误类型为“在中断函数中创建对象”的错误代码，并且退出，不执行创建信号量操作。

代码清单 19-2（8）：如果启用了参数检测（默认启用），在编译时则会包含参数检测相关的代码。如果 p_sem 参数为空，则返回错误类型为“创建对象为空”的错误代码，并且退出，不执行创建信号量操作。

代码清单 19-2（9）：进入临界段，然后初始化信号量相关信息，如初始化信号量的类型、名称、可用信号量 Ctr、记录时间戳的变量 TS 等。

代码清单 19-2（10）：调用 OS_PendListInit() 函数初始化该信号量的等待列表。

代码清单 19-2（11）：系统信号量个数加 1。

如果创建一个初始可用信号量个数为 5 的信号量，那么信号量创建成功的示意图如图 19-6 所示。

创建信号量函数 OSSemCreate() 的使用实例具体参见代码清单 19-3。

图 19-6　信号量创建成功示意图

代码清单 19-3　OSSemCreate() 函数实例

```
1 OS_SEM SemOfKey;              // 标志 KEY1 是否被按下的信号量
2
3 /* 创建信号量 SemOfKey */
4 OSSemCreate((OS_SEM        *)&SemOfKey,      // 指向信号量变量的指针
```

```
5                    (CPU_CHAR   *)"SemOfKey",     // 信号量的名称
6                    (OS_SEM_CTR )0,
7    // 信号量这里是指示事件发生，所以赋值为 0，表示事件还没有发生
8                    (OS_ERR     *)&err);          // 错误类型
```

19.6.2　信号量删除函数 OSSemDel()

OSSemDel() 函数用于删除一个信号量，信号量删除函数是根据信号量结构直接删除的，删除之后这个信号量的所有信息都会被系统清空，而且不能再次使用这个信号量，但是需要注意的是，如果某个信号量没有被定义，那么也是无法被删除的，如果有任务阻塞在该信号量上，那么尽量不要删除该信号量。想要使用信号量删除函数，就必须将 OS_CFG_SEM_DEL_EN 宏定义配置为 1，其函数源码具体参见代码清单 19-4。

代码清单 19-4　OSSemDel() 函数源码

```
1 #if OS_CFG_SEM_DEL_EN > 0u                     // 如果启用了 OSSemDel() 函数
2 OS_OBJ_QTY  OSSemDel (OS_SEM *p_sem,           // 信号量控制块指针              (1)
3                       OS_OPT   opt,            // 选项                        (2)
4                       OS_ERR *p_err)           // 返回错误类型                 (3)
5 {
6     OS_OBJ_QTY      cnt;
7     OS_OBJ_QTY      nbr_tasks;
8     OS_PEND_DATA   *p_pend_data;
9     OS_PEND_LIST   *p_pend_list;
10    OS_TCB         *p_tcb;
11    CPU_TS          ts;
12    CPU_SR_ALLOC();
13
14
15
16 #ifdef OS_SAFETY_CRITICAL                       // 如果启用（默认禁用）了安全检测  (4)
17     if (p_err == (OS_ERR *)0)                   // 如果错误类型实参为空
18     {
19         OS_SAFETY_CRITICAL_EXCEPTION();         // 执行安全检测异常函数
20         return ((OS_OBJ_QTY)0);                 // 返回 0（有错误），不继续执行
21     }
22 #endif
23
24 #if OS_CFG_CALLED_FROM_ISR_CHK_EN > 0u          // 如果启用了中断中非法调用检测    (5)
25     if (OSIntNestingCtr > (OS_NESTING_CTR)0)    // 如果该函数在中断中被调用
26     {
27         *p_err = OS_ERR_DEL_ISR;                // 返回错误类型为“在中断中删除对象”
28         return ((OS_OBJ_QTY)0);                 // 返回 0（有错误），不继续执行
29     }
30 #endif
31
32 #if OS_CFG_ARG_CHK_EN > 0u                      // 如果启用了参数检测            (6)
33     if (p_sem == (OS_SEM *)0)                   // 如果 p_sem 为空
34     {
35         *p_err = OS_ERR_OBJ_PTR_NULL;           // 返回错误类型为“内核对象为空”
```

```
36          return ((OS_OBJ_QTY)0);              // 返回 0 (有错误), 不继续执行
37      }
38      switch (opt)                             // 根据选项分类处理                    (7)
39      {
40      case OS_OPT_DEL_NO_PEND:                 // 如果选项在预期之内
41      case OS_OPT_DEL_ALWAYS:
42          break;                               // 直接跳出
43
44 default:                                      // 如果选项超出预期                    (8)
45          *p_err = OS_ERR_OPT_INVALID;         // 返回错误类型为 "选项非法"
46          return ((OS_OBJ_QTY)0);              // 返回 0 (有错误), 不继续执行
47      }
48 #endif
49
50 #if OS_CFG_OBJ_TYPE_CHK_EN > 0u               // 如果启用了对象类型检测              (9)
51      if (p_sem->Type != OS_OBJ_TYPE_SEM)      // 如果 p_sem 不是信号量类型
52      {
53          *p_err = OS_ERR_OBJ_TYPE;            // 返回错误类型为 "内核对象类型错误"
54          return ((OS_OBJ_QTY)0);              // 返回 0 (有错误), 不继续执行
55      }
56 #endif
57
58      CPU_CRITICAL_ENTER();                    // 关中断
59      p_pend_list = &p_sem->PendList;          // 获取信号量的等待列表到 p_pend_list (10)
60      cnt         = p_pend_list->NbrEntries;   // 获取等待该信号量的任务数
61      nbr_tasks   = cnt;
62      switch (opt)                             // 根据选项分类处理                    (11)
63      {
64      case OS_OPT_DEL_NO_PEND:                                                      (12)
65      // 如果只在没有任务等待的情况下删除信号量
66          if (nbr_tasks == (OS_OBJ_QTY)0)      // 如果没有任务在等待该信号量
67          {
68 #if OS_CFG_DBG_EN > 0u                         // 如果启用了调试代码和变量
69              OS_SemDbgListRemove(p_sem);      // 将该信号量从信号量调试列表移除
70 #endif
71              OSSemQty--;                      // 信号量数目减 1                     (13)
72              OS_SemClr(p_sem);                // 清除信号量内容                     (14)
73              CPU_CRITICAL_EXIT();             // 开中断
74              *p_err = OS_ERR_NONE;            // 返回错误类型为 "无错误"            (15)
75          }
76          else                                 // 如果有任务在等待该信号量           (16)
77          {
78              CPU_CRITICAL_EXIT();             // 开中断
79              *p_err = OS_ERR_TASK_WAITING;
80                                               // 返回错误类型为 "有任务在等待该信号量"
81          }
82          break;
83
84      case OS_OPT_DEL_ALWAYS:                   // 如果必须删除信号量                 (17)
85          OS_CRITICAL_ENTER_CPU_EXIT();        // 锁调度器, 并开中断
86          ts = OS_TS_GET();                    // 获取时间戳                        (18)
87          while (cnt > 0u)                                                          (19)
88                                               // 逐个移除该信号量等待列表中的任务
```

```
 89          {
 90              p_pend_data = p_pend_list->HeadPtr;
 91              p_tcb       = p_pend_data->TCBPtr;
 92              OS_PendObjDel((OS_PEND_OBJ *)((void *)p_sem),
 93                            p_tcb,
 94                            ts);                              (20)
 95              cnt--;
 96          }
 97 #if OS_CFG_DBG_EN > 0u                      // 如果启用了调试代码和变量
 98          OS_SemDbgListRemove(p_sem);
 99 // 将该信号量从信号量调试列表移除
100 #endif
101          OSSemQty--;                        // 信号量数目减 1            (21)
102          OS_SemClr(p_sem);                  // 清除信号量内容            (22)
103          OS_CRITICAL_EXIT_NO_SCHED();       // 解锁调度器，但不进行调度
104          OSSched();                                                    (23)
105          // 任务调度，执行最高优先级的就绪任务
106          *p_err = OS_ERR_NONE;              // 返回错误类型为“无错误”
107          break;
108
109      default:                              // 如果选项超出预期          (24)
110          CPU_CRITICAL_EXIT();              // 开中断
111          *p_err = OS_ERR_OPT_INVALID;      // 返回错误类型为“选项非法”
112          break;
113      }
114      return ((OS_OBJ_QTY)nbr_tasks);                                   (25)
115          // 返回删除信号量前阻塞在该信号量上的任务个数
116 }
117 #endif
```

代码清单 19-4（1）：信号量控制块指针，指向定义的信号量控制块结构体变量，所以在删除之前需要先定义一个信号量控制块变量，并且成功创建信号量后再进行删除操作。

代码清单 19-4（2）：删除的选项。

代码清单 19-4（3）：用于保存返回的错误类型。

代码清单 19-4（4）：如果启用了安全检测（默认），在编译时则会包含安全检测相关的代码。如果错误类型实参为空，则系统会执行安全检测异常函数，然后返回，不执行删除信号量操作。

代码清单 19-4（5）：如果启用了中断中非法调用检测（默认启用），在编译时则会包含中断非法调用检测相关的代码。如果该函数是在中断中被调用，则是非法的，返回错误类型为"在中断中删除对象"的错误代码，并且退出，不执行删除信号量操作。

代码清单 19-4（6）：如果启用了参数检测（默认启用），在编译时则会包含参数检测相关的代码。如果 p_sem 参数为空，则返回错误类型为"内核对象为空"的错误代码，并且退出，不执行删除信号量操作。

代码清单 19-4（7）：判断 opt 选项是否合理，该选项有两个——OS_OPT_DEL_ALWAYS 与 OS_OPT_DEL_NO_PEND，在 os.h 文件中定义。此处是判断选项是否在预期之

内，如果在，则跳出 switch 语句。

代码清单 19-4（8）：如果选项超出预期，则返回错误类型为"选项非法"的错误代码，退出，不继续执行。

代码清单 19-4（9）：如果启用了对象类型检测，在编译时则会包含对象类型检测相关的代码。如果 p_sem 不是信号量类型，则返回错误类型为"内核对象类型错误"的错误代码，并且退出，不执行删除信号量操作。

代码清单 19-4（10）：程序执行到这里，表示可以删除信号量了，系统首先获取信号量的等待列表并保存到 p_pend_list 变量中，然后获取等待该信号量的任务数。

代码清单 19-4（11）：根据选项分类处理。

代码清单 19-4（12）：如果 opt 是 OS_OPT_DEL_NO_PEND，则表示只在没有任务等待的情况下删除信号量。如果当前系统中有任务阻塞在该信号量上，则不能删除，反之，则可以删除信号量。

代码清单 19-4（13）：如果没有任务在等待该信号量，则信号量数目减 1。

代码清单 19-4（14）：清除信号量内容。

代码清单 19-4（15）：删除成功，返回错误类型为"无错误"的错误代码。

代码清单 19-4（16）：如果有任务在等待该信号量，则返回错误类型为"有任务在等待该信号量"的错误代码。

代码清单 19-4（17）：如果 opt 是 OS_OPT_DEL_ALWAYS，则表示无论如何都必须删除信号量，那么在删除之前，系统会把所有阻塞在该信号量上的任务恢复。

代码清单 19-4（18）：获取时间戳，记录删除的时间。

代码清单 19-4（19）：根据前面 cnt 记录阻塞在该信号量上的任务个数，逐个移除该信号量等待列表中的任务。

代码清单 19-4（20）：调用 OS_PendObjDel() 函数将阻塞在内核对象（如信号量）上的任务从阻塞态恢复，此时系统删除内核对象，删除之后，这些等待事件的任务需要被恢复，其源码具体参见代码清单 18-8。

代码清单 19-4（21）：执行到这里，表示已经删除了信号量，系统信号量个数减 1。

代码清单 19-4（22）：清除信号量内容。

代码清单 19-4（23）：进行一次任务调度。

代码清单 19-4（24）：如果选项超出预期，则返回错误类型为"选项非法"的错误代码，退出。

代码清单 19-4（25）：返回删除信号量前阻塞在该信号量上的任务个数。

信号量删除函数 OSSemDel() 的使用也很简单，只需要传入要删除的信号量的句柄与选项以及保存返回的错误类型即可。调用函数时，系统将删除这个信号量。需要注意的是，在调用删除信号量函数前，系统中应存在已创建的信号量。如果删除信号量时，系统中有任务正在等待该信号量，则不应该进行删除操作，因为删除之后的信号量将不可用。删除信号量函数 OSSemDel() 的使用实例具体参见代码清单 19-5。

代码清单 19-5 OSSemDel() 函数实例

```
1 OS_SEM SemOfKey;;                                    // 声明信号量
2
3 OS_ERR      err;
4
5     /* 删除信号量 sem*/
6     OSSemDel ((OS_SEM        *)&SemOfKey,          // 指向信号量的指针
7         OS_OPT_DEL_NO_PEND,
8         (OS_ERR        *)&err);                    // 返回错误类型
```

19.6.3 信号量释放函数 OSSemPost()

与消息队列的操作一样，信号量的释放可以在任务、中断中使用。

由前面的讲解可知，当信号量有效时，任务才能获取信号量，那么是什么函数使信号量变得有效？其实有两种方式，其中一种是在创建时进行初始化，为其可用的信号量个数设置一个初始值；如果该信号量用作二值信号量，那么在创建信号量时其初始值的范围是 0 和 1。假如初始值为 1 个可用的信号量，被获取一次就变得无效了，那就需要释放信号量，μC/OS提供了信号量释放函数，每调用一次该函数就释放一个信号量。但是有一个问题，能不能一直释放？很显然，如果用作二值信号量，一直释放信号量就达不到同步或者互斥访问的效果了。虽说 μC/OS 的信号量是允许一直释放的，但是信号量的范围还需要由用户根据需求决定，当用作二值信号量时，必须确保其可用值为 0 或 1，而用作计数信号量时，其范围则是由用户根据实际情况来决定的。在写代码时，要注意代码的严谨性。信号量释放函数的源码具体参见代码清单 19-6。

代码清单 19-6 OSSemPost() 函数源码

```
1 OS_SEM_CTR   OSSemPost (OS_SEM   *p_sem,      // 信号量控制块指针              (1)
2                         OS_OPT   opt,         // 选项                        (2)
3                         OS_ERR   *p_err)      // 返回错误类型                  (3)
4 {
5     OS_SEM_CTR   ctr;
6     CPU_TS       ts;
7
8
9
10 #ifdef OS_SAFETY_CRITICAL                    // 如果启用（默认禁用）了安全检测
11     if (p_err == (OS_ERR *)0)                // 如果错误类型实参为空
12     {
13         OS_SAFETY_CRITICAL_EXCEPTION();      // 执行安全检测异常函数
14         return ((OS_SEM_CTR)0);              // 返回 0（有错误），不继续执行
15     }
16 #endif
17
18 #if OS_CFG_ARG_CHK_EN > 0u                   // 如果启用（默认启用）了参数检测功能
19     if (p_sem == (OS_SEM *)0)                // 如果 p_sem 为空
20     {
```

```
21          *p_err   = OS_ERR_OBJ_PTR_NULL;      // 返回错误类型为"内核对象指针为空"
22          return ((OS_SEM_CTR)0);              // 返回 0（有错误），不继续执行
23      }
24      switch (opt)                             // 根据选项情况分类处理
25      {
26      case OS_OPT_POST_1:                       // 如果选项在预期内，不处理
27      case OS_OPT_POST_ALL:
28      case OS_OPT_POST_1   | OS_OPT_POST_NO_SCHED:
29      case OS_OPT_POST_ALL | OS_OPT_POST_NO_SCHED:
30          break;
31
32      default:                                 // 如果选项超出预期
33          *p_err =  OS_ERR_OPT_INVALID;        // 返回错误类型为"选项非法"
34          return ((OS_SEM_CTR)0u);             // 返回 0（有错误），不继续执行
35      }
36  #endif
37
38  #if OS_CFG_OBJ_TYPE_CHK_EN > 0u              // 如果启用了对象类型检测
39      if (p_sem->Type != OS_OBJ_TYPE_SEM)      // 如果 p_sem 的类型不是信号量类型
40      {
41          *p_err = OS_ERR_OBJ_TYPE;            // 返回错误类型为"对象类型错误"
42          return ((OS_SEM_CTR)0);              // 返回 0（有错误），不继续执行
43      }
44  #endif
45
46      ts = OS_TS_GET();                        // 获取时间戳
47
48  #if OS_CFG_ISR_POST_DEFERRED_EN > 0u         // 如果启用了中断延迟发布
49      if (OSIntNestingCtr > (OS_NESTING_CTR)0) // 如果该函数是在中断中被调用
50      {
51          OS_IntQPost((OS_OBJ_TYPE)OS_OBJ_TYPE_SEM,// 将该信号量发布到中断消息队列
52                      (void      *)p_sem,
53                      (void      *)0,
54                      (OS_MSG_SIZE)0,
55                      (OS_FLAGS   )0,
56                      (OS_OPT     )opt,
57                      (CPU_TS     )ts,
58                      (OS_ERR     *)p_err);                                      (4)
59      return ((OS_SEM_CTR)0);                  // 返回 0（尚未发布），不继续执行
60      }
61  #endif
62
63      ctr = OS_SemPost(p_sem,                  // 将信号量按照普通方式处理
64                  opt,
65                  ts,
66                  p_err);                                                       (5)
67
68      return (ctr);                            // 返回信号的当前计数值
69  }
```

代码清单 19-6（1）：信号量控制块指针。

代码清单 19-6（2）：释放信号量的选项，该选项在 os.h 中定义，具体参见代码清单 19-7。

代码清单 19-7 释放信号量选项

```
1 #define   OS_OPT_POST_FIFO                    (OS_OPT)(0x0000u)        (1)
2
3 #define   OS_OPT_POST_LIFO                    (OS_OPT)(0x0010u)        (2)
4
5 #define   OS_OPT_POST_1                       (OS_OPT)(0x0000u)        (3)
6
7 #define   OS_OPT_POST_ALL                     (OS_OPT)(0x0200u)        (4)
```

代码清单 19-7（1）：默认采用 FIFO 方式发布信号量。

代码清单 19-7（2）：μC/OS 也支持采用 FIFO 方式发布信号量。

代码清单 19-7（3）：发布给一个任务。

代码清单 19-7（4）：发布给所有等待的任务，也叫作广播信号量。

代码清单 19-6（3）：用于保存返回的错误类型。

代码清单 19-6（4）：如果启用了中断延迟发布，并且该函数在中断中被调用，则使用 OS_IntQPost() 函数将信号量发布到中断消息队列中。

代码清单 19-6（5）：将信号量按照普通方式处理。OS_SemPost() 函数源码具体参见代码清单 19-8。

代码清单 19-8 OS_SemPost() 函数源码

```
1 OS_SEM_CTR   OS_SemPost (OS_SEM    *p_sem,      // 信号量指针
2                          OS_OPT     opt,         // 选项
3                          CPU_TS     ts,          // 时间戳
4                          OS_ERR    *p_err)       // 返回错误类型
5 {
6     OS_OBJ_QTY      cnt;
7     OS_SEM_CTR      ctr;
8     OS_PEND_LIST   *p_pend_list;
9     OS_PEND_DATA   *p_pend_data;
10    OS_PEND_DATA   *p_pend_data_next;
11    OS_TCB         *p_tcb;
12    CPU_SR_ALLOC();
13
14
15
16    CPU_CRITICAL_ENTER();                        // 关中断
17    p_pend_list = &p_sem->PendList;              // 取出该信号量的等待列表 (1)
18    // 如果没有任务在等待该信号量
19    if (p_pend_list->NbrEntries == (OS_OBJ_QTY)0)                        (2)
20    {
21    // 判断是否将导致该信号量计数值溢出
22    switch (sizeof(OS_SEM_CTR))                                          (3)
23        {
24    case 1u:                                                             (4)
25        // 如果溢出，则开中断，返回错误类型为"计数值溢出"，返回 0（有错误），不继续执行
26        if (p_sem->Ctr == DEF_INT_08U_MAX_VAL)
```

```
27
28                {
29                    CPU_CRITICAL_EXIT();
30                    *p_err = OS_ERR_SEM_OVF;
31                    return ((OS_SEM_CTR)0);
32                }
33                break;
34
35        case 2u:
36            if (p_sem->Ctr == DEF_INT_16U_MAX_VAL)
37                {
38                    CPU_CRITICAL_EXIT();
39                    *p_err = OS_ERR_SEM_OVF;
40                    return ((OS_SEM_CTR)0);
41                }
42                break;
43
44        case 4u:
45            if (p_sem->Ctr == DEF_INT_32U_MAX_VAL)
46                {
47                    CPU_CRITICAL_EXIT();
48                    *p_err = OS_ERR_SEM_OVF;
49                    return ((OS_SEM_CTR)0);
50                }
51                break;
52
53        default:
54                break;
55            }
56        p_sem->Ctr++;                         // 信号量计数值不溢出则加 1               (5)
57        ctr       = p_sem->Ctr;               // 获取信号量计数值到 ctr
58        p_sem->TS = ts;                       // 保存时间戳                         (6)
59        CPU_CRITICAL_EXIT();                  // 开中断
60        *p_err    = OS_ERR_NONE;              // 返回错误类型为"无错误"
61        return (ctr);                                                            (7)
62        // 返回信号量的计数值，不继续执行
63    }
64
65    OS_CRITICAL_ENTER_CPU_EXIT();            // 加锁调度器，但开中断                  (8)
66    if ((opt & OS_OPT_POST_ALL) != (OS_OPT)0)
67    // 如果要将信号量发布给所有等待任务
68    {
69        cnt = p_pend_list->NbrEntries;       // 获取等待任务数目到 cnt               (9)
70    }
71    else
72    // 如果要将信号量发布给优先级最高的等待任务
73    {
74        cnt = (OS_OBJ_QTY)1;                 // 将要操作的任务数为 1, cnt 置 1       (10)
75
76    }
77    p_pend_data = p_pend_list->HeadPtr;     // 获取等待列表的首个任务到 p_pend_data
78
79    while (cnt > 0u)                         // 逐个处理要发布的任务               (11)
```

```
80      {
81          p_tcb              = p_pend_data->TCBPtr;      // 取出当前任务
82          p_pend_data_next = p_pend_data->NextPtr;      // 取出下一个任务
83          OS_Post((OS_PEND_OBJ *)((void *)p_sem),      // 发布信号量给当前任务
84               p_tcb,
85               (void     *)0,
86               (OS_MSG_SIZE)0,
87               ts);                                      (12)
88          p_pend_data = p_pend_data_next;              // 处理下一个任务
89          cnt--;                                        (13)
90      }
91      ctr = p_sem->Ctr;                                 // 获取信号量计数值到 ctr
92      OS_CRITICAL_EXIT_NO_SCHED();        // 减锁调度器，但不执行任务调度   (14)
93
94      // 如果 opt 没选择"发布时不调度任务"
95      if ((opt & OS_OPT_POST_NO_SCHED) == (OS_OPT)0)
96      {
97          OSSched();                                    // 任务调度            (15)
98      }
99      *p_err = OS_ERR_NONE;                             // 返回错误类型为"无错误"  (16)
100      return (ctr);                                    // 返回信号量的当前计数值
101  }
```

代码清单 19-8（1）：取出该信号量的等待列表并保存在 **p_pend_list** 变量中。

代码清单 19-8（2）：判断有没有任务在等待该信号量，如果没有，则要先检测信号量的计数值是否即将溢出。

代码清单 19-8（3）：μC/OS 支持多个数据类型的信号量计数值，可以是 8 位、16 位、32 位的，具体为多少位由用户定义。

代码清单 19-8（4）：先检测 OS_SEM_CTR 的大小是多少字节，如果是 1 个字节，表示 **Ctr** 计数值是 8 位的，判断 Ctr 是否达到了 DEF_INT_08U_MAX_VAL，如果达到，再释放信号量将会溢出，就会返回错误类型为"计数值溢出"的错误代码。对于 OS_SEM_CTR 是 2 字节、4 字节的情况，也执行同样的判断操作。

代码清单 19-8（5）：程序能执行到这里，说明信号量的计数值不溢出，此时释放信号量需要将 Ctr 加 1。

代码清单 19-8（6）：保存释放信号量时的时间戳。

代码清单 19-8（7）：返回错误类型为"无错误"的错误代码，然后返回信号量的计数值，不继续执行。

代码清单 19-8（8）：程序能执行到这里，说明系统中有任务阻塞在该信号量上，此时释放一个信号量，就要将等待的任务进行恢复，但是恢复一个任务还是恢复所有任务则取决于用户自定义的释放信号量选项。所以此时先将调度器锁定，但开中断，因为接下来的操作中需要操作任务与信号量的列表，系统不希望其他任务来打扰。

代码清单 19-8（9）：如果要将信号量释放给所有等待任务，首先获取等待该信号量的任务个数到变量 cnt 中，用来记录即将进行释放信号量操作的任务个数。

代码清单 19-8（10）：如果要将信号量释放给优先级最高的等待任务，将要操作的任务数为 1，所以将 cnt 置 1。

代码清单 19-8（11）：逐个处理要释放信号量的任务。

代码清单 19-8（12）：调用 OS_Post() 函数进行对应的任务信号量释放，该源码具体参见代码清单 18-14。

代码清单 19-8（13）：处理下一个任务。

代码清单 19-8（14）：减锁调度器，但不执行任务调度。

代码清单 19-8（15）：如果 opt 没有选择 "发布时不调度任务"，那么进行任务调度。

代码清单 19-8（16）：操作完成，返回错误类型为 "无错误" 的错误代码，并且返回信号量的当前计数值。

如果可用信号量未满，信号量控制块结构体成员变量 Ctr 就会加 1，然后判断是否有阻塞的任务，如果有，就会恢复阻塞的任务，然后返回成功信息，用户可以选择只释放（发布）给一个任务或者是释放（发布）给所有在等待信号量的任务（广播信号量），并且可以选择在释放（发布）完成时是否进行任务调度。如果信号量在中断中释放，用户可以选择是否需要延迟释放（发布）。

释放信号量函数的使用很简单，具体实例参见代码清单 19-9。

代码清单 19-9　OSSemPost() 函数实例

```
1 OS_SEM SemOfKey;                              // 标志 KEY1 是否为被按下的信号量
2 OSSemPost((OS_SEM  *)&SemOfKey,               // 发布 SemOfKey
3           (OS_OPT  )OS_OPT_POST_ALL,          // 发布给所有等待任务
4           (OS_ERR  *)&err);                   // 返回错误类型
5
```

19.6.4　信号量获取函数 OSSemPend()

与消息队列的操作一样，信号量的获取可以在任务中使用。

与释放信号量对应的是获取信号量。我们知道，当信号量有效时，任务才能获取信号量，当任务获取了某个信号量时，该信号量的可用个数就减 1，当它减到 0 时，任务就无法再获取信号量了，并且获取的任务会进入阻塞态（假如用户指定了阻塞超时时间）。如果某个信号量中当前拥有一个可用的信号量，被获取一次就变得无效了，那么此时另外一个任务获取该信号量时，就无法获取成功，该任务便会进入阻塞态，阻塞时间由用户指定。

μC/OS 支持系统中多个任务获取同一个信号量，假如信号量中已有多个任务在等待，那么这些任务会按照优先级顺序进行排列，如果信号量在释放时选择只释放给一个任务，那么在所有等待任务中最高优先级的任务优先获得信号量，而如果信号量在释放时选择释放给所有任务，则所有等待的任务都会获取到信号量。信号量获取函数 OSSemPend() 的源码具体参见代码清单 19-10。

代码清单 19-10 OSSemPend() 函数源码

```
1  OS_SEM_CTR   OSSemPend (OS_SEM   *p_sem,        // 信号量指针                    (1)
2                          OS_TICK   timeout,       // 等待超时时间                  (2)
3                          OS_OPT    opt,           // 选项                          (3)
4                          CPU_TS   *p_ts,          // 等到信号量时的时间戳          (4)
5                          OS_ERR   *p_err)         // 返回错误类型                  (5)
6  {
7      OS_SEM_CTR    ctr;
8      OS_PEND_DATA  pend_data;
9      CPU_SR_ALLOC();
10
11
12
13 #ifdef OS_SAFETY_CRITICAL                        // 如果启用（默认禁用）了安全检测  (6)
14     if (p_err == (OS_ERR *)0)                    // 如果错误类型实参为空
15     {
16         OS_SAFETY_CRITICAL_EXCEPTION();          // 执行安全检测异常函数
17         return ((OS_SEM_CTR)0);                  // 返回 0（有错误），不继续执行
18     }
19 #endif
20
21 #if OS_CFG_CALLED_FROM_ISR_CHK_EN > 0u           // 如果启用了中断非法调用检测      (7)
22     if (OSIntNestingCtr > (OS_NESTING_CTR)0)     // 如果该函数在中断中被调用
23     {
24         *p_err = OS_ERR_PEND_ISR;                // 返回错误类型为"在中断中获取信号量"
25         return ((OS_SEM_CTR)0);                  // 返回 0（有错误），不继续执行
26     }
27 #endif
28
29 #if OS_CFG_ARG_CHK_EN > 0u                        // 如果启用了参数检测              (8)
30     if (p_sem == (OS_SEM *)0)                     // 如果 p_sem 为空
31     {
32         *p_err = OS_ERR_OBJ_PTR_NULL;             // 返回错误类型为"内核对象为空"
33         return ((OS_SEM_CTR)0);                   // 返回 0（有错误），不继续执行
34     }
35     switch (opt)                                  // 根据选项分类处理                (9)
36     {
37     case OS_OPT_PEND_BLOCKING:                     // 如果选择"等待不到对象进行阻塞"
38     case OS_OPT_PEND_NON_BLOCKING:                 // 如果选择"等待不到对象不进行阻塞"
39         break;                                     // 直接跳出，不处理
40
41     default:                                       // 如果选项超出预期              (10)
42         *p_err = OS_ERR_OPT_INVALID;               // 返回错误类型为"选项非法"
43         return ((OS_SEM_CTR)0);                    // 返回 0（有错误），不继续执行
44     }
45 #endif
46
47 #if OS_CFG_OBJ_TYPE_CHK_EN > 0u                    // 如果启用了对象类型检测        (11)
48     if (p_sem->Type != OS_OBJ_TYPE_SEM)            // 如果 p_sem 不是信号量类型
49     {
50         *p_err = OS_ERR_OBJ_TYPE;                  // 返回错误类型为"内核对象类型错误"
51         return ((OS_SEM_CTR)0);                    // 返回 0（有错误），不继续执行
```

```
52          }
53 #endif
54
55      if (p_ts != (CPU_TS *)0)                     // 如果 p_ts 非空                      (12)
56      {
57          *p_ts  = (CPU_TS)0;                      // 初始化 (清零) p_ts, 待用于返回时间戳
58
59      }
60      CPU_CRITICAL_ENTER();                        // 关中断
61      if (p_sem->Ctr > (OS_SEM_CTR)0)              // 如果资源可用                       (13)
62      {
63          p_sem->Ctr--;                            // 资源数目减 1                       (14)
64          if (p_ts != (CPU_TS *)0)                 // 如果 p_ts 非空                      (15)
65          {
66              *p_ts  = p_sem->TS;                  // 获取该信号量最后一次发布的时间戳
67          }
68          ctr    = p_sem->Ctr;                     // 获取信号量的当前资源数目            (16)
69          CPU_CRITICAL_EXIT();                     // 开中断
70          *p_err = OS_ERR_NONE;                    // 返回错误类型为 "无错误"
71          return (ctr);                            // 返回信号量的当前资源数目, 不继续执行
72
73      }
74
75      if ((opt & OS_OPT_PEND_NON_BLOCKING) != (OS_OPT)0)                                 (17)
76      // 如果没有资源可用, 而且选择了不阻塞任务
77      {
78          ctr    = p_sem->Ctr;                     // 获取信号量的资源数目到 ctr
79          CPU_CRITICAL_EXIT();                     // 开中断
80          *p_err = OS_ERR_PEND_WOULD_BLOCK;        // 返回错误类型为 "等待渴求阻塞"
81
82          return (ctr);                            // 返回信号量的当前资源数目, 不继续执行
83
84      }
85      else
86      // 如果没有资源可用, 但选择了阻塞任务                                                  (18)
87      {
88      if (OSSchedLockNestingCtr > (OS_NESTING_CTR)0)// 如果调度器被锁                     (19)
89          {
90              CPU_CRITICAL_EXIT();                 // 开中断
91              *p_err = OS_ERR_SCHED_LOCKED;        // 返回错误类型为 "调度器被锁"
92
93              return ((OS_SEM_CTR)0);              // 返回 0 (有错误), 不继续执行
94
95          }
96      }
97
98      OS_CRITICAL_ENTER_CPU_EXIT();                // 锁调度器, 并重开中断                (20)
99      OS_Pend(&pend_data,
100              // 阻塞等待任务, 将当前任务脱离就绪列表
101             (OS_PEND_OBJ *)((void *)p_sem),
102             // 并插入节拍列表和队列等待列表
103             OS_TASK_PEND_ON_SEM,
104             timeout);                                                                  (21)
```

```
105
106     OS_CRITICAL_EXIT_NO_SCHED();                      // 开调度器，但不进行调度
107
108     OSSched();                                                                (22)
109        // 找到并调度最高优先级就绪任务
110        /* 当前任务（获得信号量）得以继续运行 */
111     CPU_CRITICAL_ENTER();                            // 关中断
112     switch (OSTCBCurPtr->PendStatus)                                         (23)
113     // 根据当前运行任务的等待状态分类处理
114     {
115     case OS_STATUS_PEND_OK:                          // 如果等待状态正常       (24)
116         if (p_ts != (CPU_TS *)0)                     // 如果 p_ts 非空
117         {
118             *p_ts  =  OSTCBCurPtr->TS;               // 获取信号被发布的时间戳
119         }
120         *p_err = OS_ERR_NONE;                        // 返回错误类型为"无错误"
121         break;
122
123     case OS_STATUS_PEND_ABORT:                       // 如果等待被中止         (25)
124         if (p_ts != (CPU_TS *)0)                     // 如果 p_ts 非空
125         {
126             *p_ts  =  OSTCBCurPtr->TS;               // 获取等待被中止时的时间戳
127         }
128         *p_err = OS_ERR_PEND_ABORT;                  // 返回错误类型为"等待被中止"
129         break;
130
131     case OS_STATUS_PEND_TIMEOUT:                     // 如果等待超时           (26)
132         if (p_ts != (CPU_TS *)0)                     // 如果 p_ts 非空
133         {
134             *p_ts  =  (CPU_TS  )0;                    // 清零 p_ts
135         }
136         *p_err = OS_ERR_TIMEOUT;                     // 返回错误类型为"等待超时"
137         break;
138
139     case OS_STATUS_PEND_DEL:                         // 如果等待的内核对象被删除 (27)
140         if (p_ts != (CPU_TS *)0)                     // 如果 p_ts 非空
141         {
142             *p_ts  =  OSTCBCurPtr->TS;               // 获取内核对象被删除时的时间戳
143         }
144         *p_err = OS_ERR_OBJ_DEL;                     // 返回错误类型为"等待对象被删除"
145
146         break;
147
148     default:                                         // 如果等待状态超出预期    (28)
149         *p_err = OS_ERR_STATUS_INVALID;              // 返回错误类型为"状态非法"
150
151         CPU_CRITICAL_EXIT();                         // 开中断
152         return ((OS_SEM_CTR)0);                      // 返回 0（有错误），不继续执行
153     }
154     ctr = p_sem->Ctr;                                // 获取信号量的当前资源数目
155     CPU_CRITICAL_EXIT();                             // 开中断
156     return (ctr);                                    // 返回信号量当前的资源数目 (29)
157 }
```

代码清单 19-10（1）：信号量指针。

代码清单 19-10（2）：用户自定义的阻塞超时时间。

代码清单 19-10（3）：获取信号量的选项，当信号量不可用时，用户可以选择阻塞或者不阻塞。

代码清单 19-10（4）：用于保存返回等到信号量时的时间戳。

代码清单 19-10（5）：用于保存返回的错误类型，用户可以根据此变量得知错误的原因。

代码清单 19-10（6）：如果启用（默认禁用）了安全检测，在编译时则会包含安全检测相关的代码。如果错误类型实参为空，则系统会执行安全检测异常函数，然后返回，停止执行。

代码清单 19-10（7）：如果启用了中断中非法调用检测，并且如果该函数在中断中被调用，则返回错误类型为"在中断中获取信号量"的错误代码，然后退出，停止执行。

代码清单 19-10（8）：如果启用了参数检测，在编译时则会包含参数检测相关的代码。如果 p_sem 参数为空，则返回错误类型为"内核对象为空"的错误代码，并且退出，不执行获取消息操作。

代码清单 19-10（9）：判断 opt 选项是否合理，如果选择"等待不到对象进行阻塞"（OS_OPT_PEND_BLOCKING）或者选择"等待不到对象不进行阻塞"（OS_OPT_PEND_NON_BLOCKING），则是合理的，跳出 switch 语句。

代码清单 19-10（10）：如果选项超出预期，则返回错误类型为"选项非法"的错误代码，并且退出。

代码清单 19-10（11）：如果启用了对象类型检测，在编译时则会包含对象类型检测相关代码。如果 p_sem 不是信号量类型，那么返回错误类型为"内核对象类型错误"的错误代码，并且退出，不执行获取信号量操作。

代码清单 19-10（12）：如果 p_ts 非空，则初始化（清零）p_ts，待用于返回时间戳。

代码清单 19-10（13）（14）：如果当前信号量资源可用。那么被获取的信号量资源中的 Ctr 成员变量个数就要减 1。

代码清单 19-10（15）：如果 p_ts 非空，则获取该信号量最后一次发布的时间戳。

代码清单 19-10（16）：获取信号量的当前资源数目用于返回，执行完成，返回错误类型为"无错误"的错误代码，退出。

代码清单 19-10（17）：如果没有资源可用，而且用户选择了不阻塞任务，获取信号量的资源数目到 ctr 变量用于返回，然后返回错误类型为"等待渴求阻塞"的错误代码，退出操作。

代码清单 19-10（18）：如果没有资源可用，但用户选择了阻塞任务，则需要判断一下调度器是否被锁。

代码清单 19-10（19）：如果调度器被锁，则返回错误类型为"调度器被锁"的错误代码，然后退出，不执行信号量获取操作。

代码清单 19-10（20）：如果调度器未被锁，则锁定调度器，重新打开中断。

代码清单 19-10（21）：调用 OS_Pend() 函数将当前任务脱离就绪列表，并根据用户指定的阻塞时间插入节拍列表和队列等待列表，然后打开调度器，但不进行调度。

代码清单 19-10（22）：当前任务阻塞了，就要进行一次任务的调度。

代码清单 19-10（23）：当程序执行到这里，说明可有两种情况——有可用的信号量，并且任务获取到信号量；任务还没获取到信号量（任务没获取到信号量的情况有很多种）。无论是哪种情况，都先把中断关掉，再根据当前运行任务的等待状态分类处理。

代码清单 19-10（24）：如果任务状态是 OS_STATUS_PEND_OK，则表示任务获取到信号量。获取信号被释放时的时间戳，返回错误类型为"无错误"的错误代码。

代码清单 19-10（25）：如果任务在等待（阻塞）状态被中止，则表示任务没有获取到信号量。如果 p_ts 非空，则获取等待被中止时的时间戳，返回错误类型为"等待被中止"的错误代码，跳出 switch 语句。

代码清单 19-10（26）：如果等待（阻塞）超时，则说明任务没有在等待时间内获取信号量。如果 p_ts 非空，则将 p_ts 清零，返回错误类型为"等待超时"的错误代码，跳出 switch 语句。

代码清单 19-10（27）：如果等待的内核对象被删除，且 p_ts 非空，则获取对象被删除时的时间戳，返回错误类型为"等待对象被删除"的错误代码，跳出 switch 语句。

代码清单 19-10（28）：如果等待状态超出预期，则返回错误类型为"状态非法"的错误代码，跳出 switch 语句。

代码清单 19-10（29）：打开中断，返回信号量当前的资源数目。

当有任务试图获取信号量时，当且仅当信号量有效时，任务才能获取到信号量。如果信号量无效，在用户指定的阻塞超时时间中，该任务将保持阻塞态以等待信号量有效。当其他任务或中断释放了有效的信号量时，该任务将自动由阻塞态转换为就绪态。当任务等待的时间超过了指定的阻塞时间，即使信号量中还是没有可用信号量，任务也会自动从阻塞态转换为就绪态。

信号量获取函数 OSSemPend() 的使用实例具体参见代码清单 19-11。

代码清单 19-11　OSSemPend() 函数实例

```
1 OSSemPend ((OS_SEM   *)&SemOfKey,                    // 等待该信号量被发布
2           (OS_TICK  )0,                             // 无限期等待
3           (OS_OPT   )OS_OPT_PEND_BLOCKING,          // 如果没有信号量可用，则等待
4           (CPU_TS   *)&ts_sem_post,                 // 获取信号量最后一次被发布时的时间戳
5           (OS_ERR   *)&err);                        // 返回错误类型
```

19.7　使用信号量的注意事项

- 信号量访问共享资源不会导致中断延迟。当任务在执行信号量所保护的共享资源时，ISR 或高优先级任务可以抢占该任务。
- 应用中可以有任意个信号量用于保护共享资源。然而，推荐将信号量用于 I/O 端口的

保护，而不是内存地址。

- 信号量经常会被过度使用。很多情况下，访问一个简短的共享资源时不推荐使用信号量，请求和释放信号量会消耗 CPU 时间。通过关/开中断能更有效地执行这些操作。假设两个任务共享一个 32 位的整数变量，第一个任务将这个整数变量加 1，第二个任务将这个变量清零。考虑到执行这些操作用时很短，不需要使用信号量。执行这个操作前任务只需要关中断，执行完毕后再开中断。但是若处理浮点数变量且处理器不支持硬件浮点操作时，就需要用到信号量。因为在这种情况下处理浮点数变量需较长时间。

- 信号量会导致一种严重的问题：优先级翻转。

19.8 信号量实验

19.8.1 二值信号量同步实验

二值信号量同步实验是在 μC/OS 中创建了两个任务，一个是获取信号量任务，一个是释放信号量任务。两个任务独立运行，获取信号量任务是一直等待信号量，其等待时间是无限期。等获取到信号量之后，任务开始执行任务代码，如此反复等待另一个任务释放的信号量。

释放信号量任务是检测按键是否按下，如果按下则释放信号量，此时释放信号量会唤醒获取任务，获取任务开始运行，然后形成两个任务间的同步，LED 进行翻转。因为如果没按下按键，那么信号量就不会释放，只有当信号量释放时，获取信号量的任务才会被唤醒，如此就达到任务与任务的同步，同时程序的运行会在串口调试助手中打印出相关信息，具体参见代码清单 19-12 中的加粗部分。

代码清单 19-12 二值信号量同步实验

```
 1 #include <includes.h>
 2
 3
 4 /*
 5 ************************************************************
 6 *                    LOCAL DEFINES
 7 ************************************************************
 8 */
 9
10 OS_SEM SemOfKey;            // 标志 KEY1 是否被按下的信号量
11
12
13 /*
14 ************************************************************
15 *                        TCB
16 ************************************************************
17 */
18
19 static  OS_TCB    AppTaskStartTCB;         // 任务控制块
```

```
20
21 static   OS_TCB    AppTaskKeyTCB;
22 static   OS_TCB    AppTaskLed1TCB;
23
24
25 /*
26 ************************************************************************
27 *                                                  STACKS
28 ************************************************************************
29 */
30
31 static   CPU_STK  AppTaskStartStk[APP_TASK_START_STK_SIZE];        // 任务栈
32
33 static   CPU_STK  AppTaskKeyStk [ APP_TASK_KEY_STK_SIZE ];
34 static   CPU_STK  AppTaskLed1Stk [ APP_TASK_LED1_STK_SIZE ];
35
36
37 /*
38 ************************************************************************
39 *                                          FUNCTION PROTOTYPES
40 ************************************************************************
41 */
42
43 static   void  AppTaskStart  (void *p_arg);               // 任务函数声明
44
45 static   void  AppTaskKey  ( void *p_arg );
46 static   void  AppTaskLed1 ( void *p_arg );
47
48
49 /*
50 ************************************************************************
51 *                                                  main()
52 *
53 * Description : This is the standard entry point for C code.
54 *               It is assumed that your code will callmain()
55 *               once you have performed all necessary initialization.
56 * Arguments   : none
57 *
58 * Returns     : none
59 ************************************************************************
60 */
61
62 int   main (void)
63 {
64     OS_ERR  err;
65
66
67     OSInit(&err);
68     // 初始化 μC/OS-III
69
70     /* 创建初始任务 */
71     OSTaskCreate((OS_TCB    *)&AppTaskStartTCB,
72                 // 任务控制块地址
```

```
73                 (CPU_CHAR     *)"App Task Start",
74                 // 任务名称
75                 (OS_TASK_PTR ) AppTaskStart,
76                 // 任务函数
77                 (void         *) 0,
78                 // 传递给任务函数（形参 p_arg）的实参
79                 (OS_PRIO     ) APP_TASK_START_PRIO,
80                 // 任务的优先级
81                 (CPU_STK     *)&AppTaskStartStk[0],
82                 // 任务栈的基地址
83                 (CPU_STK_SIZE) APP_TASK_START_STK_SIZE / 10,
84                 // 任务栈空间剩下 1/10 时限制其增长
85                 (CPU_STK_SIZE) APP_TASK_START_STK_SIZE,
86                 // 任务栈空间（单位：sizeof(CPU_STK)）
87                 (OS_MSG_QTY ) 5u,
88                 // 任务可接收的最大消息数
89                 (OS_TICK     ) 0u,
90                 // 任务的时间片节拍数（0 表示默认值 OSCfg_TickRate_Hz/10）
91                 (void         *) 0,
92                 // 任务扩展（0 表示不扩展）
93                 (OS_OPT       )(OS_OPT_TASK_STK_CHK | OS_OPT_TASK_STK_CLR),
94                 // 任务选项
95                 (OS_ERR     *)&err);
96                 // 返回错误类型
97
98      OSStart(&err);
99      // 启动多任务管理（交由 µC/OS-III 控制）
100
101 }
102
103
104 static  void  AppTaskStart (void *p_arg)
105 {
106     CPU_INT32U  cpu_clk_freq;
107     CPU_INT32U  cnts;
108     OS_ERR      err;
109
110
111     (void)p_arg;
112
113     BSP_Init();              // 板级初始化
114     CPU_Init();              // 初始化 CPU 组件（时间戳、关中断时间测量和主机名）
115
116
117     cpu_clk_freq = BSP_CPU_ClkFreq();  // 获取 CPU 内核时钟频率（SysTick 工作时钟）
118
119     cnts = cpu_clk_freq / (CPU_INT32U)OSCfg_TickRate_Hz;
120 // 根据用户设定的时钟节拍频率计算 SysTick 定时器的计数值
121
122     OS_CPU_SysTickInit(cnts); // 调用 SysTick 初始化函数，设置定时器计数值和启动定时器
123
124
125     Mem_Init();
```

```
126                 // 初始化内存管理组件 (堆内存池和内存池表)
127
128 #if OS_CFG_STAT_TASK_EN > 0u
129     // 如果启用 (默认启用) 了统计任务
130     OSStatTaskCPUUsageInit(&err);
131     // 计算没有应用任务 (只有空闲任务) 运行时 CPU 的 (最大) 容量 (决定 OS_Stat_
132                         //IdleCtrMax 的值, 用于后面计算 CPU 利用率)
133 #endif//
134
135
136     CPU_IntDisMeasMaxCurReset();
137     // 复位 (清零) 当前最大关中断时间
138
139
140     /* 创建信号量 SemOfKey */
141     OSSemCreate((OS_SEM      *)&SemOfKey,      // 指向信号量变量的指针
142                 (CPU_CHAR    *)"SemOfKey",     // 信号量的名字
143                 (OS_SEM_CTR  )0,
144                 // 信号量这里是指示事件发生, 所以赋值为 0, 表示事件
145                 // 还没有发生
146                 (OS_ERR      *)&err);          // 错误类型
147
148
149     /* 创建 AppTaskKey 任务 */
150     OSTaskCreate((OS_TCB      *)&AppTaskKeyTCB,
151                 // 任务控制块地址
152                 (CPU_CHAR    *)"App Task Key",
153                 // 任务名称
154                 (OS_TASK_PTR ) AppTaskKey,
155                 // 任务函数
156                 (void        *) 0,
157                 // 传递给任务函数 (形参 p_arg) 的实参
158                 (OS_PRIO     ) APP_TASK_KEY_PRIO,
159                 // 任务的优先级
160                 (CPU_STK     *)&AppTaskKeyStk[0],
161                 // 任务栈的基地址
162                 (CPU_STK_SIZE) APP_TASK_KEY_STK_SIZE / 10,
163                 // 任务栈空间剩下 1/10 时限制其增长
164                 (CPU_STK_SIZE) APP_TASK_KEY_STK_SIZE,
165                 // 任务栈空间 (单位: sizeof(CPU_STK))
166                 (OS_MSG_QTY ) 5u,
167                 // 任务可接收的最大消息数
168                 (OS_TICK    ) 0u,
169                 // 任务的时间片节拍数 (0 表示默认值 OSCfg_TickRate_Hz/10)
170                 (void        *) 0,
171                 // 任务扩展 (0 表示不扩展)
172                 (OS_OPT      )(OS_OPT_TASK_STK_CHK | OS_OPT_TASK_STK_CLR),
173                 // 任务选项
174                 (OS_ERR      *)&err);
175                 // 返回错误类型
176
177     /* 创建 LED1 任务 */
178     OSTaskCreate((OS_TCB      *)&AppTaskLed1TCB,
```

```
179                    // 任务控制块地址
180                    (CPU_CHAR    *)"App Task Led1",
181                    // 任务名称
182                    (OS_TASK_PTR ) AppTaskLed1,
183                    // 任务函数
184                    (void        *) 0,
185                    // 传递给任务函数（形参 p_arg）的实参
186                    (OS_PRIO     ) APP_TASK_LED1_PRIO,
187                    // 任务的优先级
188                    (CPU_STK     *)&AppTaskLed1Stk[0],
189                    // 任务栈的基地址
190                    (CPU_STK_SIZE) APP_TASK_LED1_STK_SIZE / 10,
191                    // 任务栈空间剩下 1/10 时限制其增长
192                    (CPU_STK_SIZE) APP_TASK_LED1_STK_SIZE,
193                    // 任务栈空间（单位：sizeof(CPU_STK)）
194                    (OS_MSG_QTY  ) 5u,
195                    // 任务可接收的最大消息数
196                    (OS_TICK     ) 0u,
197                    // 任务的时间片节拍数（0 表示默认值 OSCfg_TickRate_Hz/10）
198                    (void        *) 0,
199                    // 任务扩展（0 表示不扩展）
200                    (OS_OPT      )(OS_OPT_TASK_STK_CHK | OS_OPT_TASK_STK_CLR),
201                    // 任务选项
202                    (OS_ERR      *)&err);
203                    // 返回错误类型
204
205    OSTaskDel ( & AppTaskStartTCB, & err );
206                    // 删除初始任务本身，该任务不再运行
207
208
209 }
210
211
212 /*
213 *************************************************************************
214 *                                 KEY TASK
215 *************************************************************************
216 */
217 static  void  AppTaskKey ( void *p_arg )
218 {
219    OS_ERR        err;
220
221    uint8_t ucKey1Press = 0;
222
223
224    (void)p_arg;
225
226
227    while (DEF_TRUE)
228    // 任务体
229    {
230     if ( Key_Scan ( macKEY1_GPIO_PORT, macKEY1_GPIO_PIN, 1, & ucKey1Press ) )
231              // 如果 KEY1 被按下
```

```
232              OSSemPost((OS_SEM   *)&SemOfKey,
233                        // 发布 SemOfKey
234                        (OS_OPT     )OS_OPT_POST_ALL,
235                        // 发布给所有等待任务
236                        (OS_ERR    *)&err);
237                        // 返回错误类型
238
239         OSTimeDlyHMSM ( 0, 0, 0, 20, OS_OPT_TIME_DLY, & err );
240                        // 每 20ms 扫描一次
241
242     }
243
244 }
245
246
247 /*
248 ************************************************************************************
249 *                                                  LED1 TASK
250 ************************************************************************************
251 */
252
253 static  void  AppTaskLed1 ( void *p_arg )
254 {
255     OS_ERR           err;
256     CPU_INT32U       cpu_clk_freq;
257     CPU_TS           ts_sem_post, ts_sem_get;
258     CPU_SR_ALLOC();
259     /* 使用到临界段 (在关 / 开中断时) 时必须用到该宏, 该宏声明和定义一个局部变
260
261      * 量, 用于保存关中断前的 CPU 状态寄存器 SR (临界段关中断只需保存 SR),
262
263      * 开中断时将该值还原 */
264     (void)p_arg;
265
266
267     cpu_clk_freq = BSP_CPU_ClkFreq();
268     // 获取 CPU 时钟, 时间戳以该时钟计数
269
270
271 while (DEF_TRUE)                                         // 任务体
272     {
273
274         OSSemPend ((OS_SEM   *)&SemOfKey,               // 等待该信号量被发布
275                   (OS_TICK   )0,                        // 无限期等待
276                   (OS_OPT    )OS_OPT_PEND_BLOCKING,
277                   // 如果没有信号量可用, 则等待
278                   (CPU_TS   *)&ts_sem_post,
279                   // 获取信号量最后一次被发布的时间戳
280                   (OS_ERR   *)&err);                    // 返回错误类型
281
282         ts_sem_get = OS_TS_GET();
283                   // 获取解除等待时的时间戳
284
```

```
285         macLED1_TOGGLE ();                              // 切换 LED1 的亮灭状态
286
287         OS_CRITICAL_ENTER();
288               // 进入临界段，不希望下面串口打印遭到中断
289
290         printf ( "\r\n 发布信号量的时间戳是 %d", ts_sem_post );
291         printf ( "\r\n 解除等待状态的时间戳是 %d", ts_sem_get );
292         printf ( "\r\n 接收到信号量与发布信号量的时间相差 %dus\r\n",
293            ( ts_sem_get - ts_sem_post ) / ( cpu_clk_freq / 1000000 ) );
294
295         OS_CRITICAL_EXIT();
296
297     }
298
299
300 }
```

19.8.2 计数信号量实验

计数信号量实验是模拟停车场工作运行场景。在创建信号量时初始化 5 个可用的信号量，并且创建了 2 个任务：一个是获取信号量任务，一个是释放信号量任务，2 个任务独立运行，获取信号量任务是通过按下 KEY1 按键进行信号量的获取，模拟停车场停车操作，其等待时间是 0，在串口调试助手中输出相应信息。

释放信号量任务则是通过按下 KEY2 按键进行信号量的释放，模拟停车场取车操作，在串口调试助手中输出相应信息，实验源码具体参见代码清单 19-13。

代码清单 19-13 计数信号量实验

```
 1 #include <includes.h>
 2
 3
 4 /*
 5 ************************************************************************
 6 *                                LOCAL DEFINES
 7 ************************************************************************
 8 */
 9
10 OS_SEM SemOfKey;            // 标志 KEY1 是否被按下的信号量
11
12
13 /*
14 ************************************************************************
15 *                                                       TCB
16 ************************************************************************
17 */
18
19 static  OS_TCB    AppTaskStartTCB;                      // 任务控制块
20
21 static  OS_TCB    AppTaskKey1TCB;
```

```
22 static  OS_TCB    AppTaskKey2TCB;
23
24
25 /*
26 ************************************************************
27 *                        STACKS
28 ************************************************************
29 */
30
31 static  CPU_STK   AppTaskStartStk[APP_TASK_START_STK_SIZE];      // 任务栈
32
33 static  CPU_STK   AppTaskKey1Stk [ APP_TASK_KEY1_STK_SIZE ];
34 static  CPU_STK   AppTaskKey2Stk [ APP_TASK_KEY2_STK_SIZE ];
35
36
37 /*
38 ************************************************************
39 *                     FUNCTION PROTOTYPES
40 ************************************************************
41 */
42
43 static  void  AppTaskStart  (void *p_arg);                   // 任务函数声明
44
45 static  void  AppTaskKey1 ( void *p_arg );
46 static  void  AppTaskKey2 ( void *p_arg );
47
48
49
50
51 int  main (void)
52 {
53     OS_ERR  err;
54
55
56     OSInit(&err);                                    // 初始化 μC/OS-III
57
58
59     /* 创建初始任务 */
60     OSTaskCreate((OS_TCB     *)&AppTaskStartTCB,
61                  // 任务控制块地址
62                  (CPU_CHAR   *)"App Task Start",
63                  // 任务名称
64                  (OS_TASK_PTR ) AppTaskStart,
65                  // 任务函数
66                  (void       *) 0,
67                  // 传递给任务函数 (形参 p_arg) 的实参
68                  (OS_PRIO    ) APP_TASK_START_PRIO,
69                  // 任务的优先级
70                  (CPU_STK    *)&AppTaskStartStk[0],
71                  // 任务栈的基地址
72                  (CPU_STK_SIZE) APP_TASK_START_STK_SIZE / 10,
73                  // 任务栈空间剩下 1/10 时限制其增长
74                  (CPU_STK_SIZE) APP_TASK_START_STK_SIZE,
```

```
75                       // 任务栈空间 (单位: sizeof(CPU_STK))
76              (OS_MSG_QTY  ) 5u,
77                       // 任务可接收的最大消息数
78              (OS_TICK    ) 0u,
79                       // 任务的时间片节拍数 (0 表示默认值 OSCfg_TickRate_Hz/10)
80              (void      *) 0,
81                       // 任务扩展 (0 表示不扩展)
82              (OS_OPT     )(OS_OPT_TASK_STK_CHK | OS_OPT_TASK_STK_CLR),
83                       // 任务选项
84              (OS_ERR    *)&err);
85                       // 返回错误类型
86
87      OSStart(&err);
88                       // 启动多任务管理 (交由 μC/OS-III 控制)
89
90  }
91
92
93
94
95  static  void  AppTaskStart (void *p_arg)
96  {
97      CPU_INT32U  cpu_clk_freq;
98      CPU_INT32U  cnts;
99      OS_ERR      err;
100
101
102      (void)p_arg;
103
104      BSP_Init();                                    // 板级初始化
105      CPU_Init();// 初始化 CPU 组件 (时间戳、关中断时间测量和主机名)
106
107
108      cpu_clk_freq = BSP_CPU_ClkFreq(); // 获取 CPU 内核时钟频率 (SysTick 工作时钟)
109
110      cnts = cpu_clk_freq / (CPU_INT32U)OSCfg_TickRate_Hz;
111                       // 根据用户设定的时钟节拍频率计算 SysTick 定时器的计数值
112
113      OS_CPU_SysTickInit(cnts);// 调用 SysTick 初始化函数，设置定时器计数值和启动定时器
114
115
116      Mem_Init();
117                       // 初始化内存管理组件 (堆内存池和内存池表)
118
119  #if OS_CFG_STAT_TASK_EN > 0u
120  // 如果启用 (默认启用) 了统计任务
121      OSStatTaskCPUUsageInit(&err);
122  // 计算没有应用任务 (只有空闲任务) 运行时 CPU 的 (最大) 容量 (决定 OS_Stat_IdleCtrMax 的
123  // 值，用于后面计算 CPU 利用率)
124  #endif
125
126
127      CPU_IntDisMeasMaxCurReset();
```

```
128                // 复位 (清零) 当前最大关中断时间
129
130
131        /* 创建信号量 SemOfKey */
132        OSSemCreate((OS_SEM      *)&SemOfKey,        // 指向信号量变量的指针
133                    (CPU_CHAR    *)"SemOfKey",       // 信号量的名称
134                    (OS_SEM_CTR  )5,                 // 表示现有资源数目
135                    (OS_ERR      *)&err);            // 错误类型
136
137
138        /* 创建 AppTaskKey1 任务 */
139        OSTaskCreate((OS_TCB      *)&AppTaskKey1TCB,
140                    // 任务控制块地址
141                    (CPU_CHAR    *)"App Task Key1",
142                    // 任务名称
143                    (OS_TASK_PTR ) AppTaskKey1,
144                    // 任务函数
145                    (void        *) 0,
146                    // 传递给任务函数 (形参 p_arg) 的实参
147                    (OS_PRIO     ) APP_TASK_KEY1_PRIO,
148                    // 任务的优先级
149                    (CPU_STK     *)&AppTaskKey1Stk[0],
150                    // 任务栈的基地址
151                    (CPU_STK_SIZE) APP_TASK_KEY1_STK_SIZE / 10,
152                    // 任务栈空间剩下 1/10 时限制其增长
153                    (CPU_STK_SIZE) APP_TASK_KEY1_STK_SIZE,
154                    // 任务栈空间 (单位: sizeof(CPU_STK))
155                    (OS_MSG_QTY  ) 5u,
156                    // 任务可接收的最大消息数
157                    (OS_TICK     ) 0u,
158                    // 任务的时间片节拍数 (0 表示默认值 OSCfg_TickRate_Hz/10)
159                    (void        *) 0,
160                    // 任务扩展 (0 表示不扩展)
161 (OS_OPT          )(OS_OPT_TASK_STK_CHK | OS_OPT_TASK_STK_CLR),
162                    // 任务选项
163                    (OS_ERR      *)&err);
164                    // 返回错误类型
165
166        /* 创建 AppTaskKey2 任务 */
167        OSTaskCreate((OS_TCB      *)&AppTaskKey2TCB,
168                    // 任务控制块地址
169                    (CPU_CHAR    *)"App Task Key2",
170                    // 任务名称
171                    (OS_TASK_PTR ) AppTaskKey2,
172                    // 任务函数
173                    (void        *) 0,
174                    // 传递给任务函数 (形参 p_arg) 的实参
175                    (OS_PRIO     ) APP_TASK_KEY2_PRIO,
176                    // 任务的优先级
177                    (CPU_STK     *)&AppTaskKey2Stk[0],
178                    // 任务栈的基地址
179                    (CPU_STK_SIZE) APP_TASK_KEY2_STK_SIZE / 10,
180                    // 任务栈空间剩下 1/10 时限制其增长
```

```
181                        (CPU_STK_SIZE) APP_TASK_KEY2_STK_SIZE,
182                        // 任务栈空间 (单位: sizeof(CPU_STK))
183                        (OS_MSG_QTY  ) 5u,
184                        // 任务可接收的最大消息数
185                        (OS_TICK    ) 0u,
186                        // 任务的时间片节拍数 (0 表示默认值 OSCfg_TickRate_Hz/10)
187                        (void       *) 0,
188                        // 任务扩展 (0 表示不扩展)
189                        (OS_OPT     )(OS_OPT_TASK_STK_CHK | OS_OPT_TASK_STK_CLR),
190                        // 任务选项
191                        (OS_ERR     *)&err);
192                        // 返回错误类型
193
194     OSTaskDel ( & AppTaskStartTCB, & err );
195                        // 删除初始任务本身，该任务不再运行
196
197
198 }
199
200
201 /*
202 ************************************************************************
203 *                                          KEY1 TASK
204 ************************************************************************
205 */
206 static  void  AppTaskKey1 ( void *p_arg )
207 {
208     OS_ERR err;
209     OS_SEM_CTR ctr;
210     CPU_SR_ALLOC();
211 /* 使用临界段 (在关 / 开中断时) 时必须用到该宏，该宏声
212  * 明和定义一个局部变
213  * 量，用于保存关中断前的 CPU 状态寄存器，
214  * SR (临界段关中断只需保存 SR)
215  * 开中断时将该值还原 */
216     uint8_t ucKey1Press = 0;
217
218
219     (void)p_arg;
220
221
222     while (DEF_TRUE)
223         // 任务体
224     {
225     if ( Key_Scan ( macKEY1_GPIO_PORT, macKEY1_GPIO_PIN, 1, & ucKey1Press ) )
226         // 如果 KEY1 被按下
227         {
228             ctr = OSSemPend ((OS_SEM    *)&SemOfKey, // 等待该信号量 SemOfKey
229
230                             (OS_TICK   )0,
231                             // 下面选择不等待，该参数无效
232                             (OS_OPT    )OS_OPT_PEND_NON_BLOCKING,
233                             // 如果没有信号量可用则不等待
```

```
234                         (CPU_TS    *)0,          // 不获取时间戳
235                         (OS_ERR    *)&err);       // 返回错误类型
236
237             OS_CRITICAL_ENTER();                    // 进入临界段
238
239             if ( err == OS_ERR_NONE )
240                 printf ( "\r\nKEY1 被按下：成功申请到停车位，剩下 %d 个停
241 车位。\r\n", ctr );
242                 else if ( err == OS_ERR_PEND_WOULD_BLOCK )
243                     printf ( "\r\nKEY1 被按下：不好意思，现在停车场已满，请
244 等待！\r\n" );
245
246             OS_CRITICAL_EXIT();
247
248         }
249
250         OSTimeDlyHMSM ( 0, 0, 0, 20, OS_OPT_TIME_DLY, & err );
251
252     }
253
254 }
255
256
257 /*
258 *************************************************************************
259 *                                       KEY2 TASK
260 *************************************************************************
261 */
262 static  void  AppTaskKey2 ( void *p_arg )
263 {
264     OS_ERR err;
265     OS_SEM_CTR ctr;
266     CPU_SR_ALLOC();
267 /* 使用临界段（在关 / 开中断时）时必须用到该宏，该宏声
268  * 明和定义一个局部变
269  * 量，用于保存关中断前的 CPU 状态寄存器
270  *SR（临界段关中断只需保存 SR），
271  * 开中断时将该值还原 */
272     uint8_t ucKey2Press = 0;
273
274
275     (void)p_arg;
276
277
278     while (DEF_TRUE)
279     // 任务体
280     {
281         if ( Key_Scan ( macKEY2_GPIO_PORT, macKEY2_GPIO_PIN, 1, & ucKey2Press ) )
282             // 如果 KEY2 被按下
283         {
284             ctr = OSSemPost((OS_SEM    *)&SemOfKey,
285                 // 发布 SemOfKey
286                             (OS_OPT    )OS_OPT_POST_ALL,
```

```
287                                    // 发布给所有等待任务
288                           (OS_ERR  *)&err);
289                                    // 返回错误类型
290
291          OS_CRITICAL_ENTER();
292                                    // 进入临界段
293
294          printf ( "\r\nKEY2 被按下：释放 1 个停车位，剩下 %d 个停车位。\r
295 \n", ctr );
296
297          OS_CRITICAL_EXIT();
298
299       }
300
301       OSTimeDlyHMSM ( 0, 0, 0, 20, OS_OPT_TIME_DLY, & err );
302                                    // 每 20ms 扫描一次
303
304     }
305
306 }
```

19.9　实验现象

19.9.1　二值信号量同步实验现象

将程序编译好，用 USB 线连接计算机和开发板的 USB 接口（对应丝印为 USB 转串口），用 DAP 仿真器把配套程序下载到野火 STM32 开发板（具体型号根据购买的板子而定，每个型号的板子都配套有对应的程序），在计算机上打开串口调试助手，然后复位开发板，我们按下开发板的按键，串口打印任务运行的信息，表明两个任务同步成功，如图 19-7 所示。

图 19-7　二值信号量同步实验现象

19.9.2 计数信号量实验现象

根据 19.9.1 节给出的步骤安装并调试设备，按下开发板的 KEY1 按键获取信号量模拟停车，按下 KEY2 按键释放信号量模拟取车；我们按下 KEY1 与 KEY2 试一试，在串口调试助手中可以看到运行结果，如图 19-8 所示。

图 19-8 计数信号量实验现象

第 20 章
互 斥 量

20.1 互斥量的基本概念

互斥量又称互斥信号量（本质也是一种信号量，不具备传递数据功能），是一种特殊的二值信号量。互斥量和信号量的区别是，它支持互斥量所有权、递归访问以及防止优先级翻转的特性，用于实现对临界资源的独占式处理。任意时刻互斥量的状态只有两种：开锁或闭锁。当互斥量被任务持有时，该互斥量处于闭锁状态，这个任务获得互斥量的所有权。当该任务释放这个互斥量时，该互斥量处于开锁状态，任务失去该互斥量的所有权。当一个任务持有互斥量时，其他任务将不能再对该互斥量进行开锁或持有。持有该互斥量的任务也能够再次获得这个锁而不被挂起，这就是递归访问，也就是递归互斥量的特性。这个特性与一般的信号量有很大的不同，在信号量中，由于已经不存在可用的信号量，任务递归获取信号量时会发生主动挂起，最终形成死锁。

如果想要用于实现同步（任务之间或者任务与中断之间），二值信号量或许是更好的选择，虽然互斥量也可以用于任务与任务间同步，但是互斥量更多的是用于保护资源的互锁。

用于互锁的互斥量可以充当保护资源的令牌，当一个任务希望访问某个资源时，它必须先获取令牌。当任务使用完资源后，必须还回令牌，以便其他任务可以访问该资源。是不是很熟悉，在二值信号量中也是一样的，用于保护临界资源，保证多任务的访问井然有序。当任务获取到信号量时才能开始使用被保护的资源，使用完就释放信号量，下一个任务才能获取到信号量从而可使用被保护的资源。但是信号量会导致另一个潜在问题，那就是任务优先级翻转（具体会在下文讲解）。而 μC/OS 提供的互斥量可以通过优先级继承算法降低优先级翻转问题产生的影响，所以，用于临界资源的保护时一般建议使用互斥量。

20.2 互斥量的优先级继承机制

在 μC/OS 操作系统中，为了避免优先级翻转问题，使用了优先级继承算法。优先级继承算法是指暂时提高某个占有某种资源的低优先级任务的优先级，使之与在所有等待该资源的任务中优先级最高那个任务的优先级相等，而当这个低优先级任务执行完毕释放该资源时，优先级重新回到初始设定值。因此，继承优先级的任务避免了系统资源被任何中间优先级的任务抢占。

互斥量与二值信号量最大的不同在于，互斥量具有优先级继承机制，而二值信号量没有。也就是说，某个临界资源受到一个互斥量保护，如果这个资源正在被一个低优先级任务使用，那么此时的互斥量是闭锁状态，也代表了没有任务能申请到这个互斥量，如果此时一个高优先级任务想要对这个资源进行访问，去申请这个互斥量，那么高优先级任务会因为申请不到互斥量而进入阻塞态，那么系统会将现在持有该互斥量的任务的优先级临时提升到与高优先级任务的优先级相同，这个优先级提升的过程叫作优先级继承。这个优先级继承机制确保高优先级任务进入阻塞态的时间尽可能短，以及将已经出现的"优先级翻转"危害降低到最低。

没有理解？没问题，下面结合过程示意图再讲解一遍。我们知道任务的优先级在创建时就已经设置好了，高优先级的任务可以打断低优先级的任务，抢占 CPU 的使用权。但是在很多场合中，某些资源只有一个，当低优先级任务正在占用该资源时，即便是高优先级任务也只能等待低优先级任务使用完该资源后释放资源。这里高优先级任务无法运行而低优先级任务可以运行的现象称为"优先级翻转"。

为什么说优先级翻转在操作系统中危害很大？因为在一开始创建这个系统时，就已经设置好任务的优先级了，越重要的任务优先级越高。但是发生优先级翻转会导致系统的高优先级任务阻塞时间过长，这对操作系统来说是致命的。

举个例子，现在有 3 个任务，分别为 H 任务（High）、M 任务（Middle）和 L 任务（Low），3 个任务的优先级顺序为 H 任务 >M 任务 >L 任务。正常运行时 H 任务可以打断 M 任务与 L 任务，M 任务可以打断 L 任务，假设系统中有一个资源被保护了，此时该资源正被 L 任务使用，某一时刻，H 任务需要使用该资源，但是 L 任务还没使用完，H 任务则因为申请不到资源而进入阻塞态，L 任务继续使用该资源，此时已经出现了"优先级翻转"现象——高优先级任务在等待低优先级的任务执行，如果在 L 任务执行时刚好 M 任务被唤醒了，由于 M 任务的优先级比 L 任务优先级高，那么会打断 L 任务，抢占了 CPU 的使用权，直到 M 任务执行完，再把 CPU 使用权归还给 L 任务，L 任务继续执行，等到执行完毕之后释放该资源，H 任务此时才从阻塞态解除，使用该资源。这个过程，本来是最高优先级的 H 任务，在等待了更低优先级的 L 任务与 M 任务运行后，其阻塞的时间是 M 任务运行时间 +L 任务运行时间。这只是只有 3 个任务的系统，假如有很多个这样的任务打断最低优先级的任务，那这个系统中最高优先级任务岂不是崩溃了？这个现象是不允许出现的，高优先级的任务必须能及时响应。所以，没有优先级继承的情况下，使用资源保护的危害极大，具体图解如图 20-1 所示。

图 20-1 ①：L 任务正在使用某临界资源，H 任务被唤醒，执行 H 任务。但 L 任务并未执行完毕，此时临界资源还未释放。

图 20-1 ②：这个时刻 H 任务也要对该临界资源进行访问，但 L 任务还未释放资源，由于保护机制，H 任务进入阻塞态，L 任务得以继续运行，此时已经发生了优先级翻转现象。

图 20-1 ③：某个时刻 M 任务被唤醒，由于 M 任务的优先级高于 L 任务，M 任务抢占

了 CPU 的使用权，M 任务开始运行，此时 L 任务尚未执行完毕，临界资源还没被释放。

图 20-1 ④：M 任务运行结束，归还 CPU 使用权，L 任务继续运行。

图 20-1 ⑤：L 任务运行结束，释放临界资源，H 任务得以对资源进行访问，H 任务开始运行。

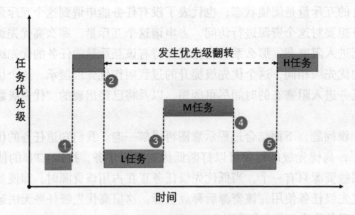

图 20-1　优先级翻转图解

在此过程中，H 任务的等待时间过长，这对系统来说这是致命的，所以这种情况不允许出现，而互斥量就是用来降低优先级翻转产生的危害的。

假如有优先级继承呢？那么在 H 任务申请该资源时，由于申请不到资源会进入阻塞态，此时系统就会把当前正在使用资源的 L 任务的优先级临时提高到与 H 任务优先级相同，此时 M 任务被唤醒了，因为它的优先级比 H 任务低，所以无法打断 L 任务，因为此时 L 任务的优先级被临时提升到 H 任务的水平，所以当 L 任务使用完该资源进行释放，此时 H 任务优先级最高，将接着抢占 CPU 的使用权，H 任务的阻塞时间仅仅是 L 任务的执行时间，此时的优先级的危害降到了最低，这就是优先级继承的优势，具体如图 20-2 所示。

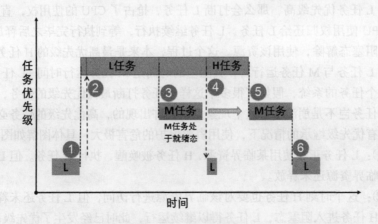

图 20-2　优先级继承

图 20-2 ①：L 任务正在使用某临界资源，H 任务被唤醒，执行 H 任务。但 L 任务并未执行完毕，此时临界资源还未释放。

图 20-2 ②：某一时刻 H 任务也要对该资源进行访问，由于保护机制，H 任务进入阻塞态。此时发生优先级继承，系统将 L 任务的优先级暂时提升到与 H 任务优先级相同，L 任务继续执行。

图 20-2 ③：在某一时刻 M 任务被唤醒，由于此时 M 任务的优先级暂时低于 L 任务，所以 M 任务仅在就绪态，而无法获得 CPU 使用权。

图 20-2 ④：L 任务运行完毕，H 任务获得对资源的访问权，H 任务从阻塞态变成运行态，此时 L 任务的优先级会变回原来的优先级。

图 20-2 ⑤：当 H 任务运行完毕，M 任务得到 CPU 使用权，开始执行。

图 20-2 ⑥：系统按照设定好的优先级正常运行。

但是使用互斥量时一定要注意，在获得互斥量后，应尽快释放互斥量，同时需要注意在任务持有互斥量的这段时间，不得更改任务的优先级。μC/OS 的优先级继承机制不能解决优先级翻转，只能将这种情况的影响降低到最低，硬实时系统在一开始设计时就要避免优先级翻转的情况发生。

20.3　互斥量的应用场景

互斥量的适用情况比较单一，因为它是信号量的一种，并且是以锁的形式存在。在初始化时，互斥量处于开锁状态，而被任务持有时则立刻转为闭锁状态。互斥量更适合于：

- 可能引起优先级翻转的情况。
- 任务可能会多次获取互斥量的情况，这样可以避免同一任务多次递归持有而造成死锁。

多任务环境下往往存在多个任务竞争同一临界资源的应用场景，互斥量可用于对临界资源的保护从而实现独占式访问。另外，互斥量可以降低信号量存在的优先级翻转问题带来的影响。

比如有两个任务需要对串口发送数据，其硬件资源只有一个，那么两个任务肯定不能同时发送，否则将导致数据错误。此时，就可以用互斥量对串口资源进行保护，当一个任务正在使用串口时，另一个任务则无法使用串口，等到任务使用串口完毕之后，另外一个任务才能获得串口的使用权。

另外需要注意的是互斥量不能在中断服务函数中使用，因为其特有的优先级继承机制只对任务起作用，而在中断的上下文环境中毫无意义。

20.4　互斥量的运作机制

多任务环境下会存在多个任务访问同一临界资源的情况，该资源会被任务独占处理。其他任务在资源被占用的情况下不允许对该临界资源进行访问，这时就需要用到 μC/OS 的互斥量来进行资源保护，那么互斥量是如何避免这种冲突的？

用互斥量处理不同任务对临界资源的同步访问时，任务要获得互斥量才能进行资源访问。一旦有任务成功获得了互斥量，则互斥量立即变为闭锁状态，此时其他任务会因为获取不到互斥量而不能访问这个资源，任务会根据用户自定义的等待时间进行等待，直到互斥量被持有的任务释放后，其他任务才能获取互斥量从而得以访问该临界资源，此时互斥量再次上锁，这样就可以确保每个时刻只有一个任务正在访问这个临界资源，保证了临界资源操作的安全性，具体如图 20-3 所示。

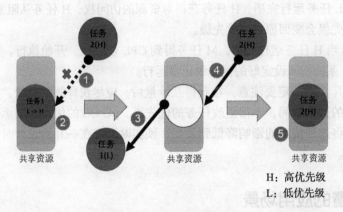

H：高优先级
L：低优先级

图 20-3　互斥量运作机制

图 20-3 ①：因为互斥量具有优先级继承机制，一般选择使用互斥量对资源进行保护，如果资源被占用，无论是什么优先级的任务，想要使用该资源都会被阻塞。

图 20-3 ②：假如正在使用该资源的任务 1 比阻塞中的任务 2 的优先级还低，那么任务 1 将被系统临时提升到与高优先级任务 2 相等的优先级（任务 1 的优先级从 L 变成 H）。

图 20-3 ③：当任务 1 使用完资源之后，释放互斥量，此时任务 1 的优先级会从 H 变回原来的 L。

图 20-3 ④⑤：任务 2 此时可以获得互斥量，然后进行资源的访问。当任务 2 访问了资源时，该互斥量又变为闭锁状态，其他任务无法获取互斥量。

20.5　互斥量控制块

μC/OS 的互斥量由多个元素组成，在互斥量被创建时，需要用户定义互斥量（也可以称之为互斥量句柄），因为它是用于保存互斥量的一些信息的，其数据结构 OS_MUTEX 中除了具有互斥量必需的一些基本信息外，还有指向任务控制块的指针 OwnerTCBPtr、任务优先级变量 OwnerOriginalPrio、PendList 链表与 OwnerNestingCtr 变量等，以便系统管理互斥量。其数据结构具体参见代码清单 20-1，示意图如图 20-4 所示。

代码清单 20-1 互斥量控制块数据结构

```
 1 struct   os_mutex
 2
 3 {
 4 /* ------------------ GENERIC  MEMBERS ----------------- */
 5     OS_OBJ_TYPE          Type;                              (1)
 6
 7     CPU_CHAR            *NamePtr;                            (2)
 8
 9
10     OS_PEND_LIST         PendList;                          (3)
11
12 #if OS_CFG_DBG_EN > 0u
13     OS_MUTEX            *DbgPrevPtr;
14     OS_MUTEX            *DbgNextPtr;
15     CPU_CHAR            *DbgNamePtr;
16 #endif
17 /* ------------------ SPECIFIC MEMBERS ----------------- */
18     OS_TCB              *OwnerTCBPtr;                        (4)
19     OS_PRIO              OwnerOriginalPrio;                  (5)
20     OS_NESTING_CTR       OwnerNestingCtr;                   (6)
21
22     CPU_TS               TS;                                (7)
23 };
```

代码清单 20-1（1）：互斥量的类型，用户无须理会，μC/OS 能识别它是一个互斥量。

代码清单 20-1（2）：互斥量的名称，每个内核对象都被分配一个名称。

代码清单 20-1（3）：等待互斥量的任务列表。

代码清单 20-1（4）：指向持有互斥量任务控制块的指针，如果任务占用这个 mutex，那么 OwnerTCBPtr 会指向占用这个 mutex 的任务的 OS_TCB。

代码清单 20-1（5）：用于记录持有互斥量任务的优先级，如果任务占用这个 mutex，那么该变量 OwnerOriginalPrio 中存放着任务的原优先级，当占用 mutex 任务的优先级被提升时就会用到这个变量。

图 20-4 互斥量的控制块数据结构

代码清单 20-1（6）：表示互斥量是否可用，当该值为 0 时表示互斥量处于开锁状态，互斥量可用。μC/OS 允许任务递归调用同一个 mutex 多达 256 次，每递归调用一次，mutex 值就会加 1，但也需要释放相同次数才能真正释放这个 mutex。

代码清单 20-1（7）：mutex 中的变量 TS 用于保存该 mutex 最后一次被释放的时间戳。当 mutex 被释放，读取时基计数值并存放到该变量中。

注意：用户代码不能直接访问这个结构体，必须通过 μC/OS 提供的 API 访问。

20.6 互斥量函数

20.6.1 创建互斥量函数 OSMutexCreate()

在定义完互斥量结构体变量后就可以调用 OSMutexCreate() 函数创建一个互斥量，与信号量的创建类似。我们知道，其实这里的"创建互斥量"指的就是对内核对象（互斥量）的一些初始化。要特别注意的是使用内核对象之前一定要先创建，这个创建过程必须在所有可能使用内核对象的任务之前进行，所以一般是在创建任务之前就创建好系统需要的内核对象（如互斥量等）。创建互斥量函数 OSMutexCreate() 的源码具体参见代码清单 20-2。

代码清单 20-2　OSMutexCreate() 函数源码

```
1  void   OSMutexCreate (OS_MUTEX   *p_mutex,      // 互斥量指针                          (1)
2                        CPU_CHAR   *p_name,       // 互斥量的名称                        (2)
3                        OS_ERR     *p_err)        // 返回错误类型                        (3)
4  {
5      CPU_SR_ALLOC(); // 使用到临界段（在关 / 开中断时）时必须用到该宏，该宏声明和
6      // 定义一个局部变量，用于保存关中断前的 CPU 状态寄存器
7      // SR（临界段关中断只需保存 SR），开中断时将该值还原
8
9  #ifdef OS_SAFETY_CRITICAL                                    // 如果启用（默认禁用）了安全检测 (4)
10     if (p_err == (OS_ERR *)0)                                // 如果错误类型实参为空
11     {
12         OS_SAFETY_CRITICAL_EXCEPTION();                      // 执行安全检测异常函数
13         return;                                              // 返回，不继续执行
14     }
15 #endif
16
17 #ifdef OS_SAFETY_CRITICAL_IEC61508              // 如果启用（默认禁用）了安全关键检测 (5)
18     // 如果是在调用 OSSafetyCriticalStart() 函数后创建
19     if (OSSafetyCriticalStartFlag == DEF_TRUE)
20     {
21         *p_err = OS_ERR_ILLEGAL_CREATE_RUN_TIME; // 错误类型为"非法创建内核对象"
22         return;                                              // 返回，不继续执行
23     }
24 #endif
25
26 #if OS_CFG_CALLED_FROM_ISR_CHK_EN > 0u                                                  (6)
27 // 如果启用（默认启用）了中断中非法调用检测
28     if (OSIntNestingCtr > (OS_NESTING_CTR)0)     // 如果该函数是在中断中被调用
29     {
30         *p_err = OS_ERR_CREATE_ISR;                          // 错误类型为"在中断中创建对象"
31         return;                                              // 返回，不继续执行
32     }
33 #endif
34
35 #if OS_CFG_ARG_CHK_EN > 0u                                   // 如果启用（默认启用）了参数检测 (7)
36     if (p_mutex == (OS_MUTEX *)0)                            // 如果参数 p_mutex 为空
37     {
38         *p_err = OS_ERR_OBJ_PTR_NULL;                        // 错误类型为"创建对象为空"
```

```
39        return;                                    // 返回，不继续执行
40    }
41 #endif
42
43    OS_CRITICAL_ENTER();                            // 进入临界段，初始化互斥量指标
44    // 标记创建对象数据结构为互斥量
45    p_mutex->Type              =    OS_OBJ_TYPE_MUTEX;                    (8)
46    p_mutex->NamePtr           =    p_name;                              (9)
47    p_mutex->OwnerTCBPtr       = (OS_TCB         *)0;                    (10)
48    p_mutex->OwnerNestingCtr   = (OS_NESTING_CTR)0;                     (11)
49    p_mutex->TS                = (CPU_TS        )0;                      (12)
50    p_mutex->OwnerOriginalPrio = OS_CFG_PRIO_MAX;
51    OS_PendListInit(&p_mutex->PendList);   // 初始化该互斥量的等待列表
52
53 #if OS_CFG_DBG_EN > 0u                             // 如果启用（默认启用）了调试代码和变量
54    OS_MutexDbgListAdd(p_mutex);                    // 将该互斥量添加到互斥量双向调试链表
55 #endif
56    OSMutexQty++;                                   // 互斥量个数加 1                       (13)
57
58    OS_CRITICAL_EXIT_NO_SCHED();                    // 退出临界段（无调度）                   (14)
59    *p_err = OS_ERR_NONE;                           // 错误类型为"无错误"
60 }
```

代码清单 20-2（1）：互斥量控制块指针，指向我们定义的互斥量控制块结构体变量，所以在创建之前需要先定义一个互斥量控制块变量。

代码清单 20-2（2）：互斥量名称，为字符串形式。

代码清单 20-2（3）：用于保存返回的错误类型。

代码清单 20-2（4）：如果启用了安全检测（默认禁用），在编译时则会包含安全检测相关的代码。如果错误类型实参为空，则系统会执行安全检测异常函数，然后返回，不执行创建互斥量操作。

代码清单 20-2（5）：如果启用（默认禁用）了安全关键检测，在编译时则会包含安全关键检测相关的代码。如果是在调用 OSSafetyCriticalStart() 函数后创建该互斥量，则是非法的，返回错误类型为"非法创建内核对象"的错误代码，并且退出，不执行创建互斥量操作。

代码清单 20-2（6）：如果启用了中断中非法调用检测（默认启用），在编译时则会包含中断非法调用检测相关的代码。如果该函数是在中断中被调用，则是非法的，返回错误类型为"在中断中创建对象"的错误代码，并且退出，不执行创建互斥量操作。

代码清单 20-2（7）：如果启用了参数检测（默认启用），在编译时则会包含参数检测相关的代码。如果 p_mutex 参数为空，则返回错误类型为"创建对象为空"的错误代码，并且退出，不执行创建互斥量操作。

代码清单 20-2（8）：标记创建对象数据结构为互斥量。

代码清单 20-2（9）：初始化互斥量的名称。

代码清单 20-2（10）：初始化互斥量结构体中的 OwnerTCBPtr 成员变量，目前系统中尚无任务持有互斥量。

代码清单 20-2（11）：初始化互斥量结构体中的 OwnerNestingCtr 成员变量为 0，表示互斥量可用。

代码清单 20-2（12）：记录时间戳的变量 TS 初始化为 0。初始化互斥量结构体中的 OwnerOriginalPrio 成员变量为 OS_CFG_PRIO_MAX（最低优先级），并初始化该互斥量的等待列表等。

代码清单 20-2（13）：系统中互斥量个数加 1。

代码清单 20-2（14）：退出临界段（无调度），创建互斥量成功。

互斥量创建成功的示意图如图 20-5 所示。

图 20-5 互斥量创建完成示意图

互斥量创建函数的使用实例具体参见代码清单 20-3。

代码清单 20-3 OSMutexCreate() 函数实例

```
1 OS_MUTEX mutex;                                    // 声明互斥量
2 /* 创建互斥量 mutex */
3 OSMutexCreate ((OS_MUTEX   *)&mutex,               // 指向互斥量变量的指针
4               (CPU_CHAR   *)"Mutex For Test",      // 互斥量的名称
5               (OS_ERR     *)&err);                  // 错误类型
```

20.6.2 删除互斥量函数 OSMutexDel()

OSMutexDel() 函数用于删除一个互斥量。互斥量删除函数是根据互斥量结构直接删除的，删除之后这个互斥量的所有信息都会被系统清空，而且不能再次使用这个互斥量。需要注意的是，如果某个互斥量没有被定义，那么是无法被删除的，如果有任务阻塞在该互斥量上，尽量不要删除该互斥量。要想使用互斥量删除函数，则必须将 OS_CFG_MUTEX_DEL_EN 宏定义配置为 1，其函数源码具体参见代码清单 20-4。

代码清单 20-4　OSMutexDel() 源码

```
1 #if OS_CFG_MUTEX_DEL_EN > 0u                    // 如果启用了 OSMutexDel()
2 OS_OBJ_QTY  OSMutexDel (OS_MUTEX  *p_mutex,  // 互斥量指针                    (1)
3                         OS_OPT     opt,     // 选项                          (2)
4                         OS_ERR     *p_err)  // 返回错误类型                   (3)
5 {
6     OS_OBJ_QTY      cnt;
7     OS_OBJ_QTY      nbr_tasks;
8     OS_PEND_DATA  *p_pend_data;
9     OS_PEND_LIST  *p_pend_list;
10    OS_TCB         *p_tcb;
11    OS_TCB         *p_tcb_owner;
12    CPU_TS          ts;
13    CPU_SR_ALLOC(); // 使用到临界段 (在关 / 开中断时) 时必须用到该宏，该宏声明和
14                    // 定义一个局部变量，用于保存关中断前的 CPU 状态寄存器
15                    // SR (临界段关中断只需保存 SR)，开中断时将该值还原
16
17 #ifdef OS_SAFETY_CRITICAL                       // 如果启用 (默认禁用了) 了安全检测    (4)
18     if (p_err == (OS_ERR *)0)                   // 如果错误类型实参为空
19     {
20         OS_SAFETY_CRITICAL_EXCEPTION(); // 执行安全检测异常函数
21         return ((OS_OBJ_QTY)0);             // 返回 0 (有错误)，停止执行
22     }
23 #endif
24
25 #if OS_CFG_CALLED_FROM_ISR_CHK_EN > 0u     // 如果启用了中断中非法调用检测        (5)
26     if (OSIntNestingCtr > (OS_NESTING_CTR)0) // 如果该函数在中断中被调用
27     {
28         *p_err = OS_ERR_DEL_ISR;                // 错误类型为 "在中断中删除对象"
29         return ((OS_OBJ_QTY)0);                 // 返回 0 (有错误)，停止执行
30     }
31 #endif
32
33 #if OS_CFG_ARG_CHK_EN > 0u                      // 如果启用了参数检测              (6)
34     if (p_mutex == (OS_MUTEX *)0)               // 如果 p_mutex 为空
35     {
36         *p_err = OS_ERR_OBJ_PTR_NULL;           // 错误类型为 "内核对象为空"
37         return ((OS_OBJ_QTY)0);                 // 返回 0 (有错误)，停止执行
38     }
39     switch (opt)                                // 根据选项分类处理              (7)
40     {
41     case OS_OPT_DEL_NO_PEND:                    // 如果选项在预期内
42     case OS_OPT_DEL_ALWAYS:
43         break;                                  // 直接跳出
44
45     default:                                    // 如果选项超出预期            (8)
46         *p_err =  OS_ERR_OPT_INVALID;           // 错误类型为 "选项非法"
47         return ((OS_OBJ_QTY)0);                 // 返回 0 (有错误)，停止执行
48     }
49 #endif
50
51 #if OS_CFG_OBJ_TYPE_CHK_EN > 0u                 // 如果启用了对象类型检测          (9)
```

```
52      if (p_mutex->Type != OS_OBJ_TYPE_MUTEX)        // 如果 p_mutex 非互斥量类型
53      {
54          *p_err = OS_ERR_OBJ_TYPE;                    // 错误类型为"对象类型错误"
55          return ((OS_OBJ_QTY)0);                      // 返回 0 (有错误), 停止执行
56      }
57 #endif
58
59      OS_CRITICAL_ENTER();                             // 进入临界段
60      p_pend_list = &p_mutex->PendList;                // 获取互斥量的等待列表          (10)
61      cnt         = p_pend_list->NbrEntries;           // 获取等待互斥量的任务数        (11)
62      nbr_tasks   = cnt;
63      switch (opt)                                     // 根据选项分类处理              (12)
64      {
65      case OS_OPT_DEL_NO_PEND:                          // 如果只在没任务等待时删除互斥量 (13)
66          if (nbr_tasks == (OS_OBJ_QTY)0)              // 如果没有任务在等待该互斥量
67          {
68 #if OS_CFG_DBG_EN > 0u                                // 如果启用了调试代码和变量
69              OS_MutexDbgListRemove(p_mutex);          // 将该互斥量从互斥量调试列表移除
70 #endif
71              OSMutexQty--;                            // 互斥量数目减1                (14)
72          OS_MutexClr(p_mutex);                        // 清除互斥量内容                (15)
73              OS_CRITICAL_EXIT();                      // 退出临界段
74          *p_err = OS_ERR_NONE;                        // 错误类型为"无错误"           (16)
75          }
76          else                                         // 如果有任务在等待该互斥量      (17)
77          {
78              OS_CRITICAL_EXIT();                      // 退出临界段
79              *p_err = OS_ERR_TASK_WAITING;            // 错误类型为"有任务正在等待"
80          }
81          break;                                       // 跳出
82
83      case OS_OPT_DEL_ALWAYS:                           // 如果必须删除互斥量            (18)
84          p_tcb_owner = p_mutex->OwnerTCBPtr;          // 获取互斥量持有任务            (19)
85          if ((p_tcb_owner        != (OS_TCB *)0) &&// 如果持有任务存在, 而且优先级被提升过
86              (p_tcb_owner->Prio !=  p_mutex->OwnerOriginalPrio))
87                                                                                       (20)
88          {
89              switch (p_tcb_owner->TaskState)          // 根据其任务状态处理            (21)
90              {
91              case OS_TASK_STATE_RDY:                  // 如果是就绪状态                (22)
92                  OS_RdyListRemove(p_tcb_owner);       // 将任务从就绪列表移除
93                  p_tcb_owner->Prio = p_mutex->OwnerOriginalPrio;// 还原任务的优先级 (23)
94                  OS_PrioInsert(p_tcb_owner->Prio);                                    (24)
95                                                       // 将该优先级插入优先级表格
96                  OS_RdyListInsertTail(p_tcb_owner);   // 将任务重新插入就绪列表        (25)
97                  break;                               // 跳出
98
99              case OS_TASK_STATE_DLY:                  // 如果是延时状态                (26)
100             case OS_TASK_STATE_SUSPENDED:            // 如果是被挂起状态
101             case OS_TASK_STATE_DLY_SUSPENDED:        // 如果是延时中被挂起状态
102                 p_tcb_owner->Prio = p_mutex->OwnerOriginalPrio;// 还原任务的优先级
103                 break;
104
```

```
105             case OS_TASK_STATE_PEND:                      // 如果是无期限等待状态      (27)
106             case OS_TASK_STATE_PEND_TIMEOUT:              // 如果是有期限等待状态
107             case OS_TASK_STATE_PEND_SUSPENDED:
108             // 如果是无期限等待中被挂状态
109             case OS_TASK_STATE_PEND_TIMEOUT_SUSPENDED:
110             // 如果是有期限等待中被挂状态
111                      OS_PendListChangePrio(p_tcb_owner,
112                                         // 改变任务在等待列表的位置
113                                         p_mutex->OwnerOriginalPrio);
114             break;
115
116             default:                                       // 如果状态超出预期       (28)
117                      OS_CRITICAL_EXIT();
118                      *p_err = OS_ERR_STATE_INVALID;
119                      // 错误类型为 "任务状态非法"
120                      return ((OS_OBJ_QTY)0);
121                      // 返回 0 (有错误), 停止执行
122                  }
123         }
124
125         ts = OS_TS_GET();                                  // 获取时间戳          (29)
126         while(cnt > 0u)                                                        (30)
127 // 移除该互斥量等待列表中的所有任务
128         {
129             p_pend_data = p_pend_list->HeadPtr;
130             p_tcb      = p_pend_data->TCBPtr;
131             OS_PendObjDel((OS_PEND_OBJ *)((void *)p_mutex),
132                      p_tcb,
133                      ts);                                                       (31)
134             cnt--;
135         }
136 #if OS_CFG_DBG_EN > 0u                                     // 如果启用了调试代码和变量
137         OS_MutexDbgListRemove(p_mutex);                    // 将互斥量从互斥量调试列表移除
138 #endif
139         OSMutexQty--;                                      // 互斥量数目减 1        (32)
140         OS_MutexClr(p_mutex);                              // 清除互斥量内容        (33)
141  OS_CRITICAL_EXIT_NO_SCHED();                             // 退出临界段, 但不调度     (34)
142         OSSched();                                         // 调度最高优先级任务运行    (35)
143         *p_err = OS_ERR_NONE;                              // 错误类型为 "无错误"     (36)
144         break;                                             // 跳出
145
146 default:                                                   // 如果选项超出预期       (37)
147         OS_CRITICAL_EXIT();                                // 退出临界段
148         *p_err = OS_ERR_OPT_INVALID;                       // 错误类型为 "选项非法"
149         break;                                             // 跳出
150     }
151     return (nbr_tasks);                                                        (38)
152     // 返回删除前互斥量等待列表中的任务数
153 }
154 #endif
```

代码清单 20-4（1）：互斥量控制块指针，指向我们定义的互斥量控制块结构体变量，所

以在删除之前需要先定义一个互斥量控制块变量，并且成功创建互斥量后再进行删除操作。

代码清单 20-4（2）：互斥量删除的选项。

代码清单 20-4（3）：用于保存返回的错误类型。

代码清单 20-4（4）：如果启用了安全检测（默认禁用），在编译时则会包含安全检测相关的代码。如果错误类型实参为空，则系统会执行安全检测异常函数，然后返回，不执行删除互斥量操作。

代码清单 20-4（5）：如果启用了中断中非法调用检测（默认启用），在编译时则会包含中断非法调用检测相关的代码。如果该函数是在中断中被调用，则是非法的，返回错误类型为"在中断中删除对象"的错误代码，并且退出，不执行删除互斥量操作。

代码清单 20-4（6）：如果启用了参数检测（默认启用），在编译时则会包含参数检测相关的代码。如果 p_mutex 参数为空，则返回错误类型为"内核对象为空"的错误代码，并且退出，不执行删除互斥量操作。

代码清单 20-4（7）：判断 opt 选项是否合理，该选项有两个：OS_OPT_DEL_ALWAYS 与 OS_OPT_DEL_NO_PEND，在 os.h 文件中定义。此处是判断选项是否在预期之内，如果在，则跳出 switch 语句。

代码清单 20-4（8）：如果选项超出预期，则返回错误类型为"选项非法"的错误代码，退出，不继续执行。

代码清单 20-4（9）：如果启用了对象类型检测，在编译时则会包含对象类型检测相关的代码。如果 p_mutex 不是互斥量类型，则返回错误类型为"对象类型错误"的错误代码，并且退出，不执行删除互斥量操作。

代码清单 20-4（10）（11）：程序执行到这里，表示可以删除互斥量了，系统首先获取互斥量的等待列表并保存到 p_pend_list 变量中，然后获取等待该互斥量的任务数。

代码清单 20-4（12）：根据选项分类处理。

代码清单 20-4（13）：如果 opt 是 OS_OPT_DEL_NO_PEND，则表示只在没有任务等待的情况下删除互斥量。如果当前系统中有任务阻塞在该互斥量上，则不能删除，反之，则可以删除互斥量。

代码清单 20-4（14）：如果没有任务在等待该互斥量，则互斥量数目减 1。

代码清单 20-4（15）：清除互斥量内容。

代码清单 20-4（16）：删除成功，返回错误类型为"无错误"的错误代码。

代码清单 20-4(17)：如果有任务在等待该互斥量，则返回错误类型为"有任务正在等待"的错误代码。

代码清单 20-4（18）：如果 opt 是 OS_OPT_DEL_ALWAYS，则表示无论如何都必须删除互斥量，那么在删除之前，系统会恢复所有阻塞在该互斥量上的任务。

代码清单 20-4（19）：首先获取持有互斥量的任务。

代码清单 20-4（20）（21）：如果该互斥量被任务持有了，并且优先级也被提升了（发生优先级继承），则根据持有互斥量任务的状态进行分类处理。

代码清单 20-4（22）（23）：如果任务处于就绪状态，则将任务从就绪列表移除，然后还原任务的优先级。互斥量控制块中的 OwnerOriginalPrio 成员变量保存的就是持有互斥量任务的原本优先级。

代码清单 20-4（24）：调用 OS_PrioInsert() 函数将任务按照其原本的优先级插入优先级列表中。

代码清单 20-4（25）：将任务重新插入就绪列表。

代码清单 20-4（26）：如果任务处于延时状态、挂起态或者延时中被挂起状态，那么直接将任务的优先级恢复即可，不用进行任务列表相关的操作。

代码清单 20-4（27）：如果任务处于无期限等待状态、有期限等待状态、无期等待中被挂起状态或者是有期等待中被挂起状态，那么调用 OS_PendListChangePrio() 函数改变任务在等待列表中的位置，根据任务的优先级进行修改即可。

代码清单 20-4（28）：如果状态超出预期，则返回错误类型为"任务状态非法"的错误代码。

代码清单 20-4（29）：获取时间戳，记录删除的时间。

代码清单 20-4（30）：根据 cnt 记录阻塞在该互斥量上的任务个数，逐个移除该互斥量等待列表中的任务。

代码清单 20-4（31）：调用 OS_PendObjDel() 函数将阻塞在内核对象（如互斥量）上的任务从阻塞态恢复，此时系统在删除内核对象，删除之后，这些等待事件的任务需要被恢复，其源码具体见代码清单 18-8。

代码清单 20-4（32）：系统中互斥量数目减 1。

代码清单 20-4（33）：清除互斥量中的内容。

代码清单 20-4（34）：退出临界段，但不调度。

代码清单 20-4（35）：调度最高优先级任务运行。

代码清单 20-4（36）：删除互斥量完成，返回错误类型为"无错误"的错误代码。

代码清单 20-4（37）：如果选项超出预期，则返回错误类型为"选项非法"的错误代码。

代码清单 20-4（38）：返回删除前互斥量等待列表中的任务数。

互斥量删除函数 OSMutexDel() 的使用也是很简单的，只需要传入要删除的互斥量句柄与选项以及保存返回的错误类型即可。调用函数时，系统将删除这个互斥量。需要注意的是，在调用删除互斥量函数前，系统应存在已创建的互斥量。如果删除互斥量时，系统中有任务正在等待该互斥量，则不应该进行删除操作，因为删除之后互斥量就不可用了，删除互斥量函数 OSMutexDel() 的使用实例具体参见代码清单 20-5。

代码清单 20-5　OSMutexDel() 函数实例

```
1 OS_SEM mutex;;                        //声明互斥量
2
3 OS_ERR      err;
4
```

```
5        /* 删除互斥量 mutex */
6        OSMutexDel ((OS_MUTEX          *)&mutex,        // 指向互斥量的指针
7                    OS_OPT_DEL_NO_PEND,
8                    (OS_ERR           *)&err);          // 返回错误类型
```

20.6.3 获取互斥量函数 OSMutexPend()

我们知道，当互斥量处于开锁状态时，任务才能成功获取互斥量，当任务持有了某个互斥量时，其他任务就无法获取这个互斥量，需要等到持有互斥量的任务释放后，其他任务才能获取成功。任务通过互斥量获取函数来获取互斥量的所有权。任务对互斥量的所有权是独占的，任意时刻互斥量只能被一个任务持有，如果互斥量处于开锁状态，那么获取该互斥量的任务将成功获得该互斥量，并拥有互斥量的使用权；如果互斥量处于闭锁状态，获取该互斥量的任务将无法获得互斥量，任务将被挂起。在任务被挂起之前，会进行优先级继承，如果当前任务的优先级比持有互斥量的任务优先级高，那么将会临时提升持有互斥量任务的优先级。互斥量的获取函数 OSMutexPend() 的源码具体参见代码清单 20-6。

代码清单 20-6　OSMutexPend() 函数源码

```
1  void  OSMutexPend (OS_MUTEX     *p_mutex,        // 互斥量指针                (1)
2                     OS_TICK       timeout,        // 超时时间 (节拍)           (2)
3                     OS_OPT        opt,            // 选项                      (3)
4                     CPU_TS       *p_ts,           // 时间戳                    (4)
5                     OS_ERR       *p_err)          // 返回错误类型              (5)
6  {
7      OS_PEND_DATA  pend_data;
8      OS_TCB       *p_tcb;
9      CPU_SR_ALLOC(); // 使用到临界段 (在关 / 开中断时) 时必须用到该宏，该宏声明和
10                     // 定义一个局部变量，用于保存关中断前的 CPU 状态寄存器
11                     // SR (临界段关中断只需保存 SR)，开中断时将该值还原
12
13 #ifdef OS_SAFETY_CRITICAL                        // 如果启用 (默认禁用) 了安全检测
14     if (p_err == (OS_ERR *)0)                    // 如果错误类型实参为空
15     {
16         OS_SAFETY_CRITICAL_EXCEPTION();          // 执行安全检测异常函数
17         return;                                  // 返回，不继续执行
18     }
19 #endif
20
21 #if OS_CFG_CALLED_FROM_ISR_CHK_EN > 0u           // 如果启用了中断中非法调用检测
22     if (OSIntNestingCtr > (OS_NESTING_CTR)0)     // 如果该函数在中断中被调用
23     {
24         *p_err = OS_ERR_PEND_ISR;                // 错误类型为 "在中断中等待"
25         return;                                  // 返回，不继续执行
26     }
27 #endif
28
29 #if OS_CFG_ARG_CHK_EN > 0u                       // 如果启用了参数检测
30     if (p_mutex == (OS_MUTEX *)0)                // 如果 p_mutex 为空
```

```
31      {
32          *p_err = OS_ERR_OBJ_PTR_NULL;              // 返回错误类型为 "内核对象为空"
33          return;                                    // 返回, 不继续执行
34      }
35      switch (opt)                                   // 根据选项分类处理
36      {
37      case OS_OPT_PEND_BLOCKING:                      // 如果选项在预期内
38      case OS_OPT_PEND_NON_BLOCKING:
39          break;
40
41      default:                                        // 如果选项超出预期
42          *p_err = OS_ERR_OPT_INVALID;                // 错误类型为 "选项非法"
43          return;                                     // 返回, 不继续执行
44      }
45 #endif
46
47 #if OS_CFG_OBJ_TYPE_CHK_EN > 0u                       // 如果启用了对象类型检测
48      if (p_mutex->Type != OS_OBJ_TYPE_MUTEX)          // 如果 p_mutex 非互斥量类型
49      {
50          *p_err = OS_ERR_OBJ_TYPE;                    // 错误类型为 "内核对象类型错误"
51          return;                                      // 返回, 不继续执行
52      }
53 #endif
54
55 if (p_ts != (CPU_TS *)0)                              // 如果 p_ts 非空
56      {
57          *p_ts  = (CPU_TS )0;                          // 初始化 (清零) p_ts, 待用于返回时间戳
58      }
59
60      CPU_CRITICAL_ENTER();                            // 关中断
61      if (p_mutex->OwnerNestingCtr == (OS_NESTING_CTR)0)// 如果互斥量可用            (6)
62      {
63          p_mutex->OwnerTCBPtr        = OSTCBCurPtr; // 让当前任务持有互斥量        (7)
64          p_mutex->OwnerOriginalPrio =  OSTCBCurPtr->Prio;//保存持有任务的优先级 (8)
65          p_mutex->OwnerNestingCtr    = (OS_NESTING_CTR)1; // 开始嵌套             (9)
66 if (p_ts != (CPU_TS *)0)                              // 如果 p_ts 非空
67          {
68              *p_ts = p_mutex->TS;                      // 返回互斥量的时间戳记录       (10)
69          }
70          CPU_CRITICAL_EXIT();                         // 开中断
71          *p_err = OS_ERR_NONE;                        // 错误类型为 "无错误"
72          return;                                      // 返回, 不继续执行
73      }
74      /* 如果互斥量不可用 */                                                          (11)
75      if (OSTCBCurPtr == p_mutex->OwnerTCBPtr)          // 如果当前任务已经持有该互斥量
76      {
77          p_mutex->OwnerNestingCtr++;                  // 互斥量嵌套数加 1            (12)
78          if (p_ts != (CPU_TS *)0)                      // 如果 p_ts 非空
79          {
80              *p_ts  = p_mutex->TS;                     // 返回互斥量的时间戳记录
81          }
82          CPU_CRITICAL_EXIT();                         // 开中断
83          *p_err = OS_ERR_MUTEX_OWNER;                 // 错误类型为 "任务已持有互斥量"(13)
```

```
84        return;                                    // 返回, 不继续执行
85    }
86    /* 如果当前任务未持有该互斥量 */                                          (14)
87    if ((opt & OS_OPT_PEND_NON_BLOCKING) != (OS_OPT)0) // 如果选择了不阻塞任务
88    {
89        CPU_CRITICAL_EXIT();                        // 开中断
90        *p_err = OS_ERR_PEND_WOULD_BLOCK;           // 错误类型为"渴求阻塞"
91        return;                                     // 返回, 不继续执行
92    }
93    else                                            // 如果选择了阻塞任务     (15)
94    {
95        if (OSSchedLockNestingCtr > (OS_NESTING_CTR)0)  // 如果调度器被锁
96        {
97            CPU_CRITICAL_EXIT();                    // 开中断
98            *p_err = OS_ERR_SCHED_LOCKED;           // 错误类型为"调度器被锁"
99            return;                                 // 返回, 不继续执行
100       }
101   }
102   /* 如果调度器未被锁 */                                               (16)
103   OS_CRITICAL_ENTER_CPU_EXIT();                   // 锁调度器, 并重开中断
104   p_tcb = p_mutex->OwnerTCBPtr;                   // 获取互斥量持有任务
105   if (p_tcb->Prio > OSTCBCurPtr->Prio)                                  (17)
106   // 如果持有任务优先级低于当前任务
107   {
108       switch (p_tcb->TaskState)                                         (18)
109           // 根据持有任务的任务状态分类处理
110       {
111       case OS_TASK_STATE_RDY:                     // 如果是就绪状态
112           OS_RdyListRemove(p_tcb);                // 从就绪列表移除持有任务
113           p_tcb->Prio = OSTCBCurPtr->Prio;                              (19)
114           // 提升持有任务的优先级到当前任务
115           OS_PrioInsert(p_tcb->Prio);             // 将新优先级插入优先级表格 (20)
116           OS_RdyListInsertHead(p_tcb);            // 将持有任务插入就绪列表  (21)
117           break;                                  // 跳出
118
119       case OS_TASK_STATE_DLY:                     // 如果是延时状态
120       case OS_TASK_STATE_DLY_SUSPENDED:           // 如果是延时中被挂起状态
121       case OS_TASK_STATE_SUSPENDED:               // 如果是被挂起状态
122           p_tcb->Prio = OSTCBCurPtr->Prio;                              (22)
123               // 提升持有任务的优先级到当前任务
124           break;                                  // 跳出
125
126       case OS_TASK_STATE_PEND:                    // 如果是无期限等待状态
127       case OS_TASK_STATE_PEND_TIMEOUT:            // 如果是有期限等待状态
128       case OS_TASK_STATE_PEND_SUSPENDED:          // 如果是无期限等待中被挂起状态
129       case OS_TASK_STATE_PEND_TIMEOUT_SUSPENDED:  // 如果是有期限等待中被挂起状态
130           OS_PendListChangePrio(p_tcb,            // 改变持有任务在等待列表中的位置
131                       OSTCBCurPtr->Prio);                               (23)
132           break;                                  // 跳出
133
134   default:                                        // 如果任务状态超出预期    (24)
135       OS_CRITICAL_EXIT();                         // 开中断
136       *p_err = OS_ERR_STATE_INVALID;              // 错误类型为"任务状态非法"
```

```
137            return;                             // 返回，不继续执行
138        }
139    }
140
141    /* 阻塞任务，将当前任务脱离就绪列表，并插入节拍列表和等待列表 */
142    OS_Pend(&pend_data,
143           (OS_PEND_OBJ *)((void *)p_mutex),
144           OS_TASK_PEND_ON_MUTEX,
145           timeout);                                                      (25)
146
147    OS_CRITICAL_EXIT_NO_SCHED();            // 开调度器，但不进行调度
148
149    OSSched();                             // 调度最高优先级任务运行           (26)
150
151    CPU_CRITICAL_ENTER();                  // 开中断
152    switch (OSTCBCurPtr->PendStatus)       // 根据当前运行任务的等待状态分类处理 (27)
153    {
154    case OS_STATUS_PEND_OK:                // 如果等待正常（获得互斥量）        (28)
155        if (p_ts != (CPU_TS *)0)           // 如果 p_ts 非空
156        {
157            *p_ts = OSTCBCurPtr->TS;        // 返回互斥量最后一次被释放的时间戳
158        }
159        *p_err = OS_ERR_NONE;              // 错误类型为“无错误”              (29)
160        break;                             // 跳出
161
162    case OS_STATUS_PEND_ABORT:             // 如果等待被中止                  (30)
163        if (p_ts != (CPU_TS *)0)           // 如果 p_ts 非空
164        {
165            *p_ts = OSTCBCurPtr->TS;        // 返回等待被中止时的时间戳
166        }
167        *p_err = OS_ERR_PEND_ABORT;        // 错误类型为“等待被中止”
168        break;                             // 跳出
169
170    case OS_STATUS_PEND_TIMEOUT:           // 如果超时内未获得互斥量           (31)
171        if (p_ts != (CPU_TS *)0)           // 如果 p_ts 非空
172        {
173            *p_ts = (CPU_TS )0;            // 清零 p_ts
174        }
175        *p_err = OS_ERR_TIMEOUT;           // 错误类型为“阻塞超时”
176        break;                             // 跳出
177
178    case OS_STATUS_PEND_DEL:               // 如果互斥量已被删除              (32)
179        if (p_ts != (CPU_TS *)0)           // 如果 p_ts 非空
180        {
181            *p_ts = OSTCBCurPtr->TS;        // 返回互斥量被删除时的时间戳
182        }
183        *p_err = OS_ERR_OBJ_DEL;           // 错误类型为“对象被删除”
184        break;                             // 跳出
185
186    default:                               // 根据等待状态超出预期            (33)
187        *p_err = OS_ERR_STATUS_INVALID;    // 错误类型为“状态非法”
188        break;                             // 跳出
189    }
```

```
190        CPU_CRITICAL_EXIT();                              // 开中断
191  }
```

代码清单 20-6（1）：互斥量指针。

代码清单 20-6（2）：用户自定义的阻塞超时时间，单位为系统时钟节拍。

代码清单 20-6（3）：获取互斥量的选项，当互斥量不可用时，用户可以选择阻塞或者不阻塞。

代码清单 20-6（4）：用于保存返回等到互斥量时的时间戳。

代码清单 20-6（5）：用于保存返回的错误类型，用户可以根据此变量得知出现错误的原因。

代码清单 20-6（6）：如果互斥量可用，互斥量控制块中的 OwnerNestingCtr 变量为 0 则表示互斥量处于开锁状态，互斥量可被任务获取。

代码清单 20-6（7）：让当前任务持有互斥量。

代码清单 20-6（8）：保存持有互斥量任务的优先级。如果发生了优先级继承，就会用到这个变量。

代码清单 20-6（9）：开始嵌套，这其实是将互斥量变为闭锁状态，而其他任务就不能获取互斥量，但是本身持有互斥量的任务将拥有该互斥量的所有权，能递归获取该互斥量。每获取一次已经持有的互斥量，OwnerNestingCtr 的值就会加 1，表示互斥量嵌套。任务获取了多少次互斥量，就需要释放多少次互斥量。

代码清单 20-6（10）：保存并且返回互斥量的时间戳记录，记录错误类型为"无错误"，退出，不继续执行。

代码清单 20-6（11）：而如果任务想要获取的斥量处于闭锁状态（OwnerNestingCtr 变量不为 0），那么就判断一下当前任务是否已经持有该互斥量。

代码清单 20-6（12）：如果当前任务已经持有该互斥量，那么任务就拥有互斥量的所有权，能递归获取互斥量，那么互斥量嵌套数就加 1。

代码清单 20-6（13）：返回互斥量的时间戳记录与错误类型为"任务已持有互斥量"的错误代码，然后退出。

代码清单 20-6（14）：如果当前任务并没有持有该互斥量，那肯定不能获取到，如果用户选择了不阻塞任务，那么返回错误类型为"渴求阻塞"的错误代码，退出，不继续执行。

代码清单 20-6（15）：用户如果选择了阻塞任务，则判断调度器是否被锁，如果调度器被锁了，就返回错误类型为"调度器被锁"的错误代码。

代码清单 20-6（16）：如果调度器未被锁，就锁调度器，并重开中断，可参见代码清单 19-10（20）。

代码清单 20-6（17）：获取持有互斥量的任务，判断当前任务与持有互斥量的任务的优先级情况，如果持有互斥量的任务优先级低于当前任务，就会临时将持有互斥量任务的优先级提升至与当前任务优先级一致，这就是优先级继承。

代码清单 20-6（18）：根据持有互斥量任务的任务状态分类处理。

代码清单 20-6（19）：如果该任务处于就绪状态，那么从就绪列表中移除该任务，然后将该任务的优先级调至与当前任务优先级一致。

代码清单 20-6（20）：将该优先级插入优先级表格。

代码清单 20-6（21）：将该任务按照优先级顺序插入就绪列表。

代码清单 20-6（22）：如果持有互斥量任务处于延时状态、延时中被挂起状态或者被挂起状态，仅持有互斥量任务的优先级与当前任务优先级一致即可，不需要操作就绪列表。

代码清单 20-6（23）：如果持有互斥量任务处于无期限等待状态、有期限等待状态、无期限等待中被挂起状态或者是有期限等待中被挂起状态，那么直接根据任务的优先级来改变持有互斥量任务在等待列表中的位置即可。

代码清单 20-6（24）：如果任务状态超出预期，则返回错误类型为"任务状态非法"的错误代码，不继续执行。

代码清单 20-6（25）：程序执行到这里，表示需要进行优先级继承的任务已经处理完毕，否则就不用优先级继承，那么可以直接调用 OS_Pend() 函数阻塞任务，将当前任务脱离就绪列表，并插入节拍列表和等待列表中。

代码清单 20-6（26）：进行一次任务调度，以运行处于最高优先级的就绪任务。

代码清单 20-6（27）：程序能执行到这里，表示任务已经从阻塞中恢复了，但是恢复的原因有多种，需要根据当前运行任务的等待状态分类处理。

代码清单 20-6（28）：如果任务等待正常（获得了互斥量），这是最好的结果，说明任务等到了互斥量。

代码清单 20-6（29）：保存获取的时间戳与错误类型为"无错误"的错误代码，跳出 switch 语句继续执行。

代码清单 20-6（30）：如果等待被中止，则返回等待被中止时的时间戳与错误类型为"等待被中止"的错误代码，跳出 switch 语句。

代码清单 20-6（31）：如果超时时间内未获得互斥量，则返回错误类型为"阻塞超时"的错误代码，然后跳出 switch 语句。

代码清单 20-6（32）：如果互斥量已被删除，则返回互斥量被删除时的时间戳与错误类型为"对象被删除"的错误代码，跳出 switch 语句。

代码清单 20-6（33）：根据等待状态超出预期，返回错误类型为"状态非法"的错误代码，退出。

互斥量获取函数的使用实例具体参见代码清单 20-7。

代码清单 20-7　OSMutexPend() 函数实例

```
1 OS_MUTEX mutex;                                    // 声明互斥量
2
3 OS_ERR      err;
4
5 OSMutexPend ((OS_MUTEX   *)&mutex,                  // 申请互斥量 mutex
6             (OS_TICK    )0,                         // 无期限等待
```

```
7              (OS_OPT       )OS_OPT_PEND_BLOCKING,    // 如果不能申请到互斥量就阻塞任务
8              (CPU_TS     *)0,                        // 不想获得时间戳
9              (OS_ERR     *)&err);                    // 返回错误类
```

20.6.4 释放互斥量函数 OSMutexPost()

任务想要访问某个资源的时候，需要先获取互斥量，然后进行资源访问，在任务使用完该资源的时候，必须要及时归还互斥量，这样别的任务才能对资源进行访问。在前面的讲解中，我们知道，当互斥量有效的时候，任务才能获取互斥量，那么，是什么函数使得互斥量变得有效呢？μC/OS 给我们提供了互斥量释放函数 OSMutexPost()，任务可以调用该函数进行释放互斥量，表示我已经用完了，别人可以申请使用，但是要注意的是，互斥量的释放只能在任务中，不允许在中断中释放互斥量。

使用该函数接口时，只有已持有互斥量所有权的任务才能释放它，当任务调用OSMutexPost() 函数时会释放一次互斥量，当互斥量的成员变量 OwnerNestingCtr 为 0 的时候，互斥量状态才会成为开锁状态，等待获取该互斥量的任务将被唤醒。如果任务的优先级被互斥量的优先级翻转机制临时提升，那么当互斥量被完全释放后，任务的优先级将恢复为原本设定的优先级，其源码具体见代码清单 20-8。

代码清单 20-8　OSMutexPost() 源码

```
1 void   OSMutexPost (OS_MUTEX  *p_mutex,     // 互斥量指针                  (1)
2                     OS_OPT     opt,         // 选项                        (2)
3                     OS_ERR    *p_err)       // 返回错误类型                (3)
4 {
5     OS_PEND_LIST  *p_pend_list;
6     OS_TCB        *p_tcb;
7     CPU_TS         ts;
8     CPU_SR_ALLOC();
9     // 使用到临界段 (在关 / 开中断时) 时必须用到该宏，该宏声明和定义
10    // 一个局部变量，用于保存关中断前的 CPU 状态寄存器 SR (临界段关中断只需保存 SR)，
11    // 开中断时将该值还原
12
13
14 #ifdef OS_SAFETY_CRITICAL                   // 如果启用 (默认禁用) 了安全检测  (4)
15     if (p_err == (OS_ERR *)0)              // 如果错误类型实参为空
16     {
17         OS_SAFETY_CRITICAL_EXCEPTION();    // 执行安全检测异常函数
18         return;                            // 返回，不继续执行
19     }
20 #endif
21
22 #if OS_CFG_CALLED_FROM_ISR_CHK_EN > 0u      // 如果启用了中断中非法调用检测  (5)
23     if (OSIntNestingCtr > (OS_NESTING_CTR)0) // 如果该函数在中断中被调用
24     {
25         *p_err = OS_ERR_POST_ISR;          // 错误类型为 "在中断中等待"
26         return;                            // 返回，不继续执行
27     }
```

```
28 #endif
29
30 #if OS_CFG_ARG_CHK_EN > 0u                    // 如果启用了参数检测                    (6)
31     if (p_mutex == (OS_MUTEX *)0)             // 如果 p_mutex 为空
32     {
33         *p_err = OS_ERR_OBJ_PTR_NULL;         // 错误类型为"内核对象为空"
34         return;                               // 返回, 不继续执行
35     }
36     switch (opt)                              // 根据选项分类处理
37     {
38     case OS_OPT_POST_NONE:                    // 如果选项在预期内, 不处理
39     case OS_OPT_POST_NO_SCHED:
40         break;
41
42     default:                                  // 如果选项超出预期
43         *p_err =  OS_ERR_OPT_INVALID;         // 错误类型为"选项非法"
44         return;                               // 返回, 不继续执行
45     }
46 #endif
47
48 #if OS_CFG_OBJ_TYPE_CHK_EN > 0u               // 如果启用了对象类型检测                (7)
49     if (p_mutex->Type != OS_OBJ_TYPE_MUTEX)   // 如果 p_mutex 的类型不是互斥量类型
50     {
51         *p_err = OS_ERR_OBJ_TYPE;             // 错误类型为"对象类型有误"
52         return;
53     }
54 #endif
55
56     CPU_CRITICAL_ENTER();                     // 关中断
57     if(OSTCBCurPtr != p_mutex->OwnerTCBPtr)   // 如果当前运行任务不持有该互斥量       (8)
58     {
59         CPU_CRITICAL_EXIT();                  // 开中断
60         *p_err = OS_ERR_MUTEX_NOT_OWNER;      // 错误类型为"任务不持有该互斥量"       (9)
61         return;                               // 返回, 不继续执行
62     }
63
64     OS_CRITICAL_ENTER_CPU_EXIT();             // 锁调度器, 开中断
65     ts          = OS_TS_GET();                // 获取时间戳                          (10)
66     p_mutex->TS = ts;
67                                               // 存储互斥量最后一次被释放的时间戳
68     p_mutex->OwnerNestingCtr--;               // 互斥量的嵌套数减1                   (11)
69     if (p_mutex->OwnerNestingCtr > (OS_NESTING_CTR)0)  // 如果互斥量仍被嵌套
70     {
71         OS_CRITICAL_EXIT();                   // 解锁调度器
72         *p_err = OS_ERR_MUTEX_NESTING;        // 错误类型为"互斥量被嵌套"           (12)
73         return;                               // 返回, 不继续执行
74     }
75     /* 如果互斥量未被嵌套, 已可用 */
76     p_pend_list = &p_mutex->PendList;         // 获取互斥量的等待列表                (13)
77     if (p_pend_list->NbrEntries == (OS_OBJ_QTY)0) // 如果没有任务在等待该互斥量
78     {
79         p_mutex->OwnerTCBPtr     = (OS_TCB  *)0;// 清空互斥量持有者信息             (14)
80         p_mutex->OwnerNestingCtr = (OS_NESTING_CTR)0;                             (15)
```

```
81          OS_CRITICAL_EXIT();                      // 解锁调度器
82          *p_err = OS_ERR_NONE;                    // 错误类型为 "无错误"         (16)
83          return;                                  // 返回, 不继续执行
84      }
85      /* 如果有任务在等待该互斥量 */
86      if (OSTCBCurPtr->Prio != p_mutex->OwnerOriginalPrio)                       (17)
                                                    // 如果当前任务的优先级被改过
87      {
88          OS_RdyListRemove(OSTCBCurPtr);           // 从就绪列表移除当前任务        (18)
89          OSTCBCurPtr->Prio = p_mutex->OwnerOriginalPrio;// 还原当前任务的优先级 (19)
90          OS_PrioInsert(OSTCBCurPtr->Prio);        // 在优先级表格插入这个优先级    (20)
91          OS_RdyListInsertTail(OSTCBCurPtr);       // 将当前任务插入就绪列表尾端    (21)
92          OSPrioCur       = OSTCBCurPtr->Prio;     // 更改当前任务优先级变量的值    (22)
93      }
94
95      p_tcb       = p_pend_list->HeadPtr->TCBPtr; // 获取等待列表的首端任务        (23)
96      p_mutex->OwnerTCBPtr        = p_tcb;         // 将互斥量交给该任务            (24)
97      p_mutex->OwnerOriginalPrio = p_tcb->Prio;                                  (25)
98      p_mutex->OwnerNestingCtr    = (OS_NESTING_CTR)1; // 开始嵌套                 (26)
99      /* 释放互斥量给该任务 */
100     OS_Post((OS_PEND_OBJ *)((void *)p_mutex),
101            (OS_TCB        *)p_tcb,
102            (void          *)0,
103            (OS_MSG_SIZE   )0,
104            (CPU_TS        )ts);                                                 (27)
105
106     OS_CRITICAL_EXIT_NO_SCHED();                 // 减锁调度器, 但不执行任务调度
107
108     if ((opt & OS_OPT_POST_NO_SCHED) == (OS_OPT)0)   // 如果 opt 没选择 "发布时
109                                                 // 不调度任务"
110     {
111         OSSched();                               // 任务调度                     (28)
112     }
113
114     *p_err = OS_ERR_NONE;                        // 错误类型为 "无错误"
115 }
```

代码清单 20-8 (1): 互斥量指针。

代码清单 20-8 (2): 释放互斥量的选项。

代码清单 20-8 (3): 用于保存返回的错误类型, 用户可以根据此变量得知错误的原因。

代码清单 20-8 (4): 如果启用 (默认禁用) 了安全检测, 在编译时则会包含安全检测相关的代码。如果错误类型实参为空, 则系统会执行安全检测异常函数, 然后返回, 停止执行。

代码清单 20-8 (5): 如果启用了中断中非法调用检测, 并且如果该函数在中断中被调用, 则返回错误类型为 "在中断中释放互斥量" 的错误代码, 然后退出不继续执行。消息、信号量等内核对象可以在中断中释放, 但是唯独互斥量是不可以的, 因为其具备的优先级继承特性在中断的上下文环境中毫无意义。

代码清单 20-8 (6): 如果启用了参数检测, 在编译时则会包含参数检测相关的代码。如果 p_mutex 参数为空, 则返回错误类型为 "内核对象为空" 的错误代码, 并且退出, 不执行

释放互斥量操作。

代码清单 20-8（7）：如果启用了对象类型检测，在编译时就会包含对象类型检测相关代码。如果 p_mutex 不是互斥量类型，那么返回错误类型为"对象类型有误"的错误代码，并且退出，不执行释放互斥量操作。

代码清单 20-8（8）：程序能运行到这里，说明传递进来的参数是正确的，此时，系统会判断调用互斥量释放函数的任务是否持有该互斥量，如果是，则进行互斥量的释放，否则返回错误。

代码清单 20-8（9）：如果当前运行任务不持有该互斥量，则返回错误类型为"任务不持有该互斥量"的错误代码，然后退出，不继续执行。

代码清单 20-8（10）：获取时间戳，保存互斥量最后一次被释放的时间戳。

代码清单 20-8（11）：互斥量控制块中的 OwnerNestingCtr 成员变量减 1，也就是互斥量的嵌套数减 1。当该变量为 0 时，互斥量才变为开锁状态。

代码清单 20-8（12）：如果互斥量仍被嵌套，也就是 OwnerNestingCtr 不为 0，则还是表明当前任务还是持有互斥量的，并未完全释放，返回错误类型为"互斥量仍被嵌套"的错误代码，然后退出，不继续执行。

代码清单 20-8（13）：如果互斥量未被嵌套，已可用（OwnerNestingCtr 为 0），那么将获取互斥量的等待列表保存在 p_pend_list 变量中，通过该变量访问互斥量等待列表。

代码清单 20-8（14）：如果没有任务在等待该互斥量，那么清空互斥量持有者信息，互斥量中的 OwnerTCBPtr 成员变量重置为 0。

代码清单 20-8（15）：互斥量中的 OwnerNestingCtr 成员变量重置为 0，表示互斥量处于开锁状态。

代码清单 20-8（16）：执行到这里，表示当前任务已经完全释放互斥量了，返回错误类型为"无错误"的错误代码。

代码清单 20-8（17）：如果有任务在等待该互斥量，那么很有可能发生了优先级继承，先看看当前任务的优先级是否被修改过。如果有则说明发生了优先级继承，就需要重新恢复任务原本的优先级。

代码清单 20-8（18）：从就绪列表移除当前任务。

代码清单 20-8（19）：还原当前任务的优先级。

代码清单 20-8（20）：在优先级表格中插入这个优先级。

代码清单 20-8（21）：将当前任务插入就绪列表尾端。

代码清单 20-8（22）：更改当前任务优先级变量的值。

代码清单 20-8（23）：获取等待列表的首端任务。

代码清单 20-8（24）：将互斥量交给该任务。

代码清单 20-8（25）：保存该任务的优先级。

代码清单 20-8（26）：互斥量的 OwnerNestingCtr 成员变量设置为 1，表示互斥量处于闭锁状态。

代码清单 20-8（27）：调用 OS_Post() 函数释放互斥量给该任务。

代码清单 20-8（28）：进行一次任务调度。

已经获取到互斥量的任务拥有互斥量的所有权，能重复获取同一个互斥量，但是任务获取了多少次互斥量就要释放多少次互斥量才能彻底释放掉互斥量，互斥量的状态才会变成开锁状态，否则在此之前互斥量都处于无效状态，其他任务就无法获取该互斥量。使用该函数接口时，只有已持有互斥量所有权的任务才能释放它，每释放一次该互斥量，它的 OwnerNestingCtr 成员变量就减 1。当该互斥量的 OwnerNestingCtr 成员变量为 0 时（即持有任务已经释放所有的持有操作），互斥量则变为开锁状态，等待在该互斥量上的任务将被唤醒。如果任务的优先级被互斥量的优先级翻转机制临时提升，那么当互斥量被释放后，任务的优先级将恢复为原本设定的优先级。下面看一看互斥量释放函数是如何使用的，具体参见代码清单 20-9。

代码清单 20-9 OSMutexPost() 实例

```
1 OS_MUTEX mutex;                                        // 声明互斥量
2 OS_ERR       err;
3 OSMutexPost ((OS_MUTEX   *)&mutex,                      // 释放互斥量 mutex
4              (OS_OPT     )OS_OPT_POST_NONE,             // 进行任务调度
5              (OS_ERR     *)&err);                       // 返回错误类型
```

20.7 互斥量相关实验

20.7.1 模拟优先级翻转实验

模拟优先级翻转实验是在 μC/OS 中创建了三个任务与一个二值信号量，任务分别是高优先级任务 AppTaskLed3、中优先级任务 AppTaskLed2 和低优先级任务 AppTaskLed1，用于模拟产生优先级翻转。低优先级任务在获取信号量时，被中优先级打断，中优先级的任务开始执行，因为低优先级还未释放信号量，那么高优先级任务就无法取得信号量继续运行，此时就发生了优先级翻转，任务运行过程中，使用串口打印出相关信息，具体参见代码清单 20-10。

代码清单 20-10 模拟优先级翻转实验

```
 1 #include <includes.h>
 2
 3
 4 /*
 5 ************************************************************
 6 *                    LOCAL DEFINES
 7 ************************************************************
 8 */
 9
10 OS_SEM TestSem;          // 信号量
11
12
```

```
13 /*
14 ************************************************************************
15 *                       TCB
16 ************************************************************************
17 */
18
19 static   OS_TCB    AppTaskStartTCB;
20
21 static   OS_TCB    AppTaskLed1TCB;
22 static   OS_TCB    AppTaskLed2TCB;
23 static   OS_TCB    AppTaskLed3TCB;
24
25
26 /*
27 ********************************************************************
28 *                       STACKS
29 ********************************************************************
30 */
31
32 static   CPU_STK   AppTaskStartStk[APP_TASK_START_STK_SIZE];
33
34 static   CPU_STK   AppTaskLed1Stk [ APP_TASK_LED1_STK_SIZE ];
35 static   CPU_STK   AppTaskLed2Stk [ APP_TASK_LED2_STK_SIZE ];
36 static   CPU_STK   AppTaskLed3Stk [ APP_TASK_LED3_STK_SIZE ];
37
38
39 /*
40 *****************************************************
41 *            FUNCTION PROTOTYPES
42 *****************************************************
43 */
44
45 static   void   AppTaskStart  (void *p_arg);
46
47 static   void   AppTaskLed1 ( void *p_arg );
48 static   void   AppTaskLed2 ( void *p_arg );
49 static   void   AppTaskLed3 ( void *p_arg );
50
51
52
53 int   main (void)
54 {
55     OS_ERR   err;
56
57
58     OSInit(&err);              /* 初始化 μC/OS-III */
59
60
61     OSTaskCreate((OS_TCB    *)&AppTaskStartTCB,/* 创建初始任务 */
62
63              (CPU_CHAR   *)"App Task Start",
64              (OS_TASK_PTR ) AppTaskStart,
65              (void        *) 0,
```

```
66                        (OS_PRIO    ) APP_TASK_START_PRIO,
67                        (CPU_STK    *)&AppTaskStartStk[0],
68                        (CPU_STK_SIZE) APP_TASK_START_STK_SIZE / 10,
69                        (CPU_STK_SIZE) APP_TASK_START_STK_SIZE,
70                        (OS_MSG_QTY ) 5u,
71                        (OS_TICK    ) 0u,
72                        (void       *) 0,
73                        (OS_OPT     )(OS_OPT_TASK_STK_CHK | OS_OPT_TASK_STK_CLR),
74                        (OS_ERR     *)&err);
75
76      OSStart(&err);
77
78
79
80 }
81
82
83
84
85 static  void  AppTaskStart (void *p_arg)
86 {
87     CPU_INT32U  cpu_clk_freq;
88     CPU_INT32U  cnts;
89     OS_ERR      err;
90
91
92     (void)p_arg;
93
94     BSP_Init();                     /* 初始化 BSP */
95
96     CPU_Init();
97
98     cpu_clk_freq = BSP_CPU_ClkFreq();
99
100     cnts = cpu_clk_freq / (CPU_INT32U)OSCfg_TickRate_Hz;
101
102     OS_CPU_SysTickInit(cnts);
103
104
105     Mem_Init();
106
107
108 #if OS_CFG_STAT_TASK_EN > 0u
109     OSStatTaskCPUUsageInit(&err);
110
111 #endif
112
113     CPU_IntDisMeasMaxCurReset();
114
115     /* 创建信号量 TestSem */
116     OSSemCreate((OS_SEM      *)&TestSem,        // 指向信号量变量的指针
117                 (CPU_CHAR    *)"TestSem ",      // 信号量的名称
118                 (OS_SEM_CTR  )1,
```

```
119                           // 信号量这里是指示事件发生，所以赋值为 0，表示事件还没有发生
120
121                  (OS_ERR       *)&err);            // 错误类型
122
123      /* 创建 Led1 任务 */
124      OSTaskCreate((OS_TCB       *)&AppTaskLed1TCB,
125                   (CPU_CHAR     *)"App Task Led1",
126                   (OS_TASK_PTR ) AppTaskLed1,
127                   (void         *) 0,
128                   (OS_PRIO     ) APP_TASK_LED1_PRIO,
129                   (CPU_STK      *)&AppTaskLed1Stk[0],
130                   (CPU_STK_SIZE) APP_TASK_LED1_STK_SIZE / 10,
131                   (CPU_STK_SIZE) APP_TASK_LED1_STK_SIZE,
132                   (OS_MSG_QTY  ) 5u,
133                   (OS_TICK     ) 0u,
134                   (void         *) 0,
135                   (OS_OPT      )(OS_OPT_TASK_STK_CHK | OS_OPT_TASK_STK_CLR),
136                   (OS_ERR       *)&err);
137
138      /* 创建 Led2 任务 */
139
140      OSTaskCreate((OS_TCB       *)&AppTaskLed2TCB,
141                   (CPU_CHAR     *)"App Task Led2",
142                   (OS_TASK_PTR ) AppTaskLed2,
143                   (void         *) 0,
144                   (OS_PRIO     ) APP_TASK_LED2_PRIO,
145                   (CPU_STK      *)&AppTaskLed2Stk[0],
146                   (CPU_STK_SIZE) APP_TASK_LED2_STK_SIZE / 10,
147                   (CPU_STK_SIZE) APP_TASK_LED2_STK_SIZE,
148                   (OS_MSG_QTY  ) 5u,
149                   (OS_TICK     ) 0u,
150                   (void         *) 0,
151                   (OS_OPT      )(OS_OPT_TASK_STK_CHK | OS_OPT_TASK_STK_CLR),
152                   (OS_ERR       *)&err);
153
154      /* 创建 Led3 任务 */
155      OSTaskCreate((OS_TCB       *)&AppTaskLed3TCB,
156                   (CPU_CHAR     *)"App Task Led3",
157                   (OS_TASK_PTR ) AppTaskLed3,
158                   (void         *) 0,
159                   (OS_PRIO     ) APP_TASK_LED3_PRIO,
160                   (CPU_STK      *)&AppTaskLed3Stk[0],
161                   (CPU_STK_SIZE) APP_TASK_LED3_STK_SIZE / 10,
162                   (CPU_STK_SIZE) APP_TASK_LED3_STK_SIZE,
163                   (OS_MSG_QTY  ) 5u,
164                   (OS_TICK     ) 0u,
165                   (void         *) 0,
166                   (OS_OPT      )(OS_OPT_TASK_STK_CHK | OS_OPT_TASK_STK_CLR),
167                   (OS_ERR       *)&err);
168
169
170      OSTaskDel ( & AppTaskStartTCB, & err );
171
```

```
172     }
173     }
174
175
176     /*
177     ************************************************************
178     *                    LED1 TASK
179     ************************************************************
180     */
181
182     static  void  AppTaskLed1 ( void *p_arg )
183     {
184         OS_ERR        err;
185         static uint32_t i;
186         CPU_TS        ts_sem_post;
187
188         (void)p_arg;
189
190
191         while (DEF_TRUE)
192
193         {
194
195             printf("AppTaskLed1 获取信号量 \n");
196             // 获取二值信号量 TestSem, 没获取到则一直等待
197             OSSemPend ((OS_SEM  *)&TestSem,           // 等待该信号量被发布
198                        (OS_TICK  )0,                  // 无期限等待
199                        (OS_OPT   )OS_OPT_PEND_BLOCKING,
200                        // 如果没有信号量可用就等待
201                        (CPU_TS  *)&ts_sem_post,
202                        // 获取信号量最后一次被发布的时间戳
203                        (OS_ERR  *)&err);              // 返回错误类型
204
205
206             for (i=0; i<600000; i++)                 // 模拟低优先级任务占用信号量
207             {
208     //          ;
209                 OSSched();                            // 发起任务调度
210             }
211
212             printf("AppTaskLed1 释放信号量 !\n");
213             OSSemPost((OS_SEM  *)&TestSem,
214                       // 释放信号量
215                       (OS_OPT   )OS_OPT_POST_1,
216                       // 发布给所有等待任务
217                       (OS_ERR  *)&err);
218
219
220
221             macLED1_TOGGLE ();
222             OSTimeDlyHMSM (0,0,1,0,OS_OPT_TIME_PERIODIC,&err);
223         }
224
```

```
225
226 }
227
228
229 /*
230 ************************************************************
231 *                       LED2 TASK
232 ************************************************************
233 */
234
235 static  void  AppTaskLed2 ( void *p_arg )
236 {
237     OS_ERR      err;
238
239
240     (void)p_arg;
241
242
243     while (DEF_TRUE)
244
245     {
246         printf("AppTaskLed2 Running\n");
247         macLED2_TOGGLE ();
248
249         OSTimeDlyHMSM (0,0,0,200,OS_OPT_TIME_PERIODIC,&err);
250     }
251
252
253 }
254
255
256 /*
257 *****************************************************************
258 *                       LED3 TASK
259 *****************************************************************
260 */
261
262 static  void  AppTaskLed3 ( void *p_arg )
263 {
264     OS_ERR      err;
265     CPU_TS      ts_sem_post;
266
267     (void)p_arg;
268
269
270     while (DEF_TRUE)
271
272     {
273
274         printf("AppTaskLed3 获取信号量 \n");
275         // 获取二值信号量 TestSem, 没获取到则一直等待
276         OSSemPend ((OS_SEM   *)&TestSem,              // 等待该信号量被发布
277                   (OS_TICK   )0,                      // 无期限等待
```

```
278                         (OS_OPT     )OS_OPT_PEND_BLOCKING,
279             // 如果没有信号量可用就等待
280                         (CPU_TS    *)&ts_sem_post,
281             // 获取信号量最后一次被发布的时间戳
282                         (OS_ERR    *)&err);                    // 返回错误类型
283
284         macLED3_TOGGLE ();
285
286         printf("AppTaskLed3 释放信号量 \n");
287         // 给出二值信号量
288         OSSemPost((OS_SEM   *)&TestSem,
289         // 释放信号量
290                     (OS_OPT    )OS_OPT_POST_1,
291                     (OS_ERR   *)&err);
292
293         OSTimeDlyHMSM (0,0,1,0,OS_OPT_TIME_PERIODIC,&err);
294
295     }
296
297
298 }
```

20.7.2 互斥量实验

互斥量实验是基于优先级翻转实验进行修改的，将信号量改为互斥量，目的是为了测试互斥量的优先级继承机制是否有效，具体参见代码清单 20-11。

代码清单 20-11　互斥量实验

```
 1 #include <includes.h>
 2
 3
 4 /*
 5 *****************************************************************
 6 *                    LOCAL DEFINES
 7 *****************************************************************
 8 */
 9
10 OS_SEM TestMutex;         // 互斥量
11
12
13 /*
14 *****************************************************************
15 *                    TCB
16 *****************************************************************
17 */
18
19 static   OS_TCB    AppTaskStartTCB;
20
21 static   OS_TCB    AppTaskLed1TCB;
22 static   OS_TCB    AppTaskLed2TCB;
```

```
23 static  OS_TCB   AppTaskLed3TCB;
24
25
26 /*
27 ************************************************************************
28 *                          STACKS
29 ************************************************************************
30 */
31
32 static  CPU_STK  AppTaskStartStk[APP_TASK_START_STK_SIZE];
33
34 static  CPU_STK  AppTaskLed1Stk [ APP_TASK_LED1_STK_SIZE ];
35 static  CPU_STK  AppTaskLed2Stk [ APP_TASK_LED2_STK_SIZE ];
36 static  CPU_STK  AppTaskLed3Stk [ APP_TASK_LED3_STK_SIZE ];
37
38
39 /*
40 ************************************************************************
41 *                    FUNCTION PROTOTYPES
42 ************************************************************************
43 */
44
45 static  void  AppTaskStart  (void *p_arg);
46
47 static  void  AppTaskLed1  ( void *p_arg );
48 static  void  AppTaskLed2  ( void *p_arg );
49 static  void  AppTaskLed3  ( void *p_arg );
50
51
52 int  main (void)
53 {
54     OS_ERR  err;
55
56
57     OSInit(&err);
58
59     OSTaskCreate((OS_TCB     *)&AppTaskStartTCB,
60                  (CPU_CHAR   *)"App Task Start",
61                  (OS_TASK_PTR ) AppTaskStart,
62                  (void       *) 0,
63                  (OS_PRIO     ) APP_TASK_START_PRIO,
64                  (CPU_STK    *)&AppTaskStartStk[0],
65                  (CPU_STK_SIZE) APP_TASK_START_STK_SIZE / 10,
66                  (CPU_STK_SIZE) APP_TASK_START_STK_SIZE,
67                  (OS_MSG_QTY ) 5u,
68                  (OS_TICK    ) 0u,
69                  (void       *) 0,
70                  (OS_OPT      )(OS_OPT_TASK_STK_CHK | OS_OPT_TASK_STK_CLR),
71                  (OS_ERR     *)&err);
72
73     OSStart(&err);
74
```

```
 75 }
 76
 77
 78
 79 static  void  AppTaskStart (void *p_arg)
 80 {
 81     CPU_INT32U  cpu_clk_freq;
 82     CPU_INT32U  cnts;
 83     OS_ERR      err;
 84
 85
 86     (void)p_arg;
 87
 88     BSP_Init();
 89
 90     CPU_Init();
 91
 92     cpu_clk_freq = BSP_CPU_ClkFreq();
 93
 94     cnts = cpu_clk_freq / (CPU_INT32U)OSCfg_TickRate_Hz;
 95
 96     OS_CPU_SysTickInit(cnts);
 97
 98     Mem_Init();
 99
100 #if OS_CFG_STAT_TASK_EN > 0u
101     OSStatTaskCPUUsageInit(&err);
102 #endif
103
104     CPU_IntDisMeasMaxCurReset();
105
106     /* 创建互斥信号量 mutex */
107     OSMutexCreate ((OS_MUTEX  *)&TestMutex,        // 指向信号量变量的指针
108                    (CPU_CHAR  *)"Mutex For Test", // 信号量的名称
109                    (OS_ERR    *)&err);            // 错误类型
110
111     /* 创建 Led1 任务 */
112     OSTaskCreate((OS_TCB       *)&AppTaskLed1TCB,
113                  (CPU_CHAR     *)"App Task Led1",
114                  (OS_TASK_PTR ) AppTaskLed1,
115                  (void        *) 0,
116                  (OS_PRIO     ) APP_TASK_LED1_PRIO,
117                  (CPU_STK     *)&AppTaskLed1Stk[0],
118                  (CPU_STK_SIZE) APP_TASK_LED1_STK_SIZE / 10,
119                  (CPU_STK_SIZE) APP_TASK_LED1_STK_SIZE,
120                  (OS_MSG_QTY ) 5u,
121                  (OS_TICK    ) 0u,
122                  (void       *) 0,
123                  (OS_OPT     )(OS_OPT_TASK_STK_CHK | OS_OPT_TASK_STK_CLR),
124                  (OS_ERR     *)&err);
125
126     /* 创建 Led2 任务 */
```

```
127        OSTaskCreate((OS_TCB       *)&AppTaskLed2TCB,
128                     (CPU_CHAR     *)"App Task Led2",
129                     (OS_TASK_PTR ) AppTaskLed2,
130                     (void         *) 0,
131                     (OS_PRIO      ) APP_TASK_LED2_PRIO,
132                     (CPU_STK      *)&AppTaskLed2Stk[0],
133                     (CPU_STK_SIZE) APP_TASK_LED2_STK_SIZE / 10,
134                     (CPU_STK_SIZE) APP_TASK_LED2_STK_SIZE,
135                     (OS_MSG_QTY   ) 5u,
136                     (OS_TICK      ) 0u,
137                     (void         *) 0,
138                     (OS_OPT       )(OS_OPT_TASK_STK_CHK | OS_OPT_TASK_STK_CLR),
139                     (OS_ERR       *)&err);
140
141        /* 创建 Led3 任务 */
142        OSTaskCreate((OS_TCB       *)&AppTaskLed3TCB,
143                     (CPU_CHAR     *)"App Task Led3",
144                     (OS_TASK_PTR ) AppTaskLed3,
145                     (void         *) 0,
146                     (OS_PRIO      ) APP_TASK_LED3_PRIO,
147                     (CPU_STK      *)&AppTaskLed3Stk[0],
148                     (CPU_STK_SIZE) APP_TASK_LED3_STK_SIZE / 10,
149                     (CPU_STK_SIZE) APP_TASK_LED3_STK_SIZE,
150                     (OS_MSG_QTY   ) 5u,
151                     (OS_TICK      ) 0u,
152                     (void         *) 0,
153                     (OS_OPT       )(OS_OPT_TASK_STK_CHK | OS_OPT_TASK_STK_CLR),
154                     (OS_ERR       *)&err);
155
156
157    OSTaskDel ( & AppTaskStartTCB, & err );
158
159
160 }
161
162
163 /*
164 ************************************************************************
165 *                          LED1 TASK
166 ************************************************************************
167 */
168
169 static  void  AppTaskLed1 ( void *p_arg )
170 {
171     OS_ERR      err;
172     static uint32_t i;
173
174     (void)p_arg;
175
176
177     while (DEF_TRUE)
178     {
```

```
179
180          printf("AppTaskLed1 获取互斥量 \n");
181          // 获取互斥量，没获取到则一直等待
182          OSMutexPend ((OS_MUTEX  *)&TestMutex,              // 申请互斥量
183
184                       (OS_TICK    )0,                       // 无期限等待
185                       (OS_OPT     )OS_OPT_PEND_BLOCKING,
186                       // 如果不能申请到信号量就阻塞任务
187                       (CPU_TS    *)0,                        // 不想获得时间戳
188                       (OS_ERR    *)&err);                    // 返回错误类型
189
190
191          for (i=0; i<600000; i++)                           // 模拟低优先级任务占用互斥量
192          {
193 //           ;
194              OSSched();// 发起任务调度
195          }
196
197          printf("AppTaskLed1 释放互斥量 \n");
198          OSMutexPost ((OS_MUTEX  *)&TestMutex,              // 释放互斥量
199
200                       (OS_OPT     )OS_OPT_POST_NONE,         // 进行任务调度
201                       (OS_ERR    *)&err);                    // 返回错误类型
202
203
204
205          macLED1_TOGGLE ();
206          OSTimeDlyHMSM (0,0,1,0,OS_OPT_TIME_PERIODIC,&err);
207      }
208
209
210 }
211
212
213 /*
214 *********************************************************************
215 *                        LED2 TASK
216 *********************************************************************
217 */
218
219 static  void  AppTaskLed2 ( void *p_arg )
220 {
221     OS_ERR      err;
222
223
224     (void)p_arg;
225
226
227     while (DEF_TRUE)
228     {
229         printf("AppTaskLed2 Running\n");
230         macLED2_TOGGLE ();
```

```
231
232          OSTimeDlyHMSM (0,0,0,200,OS_OPT_TIME_PERIODIC,&err);
233      }
234
235
236 }
237
238
239 /*
240 *********************************************************************
241 *                         LED3 TASK
242 *********************************************************************
243 */
244
245 static  void  AppTaskLed3 ( void *p_arg )
246 {
247      OS_ERR        err;
248
249      (void)p_arg;
250
251
252      while (DEF_TRUE)
253      {
254
255          printf("AppTaskLed3 获取互斥量 \n");
256          // 获取互斥量，没获取到则一直等待
257          OSMutexPend ((OS_MUTEX  *)&TestMutex,              // 申请互斥量
258
259                       (OS_TICK   )0,                        // 无期限等待
260                       (OS_OPT    )OS_OPT_PEND_BLOCKING,
261                       // 如果不能申请到信号量就阻塞任务
262                       (CPU_TS   *)0,                        // 不想获得时间戳
263                       (OS_ERR   *)&err);                    // 返回错误类型
264
265          macLED3_TOGGLE ();
266
267          printf("AppTaskLed3 释放互斥量 \n");
268          OSMutexPost ((OS_MUTEX  *)&TestMutex,              // 释放互斥量
269
270                       (OS_OPT    )OS_OPT_POST_NONE,         // 进行任务调度
271                       (OS_ERR   *)&err);                    // 返回错误类型
272
273
274          OSTimeDlyHMSM (0,0,1,0,OS_OPT_TIME_PERIODIC,&err);
275
276      }
277
278
279 }
```

20.8　实验现象

20.8.1　模拟优先级翻转实验现象

将程序编译好，用 USB 线连接计算机和开发板的 USB 接口（对应丝印为 USB 转串口），用 DAP 仿真器把配套程序下载到野火 STM32 开发板（具体型号根据购买的板子而定，每个型号的板子都配套有对应的程序），在计算机上打开串口调试助手，然后复位开发板就可以在调试助手中看到串口的打印信息，其中输出了信息表明任务正在运行中，并且很明确可以看到高优先级任务在等待低优先级任务运行完毕才能得到信号量继续运行，具体如图 20-6 所示。

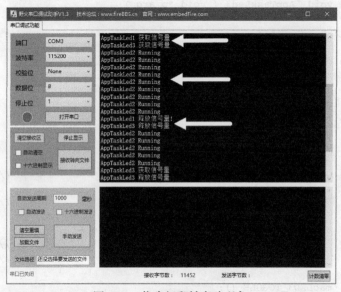

图 20-6　优先级翻转实验现象

20.8.2　互斥量实验现象

将程序编译好，用 USB 线连接计算机和开发板的 USB 接口（对应丝印为 USB 转串口），用 DAP 仿真器把配套程序下载到野火 STM32 开发板（具体型号根据购买的板子而定，每个型号的板子都配套有对应的程序），在计算机上打开串口调试助手，然后复位开发板就可以在调试助手中看到串口的打印信息，其中输出了信息表明任务正在运行中，并且很明确可以看到在低优先级任务运行时，中优先级任务无法抢占低优先级的任务，这是因为互斥量的优先级继承机制，从而最大程度降低了优先级翻转产生的危害，具体如图 20-7 所示。

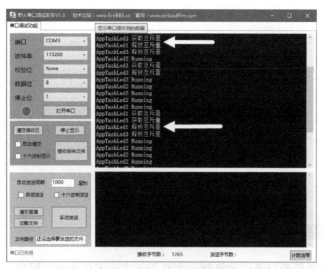

图 20-7　互斥量实验现象

互斥量更适用于保护各个任务间对共享资源的互斥访问,当然系统中对于这种互斥访问的资源可以使用很多种保护的方式,如关闭中断方式、锁调度器方式、信号量保护或者互斥量保护方式,但是这些方式各有优劣,下面就简单说明一下这 4 种方式的使用情况,如表 20-1 所示。

表 20-1　共享资源保护方式及说明

共享资源保护方式	说　　　明
关闭中断方式	当系统能很快地结束访问该共享资源时,如一些共享的全局变量的操作,可以关闭中断,操作完成再打开中断即可。但是一般不推荐使用这种方法,因为会导致中断延迟
锁调度器方式	当访问共享资源较久时,比如对一些列表的操作,如遍历列表、插入、删除等,对于操作时间是不确定的,如一些操作系统中的内存分配,都可以采用锁定调度器这种方式进行共享资源的保护
信号量保护方式	当该共享资源经常被多个任务使用时可以选择这种方式。但信号量可能会导致优先级翻转,并且信号量是无法降低这种危害的
互斥量保护方式	推荐使用这种方法访问共享资源,尤其当任务要访问的共享资源有阻塞时间时。μC/OS-III 的互斥量有内置的优先级,这样可防止优先级翻转。然而,互斥量方式慢于信号量方式,因为互斥量需要执行额外的操作,改变任务的优先级

第 21 章
事　件

21.1　事件的基本概念

事件是一种实现任务间通信的机制，主要用于实现多任务间的同步，但事件通信只能是事件类型的通信，无数据传输。与信号量不同的是，事件可以实现一对多、多对多的同步，即一个任务可以等待多个事件的发生：可以是任意一个事件发生时唤醒任务进行事件处理；也可以是几个事件都发生后才唤醒任务进行事件处理。同样，也可以是多个任务同步多个事件。

每一个事件组只需要很少的 RAM 空间来保存事件组的状态。事件组存储在一个 OS_FLAGS 类型的 Flags 变量中，该变量在事件结构体中定义。而变量的宽度由用户自己定义，可以是 8 位、16 位、32 位的变量，取决于 os_type.h 中 OS_FLAGS 的位数。在 STM32 中，一般将其定义为 32 位的变量，用 32 位实现事件标志组。每一位代表一个事件，任务通过"逻辑与"或"逻辑或"与一个或多个事件建立关联，形成一个事件组。事件的"逻辑或"也称作独立型同步，指的是任务感兴趣的所有事件任一件发生即可被唤醒；事件的"逻辑与"则被称为关联型同步，指的是任务感兴趣的若干事件都发生时才被唤醒，并且事件发生的时间可以不同步。

多任务环境下，任务、中断之间往往需要同步操作，当一个事件发生，会告知等待中的任务，即形成一个任务与任务、中断与任务间的同步。事件可以提供一对多、多对多的同步操作。一对多同步模型，即一个任务等待多个事件的触发，这种情况是比较常见的；多对多同步模型，即多个任务等待多个事件的触发。

任务可以通过设置事件位来实现事件的触发和等待操作。μC/OS 的事件仅用于同步，不提供数据传输功能。

μC/OS 提供的事件具有如下特点：

- 事件只与任务相关联，事件相互独立，一个 32 位（数据宽度由用户定义）的事件集合用于标识该任务发生的事件类型，其中每一位表示一种事件类型（0 表示该事件类型未发生，1 表示该事件类型已经发生），一共有 32 种事件类型。
- 事件仅用于同步，不提供数据传输功能。
- 事件无排队性，即多次向任务设置同一事件（如果任务还未来得及读取），等效于只设

　　　置一次。
- 允许多个任务对同一事件进行读写操作。
- 支持事件等待超时机制。
- 支持显式清除事件。

　　在 μC/OS 的等待事件中，用户可以选择感兴趣的事件，并且选择等待事件的选项。它有 4 个属性，分别是逻辑与、逻辑或、等待所有事件清除或者等待任意事件清除。当任务等待事件同步时，可以通过任务感兴趣的事件位和事件选项来判断当前获取的事件是否满足要求，如果满足，则说明任务等待到对应的事件，系统将唤醒等待的任务；否则，任务会根据用户指定的阻塞超时时间继续等待下去。

21.2　事件的应用场景

　　μC/OS 的事件用于事件类型的通信，无数据传输，也就是说，可以用事件来做标志位，判断某些事件是否发生了，然后根据结果进行处理。为什么不直接用变量做标志呢？那样岂不是更有效率？若是在裸机编程中，用全局变量是最有效的方法，但是在操作系统中，使用全局变量就要考虑以下问题了：
- 如何对全局变量进行保护？如何处理多任务同时对它进行访问的情况？
- 如何让内核对事件进行有效管理？如果使用全局变量，就需要在任务中轮询查看事件是否发送，这会造成 CPU 资源的浪费，此外，还需要用户自己去实现等待超时机制。

　　所以，在操作系统中最好还是使用操作系统提供的通信机制，简单、方便又实用。

　　在某些场合，可能需要多个事件发生后才能进行下一步操作。比如启动一些危险机器前需要检查各项指标，不达标时则无法启动。但是检查各个指标时，不能一下检测完毕，所以需要事件来做统一的等待。当所有事件都完成了，机器才能启动，这只是事件的应用之一。

　　事件可用于多种场合，能够在一定程度上替代信号量，用于任务与任务间、中断与任务间的同步。一个任务或中断服务例程发送一个事件给事件对象，而后等待的任务被唤醒并对相应的事件进行处理。但是事件与信号量不同的是，事件的发送操作是不可累计的，而信号量的释放动作是可累计的。事件的另外一个特性是，接收任务可等待多种事件，即多个事件对应一个任务或多个任务。同时按照任务等待的参数，可选择是"逻辑或"触发还是"逻辑与"触发。这个特性也是信号量等所不具备的，信号量只能识别单一同步动作，而不能同时等待多个事件的同步。

　　各个事件可分别发送或一起发送给事件对象，而任务可以等待多个事件，任务仅关注感兴趣的事件。当有它们感兴趣的事件发生并且符合条件时，任务将被唤醒并进行后续的处理动作。

21.3　事件的运作机制

　　等待（接收）事件时，可以根据感兴趣的事件类型等待单个或者多个事件。事件等待成功后，必须使用 OS_OPT_PEND_FLAG_CONSUME 选项清除已接收到的事件类型，否则不会清除已接收到的事件，这样就需要用户显式地清除事件位。用户可以自定义通过传入 opt 选项来选择读取模式——是等待所有感兴趣的事件，还是等待任意一个感兴趣的事件。

设置事件时，对指定事件写入指定的事件类型，设置事件集合的对应事件位为 1，可以一次同时写多个事件类型，设置事件成功可能会触发任务调度。

清除事件时，根据写入参数的事件句柄和待清除的事件类型对事件对应位进行清零操作。事件不与任务相关联，事件相互独立，一个 32 位的变量就是事件的集合，用于标识该任务发生的事件类型，其中每一位表示一种事件类型（0 表示该事件类型未发生，1 表示该事件类型已经发生），一共有 32 种事件类型，具体如图 21-1 所示。

图 21-1　事件集合 Flags（一个 32 位的变量）

事件唤醒机制，即当任务因为等待某个或者多个事件发生而进入阻塞态，当事件发生时会被唤醒，其过程如图 21-2 所示。

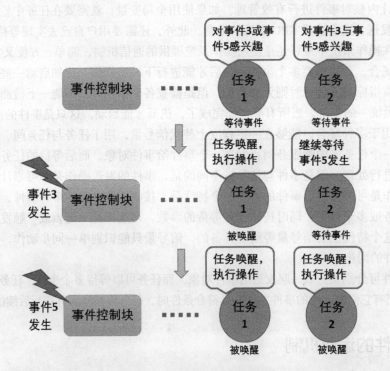

图 21-2　事件唤醒任务示意图

任务 1 对事件 3 或事件 5 感兴趣（逻辑或），当发生其中的某一个事件时都会被唤醒，并且执行相应操作。而任务 2 对事件 3 与事件 5 感兴趣（逻辑与），当且仅当事件 3 与事件 5 都发生时，任务 2 才会被唤醒。如果只有其中一个事件发生，那么任务还是会继续等待另一个事件发生。如果在接收事件函数中设置了清除事件位选项 OS_OPT_PEND_FLAG_CONSUME，那么当任务唤醒后将把事件 3 和事件 5 的事件标志清零，否则事件标志将依然存在。

21.4 事件控制块

理论上用户可以创建任意个事件（仅受限于处理器的 RAM 大小）。通过设置 os_cfg.h 中的宏定义 OS_CFG_FLAG_EN 为 1 即可开启事件功能。事件是一个内核对象，由数据类型 OS_FLAG_GRP 定义，该数据类型由 os_flag_grp 定义（在 os.h 文件中）。

μC/OS 的事件由多个元素组成，在事件被创建时，需要由用户定义事件（也可以称之为事件句柄）。因为它是用于保存事件信息的，其数据结构 OS_FLAG_GRP 中除了事件必需的一些基本信息外，还有 PendList 链表与一个 32 位的事件组变量 Flags 等，目的是方便系统管理事件。其数据结构具体参见代码清单 21-1，示意图如图 21-3 所示。

图 21-3 事件控制块数据结构示意图

代码清单 21-1 事件控制块数据结构

```
 1 struct   os_flag_grp
 2
 3 {
 4    /* ----------------- GENERIC   MEMBERS ----------------- */
 5    OS_OBJ_TYPE          Type;                                    (1)
 6
 7    CPU_CHAR            *NamePtr;                                 (2)
 8
 9
10
11    OS_PEND_LIST         PendList;                                (3)
12
13 #if OS_CFG_DBG_EN > 0u
14    OS_FLAG_GRP         *DbgPrevPtr;
15    OS_FLAG_GRP         *DbgNextPtr;
16    CPU_CHAR            *DbgNamePtr;
17 #endif
18 /* ----------------- SPECIFIC MEMBERS ----------------- */
19    OS_FLAGS             Flags;                                   (4)
20
21    CPU_TS               TS;                                      (5)
22
23 };
```

代码清单 21-1（1）：事件的类型，用户无须理会，在 μC/OS 中用于识别一个事件。

代码清单 21-1（2）：事件的名称，每个内核对象都会被分配一个名称，采用字符串形式记录下来。

代码清单 21-1（3）：因为可以有多个任务同时等待系统中的事件，所以事件中包含了一个用于控制挂起任务列表的结构体，用于记录阻塞在此事件上的任务。

代码清单 21-1（4）：事件中包含了很多标志位，Flags 这个变量中保存了当前这些标志位的状态。这个变量可以为 8 位、16 位或 32 位。

代码清单 21-1（5）：事件中的变量 TS 用于保存该事件最后一次被释放的时间戳。当事件被释放时，读取时基计数值并存放到该变量中。

注意：不能直接访问这个结构体，必须通过 μC/OS 提供的 API 访问。

21.5 事件函数

21.5.1 事件创建函数 OSFlagCreate()

事件创建函数，顾名思义，就是创建一个事件，与其他内核对象一样，都是需要先创建才能使用的资源。μC/OS 提供了一个创建事件的函数 OSFlagCreate()，当创建一个事件时，系统会对定义的事件控制块进行基本的初始化，所以在使用创建函数之前，需要先定义一个事件控制块（句柄），事件创建函数的源码具体参见代码清单 21-2。

代码清单 21-2　OSFlagCreate() 函数源码

```
 1 void  OSFlagCreate (OS_FLAG_GRP  *p_grp,          // 事件指针                          (1)
 2                     CPU_CHAR     *p_name,         // 命名事件                          (2)
 3                     OS_FLAGS      flags,          // 标志初始值                        (3)
 4                     OS_ERR       *p_err)          // 返回错误类型                      (4)
 5 {
 6     CPU_SR_ALLOC(); // 使用临界段时 (在关 / 开中断时) 必须用到该宏，该宏声明和
 7     // 定义一个局部变量，用于保存关中断前的 CPU 状态寄存器
 8     // SR (临界段关中断只需保存 SR)，开中断时将该值还原
 9
10 #ifdef OS_SAFETY_CRITICAL                        // 如果启用了安全检测                (5)
11     if (p_err == (OS_ERR *)0)                    // 如果错误类型实参为空
12     {
13         OS_SAFETY_CRITICAL_EXCEPTION();          // 执行安全检测异常函数
14         return;                                  // 返回，停止执行
15     }
16 #endif
17
18 #ifdef OS_SAFETY_CRITICAL_IEC61508               // 如果启用了安全关键检测            (6)
19     if (OSSafetyCriticalStartFlag == DEF_TRUE)
                                                     // 如果在调用 OSSafetyCriticalStart() 后创建
20     {
21         *p_err = OS_ERR_ILLEGAL_CREATE_RUN_TIME;// 错误类型为 "非法创建内核对象"
```

```
22          return;                                          // 返回，停止执行
23      }
24 #endif
25
26 #if OS_CFG_CALLED_FROM_ISR_CHK_EN > 0u// 如果启用了中断中非法调用检测        (7)
27      if (OSIntNestingCtr > (OS_NESTING_CTR)0)         // 如果该函数是在中断中被调用
28      {
29          *p_err = OS_ERR_CREATE_ISR;                   // 错误类型为 "在中断中创建对象"
30          return;                                       // 返回，停止执行
31      }
32 #endif
33
34 #if OS_CFG_ARG_CHK_EN > 0u                            // 如果启用了参数检测              (8)
35      if (p_grp == (OS_FLAG_GRP *)0)                    // 如果 p_grp 为空
36      {
37          *p_err = OS_ERR_OBJ_PTR_NULL;                 // 错误类型为 "创建对象为空"
38          return;                                       // 返回，停止执行
39      }
40 #endif
41
42      OS_CRITICAL_ENTER();                              // 进入临界段                    (9)
43      p_grp->Type     = OS_OBJ_TYPE_FLAG;               // 标记创建对象数据结构为事件
44      p_grp->NamePtr  = p_name;                         // 标记事件的名称               (10)
45      p_grp->Flags    = flags;                          // 设置标志初始值               (11)
46      p_grp->TS       = (CPU_TS)0;                      // 清零事件的时间戳             (12)
47      OS_PendListInit(&p_grp->PendList);                // 初始化该事件的等待列表       (13)
48
49 #if OS_CFG_DBG_EN > 0u                                // 如果启用了调试代码和变量
50      OS_FlagDbgListAdd(p_grp);                         // 将该事件添加到事件双向调试链表
51 #endif
52      OSFlagQty++;                                      // 事件个数加 1                 (14)
53
54      OS_CRITICAL_EXIT_NO_SCHED();                      // 退出临界段（无调度）         (15)
55      *p_err = OS_ERR_NONE;                             // 错误类型为 "无错误"
56 }
```

代码清单 21-2（1）：事件控制块指针，指向定义的事件控制块结构体变量，所以在创建之前需要先定义一个事件控制块变量。

代码清单 21-2（2）：事件名称，为字符串形式。

代码清单 21-2（3）：事件标志位的初始值，一般为 0。

代码清单 21-2（4）：用于保存返回的错误类型。

代码清单 21-2（5）：如果启用了安全检测（默认禁用），在编译时则会包含安全检测相关的代码。如果错误类型实参为空，则系统会执行安全检测异常函数，然后返回，不执行创建事件操作。

代码清单 21-2（6）：如果启用了安全关键检测（默认禁用），在编译时则会包含安全关键检测相关的代码。如果是在调用 OSSafetyCriticalStart() 函数后创建该事件，则是非法的，返回错误类型为 "非法创建内核对象" 错误代码，并且退出，不执行创建事件操作。

代码清单 21-2（7）：如果启用了中断中非法调用检测（默认启用），在编译时则会包含中断中非法调用检测相关的代码。如果该函数是在中断中被调用，则是非法的，返回错误类型为"在中断中创建对象"的错误代码，并且退出，不执行创建事件操作。

代码清单 21-2（8）：如果启用了参数检测（默认启用），在编译时则会包含参数检测相关的代码。如果 p_grp 参数为空，则返回错误类型为"创建对象为空"的错误代码，并且退出，不执行创建事件操作。

代码清单 21-2（9）：进入临界段，标记创建对象数据结构为事件。

代码清单 21-2（10）：初始化事件的名称。

代码清单 21-2（11）：设置事件标志的初始值。

代码清单 21-2（12）：将记录时间戳的变量 TS 初始化为 0。

代码清单 21-2（13）：初始化该事件的等待列表。

代码清单 21-2（14）：系统事件个数加 1。

代码清单 21-2（15）：退出临界段（无调度），创建事件成功。

如果创建一个事件，那么事件创建成功的示意图如图 21-4 所示。

事件创建函数的使用实例具体参见代码清单 21-3。

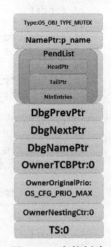

图 21-4　事件创建完成示意图

代码清单 21-3　OSFlagCreate() 函数实例

```
1 OS_FLAG_GRP flag_grp;                              // 声明事件
2
3 OS_ERR      err;
4
5 /* 创建事件 flag_grp */
6 OSFlagCreate ((OS_FLAG_GRP  *)&flag_grp,           // 指向事件的指针
7              (CPU_CHAR      *)"FLAG For Test",     // 事件的名称
8              (OS_FLAGS      )0,                    // 标志的初始值
9              (OS_ERR        *)&err);               // 返回错误类型
```

21.5.2　事件删除函数 OSFlagDel()

在很多场合，某些事件只用一次，好比在事件应用场景讲到的危险机器的启动，假如各项指标都达到了，并且机器启动成功了，那么这个事件之后可能就没用了，此时就可以销毁了。μC/OS 提供了一个删除事件的函数 OSFlagDel()，使用该函数就能将事件删除。当系统不再使用事件对象时，可以通过删除事件对象控制块来进行删除，具体参见代码清单 21-4。

注意：想要使用删除事件函数，必须将 OS_CFG_FLAG_DEL_EN 宏定义配置为 1，该宏定义在 os_cfg.h 文件中。

代码清单 21-4 OSFlagDel() 函数源码

```
1 #if OS_CFG_FLAG_DEL_EN > 0u// 如果启用了 OSFlagDel() 函数
2 OS_OBJ_QTY  OSFlagDel (OS_FLAG_GRP  *p_grp,        // 事件指针                      (1)
3                        OS_OPT        opt,          // 选项                          (2)
4                        OS_ERR        *p_err)       // 返回错误类型                  (3)
5 {
6     OS_OBJ_QTY        cnt;
7     OS_OBJ_QTY        nbr_tasks;
8     OS_PEND_DATA      *p_pend_data;
9     OS_PEND_LIST      *p_pend_list;
10    OS_TCB            *p_tcb;
11    CPU_TS            ts;
12    CPU_SR_ALLOC();  // 使用临界段时 (在关 / 开中断时) 必须用到该宏, 该宏声明和
13                     // 定义一个局部变量, 用于保存关中断前的 CPU 状态寄存器
14                     // SR (临界段关中断只需保存 SR), 开中断时将该值还原
15
16 #ifdef OS_SAFETY_CRITICAL                            // 如果启用了安全检测 (默认禁用)(4)
17     if (p_err == (OS_ERR *)0)                        // 如果错误类型实参为空
18     {
19         OS_SAFETY_CRITICAL_EXCEPTION();              // 执行安全检测异常函数
20         return ((OS_OBJ_QTY)0);                      // 返回 0 (有错误), 停止执行
21     }
22 #endif
23
24 #if OS_CFG_CALLED_FROM_ISR_CHK_EN > 0u               // 如果启用了中断中非法调用检测 (5)
25     if (OSIntNestingCtr > (OS_NESTING_CTR)0)         // 如果该函数在中断中被调用
26     {
27         *p_err = OS_ERR_DEL_ISR;                     // 错误类型为 "在中断中删除对象"
28         return ((OS_OBJ_QTY)0);                      // 返回 0 (有错误), 停止执行
29     }
30 #endif
31
32 #if OS_CFG_ARG_CHK_EN > 0u                           // 如果启用了参数检测                (6)
33     if (p_grp == (OS_FLAG_GRP *)0)                   // 如果 p_grp 为空
34     {
35         *p_err  = OS_ERR_OBJ_PTR_NULL;               // 错误类型为 "内核对象为空"
36         return ((OS_OBJ_QTY)0);                      // 返回 0 (有错误), 停止执行
37     }
38     switch (opt)                                     // 根据选项分类处理                (7)
39     {
40     case OS_OPT_DEL_NO_PEND:                          // 如果选项在预期内
41     case OS_OPT_DEL_ALWAYS:
42         break;                                       // 直接跳出
43
44     default:                                         // 如果选项超出预期                (8)
45         *p_err = OS_ERR_OPT_INVALID;                 // 错误类型为 "选项非法"
46         return ((OS_OBJ_QTY)0);                      // 返回 0 (有错误), 停止执行
47     }
48 #endif
49
50 #if OS_CFG_OBJ_TYPE_CHK_EN > 0u                      // 如果启用了对象类型检测          (9)
51     if (p_grp->Type != OS_OBJ_TYPE_FLAG)             // 如果 p_grp 不是事件类型
```

```
52      {
53          *p_err = OS_ERR_OBJ_TYPE;                    // 错误类型为"内核对象类型错误"
54          return ((OS_OBJ_QTY)0);                      // 返回 0（有错误），停止执行
55      }
56  #endif
57      OS_CRITICAL_ENTER();                             // 进入临界段
58      p_pend_list = &p_grp->PendList;                  // 获取消息队列的等待列表        (10)
59      cnt         = p_pend_list->NbrEntries;           // 获取等待该队列的任务数        (11)
60      nbr_tasks   = cnt;                               // 按照任务数目逐个处理
61      switch (opt)                                     // 根据选项分类处理             (12)
62      {
63      case OS_OPT_DEL_NO_PEND:                         // 如果只在没任务等待时进行删除 (13)
64          if (nbr_tasks == (OS_OBJ_QTY)0)             // 如果没有任务在等待该事件
65          {
66  #if OS_CFG_DBG_EN > 0u                               // 如果启用了调试代码和变量
67              OS_FlagDbgListRemove(p_grp);             // 将该事件从事件调试列表移除   (14)
68  #endif
69              OSFlagQty--;                             // 事件数目减 1                 (15)
70              OS_FlagClr(p_grp);                       // 清除该事件的内容             (16)
71
72              OS_CRITICAL_EXIT();                      // 退出临界段
73              *p_err = OS_ERR_NONE;                    // 错误类型为"无错误"           (17)
74          }
75          else
76          {
77              OS_CRITICAL_EXIT();                      // 退出临界段
78              *p_err = OS_ERR_TASK_WAITING;            // 错误类型为"有任务在等待事件" (18)
79          }
80          break;                                       // 跳出
81
82      case OS_OPT_DEL_ALWAYS:                          // 如果必须删除事件             (19)
83          ts = OS_TS_GET();                            // 获取时间戳                   (20)
84          while (cnt > 0u)                             // 逐个移除该事件等待列表中的任务 (21)
85          {
86              p_pend_data = p_pend_list->HeadPtr;
87              p_tcb       = p_pend_data->TCBPtr;
88              OS_PendObjDel((OS_PEND_OBJ *)((void *)p_grp),
89                            p_tcb,
90                            ts);                                                       (22)
91              cnt--;
92          }
93  #if OS_CFG_DBG_EN > 0u                               // 如果启用了调试代码和变量
94          OS_FlagDbgListRemove(p_grp);                 // 将该事件从事件调试列表移除
95  #endif
96          OSFlagQty--;                                 // 事件数目减 1                 (23)
97          OS_FlagClr(p_grp);                           // 清除该事件的内容             (24)
98          OS_CRITICAL_EXIT_NO_SCHED();                 // 退出临界段（无调度）          (25)
99          OSSched();                                   // 调度任务
100         *p_err = OS_ERR_NONE;                        // 错误类型为"无错误"           (26)
101         break;                                       // 跳出
102
103     default:                                         // 如果选项超出预期             (27)
104         OS_CRITICAL_EXIT();                          // 退出临界段
```

```
105              *p_err = OS_ERR_OPT_INVALID;        // 错误类型为"选项非法"
106              break;                              // 跳出
107         }
108         return (nbr_tasks);                     // 返回删除事件前等待事件的任务数    (28)
109 }
110 #endif
```

代码清单 21-4（1）：事件控制块指针，指向我们定义的事件控制块结构体变量，所以在删除之前需要先定义一个事件控制块变量，并且成功创建事件后再进行删除操作。

代码清单 21-4（2）：事件删除的选项。

代码清单 21-4（3）：用于保存返回的错误类型。

代码清单 21-4（4）：如果启用了安全检测（默认禁用），在编译时则会包含安全检测相关的代码。如果错误类型实参为空，则系统会执行安全检测异常函数，然后返回，不执行删除事件操作。

代码清单 21-4（5）：如果启用了中断中非法调用检测（默认启用），在编译时则会包含中断中非法调用检测相关的代码。如果该函数是在中断中被调用，则是非法的，返回错误类型为"在中断中删除对象"的错误代码，并且退出，不执行删除事件操作。

代码清单 21-4（6）：如果启用了参数检测（默认启用），在编译时则会包含参数检测相关的代码。如果 p_grp 参数为空，则返回错误类型为"内核对象为空"的错误代码，并且退出，不执行删除事件操作。

代码清单 21-4（7）：判断 opt 选项是否合理，该选项有两个 ——OS_OPT_DEL_ALWAYS 与 OS_OPT_DEL_NO_PEND，在 os.h 文件中定义。此处是判断选项是否在预期之内，如果在，则跳出 switch 语句。

代码清单 21-4（8）：如果选项超出预期，则返回错误类型为"选项非法"的错误代码，退出，不继续执行。

代码清单 21-4（9）：如果启用了对象类型检测，在编译时则会包含对象类型检测相关的代码。如果 p_grp 不是事件类型，则返回错误类型为"内核对象类型错误"的错误代码，并且退出，不执行删除事件操作。

代码清单 21-4（10）：进入临界段，程序执行到这里，表示可以删除事件了，系统首先获取事件的等待列表并保存到 p_pend_list 变量中。μC/OS 在删除事件时是通过该变量访问事件等待列表中的任务的。

代码清单 21-4（11）：获取等待该队列的任务数，按照任务个数逐个处理。

代码清单 21-4（12）：根据选项分类处理。

代码清单 21-4（13）：如果 opt 是 OS_OPT_DEL_NO_PEND，则表示只在没有任务等待的情况下删除事件。如果当前系统中有任务还在等待该事件，则不能进行删除操作，反之，则可以删除事件。

代码清单 21-4（14）：如果启用了调试代码和变量，则将该事件从事件调试列表移除。

代码清单 21-4（15）：系统的事件数目减 1。

代码清单 21-4（16）：清除该事件的内容。

代码清单 21-4（17）：删除成功，返回错误类型为"无错误"的错误代码。

代码清单 21-4(18)：如果有任务在等待该事件，则返回错误类型为"有任务在等待事件"的错误代码。

代码清单 21-4（19）：如果 opt 是 OS_OPT_DEL_ALWAYS，则表示必须删除事件。在删除之前，系统会恢复所有阻塞在该事件上的任务。

代码清单 21-4（20）：获取删除事件时的时间戳。

代码清单 21-4（21）：根据前面 cnt 记录的阻塞在该事件上的任务个数，逐个移除该事件等待列表中的任务。

代码清单 21-4（22）：调用 OS_PendObjDel() 函数将阻塞在内核对象（如事件）上的任务从阻塞态恢复，此时系统在删除内核对象，删除之后，这些等待事件的任务需要恢复，其源码参见代码清单 18-8。

代码清单 21-4（23）：系统事件数目减 1。

代码清单 21-4（24）：清除该事件的内容。

代码清单 21-4（25）：进行一次任务调度。

代码清单 21-4（26）：删除事件完成，返回错误类型为"无错误"的错误代码。

代码清单 21-4（27）：如果选项超出预期，则返回错误类型为"选项非法"的错误代码。

代码清单 21-4（28）：返回删除事件前等待事件的任务数。

事件删除函数 OSFlagDel() 的使用也是很简单的，只需要传入要删除的事件的句柄与选项以及保存返回的错误类型即可。调用该函数时，系统将删除这个事件。需要注意的是，在调用删除事件函数前，系统中应存在已创建的事件。如果删除事件时系统中有任务正在等待该事件，则不应该进行删除操作。删除事件函数 OSFlagDel() 的使用实例具体参见代码清单 21-5。

代码清单 21-5　OSFlagDel() 函数实例

```
1  OS_FLAG_GRPflag_grp;;                              // 声明事件句柄
2
3  OS_ERR      err;
4
5      /* 删除事件 */
6      OSFlagDel((OS_FLAG_GRP*)&flag_grp,             // 指向事件的指针
7                OS_OPT_DEL_NO_PEND,
8                (OS_ERR      *)&err);                 // 返回错误类型
```

21.5.3　事件设置函数 OSFlagPost()

OSFlagPost() 函数用于设置事件组中指定的位，当事件发生后，对应的位被置 1，此时系统会判断是否有任务在等待这个事件，如果有任务在等待这个事件并且满足唤醒任务的要求，那么这个任务将会被恢复运行。使用该函数接口时，用户可以通过传递进来的参数

来设置事件对应的位，系统将遍历事件等待列表，判断是否有任务在等待该事件，并且查看任务等待的事件是否满足唤醒的要求，如果满足，则唤醒该任务。简单来说，就是设置我们自己定义的事件标志位为 1，并且看看有没有任务在等待这个事件，有的话就唤醒它，OSFlagPost() 函数源码具体参见代码清单 21-6。

代码清单 21-6　OSFlagPost() 函数源码

```
1  OS_FLAGS   OSFlagPost (OS_FLAG_GRP  *p_grp,          // 事件指针
2                         OS_FLAGS     flags,           // 选定要操作的标志位
3                         OS_OPT       opt,             // 选项
4                         OS_ERR       *p_err)          // 返回错误类型
5  {
6      OS_FLAGS   flags_cur;
7      CPU_TS     ts;
8
9
10
11 #ifdef OS_SAFETY_CRITICAL// 如果启用了安全检测（默认禁用）
12     if (p_err == (OS_ERR *)0)                        // 如果错误类型实参为空
13     {
14         OS_SAFETY_CRITICAL_EXCEPTION();              // 执行安全检测异常函数
15         return ((OS_FLAGS)0);                        // 返回 0，停止执行
16     }
17 #endif
18
19 #if OS_CFG_ARG_CHK_EN > 0u                            // 如果启用了参数检测（默认启用）
20     if (p_grp == (OS_FLAG_GRP *)0)                    // 如果参数 p_grp 为空
21     {
22         *p_err = OS_ERR_OBJ_PTR_NULL;                // 错误类型为"事件对象为空"
23         return ((OS_FLAGS)0);                        // 返回 0，停止执行
24     }
25     switch (opt)                                     // 根据选项分类处理
26     {
27     case OS_OPT_POST_FLAG_SET:                        // 如果选项在预期之内
28     case OS_OPT_POST_FLAG_CLR:
29     case OS_OPT_POST_FLAG_SET | OS_OPT_POST_NO_SCHED:
30     case OS_OPT_POST_FLAG_CLR | OS_OPT_POST_NO_SCHED:
31         break;                                       // 直接跳出
32
33     default:                                         // 如果选项超出预期
34         *p_err = OS_ERR_OPT_INVALID;                 // 错误类型为"选项非法"
35         return ((OS_FLAGS)0);                        // 返回 0，停止执行
36     }
37 #endif
38
39 #if OS_CFG_OBJ_TYPE_CHK_EN > 0u                       // 如果启用了对象类型检测
40     if (p_grp->Type != OS_OBJ_TYPE_FLAG)             // 如果 p_grp 不是事件类型
41     {
42         *p_err = OS_ERR_OBJ_TYPE;                     // 错误类型为"对象类型错误"
43         return ((OS_FLAGS)0);                        // 返回 0，停止执行
44     }
45 #endif
```

```
46
47          ts = OS_TS_GET();                                    // 获取时间戳
48 #if OS_CFG_ISR_POST_DEFERRED_EN > 0u                           // 如果启用了中断延迟发布        (1)
49          if (OSIntNestingCtr > (OS_NESTING_CTR)0)             // 如果该函数是在中断中被调用
50          {
51              OS_IntQPost((OS_OBJ_TYPE)OS_OBJ_TYPE_FLAG,// 将该事件发布到中断消息队列
52                          (void         *)p_grp,
53                          (void         *)0,
54                          (OS_MSG_SIZE )0,
55                          (OS_FLAGS    )flags,
56                          (OS_OPT      )opt,
57                          (CPU_TS      )ts,
58                          (OS_ERR      *)p_err);
59          return ((OS_FLAGS)0);                                 // 返回 0, 停止执行
60          }
61 #endif
62          /* 如果没有启用中断延迟发布 */
63          flags_cur = OS_FlagPost(p_grp,                        // 将事件直接发布
64                          flags,
65                          opt,
66                          ts,
67                          p_err);                                                              (2)
68
69          return (flags_cur);                                  // 返回当前标志位的值
70 }
```

代码清单 21-6（1）：如果启用了中断延迟发布并且该函数在中断中被调用，则将该事件发布到中断消息队列。

代码清单 21-6（2）：如果没有启用中断延迟发布，则直接将该事件对应的标志位置位。OS_FlagPost() 函数源码具体参见代码清单 21-7。

代码清单 21-7　OS_FlagPost() 函数源码

```
 1 OS_FLAGS  OS_FlagPost (OS_FLAG_GRP  *p_grp,              // 事件指针                       (1)
 2                          OS_FLAGS      flags,            // 选定要操作的标志位              (2)
 3                          OS_OPT        opt,              // 选项                          (3)
 4                          CPU_TS        ts,               // 时间戳                        (4)
 5                          OS_ERR       *p_err)            // 返回错误类型                  (5)
 6 {
 7    OS_FLAGS         flags_cur;
 8    OS_FLAGS         flags_rdy;
 9    OS_OPT           mode;
10    OS_PEND_DATA    *p_pend_data;
11    OS_PEND_DATA    *p_pend_data_next;
12    OS_PEND_LIST    *p_pend_list;
13    OS_TCB          *p_tcb;
14    CPU_SR_ALLOC(); // 使用临界段 (在关 / 开中断时) 时必须用到该宏, 该宏声明和
15                    // 定义一个局部变量, 用于保存关中断前的 CPU 状态寄存器
16                    // SR (临界段关中断只需保存 SR), 开中断时将该值还原
17
18    CPU_CRITICAL_ENTER();                                 // 关中断
19    switch (opt)                                          // 根据选项分类处理              (6)
```

```
20   {
21       case OS_OPT_POST_FLAG_SET:                        // 如果要求将选定位置1           (7)
22       case OS_OPT_POST_FLAG_SET | OS_OPT_POST_NO_SCHED:
23           p_grp->Flags |= flags;                        // 将选定位置1
24           break;                                        // 跳出
25
26       case OS_OPT_POST_FLAG_CLR:                        // 如果要求将选定位清零          (8)
27       case OS_OPT_POST_FLAG_CLR | OS_OPT_POST_NO_SCHED:
28           p_grp->Flags &= ~flags;                       // 将选定位清零
29           break;                                        // 跳出
30
31       default:                                          // 如果选项超出预期            (9)
32           CPU_CRITICAL_EXIT();                          // 开中断
33           *p_err = OS_ERR_OPT_INVALID;                  // 错误类型为"选项非法"
34           return ((OS_FLAGS)0);                         // 返回0，停止执行
35       }
36       p_grp->TS   = ts;                                 // 将时间戳存入事件            (10)
37       p_pend_list = &p_grp->PendList;                   // 获取事件的等待列表          (11)
38       if (p_pend_list->NbrEntries == 0u)                // 如果没有任务在等待事件       (12)
39       {
40           CPU_CRITICAL_EXIT();                          // 开中断
41           *p_err = OS_ERR_NONE;                         // 错误类型为"无错误"
42           return (p_grp->Flags);                        // 返回事件的标志值
43       }
44       /* 如果有任务在等待事件 */
45       OS_CRITICAL_ENTER_CPU_EXIT();                     // 进入临界段，重开中断        (13)
46       p_pend_data = p_pend_list->HeadPtr;               // 获取等待列表中的第一个任务   (14)
47       p_tcb       = p_pend_data->TCBPtr;
48       while (p_tcb != (OS_TCB *)0)                                                   (15)
49           // 从头至尾遍历等待列表的所有任务
50       {
51           p_pend_data_next = p_pend_data->NextPtr;
52           mode = p_tcb->FlagsOpt & OS_OPT_PEND_FLAG_MASK; // 获取任务的标志选项
53           switch (mode)                                 // 根据任务的标志选项分类处理   (16)
54           {
55           case OS_OPT_PEND_FLAG_SET_ALL:                // 如果要求任务等待的标志位都置1 (17)
56               flags_rdy = (OS_FLAGS)(p_grp->Flags & p_tcb->FlagsPend);
57               if (flags_rdy == p_tcb->FlagsPend)        // 如果任务等待的标志位都已置1
58               {
59                   OS_FlagTaskRdy(p_tcb,                 // 让该任务准备运行
60                                  flags_rdy,
61                                  ts);                                                (18)
62               }
63               break;                                    // 跳出
64
65           case OS_OPT_PEND_FLAG_SET_ANY:                                            (19)
66               // 如果要求任务等待的标志位有一位置1即可
67               flags_rdy = (OS_FLAGS)(p_grp->Flags & p_tcb->FlagsPend);             (20)
68               if (flags_rdy != (OS_FLAGS)0)             // 如果任务等待的标志位有置1的
69               {
70                   OS_FlagTaskRdy(p_tcb,                 // 让该任务准备运行
71                                  flags_rdy,
72                                  ts);                                                (21)
73               }
```

```
74              break;                                 // 跳出
75
76 #if OS_CFG_FLAG_MODE_CLR_EN > 0u           // 如果启用了标志位清零触发模式        (22)
77     case OS_OPT_PEND_FLAG_CLR_ALL:          // 如果要求任务等待的标志位都清零      (23)
78              flags_rdy = (OS_FLAGS)(~p_grp->Flags & p_tcb->FlagsPend);
79              if (flags_rdy == p_tcb->FlagsPend) // 如果任务等待的标志位都清零了
80              {
81                      OS_FlagTaskRdy(p_tcb,       // 让该任务准备运行
82                                     flags_rdy,
83                                     ts);                                   (24)
84              }
85              break;                                 // 跳出
86
87     case OS_OPT_PEND_FLAG_CLR_ANY:                                         (25)
88     // 如果要求任务等待的标志位有一位清零即可
89              flags_rdy = (OS_FLAGS)(~p_grp->Flags & p_tcb->FlagsPend);
90              if (flags_rdy != (OS_FLAGS)0)      // 如果任务等待的标志位有清零的
91              {
92                      OS_FlagTaskRdy(p_tcb,       // 让该任务准备运行
93                                     flags_rdy,
94                                     ts);                                   (26)
95              }
96              break;                                 // 跳出
97 #endif
98     default:                                    // 如果标志选项超出预期          (27)
99              OS_CRITICAL_EXIT();                // 退出临界段
100             *p_err = OS_ERR_FLAG_PEND_OPT;      // 错误类型为"标志选项非法"
101             return ((OS_FLAGS)0);              // 返回 0，停止运行
102         }
103         p_pend_data = p_pend_data_next;        // 准备处理下一个等待任务         (28)
104         if (p_pend_data != (OS_PEND_DATA *)0) // 如果该任务存在
105         {
106             p_tcb = p_pend_data->TCBPtr;       // 获取该任务的任务控制块          (29)
107         }
108         else// 如果该任务不存在
109         {
110             p_tcb = (OS_TCB *)0;               // 清空 p_tcb, 退出 while 循环   (30)
111         }
112     }
113     OS_CRITICAL_EXIT_NO_SCHED();               // 退出临界段（无调度）
114
115     if ((opt & OS_OPT_POST_NO_SCHED) == (OS_OPT)0)// 如果 opt 未选择"发布时不
116                                                 // 调度任务"
117     {
118         OSSched();                              // 任务调度                    (31)
119     }
120
121     CPU_CRITICAL_ENTER();                       // 关中断
122     flags_cur = p_grp->Flags;                  // 获取事件的标志值
123     CPU_CRITICAL_EXIT();                        // 开中断
124     *p_err    = OS_ERR_NONE;                    // 错误类型为"无错误"
125     return (flags_cur);                        // 返回事件的当前标志值          (32)
126
127 }
```

代码清单 21-7（1）：事件指针。

代码清单 21-7（2）：选定要操作的标志位。

代码清单 21-7（3）：设置事件标志位的选项。

代码清单 21-7（4）：时间戳。

代码清单 21-7（5）：返回错误类型。

代码清单 21-7（6）：根据选项分类处理。

代码清单 21-7（7）：如果要求将选定位置 1，则置 1 即可，然后跳出 switch 语句。

代码清单 21-7（8）：如果要求将选定位清零，则将选定位清零即可，然后跳出 switch 语句。

代码清单 21-7（9）：如果选项超出预期，则返回错误类型为"选项非法"的错误代码，退出。

代码清单 21-7（10）：将时间戳存入事件的 TS 成员变量中。

代码清单 21-7（11）：获取事件的等待列表。

代码清单 21-7（12）：如果当前没有任务在等待事件，置位后直接退出即可，并且返回事件的标志值。

代码清单 21-7（13）：如果有任务在等待事件，则进入临界段，重开中断。

代码清单 21-7（14）：获取等待列表中的第一个任务，然后获取对应的任务控制块，保存在 p_tcb 变量中。

代码清单 21-7（15）：当事件等待列表中有任务时，从头至尾遍历等待列表的所有任务。

代码清单 21-7（16）：获取任务感兴趣的事件标志选项，根据任务的标志选项分类处理。

代码清单 21-7（17）：如果要求任务等待的标志位都置 1，就获取任务已经等待到的事件标志，保存在 flags_rdy 变量中。

代码清单 21-7（18）：如果任务等待的标志位都置 1 了，就调用 OS_FlagTaskRdy() 函数让该任务恢复为就绪态，准备运行，然后跳出 switch 语句。

代码清单 21-7（19）（20）：如果要求任务等待的标志位有任意一个位置 1 即可，那么获取任务已经等待到的事件标志，保存在 flags_rdy 变量中。

代码清单 21-7（21）：如果任务等待的标志位有置 1 的，也就是满足了任务唤醒的条件，就调用 OS_FlagTaskRdy() 函数让该任务恢复为就绪态，准备运行，然后跳出 switch 语句。

代码清单 21-7（22）：如果启用了标志位清零触发模式，在编译时就会包含事件标志位清零触发的代码。

代码清单 21-7（23）：如果要求任务等待的标志位都得清零，那就看看等待任务对应的标志位是否清零了。

代码清单 21-7（24）：如果任务等待的标志位都清零了，就调用 OS_FlagTaskRdy() 函数让该任务恢复为就绪态，准备运行，然后跳出 switch 语句。

代码清单 21-7（25）（26）：如果要求任务等待的标志位有 1 位清零即可，那么如果任务等待的标志位有清零的，就让任务恢复为就绪态。

代码清单 21-7（27）：如果标志选项超出预期，则返回错误类型为"标志选项非法"的错误代码，并且退出。

代码清单 21-7（28）：准备处理下一个等待任务。

代码清单 21-7（29）：如果该任务存在，则获取该任务的任务控制块。

代码清单 21-7（30）：如果该任务不存在，则清空 p_tcb，退出 while 循环。

代码清单 21-7（31）：进行一次任务调度。

代码清单 21-7（32）：事件标志位设置完成，返回事件的当前标志值。

OSFlagPost() 函数的运用很简单，举个例子，比如我们要记录一个事件的发生，这个事件在事件组的位置是 bit0，当它还未发生时，那么事件组 bit0 的值也是 0，当它发生时，我们向事件标志组的 bit0 位中写入这个事件，也就是 0x01，这就表示事件已经发生了。当然，µC/OS 也支持事件清零触发。为了便于理解，一般操作都是用宏来定义事件位：#define EVENT（0x01 << x），其中" << x"表示写入事件集合的 bit x。在使用该函数之前必须先创建事件，具体参见代码清单 21-8。

代码清单 21-8 OSFlagPost() 函数实例

```
 1  #define KEY1_EVENT   (0x01 << 0)          // 设置事件掩码的位 0
 2  #define KEY2_EVENT   (0x01 << 1)          // 设置事件掩码的位 1
 3
 4  OS_FLAG_GRP flag_grp;                      // 声明事件标志组
 5
 6  static  void  AppTaskPost ( void *p_arg )
 7  {
 8      OS_ERR      err;
 9
10
11      (void)p_arg;
12
13
14      while (DEF_TRUE) {                     // 任务体
15      // 如果 KEY1 被按下
16          if ( Key_ReadStatus ( macKEY1_GPIO_PORT, macKEY1_GPIO_PIN, 1 ) == 1 )
17          {
18              macLED1_ON ();                 // 点亮 LED1
19
20              OSFlagPost ((OS_FLAG_GRP  *)&flag_grp,
21                      // 将标志组的 BIT0 置 1
22                      (OS_FLAGS     )KEY1_EVENT,
23                      (OS_OPT       )OS_OPT_POST_FLAG_SET,
24                      (OS_ERR       *)&err);
25
26          }
27          else// 如果 KEY1 被释放
28          {
29              macLED1_OFF ();                // 熄灭 LED1
30
31              OSFlagPost ((OS_FLAG_GRP  *)&flag_grp,
```

```
32                              // 将标志组的 BIT0 清零
33                              (OS_FLAGS    )KEY1_EVENT,
34                              (OS_OPT      )OS_OPT_POST_FLAG_CLR,
35                              (OS_ERR      *)&err);
36
37          }
38      // 如果 KEY2 被按下
39      if ( Key_ReadStatus ( macKEY2_GPIO_PORT, macKEY2_GPIO_PIN, 1 ) == 1 )
40      {
41          macLED2_ON ();                              // 点亮 LED2
42
43          OSFlagPost ((OS_FLAG_GRP  *)&flag_grp,
44                              // 将标志组的 BIT1 置 1
45                              (OS_FLAGS    )KEY2_EVENT,
46                              (OS_OPT      )OS_OPT_POST_FLAG_SET,
47                              (OS_ERR      *)&err);
48
49      }
50      else// 如果 KEY2 被释放
51      {
52          macLED2_OFF ();                             // 熄灭 LED2
53
54          OSFlagPost ((OS_FLAG_GRP  *)&flag_grp,
55                              // 将标志组的 BIT1 清零
56                              (OS_FLAGS    )KEY2_EVENT,
57                              (OS_OPT      )OS_OPT_POST_FLAG_CLR,
58                              (OS_ERR      *)&err);
59
60      }
61      // 每 20ms 扫描一次
62      OSTimeDlyHMSM ( 0, 0, 0, 20, OS_OPT_TIME_DLY, & err );
63
64  }
65
66 }
```

21.5.4 事件等待函数 OSFlagPend()

既然标记了事件的发生，那么如何得知事件究竟有没有发生？μC/OS 提供了一个等待指定事件的函数——**OSFlagPend()**，通过这个函数，任务可以知道事件标志组中的哪些位上发生了什么事件，然后通过逻辑与、逻辑或等操作对感兴趣的事件进行获取，并且这个函数实现了等待超时机制，当且仅当任务等待的事件发生时，任务才能获取到事件信息。在这段时间中，如果事件一直没发生，该任务将保持阻塞状态以等待事件发生。当其他任务或中断服务程序对其等待的事件设置对应的标志位时，该任务将自动由阻塞态转为就绪态。当任务等待的时间超过了指定的阻塞时间，即使事件还未发生，任务也会自动从阻塞态转为就绪态。这体现了操作系统的实时性。如果事件正确获取（等待到），则返回对应的事件标志位，由用户判断再做处理，因为在事件超时的时候也可能返回一个不能确定的事件值，所以最好判断一下任务所等待的事件是否真的发生。OSFlagPend() 函数的源码具体参见代码清单 21-9。

代码清单 21-9　OSFlagPend() 函数源码

```
 1  OS_FLAGS  OSFlagPend (OS_FLAG_GRP    *p_grp,   // 事件指针                           (1)
 2                        OS_FLAGS        flags,    // 选定要操作的标志位                  (2)
 3                        OS_TICK         timeout,  // 等待期限 (单位: 时钟节拍)            (3)
 4                        OS_OPT          opt,      // 选项                               (4)
 5                        CPU_TS          *p_ts,    // 返回等到事件标志时的时间戳            (5)
 6                        OS_ERR          *p_err)   // 返回错误类型                        (6)
 7  {
 8      CPU_BOOLEAN     consume;
 9      OS_FLAGS        flags_rdy;
10      OS_OPT          mode;
11      OS_PEND_DATA    pend_data;
12      CPU_SR_ALLOC(); // 使用临界段 (在关 / 开中断时) 时必须用到该宏, 该宏声明和
13                      // 定义一个局部变量, 用于保存关中断前的 CPU 状态寄存器
14                      // SR (临界段关中断只需保存 SR), 开中断时将该值还原
15
16  #ifdef OS_SAFETY_CRITICAL                              // 如果启用 (默认禁用) 了安全检测
17      if (p_err == (OS_ERR *)0)                          // 如果错误类型实参为空
18      {
19          OS_SAFETY_CRITICAL_EXCEPTION();                // 执行安全检测异常函数
20          return ((OS_FLAGS)0);                          // 返回 0 (有错误), 停止执行
21      }
22  #endif
23
24  #if OS_CFG_CALLED_FROM_ISR_CHK_EN > 0u                 // 如果启用了中断中非法调用检测
25      if (OSIntNestingCtr > (OS_NESTING_CTR)0)           // 如果该函数在中断中被调用
26      {
27          *p_err = OS_ERR_PEND_ISR;                      // 错误类型为 "在中断中中止等待"
28          return ((OS_FLAGS)0);                          // 返回 0 (有错误), 停止执行
29      }
30  #endif
31
32  #if OS_CFG_ARG_CHK_EN > 0u                             // 如果启用了参数检测
33      if (p_grp == (OS_FLAG_GRP *)0)                     // 如果 p_grp 为空
34      {
35          *p_err = OS_ERR_OBJ_PTR_NULL;                  // 错误类型为 "对象为空"
36          return ((OS_FLAGS)0);                          // 返回 0 (有错误), 停止执行
37      }
38      switch (opt)                                       // 根据选项分类处理                (7)
39      {
40      case OS_OPT_PEND_FLAG_CLR_ALL:                     // 如果选项在预期内
41      case OS_OPT_PEND_FLAG_CLR_ANY:
42      case OS_OPT_PEND_FLAG_SET_ALL:
43      case OS_OPT_PEND_FLAG_SET_ANY:
44      case OS_OPT_PEND_FLAG_CLR_ALL | OS_OPT_PEND_FLAG_CONSUME:
45      case OS_OPT_PEND_FLAG_CLR_ANY | OS_OPT_PEND_FLAG_CONSUME:
46      case OS_OPT_PEND_FLAG_SET_ALL | OS_OPT_PEND_FLAG_CONSUME:
47      case OS_OPT_PEND_FLAG_SET_ANY | OS_OPT_PEND_FLAG_CONSUME:
48      case OS_OPT_PEND_FLAG_CLR_ALL | OS_OPT_PEND_NON_BLOCKING:
49      case OS_OPT_PEND_FLAG_CLR_ANY | OS_OPT_PEND_NON_BLOCKING:
```

```
50    case OS_OPT_PEND_FLAG_SET_ALL | OS_OPT_PEND_NON_BLOCKING:
51    case OS_OPT_PEND_FLAG_SET_ANY | OS_OPT_PEND_NON_BLOCKING:
52    case OS_OPT_PEND_FLAG_CLR_ALL | OS_OPT_PEND_FLAG_CONSUME | OS_OPT_PEND_NON_BLOCKING:
53    case OS_OPT_PEND_FLAG_CLR_ANY | OS_OPT_PEND_FLAG_CONSUME | OS_OPT_PEND_NON_BLOCKING:
54    case OS_OPT_PEND_FLAG_SET_ALL | OS_OPT_PEND_FLAG_CONSUME | OS_OPT_PEND_NON_BLOCKING:
55    case OS_OPT_PEND_FLAG_SET_ANY | OS_OPT_PEND_FLAG_CONSUME | OS_OPT_PEND_NON_BLOCKING:
56         break;                                    // 直接跳出
57
58    default:                                        // 如果选项超出预期                (8)
59         *p_err = OS_ERR_OPT_INVALID;               // 错误类型为 "选项非法"
60         return ((OS_OBJ_QTY)0);                    // 返回 0 (有错误), 停止执行
61    }
62 #endif
63
64 #if OS_CFG_OBJ_TYPE_CHK_EN > 0u                    // 如果启用了对象类型检测
65    if (p_grp->Type != OS_OBJ_TYPE_FLAG)            // 如果 p_grp 不是事件类型
66    {
67         *p_err = OS_ERR_OBJ_TYPE;                  // 错误类型为 "对象类型有误"
68         return ((OS_FLAGS)0);                      // 返回 0 (有错误), 停止执行
69    }
70 #endif
71
72    if ((opt & OS_OPT_PEND_FLAG_CONSUME) != (OS_OPT)0)// 选择了标志位匹配后自动取反 (9)
73    {
74         consume = DEF_TRUE;
75    }
76    else                                            // 未选择标志位匹配后自动取反    (10)
77    {
78         consume = DEF_FALSE;
79    }
80
81    if (p_ts != (CPU_TS *)0)                         // 如果 p_ts 非空
82    {
83         *p_ts = (CPU_TS)0;                          // 初始化 (清零) p_ts, 待用于返回时间戳
84    }
85
86    mode = opt & OS_OPT_PEND_FLAG_MASK;              // 从选项中提取对标志位的要求    (11)
87    CPU_CRITICAL_ENTER();                            // 关中断
88    switch (mode)                                    // 根据事件触发模式分类处理      (12)
89    {
90    case OS_OPT_PEND_FLAG_SET_ALL:                   // 如果要求所有标志位均置1       (13)
91         flags_rdy = (OS_FLAGS)(p_grp->Flags & flags); // 提取想要的标志位的值
92         if (flags_rdy == flags)                     // 该值与期望值匹配            (14)
93         {
94              if (consume == DEF_TRUE)               // 如果要求将标志位匹配后取反    (15)
95              {
96                   p_grp->Flags &= ~flags_rdy;       // 清零事件的相关标志位
97              }
98              OSTCBCurPtr->FlagsRdy = flags_rdy;     // 保存让任务脱离等待的标志值    (16)
99              if (p_ts != (CPU_TS *)0)               // 如果 p_ts 非空
100             {
101                  *p_ts  = p_grp->TS;                // 获取任务等到事件时的时间戳
102             }
```

```
103                  CPU_CRITICAL_EXIT();                    // 开中断
104                  *p_err = OS_ERR_NONE;                   // 错误类型为"无错误"
105                  return (flags_rdy);            // 返回让任务脱离等待的标志值        (17)
106              }
107          else                                                                     (18)
108          // 如果想要标志位的值与期望值不匹配
109              {
110                  if ((opt & OS_OPT_PEND_NON_BLOCKING) != (OS_OPT)0) // 如果选择了不阻塞任务
111                  {
112                      CPU_CRITICAL_EXIT();                     // 关中断
113                      *p_err = OS_ERR_PEND_WOULD_BLOCK;     // 错误类型为"渴求阻塞"
114                      return ((OS_FLAGS)0);            // 返回 0 (有错误), 停止执行 (19)
115                  }
116              else                                         // 如果选择了阻塞任务 (20)
117                  {
118                      if (OSSchedLockNestingCtr > (OS_NESTING_CTR)0) // 如果调度器被锁
119                      {
120                          CPU_CRITICAL_EXIT();                 // 关中断
121                          *p_err = OS_ERR_SCHED_LOCKED;     // 错误类型为"调度器被锁"
122                          return ((OS_FLAGS)0);        // 返回 0 (有错误), 停止执行      (21)
123                      }
124                  }
125                  /* 如果调度器未被锁 */
126                  OS_CRITICAL_ENTER_CPU_EXIT();            // 进入临界段, 重开中断
127                  OS_FlagBlock(&pend_data,                 // 阻塞当前运行任务, 等待事件
128                               p_grp,
129                               flags,
130                               opt,
131                               timeout);                                              (22)
132                  OS_CRITICAL_EXIT_NO_SCHED();             // 退出临界段 (无调度)
133              }
134          break;                                           // 跳出
135
136      case OS_OPT_PEND_FLAG_SET_ANY:                       // 如果要求有标志位被置 1      (23)
137          flags_rdy = (OS_FLAGS)(p_grp->Flags & flags);    // 提取想要的标志位的值
138          if (flags_rdy != (OS_FLAGS)0)                    // 如果有位被置 1              (24)
139          {
140              if (consume == DEF_TRUE)                     // 如果要求将标志位匹配后取反
141              {
142                  p_grp->Flags &= ~flags_rdy;              // 清零事件的相关标志位
143              }
144              OSTCBCurPtr->FlagsRdy = flags_rdy;           // 保存让任务脱离等待的标志值
145              if (p_ts != (CPU_TS *)0)                     // 如果 p_ts 非空
146              {
147                  *p_ts  = p_grp->TS;                      // 获取任务等到事件时的时间戳
148              }
149              CPU_CRITICAL_EXIT();                         // 开中断
150              *p_err = OS_ERR_NONE;                        // 错误类型为"无错误"
151              return (flags_rdy);                          // 返回让任务脱离等待的标志值 (25)
152          }
153          else                                             // 如果没有位被置 1
154          {
155              if ((opt & OS_OPT_PEND_NON_BLOCKING) != (OS_OPT)0)// 如果未设置阻塞任务
```

```
156                 {
157                     CPU_CRITICAL_EXIT();                    // 关中断
158                     *p_err = OS_ERR_PEND_WOULD_BLOCK;       // 错误类型为"渴求阻塞"
159                     return ((OS_FLAGS)0);                   // 返回 0 (有错误), 停止执行     (26)
160                 }
161             else                                           // 如果设置了阻塞任务
162             {
163                 if (OSSchedLockNestingCtr > (OS_NESTING_CTR)0)// 如果调度器被锁
164                 {
165                     CPU_CRITICAL_EXIT();                    // 关中断
166                     *p_err = OS_ERR_SCHED_LOCKED;           // 错误类型为"调度器被锁"
167                     return ((OS_FLAGS)0);                   // 返回 0 (有错误), 停止执行    (27)
168                 }
169             }
170             /* 如果调度器未被锁 */
171             OS_CRITICAL_ENTER_CPU_EXIT();                  // 进入临界段, 重开中断
172             OS_FlagBlock(&pend_data,                       // 阻塞当前运行任务, 等待事件
173                          p_grp,
174                          flags,
175                          opt,
176                          timeout);                                                        (28)
177             OS_CRITICAL_EXIT_NO_SCHED();                   // 退出中断 (无调度)
178         }
179         break;                                             // 跳出
180
181 #if OS_CFG_FLAG_MODE_CLR_EN > 0u                                                          (29)
182 // 如果启用了标志位清零触发模式
183     case OS_OPT_PEND_FLAG_CLR_ALL:                         // 如果要求所有标志位均要清零
184         flags_rdy = (OS_FLAGS)(~p_grp->Flags & flags);// 提取想要的标志位的值
185         if (flags_rdy == flags)                            // 如果该值与期望值匹配          (30)
186         {
187             if(consume == DEF_TRUE)                        // 如果要求将标志位匹配后取反
188             {
189                 p_grp->Flags |= flags_rdy;                 // 置 1 事件的相关标志位          (31)
190             }
191             OSTCBCurPtr->FlagsRdy = flags_rdy;             // 保存让任务脱离等待的标志值
192             if (p_ts != (CPU_TS *)0)                       // 如果 p_ts 非空
193             {
194                 *p_ts  = p_grp->TS;                        // 获取任务等到事件时的时间戳
195             }
196             CPU_CRITICAL_EXIT();                           // 开中断
197             *p_err = OS_ERR_NONE;                          // 错误类型为"无错误"
198             return (flags_rdy);                            // 返回 0 (有错误), 停止执行
199         }
200         else
201         // 如果想要标志位的值与期望值不匹配
202         {
203         if ((opt & OS_OPT_PEND_NON_BLOCKING) != (OS_OPT)0) // 如果选择了不阻塞任务
204             {
205                 CPU_CRITICAL_EXIT();                        // 关中断
206                 *p_err = OS_ERR_PEND_WOULD_BLOCK;           // 错误类型为"渴求阻塞"
207                 return ((OS_FLAGS)0);       // 返回 0 (有错误), 停止执行             (32)
208             }
```

```
209              else                              // 如果选择了阻塞任务
210              {
211                  if (OSSchedLockNestingCtr > (OS_NESTING_CTR)0)// 如果调度器被锁
212                  {
213                      CPU_CRITICAL_EXIT();              // 关中断
214                      *p_err = OS_ERR_SCHED_LOCKED;  // 错误类型为"调度器被锁"
215                      return ((OS_FLAGS)0);   // 返回 0（有错误），停止执行      (33)
216                  }
217              }
218              /* 如果调度器未被锁 */
219              OS_CRITICAL_ENTER_CPU_EXIT();        // 进入临界段，重开中断
220              OS_FlagBlock(&pend_data,            // 阻塞当前运行任务，等待事件
221                           p_grp,
222                           flags,
223                           opt,
224                           timeout);                                            (34)
225              OS_CRITICAL_EXIT_NO_SCHED();        // 退出临界段（无调度）
226          }
227          break;                                  // 跳出
228
229      case OS_OPT_PEND_FLAG_CLR_ANY:              // 如果要求有标志位被清零即可 (35)
230          flags_rdy = (OS_FLAGS)(~p_grp->Flags & flags);// 提取想要的标志位的值
231          if (flags_rdy != (OS_FLAGS)0)                    // 如果有位被清零
232          {
233              if (consume == DEF_TRUE)          // 如果要求将标志位匹配后取反
234              {
235                  p_grp->Flags |= flags_rdy;     // 置 1 事件的相关标志位        (36)
236              }
237              OSTCBCurPtr->FlagsRdy = flags_rdy; // 保存让任务脱离等待的标志值
238              if (p_ts != (CPU_TS *)0)           // 如果 p_ts 非空
239              {
240                  *p_ts  = p_grp->TS;            // 获取任务等到事件时的时间戳
241              }
242              CPU_CRITICAL_EXIT();               // 开中断
243              *p_err = OS_ERR_NONE;              // 错误类型为"无错误"
244              return (flags_rdy);                // 返回 0（有错误），停止执行    (37)
245          }
246          else// 如果没有位被清零
247          {
248              if ((opt & OS_OPT_PEND_NON_BLOCKING) != (OS_OPT)0)// 如果未设置阻塞任务
249              {
250                  CPU_CRITICAL_EXIT();                  // 开中断
251                  *p_err = OS_ERR_PEND_WOULD_BLOCK;       // 错误类型为"渴求阻塞"
252                  return ((OS_FLAGS)0);               // 返回 0（有错误），停止执行   (38)
253              }
254              else                              // 如果设置了阻塞任务
255              {
256                  if (OSSchedLockNestingCtr > (OS_NESTING_CTR)0)// 如果调度器被锁
257                  {
258                      CPU_CRITICAL_EXIT();              // 开中断
259                      *p_err = OS_ERR_SCHED_LOCKED;    // 错误类型为"调度器被锁"
260                      return ((OS_FLAGS)0);   // 返回 0（有错误），停止执行       (39)
261                  }
```

```
262                }
263                    /* 如果调度器没被锁 */
264                    OS_CRITICAL_ENTER_CPU_EXIT();        // 进入临界段，重开中断
265                    OS_FlagBlock(&pend_data,            // 阻塞当前运行任务，等待事件
266                                 p_grp,
267                                 flags,
268                                 opt,
269                                 timeout);                                    (40)
270                    OS_CRITICAL_EXIT_NO_SCHED();         // 退出中断 (无调度)
271                }
272            break;                                  // 跳出
273 #endif
274
275      default:                                    // 如果要求超出预期             (41)
276          CPU_CRITICAL_EXIT();
277          *p_err = OS_ERR_OPT_INVALID;            // 错误类型为 "选项非法"
278          return ((OS_FLAGS)0);                   // 返回 0 (有错误), 停止执行
279      }
280
281      OSSched();                                  // 任务调度                   (42)
282      /* 任务等到了事件后得以继续运行 */
283      CPU_CRITICAL_ENTER();                       // 关中断
284      switch (OSTCBCurPtr->PendStatus)                                       (43)
285      // 根据运行任务的等待状态分类处理
286      {
287      case OS_STATUS_PEND_OK:                     // 如果等到了事件             (44)
288          if (p_ts != (CPU_TS *)0)                // 如果 p_ts 非空
289          {
290              *p_ts = OSTCBCurPtr->TS;            // 返回等到事件时的时间戳
291          }
292          *p_err = OS_ERR_NONE;                   // 错误类型为 "无错误"
293          break;                                  // 跳出
294
295      case OS_STATUS_PEND_ABORT:                  // 如果等待被中止             (45)
296          if (p_ts != (CPU_TS *)0)                // 如果 p_ts 非空
297          {
298              *p_ts = OSTCBCurPtr->TS;            // 返回等待被中止时的时间戳
299          }
300          CPU_CRITICAL_EXIT();                    // 开中断
301          *p_err = OS_ERR_PEND_ABORT;             // 错误类型为 "等待被中止"
302          break;                                  // 跳出
303
304      case OS_STATUS_PEND_TIMEOUT:                // 如果等待超时               (46)
305          if (p_ts != (CPU_TS *)0)                // 如果 p_ts 非空
306          {
307              *p_ts = (CPU_TS )0;                 // 清零 p_ts
308          }
309          CPU_CRITICAL_EXIT();                    // 开中断
310          *p_err = OS_ERR_TIMEOUT;                // 错误类型为 "超时"
311          break;                                  // 跳出
312
313      case OS_STATUS_PEND_DEL:                    // 如果等待对象被删除         (47)
314          if (p_ts != (CPU_TS *)0)                // 如果 p_ts 非空
```

```
315            {
316                *p_ts  = OSTCBCurPtr->TS;        // 返回对象被删除时的时间戳
317            }
318            CPU_CRITICAL_EXIT();                 // 开中断
319            *p_err = OS_ERR_OBJ_DEL;             // 错误类型为"对象被删"
320            break;                               // 跳出
321
322        default:                                 // 如果等待状态超出预期        (48)
323            CPU_CRITICAL_EXIT();                 // 开中断
324            *p_err = OS_ERR_STATUS_INVALID;      // 错误类型为"状态非法"
325            break;                               // 跳出
326        }
327        if (*p_err != OS_ERR_NONE)               // 如果有错误存在            (49)
328        {
329            return ((OS_FLAGS)0);                // 返回 0(有错误),停止执行
330        }
331        /*  如果没有错误存在  */
332        flags_rdy = OSTCBCurPtr->FlagsRdy;       // 读取让任务脱离等待的标志值  (50)
333        if (consume == DEF_TRUE)
334            // 如果需要取反触发事件的标志位
335        {
336        switch (mode)                            // 根据事件触发模式分类处理    (51)
337            {
338            case OS_OPT_PEND_FLAG_SET_ALL:       // 如果是通过置 1 来标志事件的发生
339            case OS_OPT_PEND_FLAG_SET_ANY:
340                p_grp->Flags &= ~flags_rdy;      // 清零事件中触发事件的标志位  (52)
341                break;                           // 跳出
342
343 #if OS_CFG_FLAG_MODE_CLR_EN > 0u// 如果启用了标志位清零触发模式
344            case OS_OPT_PEND_FLAG_CLR_ALL:       // 如果是通过清零来标志事件的发生
345            case OS_OPT_PEND_FLAG_CLR_ANY:
346                p_grp->Flags |=  flags_rdy;      // 置 1 事件中触发事件的标志位  (53)
347                break;                           // 跳出
348 #endif
349        default:                                 // 如果触发模式超出预期
350                CPU_CRITICAL_EXIT();             // 开中断
351                *p_err = OS_ERR_OPT_INVALID;     // 错误类型为"选项非法"
352                return ((OS_FLAGS)0);            // 返回 0(有错误),停止执行    (54)
353            }
354        }
355        CPU_CRITICAL_EXIT();                     // 开中断
356        *p_err = OS_ERR_NONE;                    // 错误类型为"无错误"
357        return (flags_rdy);                      // 返回让任务脱离等待的标志值  (55)
358 }
```

代码清单 21-9 (1):事件指针。

代码清单 21-9 (2):选定要等待的标志位。

代码清单 21-9 (3):等待不到事件时指定阻塞时间(单位:时钟节拍)。

代码清单 21-9 (4):等待的选项。

代码清单 21-9 (5):保存返回等到事件标志时的时间戳。

代码清单 21-9（6）：保存返回错误类型。

代码清单 21-9（7）：此处是判断等待的选项是否在预期内，如果在预期内，则继续操作，跳出 switch 语句。

代码清单 21-9（8）：如果选项超出预期，则返回错误类型为"选项非法"的错误代码，并且退出，不继续执行等待事件操作。

代码清单 21-9（9）：如果用户选择了标志位匹配后自动取反，变量 consume 则为 DEF_TRUE。

代码清单 21-9（10）：如果未选择标志位匹配后自动取反，变量 consume 则为 DEF_FALSE。

代码清单 21-9（11）：从选项中提取对标志位的要求，利用"＆"运算操作符获取选项并且保存在 mode 变量中。

代码清单 21-9（12）：根据事件触发模式分类处理。

代码清单 21-9（13）：如果任务要求所有标志位均要置 1，那么提取想要的标志位的值保存在 flags_rdy 变量中。

代码清单 21-9（14）：判断该值与任务的期望值是否匹配。

代码清单 21-9（15）：如果要求将标志位匹配后取反，则将事件的相关标志位清零。

代码清单 21-9（16）：保存让任务脱离等待的标志值，此时已经等待到任务要求的事件了，就可以退出了。

代码清单 21-9（17）：返回错误类型为"无错误"的错误代码与让任务脱离等待的标志值。

代码清单 21-9（18）（19）：如果想要标志位的值与期望值不匹配，并且如果用户选择了不阻塞任务，那么返回错误类型为"渴求阻塞"的错误代码，退出。

代码清单 21-9（20）（21）：如果用户选择了阻塞任务，则判断调度器是否被锁。如果被锁了，则返回错误类型为"调度器被锁"的错误代码，并且退出。

代码清单 21-9（22）：如果调度器没有被锁，则调用 OS_FlagBlock() 函数阻塞当前任务，在阻塞中继续等待任务需要的事件。

代码清单 21-9（23）：如果要求有标志位被置 1 即可，则提取想要的标志位的值保存在 flags_rdy 变量中。

代码清单 21-9（24）：如果有任何一位被置 1，则表示等待到了事件。如果要求将标志位匹配后取反，则将事件的相关标志位清零。

代码清单 21-9（25）：等待成功，则返回让任务脱离等待的标志值。

代码清单 21-9（26）：如果没有位被置 1，并且用户没有设置阻塞时间，则返回错误类型为"渴求阻塞"的错误代码，然后退出。

代码清单 21-9（27）：如果设置了阻塞任务，但是调度器被锁了，则返回错误类型为"调度器被锁"的错误代码，并且退出。

代码清单 21-9（28）：如果调度器没被锁，则调用 OS_FlagBlock() 函数阻塞当前任务，在阻塞中继续等待任务需要的事件。

代码清单 21-9（29）：如果启用了标志位清零触发模式（宏定义 OS_CFG_FLAG_MODE_CLR_EN 被配置为 1），则在编译时会包含事件清零触发相关代码。

代码清单 21-9（30）：如果要求所有标志位均要清零，首先提取想要的标志位的值保存在 flags_rdy 变量中。如果该值与任务的期望值匹配，则表示等待的事件。

代码清单 21-9（31）：如果要求将标志位匹配后取反，则置 1 事件的相关标志位，因为现在是清零触发的，事件标志位取反就是将对应标志位置 1。

代码清单 21-9（32）：如果想要的标志位的值与期望值不匹配，并且用户选择了不阻塞任务，那么返回错误类型为"渴求阻塞"的错误代码，退出。

代码清单 21-9（33）：如果调度器被锁，则返回错误类型为"调度器被锁"的错误代码，并且退出。

代码清单 21-9（34）：如果调度器没有被锁，则调用 OS_FlagBlock() 函数阻塞当前任务，在阻塞中继续等待任务需要的事件。

代码清单 21-9（35）：如果要求有标志位被清零即可，则提取想要的标志位的值。如果有位被清零则表示等待到事件。

代码清单 21-9（36）：如果要求将标志位匹配后取反，则将事件的相关标志位置 1。

代码清单 21-9（37）：等待到事件就返回对应的事件标志位。

代码清单 21-9（38）：如果没有位被清零，并且如果用户未设置阻塞任务，则返回错误类型为"渴求阻塞"的错误代码，然后退出。

代码清单 21-9（39）：如果设置了阻塞任务，但是调度器被锁了，则返回错误类型为"调度器被锁"的错误代码，并且退出。

代码清单 21-9（40）：如果调度器没有被锁，则调用 OS_FlagBlock() 函数阻塞当前任务，在阻塞中继续等待任务需要的事件。

代码清单 21-9（41）：如果要求超出预期，则返回错误类型为"选项非法"的错误代码，退出。

代码清单 21-9（42）：执行到这里，说明任务没有等待到事件，并且用户还选择了阻塞任务，那么进行一次任务调度。

代码清单 21-9（43）：程序能执行到这里，说明大致有两种情况，任务已获取到对应的事件，或者任务还没有获取到事件（任务没获取到事件的情况有很多种），无论是哪种情况，都先把中断关掉，再根据当前运行任务的等待状态分类处理。

代码清单 21-9（44）：如果等到了事件，则返回等到事件时的时间戳，然后退出。

代码清单 21-9（45）：如果任务在等待事件中被中止，则返回等待被中止时的时间戳，记录错误类型为"等待被中止"的错误代码，然后退出。

代码清单 21-9（46）：如果等待超时，则返回错误类型为"等待超时"的错误代码，退出。

代码清单 21-9（47）：如果等待对象被删除，则返回对象被删除时的时间戳，记录错误类型为"对象被删"的错误代码，退出。

代码清单 21-9（48）：如果等待状态超出预期，则记录错误类型为"状态非法"的错误代码，退出。

代码清单 21-9（49）：如果有错误存在，则返回 0，表示没有等待到事件。

代码清单 21-9（50）（51）：如果没有错误存在，若需要取反触发事件的标志位，则根据事件触发模式分类处理。

代码清单 21-9（52）：如果是通过置 1 来标志事件的发生，则将事件里触发事件的标志位清零。

代码清单 21-9（53）：如果是通过清零来标志事件的发生，则将事件中触发事件的标志位置 1。

代码清单 21-9（54）：如果触发模式超出预期，则返回错误类型为"选项非法"的错误代码。

代码清单 21-9（55）：返回让任务脱离等待的标志值。

至此，任务等待事件函数讲解完毕。其实 μC/OS 中这种利用状态机的方法等待事件，根据不一样的情况进行处理是很好的，可以省去很多逻辑代码。

下面简单分析处理过程：当用户调用这个函数时，系统首先根据用户指定的参数和接收选项来判断它要等待的事件是否发生。如果已经发生，则根据等待选项来决定是否清除事件的相应标志位，并且返回事件标志位的值，但是这个值可能不是一个稳定的值，所以在等待到对应事件时，最好判断一下事件是否与任务需要的一致；如果事件没有发生，则把任务添加到事件等待列表中，将当前任务阻塞，直到事件发生或等待时间超时。事件等待函数 OSFlagPend() 的使用实例具体参见代码清单 21-10。

代码清单 21-10　OSFlagPend() 实例

```
 1 #define KEY1_EVENT   (0x01 << 0)        // 设置事件掩码的位 0
 2 #define KEY2_EVENT   (0x01 << 1)        // 设置事件掩码的位 1
 3
 4 OS_FLAG_GRP flag_grp;                    // 声明事件标志组
 5
 6 static  void  AppTaskPend ( void *p_arg )
 7 {
 8     OS_ERR       err;
 9
10
11     (void)p_arg;
12
13     // 任务体
14     while (DEF_TRUE)
15     {
16         // 等待标志组的 BIT0 和 BIT1 均被置 1
17         OSFlagPend ((OS_FLAG_GRP *)&flag_grp,
18                     (OS_FLAGS     )( KEY1_EVENT | KEY2_EVENT ),
19                     (OS_TICK      )0,
20                     (OS_OPT       )OS_OPT_PEND_FLAG_SET_ALL |
21                     OS_OPT_PEND_BLOCKING,
22                     (CPU_TS       *)0,
```

```
23                          (OS_ERR        *)&err);
24
25              LED3_ON ();              // 点亮 LED3
26
27              // 等待标志组的 BIT0 和 BIT1 有一个被清零
28              OSFlagPend ((OS_FLAG_GRP *)&flag_grp,
29                          (OS_FLAGS      )( KEY1_EVENT | KEY2_EVENT ),
30                          (OS_TICK       )0,
31                          (OS_OPT        )OS_OPT_PEND_FLAG_CLR_ANY |
32                          OS_OPT_PEND_BLOCKING,
33                          (CPU_TS        *)0,
34                          (OS_ERR        *)&err);
35
36              LED3_OFF ();             // 熄灭 LED3
37
38          }
39
40 }
```

21.6   事件实验

　　事件标志组实验是在 µC/OS 中创建了两个任务，一个是设置事件任务，另一个是等待事件任务，两个任务独立运行。设置事件任务通过检测按键的按下情况设置不同的事件标志位，等待事件任务则获取这两个事件标志位，并且判断两个事件是否都发生，如果都发生，则输出相应信息，LED 进行翻转。等待事件任务一直在等待事件的发生，等待到事件之后清除对应的事件标志位，具体参见代码清单 21-11。

代码清单 21-11　事件实验

```
1  #include <includes.h>
2
3
4  OS_FLAG_GRP flag_grp;                          // 声明事件标志组
5
6  #define KEY1_EVENT   (0x01 << 0)               // 设置事件掩码的位 0
7  #define KEY2_EVENT   (0x01 << 1)               // 设置事件掩码的位 1
8
9
10
11 static   OS_TCB    AppTaskStartTCB;            // 任务控制块
12
13 static   OS_TCB    AppTaskPostTCB;
14 static   OS_TCB    AppTaskPendTCB;
15
16
17
18 static   CPU_STK   AppTaskStartStk[APP_TASK_START_STK_SIZE];       // 任务栈
19
20 static   CPU_STK   AppTaskPostStk [ APP_TASK_POST_STK_SIZE ];
```

```
21 static   CPU_STK   AppTaskPendStk [ APP_TASK_PEND_STK_SIZE ];
22
23
24
25 static   void   AppTaskStart   (void *p_arg);                    // 任务函数声明
26
27 static   void   AppTaskPost   ( void *p_arg );
28 static   void   AppTaskPend   ( void *p_arg );
29
30
31
32 int   main (void)
33 {
34     OS_ERR   err;
35
36
37     OSInit(&err);                              // 初始化 µC/OS-III
38
39
40     /* 创建初始任务 */
41     OSTaskCreate((OS_TCB      *)&AppTaskStartTCB,
42                  // 任务控制块地址
43                  (CPU_CHAR    *)"App Task Start",
44                  // 任务名称
45                  (OS_TASK_PTR ) AppTaskStart,
46                  // 任务函数
47                  (void        *) 0,
48                  // 传递给任务函数 (形参 p_arg) 的实参
49                  (OS_PRIO     ) APP_TASK_START_PRIO,
50                  // 任务的优先级
51                  (CPU_STK     *)&AppTaskStartStk[0],
52                  // 任务栈的基地址
53                  (CPU_STK_SIZE) APP_TASK_START_STK_SIZE / 10,
54                  // 任务栈空间剩下 1/10 时限制其增长
55                  (CPU_STK_SIZE) APP_TASK_START_STK_SIZE,
56                  // 任务栈空间 (单位: sizeof(CPU_STK))
57                  (OS_MSG_QTY  ) 5u,
58                  // 任务可接收的最大消息数
59                  (OS_TICK     ) 0u,
60                  // 任务的时间片节拍数 (0 表示默认值 OSCfg_TickRate_Hz/10)
61                  (void        *) 0,
62                  // 任务扩展 (0 表示不扩展)
63                  (OS_OPT      )(OS_OPT_TASK_STK_CHK | OS_OPT_TASK_STK_CLR),
64                  // 任务选项
65                  (OS_ERR      *)&err);
66                  // 返回错误类型
67
68     OSStart(&err);
69             // 启动多任务管理 (交由 µC/OS-III 控制)
70
71 }
72
73
```

```
74 static  void AppTaskStart (void *p_arg)
75 {
76     CPU_INT32U  cpu_clk_freq;
77     CPU_INT32U  cnts;
78     OS_ERR      err;
79
80
81     (void)p_arg;
82
83     BSP_Init();                         // 板级初始化
84     CPU_Init();                         // 初始化 CPU 组件 (时间戳、关中断时间测量和主机名)
85
86
87     cpu_clk_freq = BSP_CPU_ClkFreq();   // 获取 CPU 内核时钟频率 (SysTick 工作时钟)
88
89     cnts = cpu_clk_freq / (CPU_INT32U)OSCfg_TickRate_Hz;
90             // 根据用户设定的时钟节拍频率计算 SysTick 定时器的计数值
91
92     OS_CPU_SysTickInit(cnts);           // 调用 SysTick
93                                         // 初始化函数，设置定时器计数值和启动定时器
94
95     Mem_Init();
96             // 初始化内存管理组件 (堆内存池和内存池表)
97
98 #if OS_CFG_STAT_TASK_EN > 0u
99 // 如果启用 (默认启用) 了统计任务
100     OSStatTaskCPUUsageInit(&err);
101
102
103 #endif
104
105
106     CPU_IntDisMeasMaxCurReset();
107                         // 复位 (清零) 当前最大关中断时间
108
109
110     /* 创建事件标志组 flag_grp */
111     OSFlagCreate ((OS_FLAG_GRP   *)&flag_grp,         // 指向事件标志组的指针
112                   (CPU_CHAR      *)"FLAG For Test",   // 事件标志组的名称
113                   (OS_FLAGS      )0,                  // 事件标志组的初始值
114                   (OS_ERR        *)&err);             // 返回错误类型
115
116
117     /* 创建 AppTaskPost 任务 */
118     OSTaskCreate((OS_TCB       *)&AppTaskPostTCB,
119                 // 任务控制块地址
120                 (CPU_CHAR     *)"App Task Post",
121                 // 任务名称
122                 (OS_TASK_PTR ) AppTaskPost,
123                 // 任务函数
124                 (void        *) 0,
125                 // 传递给任务函数 (形参 p_arg) 的实参
126                 (OS_PRIO     ) APP_TASK_POST_PRIO,
```

```
127                       // 任务的优先级
128                       (CPU_STK    *)&AppTaskPostStk[0],
129                       // 任务栈的基地址
130                       (CPU_STK_SIZE) APP_TASK_POST_STK_SIZE / 10,
131                       // 任务栈空间剩下 1/10 时限制其增长
132                       (CPU_STK_SIZE) APP_TASK_POST_STK_SIZE,
133                       // 任务栈空间（单位：sizeof(CPU_STK)）
134                       (OS_MSG_QTY ) 5u,
135                       // 任务可接收的最大消息数
136                       (OS_TICK    ) 0u,
137                       // 任务的时间片节拍数（ 0 表示默认值 OSCfg_TickRate_Hz/10）
138                       (void       *) 0,
139                       // 任务扩展（ 0 表示不扩展）
140                       (OS_OPT     )(OS_OPT_TASK_STK_CHK | OS_OPT_TASK_STK_CLR),
141                       // 任务选项
142                       (OS_ERR     *)&err);
143                       // 返回错误类型
144
145      /* 创建 AppTaskPend 任务 */
146      OSTaskCreate((OS_TCB      *)&AppTaskPendTCB,
147                       // 任务控制块地址
148                       (CPU_CHAR   *)"App Task Pend",
149                       // 任务名称
150                       (OS_TASK_PTR ) AppTaskPend,
151                       // 任务函数
152                       (void       *) 0,
153                       // 传递给任务函数（形参 p_arg）的实参
154                       (OS_PRIO    ) APP_TASK_PEND_PRIO,
155                       // 任务的优先级
156                       (CPU_STK    *)&AppTaskPendStk[0],
157                       // 任务栈的基地址
158                       (CPU_STK_SIZE) APP_TASK_PEND_STK_SIZE / 10,
159                       // 任务栈空间剩下 1/10 时限制其增长
160                       (CPU_STK_SIZE) APP_TASK_PEND_STK_SIZE,
161                       // 任务栈空间（单位：sizeof(CPU_STK)）
162                       (OS_MSG_QTY ) 5u,
163                       // 任务可接收的最大消息数
164                       (OS_TICK    ) 0u,
165                       // 任务的时间片节拍数（ 0 表示默认值 OSCfg_TickRate_Hz/10）
166                       (void       *) 0,
167                       // 任务扩展（ 0 表示不扩展）
168                       (OS_OPT     )(OS_OPT_TASK_STK_CHK | OS_OPT_TASK_STK_CLR),
169                       // 任务选项
170                       (OS_ERR     *)&err);
171                       // 返回错误类型
172
173      OSTaskDel ( & AppTaskStartTCB, & err );
174                       // 删除初始任务本身，该任务不再运行
175
176
177 }
178
179
```

```
180
181 static  void  AppTaskPost ( void *p_arg )
182 {
183     OS_ERR        err;
184
185
186     (void)p_arg;
187
188
189     while (DEF_TRUE)                                    // 任务体
190     {
191         if ( Key_ReadStatus ( macKEY1_GPIO_PORT, macKEY1_GPIO_PIN, 1 ) == 1 )
192             // 如果 KEY1 被按下
193         {
194             // 点亮 LED1
195             printf("KEY1 被按下 \n");
196             OSFlagPost ((OS_FLAG_GRP  *)&flag_grp,
197             // 将标志组的 BIT0 置 1
198                         (OS_FLAGS      )KEY1_EVENT,
199                         (OS_OPT        )OS_OPT_POST_FLAG_SET,
200                         (OS_ERR       *)&err);
201
202         }
203
204         if ( Key_ReadStatus ( macKEY2_GPIO_PORT, macKEY2_GPIO_PIN, 1 ) == 1 )
205             // 如果 KEY2 被按下
206         {
207             // 点亮 LED2
208             printf("KEY2 被按下 \n");
209             OSFlagPost ((OS_FLAG_GRP  *)&flag_grp,
210                         // 将标志组的 BIT1 置 1
211                         (OS_FLAGS      )KEY2_EVENT,
212                         (OS_OPT        )OS_OPT_POST_FLAG_SET,
213                         (OS_ERR       *)&err);
214
215         }
216
217         OSTimeDlyHMSM ( 0, 0, 0, 20, OS_OPT_TIME_DLY, & err );
218
219     }
220
221 }
222
223
224
225 static  void  AppTaskPend ( void *p_arg )
226 {
227     OS_ERR        err;
228     OS_FLAGS    flags_rdy;
229
230     (void)p_arg;
231
232
```

```
233     while (DEF_TRUE)                                           // 任务体
234     {
235         // 等待标志组的 BIT0 和 BIT1 均被置 1
236         flags_rdy =   OSFlagPend ((OS_FLAG_GRP *)&flag_grp,
237                                   (OS_FLAGS      )( KEY1_EVENT | KEY2_EVENT ),
238                                   (OS_TICK       )0,
239                                   (OS_OPT)OS_OPT_PEND_FLAG_SET_ALL  |
240                                           OS_OPT_PEND_BLOCKING      |
241                                           OS_OPT_PEND_FLAG_CONSUME,
242                                   (CPU_TS        *)0,
243                                   (OS_ERR        *)&err);
244         if ((flags_rdy & (KEY1_EVENT|KEY2_EVENT)) == (KEY1_EVENT|KEY2_EVENT))
245         {
246             /* 如果接收完成并且正确 */
247             printf ( "KEY1 与 KEY2 都按下 \n");
248             macLED1_TOGGLE();         //LED1 翻转
249         }
250
251
252     }
253
254 }
```

21.7　实验现象

将程序编译好，用 USB 线连接计算机和开发板的 USB 接口（对应丝印为 USB 转串口），用 DAP 仿真器把配套程序下载到野火 STM32 开发板（具体型号根据购买的板子而定，每个型号的板子都配套有对应的程序），在计算机上打开串口调试助手，然后复位开发板就可以在调试助手中看到串口的打印信息，按下开发板的 KEY1 按键发送事件 1，按下 KEY2 按键发送事件 2；我们按下 KEY1 与 KEY2 试一试，在串口调试助手中可以看到运行结果，并且当事件 1 与事件 2 都发生时，开发板的 LED 会进行翻转，具体如图 21-5 所示。

图 21-5　事件标志组实验现象

第 22 章

软件定时器

22.1 软件定时器的基本概念

定时器是指从指定的时刻开始，经过一段指定时间后触发一个超时事件，用户可以自定义定时器的周期与频率。类似生活中的闹钟，我们可以设置闹钟每天什么时候响，还能设置响的次数，是响一次还是每天都响。

定时器有硬件定时器和软件定时器之分：

硬件定时器是芯片本身提供的定时功能，一般是由外部晶振提供给芯片输入时钟，芯片向软件模块提供一组配置寄存器，接受控制输入，到达设定时间值后，芯片中断控制器产生时钟中断。硬件定时器的精度一般很高，可以达到纳秒级别，并且是中断触发方式。

软件定时器是由操作系统提供的一类系统接口，它构建在硬件定时器的基础之上，使系统能够提供不受硬件定时器资源限制的定时器服务。软件定时器实现的功能与硬件定时器也是类似的。

使用硬件定时器时，每次在定时时间到达之后就会自动触发一个中断，用户在中断中处理信息；而使用软件定时器时，需要用户在创建软件定时器时指定时间到达后要调用的函数（也称超时函数/回调函数，为了统一，下文均用回调函数描述），在回调函数中处理信息。

注意：软件定时器回调函数的上下文是任务，后文提及的定时器均为软件定时器。

软件定时器在创建之后，当经过设定的时钟计数值后会触发用户定义的回调函数。定时精度与系统时钟的周期有关。一般系统利用 SysTick 作为软件定时器的基础时钟，软件定时器的回调函数类似硬件的中断服务函数，所以回调函数也要快进快出，而且回调函数中不能有任何阻塞任务运行的情况（软件定时器回调函数的上下文环境是任务），比如 OSTimeDly() 以及其他能阻塞任务运行的函数，两次触发回调函数的时间间隔 period 叫作定时器的定时周期。

μC/OS 操作系统提供软件定时器功能，软件定时器的使用相当于扩展了定时器的数量，允许创建更多的定时业务。μC/OS 软件定时器功能上支持：

- 裁剪，能通过宏关闭软件定时器功能。
- 软件定时器创建。
- 软件定时器启动。
- 软件定时器停止。
- 软件定时器删除。

μC/OS 提供的软件定时器支持单次模式和周期模式，单次模式和周期模式的定时时间到了之后都会调用软件定时器的回调函数，用户可以在回调函数中加入要执行的工程代码。

- 单次模式：当用户创建并启动了定时器后，定时时间到了，只执行一次回调函数之后就将不再重复执行。当然，用户还是可以调用软件定时器启动函数 OSTmrStart() 来启动一次软件定时器。

- 周期模式：该模式下，定时器会按照设置的定时时间循环执行回调函数，直到用户将定时器删除，具体如图 22-1 所示。

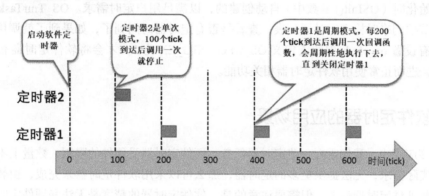

图 22-1　软件定时器的单次模式与周期模式

当然，μC/OS 中软件定时器的周期模式也分为两种，一种是有初始化延迟的周期模式，另一种是无初始化延迟的周期模式，由 OSTmrCreate() 中的 dly 参数设置，这两种周期模式基本是一致的，但是有一个细微的差别。

- 有初始化延迟的周期模式：在软件定时器创建时，其第一个定时周期是由定时器中的 dly 参数决定的，然后在运行完第一个周期后，其以后的定时周期均由 period 参数决定。

- 无初始化延迟的周期模式：该定时器从始至终都按照周期运行。

例如，创建两个周期定时器，定时器 1 是无初始化延迟的定时器，周期为 100 个 tick（时钟节拍），定时器 2 是有初始化延迟的定时器，其初始化延迟的 dly 参数为 150 个 tick，周期为 100 个 tick，从 tick 为 0 的时刻就启动了两个软件定时器。定时器 1 从始至终都按照正常的周期运行，但是定时器 2 在第一个周期中的运行周期为 dly，从第二个运行周期开始才按照正常的 100 个 tick 来运行。其示意图如图 22-2 所示。

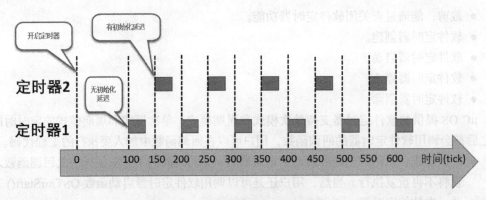

图 22-2 两种周期模式运行示意图

μC/OS 通过一个 OS_TmrTask 任务（也叫作软件定时器任务）来管理软件定时器，它是在系统初始化时（OSInit() 函数中）自动创建的，以满足用户定时需求。OS_TmrTask 任务会在定时器节拍到来时检查定时器列表，查看是否有定时器时间到了，如果到了就调用其回调函数。只有设置 os_cfg.h 中的宏定义 OS_CFG_DBG_EN 为 1，才会将软件定时器相关代码编译进来，进而正常使用软件定时器相关功能。

22.2　软件定时器的应用场景

在很多应用中，我们需要一些定时器任务。硬件定时器受硬件的限制，数量上不足以满足用户的实际需求，无法提供更多的定时器，那么可以采用软件定时器来完成，由软件定时器任务代替硬件定时器任务。但需要注意的是，软件定时器的精度是无法和硬件定时器相比的，因为在软件定时器的定时过程中极有可能被其他中断所打断，这是由于软件定时器的执行上下文环境是任务。所以，软件定时器更适用于对时间精度要求不高的任务，或一些辅助型的任务。

22.3　软件定时器的精度

在操作系统中，通常软件定时器以系统节拍为计时的时基单位。系统节拍是系统的心跳节拍，表示系统时钟的频率，类似人的心脏 1s 能跳动多少下。系统节拍配置为 OS_CFG_TICK_RATE_HZ，该宏在 os_app_cfg.h 中定义，默认是 1000。那么系统的时钟节拍周期就为 1ms（1s 跳动 1000 下，每一下就为 1ms）。

μC/OS 软件定时器的精度（分辨率）取决于系统时基频率，也就是变量 OS_CFG_TICK_RATE_HZ 的值，它是以 Hz 为单位的。如果将软件定时器任务的频率（OS_CFG_TMR_TASK_RATE_HZ）设置为 10Hz，那么系统中所有软件定时器的精度为 1/10s。事实上，这是用于软件定时器的推荐值，因为软件定时器常用于不精确时间尺度的任务。

而且定时器所定时的数值必须是这个定时器任务精度的整数倍，例如，定时器任务的频率为 10Hz，那么上层软件定时器定时数值只能是 100ms、200ms、1000ms 等，而不能为150ms。由于系统节拍与软件定时器频率决定了系统中定时器能够分辨的精确度，用户可以根据实际 CPU 的处理能力和实时性需求设置合适的数值，软件定时器频率的值越大，精度越高，但是系统开销也将越大，因为这代表在 1s 内系统进入定时器任务的次数也就越多。

注意： 定时器任务的频率 OS_CFG_TMR_TASK_RATE_HZ 的值不能大于系统时基频率 OS_CFG_TICK_RATE_HZ 的值。

22.4 软件定时器控制块

本章先了解软件定时器的使用，再讲解软件定时器的运作机制。

μC/OS 的软件定时器也属于内核对象，是一个可以裁剪的功能模块，同样在系统中由一个控制块管理其相关信息。软件定时器的控制块中包含创建的软件定时器基本信息，在使用定时器前需要通过 OSTmrCreate() 函数创建，但是在创建前需要定义一个定时器的句柄（控制块）。软件定时器控制块的成员变量具体参见代码清单 22-1。

代码清单 22-1　软件定时器控制块

```
 1 struct    os_tmr
 2 {
 3     OS_OBJ_TYPE          Type;                    (1)
 4     CPU_CHAR            *NamePtr;                  (2)
 5     OS_TMR_CALLBACK_PTR  CallbackPtr;              (3)
 6     void                *CallbackPtrArg;           (4)
 7     OS_TMR              *NextPtr;                   (5)
 8     OS_TMR              *PrevPtr;                   (6)
 9     OS_TICK              Match;                    (7)
10     OS_TICK              Remain;                   (8)
11     OS_TICK              Dly;                      (9)
12     OS_TICK              Period;                  (10)
13     OS_OPT               Opt;                     (11)
14     OS_STATE             State;                   (12)
15 #if OS_CFG_DBG_EN > 0u
16     OS_TMR              *DbgPrevPtr;
17     OS_TMR              *DbgNextPtr;
18 #endif
19 };
```

代码清单 22-1（1）：结构体开始于一个 Type 域，μC/OS 可以通过这个域辨认它是一个定时器（其他内核对象的结构体首部也有 Type）。如果函数需传递一种内核对象，μC/OS 会检测 Type 域是否为参数所需的类型。

代码清单 22-1（2）：每个内核对象都可以被命名，以便于用户调试，这是一个指向内核对象名的指针。

代码清单 22-1（3）：CallbackPtr 是一个指向函数的指针，被指向的函数称作回调函数，当到达定时器定时时间后，其指向的回调函数将被调用。如果定时器创建时该指针值为 NULL，那么回调函数将不会被调用。

代码清单 22-1（4）：当回调函数需要接受一个参数时（CallbackPtr 不为 NULL），这个参数通过该指针传递给回调函数，简单来说就是指向回调函数中的形参。

代码清单 22-1（5）：NextPtr 指针指向下一个定时器。

代码清单 22-1（6）：PrevPtr 指针指向上一个定时器，与 NextPtr 指针联合工作，将定时器链接成一个双向链表。

代码清单 22-1（7）：当定时器管理器中的变量 OSTmrTickCtr 的值等于定时器中的 Match 值时，表示定时器时间到了，Match 也被称为匹配时间（唤醒时间）。

代码清单 22-1（8）：Remain 中保存了距定时器定时时间到达还有多少个时基。

代码清单 22-1（9）：Dly 这个值包含了定时器的初次定时值（可以看作第一次延迟的值），这个值以定时器时基为最小单位。

代码清单 22-1（10）：Period 是定时器的定时周期（当被设置为周期模式时）。这个值以定时器时基为最小单位。

代码清单 22-1（11）：Opt 是定时器的选项，为可选参数。

代码清单 22-1（12）：State 记录定时器的状态。

软件定时器控制块示意图如图 22-3 所示。

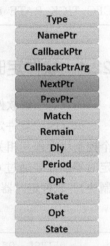

图 22-3　软件定时器控制块

注意： 即使了解 OS_TMR 结构体的内容，也不允许用户直接访问这些内容，必须通过 µC/OS 提供的 API 进行访问。

22.5　软件定时器函数

22.5.1　软件定时器创建函数 OSTmrCreate()

软件定时器也是内核对象，与消息队列、信号量等内核对象一样，都是需要创建之后才能使用的资源，在创建时需要指定定时器延时初始值 Dly、定时器周期、定时器工作模式、回调函数等。每个软件定时器只需要少许的 RAM 空间，理论上 µC/OS 支持无限多个软件定时器，只要 RAM 足够即可。

创建软件定时器函数 OSTmrCreate() 的源码具体参见代码清单 22-2。

代码清单 22-2　OSTmrCreate() 函数源码

```
1  void  OSTmrCreate (OS_TMR          *p_tmr,            // 定时器控制块指针
```

```
 2            CPU_CHAR              *p_name,          // 命名定时器，有助于调试
 3            OS_TICK               dly,              // 初始定时节拍数
 4            OS_TICK               period,           // 周期定时重载节拍数
 5            OS_OPT                opt,              // 选项
 6            OS_TMR_CALLBACK_PTR   p_callback,       // 定时到期时的回调函数
 7            void                  *p_callback_arg,  // 传给回调函数的参数
 8            OS_ERR                *p_err)           // 返回错误类型
 9 {
10    CPU_SR_ALLOC();
11    // 使用临界段（在关 / 开中断时）时必须用到该宏，该宏声明和定义一个局部变量，
12
13    // 用于保存关中断前的 CPU 状态寄存器 SR（临界段关中断只需保存 SR），开中断时将该值还原
14
15
16 #ifdef OS_SAFETY_CRITICAL                          // 如果启用（默认禁用）了安全检测
17    if (p_err == (OS_ERR *)0)                       // 如果错误类型实参为空
18    {
19        OS_SAFETY_CRITICAL_EXCEPTION();            // 执行安全检测异常函数
20        return;                                     // 返回，不执行定时操作
21    }
22 #endif
23
24 #ifdef OS_SAFETY_CRITICAL_IEC61508// 如果启用（默认禁用）了安全关键检测
25    // 如果是在调用 OSSafetyCriticalStart() 后创建该定时器
26    if (OSSafetyCriticalStartFlag == DEF_TRUE)
27    {
28        *p_err = OS_ERR_ILLEGAL_CREATE_RUN_TIME;   // 错误类型为"非法创建内核对象"
29        return;                                     // 返回，不执行定时操作
30    }
31 #endif
32
33 #if OS_CFG_CALLED_FROM_ISR_CHK_EN > 0u
34    // 如果启用（默认启用）了中断中非法调用检测
35    if (OSIntNestingCtr > (OS_NESTING_CTR)0)        // 如果该函数是在中断中被调用
36    {
37        *p_err = OS_ERR_TMR_ISR;                    // 错误类型为"在中断函数中定时"
38        return;                                     // 返回，不执行定时操作
39    }
40 #endif
41
42 #if OS_CFG_ARG_CHK_EN > 0u                         // 如果启用（默认启用）了参数检测
43    if (p_tmr == (OS_TMR *)0)                       // 如果参数 p_tmr 为空
44    {
45        *p_err = OS_ERR_OBJ_PTR_NULL;              // 错误类型为"定时器对象为空"
46        return;                                     // 返回，不执行定时操作
47    }
48
49    switch (opt)                                    // 根据延时选项参数 opt 分类操作
50    {
51    case OS_OPT_TMR_PERIODIC:                       // 如果选择周期性定时
52        if (period == (OS_TICK)0)                   // 如果周期重载实参为 0
53        {
54            *p_err = OS_ERR_TMR_INVALID_PERIOD;    // 错误类型为"周期重载实参无效"
```

```
55             return;                                  // 返回，不执行定时操作
56        }
57        break;
58
59     case OS_OPT_TMR_ONE_SHOT:                        // 如果选择一次性定时
60        if (dly == (OS_TICK)0)                        // 如果定时初始实参为 0
61        {
62            *p_err = OS_ERR_TMR_INVALID_DLY;          // 错误类型为"定时初始实参无效"
63            return;                                   // 返回，不执行定时操作
64        }
65        break;
66
67     default:                                         // 如果选项超出预期
68        *p_err = OS_ERR_OPT_INVALID;                  // 错误类型为"选项非法"
69        return;                                       // 返回，不执行定时操作
70     }
71 #endif
72
73     OS_CRITICAL_ENTER();                             // 进入临界段，初始化定时器指标
74     p_tmr->State         = (OS_STATE                )OS_TMR_STATE_STOPPED;
75     p_tmr->Type          = (OS_OBJ_TYPE             )OS_OBJ_TYPE_TMR;
76     p_tmr->NamePtr       = (CPU_CHAR              *)p_name;
77     p_tmr->Dly           = (OS_TICK                )dly;
78     p_tmr->Match         = (OS_TICK                )0;
79     p_tmr->Remain        = (OS_TICK                )0;
80     p_tmr->Period        = (OS_TICK                )period;
81     p_tmr->Opt           = (OS_OPT                 )opt;
82     p_tmr->CallbackPtr   = (OS_TMR_CALLBACK_PTR)p_callback;
83     p_tmr->CallbackPtrArg = (void                 *)p_callback_arg;
84     p_tmr->NextPtr       = (OS_TMR                *)0;
85     p_tmr->PrevPtr       = (OS_TMR                *)0;
86
87 #if OS_CFG_DBG_EN > 0u                               // 如果启用（默认启用）了调试代码和变量
88     OS_TmrDbgListAdd(p_tmr);                         // 将该定时添加到定时器双向调试链表
89 #endif
90     OSTmrQty++;                                      // 定时器个数加 1
91
92     OS_CRITICAL_EXIT_NO_SCHED();                     // 退出临界段（无调度）
93     *p_err = OS_ERR_NONE;                            // 错误类型为"无错误"
94 }
```

　　定时器创建函数比较简单，主要是根据用户指定的参数将定时器控制块进行相关初始化，并且定时器状态会被设置为 OS_TMR_STATE_STOPPED，具体参见源码注释即可。

　　该函数的使用实例也很简单，具体参见代码清单 22-3。

代码清单 22-3　OSTmrCreate() 函数实例

```
1 OS_ERR      err;
2 OS_TMR      my_tmr;     // 声明软件定时器对象
3
4 /* 创建软件定时器 */
5 OSTmrCreate ((OS_TMR                  *)&my_tmr,              // 软件定时器对象
```

```
6                (CPU_CHAR              *)"MySoftTimer",        // 命名软件定时器
7                (OS_TICK              )10,
8        // 定时器初始值, 按 10Hz 时基计算, 即为 1s
9                (OS_TICK              )10,
10       // 定时器周期重载值, 按 10Hz 时基计算, 即为 1s
11               (OS_OPT              )OS_OPT_TMR_PERIODIC,   // 周期性定时
12               (OS_TMR_CALLBACK_PTR )TmrCallback,          // 回调函数
13               (void                *)"Timer Over!",        // 传递实参给回调函数
14               (OS_ERR              *)err);                // 返回错误类型
```

22.5.2 软件定时器启动函数 OSTmrStart()

在系统初始化时, 会自动创建一个软件定时器任务, 在这个任务中, 如果暂时没有运行中的定时器, 任务则会进入阻塞态等待定时器任务节拍的信号量。我们在创建一个软件定时器之后, 如果没有启动它, 该定时器就不会被添加到软件定时器列表中, 那么在定时器任务中就不会运行该定时器。OSTmrStart() 函数就是用于将已经创建的软件定时器添加到定时器列表中, 这样被创建的定时器就会被系统运行, 其源码具体参见代码清单 22-4。

代码清单 22-4　OSTmrStart() 函数源码

```
1 CPU_BOOLEAN  OSTmrStart (OS_TMR  *p_tmr,      // 定时器控制块指针               (1)
2                          OS_ERR  *p_err)      // 返回错误类型                   (2)
3 {
4     OS_ERR      err;
5     CPU_BOOLEAN success;                       // 暂存函数执行结果
6
7
8
9 #ifdef OS_SAFETY_CRITICAL                      // 如果启用 (默认禁用) 了安全检测
10    if (p_err == (OS_ERR *)0)                  // 如果错误类型实参为空
11    {
12        OS_SAFETY_CRITICAL_EXCEPTION();        // 执行安全检测异常函数
13        return (DEF_FALSE);                    // 返回 DEF_FALSE, 不继续执行
14    }
15 #endif
16
17 #if OS_CFG_CALLED_FROM_ISR_CHK_EN > 0u
18    // 如果启用 (默认启用) 了中断中非法调用检测
19    if (OSIntNestingCtr > (OS_NESTING_CTR)0)   // 如果该函数是在中断中被调用
20    {
21        *p_err = OS_ERR_TMR_ISR;               // 错误类型为 "在中断函数中定时"
22        return (DEF_FALSE);                    // 返回 DEF_FALSE, 不继续执行
23    }
24 #endif
25
26 #if OS_CFG_ARG_CHK_EN > 0u                     // 如果启用 (默认启用) 了参数检测
27    if (p_tmr == (OS_TMR *)0)                   // 如果启用 p_tmr 的实参为空
28    {
29        *p_err = OS_ERR_TMR_INVALID;           // 错误类型为 "无效的定时器"
30        return (DEF_FALSE);                    // 返回 DEF_FALSE, 不继续执行
```

```
31        }
32 #endif
33
34 #if OS_CFG_OBJ_TYPE_CHK_EN > 0u                  // 如果启用（默认启用）了对象类型检测
35     if (p_tmr->Type != OS_OBJ_TYPE_TMR)          // 如果该定时器的对象类型有误
36     {
37         *p_err = OS_ERR_OBJ_TYPE;                 // 错误类型为“对象类型错误”
38         return (DEF_FALSE);                       // 返回 DEF_FALSE，不继续执行
39     }
40 #endif
41
42     OSSchedLock(&err);                            // 锁住调度器
43     switch (p_tmr->State)                         // 根据定时器的状态分类处理        (3)
44     {
45     case OS_TMR_STATE_RUNNING:                    // 如果定时器正在运行，则重启
46         OS_TmrUnlink(p_tmr);                      // 从定时器列表中移除该定时器        (5)
47         OS_TmrLink(p_tmr, OS_OPT_LINK_DLY);       // 将该定时器重新插入定时器列表      (4)
48         OSSchedUnlock(&err);                      // 解锁调度器
49         *p_err = OS_ERR_NONE;                     // 错误类型为“无错误”
50         success = DEF_TRUE;                       // 执行结果暂为 DEF_TRUE
51         break;
52
53     case OS_TMR_STATE_STOPPED:                    // 如果定时器已被停止，则开启
54     case OS_TMR_STATE_COMPLETED:                  // 如果定时器已完成，则开启          (6)
55         OS_TmrLink(p_tmr, OS_OPT_LINK_DLY);       // 将该定时器重新插入定时器列表
56         OSSchedUnlock(&err);                      // 解锁调度器
57         *p_err   = OS_ERR_NONE;                   // 错误类型为“无错误”
58         success = DEF_TRUE;                       // 执行结果暂为 DEF_TRUE
59         break;
60
61     case OS_TMR_STATE_UNUSED:                     // 如果定时器未被创建            (7)
62         OSSchedUnlock(&err);                      // 解锁调度器
63         *p_err   = OS_ERR_TMR_INACTIVE;           // 错误类型为“定时器未激活”
64         success = DEF_FALSE;                      // 执行结果暂为 DEF_FALSE
65         break;
66
67     default:                                      // 如果定时器的状态超出预期        (8)
68         OSSchedUnlock(&err);                      // 解锁调度器
69         *p_err = OS_ERR_TMR_INVALID_STATE;        // 错误类型为“定时器无效”
70         success = DEF_FALSE;                      // 执行结果暂为 DEF_FALSE
71         break;
72     }
73     return (success);                             // 返回执行结果
74 }
```

代码清单 22-4（1）：定时器控制块指针，指向要启动的软件定时器。

代码清单 22-4（2）：保存返回的错误类型。

代码清单 22-4（3）：锁住调度器，因为接下来的操作是需要操作定时器列表的，此时应该锁定调度器，不被其他任务打扰，然后根据定时器的状态分类处理。

注意： 源码中先看插入函数再看删除函数，代码清单 22-4(4) 与代码清单 22-4(5) 的顺序在代码中是颠倒的。

代码清单 22-4（4）：在移除之后需要将软件定时器重新按照周期插入定时器列表中，调用 OS_TmrLink() 函数即可将软件定时器插入定时器列表，其源码具体参见代码清单 22-5。

代码清单 22-5   OS_TmrLink() 源码

```
 1 void   OS_TmrLink (OS_TMR    *p_tmr,     // 定时器控制块指针              (1)
 2                    OS_OPT     opt)       // 选项                         (2)
 3 {
 4     OS_TMR_SPOKE      *p_spoke;
 5     OS_TMR            *p_tmr0;
 6     OS_TMR            *p_tmr1;
 7     OS_TMR_SPOKE_IX    spoke;
 8
 9
10     // 重置定时器为运行状态
11     p_tmr->State = OS_TMR_STATE_RUNNING;
12
13     if (opt == OS_OPT_LINK_PERIODIC)
14     {
15         // 如果定时器是再次插入，则匹配时间加上一个周期重载值
16         p_tmr->Match = p_tmr->Period + OSTmrTickCtr;                    (3)
17     }
18     else
19     {
20         // 如果定时器是首次插入
21         if (p_tmr->Dly == (OS_TICK)0)
22         {
23             // 如果定时器的 Dly = 0，则匹配时间加上一个周期重载值
24             p_tmr->Match = p_tmr->Period + OSTmrTickCtr;               (4)
25         }
26         else
27         {
28             // 如果定时器的 Dly != 0，则匹配时间加上一个 Dly
29             p_tmr->Match = p_tmr->Dly    + OSTmrTickCtr;               (5)
30         }
31     }
32
33     // 通过哈希算法决定将该定时器插入定时器的哪个列表
34     spoke   = (OS_TMR_SPOKE_IX)(p_tmr->Match % OSCfg_TmrWheelSize);     (6)
35     p_spoke = &OSCfg_TmrWheel[spoke];
36
37     if (p_spoke->FirstPtr ==  (OS_TMR *)0)                              (7)
38     {
39         // 如果列表为空，则直接将该定时器作为列表的第一个元素
40         p_tmr->NextPtr     = (OS_TMR *)0;
41         p_tmr->PrevPtr     = (OS_TMR *)0;
42         p_spoke->FirstPtr  = p_tmr;
43         p_spoke->NbrEntries = 1u;
44     }
```

```
45       else
46       {
47           // 如果列表非空,则算出定时器 p_tmr 的剩余时间
48           p_tmr->Remain  = p_tmr->Match
49                          - OSTmrTickCtr;                                    (8)
50           // 取列表的首个元素到 p_tmr1
51           p_tmr1         = p_spoke->FirstPtr;                               (9)
52           while (p_tmr1 != (OS_TMR *)0)
53           {
54               // 如果 p_tmr1 非空,算出 p_tmr1 的剩余时间
55               p_tmr1->Remain = p_tmr1->Match
56                              - OSTmrTickCtr;                                (10)
57               if (p_tmr->Remain > p_tmr1->Remain)
58               {
59                   // 如果 p_tmr 的剩余时间大于 p_tmr1 的
60                   if (p_tmr1->NextPtr  != (OS_TMR *)0)
61                   {
62                       // 如果 p_tmr1 后面非空,取 p_tmr1 后一个定时器为新的 p_tmr1 进行
63                       // 下一次循环
64                       p_tmr1            = p_tmr1->NextPtr;                  (11)
65
66                   }
67                   else
68                   {
69                       // 如果 p_tmr1 后面为空,则将 p_tmr 插入 p_tmr1 的后面,结束循环
70                       p_tmr->NextPtr    = (OS_TMR *)0;
71                       p_tmr->PrevPtr    =  p_tmr1;
72                       p_tmr1->NextPtr   =  p_tmr;
73                       p_tmr1            = (OS_TMR *)0;                      (12)
74                   }
75               }
76               else
77               {
78                   // 如果 p_tmr 的剩余时间不大于 p_tmr1 的
79                   if (p_tmr1->PrevPtr == (OS_TMR *)0)                       (13)
80                   {
81                       // 则将 p_tmr 插入 p_tmr1 的前一个,结束循环
82                       p_tmr->PrevPtr    = (OS_TMR *)0;
83                       p_tmr->NextPtr    = p_tmr1;
84                       p_tmr1->PrevPtr   = p_tmr;
85                       p_spoke->FirstPtr = p_tmr;
86                   }
87                   else
88                   {
89                       p_tmr0            = p_tmr1->PrevPtr;
90                       p_tmr->PrevPtr    = p_tmr0;
91                       p_tmr->NextPtr    = p_tmr1;
92                       p_tmr0->NextPtr   = p_tmr;
93                       p_tmr1->PrevPtr   = p_tmr;                           (14)
94                   }
95                   p_tmr1 = (OS_TMR *)0;
96               }
97           }
```

```
98              // 列表元素成员数加 1
99              p_spoke->NbrEntries++;                                    (15)
100     }
101     if (p_spoke->NbrEntriesMax < p_spoke->NbrEntries)
102     {
103         // 更新列表成员数最大值历史记录
104         p_spoke->NbrEntriesMax = p_spoke->NbrEntries;                 (16)
105     }
106 }
```

代码清单 22-5（1）：定时器控制块指针。

代码清单 22-5（2）：插入定时器列表中的选项。

代码清单 22-5（3）：重置定时器为运行状态，如果定时器是再次插入，那么肯定是周期性定时器，延时时间为 Period，定时器的匹配时间（唤醒时间）Match 等于周期重载值 Period 加上当前的定时器计时时间。

代码清单 22-5（4）：如果定时器是首次插入，并且定时器的延时时间 Dly 等于 0，那么定时器的匹配时间 Match 也等于周期重载值加上当前的定时器计时时间。

代码清单 22-5（5）：如果定时器的 Dly 不等于 0，那么定时器的匹配时间 Match 则等于 Dly 的值加上当前的定时器计时时间。

代码清单 22-5（6）：通过哈希算法决定将该定时器插入定时器的哪个列表，这与第一部分讲解的时基列表很像。既然是哈希算法，开始插入时也要根据余数进行操作，根据软件定时器的到达时间（或者称为匹配时间、唤醒时间）对 OSCfg_TmrWheelSize 的余数取出 OSCfg_TmrWheel[OS_CFG_TMR_WHEEL_SIZE] 中对应的定时器列表记录，然后将定时器插入对应的列表中。

代码清单 22-5（7）：如果定时器列表为空，则直接将该定时器作为列表的第一个元素。

代码清单 22-5（8）：如果列表非空，则计算出定时器 p_tmr 的剩余时间，按照即将唤醒的时间插入定时器列表中。

代码清单 22-5（9）：取列表的首个元素到 p_tmr1，遍历定时器列表。

代码清单 22-5（10）：如果 p_tmr1 非空，则计算出 p_tmr1 的剩余时间，对比 p_tmr 与 p_tmr1 的时间，按照升序插入列表中。

代码清单 22-5（11）：如果 p_tmr 的剩余时间大于 p_tmr1 的，则取 p_tmr1 后一个定时器作为新的 p_tmr1 进行下一次循环，直到 p_tmr 找到合适的位置并插入定时器列表。

代码清单 22-5（12）：如果 p_tmr1 后面为空，则将 p_tmr 插入 p_tmr1 的后面，结束循环。这些插入操作都是双向链表的插入操作，此处不再赘述。

代码清单 22-5（13）：如果 p_tmr 的剩余时间不大于 p_tmr1 的，并且 p_tmr1 的前一个定时器为空，则直接将 p_tmr 插入 p_tmr1 的前一个位置，并且软件定时器列表的第一个定时器就是 p_tmr。

代码清单 22-5（14）：如果前一个定时器不为空，则将 p_tmr 插入 p_tmr1 的前一个位置。

代码清单 22-5（15）：对应定时器列表元素成员数加 1。

代码清单 22-5（16）：更新列表成员数最大值历史记录。

22.5.3　软件定时器列表管理

有些情况下，当系统中有多个软件定时器时，µC/OS 可能要维护上百个定时器。使用定时器列表会大大降低更新定时器列表所占用的 CPU 时间，逐个检测是否到期效率很低，那么有没有办法让系统快速找到到期的软件定时器？µC/OS 对软件定时器列表的管理就像管理时间节拍一样，采用哈希算法。OS_TmrLink 将不同的定时器变量根据其对 OSCfg_TmrWheelSize 余数的不同插入数组 OSCfg_TmrWheel[OS_CFG_TMR_WHEEL_SIZE] 中去，µC/OS 的软件定时器列表示意图如图 22-4 所示。

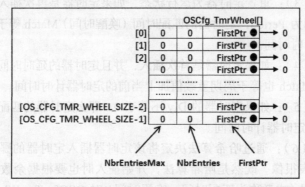

图 22-4　定时器列表

定时器列表中包含了 OS_CFG_TMR_WHEEL_SIZE 条记录，该值是一个宏定义，由用户指定，在 os_cfg_app.h 文件中定义。其所能记录的定时器数量仅受限于处理器的 RAM 空间，推荐的值为定时器数的 1/4。定时器列表的每个记录都由 3 部分组成：NbrEntries 表明该记录中有多少个定时器；NbrEntriesMax 表明该记录中最多存放了多少个定时器；FirstPtr 指向当前记录的定时器链表。

下面举个例子来讲述软件定时器采用哈希算法插入对应的定时器列表中的过程。

如图 22-5 所示，先假定此时的定时器列表是空的，设置的宏定义 OS_CFG_TMR_WHEEL_SIZE 为 9，当前的 OSTmrTickCtr 为 12。调用 OSTmrStart() 函数将定时器插入定时器列表。假定定时器创建时 Dly 的值为 1，并且这个任务是单次定时模式。因为 OSTmrTickCtr 的值为 12，定时器的定时值为 1，那么在插入定时器列表时，定时器的唤醒时间 Match 为 13（Match = Dly+ OSTmrTickCtr），经过哈希算法，得到 spoke = 4，该定时器会被插入 OSCfg_TmrWheel[4] 列表中，因为当前定时器列表是空的，所以 OS_TMR 会被放在队列中的首位置（OSCfg_TmrWheel[4] 中成员变量 FirstPtr 将指向这个 OS_TMR），并且索引 4 的计数值加 1（OSCfg_TmrWheel[4] 的成员变量 NbrEntries 为 1）。定时器的匹配值 Match 被放在 OS_TMR 的 Match 成员变量中。因为新插入的定时器是索引 4 的唯一一个定时器，所以所有定时器的 NextPtr 和 PrevPtr 都指向 NULL（也就是 0）。

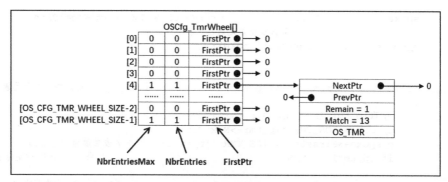

图 22-5 插入一个定时器

如果系统此时再插入一个周期 Period 为 10 的定时器，定时器的唤醒时间 Match 为 22
（Match = Period + OSTmrTickCtr），那么经过哈希算法，得到 spoke = 4，该定时器会被插入
OSCfg_TmrWheel[4] 列表中，但是由于 OSCfg_TmrWheel[4] 列表中已有一个软件定时器，
那么第二个软件定时器会根据 Remain 的值按照升序进行插入操作，插入完成的示意图如
图 22-6 所示。

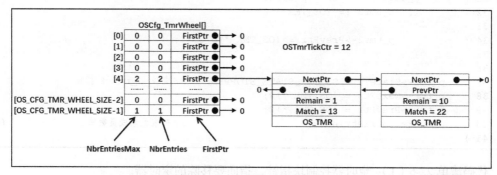

图 22-6 插入第二个定时器

代码清单 22-4（5）：如果定时器正在运行，则重启，首先调用 OS_TmrUnlink() 函数
将运行中的定时器从原本的定时器列表中移除。OS_TmrUnlink() 函数源码具体参见代码清
单 22-6。

代码清单 22-6 OS_TmrUnlink() 函数源码

```
1 void  OS_TmrUnlink (OS_TMR  *p_tmr)          // 定时器控制块指针          (1)
2 {
3      OS_TMR_SPOKE      *p_spoke;
4      OS_TMR            *p_tmr1;
5      OS_TMR            *p_tmr2;
6      OS_TMR_SPOKE_IX    spoke;
7
8
9
```

```
10          spoke    = (OS_TMR_SPOKE_IX)(p_tmr->Match % OSCfg_TmrWheelSize);
11          // 与插入时一样，通过哈希算法找出该定时器所在列表
12          p_spoke = &OSCfg_TmrWheel[spoke];                                          (2)
13
14
15          if (p_spoke->FirstPtr == p_tmr)              // 如果 p_tmr 是列表的首个元素   (3)
16          {
17              // 取 p_tmr 后一个元素为 p_tmr1( 可能为空 )
18              p_tmr1 = (OS_TMR *)p_tmr->NextPtr;
19              p_spoke->FirstPtr = (OS_TMR *)p_tmr1;        / 表首改为 p_tmr1
20              if (p_tmr1 != (OS_TMR *)0)                   // 如果 p_tmr1 确定非空
21              {
22                  p_tmr1->PrevPtr = (OS_TMR *)0;           //p_tmr1 的前面清空
23              }
24          }
25          else                                            // 如果 p_tmr 不是列表的首个元素  (4)
26          {
27          // 将 p_tmr 从列表中移除，并将 p_tmr 前后的两个元素连接在一起
28              p_tmr1 = (OS_TMR *)p_tmr->PrevPtr;
29
30              p_tmr2 = (OS_TMR *)p_tmr->NextPtr;
31              p_tmr1->NextPtr = p_tmr2;
32              if (p_tmr2 != (OS_TMR *)0)
33              {
34                  p_tmr2->PrevPtr = (OS_TMR *)p_tmr1;
35              }
36          }
37          p_tmr->State  = OS_TMR_STATE_STOPPED;    // 复位 p_tmr 的指标
38          p_tmr->NextPtr = (OS_TMR *)0;
39          p_tmr->PrevPtr = (OS_TMR *)0;
40          p_spoke->NbrEntries--;                           // 列表元素成员数减 1          (5)
41  }
```

代码清单 22-6（1）：定时器控制块指针，指向要移除的定时器。

代码清单 22-6（2）：与插入时一样，通过哈希算法找出该定时器所在列表。

代码清单 22-6（3）：如果 p_tmr 是列表的首个元素，取 p_tmr 后一个元素为 p_tmr1（可能为空），软件定时器列表头部的定时器改为 p_tmr1，如果 p_tmr1 确定非空，则将 p_tmr 删除（p_tmr1 的前一个定时器就是 p_tmr）。

代码清单 22-6（4）：如果 p_tmr 不是列表的首个元素，则将 p_tmr 从列表中移除，并将 p_tmr 前后的两个元素连接在一起，这其实是双向链表的操作。

代码清单 22-6（5）：清除定时器 p_tmr 的相关信息，定时器列表元素成员数减 1。

代码清单 22-4（6）：如果定时器已创建完成了，则开启即可。开启也是将定时器按照周期插入定时器列表中。

代码清单 22-4（7）：如果定时器未被创建，是不可能开启定时器的，如果使用则会返回错误类型为 "定时器未激活" 的错误代码，用户需要先创建软件定时器再开启。

代码清单 22-4（8）：如果定时器的状态超出预期，则返回错误类型为 "定时器无效" 的

错误代码。

至此，软件定时器的启动函数讲解完毕，我们在创建一个软件定时器后可以调用 OSTmrStart() 函数启动它。软件定时器启动函数的使用实例具体参见代码清单 22-7。

代码清单 22-7　OSTmrStart() 函数实例

```
1  OS_ERR        err;
2  OS_TMR        my_tmr;                                    // 声明软件定时器对象
3
4  /* 创建软件定时器 */
5  OSTmrCreate ((OS_TMR               *)&my_tmr,            // 软件定时器对象
6               (CPU_CHAR             *)"MySoftTimer",      // 命名软件定时器
7               (OS_TICK              )10,
8               // 定时器初始值，按 10Hz 时基计算，即为 1s
9               (OS_TICK              )10,
10              // 定时器周期重载值，按 10Hz 时基计算，即为 1s
11              (OS_OPT               )OS_OPT_TMR_PERIODIC, // 周期性定时
12              (OS_TMR_CALLBACK_PTR  )TmrCallback,         // 回调函数
13              (void                 *)"Timer Over!",      // 传递实参给回调函数
14              (OS_ERR               *)err);               // 返回错误类型
15
16 /* 启动软件定时器 */
17 OSTmrStart ((OS_TMR    *)&my_tmr,                        // 软件定时器对象
18             (OS_ERR     *)err);                          // 返回错误类型
```

22.5.4　软件定时器停止函数 OSTmrStop()

OSTmrStop() 函数用于停止一个软件定时器。软件定时器被停止之后可以调用 OSTmrStart() 函数重启，但是重启之后定时器是从头计时，而不是接着上次停止的时刻继续计时。OSTmrStop() 函数源码具体参见代码清单 22-8。

代码清单 22-8　OSTmrStop() 函数源码

```
1  CPU_BOOLEAN  OSTmrStop (OS_TMR  *p_tmr,           // 定时器控制块指针        (1)
2                          OS_OPT   opt,             // 选项                   (2)
3                          void    *p_callback_arg,  // 传给回调函数的新参数      (3)
4                          OS_ERR  *p_err)           // 返回错误类型            (4)
5  {
6      OS_TMR_CALLBACK_PTR  p_fnct;
7      OS_ERR               err;
8      CPU_BOOLEAN          success;                 // 暂存函数执行结果
9
10
11
12 #ifdef OS_SAFETY_CRITICAL                          // 如果启用（默认禁用）了安全检测
13     if (p_err == (OS_ERR *)0)                      // 如果错误类型实参为空
14     {
15         OS_SAFETY_CRITICAL_EXCEPTION();            // 执行安全检测异常函数
16         return (DEF_FALSE);                        // 返回 DEF_FALSE，不继续执行
17     }
```

```
18 #endif
19
20 #if OS_CFG_CALLED_FROM_ISR_CHK_EN > 0u
21     // 如果启用（默认启用）了中断中非法调用检测
22     if (OSIntNestingCtr > (OS_NESTING_CTR)0)        // 如果该函数是在中断中被调用
23     {
24         *p_err = OS_ERR_TMR_ISR;                    // 错误类型为"在中断函数中定时"
25         return (DEF_FALSE);                         // 返回 DEF_FALSE, 不继续执行
26     }
27 #endif
28
29 #if OS_CFG_ARG_CHK_EN > 0u                           // 如果启用（默认启用）了参数检测
30     if (p_tmr == (OS_TMR *)0)                        // 如果启用 p_tmr 的实参为空
31     {
32         *p_err = OS_ERR_TMR_INVALID;                // 错误类型为"无效的定时器"
33         return (DEF_FALSE);                         // 返回 DEF_FALSE, 不继续执行
34     }
35 #endif
36
37 #if OS_CFG_OBJ_TYPE_CHK_EN > 0u                      // 如果启用（默认启用）了对象类型检测
38     if (p_tmr->Type != OS_OBJ_TYPE_TMR)             // 如果该定时器的对象类型有误
39     {
40         *p_err = OS_ERR_OBJ_TYPE;                    // 错误类型为"对象类型错误"
41         return (DEF_FALSE);                         // 返回 DEF_FALSE, 不继续执行
42     }
43 #endif
44
45     OSSchedLock(&err);                              // 锁住调度器                    (5)
46     switch (p_tmr->State)
47     {
48     // 根据定时器的状态分类处理
49     case OS_TMR_STATE_RUNNING:                                                     (6)
50         // 如果定时器正在运行
51         OS_TmrUnlink(p_tmr);
52         // 从定时器轮列表中移除该定时器
53         *p_err = OS_ERR_NONE;
54         // 错误类型为"无错误"
55         switch (opt)
56         {
57         // 根据选项分类处理
58         case OS_OPT_TMR_CALLBACK:                                                  (7)
59             // 执行回调函数，使用创建定时器时的实参
60             p_fnct = p_tmr->CallbackPtr;
61             // 取定时器的回调函数
62             if (p_fnct != (OS_TMR_CALLBACK_PTR)0)
63             {
64                 // 如果回调函数存在
65                 (*p_fnct)((void *)p_tmr, p_tmr->CallbackPtrArg);
66                 // 使用创建定时器时的实参执行回调函数
67             }
68             else
69             {
70                 // 如果回调函数不存在
```

```
71              *p_err = OS_ERR_TMR_NO_CALLBACK;                              (8)
72              // 错误类型为"定时器没有回调函数"
73          }
74        break;
75
76        case OS_OPT_TMR_CALLBACK_ARG:                                       (9)
77          // 执行回调函数
78          p_fnct = p_tmr->CallbackPtr;
79          // 取定时器的回调函数
80          if (p_fnct != (OS_TMR_CALLBACK_PTR)0)
81          {
82              // 如果回调函数存在
83              (*p_fnct)((void *)p_tmr, p_callback_arg);
84              // 使用 p_callback_arg 作为实参执行回调函数
85          }
86          else
87          {
88              // 如果回调函数不存在
89              *p_err = OS_ERR_TMR_NO_CALLBACK;
90              // 错误类型为"定时器没有回调函数"
91          }
92        break;
93
94      case OS_OPT_TMR_NONE:                    // 只需要停止定时器
95        break;
96
97      default:                                 // 情况超出预期              (10)
98        OSSchedUnlock(&err);                   // 解锁调度器
99        *p_err = OS_ERR_OPT_INVALID;           // 错误类型为"选项无效"
100       return (DEF_FALSE);                    // 返回 DEF_FALSE, 不继续执行
101       }
102     OSSchedUnlock(&err);
103     success = DEF_TRUE;
104     break;
105
106     case OS_TMR_STATE_COMPLETED:                                          (11)
107       // 如果定时器已完成第一次定时
108     case OS_TMR_STATE_STOPPED:
109       // 如果定时器已被停止
110       OSSchedUnlock(&err);                   // 解锁调度器
111       *p_err   = OS_ERR_TMR_STOPPED;         // 错误类型为"定时器已被停止"
112       success = DEF_TRUE;                     // 执行结果暂为 DEF_TRUE
113       break;
114
115   case OS_TMR_STATE_UNUSED:                                               (12)
116       // 如果该定时器未被创建过
117       OSSchedUnlock(&err);                   // 解锁调度器
118       *p_err   = OS_ERR_TMR_INACTIVE;         // 错误类型为"定时器未激活"
119       success = DEF_FALSE;                    // 执行结果暂为 DEF_FALSE
120       break;
121
122   default:                                    // 如果定时器状态超出预期      (13)
123       OSSchedUnlock(&err);                   // 解锁调度器
```

```
124        *p_err    = OS_ERR_TMR_INVALID_STATE;// 错误类型为 "定时器状态非法"
125        success = DEF_FALSE;                   // 执行结果暂为 DEF_FALSE
126        break;
127    }
128    return (success);                          // 返回执行结果
129 }
```

代码清单 22-8（1）：定时器控制块指针，指向要停止的定时器。

代码清单 22-8（2）：停止的选项。

代码清单 22-8（3）：传给回调函数的新参数。

代码清单 22-8（4）：保存返回的错误类型。

代码清单 22-8（5）：锁定调度器，然后根据定时器的状态分类处理。

代码清单 22-8（6）：如果定时器正在运行，则调用 OS_TmrUnlink() 函数将该定时器从定时器列表中移除。

代码清单 22-8（7）：根据选项分类处理，如果需要执行回调函数，并且使用创建定时器时的实参，就取定时器的回调函数；如果回调函数存在，就根据创建定时器指定的实参执行回调函数。

代码清单 22-8（8）：如果回调函数不存在，则返回错误类型为 "定时器没有回调函数" 的错误代码。

代码清单 22-8（9）：如果需要执行回调函数，但是却是使用 p_callback_arg 作为实参，则先取定时器的回调函数；如果回调函数存在，就将 p_callback_arg 作为实参传递进去，并执行回调函数，否则返回错误类型为 "定时器没有回调函数" 的错误代码。

代码清单 22-8（10）：如果情况超出预期，则返回错误类型为 "选项无效" 的错误代码。

代码清单 22-8（11）：如果定时器已完成第一次定时或者已被停止，则返回错误类型为 "定时器已被停止" 的错误代码。

代码清单 22-8（12）：如果该定时器未被创建过，则返回错误类型为 "定时器未激活" 的错误代码。

代码清单 22-8（13）：如果定时器状态超出预期，则返回错误类型为 "定时器状态非法" 的错误代码。

软件定时器停止函数的使用很简单，在使用该函数前请确认定时器已经开启，停止后的软件定时器可以通过调用定时器启动函数来重新启动。OSTmrStop() 函数的使用实例具体参见代码清单 22-9。

代码清单 22-9　OSTmrStop() 函数实例

```
1 OS_ERR      err;
2 OS_TMR      my_tmr;                              // 声明软件定时器对象
3 OSTmrStop ((OS_TMR    *)&my_tmr,                 // 定时器控制块指针
4           (OS_OPT     )OS_OPT_TMR_NONE,          // 选项
5           (void       *)"Timer Over!",           // 传给回调函数的新参数
6           (OS_ERR     *)err);                    // 返回错误类型
```

22.5.5　软件定时器删除函数 OSTmrDel()

OSTmrDel() 函数用于删除一个已经被创建成功的软件定时器，删除之后将无法使用该定时器，并且定时器相应的信息也会被系清空。要想使用 OSTmrDel() 函数，必须在头文件 os_cfg.h 中把宏 OS_CFG_TMR_DEL_EN 定义为 1，该函数的源码具体参见代码清单 22-10。

代码清单 22-10　OSTmrDel() 函数源码

```
1  #if OS_CFG_TMR_DEL_EN > 0u                        // 如果启用了 OSTmrDel() 函数
2  CPU_BOOLEAN  OSTmrDel (OS_TMR  *p_tmr,            // 定时器控制块指针                   (1)
3                         OS_ERR  *p_err)            // 返回错误类型                       (2)
4  {
5      OS_ERR        err;
6      CPU_BOOLEAN   success;                        // 暂存函数执行结果
7
8
9
10 #ifdef OS_SAFETY_CRITICAL                          // 如果启用（默认禁用）了安全检测
11     if (p_err == (OS_ERR *)0)                      // 如果错误类型实参为空
12     {
13         OS_SAFETY_CRITICAL_EXCEPTION();            // 执行安全检测异常函数
14         return (DEF_FALSE);                        // 返回 DEF_FALSE，不继续执行
15     }
16 #endif
17
18 #if OS_CFG_CALLED_FROM_ISR_CHK_EN > 0u
19     // 如果启用（默认启用）了中断中非法调用检测
20     if (OSIntNestingCtr > (OS_NESTING_CTR)0)       // 如果该函数是在中断中被调用
21     {
22         *p_err = OS_ERR_TMR_ISR;                   // 错误类型为“在中断函数中定时”
23         return (DEF_FALSE);                        // 返回 DEF_FALSE，不继续执行
24     }
25 #endif
26
27 #if OS_CFG_ARG_CHK_EN > 0u                         // 如果启用（默认启用）了参数检测
28     if (p_tmr == (OS_TMR *)0)                       // 如果启用 p_tmr 的实参为空
29     {
30         *p_err = OS_ERR_TMR_INVALID;               // 错误类型为“无效的定时器”
31         return (DEF_FALSE);                        // 返回 DEF_FALSE，不继续执行
32     }
33 #endif
34
35 #if OS_CFG_OBJ_TYPE_CHK_EN > 0u                    // 如果启用（默认启用）了对象类型检测
36     if (p_tmr->Type != OS_OBJ_TYPE_TMR)            // 如果该定时器的对象类型有误
37     {
38         *p_err = OS_ERR_OBJ_TYPE;                  // 错误类型为“对象类型错误”
39         return (DEF_FALSE);                        // 返回 DEF_FALSE，不继续执行
40     }
41 #endif
42
43     OSSchedLock(&err);                             // 锁住调度器
44 #if OS_CFG_DBG_EN > 0u                              // 如果启用（默认启用）了调试代码和变量
```

```
45          OS_TmrDbgListRemove(p_tmr);          // 将该定时从定时器双向调试链表中移除
46 #endif
47          OSTmrQty--;                          // 定时器个数减 1                    (3)
48
49          switch (p_tmr->State)                // 根据定时器的状态分类处理
50          {
51          case OS_TMR_STATE_RUNNING:           // 如果定时器正在运行
52              OS_TmrUnlink(p_tmr);             // 从当前定时器列表中移除定时器        (4)
53              OS_TmrClr(p_tmr);                // 复位定时器的指标                  (5)
54              OSSchedUnlock(&err);             // 解锁调度器
55              *p_err = OS_ERR_NONE;            // 错误类型为 "无错误"
56              success = DEF_TRUE;              // 执行结果暂为 DEF_TRUE
57              break;
58
59          case OS_TMR_STATE_STOPPED:           // 如果定时器已被停止
60          case OS_TMR_STATE_COMPLETED:         // 如果定时器已完成第一次定时
61              OS_TmrClr(p_tmr);                // 复位定时器的指标
62              OSSchedUnlock(&err);             // 解锁调度器
63              *p_err = OS_ERR_NONE;            // 错误类型为 "无错误"
64              success = DEF_TRUE;              // 执行结果暂为 DEF_TRUE
65              break;
66
67          case OS_TMR_STATE_UNUSED:            // 如果定时器已被删除
68              OSSchedUnlock(&err);             // 解锁调度器
69              *p_err  = OS_ERR_TMR_INACTIVE;   // 错误类型为 "定时器未激活"
70              success = DEF_FALSE;             // 执行结果暂为 DEF_FALSE
71              break;
72
73          default:                             // 如果定时器的状态超出预期
74              OSSchedUnlock(&err);             // 解锁调度器
75              *p_err  = OS_ERR_TMR_INVALID_STATE  // 错误类型为 "定时器无效"
76              success = DEF_FALSE;             // 执行结果暂为 DEF_FALSE
77              break;
78          }
79          return (success);                    // 返回执行结果
80 }
81 #endif
```

代码清单 22-10（1）：定时器控制块指针，指向要删除的软件定时器。

代码清单 22-10（2）：用于保存返回的错误类型。

代码清单 22-10（3）：如果程序能执行到这里，说明能正常删除软件定时器，将系统的软件定时器个数减 1。

代码清单 22-10（4）：调用 OS_TmrUnlink() 函数从当前定时器列表中移除定时器。

代码清单 22-10（5）：调用 OS_TmrClr() 函数清除软件定时器控制块的相关信息，表示定时器删除完成。

软件定时器删除函数 OSTmrDel() 的使用很简单，具体参见代码清单 22-11。

代码清单 22-11　OSTmrDel() 函数实例

```
1  OS_ERR        err;
2  OS_TMR        my_tmr;                // 声明软件定时器对象
3
4  OSTmrDel ((OS_TMR    *)&my_tmr, // 软件定时器对象
5            (OS_ERR    *)err);    // 返回错误类型
```

本章讲解了这么多，是不是还是不知道软件定时器是怎么运作的？别担心，下面就来看一看软件定时器如何运作。

22.6　软件定时器任务

我们知道，软件定时器的回调函数的上下文是在任务中，所以系统中必须有一个任务来管理所有的软件定时器，等到定时时间到达后就调用定时器对应的回调函数。那么软件定时器任务是什么呢？它是在系统初始化时创建的一个任务，具体参见代码清单 22-12 中的加粗部分。

代码清单 22-12　创建软件定时器任务

```
1  void  OS_TmrInit (OS_ERR  *p_err)
2  {
3      OS_TMR_SPOKE_IX   i;
4      OS_TMR_SPOKE      *p_spoke;
5
6
7
8  #ifdef OS_SAFETY_CRITICAL
9      if (p_err == (OS_ERR *)0)
10     {
11         OS_SAFETY_CRITICAL_EXCEPTION();
12         return;
13     }
14 #endif
15
16 #if OS_CFG_DBG_EN > 0u
17     OSTmrDbgListPtr = (OS_TMR *)0;
18 #endif
19
20     if (OSCfg_TmrTaskRate_Hz > (OS_RATE_HZ)0)                              (1)
21     {
22         OSTmrUpdateCnt = OSCfg_TickRate_Hz / OSCfg_TmrTaskRate_Hz;
23     }
24     else                                                                  (2)
25     {
26         OSTmrUpdateCnt = OSCfg_TickRate_Hz / (OS_RATE_HZ)10;
27     }
28     OSTmrUpdateCtr   = OSTmrUpdateCnt;
29
```

```
30      OSTmrTickCtr       = (OS_TICK)0;
31
32      OSTmrTaskTimeMax = (CPU_TS)0;
33
34      for (i = 0u; i < OSCfg_TmrWheelSize; i++)                        (3)
35      {
36          p_spoke                    = &OSCfg_TmrWheel[i];
37          p_spoke->NbrEntries        = (OS_OBJ_QTY)0;
38          p_spoke->NbrEntriesMax     = (OS_OBJ_QTY)0;
39          p_spoke->FirstPtr          = (OS_TMR    *)0;
40      }
41
42      /* --------------- CREATE THE TIMER TASK --------------- */
43      if (OSCfg_TmrTaskStkBasePtr == (CPU_STK*)0)
44      {
45          *p_err = OS_ERR_TMR_STK_INVALID;
46          return;
47      }
48
49      if (OSCfg_TmrTaskStkSize < OSCfg_StkSizeMin)
50      {
51          *p_err = OS_ERR_TMR_STK_SIZE_INVALID;
52          return;
53      }
54
55 if (OSCfg_TmrTaskPrio >= (OS_CFG_PRIO_MAX - 1u))
56      {
57          *p_err = OS_ERR_TMR_PRIO_INVALID;
58 return;
59      }
60
61      OSTaskCreate((OS_TCB      *)&OSTmrTaskTCB,
62                   (CPU_CHAR    *)((void *)"μC/OS-III Timer Task"),
63                   (OS_TASK_PTR )OS_TmrTask,
64                   (void        *)0,
65                   (OS_PRIO     )OSCfg_TmrTaskPrio,
66                   (CPU_STK     *)OSCfg_TmrTaskStkBasePtr,
67                   (CPU_STK_SIZE)OSCfg_TmrTaskStkLimit,
68                   (CPU_STK_SIZE)OSCfg_TmrTaskStkSize,
69                   (OS_MSG_QTY  )0,
70                   (OS_TICK     )0,
71                   (void        *)0,
72      (OS_OPT)(OS_OPT_TASK_STK_CHK | OS_OPT_TASK_STK_CLR|OS_OPT_TASK_NO_TLS),
73                   (OS_ERR      *)p_err);                                (4)
74 }
```

代码清单 22-12（1）：正常来说，定时器任务的执行频率 OSCfg_TmrTaskRate_Hz 是大于 0 的，并且能被 OSCfg_TickRate_Hz 整除，才能比较准确地得到定时器任务运行的频率。如果 OSCfg_TmrTaskRate_Hz 大于 0，就配置定时器任务的频率。

代码清单 22-12（2）：如果 OCSfg_TmrTaskRate_Hz 小于 0，就配置为系统时钟频率的 1/10。不过当设定的定时器的频率大于时钟节拍的执行频率时，定时器运行就会出错，但是这里没有进行判断，我们在写代码时注意一下即可。

举个例子，系统的 OSCfg_TickRate_Hz 是 1000，OSCfg_TmrTaskRate_Hz 是 10，那么计算得到 OSTmrUpdateCnt 就是 100，开始时 OSTmrUpdateCtr 是与 OSTmrUpdateCnt 一样大的，都是 100，每当时钟节拍到来时，OSTmrUpdateCtr 就减 1，减到 0 时就运行定时器任务，这样就实现了从时间节拍中分频得到定时器任务频率。如果 OSCfg_TmrTaskRate_Hz 不能被 OSCfg_TickRate_Hz 整除，比如 OSCfg_TickRate_Hz 设置为 1000，OSCfg_TmrTaskRate_Hz 设置为 300，这样设置是想使定时器任务执行频率为 300Hz，但是 OSTmrUpdateCnt 计算出来是 3，这样定时器任务的执行频率大约为 330Hz，定时的单位本来想设置为 3.3ms，可实际运行的单位却是 3ms，这肯定会导致定时器不是很精确，这些处理还是需要根据实际情况进行调整的。

代码清单 22-12（3）：利用 for 循环初始化定时器列表。

代码清单 22-12（4）：创建 OS_TmrTask 任务。

我们来看一看定时器任务是在做什么。OS_TmrTask() 函数源码具体参见代码清单 22-13。

代码清单 22-13　OS_TmrTask() 函数源码

```
1  void  OS_TmrTask (void  *p_arg)
2  {
3      CPU_BOOLEAN           done;
4      OS_ERR                err;
5      OS_TMR_CALLBACK_PTR   p_fnct;
6      OS_TMR_SPOKE          *p_spoke;
7      OS_TMR                *p_tmr;
8      OS_TMR                *p_tmr_next;
9      OS_TMR_SPOKE_IX       spoke;
10     CPU_TS                ts;
11     CPU_TS                ts_start;
12     CPU_TS                ts_end;
13
14     p_arg = p_arg;/* 不使用 'p_arg'，防止编译器报错 */
15
16     while (DEF_ON)
17     {
18         /* 等待信号指示更新定时器的时间 */
19         (void)OSTaskSemPend((OS_TICK )0,
20                     (OS_OPT  )OS_OPT_PEND_BLOCKING,
21                     (CPU_TS *)&ts,
22                     (OS_ERR *)&err);                              (1)
23
24         OSSchedLock(&err);
25         ts_start = OS_TS_GET();
26         /* 增加当前定时器时间 */
27         OSTmrTickCtr++;                                          (2)
28
29         /* 通过哈希算法找到对应时间唤醒的列表 */
30         spoke    = (OS_TMR_SPOKE_IX)(OSTmrTickCtr % OSCfg_TmrWheelSize);
31         p_spoke  = &OSCfg_TmrWheel[spoke];                       (3)
```

```
32
33              /* 获取列表头部的定时器 */
34              p_tmr      = p_spoke->FirstPtr;                              (4)
35
36              done       = DEF_FALSE;
37              while (done == DEF_FALSE)
38              {
39
40                  if (p_tmr != (OS_TMR *)0)                                (5)
41                  {
42                      /*  指向下一个定时器以进行更新，
43                       * 因为可能当前定时器到时了会从列表中移除 */
44                      p_tmr_next = (OS_TMR *)p_tmr->NextPtr;
45
46                      /* 确认是定时时间到达 */
47                      if (OSTmrTickCtr == p_tmr->Match)                    (6)
48                      {
49                          /* 先移除定时器 */
50                          OS_TmrUnlink(p_tmr);
51
52                          /* 如果是周期定时器 */
53                          if (p_tmr->Opt == OS_OPT_TMR_PERIODIC)
54                          {
55                              /* 重新按照唤醒时间插入定时器列表 */
56                              OS_TmrLink(p_tmr,
57                                         OS_OPT_LINK_PERIODIC);            (7)
58                          }
59                          else
60                          {
61                              /* 定时器状态设置为已完成 */
62                              p_tmr->State = OS_TMR_STATE_COMPLETED;       (8)
63                          }
64                          /* 执行回调函数（如果可用）*/
65                          p_fnct = p_tmr->CallbackPtr;
66                          if (p_fnct != (OS_TMR_CALLBACK_PTR)0)
67                          {
68                              (*p_fnct)((void *)p_tmr,
69                                        p_tmr->CallbackPtrArg);           (9)
70                          }
71                          /* 看一看下一个定时器是否匹配 */
72                          p_tmr = p_tmr_next;                             (10)
73                      }
74                      else
75                      {
76                          done  = DEF_TRUE;
77                      }
78                  }
79                  else
80                  {
81                      done = DEF_TRUE;
82                  }
83              }
84          /* 测量定时器任务的执行时间 */
```

```
85          ts_end = OS_TS_GET() - ts_start;                    (11)
86          OSSchedUnlock(&err);
87          if (OSTmrTaskTimeMax < ts_end)
88          {
89              OSTmrTaskTimeMax = ts_end;
90          }
91      }
92  }
```

代码清单 22-13（1）：调用 **OSTaskSemPend()** 函数等待定时器节拍的信号量，等待到信号量才运行。那定时器节拍是怎么样运行的呢？系统的时钟节拍是基于 SysTick 定时器的，μC/OS 采用 Tick 任务（OS_TickTask）管理系统的时间节拍，而定时器节拍是由系统节拍分频而来，那么其发送信号量的地方当然也是在 SysTick 中断服务函数中，但是 μC/OS 支持采用中断延迟，如果使用了中断延迟，那么发送任务信号量的地方就会在中断发布任务中（OS_IntQTask），从代码中可以看到当 OSTmrUpdateCtr 减到 0 时才会发送一次信号量，这也是定时器节拍是由系统时钟节拍分频而来的原因，具体参见代码清单 22-14。

注意： 此处的信号量获取是任务信号量而非内核对象的信号量，在后文中会讲解这种任务信号量，此处就先了解即可，与系统内核对象信号量的作用是一样的。

代码清单 22-14　定时器任务的发送信号量位置

```
1  /*********************** 在 SysTick 中断服务函数中 ***********************/
2
3  #if OS_CFG_TMR_EN > 0u
4  // 如果启用（默认启用）了软件定时器
5  OSTmrUpdateCtr--;                                    // 软件定时器计数器自减
6  if (OSTmrUpdateCtr == (OS_CTR)0u)                    // 如果软件定时器计数器减至 0
7  {
8      OSTmrUpdateCtr = OSTmrUpdateCnt;                 // 重载软件定时器计数器
9      // 发送信号量给软件定时器任务 OS_TmrTask()
10     OSTaskSemPost((OS_TCB *)&OSTmrTaskTCB,
11                   (OS_OPT  ) OS_OPT_POST_NONE,
12                   (OS_ERR *)&err);
13 }
14 #endif
15
16 /******************* 在中断发布任务中 *******************************/
17
18 #if OS_CFG_TMR_EN > 0u
19 OSTmrUpdateCtr--;
20 if (OSTmrUpdateCtr == (OS_CTR)0u)
21 {
22     OSTmrUpdateCtr = OSTmrUpdateCnt;
23     ts             = OS_TS_GET();                    /* 获取时间戳 */
24     /* 释放信号量，软件定时器获取到信号量后执行 */
25     (void)OS_TaskSemPost((OS_TCB *)&OSTmrTaskTCB,
26                          (OS_OPT  ) OS_OPT_POST_NONE,
```

```
27                                          (CPU_TS ) ts,
28                                          (OS_ERR *)&err);
29 }
30 #endif
```

代码清单 22-13（2）：当任务获取到信号量时开始运行，增加当前定时器时间记录 OSTmr-TickCtr。

代码清单 22-13（3）：通过哈希算法找到对应时间唤醒的列表，比如按照前面添加的定时器 1 与定时器 2，具体见图 22-5，当 OSTmrTickCtr 到达 13 时，通过哈希算法能得到 spoke 等于 4，这样就能直接找到插入的定时器列表了。

代码清单 22-13（4）：获取列表头部的定时器。

代码清单 22-13（5）：如果定时器列表中有定时器，则将 p_tmr_next 变量指向下一个定时器以准备更新，因为当前定时器可能到时了，会从列表中移除。

代码清单 22-13（6）：如果当前定时器时间（OSTmrTickCtr）与定时器中的匹配时间（Match）是一样的，那么确认是定时时间已经到达。

代码清单 22-13（7）：调用 OS_TmrUnlink() 函数移除定时器，如果该定时器是周期定时器，那么调用 OS_TmrLink() 函数按照唤醒时间将其重新插入定时器列表。

代码清单 22-13（8）：如果是单次定时器，那么将定时器状态设置为定时已完成。

代码清单 22-13（9）：如果回调函数存在，则执行回调函数。

代码清单 22-13（10）：看下一个定时器的定时时间是否也到达了，如果是，则唤醒定时器任务。

代码清单 22-13（11）：测量定时器任务的执行时间。

当定时器任务被执行时，首先递增 OSTmrTickCtr 变量，然后通过哈希算法决定哪个定时器列表需要更新。然后，如果这个定时器列表中存在定时器（FirstPtr 不为 NULL），那么系统会检查定时器中的匹配时间 Match 是否与当前定时器时间 OSTmrTickCtr 相等，如果相等，则这个定时器会被移出，然后调用这个定时器的回调函数（假定这个定时器被创建时有回调函数），再根据定时器的工作模式决定是否重新插入定时器列表中。之后遍历该定时器列表，直到没有定时器的 Match 值与 OSTmrTickCtr 匹配。

注意： 当定时器被唤醒后，定时器列表会被重新排序，定时器也不一定插入原本的定时器列表中。

OS_TmrTask() 任务的大部分工作都是在锁调度器的状态下进行的。然而，因为定时器列表会被重新分配（依次排序），所以遍历这个定时器列表的时间会非常短，也就是临界段会非常短。

22.7　软件定时器实验

软件定时器实验是在 μC/OS 中创建一个应用任务 AppTaskTmr，在该任务中创建一个软件定时器，周期性定时 1s，每次定时完成切换 LED1 的亮灭状态，并且打印时间戳的计时，检验定时的精准度，具体参见代码清单 22-15。

代码清单 22-15　软件定时器实验

```
1  #include <includes.h>
2
3
4
5  CPU_TS            ts_start;                              // 时间戳变量
6  CPU_TS            ts_end;
7
8
9
10
11 static   OS_TCB    AppTaskStartTCB;                      // 任务控制块
12
13 static   OS_TCB    AppTaskTmrTCB;
14
15
16
17
18 static   CPU_STK   AppTaskStartStk[APP_TASK_START_STK_SIZE];   // 任务栈
19
20 static   CPU_STK   AppTaskTmrStk [ APP_TASK_TMR_STK_SIZE ];
21
22
23
24
25 static   void   AppTaskStart   (void *p_arg);              // 任务函数声明
26
27 static   void   AppTaskTmr   ( void *p_arg );
28
29
30
31 int   main (void)
32 {
33     OS_ERR   err;
34
35
36     OSInit(&err);                    // 初始化 μC/OS-III
37
38
39     /* 创建初始任务 */
40     OSTaskCreate((OS_TCB      *)&AppTaskStartTCB,
41                  // 任务控制块地址
42                  (CPU_CHAR    *)"App Task Start",
43                  // 任务名称
44                  (OS_TASK_PTR ) AppTaskStart,
45                  // 任务函数
46                  (void        *) 0,
47                  // 传递给任务函数（形参 p_arg）的实参
```

```
48                    (OS_PRIO     ) APP_TASK_START_PRIO,
49                    // 任务的优先级
50                    (CPU_STK    *)&AppTaskStartStk[0],
51                    // 任务栈的基地址
52                    (CPU_STK_SIZE) APP_TASK_START_STK_SIZE / 10,
53                    // 任务栈空间剩下 1/10 时限制其增长
54                    (CPU_STK_SIZE) APP_TASK_START_STK_SIZE,
55                    // 任务栈空间 (单位: sizeof(CPU_STK))
56                    (OS_MSG_QTY ) 5u,
57                    // 任务可接收的最大消息数
58                    (OS_TICK    ) 0u,
59                    // 任务的时间片节拍数 (0 表示默认值 OSCfg_TickRate_Hz/10)
60                    (void       *) 0,
61                    // 任务扩展 (0 表示不扩展)
62                    (OS_OPT     )(OS_OPT_TASK_STK_CHK | OS_OPT_TASK_STK_CLR),
63                    // 任务选项
64                    (OS_ERR    *)&err);
65                    // 返回错误类型
66
67     OSStart(&err);
68          // 启动多任务管理 (交由 µC/OS-Ⅲ 控制)
69
70
71 }
72
73
74
75
76 static  void  AppTaskStart (void *p_arg)
77 {
78     CPU_INT32U  cpu_clk_freq;
79     CPU_INT32U  cnts;
80     OS_ERR      err;
81
82
83     (void)p_arg;
84     // 板级初始化
85     BSP_Init();
86     // 初始化 CPU 组件 (时间戳、关中断时间测量和主机名)
87     CPU_Init();
88
89        // 获取 CPU 内核时钟频率 (SysTick 工作时钟)
90     cpu_clk_freq = BSP_CPU_ClkFreq();
91     // 根据用户设定的时钟节拍频率计算 SysTick 定时器的计数值
92     cnts = cpu_clk_freq / (CPU_INT32U)OSCfg_TickRate_Hz;
93     // 调用 SysTick 初始化函数, 设置定时器计数值和启动定时器
94     OS_CPU_SysTickInit(cnts);
95
96     // 初始化内存管理组件 (堆内存池和内存池表)
97     Mem_Init();
98
99 #if OS_CFG_STAT_TASK_EN > 0u
100     OSStatTaskCPUUsageInit(&err);
```

```
101 #endif
102
103     CPU_IntDisMeasMaxCurReset ();
104     // 复位 (清零) 当前最大关中断时间
105
106
107     /* 创建 AppTaskTmr 任务 */
108     OSTaskCreate((OS_TCB      *)&AppTaskTmrTCB,
109                     // 任务控制块地址
110                     (CPU_CHAR    *)"App Task Tmr",
111                     // 任务名称
112                     (OS_TASK_PTR ) AppTaskTmr,
113                     // 任务函数
114                     (void        *) 0,
115                     // 传递给任务函数 (形参 p_arg) 的实参
116                     (OS_PRIO     ) APP_TASK_TMR_PRIO,
117                     // 任务的优先级
118                     (CPU_STK     *)&AppTaskTmrStk[0],
119                     // 任务栈的基地址
120                     (CPU_STK_SIZE) APP_TASK_TMR_STK_SIZE / 10,
121                     // 任务栈空间剩下 1/10 时限制其增长
122                     (CPU_STK_SIZE) APP_TASK_TMR_STK_SIZE,
123                     // 任务栈空间 (单位: sizeof(CPU_STK))
124                     (OS_MSG_QTY ) 5u,
125                     // 任务可接收的最大消息数
126                     (OS_TICK     ) 0u,
127                     // 任务的时间片节拍数 (0 表示默认值 OSCfg_TickRate_Hz/10)
128                     (void        *) 0,
129                     // 任务扩展 (0 表示不扩展)
130                     (OS_OPT      )(OS_OPT_TASK_STK_CHK | OS_OPT_TASK_STK_CLR),
131                     // 任务选项
132                     (OS_ERR      *)&err);
133     // 返回错误类型
134
135     OSTaskDel ( & AppTaskStartTCB, & err );
136         // 删除初始任务本身, 该任务不再运行
137
138
139 }
140
141
142 // 软件定时器 MyTmr 的回调函数
143 void TmrCallback (OS_TMR *p_tmr, void *p_arg)
144 {
145     CPU_INT32U        cpu_clk_freq;
146     // 使用临界段 (在关 / 开中断时) 时必须用到该宏, 该宏声明和定义一
147
148     // 个局部变量, 用于保存关中断前的 CPU 状态寄存器
149
150     // SR (临界段关中断只需保存 SR), 开中断时将该值还原
151     CPU_SR_ALLOC();
152     printf ( "%s", ( char * ) p_arg );
153
```

```
154         cpu_clk_freq = BSP_CPU_ClkFreq();
155         // 获取 CPU 时钟，时间戳是以该时钟计数
156
157         macLED1_TOGGLE ();
158
159         ts_end = OS_TS_GET() - ts_start;
160         // 获取定时后的时间戳 (以 CPU 时钟进行计数的一个计数值)
161
162         // 并计算定时时间
163         OS_CRITICAL_ENTER();
164         // 进入临界段，不希望下面串口打印遭到中断
165
166         printf ( "\r\n 定时 1s，通过时间戳测得定时 %07d us，即 %04d ms。\r\n",
167                 ts_end / ( cpu_clk_freq / 1000000 ),       // 将定时时间折算成 μs
168                 ts_end / ( cpu_clk_freq / 1000 ) );        // 将定时时间折算成 ms
169
170         OS_CRITICAL_EXIT();
171
172         ts_start = OS_TS_GET();                            // 获取定时前时间戳
173
174 }
175
176
177 static void  AppTaskTmr ( void *p_arg )
178 {
179     OS_ERR      err;
180     OS_TMR      my_tmr;     // 声明软件定时器对象
181
182
183     (void)p_arg;
184
185
186     /* 创建软件定时器 */
187     OSTmrCreate ((OS_TMR               *)&my_tmr,          // 软件定时器对象
188                 (CPU_CHAR              *)"MySoftTimer",    // 命名软件定时器
189                 (OS_TICK               )10,
190                 // 定时器初始值，依 10Hz 时基计算，即为 1s
191                 (OS_TICK               )10,
192                 // 定时器周期重载值，依 10Hz 时基计算，即为 1s
193                 (OS_OPT                )OS_OPT_TMR_PERIODIC, // 周期性定时
194                 (OS_TMR_CALLBACK_PTR   )TmrCallback,        // 回调函数
195                 (void                  *)"Timer Over!",
196                 // 传递实参给回调函数
197                 (OS_ERR                *)err);              // 返回错误类型
198
199     /* 启动软件定时器 */
200     OSTmrStart ((OS_TMR    *)&my_tmr,                      // 软件定时器对象
201                 (OS_ERR    *)err);                         // 返回错误类型
202
203     ts_start = OS_TS_GET();                                // 获取定时前时间戳
204
205     while (DEF_TRUE)
206     // 任务体，通常写成一个死循环
```

```
207        {
208
209            OSTimeDly ( 1000, OS_OPT_TIME_DLY, & err );      // 不断阻塞该任务
210
211        }
212
213 }
```

22.8　实验现象

将程序编译好，用 USB 线连接计算机和开发板的 USB 接口（对应丝印为 USB 转串口），用 DAP 仿真器把配套程序下载到野火 STM32 开发板（具体型号根据购买的板子而定，每个型号的板子都配套有对应的程序），在计算机上打开串口调试助手，然后复位开发板就可以在调试助手中看到串口的打印信息。可以看到，每 1s 时间到时，软件定时器就会触发一次回调函数，具体如图 22-7 所示。

图 22-7　软件定时器实验现象

从一开始的定时器相关函数的使用和分析，到后面定时器运作机制的分析，想必大家对定时器的整个运作机制有了更深的了解。定时器的创建、删除、启动、停止这些操作无非就是在操作定时器列表的双向列表和根据不同的设置进行定时器状态的转化以及相关的处理。至于检测定时器到期，系统将时间节拍进行分频得到定时器任务执行的频率，在定时器任务中，系统采用了哈希算法快速检测是否有定时器到期，然后执行其对应的回调函数等操作。软件定时器最核心的一点是在底层的一个硬件定时器（SysTick 内核定时器）上进行软件分频，这也是 μC/OS 出色的一点，大家也可以学习这种编程思想。

μC/OS 允许用户建立任意数量的定时器（只限于处理器的 RAM 大小）。

回调函数是在定时器任务中被调用的，所以回调函数的上下文环境是在任务中，并且运行回调函数时调度器处于被锁状态。回调函数越简短越好，并且不能在回调函数中等待消息队列、信号量、事件等，否则定时器任务会被挂起，导致定时器任务崩溃，这是不允许的。

此外还需要注意几点：

1）回调函数是在定时器任务中被执行的，这意味着定时器任务需要有足够的栈空间供回调函数执行。

2）回调函数是在定时器队列中依次存放的，所以在定时器时间到达后回调函数是依次被执行的。

3）定时器任务的执行时间取决于有多少个定时器期满，执行定时器中的回调函数需要多长时间。因为回调函数是由用户提供，它可能很大程度上影响了定时器任务的执行时间。

4）回调函数被执行时会锁调度器，所以必须让回调函数尽可能短，以便其他任务能正常运行。

第 23 章
任务信号量

23.1 任务信号量的基本概念

μC/OS 提供任务信号量功能，每个任务都有一个 32 位（用户可以自定义位宽，我们使用 32 位的 CPU，所以此处就是 32 位）的信号量值 SemCtr，这个信号量值是在任务控制块中包含的，是任务独有的一个信号量通知值，在大多数情况下，任务信号量可以替代内核对象的二值信号量、计数信号量等。

注意： 本章主要讲解任务信号量，而非内核对象信号量，如非特别说明，本章中的信号量都是指内核对象信号量。前面介绍的信号量是单独的内核对象，是独立于任务存在的；本章要讲述的任务信号量是任务特有的属性，紧紧依赖于一个特定任务。

相对于前面使用 μC/OS 内核通信的资源时，必须创建二进制信号量、计数信号量等情况，使用任务信号量显然更灵活，因为使用任务信号量解除任务阻塞的速度比通过内核对象信号量通信方式要快，并且更加节省 RAM 内存空间。使用任务信号量无须单独创建信号量。

合理地使用任务信号量，可以在一定场合下替代 μC/OS 的信号量，用户只需要向任务内部的信号量发送一个信号而不用通过外部的信号量进行发送，这样处理就会很方便并且更加高效。当然，凡事都有利弊，任务信号量虽然处理速度更快，RAM 开销更小，但也有限制：只能有一个任务接收任务信号量，因为必须指定接收信号量的任务，才能正确发送信号量；而内核对象的信号量则没有这个限制，用户在释放信号量时可以采用广播的方式，让所有等待信号量的任务都获取到信号量。

在实际任务间的通信中，一个或多个任务发送一个信号量给另一个任务是非常常见的，而一个任务给多个任务发送信号量的情况相对比较少。这种情况下就很适合采用任务信号量传递信号，如果任务信号量可以满足设计需求，那么尽量不要使用普通信号量，这样设计的系统会更加高效。

任务信号量的运作机制与普通信号量一样，没有什么差别。

23.2　任务信号量函数

23.2.1　任务信号量释放函数 OSTaskSemPost()

OSTaskSemPost() 函数用来释放任务信号量，虽然只有拥有任务信号量的任务才可以等待该任务信号量，但是其他任务或者中断都可以向该任务释放信号量，其源码具体参见代码清单 23-1。

代码清单 23-1　OSTaskSemPost()

```
1  OS_SEM_CTR   OSTaskSemPost (OS_TCB  *p_tcb,        // 目标任务                        (1)
2                              OS_OPT   opt,          // 选项                            (2)
3                              OS_ERR  *p_err)        // 返回错误类型                     (3)
4  {
5      OS_SEM_CTR   ctr;
6      CPU_TS       ts;
7
8
9
10 #ifdef OS_SAFETY_CRITICAL                           // 如果启用（默认禁用）了安全检测
11     if (p_err == (OS_ERR *)0)                       // 如果 p_err 为空
12     {
13         OS_SAFETY_CRITICAL_EXCEPTION();             // 执行安全检测异常函数
14         return ((OS_SEM_CTR)0);                     // 返回 0（有错误），停止执行
15     }
16 #endif
17
18 #if OS_CFG_ARG_CHK_EN > 0u                          // 如果启用（默认启用）了参数检测功能
19     switch (opt)                                    // 根据选项分类处理
20     {
21     case OS_OPT_POST_NONE:                          // 如果选项在预期之内
22     case OS_OPT_POST_NO_SCHED:
23         break;                                      // 跳出
24
25     default:                                        // 如果选项超出预期
26         *p_err =  OS_ERR_OPT_INVALID;               // 错误类型为"选项非法"
27         return ((OS_SEM_CTR)0u);                    // 返回 0（有错误），停止执行
28     }
29 #endif
30
31     ts = OS_TS_GET();                               // 获取时间戳
32
33 #if OS_CFG_ISR_POST_DEFERRED_EN > 0u                // 如果启用了中断延迟发布
34     if (OSIntNestingCtr > (OS_NESTING_CTR)0)        // 如果该函数是在中断中被调用
35     {
36         OS_IntQPost((OS_OBJ_TYPE)OS_OBJ_TYPE_TASK_SIGNAL,
37                 // 将该信号量发布到中断消息队列
38                 (void      *)p_tcb,
39                 (void      *)0,
40                 (OS_MSG_SIZE)0,
41                 (OS_FLAGS   )0,
```

```
42                    (OS_OPT      )0,
43                    (CPU_TS      )ts,
44                    (OS_ERR    *)p_err);                         (4)
45        return ((OS_SEM_CTR)0);              // 返回 0（尚未发布）
46    }
47 #endif
48
49    ctr = OS_TaskSemPost(p_tcb,             // 将信号量按照普通方式处理
50                         opt,
51                         ts,
52                         p_err);                                 (5)
53
54    return (ctr);                           // 返回信号的当前计数值
55 }
```

代码清单 23-1（1）：目标任务控制块指针，指向要释放任务信号量的任务。

代码清单 23-1（2）：释放任务信号量的选项。

代码清单 23-1（3）：用于返回保存的错误代码。

代码清单 23-1（4）：如果启用了中断延迟发布，并且该函数在中断中被调用，就将信号量发布到中断消息队列，由中断消息队列发布任务信号量。

代码清单 23-1（5）：调用 OS_TaskSemPost () 函数将信号量发布到任务中，其源码具体参见代码清单 23-2。

代码清单 23-2　OS_TaskSemPost() 函数源码

```
1 OS_SEM_CTR   OS_TaskSemPost (OS_TCB  *p_tcb,     // 目标任务               (1)
2                              OS_OPT   opt,        // 选项                   (2)
3                              CPU_TS   ts,         // 时间戳                 (3)
4                              OS_ERR  *p_err)      // 返回错误类型           (4)
5 {
6     OS_SEM_CTR   ctr;
7     CPU_SR_ALLOC();  // 使用临界段（在关 / 开中断时）时必须用到该宏，该宏声明和
8     // 定义一个局部变量，用于保存关中断前的 CPU 状态寄存器
9     // SR（临界段关中断只需保存 SR），开中断时将该值还原
10
11    OS_CRITICAL_ENTER();                      // 进入临界段
12    if (p_tcb == (OS_TCB *)0)                 // 如果 p_tcb 为空            (5)
13    {
14        p_tcb = OSTCBCurPtr;                  // 将任务信号量发给自己（任务）
15    }
16    p_tcb->TS = ts;                           // 记录信号量被发布时的时间戳
17    *p_err    = OS_ERR_NONE;                  // 错误类型为"无错误"
18    switch (p_tcb->TaskState)                                             (6)
19        // 根据目标任务的任务状态分类处理
20        {
21    case OS_TASK_STATE_RDY:                   // 如果目标任务没有等待状态
22    case OS_TASK_STATE_DLY:
23    case OS_TASK_STATE_SUSPENDED:
24    case OS_TASK_STATE_DLY_SUSPENDED:                                     (7)
25        switch (sizeof(OS_SEM_CTR))
```

```
26          {                                              // 判断是否将导致该信
27          case 1u:                                       // 号量计数值溢出，如
28              if (p_tcb->SemCtr == DEF_INT_08U_MAX_VAL)   // 果溢出，则开中断，
29              {
30                  OS_CRITICAL_EXIT();                     // 返回错误类型为"计
31                  *p_err = OS_ERR_SEM_OVF;                // 数值溢出"，返回 0
32                  return ((OS_SEM_CTR)0);                 // (有错误)，不继续执行
33              }
34              break;
35
36 case 2u:
37              if (p_tcb->SemCtr == DEF_INT_16U_MAX_VAL)
38              {
39                  OS_CRITICAL_EXIT();
40                  *p_err = OS_ERR_SEM_OVF;
41                  return ((OS_SEM_CTR)0);
42              }
43              break;
44
45 case 4u:
46              if (p_tcb->SemCtr == DEF_INT_32U_MAX_VAL)
47              {
48                  OS_CRITICAL_EXIT();
49                  *p_err = OS_ERR_SEM_OVF;
50                  return ((OS_SEM_CTR)0);
51              }
52              break;
53
54          default:
55              break;
56          }
57          p_tcb->SemCtr++;                                // 信号量计数值不溢出则加 1 (8)
58          ctr = p_tcb->SemCtr;                            // 获取信号量的当前计数值 (9)
59          OS_CRITICAL_EXIT();                             // 退出临界段
60          break;                                          // 跳出
61
62      case OS_TASK_STATE_PEND:                            // 如果任务有等待状态
63      case OS_TASK_STATE_PEND_TIMEOUT:
64      case OS_TASK_STATE_PEND_SUSPENDED:
65      case OS_TASK_STATE_PEND_TIMEOUT_SUSPENDED:                            (10)
66          if (p_tcb->PendOn == OS_TASK_PEND_ON_TASK_SEM)  // 如果正等待任务信号量
67          {
68              OS_Post((OS_PEND_OBJ *)0,                   // 发布信号量给目标任务
69                      (OS_TCB      *)p_tcb,
70                      (void        *)0,
71                      (OS_MSG_SIZE  )0u,
72                      (CPU_TS       )ts);                                   (11)
73              ctr = p_tcb->SemCtr;                        // 获取信号量的当前计数值
74              OS_CRITICAL_EXIT_NO_SCHED();                // 退出临界段(无调度)
75              if ((opt & OS_OPT_POST_NO_SCHED) == (OS_OPT)0) // 如果选择了调度任务
76              {
77                  OSSched();                              // 调度任务              (12)
78              }
```

```
79              }
80          else// 如果没有等待任务信号量
81          {
82          switch (sizeof(OS_SEM_CTR))                        // 判断是否将导致        (13)
83              {
84              case 1u:                                       // 该信号量计数值
85                  if (p_tcb->SemCtr == DEF_INT_08U_MAX_VAL)   // 如果溢出
86                  {
87                      OS_CRITICAL_EXIT();                     // 则开中断，返回
88                      *p_err = OS_ERR_SEM_OVF;                // 错误类型为“计
89                      return ((OS_SEM_CTR)0);                 // 数值溢出”，返
90                  }              // 回 0 (有错误)
91                  break;         // 不继续执行
92
93 case 2u:
94                  if (p_tcb->SemCtr == DEF_INT_16U_MAX_VAL)
95                  {
96                      OS_CRITICAL_EXIT();
97                      *p_err = OS_ERR_SEM_OVF;
98                      return ((OS_SEM_CTR)0);
99                  }
100                 break;
101
102 case 4u:
103                 if (p_tcb->SemCtr == DEF_INT_32U_MAX_VAL)
104                 {
105                     OS_CRITICAL_EXIT();
106                     *p_err = OS_ERR_SEM_OVF;
107                     return ((OS_SEM_CTR)0);
108                 }
109                 break;
110
111     default:
112             break;
113             }
114         p_tcb->SemCtr++;                                    // 信号量计数值不溢出则加 1
115         ctr = p_tcb->SemCtr;                                // 获取信号量的当前计数值
116         OS_CRITICAL_EXIT();                                // 退出临界段
117         }
118     break;                                                 // 跳出
119
120     default:                                               // 如果任务状态超出预期    (14)
121         OS_CRITICAL_EXIT();                                // 退出临界段
122         *p_err = OS_ERR_STATE_INVALID;                     // 错误类型为“状态非法”
123         ctr   = (OS_SEM_CTR)0;                             // 清零 ctr
124         break;                                             // 跳出
125     }
126     return (ctr);                                          // 返回信号量的当前计数值
127 }
```

代码清单 23-2 (1)：目标任务。

代码清单 23-2 (2)：释放任务信号量选项。

代码清单 23-2（3）：时间戳。

代码清单 23-2（4）：保存返回的错误类型代码。

代码清单 23-2（5）：如果目标任务为空，则表示将任务信号量释放给自己，那么 p_tcb 就指向当前任务。

代码清单 23-2（6）：根据目标任务的任务状态分类处理。

代码清单 23-2（7）：如果目标任务没有等待状态，则判断是否即将导致该信号量计数值溢出，如果溢出，则开中断，返回错误类型为"计数值溢出"的错误代码，退出不再继续执行。

代码清单 23-2（8）：如果信号量还没溢出，信号量计数值加 1。

代码清单 23-2（9）：获取信号量的当前计数值，跳出 switch 语句。

代码清单 23-2（10）（11）：如果任务有等待状态，并且正等待任务信号量，则调用 OS_Post() 函数发布信号量给目标任务，该函数具体参见代码清单 18-14。

代码清单 23-2（12）：如果选择了调度任务，就进行一次任务调度。

代码清单 23-2（13）：如果不是等待任务信号量，则判断是否即将导致该信号量计数值溢出。如果溢出，则开中断，返回错误类型为"计数值溢出"的错误代码，退出不再继续执行；如果信号量还没溢出，则信号量计数值加 1。

代码清单 23-2（14）：如果任务状态超出预期，则返回错误类型为"状态非法"的错误代码。

在释放任务信号量时，系统首先判断目标任务的状态，只有处于等待状态并且等待的是任务信号量，才调用 OS_Post() 函数让等待的任务就绪（如果是内核对象信号量，则还会让任务脱离等待列表），所以任务信号量的操作是非常高效的；如果没有处于等待状态或者等待的不是任务信号量，就直接将任务控制块的元素 SemCtr 加 1，最后返回任务信号量计数值。

不管是否启用了中断延迟发布，最终都是调用 OS_TaskSemPost() 函数释放任务信号量。只是启用了中断延迟发布的释放过程会比较曲折，这是中断管理范畴的内容，留到后面再介绍。在 OS_TaskSemPost() 函数中，又会调用 OS_Post() 函数释放内核对象。OS_Post() 函数是一个底层的释放（发布）函数，不仅用来释放（发布）任务信号量，还可以释放信号量、互斥信号量、消息队列、事件标志组或任务消息队列。注意，此处 OS_Post() 函数将任务信号量直接释放给目标任务。

释放任务信号量函数 OS_TaskSemPost() 的使用实例具体参见代码清单 23-3。

代码清单 23-3　OSTaskSemPost() 函数实例

```
1  OSTaskSemPost((OS_TCB   *)&AppTaskPendTCB,    // 目标任务
2               (OS_OPT   )OS_OPT_POST_NONE,     // 没有选项要求
3               (OS_ERR   *)&err);               // 返回错误类型
```

23.2.2　任务信号量获取函数 OSTaskSemPend()

与任务信号量释放函数 OSTaskSemPost() 相对应，OSTaskSemPend() 函数用于获取一个

任务信号量。参数中没有指定某个任务去获取信号量时，实际上就是当前运行的任务获取它自己拥有的任务信号量。OSTaskSemPend() 函数源码具体参见代码清单 23-4。

代码清单 23-4　OSTaskSemPend() 函数源码

```
1 OS_SEM_CTR   OSTaskSemPend (OS_TICK    timeout,   // 等待超时时间              (1)
2                             OS_OPT     opt,        // 选项                      (2)
3                             CPU_TS     *p_ts,      // 返回时间戳                (3)
4                             OS_ERR     *p_err)     // 返回错误类型              (4)
5 {
6      OS_SEM_CTR    ctr;
7      CPU_SR_ALLOC(); // 使用临界段 (在关 / 开中断时) 时必须用到该宏, 该宏声明和
8      // 定义一个局部变量, 用于保存关中断前的 CPU 状态寄存器
9      // SR (临界段关中断只需保存 SR), 开中断时将该值还原
10
11 #ifdef OS_SAFETY_CRITICAL                          // 如果启用了安全检测
12     if (p_err == (OS_ERR *)0)                      // 如果错误类型实参为空
13     {
14         OS_SAFETY_CRITICAL_EXCEPTION();            // 执行安全检测异常函数
15         return ((OS_SEM_CTR)0);                    // 返回 0 (有错误), 停止执行
16     }
17 #endif
18
19 #if OS_CFG_CALLED_FROM_ISR_CHK_EN > 0u             // 如果启用了中断中非法调用检测
20     if (OSIntNestingCtr > (OS_NESTING_CTR)0)       // 如果该函数在中断中被调用
21     {
22         *p_err = OS_ERR_PEND_ISR;                  // 返回错误类型为 "在中断中等待"
23         return ((OS_SEM_CTR)0);                    // 返回 0 (有错误), 停止执行
24     }
25 #endif
26
27 #if OS_CFG_ARG_CHK_EN > 0u                         // 如果启用了参数检测
28     switch (opt)                                   // 根据选项分类处理
29     {
30     case OS_OPT_PEND_BLOCKING:                     // 如果选项在预期内
31     case OS_OPT_PEND_NON_BLOCKING:
32         break;                                     // 直接跳出
33
34     default:                                       // 如果选项超出预期
35         *p_err = OS_ERR_OPT_INVALID;               // 错误类型为 "选项非法"
36         return ((OS_SEM_CTR)0);                    // 返回 0 (有错误), 停止执行
37     }
38 #endif
39
40     if (p_ts != (CPU_TS *)0)                       // 如果 p_ts 非空
41     {
42         *p_ts = (CPU_TS  )0;                        // 清零 (初始化) p_ts
43     }
44
45     CPU_CRITICAL_ENTER();                          // 关中断
46     if (OSTCBCurPtr->SemCtr > (OS_SEM_CTR)0)        // 如果任务信号量当前可用
47     {
48         OSTCBCurPtr->SemCtr--;                      // 信号量计数器减 1         (5)
```

```
49          ctr     = OSTCBCurPtr->SemCtr;               // 获取信号量的当前计数值          (6)
50          if (p_ts != (CPU_TS *)0)                     // 如果 p_ts 非空
51          {
52              *p_ts   = OSTCBCurPtr->TS;               // 返回信号量被发布的时间戳          (7)
53          }
54 #if OS_CFG_TASK_PROFILE_EN > 0u                                                              (8)
55          OSTCBCurPtr->SemPendTime = OS_TS_GET() - OSTCBCurPtr->TS; // 更新任务等待
56          if (OSTCBCurPtr->SemPendTimeMax < OSTCBCurPtr->SemPendTime) // 任务信号量的
57          {
58              OSTCBCurPtr->SemPendTimeMax = OSTCBCurPtr->SemPendTime; // 最长时间记录
59          }// 如果启用任务统计的宏, 计算任务信号量从被提交到获取所用时间及最大时间
60 #endif
61          CPU_CRITICAL_EXIT();                         // 开中断
62          *p_err = OS_ERR_NONE;                        // 错误类型为“无错误”
63          return (ctr);                                // 返回信号量的当前计数值
64      }
65      /* 如果任务信号量当前不可用 */                                                          (9)
66      if ((opt & OS_OPT_PEND_NON_BLOCKING) != (OS_OPT)0) // 如果选择了不阻塞任务
67      {
68          CPU_CRITICAL_EXIT();                         // 开中断
69          *p_err = OS_ERR_PEND_WOULD_BLOCK;            // 错误类型为“缺乏阻塞”
70          return ((OS_SEM_CTR)0);                      // 返回 0 (有错误), 停止执行
71      }
72      else                                            // 如果选择了阻塞任务                  (10)
73      {
74          if (OSSchedLockNestingCtr > (OS_NESTING_CTR)0)   // 如果调度器被锁
75          {
76              CPU_CRITICAL_EXIT();                     // 开中断
77              *p_err = OS_ERR_SCHED_LOCKED;            // 错误类型为“调度器被锁”
78              return ((OS_SEM_CTR)0);                  // 返回 0 (有错误), 停止执行
79          }
80      }
81      /* 如果调度器未被锁 */
82      OS_CRITICAL_ENTER_CPU_EXIT();                    // 锁调度器, 重开中断
83      OS_Pend((OS_PEND_DATA *)0,                       // 阻塞任务, 等待信号量
84          (OS_PEND_OBJ  *)0,                           // 不需要插入等待列表
85          (OS_STATE     )OS_TASK_PEND_ON_TASK_SEM,
86          (OS_TICK      )timeout);                                                            (11)
87      OS_CRITICAL_EXIT_NO_SCHED();                     // 开调度器 (无调度)
88
89      OSSched();                                       // 调度任务                            (12)
90      /* 任务获得信号量后得以继续运行 */
91      CPU_CRITICAL_ENTER();                            // 关中断                              (13)
92      switch (OSTCBCurPtr->PendStatus)                 // 根据任务的等待状态分类处理
93      {
94      case OS_STATUS_PEND_OK:                          // 如果任务成功获得信号量              (14)
95          if (p_ts != (CPU_TS *)0)                     // 返回信号量被发布的时间戳
96          {
97              *p_ts                   = OSTCBCurPtr->TS;
98 #if OS_CFG_TASK_PROFILE_EN > 0u                       // 更新最长等待时间记录
99              OSTCBCurPtr->SemPendTime = OS_TS_GET() - OSTCBCurPtr->TS;
100             if (OSTCBCurPtr->SemPendTimeMax < OSTCBCurPtr->SemPendTime)
101             {
```

```
102                     OSTCBCurPtr->SemPendTimeMax = OSTCBCurPtr->SemPendTime;
103              }
104 #endif
105          }
106          *p_err = OS_ERR_NONE;                     // 错误类型为"无错误"
107          break;                                     // 跳出
108
109      case OS_STATUS_PEND_ABORT:                     // 如果等待被中止           (15)
110          if (p_ts != (CPU_TS *)0)                   // 返回被终止时的时间戳
111          {
112              *p_ts  =  OSTCBCurPtr->TS;
113          }
114          *p_err = OS_ERR_PEND_ABORT;                // 错误类型为"等待被中止"
115          break;                                     // 跳出
116
117      case OS_STATUS_PEND_TIMEOUT:                   // 如果等待超时             (16)
118          if (p_ts != (CPU_TS *)0)                   // 返回时间戳为 0
119          {
120              *p_ts  = (CPU_TS  )0;
121          }
122          *p_err = OS_ERR_TIMEOUT;                   // 错误类型为"等待超时"
123          break;                                     // 跳出
124
125      default:                                       // 如果等待状态超出预期       (17)
126          *p_err = OS_ERR_STATUS_INVALID;            // 错误类型为"状态非法"
127          break;                                     // 跳出
128      }
129      ctr = OSTCBCurPtr->SemCtr;                     // 获取信号量的当前计数值
130      CPU_CRITICAL_EXIT();                           // 开中断
131      return (ctr);                                  // 返回信号量的当前计数值    (18)
132 }
```

代码清单 23-4（1）：等待超时时间。

代码清单 23-4（2）：等待的选项。

代码清单 23-4（3）：保存返回的时间戳。

代码清单 23-4（4）：保存返回的错误类型。

代码清单 23-4（5）：如果任务信号量当前可用，则将信号量计数值 SemCtr 减 1。

代码清单 23-4（6）：获取信号量的当前计数值并保存在 ctr 变量中，用于返回。

代码清单 23-4（7）：返回信号量被发布的时间戳。

代码清单 23-4（8）：如果启用任务统计的宏，计算任务信号量从被释放到获取所用时间及最大时间。

代码清单 23-4（9）：如果任务信号量当前不可用，并且如果用户选择了不阻塞任务，则返回错误类型为"缺乏阻塞"的错误代码。

代码清单 23-4（10）：如果选择了阻塞任务，判断调度器是否被锁，如果被锁，则返回错误类型为"调度器被锁"的错误代码。

代码清单 23-4（11）：如果调度器未被锁，则锁调度器，重开中断，调用 OS_Pend() 函数，使当前任务进入阻塞状态以等待任务信号量。

代码清单 23-4（12）：进行一次任务调度。

代码清单 23-4（13）：当程序执行到这里，说明大体上有两种情况，要么是任务获取到任务信号量了；要么任务还没获取到任务信号量（任务没获取到任务信号量的情况有很多种），无论是哪种情况，都先把中断关掉，再根据当前运行任务的等待状态分类处理。

代码清单 23-4（14）：如果任务成功获得任务信号量，则返回信号量被发布时的时间戳，然后跳出 switch 语句。

代码清单 23-4（15）：如果任务在等待中被中止，则返回被终止时的时间戳，返回错误类型为"等待被中止"的错误代码，跳出 switch 语句。

代码清单 23-4（16）：如果任务等待超时，则返回错误类型为"等待超时"的错误代码，跳出 switch 语句。

代码清单 23-4（17）：如果等待状态超出预期，则返回错误类型为"状态非法"的错误代码。

代码清单 23-4（18）：获取并返回任务信号量的当前计数值。

在调用该函数时，系统先判断任务信号量是否可用，即检查任务信号量的计数值是否大于 0，如果大于 0，即表示可用，这时获取信号量，即将计数值减 1 后直接返回。如果信号量不可用，且当调度器没有被锁，用户希望在任务信号量不可用时进行阻塞任务以等待任务信号量可用，那么系统就会调用 OS_Pend() 函数将任务脱离就绪列表，如果用户指定了超时时间，系统还要将该任务插入节拍列表。注意，此处系统并没有将任务插入等待列表。然后切换任务，处于就绪列表中最高优先级的任务通过任务调度获得 CPU 使用权，等到出现任务信号量被释放、任务等待任务信号量被强制停止、等待超时等情况时，任务会从阻塞中恢复，等待任务信号量的任务重新获得 CPU 使用权，返回相关错误代码和任务信号量计数值，用户可以根据返回的错误代码知道任务退出等待状态的情况。

获取任务信号量函数 OSTaskSemPend() 的使用实例具体参见代码清单 23-5。

代码清单 23-5　OSTaskSemPend() 函数实例

```
1  OSTaskSemPend ((OS_TICK   )0,                       // 无期限等待
2                (OS_OPT    )OS_OPT_PEND_BLOCKING,    // 如果信号量不可用则等待
3                (CPU_TS   *)&ts,                     // 获取信号量被发布时的时间戳
4                (OS_ERR   *)&err);                   // 返回错误类型
```

23.3　任务信号量实验

23.3.1　任务信号量代替二值信号量实验

任务信号量代替二值信号量实验是在 μC/OS 中创建了两个任务，其中一个任务是接收任务信号量，另一个任务是发送任务信号量。两个任务独立运行，发送任务信号量的任务是通

过检测按键的按下情况发送，等待任务在任务信号量中没有可用的信号量之前就一直等待，获取到信号量以后继续执行，这样做是为了代替二值信号量。任务同步成功则继续执行，然后在串口调试助手中将运行信息打印出来，具体参见代码清单 23-6 中的加粗部分。

代码清单 23-6　任务信号量代替二值信号量

```
 1  #include <includes.h>
 2
 3
 4  static   OS_TCB    AppTaskStartTCB;                         // 任务控制块
 5
 6  static   OS_TCB    AppTaskPostTCB;
 7  static   OS_TCB    AppTaskPendTCB;
 8
 9
10
11
12  static   CPU_STK   AppTaskStartStk[APP_TASK_START_STK_SIZE];   // 任务栈
13
14  static   CPU_STK   AppTaskPostStk [ APP_TASK_POST_STK_SIZE ];
15  static   CPU_STK   AppTaskPendStk [ APP_TASK_PEND_STK_SIZE ];
16
17
18
19
20  static   void   AppTaskStart  (void *p_arg);                 // 任务函数声明
21
22  static   void   AppTaskPost   ( void *p_arg );
23  static   void   AppTaskPend   ( void *p_arg );
24
25
26
27  int   main (void)
28  {
29      OS_ERR   err;
30
31
32      OSInit(&err);  µC/OS-III
33             // 初始化
34
35      /* 创建初始任务 */
36      OSTaskCreate((OS_TCB       *)&AppTaskStartTCB,
37                   // 任务控制块地址
38                   (CPU_CHAR     *)"App Task Start",
39                   // 任务名称
40                   (OS_TASK_PTR ) AppTaskStart,
41                   // 任务函数
42                   (void         *) 0,
43                   // 传递给任务函数（形参 p_arg）的实参
44                   (OS_PRIO      ) APP_TASK_START_PRIO,
45                   // 任务的优先级
46                   (CPU_STK      *)&AppTaskStartStk[0],
```

```
47              // 任务栈的基地址
48              (CPU_STK_SIZE) APP_TASK_START_STK_SIZE / 10,
49              // 任务栈空间剩下 1/10 时限制其增长
50              (CPU_STK_SIZE) APP_TASK_START_STK_SIZE,
51              // 任务栈空间 (单位: sizeof(CPU_STK))
52              (OS_MSG_QTY ) 5u,
53              // 任务可接收的最大消息数
54              (OS_TICK    ) 0u,
55              // 任务的时间片节拍数 (0 表示默认值 OSCfg_TickRate_Hz/10)
56              (void       *) 0,
57              // 任务扩展 (0 表示不扩展)
58              (OS_OPT     )(OS_OPT_TASK_STK_CHK | OS_OPT_TASK_STK_CLR),
59              // 任务选项
60              (OS_ERR     *)&err);
61              // 返回错误类型
62
63      OSStart(&err);
64          // 启动多任务管理 (交由 μC/OS-III 控制)
65
66 }
67
68
69
70 static  void  AppTaskStart (void *p_arg)
71 {
72      CPU_INT32U  cpu_clk_freq;
73      CPU_INT32U  cnts;
74      OS_ERR      err;
75
76      (void)p_arg;
77
78      // 板级初始化
79      BSP_Init();
80
81      // 初始化 CPU 组件 (时间戳、关中断时间测量和主机名)
82      CPU_Init();
83
84      // 获取 CPU 内核时钟频率 (SysTick 工作时钟)
85      cpu_clk_freq = BSP_CPU_ClkFreq();
86      // 根据用户设定的时钟节拍频率计算 SysTick 定时器的计数值
87      cnts = cpu_clk_freq / (CPU_INT32U)OSCfg_TickRate_Hz;
88      // 调用 SysTick 初始化函数, 设置定时器计数值和启动定时器
89      OS_CPU_SysTickInit(cnts);
90
91      Mem_Init();
92          // 初始化内存管理组件 (堆内存池和内存池表)
93
94 #if OS_CFG_STAT_TASK_EN > 0u
95 // 如果启用 (默认启用) 了统计任务
96      OSStatTaskCPUUsageInit(&err);
97 #endif
98
99      CPU_IntDisMeasMaxCurReset();
```

```
100              // 复位（清零）当前最大关中断时间
101
102
103         /* 创建 AppTaskPost 任务 */
104         OSTaskCreate((OS_TCB        *)&AppTaskPostTCB,
105                      // 任务控制块地址
106                      (CPU_CHAR      *)"App Task Post",
107                      // 任务名称
108                      (OS_TASK_PTR ) AppTaskPost,
109                      // 任务函数
110                      (void          *) 0,
111                      // 传递给任务函数（形参 p_arg）的实参
112                      (OS_PRIO       ) APP_TASK_POST_PRIO,
113                      // 任务的优先级
114                      (CPU_STK       *)&AppTaskPostStk[0],
115                      // 任务栈的基地址
116                      (CPU_STK_SIZE) APP_TASK_POST_STK_SIZE / 10,
117                      // 任务栈空间剩下 1/10 时限制其增长
118                      (CPU_STK_SIZE) APP_TASK_POST_STK_SIZE,
119                      // 任务栈空间（单位：sizeof(CPU_STK)）
120                      (OS_MSG_QTY ) 5u,
121                      // 任务可接收的最大消息数
122                      (OS_TICK       ) 0u,
123                      // 任务的时间片节拍数（0 表示默认值 OSCfg_TickRate_Hz/10）
124                      (void          *) 0,
125                      // 任务扩展（0 表示不扩展）
126                      (OS_OPT         )(OS_OPT_TASK_STK_CHK | OS_OPT_TASK_STK_CLR),
127                      // 任务选项
128                      (OS_ERR        *)&err);
129                      // 返回错误类型
130
131         /* 创建 AppTaskPend 任务 */
132         OSTaskCreate((OS_TCB        *)&AppTaskPendTCB,
133                      // 任务控制块地址
134                      (CPU_CHAR      *)"App Task Pend",
135                      // 任务名称
136                      (OS_TASK_PTR ) AppTaskPend,
137                      // 任务函数
138                      (void          *) 0,
139                      // 传递给任务函数（形参 p_arg）的实参
140                      (OS_PRIO       ) APP_TASK_PEND_PRIO,
141                      // 任务的优先级
142                      (CPU_STK       *)&AppTaskPendStk[0],
143                      // 任务栈的基地址
144                      (CPU_STK_SIZE) APP_TASK_PEND_STK_SIZE / 10,
145                      // 任务栈空间剩下 1/10 时限制其增长
146                      (CPU_STK_SIZE) APP_TASK_PEND_STK_SIZE,
147                      // 任务栈空间（单位：sizeof(CPU_STK)）
148                      (OS_MSG_QTY ) 5u,
149                      // 任务可接收的最大消息数
150                      (OS_TICK       ) 0u,
151                      // 任务的时间片节拍数（0 表示默认值 OSCfg_TickRate_Hz/10）
152                      (void          *) 0,
```

```
153                        // 任务扩展（0 表示不扩展）
154                (OS_OPT        )(OS_OPT_TASK_STK_CHK | OS_OPT_TASK_STK_CLR),
155                        // 任务选项
156                (OS_ERR        *)&err);
157                        // 返回错误类型
158
159     OSTaskDel ( & AppTaskStartTCB, & err );
160                        // 删除初始任务本身，该任务不再运行
161
162
163 }
164
165
166
167 static  void  AppTaskPost ( void *p_arg )
168 {
169     OS_ERR         err;
170
171     uint8_t ucKey1Press = 0;        // 记忆按键 KEY1 的状态
172
173
174     (void)p_arg;
175
176
177     while (DEF_TRUE)
178         // 任务体
179     {
180     if ( Key_Scan ( macKEY1_GPIO_PORT, macKEY1_GPIO_PIN, 1, & ucKey1Press ) )
181             // 如果 KEY1 被按下
182         {
183             printf(" 发送任务信号量 \n");
184             /* 发布任务信号量 */
185             OSTaskSemPost((OS_TCB  *)&AppTaskPendTCB,
186                         // 目标任务
187                 (OS_OPT    )OS_OPT_POST_NONE,
188                         // 没有选项要求
189                 (OS_ERR   *)&err);
190                         // 返回错误类型
191
192
193         }
194
195         OSTimeDlyHMSM ( 0, 0, 0, 20, OS_OPT_TIME_DLY, & err );
196                         // 每 20ms 扫描一次
197
198     }
199
200 }
201
202
203
204 static  void  AppTaskPend ( void *p_arg )
205 {
```

```
206        OS_ERR          err;
207        CPU_TS          ts;
208        CPU_INT32U      cpu_clk_freq;
209        CPU_SR_ALLOC();
210
211
212        (void)p_arg;
213
214
215        cpu_clk_freq = BSP_CPU_ClkFreq();
216                        // 获取 CPU 时钟，时间戳是以该时钟计数
217
218
219        while (DEF_TRUE)                                    // 任务体
220        {
221            /* 阻塞任务，直到 KEY1 被按下 */
222            OSTaskSemPend ((OS_TICK   )0,                   // 无期限等待
223                           (OS_OPT    )OS_OPT_PEND_BLOCKING,
224                           // 如果信号量不可用就等待
225                           (CPU_TS   *)&ts,
226                           // 获取信号量被发布时的时间戳
227                           (OS_ERR   *)&err);              // 返回错误类型
228
229            ts = OS_TS_GET() - ts;
230                // 计算信号量从发布到接收的时间差
231
232            macLED1_TOGGLE ();                             // 切换 LED1 的亮灭状态
233
234            OS_CRITICAL_ENTER();
235                        // 进入临界段，避免串口打印被打断
236
237            printf ( "任务信号量从被发送到被接收的时间差是 %dus\n\n",
238                    ts / ( cpu_clk_freq / 1000000 ) );
239
240            OS_CRITICAL_EXIT();                            // 退出临界段
241
242        }
243
244 }
```

23.3.2　任务信号量代替计数信号量实验

任务信号量代替计数信号量是基于计数信号量实验修改而来，模拟停车场工作流程，并且在 μC/OS 中创建了两个任务：一个是获取信号量任务，另一个是发送信号量任务。两个任务独立运行，获取信号量任务是通过按下 KEY1 按键获取任务信号量，模拟停车场停车操作，其等待时间是 0；发送信号量任务则是通过检测 KEY2 按键按下进行信号量的发送（发送到获取任务），模拟停车场取车操作，并且在串口调试助手中输出相应信息，实验源码具体参见代码清单 23-7。

代码清单 23-7   任务信号量代替计数信号量

```
 1 #include <includes.h>
 2
 3
 4 static   OS_TCB     AppTaskStartTCB;                            // 任务控制块
 5
 6 static   OS_TCB     AppTaskPostTCB;
 7 static   OS_TCB     AppTaskPendTCB;
 8
 9
10 static   CPU_STK    AppTaskStartStk[APP_TASK_START_STK_SIZE];   // 任务栈
11
12 static   CPU_STK    AppTaskPostStk [ APP_TASK_POST_STK_SIZE ];
13 static   CPU_STK    AppTaskPendStk [ APP_TASK_PEND_STK_SIZE ];
14
15
16
17 static   void   AppTaskStart  (void *p_arg);                    // 任务函数声明
18
19 static   void   AppTaskPost    ( void * p_arg );
20 static   void   AppTaskPend    ( void * p_arg );
21
22
23
24 int   main (void)
25 {
26     OS_ERR   err;
27
28
29     OSInit(&err);                                               // 初始化 μC/OS-III
30
31
32     /* 创建初始任务 */
33     OSTaskCreate((OS_TCB      *)&AppTaskStartTCB,
34                  // 任务控制块地址
35                  (CPU_CHAR    *)"App Task Start",
36                  // 任务名称
37                  (OS_TASK_PTR ) AppTaskStart,
38                  // 任务函数
39                  (void        *) 0,
40                  // 传递给任务函数（形参 p_arg）的实参
41                  (OS_PRIO     ) APP_TASK_START_PRIO,
42                  // 任务的优先级
43                  (CPU_STK     *)&AppTaskStartStk[0],
44                  // 任务栈的基地址
45                  (CPU_STK_SIZE) APP_TASK_START_STK_SIZE / 10,
46                  // 任务栈空间剩下 1/10 时限制其增长
47                  (CPU_STK_SIZE) APP_TASK_START_STK_SIZE,
48                  // 任务栈空间（单位：sizeof(CPU_STK)）
49                  (OS_MSG_QTY  ) 5u,
50                  // 任务可接收的最大消息数
51                  (OS_TICK     ) 0u,
52                  // 任务的时间片节拍数（0 表示默认值 OSCfg_TickRate_Hz/10）
53                  (void        *) 0,
```

```
54                    // 任务扩展 (0 表示不扩展)
55              (OS_OPT       )(OS_OPT_TASK_STK_CHK | OS_OPT_TASK_STK_CLR),
56                    // 任务选项
57              (OS_ERR      *)&err);
58                    // 返回错误类型
59
60      OSStart(&err);
61      // 启动多任务管理 (交由 μC/OS-III 控制)
62
63  }
64
65
66
67
68  static  void  AppTaskStart (void *p_arg)
69  {
70      CPU_INT32U   cpu_clk_freq;
71      CPU_INT32U   cnts;
72      OS_ERR       err;
73
74
75      (void)p_arg;
76
77      BSP_Init();        // 板级初始化
78      CPU_Init();        // 初始化 CPU 组件 (时间戳、关中断时间测量和主机名)
79
80
81      cpu_clk_freq = BSP_CPU_ClkFreq();
82      // 获取 CPU 内核时钟频率 (SysTick 工作时钟)
83      cnts = cpu_clk_freq / (CPU_INT32U)OSCfg_TickRate_Hz;
84      // 根据用户设定的时钟节拍频率计算 SysTick 定时器的计数值
85      // 调用 SysTick 初始化函数,设置定时器计数值和启动定时器
86      OS_CPU_SysTickInit(cnts);
87
88
89      Mem_Init();
90      // 初始化内存管理组件 (堆内存池和内存池表)
91
92  #if OS_CFG_STAT_TASK_EN > 0u
93      // 如果启用 (默认启用) 了统计任务
94      OSStatTaskCPUUsageInit(&err);
95  #endif
96      // 复位 (清零) 当前最大关中断时间
97      CPU_IntDisMeasMaxCurReset();
98
99
100     /* 创建 AppTaskPost 任务 */
101     OSTaskCreate((OS_TCB       *)&AppTaskPostTCB,
102                 // 任务控制块地址
103                 (CPU_CHAR     *)"App Task Post",
104                 // 任务名称
105                 (OS_TASK_PTR ) AppTaskPost,
106                 // 任务函数
107                 (void        *) 0,
```

```
108                    // 传递给任务函数（形参 p_arg）的实参
109                    (OS_PRIO      ) APP_TASK_POST_PRIO,
110                    // 任务的优先级
111                    (CPU_STK     *)&AppTaskPostStk[0],
112                    // 任务栈的基地址
113                    (CPU_STK_SIZE) APP_TASK_POST_STK_SIZE / 10,
114                    // 任务栈空间剩下 1/10 时限制其增长
115                    (CPU_STK_SIZE) APP_TASK_POST_STK_SIZE,
116                    // 任务栈空间（单位：sizeof(CPU_STK)）
117                    (OS_MSG_QTY  ) 5u,
118                    // 任务可接收的最大消息数
119                    (OS_TICK     ) 0u,
120                    // 任务的时间片节拍数（0 表示默认值 OSCfg_TickRate_Hz/10）
121                    (void       *) 0,
122                    // 任务扩展（0 表示不扩展）
123                    (OS_OPT      )(OS_OPT_TASK_STK_CHK | OS_OPT_TASK_STK_CLR),
124                    // 任务选项
125                    (OS_ERR     *)&err);
126                    // 返回错误类型
127
128        /* 创建 AppTaskPend 任务 */
129        OSTaskCreate((OS_TCB     *)&AppTaskPendTCB,
130                    // 任务控制块地址
131                    (CPU_CHAR   *)"App Task Pend",
132                    // 任务名称
133                    (OS_TASK_PTR ) AppTaskPend,
134                    // 任务函数
135                    (void       *) 0,
136                    // 传递给任务函数（形参 p_arg）的实参
137                    (OS_PRIO     ) APP_TASK_PEND_PRIO,
138                    // 任务的优先级
139                    (CPU_STK    *)&AppTaskPendStk[0],
140                    // 任务栈的基地址
141                    (CPU_STK_SIZE) APP_TASK_PEND_STK_SIZE / 10,
142                    // 任务栈空间剩下 1/10 时限制其增长
143                    (CPU_STK_SIZE) APP_TASK_PEND_STK_SIZE,
144                    // 任务栈空间（单位：sizeof(CPU_STK)）
145                    (OS_MSG_QTY  ) 5u,
146                    // 任务可接收的最大消息数
147                    (OS_TICK     ) 0u,
148                    // 任务的时间片节拍数（0 表示默认值 OSCfg_TickRate_Hz/10）
149                    (void       *) 0,
150                    // 任务扩展（0 表示不扩展）
151                    (OS_OPT      )(OS_OPT_TASK_STK_CHK | OS_OPT_TASK_STK_CLR),
152                    // 任务选项
153                    (OS_ERR     *)&err);
154                    // 返回错误类型
155
156        OSTaskDel ( & AppTaskStartTCB, & err );
157        // 删除初始任务本身，该任务不再运行
158
159
160 }
161
```

```
162
163  static  void  AppTaskPost ( void *p_arg )
164  {
165      OS_ERR      err;
166
167      OS_SEM_CTR  ctr;
168
169      uint8_t ucKey2Press = 0;        // 记忆按键 KEY2 的状态
170
171      CPU_SR_ALLOC();
172
173      (void)p_arg;
174
175
176      while (DEF_TRUE)
177      // 任务体
178      {
179      if ( Key_Scan ( macKEY2_GPIO_PORT, macKEY2_GPIO_PIN, 1, & ucKey2Press ) )
180          // 如果 KEY2 被按下
181          {
182
183              /* 发布任务信号量 */
184              ctr = OSTaskSemPost((OS_TCB   *)&AppTaskPendTCB,
185                      // 目标任务
186                                  (OS_OPT    )OS_OPT_POST_NONE,
187                                  // 没有选项要求
188                                  (OS_ERR   *)&err);
189                                  // 返回错误类型
190
191              macLED2_TOGGLE();
192              OS_CRITICAL_ENTER();
193              // 进入临界段，避免串口打印被打断
194
195              printf( "KEY2 被按下，释放 1 个停车位，当前车位为 %d 个 \n",ctr);
196
197
198              OS_CRITICAL_EXIT();                              // 退出临界段
199
200          }
201
202          OSTimeDlyHMSM ( 0, 0, 0, 20, OS_OPT_TIME_DLY, & err );
203          // 每 20ms 扫描一次
204
205      }
206
207  }
208
209
210
211  static  void  AppTaskPend ( void *p_arg )
212  {
213      OS_ERR      err;
214
215      CPU_SR_ALLOC();
```

```
216
217      OS_SEM_CTR      ctr;                     // 当前任务信号量计数
218
219      uint8_t ucKey1Press = 0;        // 记忆按键 KEY1 的状态
220
221      (void)p_arg;
222
223      while (DEF_TRUE)                                              // 任务体
224      {
225
226      if ( Key_Scan ( macKEY1_GPIO_PORT, macKEY1_GPIO_PIN, 1, & ucKey1Press ) )
227              // 如果 KEY1 被按下
228          {
229              ctr = OSTaskSemPend ((OS_TICK     )0,                   // 不等待
230                                   (OS_OPT      )OS_OPT_PEND_NON_BLOCKING,
231                                   (CPU_TS     *)0,
232              // 获取信号量被发布时的时间戳
233                                   (OS_ERR     *)&err);         // 返回错误类型
234
235              macLED1_TOGGLE ();
236                                   // 切换 LED1 的亮灭状态
237
238              OS_CRITICAL_ENTER();
239                                   // 进入临界段，避免串口打印被打断
240
241              if (OS_ERR_NONE == err)
242                  printf( "KEY1 被按下，申请车位成功，当前剩余车位为 %d
243                          个 \n", ctr);
244              else
245                  printf(" 申请车位失败，请按 KEY2 释放车位 \n");
246
247              OS_CRITICAL_EXIT();                                   // 退出临界段
248          }
249
250          OSTimeDlyHMSM ( 0, 0, 0, 20, OS_OPT_TIME_DLY, & err );
251      }
252
253 }
```

23.4 实验现象

23.4.1 任务信号量代替二值信号量实验现象

将程序编译好，用 USB 线连接计算机和开发板的 USB 接口（对应丝印为 USB 转串口），用 DAP 仿真器把配套程序下载到野火 STM32 开发板（具体型号根据购买的板子而定，每个型号的板子都配套有对应的程序），在计算机上打开串口调试助手，然后复位开发板就可以在调试助手中看到串口的打印信息，其中输出了信息表明任务正在运行中，我们按下开发板的按键，串口打印任务运行的信息，表明两个任务同步成功，如图 23-1 所示。

图 23-1　任务信号量代替二值信号量实验现象

23.4.2　任务信号量代替计数信号量实验现象

　　将程序编译好，用 USB 线连接计算机和开发板的 USB 接口（对应丝印为 USB 转串口），用 DAP 仿真器把配套程序下载到野火 STM32 开发板（具体型号根据购买的板子而定，每个型号的板子都配套有对应的程序），在计算机上打开串口调试助手，然后复位开发板就可以在调试助手中看到串口的打印信息，按下开发板的 KEY1 按键获取信号量模拟停车，按下 KEY2 按键释放信号量模拟取车，因为是使用任务信号量代替信号量，所以任务信号量默认为 0，表示当前车位为 0；我们按下 KEY1 与 KEY2 试一试，在串口调试助手中可以看到运行信息，如图 23-2 所示。

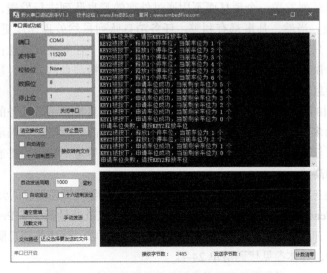

图 23-2　任务信号量代替计数信号量实验现象

第 24 章
任务消息队列

24.1　任务消息队列的基本概念

任务消息队列与任务信号量一样，均属于某一个特定任务，不需要单独创建。任务存在则任务消息队列也存在，只有该任务才可以获取（接收）这个任务消息队列的消息，其他任务只能给这个任务消息队列发送消息，却不能获取。任务消息队列与前面讲解的（普通）消息队列极其相似，只是任务消息队列已属于一个特定任务，所以不具有等待列表，在操作过程中省去了等待任务插入和移除列表的动作，所以其工作原理相对更简单一点，效率也更高。

注意：本书提及的"消息队列"，若无特别说明，均指普通消息队列（属于内核对象），而非任务消息队列。

通过对任务消息队列的合理使用，可以在一定场合下替代 μC/OS 的消息队列，用户只需向任务内部的消息队列发送一个消息而不用通过外部的消息队列进行发送，这样处理就会很方便并且更加高效。当然，凡事都有利弊，任务消息队列虽然处理速度更快，RAM 开销更小，但也有限制：只能指定消息发送的对象，有且只有一个任务接收消息；而内核对象的消息队列则没有这个限制，用户在发送消息时，可以采用广播消息的方式，让所有等待该消息的任务都获取到消息。

在实际任务间的通信中，一个或多个任务发送一个消息给另一个任务的情况是非常常见的，而一个任务给多个任务发送消息的情况相对比较少，前者就很适合采用任务消息队列进行消息传递，如果任务消息队列可以满足设计需求，那么尽量不要使用普通消息队列，这样设计的系统会更加高效。

内核对象的消息队列是用结构体 OS_Q 来管理的，包含了管理消息的元素 MsgQ 和管理等待列表的元素 PendList 等。而任务消息队列的结构体成员变量就少了 PendList，因为等待任务消息队列只有拥有任务消息队列本身的任务才可以获取，故任务消息队列不需要等待列表的相关数据结构，具体参见代码清单 24-1。

注意：要想使用任务消息队列，就必须将 OS_CFG_TASK_Q_EN 宏定义配置为 1，该宏定义位于 os_cfg.h 文件中。

代码清单 24-1　任务消息队列数据结构

```
1 struct    os_msg_q
2 {
3        OS_MSG              *InPtr;                         (1)
4        OS_MSG              *OutPtr;                        (2)
5        OS_MSG_QTY          NbrEntriesSize;                 (3)
6        OS_MSG_QTY          NbrEntries;                     (4)
7        OS_MSG_QTY          NbrEntriesMax;                  (5)
8 };
```

代码清单 24-1（1）（2）：任务消息队列中进出消息指针。

代码清单 24-1（3）：任务消息队列中最大可用的消息个数，在创建任务时由用户指定这个值的大小。

代码清单 24-1（4）：记录任务消息队列中当前的消息个数，每当发送一个消息到任务消息队列时，若任务没有等待该消息，那么新发送的消息被插入任务消息队列后此值加 1，NbrEntries 的大小不能超过 NbrEntriesSize。

代码清单 24-1（5）：记录任务消息队列拥有最多消息时的消息个数。

任务消息队列的运作机制与普通消息队列一样，没有什么差别。

24.2　任务消息队列函数

24.2.1　任务消息队列发送函数 OSTaskQPost()

OSTaskQPost() 函数用来发送任务消息队列，参数中有指向消息要发送到的任务控制块的指针，任何任务都可以发送消息给拥有任务消息队列的任务（任务在被创建时，要设置参数 q_size 大于 0），其源码具体参见代码清单 24-2。

代码清单 24-2　OSTaskQPost() 函数源码

```
 1 #if OS_CFG_TASK_Q_EN > 0u                          // 如果启用了任务消息队列
 2 void  OSTaskQPost (OS_TCB        *p_tcb,           // 目标任务            (1)
 3                    void          *p_void,          // 消息内容地址        (2)
 4                    OS_MSG_SIZE   msg_size,         // 消息长度            (3)
 5                    OS_OPT        opt,              // 选项                (4)
 6                    OS_ERR        *p_err)           // 返回错误类型        (5)
 7 {
 8     CPU_TS    ts;
 9
10
11
12 #ifdef OS_SAFETY_CRITICAL                          // 如果启用（默认禁用）了安全检测
```

```
13    if (p_err == (OS_ERR *)0)                    // 如果错误类型实参为空
14    {
15        OS_SAFETY_CRITICAL_EXCEPTION();           // 执行安全检测异常函数
16        return;                                   // 返回，停止执行
17    }
18 #endif
19
20 #if OS_CFG_ARG_CHK_EN > 0u                        // 如果启用了参数检测
21    switch (opt)                                   // 根据选项分类处理
22    {
23    case OS_OPT_POST_FIFO:                          // 如果选项在预期内
24    case OS_OPT_POST_LIFO:
25    case OS_OPT_POST_FIFO | OS_OPT_POST_NO_SCHED:
26    case OS_OPT_POST_LIFO | OS_OPT_POST_NO_SCHED:
27        break;                                     // 直接跳出
28
29    default:                                        // 如果选项超出预期
30        *p_err = OS_ERR_OPT_INVALID;                // 错误类型为"选项非法"
31        return;                                     // 返回，停止执行
32    }
33 #endif
34
35    ts = OS_TS_GET();                              // 获取时间戳
36
37 #if OS_CFG_ISR_POST_DEFERRED_EN > 0u              // 如果启用了中断延迟发布
38    if (OSIntNestingCtr > (OS_NESTING_CTR)0)        // 如果该函数在中断中被调用
39    {
40        OS_IntQPost((OS_OBJ_TYPE)OS_OBJ_TYPE_TASK_MSG, // 将消息先发布到中断消息队列
41                    (void        *)p_tcb,
42                    (void        *)p_void,
43                    (OS_MSG_SIZE)msg_size,
44                    (OS_FLAGS    )0,
45                    (OS_OPT      )opt,
46                    (CPU_TS      )ts,
47                    (OS_ERR      *)p_err);                          (6)
48        return;                                     // 返回
49    }
50 #endif
51
52    OS_TaskQPost(p_tcb,                            // 将消息直接发布
53                 p_void,
54                 msg_size,
55                 opt,
56                 ts,
57                 p_err);                                            (7)
58 }
59 #endif
```

代码清单 24-2（1）：目标任务。

代码清单 24-2（2）：任务消息内容地址。

代码清单 24-2（3）：任务消息的长度。

代码清单 24-2（4）：发送的选项。

代码清单 24-2（5）：用于保存返回的错误类型。

代码清单 24-2（6）：如果启用了中断延迟发布，并且该函数在中断中被调用，就先将消息发布到中断消息队列。

代码清单 24-2（7）：调用 OS_TaskQPost() 函数将消息直接发送，其源码具体参见代码清单 24-3。

代码清单 24-3　OS_TaskQPost() 函数源码

```
1  #if OS_CFG_TASK_Q_EN > 0u                          // 如果启用了任务消息队列
2  void   OS_TaskQPost (OS_TCB     *p_tcb,            // 目标任务
3                       void       *p_void,           // 消息内容地址
4                       OS_MSG_SIZE  msg_size,        // 消息长度
5                       OS_OPT       opt,             // 选项
6                       CPU_TS       ts,              // 时间戳
7                       OS_ERR      *p_err)           // 返回错误类型
8  {
9      CPU_SR_ALLOC();   // 使用临界段（在关 / 开中断时）时必须用到该宏，该宏声明和
10     // 定义一个局部变量，用于保存关中断前的 CPU 状态寄存器
11     // SR（临界段关中断只需保存 SR），开中断时将该值还原。
12
13     OS_CRITICAL_ENTER();                           // 进入临界段
14     if (p_tcb == (OS_TCB *)0)                       // 如果 p_tcb 为空            (1)
15     {
16         p_tcb = OSTCBCurPtr;                        // 目标任务为自身
17     }
18     *p_err = OS_ERR_NONE;                           // 错误类型为"无错误"
19     switch (p_tcb->TaskState)                       // 根据任务状态分类处理        (2)
20     {
21     case OS_TASK_STATE_RDY:                         // 如果目标任务没有等待状态
22     case OS_TASK_STATE_DLY:
23     case OS_TASK_STATE_SUSPENDED:
24     case OS_TASK_STATE_DLY_SUSPENDED:
25         OS_MsgQPut(&p_tcb->MsgQ,                    // 把消息放入任务消息队列
26                 p_void,
27                 msg_size,
28                 opt,
29                 ts,
30                 p_err);                                                        (3)
31         OS_CRITICAL_EXIT();                         // 退出临界段
32         break;                                      // 跳出
33
34     case OS_TASK_STATE_PEND:                        // 如果目标任务有等待状态
35     case OS_TASK_STATE_PEND_TIMEOUT:
36     case OS_TASK_STATE_PEND_SUSPENDED:
37     case OS_TASK_STATE_PEND_TIMEOUT_SUSPENDED:
38         if (p_tcb->PendOn == OS_TASK_PEND_ON_TASK_Q) // 如果等待的是任务消息队列
39         {
40             OS_Post((OS_PEND_OBJ *)0,               // 把消息发布给目标任务
41                     p_tcb,
42                     p_void,
```

```
43                        msg_size,
44                        ts);                                              (4)
45              OS_CRITICAL_EXIT_NO_SCHED();          // 退出临界段（无调度）
46              if ((opt & OS_OPT_POST_NO_SCHED) == (OS_OPT)0u)  // 如果要调度任务
47              {
48                  OSSched();                        // 调度任务
49              }
50          }
51          else                                      // 如果没在等待任务消息队列 (5)
52          {
53              OS_MsgQPut(&p_tcb->MsgQ,              // 把消息放入任务消息队列
54                         p_void,
55                         msg_size,
56                         opt,
57                         ts,
58                         p_err);
59              OS_CRITICAL_EXIT();                   // 退出临界段
60          }
61          break;                                    // 跳出
62
63      default:                                      // 如果状态超出预期       (6)
64          OS_CRITICAL_EXIT();                       // 退出临界段
65          *p_err = OS_ERR_STATE_INVALID;            // 错误类型为"状态非法"
66          break;                                    // 跳出
67      }
68 }
69 #endif
```

代码清单 24-3（1）：如果目标任务为空，则表示将任务消息释放给自己，那么 p_tcb 指向当前任务。

代码清单 24-3（2）：根据任务状态分类处理。

代码清单 24-3（3）：如果目标任务没有等待状态，就调用 OS_MsgQPut() 函数将消息放入队列中，执行完毕就退出。OS_MsgQPut() 函数源码具体见代码清单 18-13。

代码清单 24-3（4）：如果目标任务有等待状态，就看看是不是在等待任务消息队列，如果是，则调用 OS_Post() 函数把任务消息发送给目标任务，其源码具体参见代码清单 18-14。

代码清单 24-3（5）：如果任务并不是在等待任务消息队列，那么调用 OS_MsgQPut() 函数将消息放入任务消息队列中即可。

代码清单 24-3（6）：如果状态超出预期，则返回错误类型为"状态非法"的错误代码。

任务消息队列的发送过程与消息队列的发送过程差不多，先检查目标任务的状态，如果该任务刚好在等待任务消息队列的消息，那么直接让任务脱离等待状态即可。如果任务没有在等待任务消息队列的消息，则就将消息插入要发送消息的任务消息队列。

任务消息队列发送函数 OSTaskQPost() 的使用实例具体参见代码清单 24-4。

代码清单 24-4　OSTaskQPost() 函数实例

```
1 OS_ERR        err;
```

```
2
3    /* 发布消息到任务 AppTaskPend */
4    OSTaskQPost ((OS_TCB      *)&AppTaskPendTCB,            // 目标任务的控制块
5                 (void         *)"YeHuo μC/OS-III",         // 消息内容
6                 (OS_MSG_SIZE  )sizeof ( "YeHuo μC/OS-III" ), // 消息长度
7                 (OS_OPT       )OS_OPT_POST_FIFO,
8                 // 发布到任务消息队列的入口端
9                 (OS_ERR       *)&err);                     // 返回错误类型
```

24.2.2　任务消息队列获取函数 OSTaskQPend()

与任务消息队列发送函数 OSTaskQPost() 相对应，OSTaskQPend() 函数用于获取一个任务消息队列，函数的参数中没有指定哪个任务获取任务消息，实际上就是当前执行的任务，当任务调用了这个函数，就表明这个任务需要获取任务消息。OSTaskQPend() 函数源码具体参见代码清单 24-5。

代码清单 24-5　OSTaskQPend() 函数源码

```
1  #if OS_CFG_TASK_Q_EN > 0u                              // 如果启用了任务消息队列
2  void  *OSTaskQPend (OS_TICK        timeout,            // 等待期限 (单位: 时钟节拍)  (1)
3                      OS_OPT         opt,                // 选项                    (2)
4                      OS_MSG_SIZE    *p_msg_size,        // 返回消息长度             (3)
5                      CPU_TS         *p_ts,              // 返回时间戳               (4)
6                      OS_ERR         *p_err)             // 返回错误类型             (5)
7  {
8      OS_MSG_Q     *p_msg_q;
9      void         *p_void;
10     CPU_SR_ALLOC(); // 使用临界段 (在关 / 开中断时) 时必须用到该宏, 该宏声明和
11     // 定义一个局部变量, 用于保存关中断前的 CPU 状态寄存器
12     // SR (临界段关中断只需保存 SR), 开中断时将该值还原
13
14  #ifdef OS_SAFETY_CRITICAL                             // 如果启用 (默认禁用) 了安全检测
15      if (p_err == (OS_ERR *)0)                         // 如果错误类型实参为空
16      {
17          OS_SAFETY_CRITICAL_EXCEPTION();               // 执行安全检测异常函数
18          return ((void *)0);                           // 返回 0 (有错误), 停止执行
19      }
20  #endif
21
22  #if OS_CFG_CALLED_FROM_ISR_CHK_EN > 0u                // 如果启用了中断中非法调用检测
23      if (OSIntNestingCtr > (OS_NESTING_CTR)0)          // 如果该函数在中断中被调用
24      {
25          *p_err = OS_ERR_PEND_ISR;                     // 错误类型为 "在中断中中止等待"
26          return ((void *)0);                           // 返回 0 (有错误), 停止执行
27      }
28  #endif
29
30  #if OS_CFG_ARG_CHK_EN > 0u                            // 如果启用了参数检测
31      if (p_msg_size == (OS_MSG_SIZE *)0)               // 如果 p_msg_size 为空
32      {
```

```
33          *p_err = OS_ERR_PTR_INVALID;            // 错误类型为"指针不可用"
34          return ((void *)0);                     // 返回 0（有错误），停止执行
35      }
36      switch (opt)                                // 根据选项分类处理
37      {
38      case OS_OPT_PEND_BLOCKING:                  // 如果选项在预期内
39      case OS_OPT_PEND_NON_BLOCKING:
40          break;                                  // 直接跳出
41
42      default:                                    // 如果选项超出预期
43          *p_err = OS_ERR_OPT_INVALID;            // 错误类型为"选项非法"
44          return ((void *)0);                     // 返回 0（有错误），停止执行
45      }
46 #endif
47
48      if (p_ts != (CPU_TS *)0)                    // 如果 p_ts 非空
49      {
50          *p_ts = (CPU_TS )0;                     // 初始化（清零）p_ts，待用于返回时间戳
51      }
52
53      CPU_CRITICAL_ENTER();                       // 关中断
54      p_msg_q = &OSTCBCurPtr->MsgQ;               // 获取当前任务的消息队列          (6)
55      p_void = OS_MsgQGet(p_msg_q,                // 从队列里获取一个消息
56                          p_msg_size,
57                          p_ts,
58                          p_err);                                                 (7)
59      if (*p_err == OS_ERR_NONE)                  // 如果获取消息成功
60      {
61 #if OS_CFG_TASK_PROFILE_EN > 0u
62
63          if (p_ts != (CPU_TS *)0)
64          {
65              OSTCBCurPtr->MsgQPendTime = OS_TS_GET() - *p_ts;
66              if (OSTCBCurPtr->MsgQPendTimeMax < OSTCBCurPtr->MsgQPendTime)
67              {
68                  OSTCBCurPtr->MsgQPendTimeMax = OSTCBCurPtr->MsgQPendTime;
69              }
70          }
71 #endif
72          CPU_CRITICAL_EXIT();                    // 开中断
73          return (p_void);                        // 返回消息内容
74      }
75      /* 如果获取消息不成功（队列里没有消息）*/                                      (8)
76      if ((opt & OS_OPT_PEND_NON_BLOCKING) != (OS_OPT)0) // 如果选择了不阻塞任务
77      {
78          *p_err = OS_ERR_PEND_WOULD_BLOCK;       // 错误类型为"缺乏阻塞"
79          CPU_CRITICAL_EXIT();                    // 开中断
80          return ((void *)0);                     // 返回 0（有错误），停止执行
81      }
82      else                                        // 如果选择了阻塞任务              (9)
83      {
84          if (OSSchedLockNestingCtr > (OS_NESTING_CTR)0)   // 如果调度器被锁
85          {
```

```
86              CPU_CRITICAL_EXIT();                        // 开中断
87              *p_err = OS_ERR_SCHED_LOCKED;               // 错误类型为"调度器被锁"
88              return ((void *)0);                         // 返回0(有错误), 停止执行
89          }
90      }
91      /* 如果调度器未被锁 */
92      OS_CRITICAL_ENTER_CPU_EXIT();                       // 锁调度器, 重开中断           (10)
93      OS_Pend((OS_PEND_DATA *)0,                          // 阻塞当前任务, 等待消息       (11)
94              (OS_PEND_OBJ   *)0,
95              (OS_STATE      )OS_TASK_PEND_ON_TASK_Q,
96              (OS_TICK       )timeout);
97      OS_CRITICAL_EXIT_NO_SCHED();                        // 解锁调度器(无调度)
98
99      OSSched();                                          // 调度任务                     (12)
100     /* 当前任务(获得消息队列的消息)得以继续运行 */
101     CPU_CRITICAL_ENTER();                               // 关中断                       (13)
102     switch (OSTCBCurPtr->PendStatus)                    // 根据任务的等待状态分类处理
103     {
104     case OS_STATUS_PEND_OK:                             // 如果任务已成功获得消息       (14)
105         p_void      = OSTCBCurPtr->MsgPtr;              // 提取消息内容地址
106         *p_msg_size = OSTCBCurPtr->MsgSize;             // 提取消息长度
107         if (p_ts != (CPU_TS *)0)                        // 如果 p_ts 非空
108         {
109             *p_ts = OSTCBCurPtr->TS;                    // 获取任务等到消息时的时间戳
110 #if OS_CFG_TASK_PROFILE_EN > 0u
111
112             OSTCBCurPtr->MsgQPendTime = OS_TS_GET() - OSTCBCurPtr->TS;
113             if (OSTCBCurPtr->MsgQPendTimeMax < OSTCBCurPtr->MsgQPendTime)
114             {
115                 OSTCBCurPtr->MsgQPendTimeMax = OSTCBCurPtr->MsgQPendTime;
116             }
117 #endif
118         }
119         *p_err = OS_ERR_NONE;                           // 错误类型为"无错误"
120         break;                                          // 跳出
121
122     case OS_STATUS_PEND_ABORT:                          // 如果等待被中止               (15)
123         p_void    = (void      *)0;                     // 返回消息内容为空
124         *p_msg_size = (OS_MSG_SIZE)0;                   // 返回消息大小为0
125         if (p_ts   != (CPU_TS *)0)                      // 如果 p_ts 非空
126         {
127             *p_ts   = (CPU_TS )0;                       // 清零 p_ts
128         }
129         *p_err     = OS_ERR_PEND_ABORT;                 // 错误类型为"等待被中止"
130         break;                                          // 跳出
131
132     case OS_STATUS_PEND_TIMEOUT:          // 如果等待超时, 或者任务状态超出预期         (16)
133     default:
134         p_void    = (void      *)0;                     // 返回消息内容为空
135         *p_msg_size = (OS_MSG_SIZE)0;                   // 返回消息大小为0
136         if (p_ts   != (CPU_TS *)0)                      // 如果 p_ts 非空
137         {
138             *p_ts   = OSTCBCurPtr->TS;
```

```
139              }
140       *p_err        = OS_ERR_TIMEOUT;              // 错误类为 "等待超时"
141       break;                                       // 跳出
142    }
143    CPU_CRITICAL_EXIT();                            // 开中断
144    return (p_void);                                // 返回消息内容地址     (17)
145 }
146 #endif
```

代码清单 24-5（1）：指定超时时间（单位：时钟节拍）。

代码清单 24-5（2）：获取任务消息队列的选项。

代码清单 24-5（3）：返回消息长度。

代码清单 24-5（4）：返回时间戳。

代码清单 24-5（5）：返回错误类型。

代码清单 24-5（6）：获取当前任务的消息队列并保存在 p_msg_q 变量中。

代码清单 24-5（7）：调用 OS_MsgQGet() 函数从消息队列获取一个消息，其源码具体参见代码清单 18-17。如果获取消息成功，则返回指向消息的指针。

代码清单 24-5（8）：如果获取消息不成功（任务消息队列中没有消息），并且用户选择了不阻塞任务，那么返回错误类型为 "缺乏阻塞" 的错误代码，然后退出。

代码清单 24-5（9）：如果选择了阻塞任务，先判断调度器是否被锁，如果被锁了也不能继续执行。

代码清单 24-5（10）：如果调度器未被锁，系统会锁调度器，重开中断。

代码清单 24-5（11）：调用 OS_Pend() 函数将当前任务脱离就绪列表，并根据用户指定的阻塞时间插入节拍列表，但是不会插入队列等待列表，然后打开调度器，但不进行调度。OS_Pend() 函数源码具体参见代码清单 18-18。

代码清单 24-5（12）：进行一次任务调度。

代码清单 24-5（13）：程序能执行到这里，说明大体上有两种情况——任务获取到消息了，或者任务还没获取到消息（任务没获取到消息的情况有很多种），无论是哪种情况，都先把中断关掉，然后根据当前运行任务的等待状态分类处理。

代码清单 24-5（14）：如果任务状态是 OS_STATUS_PEND_OK，则表示任务获取到消息了，那么从任务控制块中提取消息，这是因为在发送消息给任务时，会将消息放入任务控制块的 MsgPtr 成员变量中，然后继续提取消息大小。如果 p_ts 非空，则记录获取任务等到消息时的时间戳，返回错误类型为 "无错误" 的错误代码，跳出 switch 语句。

代码清单 24-5（15）：如果任务在等待（阻塞）中被中止，则返回消息内容为空，返回消息大小为 0，返回错误类型为 "等待被中止" 的错误代码，跳出 switch 语句。

代码清单 24-5（16）：如果任务等待（阻塞）超时，则说明等待的时间过去了，任务也没获取到消息，则返回消息内容为空，返回消息大小为 0，返回错误类型为 "等待超时" 的错误代码，跳出 switch 语句。

代码清单 24-5（17）：打开中断，返回消息内容。

24.3 任务消息队列实验

任务消息队列实验是在 μC/OS 中创建了两个任务，其中一个任务是接收任务消息，另一个任务是发送任务消息。两个任务独立运行，发送消息任务每秒发送一次任务消息，接收消息任务则一直等待消息，一旦获取到消息通知，就把消息打印在串口调试助手中，具体参见代码清单 24-6。

代码清单 24-6 任务消息队列实验

```
1  #include <includes.h>
2
3  static   OS_TCB     AppTaskStartTCB;                        // 任务控制块
4
5  static   OS_TCB     AppTaskPostTCB;
6  static   OS_TCB     AppTaskPendTCB;
7
8
9  static   CPU_STK    AppTaskStartStk[APP_TASK_START_STK_SIZE];  // 任务栈
10
11 static   CPU_STK    AppTaskPostStk [ APP_TASK_POST_STK_SIZE ];
12 static   CPU_STK    AppTaskPendStk [ APP_TASK_PEND_STK_SIZE ];
13
14
15 static   void   AppTaskStart   (void *p_arg);                // 任务函数声明
16
17 static   void   AppTaskPost    ( void *p_arg );
18 static   void   AppTaskPend    ( void *p_arg );
19
20
21
22
23 int   main (void)
24 {
25     OS_ERR   err;
26
27
28     OSInit(&err);                      // 初始化 μC/OS
29
30
31     /* 创建初始任务 */
32     OSTaskCreate((OS_TCB       *)&AppTaskStartTCB,
33                  // 任务控制块地址
34                  (CPU_CHAR     *)"App Task Start",          // 任务名称
35                  (OS_TASK_PTR ) AppTaskStart,               // 任务函数
36                  (void        *) 0,
37                  // 传递给任务函数（形参 p_arg）的实参
38                  (OS_PRIO      ) APP_TASK_START_PRIO,       // 任务的优先级
39                  (CPU_STK     *)&AppTaskStartStk[0],
40                  // 任务栈的基地址
41                  (CPU_STK_SIZE) APP_TASK_START_STK_SIZE / 10,
42                  // 任务栈空间剩下 1/10 时限制其增长
```

```
43                    (CPU_STK_SIZE) APP_TASK_START_STK_SIZE,
44                    // 任务栈空间 (单位: sizeof(CPU_STK))
45                    (OS_MSG_QTY  ) 5u,
46                    // 任务可接收的最大消息数
47                    (OS_TICK     ) 0u,
48                    // 任务的时间片节拍数 (0 表示默认值 OSCfg_TickRate_Hz/10)
49                    (void        *) 0,
50                    // 任务扩展 (0 表示不扩展)
51                    (OS_OPT      )(OS_OPT_TASK_STK_CHK | OS_OPT_TASK_STK_CLR),// 任务选项
52                    (OS_ERR      *)&err);                                    // 返回错误类型
53
54      OSStart(&err);
55      // 启动多任务管理 (交由 µC/OS-III 控制)
56
57  }
58
59
60  static  void  AppTaskStart (void *p_arg)
61  {
62      CPU_INT32U  cpu_clk_freq;
63      CPU_INT32U  cnts;
64      OS_ERR      err;
65
66
67      (void)p_arg;
68
69      BSP_Init();        // 板级初始化
70      CPU_Init();        // 初始化 CPU 组件 (时间戳、关中断时间测量和主机名)
71
72
73      cpu_clk_freq = BSP_CPU_ClkFreq();
74      // 获取 CPU 内核时钟频率 (SysTick 工作时钟)
75      cnts = cpu_clk_freq / (CPU_INT32U)OSCfg_TickRate_Hz;
76      // 根据用户设定的时钟节拍频率计算 SysTick 定时器的计数值
77      OS_CPU_SysTickInit(cnts); // 调用 SysTick 初始化函数,设置定时器计数值和启动定时器
78
79
80      Mem_Init();
81                  // 初始化内存管理组件 (堆内存池和内存池表)
82
83  #if OS_CFG_STAT_TASK_EN > 0u
84  // 如果启用 (默认启用) 了统计任务
85      OSStatTaskCPUUsageInit(&err);
86
87
88  #endif
89
90
91      CPU_IntDisMeasMaxCurReset();
92      // 复位 (清零) 当前最大关中断时间
93
94
95      /* 创建 AppTaskPost 任务 */
```

```
96     OSTaskCreate((OS_TCB      *)&AppTaskPostTCB,
97                  // 任务控制块地址
98                  (CPU_CHAR    *)"App Task Post",        // 任务名称
99                  (OS_TASK_PTR ) AppTaskPost,            // 任务函数
100                 (void        *) 0,
101                 // 传递给任务函数 (形参 p_arg) 的实参
102                 (OS_PRIO     ) APP_TASK_POST_PRIO,      // 任务的优先级
103                 (CPU_STK     *)&AppTaskPostStk[0],
104                 // 任务栈的基地址
105                 (CPU_STK_SIZE) APP_TASK_POST_STK_SIZE / 10,
106                 // 任务栈空间剩下 1/10 时限制其增长
107                 (CPU_STK_SIZE) APP_TASK_POST_STK_SIZE,
108                 // 任务栈空间 (单位: sizeof(CPU_STK))
109                 (OS_MSG_QTY  ) 5u,
110                 // 任务可接收的最大消息数
111                 (OS_TICK     ) 0u,
112                 // 任务的时间片节拍数 (0 表示默认值 OSCfg_TickRate_Hz/10)
113                 (void        *) 0,
114                 // 任务扩展 (0 表示不扩展)
115                 (OS_OPT      )(OS_OPT_TASK_STK_CHK | OS_OPT_TASK_STK_CLR),
116                 (OS_ERR      *)&err);                   // 返回错误类型
117
118     /* 创建 AppTaskPend 任务 */
119     OSTaskCreate((OS_TCB      *)&AppTaskPendTCB,
120                  // 任务控制块地址
121                  (CPU_CHAR    *)"App Task Pend",        // 任务名称
122                  (OS_TASK_PTR ) AppTaskPend,            // 任务函数
123                  (void        *) 0,
124                  // 传递给任务函数 (形参 p_arg) 的实参
125                  (OS_PRIO     ) APP_TASK_PEND_PRIO,     // 任务的优先级
126                  (CPU_STK     *)&AppTaskPendStk[0],
127                  // 任务栈的基地址
128                  (CPU_STK_SIZE) APP_TASK_PEND_STK_SIZE / 10,
129                  // 任务栈空间剩下 1/10 时限制其增长
130                  (CPU_STK_SIZE) APP_TASK_PEND_STK_SIZE,
131                  // 任务栈空间 (单位: sizeof(CPU_STK))
132                  (OS_MSG_QTY  ) 50u,
133                  // 任务可接收的最大消息数
134                  (OS_TICK     ) 0u,
135                  // 任务的时间片节拍数 (0 表示默认值 OSCfg_TickRate_Hz/10)
136                  (void        *) 0,
137                  // 任务扩展 (0 表示不扩展)
138                  (OS_OPT      )(OS_OPT_TASK_STK_CHK | OS_OPT_TASK_STK_CLR), // 任务选项
139                  (OS_ERR      *)&err);                   // 返回错误类型
140
141     OSTaskDel ( & AppTaskStartTCB, & err );
142     // 删除初始任务本身, 该任务不再运行
143
144
145 }
146
147
148
```

```
149 static  void  AppTaskPost ( void *p_arg )
150 {
151    OS_ERR       err;
152
153
154    (void)p_arg;
155
156
157    while (DEF_TRUE)                                          // 任务体
158    {
159        /* 发送消息到任务 AppTaskPend */
160        OSTaskQPost ((OS_TCB      *)&AppTaskPendTCB,  // 目标任务的控制块
161                    (void        *)"Fire μC/OS-III", // 消息内容
162                    (OS_MSG_SIZE )sizeof( "Fire μC/OS-III" ), // 消息长度
163                    (OS_OPT      )OS_OPT_POST_FIFO,
164                    // 发送到任务消息队列的入口端
165                    (OS_ERR      *)&err);           // 返回错误类型
166
167        OSTimeDlyHMSM ( 0, 0, 1, 0, OS_OPT_TIME_DLY, & err );
168
169    }
170
171 }
172
173
174
175 static  void  AppTaskPend ( void *p_arg )
176 {
177    OS_ERR       err;
178    OS_MSG_SIZE  msg_size;
179    CPU_TS       ts;
180    CPU_INT32U   cpu_clk_freq;
181    CPU_SR_ALLOC();
182
183    char * pMsg;
184
185
186    (void)p_arg;
187
188
189    cpu_clk_freq = BSP_CPU_ClkFreq();
190    // 获取 CPU 时钟, 时间戳是以该时钟计数
191
192
193    while (DEF_TRUE)                                          // 任务体
194    {
195        /* 阻塞任务, 等待任务消息 */
196        pMsg = OSTaskQPend ((OS_TICK      )0,          // 无期限等待
197                    (OS_OPT      )OS_OPT_PEND_BLOCKING, // 没有消息就阻塞任务
198                    (OS_MSG_SIZE *)&msg_size,          // 返回消息长度
199                    (CPU_TS      *)&ts,
200                    // 返回消息被发送的时间戳
201                    (OS_ERR      *)&err);      // 返回错误类型
```

```
202
203        ts = OS_TS_GET() - ts;
204                    // 计算消息从发送到被接收的时间差
205
206        macLED1_TOGGLE ();                                    // 切换 LED1 的亮灭状态
207
208        OS_CRITICAL_ENTER();
209                    // 进入临界段，避免串口打印被打断
210
211        printf ( "\r\n 接收到的消息的内容为: %s, 长度是: %d 字节.",
212                 pMsg, msg_size );
213
214        printf ( "\r\n 任务消息从被发送到被接收的时间差是%dus\r\n",
215                 ts / ( cpu_clk_freq / 1000000 ) );
216
217        OS_CRITICAL_EXIT();                                   // 退出临界段
218
219    }
220
221 }
```

24.4 实验现象

将程序编译好，用 USB 线连接计算机和开发板的 USB 接口（对应丝印为 USB 转串口），
用 DAP 仿真器把配套程序下载到野火 STM32 开发板（具体型号根据购买的板子而定，每个
型号的板子都配套有对应的程序），在计算机上打开串口调试助手，然后复位开发板就可以在
调试助手中看到串口的运行打印信息，具体如图 24-1 所示。

图 24-1　任务消息队列实验现象

第 25 章
内 存 管 理

25.1 内存管理的基本概念

在计算机系统中，变量、中间数据一般存放在系统存储空间中，只有在实际使用时才将它们从存储空间调入中央处理器内部进行运算。通常存储空间可以分为两种：内部存储空间和外部存储空间。内部存储空间访问速度比较快，能够按照变量地址随机地访问，也就是我们通常所说的 RAM（随机存储器），或计算机的内存；而外部存储空间内所保存的内容相对来说比较固定，即使掉电后数据也不会丢失，可以把它理解为计算机的硬盘。在这一章中我们主要讨论内部存储空间（RAM）的管理——内存管理。

在嵌入式系统设计中，内存分配应该根据所设计系统的特点来决定使用动态内存分配还是静态内存分配算法，一些可靠性要求非常高的系统应使用静态内存分配，而普通的业务系统可以使用动态内存分配来提高内存使用效率。静态内存分配可以保证设备的可靠性，但是需要考虑内存上限，内存使用效率低，而动态内存分配则相反。

μC/OS 采用内存池的方式进行管理，也就是创建一个内存池，静态划分一大块连续空间作为内存管理的空间，里面划分为很多个内存块，在使用时就从这个内存池中获取一个内存块，使用完毕用户可以将其放回内存池中，这样就不会导致内存碎片的产生。

μC/OS 内存管理模块管理用于系统的内存资源，它是操作系统的核心模块之一，主要用于内存池的创建、分配以及释放。

很多读者会有疑问，为什么不直接使用 C 标准库中的内存管理函数呢？在计算机中我们可以用 malloc() 和 free() 这两个函数动态分配内存和释放内存，但是在嵌入式实时操作系统中，调用 malloc() 和 free() 函数却是危险的，原因有以下几点：

- 这些函数在小型嵌入式系统中并不总是可用的，小型嵌入式设备中的 RAM 不足。
- 它们的实现可能需要占用相当大的一块代码空间。
- 它们几乎都不是安全的。
- 它们并不是确定的，每次调用这些函数，执行的时间可能都不一样。
- 它们有可能产生碎片。
- 这两个函数会使链接器配置得更复杂。

- 如果允许堆空间的生长方向覆盖其他变量占据的内存，那么它们会成为 debug 的灾难。

在一般的实时嵌入式系统中，由于实时性的要求，很少使用虚拟内存机制。所有的内存都需要用户参与分配，直接操作物理内存，所分配的内存不能超过系统的物理内存，所有的系统栈都由用户自己管理。

同时，在嵌入式实时操作系统中，对内存的分配时间要求更为苛刻，分配内存的时间必须是确定的。一般内存管理算法是根据需要存储的数据的长度在内存中寻找一个与这段数据相适应的空闲内存块，然后将数据存储在里面，而寻找这样一个空闲内存块所耗费的时间是不确定的，因此对于实时系统来说，这就是不可接受的，实时系统必须保证内存块的分配过程在可预测的确定时间内完成，否则实时任务对外部事件的响应也将变得不可确定。

在嵌入式系统中，内存是十分有限且十分珍贵的，用掉一块就少了一块，而在分配中随着内存不断被分配和释放，整个系统内存区域会产生越来越多的碎片，因为在使用过程中申请了一些内存，其中一些释放了，导致内存空间中存在一些小的内存块，它们的地址不连续，不能作为一整块大内存分配出去，所以一定会出现在某个时间段，系统无法分配到合适的内存的情况，这将导致系统瘫痪。其实系统中还有内存，但是因为小块的内存的地址不连续，导致无法分配成功，所以我们需要一个优良的内存分配算法来避免这种情况的出现。

μC/OS 提供的内存分配算法是只允许用户分配固定大小的内存块，当使用完成就将其放回内存池中，分配效率极高，时间复杂度是 $O(1)$，也就是一个固定的时间常数，并不会因为系统内存的多少而增加遍历内存块列表的时间，并且不会导致内存碎片的出现，但是这样的内存分配机制会导致内存利用率的下降以及申请内存大小的限制。

25.2　内存管理的运作机制

内存池（memory pool）是一种用于分配大量大小相同的内存对象的技术，可以极大加快内存分配 / 释放的速度。

在系统进行编译时，编译器就静态划分了一个大数组作为系统的内存池，然后在初始化时将其分成大小相等的多个内存块，内存块直接通过链表连接起来（此链表也称为空闲内存块列表）。每次分配时，从空闲内存块列表中取出表头上第一个内存块，提供给申请者。物理内存中允许存在多个大小不同的内存池，每一个内存池又由多个大小相同的空闲内存块组成。我们必须先创建内存池才能使用内存池中的内存块，在创建时，必须定义一个内存池控制块，然后进行相关初始化，内存控制块的参数包括内存池名称、内存池起始地址、内存块大小、内存块数量等信息，在以后需要从内存池取出内存块或者释放内存块时，只需根据内存控制块的信息就能很轻易实现。内存控制块的数据结构具体参见代码清单 25-1。内存池一旦创建完成，其内部的内存块大小将不能再做调整，如图 25-1 所示。

代码清单 25-1　内存控制块数据结构

```
 1 struct os_mem
 2 {
 3     OS_OBJ_TYPE          Type;                                    (1)
 4     void                 *AddrPtr;                                (2)
 5     CPU_CHAR             *NamePtr;                                (3)
 6     void                 *FreeListPtr;                            (4)
 7     OS_MEM_SIZE          BlkSize;                                 (5)
 8     OS_MEM_QTY           NbrMax;                                  (6)
 9     OS_MEM_QTY           NbrFree;                                 (7)
10 #if OS_CFG_DBG_EN > 0u
11     OS_MEM               *DbgPrevPtr;
12     OS_MEM               *DbgNextPtr;
13 #endif
14 };
```

代码清单 25-1（1）：内核对象类型。

代码清单 25-1（2）：内存池的起始地址。

代码清单 25-1（3）：内存池名称。

代码清单 25-1（4）：空闲内存块列表。

代码清单 25-1（5）：内存块大小。

代码清单 25-1（6）：内存池中内存块的总数量。

代码清单 25-1（7）：空闲内存块数量。

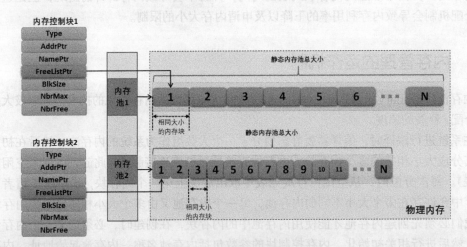

图 25-1　静态内存示意图

注意：内存池中的内存块是通过单链表连接的，类似于消息池。在创建时，内存池中内存块的地址是连续的，但是经过多次申请以及释放后，空闲内存块列表的内存块地址不一定是连续的。

25.3 内存管理的应用场景

在使用内存分配前，必须明白自己在做什么，这样做与采用其他方法有什么不同，特别是会产生哪些负面影响，对于自己的产品，应当选择哪种分配策略。

内存管理的主要工作是动态划分并管理用户分配好的内存区间，主要在用户需要使用大小不等的内存块的场景中使用。当用户需要分配内存时，可以通过操作系统的内存申请函数获取指定大小的内存块，一旦使用完毕，将通过动态内存释放函数归还所占用内存，使之可以重复使用。

例如，我们需要定义一个 float 型数组 "floatArr[];"，但是在使用数组时，总有一个问题困扰着我们：数组应该有多大？在很多情况下很难确定要使用多大的数组，可能为了避免发生错误，需要把数组定义得足够大。即使知道要使用的空间大小，但是如果因为某种特殊原因，对所用空间的大小有增加或者减少，就必须重新修改程序，扩大数组的存储范围。这种分配固定大小的内存的分配方法称为静态内存分配。这种方法存在比较严重的缺陷，在大多数情况下会浪费大量的内存空间，而在少数情况下，当定义的数组不够大时，可能引起下标越界的错误，甚至导致严重后果。

µC/OS 将系统静态分配的大数组作为内存池，然后进行内存池的初始化，再分配固定大小的内存块。

注意： µC/OS 也不能很好地解决这种问题，因为内存块的大小是固定的，无法满足这种弹性很大的内存需求，只能按照最大的内存块进行分配。但是 µC/OS 的内存分配能解决内存利用率的问题，在不需要使用内存时，将内存释放到内存池中，让其他任务能正常使用该内存块。

25.4 内存管理函数

25.4.1 内存池创建函数 OSMemCreate()

在使用内存时，首先要创建一个内存池。用户需要静态分配一个数组空间作为系统的内存池，还需定义一个内存控制块。创建内存池之后，任务才可以通过系统的内存申请、释放函数从内存池中申请或释放内存。µC/OS 提供了内存池创建函数 OSMemCreate()，其源码具体参见代码清单 25-2。

代码清单 25-2 OSMemCreate() 函数源码

```
1 void  OSMemCreate (OS_MEM      *p_mem,        // 内存池控制块        (1)
2                    CPU_CHAR    *p_name,       // 命名内存池          (2)
3                    void        *p_addr,       // 内存池首地址        (3)
4                    OS_MEM_QTY  n_blks,        // 内存块数目          (4)
5                    OS_MEM_SIZE blk_size,      // 内存块大小(单位：字节)(5)
6                    OS_ERR      *p_err)        // 返回错误类型        (6)
7 {
```

```
 8 #if OS_CFG_ARG_CHK_EN > 0u
 9    CPU_DATA       align_msk;
10 #endif
11    OS_MEM_QTY     i;
12    OS_MEM_QTY     loops;
13    CPU_INT08U    *p_blk;
14    void         **p_link;              // 二级指针，存放指针的指针
15    CPU_SR_ALLOC(); // 使用临界段（在关 / 开中断时）时必须用到该宏，该宏声明和
16    // 定义一个局部变量，用于保存关中断前的 CPU 状态寄存器
17    // SR（临界段关中断只需保存 SR），开中断时将该值还原
18
19 #ifdef OS_SAFETY_CRITICAL                    // 如果启用了安全检测
20    if (p_err == (OS_ERR *)0)                 // 如果错误类型实参为空
21    {
22        OS_SAFETY_CRITICAL_EXCEPTION();       // 执行安全检测异常函数
23        return;                               // 返回，停止执行
24    }
25 #endif
26
27 #ifdef OS_SAFETY_CRITICAL_IEC61508           // 如果启用了安全关键检测
28    if (OSSafetyCriticalStartFlag == DEF_TRUE)
29    {
30        *p_err = OS_ERR_ILLEGAL_CREATE_RUN_TIME;// 错误类型为"非法创建内核对象"
31        return;                               // 返回，停止执行
32    }
33 #endif
34
35 #if OS_CFG_CALLED_FROM_ISR_CHK_EN > 0u       // 如果启用了中断中非法调用检测
36    if (OSIntNestingCtr > (OS_NESTING_CTR)0)  // 如果该函数是在中断中被调用
37    {
38        *p_err = OS_ERR_MEM_CREATE_ISR;       // 错误类型为"在中断中创建对象"
39        return;                               // 返回，停止执行
40    }
41 #endif
42
43 #if OS_CFG_ARG_CHK_EN > 0u                   // 如果启用了参数检测
44    if (p_addr == (void *)0)                  // 如果 p_addr 为空              (7)
45    {
46        *p_err   = OS_ERR_MEM_INVALID_P_ADDR; // 错误类型为"内存池地址非法"
47        return;                               // 返回，停止执行
48    }
49    if (n_blks < (OS_MEM_QTY)2)               // 如果内存池的内存块数目少于 2  (8)
50    {
51        *p_err = OS_ERR_MEM_INVALID_BLKS;     // 错误类型为"内存块数目非法"
52        return;                               // 返回，停止执行
53    }
54    if (blk_size <sizeof(void *))             // 如果内存块空间小于指针的      (9)
55    {
56        *p_err = OS_ERR_MEM_INVALID_SIZE;     // 错误类型为"内存空间非法"
57        return;                               // 返回，停止执行
58    }
59    align_msk = sizeof(void *) - 1u;          // 开始检查内存地址是否对齐      (10)
60    if (align_msk > 0u)
```

```
61        {
62            if (((CPU_ADDR)p_addr & align_msk) != 0u)      // 如果首地址没有对齐
63            {
64                *p_err = OS_ERR_MEM_INVALID_P_ADDR;         // 错误类型为"内存池地址非法"
65                return;                                     // 返回，停止执行
66            }
67            if ((blk_size & align_msk) != 0u)               // 如果内存块地址没有对齐      (11)
68            {
69                *p_err = OS_ERR_MEM_INVALID_SIZE;           // 错误类型为"内存块大小非法"
70                return;                                     // 返回，停止执行
71            }
72        }
73 #endif
74        /* 将空闲内存块串联成一个单向链表 */
75        p_link = (void **)p_addr;                           // 内存池首地址转为二级指针(12)
76        p_blk  = (CPU_INT08U *)p_addr;                      // 首个内存块地址            (13)
77        loops  = n_blks - 1u;
78        for (i = 0u; i < loops; i++)                        // 将内存块逐个串成单向链表(14)
79        {
80            p_blk += blk_size;                              // 下一个内存块地址
81            *p_link = (void *)p_blk;
82            // 在当前内存块中保存下一个内存块地址
83            p_link = (void **)(void *)p_blk;
84            // 下一个内存块的地址转为二级指针
85        }
86        *p_link                = (void *)0;                 // 最后一个内存块指向空        (15)
87
88        OS_CRITICAL_ENTER();                                // 进入临界段
89        p_mem->Type        = OS_OBJ_TYPE_MEM;               // 设置对象的类型             (16)
90        p_mem->NamePtr     = p_name;                        // 保存内存池的名称           (17)
91        p_mem->AddrPtr     = p_addr;                        // 存储内存池的首地址         (18)
92        p_mem->FreeListPtr = p_addr;                        // 初始化空闲内存块池的首地址 (19)
93        p_mem->NbrFree     = n_blks;                        // 存储空闲内存块的数目       (20)
94        p_mem->NbrMax      = n_blks;                        // 存储内存块的总数目         (21)
95        p_mem->BlkSize     = blk_size;                      // 存储内存块的空间大小       (22)
96
97 #if OS_CFG_DBG_EN > 0u                                     // 如果启用了调试代码和变量
98        OS_MemDbgListAdd(p_mem);          // 将内存管理对象插入内存管理双向调试列表
99 #endif
100
101       OSMemQty++;                                         // 内存管理对象数目加1        (23)
102
103       OS_CRITICAL_EXIT_NO_SCHED();                        // 退出临界段（无调度）
104       *p_err = OS_ERR_NONE;                               // 错误类型为"无错误"
105 }
```

代码清单25-2（1）：内存池控制块指针。

代码清单25-2（2）：内存池名称。

代码清单25-2（3）：内存池首地址。

代码清单25-2（4）：内存块数目。

代码清单25-2（5）：内存块大小（单位：字节）。

代码清单 25-2（6）：返回的错误类型。

代码清单 25-2（7）：如果启用了参数检测，在编译时会包含参数检测相关代码。如果 p_addr 为空，则返回错误类型为"内存池地址非法"的错误代码。

代码清单 25-2（8）：如果内存池的内存块数目少于 2，则返回错误类型为"内存块数目非法"的错误代码。

代码清单 25-2（9）：如果内存块空间小于一个指针的大小（在 STM32 上是 4 字节），则返回错误类型为"内存空间非法"的错误代码。sizeof(void *) 是求出 CPU 指针的字节大小，STM32 是 32 位单片机，求出的指针所占字节大小是 4，减去 1 后就是 3，3 的二进制数是 11(B)。如果一个地址或者内存块的字节大小是 4 字节对齐的，那么用二进制表示地址或内存块大小最低两位都是 0，比如 11100（B）、101010100（B）这些 4 字节对齐的最低 2 位都是 0，那么 11（B）与一个低两位字节都是 0 的数相与，结果肯定为 0，不为 0 则说明不是 4 字节对齐。同理，可以检测内存块的大小是否是 4 的倍数。

代码清单 25-2（10）：开始检查内存地址是否对齐，如果内存池首地址没有对齐，则返回错误类型为"内存池地址非法"的错误代码。

代码清单 25-2（11）：如果内存块地址没有对齐，则返回错误类型为"内存块大小非法"的错误代码。

代码清单 25-2（12）：程序执行到这里，表示传递进来的参数都是正确的，下面开始初始化内存池以及内存控制块的信息，将内存池首地址转为二级指针保存在 p_link 变量中。

代码清单 25-2（13）：获取内存池中首个内存块地址。

代码清单 25-2（14）：将空闲内存块逐个连接成一个单向链表，根据内存块起始地址与内存块大小获取下一个内存块的地址，然后在当前内存块中保存下一个内存块的地址，再将下一个内存块的地址转为二级指针，将这些内存块连接成一个单链表，也就是空闲内存块链表。

一个内存块的操作是先计算下一个内存块的地址，因为此时数组元素的地址是连续的，所以开始时只要在前一个内存块的首地址加上内存块字节大小即可得到下一个内存块的首地址，然后把下一个内存块的首地址放在前一个内存块中，就将它们串起来了，如此反复执行，即可串成空闲内存块列表。

代码清单 25-2（15）：将最后一个内存块存储的地址指向空，表示到达空闲内存块列表尾部，连接完成的示意图如图 25-2 所示。

图 25-2　空闲内存块列表初始化完成

代码清单 25-2（16）：设置对象的类型。

代码清单 25-2（17）：保存内存池的名称。

代码清单 25-2（18）：保存内存池的首地址。

代码清单 25-2（19）：初始化空闲内存块列表的首地址，指向下一个可用的内存块。

代码清单 25-2（20）：保存空闲内存块的数目。

代码清单 25-2（21）：保存内存块的总数目。

代码清单 25-2（22）：保存内存块的空间大小。

代码清单 25-2（23）：创建完成，内存管理对象数目加 1。

整个内存池创建完成示意图如图 25-3 所示。

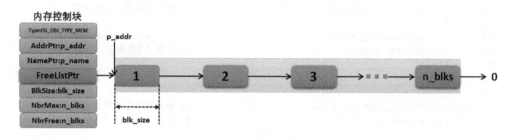

图 25-3　内存池创建完成

内存池创建函数的使用实例具体参见代码清单 25-3。

代码清单 25-3　OSMemCreate() 函数实例

```
1 OS_MEM   mem;                                    // 声明内存管理对象
2 uint8_t ucArray [ 3 ] [ 20 ];                    // 声明内存池大小
3
4 OS_ERR err;
5 /* 创建内存管理对象 mem */
6 OSMemCreate ((OS_MEM      *)&mem,                 // 指向内存管理对象
7             (CPU_CHAR     *)"Mem For Test",       // 命名内存管理对象
8             (void         *)ucArray,              // 内存池的首地址
9             (OS_MEM_QTY   )3,                      // 内存池中内存块数目
10            (OS_MEM_SIZE  )20,                     // 内存块的字节数目
11            (OS_ERR       *)&err);                 // 返回错误类型
```

25.4.2　内存申请函数 OSMemGet()

OSMemGet() 函数用于申请固定大小的内存块，从指定的内存池中分配一个内存块给用户使用，该内存块的大小在内存池初始化时就已经确定。如果内存池中有可用的内存块，则从内存池的空闲内存块列表上取下一个内存块并且返回对应的内存地址；如果内存池中已经没有可用内存块，则返回 0 与对应的错误代码 OS_ERR_MEM_NO_FREE_BLKS，其源码具体参见代码清单 25-4。

代码清单 25-4　OSMemGet() 函数源码

```
1  void  *OSMemGet (OS_MEM  *p_mem,              // 内存管理对象                    (1)
2                   OS_ERR  *p_err)             // 返回错误类型                    (2)
3  {
4      void    *p_blk;
5      CPU_SR_ALLOC(); // 使用临界段（在关／开中断时）时必须用到该宏，该宏声明和
6      // 定义一个局部变量，用于保存关中断前的 CPU 状态寄存器
7      // SR（临界段关中断只需保存 SR），开中断时将该值还原
8
9  #ifdef OS_SAFETY_CRITICAL                     // 如果启用了安全检测
10         if (p_err == (OS_ERR *)0)            // 如果错误类型实参为空
11         {
12             OS_SAFETY_CRITICAL_EXCEPTION();  // 执行安全检测异常函数
13             return ((void *)0);              // 返回 0（有错误），停止执行
14         }
15 #endif
16
17 #if OS_CFG_ARG_CHK_EN > 0u                     // 如果启用了参数检测
18         if (p_mem == (OS_MEM *)0)            // 如果 p_mem 为空
19         {
20             *p_err  = OS_ERR_MEM_INVALID_P_MEM; // 错误类型为 "内存池非法"
21             return ((void *)0);              // 返回 0（有错误），停止执行
22         }
23 #endif
24
25     CPU_CRITICAL_ENTER();                     // 关中断
26     if (p_mem->NbrFree == (OS_MEM_QTY)0)     // 如果没有空闲的内存块             (3)
27     {
28         CPU_CRITICAL_EXIT();                 // 开中断
29         *p_err = OS_ERR_MEM_NO_FREE_BLKS;    // 错误类型为 "没有空闲内存块"
30         return ((void *)0);                  // 返回 0（有错误），停止执行
31     }
32     p_blk  = p_mem->FreeListPtr;             // 如果还有空闲内存块，就获取它       (4)
33     p_mem->FreeListPtr = *(void **)p_blk;    // 调整空闲内存块指针               (5)
34     p_mem->NbrFree--;                        // 空闲内存块数目减 1              (6)
35     CPU_CRITICAL_EXIT();                     // 开中断
36     *p_err = OS_ERR_NONE;                    // 错误类型为 "无错误"
37     return (p_blk);                          // 返回获取到的内存块              (7)
38 }
```

代码清单 25-4（1）：指定内存池对象。

代码清单 25-4（2）：保存返回的错误类型。

代码清单 25-4（3）：判断内存池控制块中 NbrFree 的值，如果没有空闲的内存块，就无法申请内存，保存错误类型为 "没有空闲内存块" 的错误代码，返回 0 表示没有申请到内存块。

代码清单 25-4（4）：如果内存池中还有空闲内存块，就获取它，获取的过程就是从空闲内存块中取出一个内存块，并且返回该内存块的地址。

代码清单 25-4（5）：调整内存池控制块的空闲内存块指针，指向下一个可用的内存块。

代码清单 25-4（6）：内存池中空闲内存块数目减 1。

代码清单 25-4（7）：返回获取到的内存块地址。

假设在内存池创建完成后就调用 OSMemGet() 函数申请一个内存块，那么申请完毕的内存块示意图如图 25-4 所示，被申请的内存块会脱离空闲内存块列表，并且内存控制块中的 NbrFree 变量会减 1。

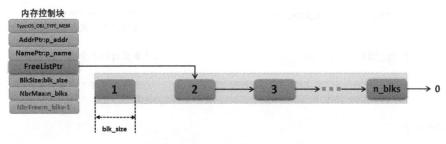

图 25-4　申请内存块完成示意图

OSMemGet() 函数的使用实例具体参见代码清单 25-5。

代码清单 25-5　OSMemGet() 函数实例

```
1 OS_MEM   mem;                                          // 声明内存管理对象
2 OS_ERR err;
3 /* 向 mem 获取内存块 */
4 p_mem_blk = OSMemGet ((OS_MEM    *)&mem,                // 指向内存管理对象
5                       (OS_ERR    *)&err);              // 返回错误类型
```

25.4.3　内存释放函数 OSMemPut()

嵌入式系统的内存是十分珍贵的，任何内存块使用完后都必须被释放，否则会造成内存泄漏，导致系统发生致命错误。μC/OS 提供了 OSMemPut() 函数进行内存的释放管理，使用该函数时，根据指定的内存控制块对象，将内存块插入内存池的空闲内存块列表中，然后增加该内存池的可用内存块数目，其源码具体参见代码清单 25-6。

代码清单 25-6　OSMemPut() 函数源码

```
1 void  OSMemPut (OS_MEM *p_mem,          // 内存管理对象              (1)
2                 void    *p_blk,          // 要释放的内存块            (2)
3                 OS_ERR  *p_err)          // 返回错误类型              (3)
4 {
5     CPU_SR_ALLOC(); // 使用临界段（在关 / 开中断时）时必须用到该宏，该宏声明和
6     // 定义一个局部变量，用于保存关中断前的 CPU 状态寄存器
7     // SR（临界段关中断只需保存 SR），开中断时将该值还原
8
9 #ifdef OS_SAFETY_CRITICAL                  // 如果启用了安全检测
10     if (p_err == (OS_ERR *)0)             // 如果错误类型实参为空
11     {
12         OS_SAFETY_CRITICAL_EXCEPTION();    // 执行安全检测异常函数
```

```
13          return;                              // 返回，停止执行
14      }
15 #endif
16
17 #if OS_CFG_ARG_CHK_EN > 0u                     // 如果启用了参数检测
18     if (p_mem == (OS_MEM *)0)                  // 如果 p_mem 为空
19     {
20         *p_err  = OS_ERR_MEM_INVALID_P_MEM;    // 错误类型为"内存池非法"
21         return;                                // 返回，停止执行
22     }
23     if (p_blk == (void *)0)                    // 如果内存块为空
24     {
25         *p_err  = OS_ERR_MEM_INVALID_P_BLK;    // 错误类型为 "内存块非法"
26         return;                                // 返回，停止执行
27     }
28 #endif
29
30     CPU_CRITICAL_ENTER();                      // 关中断
31     if (p_mem->NbrFree >= p_mem->NbrMax)       // 如果内存池已满            (4)
32     {
33         CPU_CRITICAL_EXIT();                   // 开中断
34         *p_err = OS_ERR_MEM_FULL;              // 错误类型为"内存池已满"
35         return;                                // 返回，停止执行
36     }
37     *(void **)p_blk = p_mem->FreeListPtr;      // 把内存块插入空闲内存块链表    (5)
38     p_mem->FreeListPtr = p_blk;                // 内存块退回到链表的最前端     (6)
39     p_mem->NbrFree++;                          // 空闲内存块数目加 1         (7)
40     CPU_CRITICAL_EXIT();                       // 开中断
41     *p_err = OS_ERR_NONE;                      // 错误类型为"无错误"
42 }
```

代码清单 25-6（1）：内存控制块指针，指向要操作的内存池。

代码清单 25-6（2）：要释放的内存块。

代码清单 25-6（3）：保存返回的错误类型。

代码清单 25-6（4）：如果内存池已满，则无法释放内存块，返回错误类型为"内存池已满"的错误代码。

代码清单 25-6（5）：如果内存池未满，则释放内存块到内存池中，把内存块插入空闲内存块列表。

代码清单 25-6（6）：内存块退回到链表的最前端。

代码清单 25-6（7）：空闲内存块数目加 1。

在释放一个内存块时，会将内存插入内存池中空闲内存块列表的首部，然后增加内存池中空闲内存块的数量，该函数的使用实例具体参见代码清单 25-7。

代码清单 25-7　OSMemPut() 函数实例

```
1 OS_MEM   mem;                                  // 声明内存管理对象
2
3 OS_ERR       err;
```

```
4
5 /* 释放内存块 */
6 OSMemPut ((OS_MEM  *)&mem,                              // 指向内存管理对象
7           (void     *)pMsg,                             // 内存块的首地址
8           (OS_ERR   *)&err);                            // 返回错误类型
```

至此，μC/OS 中常用的内存管理函数讲解完毕，需要注意的是当使用内存管理相关的函数时，需要将 os_cfg.h 中的 OS_CFG_MEM_EN 宏定义配置为 1；OSMemCreate() 函数只能在任务级调用，但是 OSMemGet() 和 OSMemPut() 函数可以在中断中调用。

25.5　内存管理实验

本实验采用消息队列发送与接收消息，只不过将消息存放在内存块中，在获取完消息时，就释放内存块，反复使用内存块，具体参见代码清单 25-8 中的加粗部分。

代码清单 25-8　内存管理实验

```
 1 #include <includes.h>
 2 #include <string.h>
 3
 4
 5 OS_MEM  mem;                                // 声明内存管理对象
 6 uint8_t ucArray [ 3 ] [ 20 ];              // 声明内存分区大小
 7
 8
 9 static  OS_TCB   AppTaskStartTCB;          // 任务控制块
10
11 static  OS_TCB   AppTaskPostTCB;
12 static  OS_TCB   AppTaskPendTCB;
13
14
15 static  CPU_STK  AppTaskStartStk[APP_TASK_START_STK_SIZE];       // 任务栈
16
17 static  CPU_STK  AppTaskPostStk [ APP_TASK_POST_STK_SIZE ];
18 static  CPU_STK  AppTaskPendStk [ APP_TASK_PEND_STK_SIZE ];
19
20
21
22 static  void  AppTaskStart  (void *p_arg);               // 任务函数声明
23
24 static  void  AppTaskPost   ( void *p_arg );
25 static  void  AppTaskPend   ( void *p_arg );
26
27
28 int  main (void)
29 {
30     OS_ERR  err;
31
32
```

```
33    OSInit(&err);                              // 初始化 μC/OS-III
34
35
36    /* 创建初始任务 */
37    OSTaskCreate((OS_TCB      *)&AppTaskStartTCB,
38                  // 任务控制块地址
39                  (CPU_CHAR    *)"App Task Start",
40                  // 任务名称
41                  (OS_TASK_PTR ) AppTaskStart,
42                  // 任务函数
43                  (void        *) 0,
44                  // 传递给任务函数 (形参 p_arg) 的实参
45                  (OS_PRIO     ) APP_TASK_START_PRIO,
46                  // 任务的优先级
47                  (CPU_STK     *)&AppTaskStartStk[0],
48                  // 任务栈的基地址
49                  (CPU_STK_SIZE) APP_TASK_START_STK_SIZE / 10,
50                  // 任务栈空间剩下 1/10 时限制其增长
51                  (CPU_STK_SIZE) APP_TASK_START_STK_SIZE,
52                  // 任务栈空间 (单位: sizeof(CPU_STK))
53                  (OS_MSG_QTY  ) 5u,
54                  // 任务可接收的最大消息数
55                  (OS_TICK     ) 0u,
56                  // 任务的时间片节拍数 (0 表示默认值 OSCfg_TickRate_Hz/10)
57                  (void        *) 0,
58                  // 任务扩展 (0 表示不扩展)
59                  (OS_OPT      )(OS_OPT_TASK_STK_CHK | OS_OPT_TASK_STK_CLR),
60                  // 任务选项
61                  (OS_ERR      *)&err);
62                  // 返回错误类型
63
64    OSStart(&err);
65                  // 启动多任务管理 (交由 μC/OS-III 控制)
66
67 }
68
69
70 static  void  AppTaskStart (void *p_arg)
71 {
72    CPU_INT32U  cpu_clk_freq;
73    CPU_INT32U  cnts;
74    OS_ERR      err;
75
76
77    (void)p_arg;
78
79    BSP_Init();    // 板级初始化
80    CPU_Init();    // 初始化 CPU 组件 (时间戳、关中断时间测量和主机名)
81
82
83    cpu_clk_freq = BSP_CPU_ClkFreq();
84    cnts = cpu_clk_freq / (CPU_INT32U)OSCfg_TickRate_Hz;
85    OS_CPU_SysTickInit(cnts);
```

```
86
87      Mem_Init();                          // 初始化内存管理组件（堆内存池和内存池表）
88
89 #if OS_CFG_STAT_TASK_EN > 0u // 如果启用（默认启用）了统计任务
90      OSStatTaskCPUUsageInit(&err);
91 #endif
92
93      CPU_IntDisMeasMaxCurReset();// 复位（清零）当前最大关中断时间
94
95
96      /* 创建内存管理对象 mem */
97      OSMemCreate ((OS_MEM       *)&mem,               // 指向内存管理对象
98                   (CPU_CHAR     *)"Mem For Test",     // 命名内存管理对象
99                   (void         *)ucArray,            // 内存分区的首地址
100                  (OS_MEM_QTY   )3,                    // 内存分区中内存块数目
101                  (OS_MEM_SIZE  )20,                   // 内存块的字节数目
102                  (OS_ERR       *)&err);               // 返回错误类型
103
104
105     /* 创建 AppTaskPost 任务 */
106     OSTaskCreate((OS_TCB        *)&AppTaskPostTCB,
107                  // 任务控制块地址
108                  (CPU_CHAR      *)"App Task Post",
109                  // 任务名称
110                  (OS_TASK_PTR  ) AppTaskPost,
111                  // 任务函数
112                  (void          *) 0,
113                  // 传递给任务函数（形参 p_arg）的实参
114                  (OS_PRIO      ) APP_TASK_POST_PRIO,
115                  // 任务的优先级
116                  (CPU_STK      *)&AppTaskPostStk[0],
117                  // 任务栈的基地址
118                  (CPU_STK_SIZE) APP_TASK_POST_STK_SIZE / 10,
119                  // 任务栈空间剩下 1/10 时限制其增长
120                  (CPU_STK_SIZE) APP_TASK_POST_STK_SIZE,
121                  // 任务栈空间（单位：sizeof(CPU_STK)）
122                  (OS_MSG_QTY  ) 5u,
123                  // 任务可接收的最大消息数
124                  (OS_TICK      ) 0u,
125                  // 任务的时间片节拍数（0 表示默认值 OSCfg_TickRate_Hz/10）
126                  (void          *) 0,
127                  // 任务扩展（0 表示不扩展）
128                  (OS_OPT       )(OS_OPT_TASK_STK_CHK | OS_OPT_TASK_STK_CLR),
129                  // 任务选项
130                  (OS_ERR       *)&err);
131                  // 返回错误类型
132
133     /* 创建 AppTaskPend 任务 */
134     OSTaskCreate((OS_TCB        *)&AppTaskPendTCB,
135                  // 任务控制块地址
136                  (CPU_CHAR      *)"App Task Pend",
137                  // 任务名称
138                  (OS_TASK_PTR  ) AppTaskPend,
```

```
139                    // 任务函数
140           (void       *) 0,
141                    // 传递给任务函数 (形参 p_arg) 的实参
142           (OS_PRIO    ) APP_TASK_PEND_PRIO,
143                    // 任务的优先级
144           (CPU_STK    *)&AppTaskPendStk[0],
145                    // 任务栈的基地址
146           (CPU_STK_SIZE) APP_TASK_PEND_STK_SIZE / 10,
147                    // 任务栈空间剩下 1/10 时限制其增长
148           (CPU_STK_SIZE) APP_TASK_PEND_STK_SIZE,
149                    // 任务栈空间 (单位: sizeof(CPU_STK))
150           (OS_MSG_QTY ) 50u,
151                    // 任务可接收的最大消息数
152           (OS_TICK    ) 0u,
153                    // 任务的时间片节拍数 (0 表示默认值 OSCfg_TickRate_Hz/10)
154           (void       *) 0,
155                    // 任务扩展 (0 表示不扩展)
156           (OS_OPT     )(OS_OPT_TASK_STK_CHK | OS_OPT_TASK_STK_CLR),
157                    // 任务选项
158           (OS_ERR     *)&err);
159                    // 返回错误类型
160
161     OSTaskDel ( & AppTaskStartTCB, & err );
162                    // 删除初始任务本身, 该任务不再运行
163
164
165 }
166
167
168
169 static  void  AppTaskPost ( void *p_arg )
170 {
171     OS_ERR        err;
172
173     char *   p_mem_blk;
174     uint32_t ulCount = 0;
175
176     (void)p_arg;
177
178
179     while (DEF_TRUE)                                    // 任务体
180     {
181         /* 向 mem 获取内存块 */
182         p_mem_blk = OSMemGet ((OS_MEM      *)&mem,
183                              // 指向内存管理对象
184                              (OS_ERR      *)&err);        // 返回错误类型
185
186         sprintf ( p_mem_blk, "%d", ulCount ++ );
187                // 向内存块存取计数值
188
189         /* 发布任务消息到任务 AppTaskPend */
190         OSTaskQPost ((OS_TCB      *)&AppTaskPendTCB,
191                              // 目标任务的控制块
```

```
192                     (void          *)p_mem_blk,
193                     // 消息内容的首地址
194                     (OS_MSG_SIZE  )strlen ( p_mem_blk ),  // 消息长度
195                     (OS_OPT       )OS_OPT_POST_FIFO,
196                     // 发布到任务消息队列的入口端
197                     (OS_ERR       *)&err);                 // 返回错误类型
198
199         OSTimeDlyHMSM ( 0, 0, 1, 0, OS_OPT_TIME_DLY, & err );
200
201     }
202
203 }
204
205
206
207 static  void  AppTaskPend ( void *p_arg )
208 {
209     OS_ERR        err;
210     OS_MSG_SIZE    msg_size;
211     CPU_TS        ts;
212     CPU_INT32U    cpu_clk_freq;
213     CPU_SR_ALLOC();
214
215     char * pMsg;
216
217
218     (void)p_arg;
219
220
221     cpu_clk_freq = BSP_CPU_ClkFreq();
222                     // 获取 CPU 时钟，时间戳是以该时钟计数
223
224
225     while (DEF_TRUE)                                    // 任务体
226     {
227         /* 阻塞任务，等待任务消息 */
228         pMsg = OSTaskQPend ((OS_TICK        )0,          // 无期限等待
229                     (OS_OPT         )OS_OPT_PEND_BLOCKING,
230                     // 没有消息就阻塞任务
231                     (OS_MSG_SIZE  *)&msg_size,  // 返回消息长度
232                     (CPU_TS       *)&ts,
233                     // 返回消息被发布的时间戳
234                     (OS_ERR       *)&err);      // 返回错误类型
235
236         ts = OS_TS_GET() - ts;
237                     // 计算消息从发布到被接收的时间差
238
239         macLED1_TOGGLE ();                             // 切换 LED1 的亮灭状态
240
241         OS_CRITICAL_ENTER();
242                     // 进入临界段，避免串口打印被打断
243
244         printf ( "\r\n 接收到的消息的内容为：%s，长度是：%d 字节。",
```

```
245                  pMsg, msg_size );
246
247    printf ( "\r\n任务消息从被发布到被接收的时间差是%dus\r\n",
248                  ts / ( cpu_clk_freq / 1000000 ) );
249
250    OS_CRITICAL_EXIT();                            // 退出临界段
251
252    /* 退还内存块 */
253    OSMemPut ((OS_MEM  *)&mem,                      // 指向内存管理对象
254               (void    *)pMsg,                     // 内存块的首地址
255               (OS_ERR  *)&err);                     // 返回错误类型
256
257    }
258
259 }
```

25.6 实验现象

将程序编译好，用 USB 线连接计算机和开发板的 USB 接口（对应丝印为 USB 转串口），用 DAP 仿真器把配套程序下载到野火 STM32 开发板（具体型号根据购买的板子而定，每个型号的板子都配套有对应的程序），在计算机上打开串口调试助手，然后复位开发板就可以在调试助手中看到串口的打印信息与运行结果，具体如图 25-5 所示。

图 25-5   内存管理实验现象

第 26 章
中 断 管 理

26.1 异常与中断的基本概念

异常指导致处理器脱离正常运行转向执行特殊代码的任何事件，如果不及时进行处理，轻则系统出错，重则导致系统毁灭性瘫痪。所以正确地处理异常，避免错误的发生是提高软件鲁棒性非常重要的一环，对于实时系统更是如此。

异常通常可以分成两类：同步异常和异步异常。由内部事件（像处理器指令运行产生的事件）引起的异常称为同步异常，例如，造成被零除的算术运算引发一个异常，又如在某些处理器体系结构中，对于确定的数据尺寸必须从内存的偶数地址进行读和写操作。从一个奇数内存地址进行读或写操作将引起存储器存取一个错误事件，并引起一个异常（称为校准异常）。

异步异常主要指由外部异常源产生的异常。同步异常不同于异步异常的地方是事件的来源，同步异常事件是由于执行某些指令而从处理器内部产生的，而异步异常事件的来源是外部硬件装置。例如，按下设备某个按钮产生的事件。同步异常与异步异常的区别还在于，同步异常触发后，系统必须立刻进行处理，而不能依然执行原有的程序指令步骤；而异步异常则可以延缓处理，甚至忽略，例如按键中断异常，虽然中断异常被触发了，但是系统可以忽略它继续运行（同样也忽略了相应的按键事件）。

中断属于异步异常。所谓中断，是指 CPU 正在处理某件事时，外部发生了某一事件，请求 CPU 迅速处理，CPU 暂时中断当前的工作，转入处理所发生的事件，处理完后，再回到原来被中断的地方，继续原来的工作。

无论该任务具有什么样的优先级，中断都能打断任务的运行，因此中断一般用于处理比较紧急的事件，而且只做简单处理，例如标记该事件。在使用 μC/OS 系统时，一般建议使用信号量、消息或事件标志组等标志中断的发生，将这些内核对象发布给处理任务，处理任务再做具体处理。

通过中断机制，在外设不需要 CPU 介入时，CPU 可以执行其他任务，而当外设需要 CPU时，通过产生中断信号使 CPU 立即停止当前任务，转而响应中断请求。这样可以避免 CPU 把大量时间耗费在等待、查询外设状态的操作上，因此将大大提高系统实时性以及执行效率。

此处读者要知道一点，μC/OS 源码中有许多处临界段，临界段虽然保护了关键代码的执行不被打断，但也会影响系统的实时性，任何使用了操作系统的中断响应都不会比裸机快。比如某个时候有一个任务在运行中，并且该任务部分程序将中断屏蔽掉，也就是进入临界段中，这时如果有一个紧急的中断事件被触发，这个中断就会被挂起，不能得到及时响应，必须等到中断开启才可以得到响应。如果屏蔽中断的时间超过了紧急中断能够容忍的限度，危害是可想而知的。操作系统的中断在某些时候会产生必要的中断延迟，因此调用中断屏蔽函数进入临界段时，需要快进快出。

μC/OS 的中断管理支持：

- 开 / 关中断。
- 恢复中断。
- 中断启用。
- 中断屏蔽。
- 中断嵌套。
- 中断延迟发布。

26.1.1　与中断相关的硬件

与中断相关的硬件可以划分为 3 类：外设、中断控制器、CPU 本身。

- 外设：当外设需要请求 CPU 时，会产生一个中断信号，该信号连接至中断控制器。
- 中断控制器：中断控制器是 CPU 众多外设中的一个，一方面接收其他外设中断信号的输入；另一方面会发出中断信号给 CPU。可以通过对中断控制器编程实现对中断源的优先级、触发方式、打开和关闭源等设置操作。在 Cortex-M 系列控制器中常用的中断控制器是 NVIC（Nested Vectored Interrupt Controller，内嵌向量中断控制器）。
- CPU：CPU 会响应中断源的请求、中断当前正在执行的任务，转而执行中断处理程序。NVIC 最多支持 240 个中断，每个中断最多有 256 个优先级。

26.1.2　与中断相关的术语

- 中断号：每个中断请求信号都会有特定的标志，使得计算机能够判断是哪个设备提出的中断请求，这个标志就是中断号。
- 中断请求："紧急事件"需要向 CPU 提出申请，要求 CPU 暂停当前执行的任务，转而处理该"紧急事件"，这一申请过程称为中断请求。
- 中断优先级：为使系统能够及时响应并处理所有中断，系统根据中断时间的重要性和紧迫程度，将中断源分为若干个级别，称作中断优先级。
- 中断处理程序：当外设产生中断请求后，CPU 暂停当前的任务，转而响应中断申请，即执行中断处理程序。
- 中断触发：中断源向 CPU 发送控制信号，将中断触发器置 1，表明该中断源产生了中断，要求 CPU 去响应该中断，CPU 暂停当前任务，执行相应的中断处理程序。

- 中断触发类型：外部中断申请通过一个物理信号发送到 NVIC，可以是电平触发或边沿触发。
- 中断向量：中断服务程序的入口地址。
- 中断向量表：存储中断向量的存储区，中断向量与中断号对应，中断向量在中断向量表中按照中断号顺序存储。
- 临界段：代码的临界段也称为临界区，一旦这部分代码开始执行，则不允许任何中断打断。为确保临界段代码的执行不被中断，在进入临界段之前须关中断，而临界段代码执行完毕后，要立即开中断。

26.2　中断的运作机制

当中断产生时，处理器将按如下顺序执行：

1）保存当前处理器的状态信息。

2）载入异常或中断处理函数到 PC 寄存器。

3）把控制权转交给处理函数并开始执行。

4）当处理函数执行完成时，恢复处理器状态信息。

5）从异常或中断中返回到前一个程序执行点。

中断使得 CPU 可以在事件发生时才进行处理，而不必让 CPU 连续不断地查询是否有相应的事件发生。通过关中断和开中断这两条特殊指令可以让处理器不响应或响应中断。在关闭中断期间，通常处理器会把新产生的中断挂起，当中断打开时立刻进行响应，所以会有适当的延时响应中断，故用户在进入临界区时应快进快出。

中断发生的环境有两种：在任务的上下文中和在中断服务函数处理上下文中。

- 如果在运行任务时发生了一个中断，无论中断的优先级多高，都会打断当前任务的执行，转到对应的中断服务函数中执行，其过程具体如图 26-1 所示。

图 26-1 ①③：在任务运行时发生了中断，那么中断会打断任务的运行，操作系统将先保存当前任务的上下文，转而去处理中断服务函数。

图 26-1 ②④：当且仅当中断服务函数处理完时才恢复任务的上下文，继续运行任务。

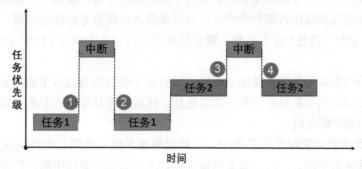

图 26-1　中断发生在任务上下文

- 在执行中断服务例程的过程中，如果有更高优先级的中断源触发中断，由于当前处于中断处理上下文中，那么根据不同的处理器构架可能有不同的处理方式，比如新的中断等待挂起，直到当前中断处理离开后再行响应，或新的高优先级中断打断当前中断处理过程，而去直接响应这个更高优先级的新中断源。后面这种情况称为中断嵌套。在硬实时环境中，前一种情况是不允许发生的，不能使响应中断的时间尽量短。而在软件处理（软实时环境）中，μC/OS 允许中断嵌套，即在一个中断服务例程期间，处理器可以响应另外一个优先级更高的中断，过程如图 26-2 所示。

图 26-2 ①：当中断 1 的服务函数在处理时发生了中断 2，由于中断 2 的优先级比中断 1 更高，所以发生了中断嵌套，那么操作系统将先保存当前中断服务函数的上下文，并转去处理中断 2，当且仅当中断 2 执行完时（见图 26-2 ②），才能继续执行中断 1。

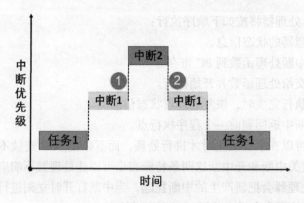

图 26-2　中断嵌套

26.3　中断延迟的概念

即使操作系统的响应很快了，对于中断的处理也存在中断延迟响应的问题，我们称之为中断延迟（interrupt latency）。

中断延迟是指从硬件中断发生到开始执行中断处理程序第一条指令的这段时间。也就是系统接收到中断信号到操作系统做出响应，并完成转入中断服务程序的时间。也可以简单地理解为（外部）硬件（设备）发生中断，到系统执行中断服务子程序（ISR）的第一条指令的时间。

中断的处理过程是外界硬件发生中断后，CPU 到中断处理器读取中断向量，并且查找中断向量表，找到对应的中断服务子程序的首地址，然后跳转到对应的 ISR 去做相应处理。这部分时间称为识别中断时间。

在允许中断嵌套的实时操作系统中，中断也是基于优先级的，允许高优先级中断抢断正在处理的低优先级中断，所以，如果当前正在处理更高优先级的中断，即使此时有低优先级的中断，系统也不会立刻响应，而是等到高优先级的中断处理完之后才会响应。在不支持中断嵌套的情况下，即中断没有优先级时，是不允许打断的，如果当前系统正在处理一个中断，而此时另一个中断到来了，系统是不会立即响应的，而是等处理完当前的中断之后，才会处理后来的中断。此部分时间称为等待中断打开时间。

在操作系统中，很多时候我们会主动进入临界段，系统不允许当前状态被中断打断，所以在临界段发生的中断会被挂起，直到退出临界段时才打开中断。此部分时间称为关闭中断时间。

中断延迟可以定义为从中断开始的时刻到中断服务例程开始执行的时刻之间的时间段：

$$中断延迟 = 识别中断时间 + [等待中断打开时间] + [关闭中断时间]$$

注意： "[ ]" 中的时间不一定都存在，此处为最大可能的中断延迟时间。

此外，中断恢复时间定义为执行完 ISR 中最后一行代码后至恢复到任务级代码的这段时间。

任务延迟时间定义为中断发生至恢复到任务级代码的这段时间。

26.4 中断的应用场景

中断在嵌入式处理器中应用得非常多，没有中断的系统不是好系统，因为有中断才能启动或者停止某件事情，从而转去做另一件事。我们可以举一个日常生活中的例子来说明——假如你正在给朋友写信，电话铃响了，这时你放下手中的笔去接电话，通话完毕再继续写信。这个例子就表现了中断及其处理的过程：电话铃声使你暂时中止当前的工作，而去处理更紧急的事情——接电话，当把急于处理的事情处理完之后，再回过头来继续处理原来的事情。在这个例子中，电话铃声就可以称为"中断请求"，而你暂停写信去接电话就叫作"中断响应"，那么接电话的过程就是"中断处理"。由此我们可以看出，在计算机执行程序的过程中，由于出现某个特殊情况（或称为"特殊事件"），使得系统暂时中止现行程序，而转去处理这一特殊事件的程序，处理完毕之后再回到原来程序的中断点继续向下执行。

为什么说没有中断的系统不是好系统呢？我们可以再举一个例子来说明中断的作用。假设有一个朋友来拜访你，但是由于不知何时到达，你只能在门口等待，于是什么事情也做不了；但如果在门口装一个门铃，你就不必在门口等待，而可以在家里做其他工作，朋友来了按门铃通知你，这时你才中断手中的工作去开门，这就避免了不必要的等待。CPU 也是一样，如果时间都浪费在查询上，那么这个 CPU 什么也做不了。在嵌入式系统中合理利用中断，能更好地利用 CPU 的资源。

26.5 ARM Cortex-M 的中断管理

ARM Cortex-M 系列内核的中断是由硬件管理的，而 µC/OS 是软件，它并不接管由硬件管理的相关中断（"接管"简单来说就是所有的中断都由 RTOS 的软件管理，硬件出现中断时，由软件决定是否响应，可以挂起中断、延迟响应或者不响应），只支持简单的开关中断等，所以 μC/OS 中的中断使用其实与裸机差别不大，需要我们自己配置并且启用中断，编写中断服务函数，在中断服务函数中使用内核 IPC 通信机制。一般建议使用信号量、消息或事件标志组等标志事件的发生，将事件发布给处理任务，等退出中断后再由相关处理任务具体处理中断。当然，μC/OS 为了让系统更快地退出中断，支持中断延迟发布，将中断级的发布变成任务级，这将在后文中讲解。

ARM Cortex-M NVIC 支持中断嵌套功能：当一个中断触发并且系统进行响应时，处理器硬件会将当前运行的部分上下文寄存器自动压入中断栈中，这部分寄存器包括 PSR、R0、R1、R2、R3 以及 R12。当系统正在服务一个中断时，如果有一个更高优先级的中断触发，那么处理器同样会打断当前运行的中断服务例程，然后把旧的中断服务例程上下文的 PSR、R0、R1、R2、R3 和 R12 寄存器自动保存到中断栈中。这部分上下文寄存器保存到中断栈的行为完全是硬件行为，这一点是与其他 ARM 处理器区别最大之处（以往都需要依赖于软件保存上下文）。

另外，在 ARM Cortex-M 系列处理器上，所有中断都采用中断向量表的方式进行处理，即当一个中断触发时，处理器将直接判定是哪个中断源，然后直接跳转到相应的固定位置进行处理。而在 ARM7、ARM9 中，一般是先跳入 IRQ 入口，然后由软件判断是哪个中断源触发，获得相对应的中断服务例程入口地址后，再进行后续的中断处理。ARM7、ARM9 的好处在于，所有中断都有统一的入口地址，便于操作系统统一管理。而 ARM Cortex-M 系列处理器则恰恰相反，每个中断服务例程必须排列在一起，放在统一的地址上（这个地址必须设置到 NVIC 的中断向量偏移寄存器中）。中断向量表一般由一个数组定义（或在起始代码中给出），在 STM32 上，默认采用起始代码给出，具体参见代码清单 26-1。

代码清单 26-1 中断向量表（部分）

```
1  __Vectors        DCD    __initial_sp        ; Top of Stack
2                    DCD    Reset_Handler       ; Reset Handler
3                    DCD    NMI_Handler         ; NMI Handler
4                    DCD    HardFault_Handler   ; Hard Fault Handler
5                    DCD    MemManage_Handler   ; MPU Fault Handler
6                    DCD    BusFault_Handler    ; Bus Fault Handler
7                    DCD    UsageFault_Handler  ; Usage Fault Handler
8                    DCD    0                   ; Reserved
9                    DCD    0                   ; Reserved
10                   DCD    0                   ; Reserved
11                   DCD    0                   ; Reserved
12                   DCD    SVC_Handler         ; SVCall Handler
13      DCD    DebugMon_Handler        ; Debug Monitor Handler
14                   DCD    0                   ; Reserved
15                   DCD    PendSV_Handler      ; PendSV Handler
16                   DCD    SysTick_Handler     ; SysTick Handler
17
18                   ; External Interrupts
```

```
19                    DCD      WWDG_IRQHandler                    ; Window Watchdog
20      DCD      PVD_IRQHandler              ; PVD through EXTI Line detect
21                    DCD      TAMPER_IRQHandler                  ; Tamper
22                    DCD      RTC_IRQHandler                     ; RTC
23                    DCD      FLASH_IRQHandler                   ; Flash
24                    DCD      RCC_IRQHandler                     ; RCC
25                    DCD      EXTI0_IRQHandler                   ; EXTI Line 0
26                    DCD      EXTI1_IRQHandler                   ; EXTI Line 1
27                    DCD      EXTI2_IRQHandler                   ; EXTI Line 2
28                    DCD      EXTI3_IRQHandler                   ; EXTI Line 3
29                    DCD      EXTI4_IRQHandler                   ; EXTI Line 4
30                    DCD      DMA1_Channel1_IRQHandler           ; DMA1 Channel 1
31                    DCD      DMA1_Channel2_IRQHandler           ; DMA1 Channel 2
32                    DCD      DMA1_Channel3_IRQHandler           ; DMA1 Channel 3
33                    DCD      DMA1_Channel4_IRQHandler           ; DMA1 Channel 4
34                    DCD      DMA1_Channel5_IRQHandler           ; DMA1 Channel 5
35                    DCD      DMA1_Channel6_IRQHandler           ; DMA1 Channel 6
36                    DCD      DMA1_Channel7_IRQHandler           ; DMA1 Channel 7
37
37                    ……
39
```

μC/OS 在 Cortex-M 系列处理器上也遵循与裸机中断一致的方法，当用户需要使用自定义的中断服务例程时，只需要定义相同名称的函数覆盖弱化符号即可。所以，μC/OS 在，但要注意在进入中断与退出中断时调用 OSIntEnter() 函数与 OSIntExit() 函数，方便中断嵌套管理。

26.6 中断延迟发布

26.6.1 中断延迟发布的概念

μC/OS-III 中有两种方法处理来自中断的事件——直接发布（或者称为释放）和延迟发布。通过 os_cfg.h 中的 OS_CFG_ISR_POST_DEFERRED_EN 来选择：当设置为 0 时，μC/OS 使用直接发布方法；当设置为 1 时，使用延迟发布方法，用户根据系统的应用选择其中一种方法即可。

启用中断延迟发布，可以将中断级发布转换成任务级发布，而且在进入临界段时也可以使用锁调度器代替关中断，这就大大减少了关中断的时间，有利于提高系统的实时性（能实时响应中断而不受中断屏蔽导致响应延迟）。在前面提到的 OSTimeTick()、OSSemPost()、OSQPost()、OSFlagPost()、OSTaskSemPost()、OSTaskQPost()、OSTaskSuspend() 和 OSTaskResume() 等函数，如果没有使用中断延迟发布，那么调用这些函数意味着进入一段很长的临界段，也就是关闭中断很长时间。在启用中断延时发布后，如果在中断中调用这些函数，系统就会将这些 post 提交的函数的必要信息保存到中断延迟提交的变量中去。为了配合中断延迟，μC/OS 还创建了优先级最高（优先级为 0）的任务——中断发布函数 OS_

IntQTask，退出中断后根据之前保存的参数，可在任务中再次进行 post 相关操作。这个过程其实就是把中断中的临界段放到任务中来实现，这时进入临界段就可以用锁住调度器的方式代替关中断，因此大大减少了关中断的时间，系统将 post 操作延迟了，中断延迟就是这样产生的。

注意：为了保证操作系统内核相关函数操作的完整性，一般都会进入或长或短的临界段，所以在中断内尽量少调用内核函数，部分 μC/OS 提供的函数是不允许在中断中调用的。

在直接发布方式中，μC/OS 访问临界段时采用关中断方式。然而，在延迟提交方式中，μC/OS 访问临界段时采用锁调度器方式，访问中断队列时 μC/OS 仍需要关中断以进入临界段，但是关中断的时间非常短，并且是固定的。

下面来看一看中断延迟发布与直接发布的区别，具体如图 26-3 和图 26-4 所示。

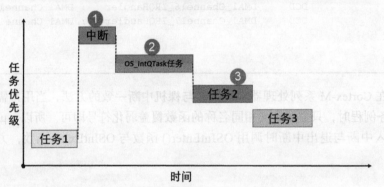

图 26-3 中断延迟发布

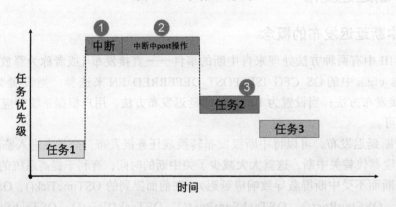

图 26-4 中断直接发布

图 26-3 ①：进入中断，在中断中需要发布一个内核对象（如消息队列、信号量等），但是使用了中断延迟发布，在中断中会调用 OS_IntQPost() 函数，在此函数中采用关中断方式进入临界段，因此在这个时间段是不能响应中断的。

图 26-3 ②：已经将内核对象发布到中断消息队列，那么将唤醒 OS_IntQTask 任务。因为该任务是最高优先级任务，所以能立即被唤醒，然后转到 OS_IntQTask 任务中通过调用 OS_IntQRePost() 函数发布内核对象，进入临界段的方式采用锁调度器方式，那么在这个阶段，中断是可以被响应的。

图 26-3 ③：系统正常运行，任务按优先级进行切换。

图 26-4 ①②：采用中断直接发布的情况是在中断中直接屏蔽中断以进入临界段，这段时间中都不会响应中断，直到发布完成，系统任务才正常运行并开启中断。

图 26-4 ③：系统正常运行，任务按照优先级正常切换。

由此可以看出，采用中断延迟发布的效果更好，将本该在中断中处理的事件转变为在任务中处理，系统关中断的时间大大降低，使得系统能很好地响应外部中断。如果在应用中关中断时间是关键性的，有非常频繁的中断源，而且应用不能接受直接发布方式那样长的关中断时间，则推荐使用中断延迟发布方式。

26.6.2 中断队列控制块

如果启用中断延迟发布，则会在中断中调用内核对象发布（释放）函数，系统会将发布的内容存放在中断队列控制块中，其源码具体参见代码清单 26-2。

代码清单 26-2 中断队列控制块

```
1 #if OS_CFG_ISR_POST_DEFERRED_EN > 0u
2 struct   os_int_q
3 {
4       OS_OBJ_TYPE          Type;                              (1)
5       OS_INT_Q          *NextPtr;                             (2)
6       void              *ObjPtr;                              (3)
7       void              *MsgPtr;                              (4)
8       OS_MSG_SIZE          MsgSize;                           (5)
9       OS_FLAGS          Flags;                                (6)
10      OS_OPT            Opt;                                  (7)
11      CPU_TS            TS;                                   (8)
12 };
13 #endif
```

代码清单 26-2（1）：用于发布的内核对象类型，例如消息队列、信号量、事件等。

代码清单 26-2（2）：指向下一个中断队列控制块。

代码清单 26-2（3）：指向内核对象变量指针。

代码清单 26-2（4）：如果发布的是任务消息或者内核对象消息，则指向发布消息的指针。

代码清单 26-2（5）：如果发布的是任务消息或者是内核对象消息，则记录发布的消息的字节大小。

代码清单 26-2（6）：如果发布的是事件标志，则成员变量记录要设置事件的标志位。

代码清单 26-2（7）：记录发布内核对象时的选项。

代码清单 26-2（8）：记录时间戳。

26.6.3　中断延迟发布任务初始化函数 OS_IntQTaskInit()

在系统初始化时，如果启用了中断延迟发布，那么系统会根据我们自定义的配置中断延迟发布任务的宏定义 OS_CFG_INT_Q_SIZE 与 OS_CFG_INT_Q_TASK_STK_SIZE 进行相关初始化，这两个宏定义在 os_cfg_app.h 文件中，中断延迟发布任务的初始化具体参见代码清单 26-3。

代码清单 26-3　中断延迟发布任务初始化

```
1  void  OS_IntQTaskInit (OS_ERR  *p_err)
2  {
3      OS_INT_Q       *p_int_q;
4      OS_INT_Q       *p_int_q_next;
5      OS_OBJ_QTY     i;
6
7
8
9  #ifdef OS_SAFETY_CRITICAL
10     if (p_err == (OS_ERR *)0)
11     {
12         OS_SAFETY_CRITICAL_EXCEPTION();
13         return;
14     }
15 #endif
16
17     /* 清空延迟提交过程中溢出的计数值 */
18     OSIntQOvfCtr = (OS_QTY)0u;
19
20     // 延迟发布信息队列的基地址必须不为空指针
21     if (OSCfg_IntQBasePtr == (OS_INT_Q *)0)                          (1)
22     {
23         *p_err = OS_ERR_INT_Q;
24         return;
25     }
26
27     // 延迟发布队列成员必须不少于 2 个
28     if (OSCfg_IntQSize < (OS_OBJ_QTY)2u)                             (2)
29     {
30         *p_err = OS_ERR_INT_Q_SIZE;
31         return;
32     }
33
34     // 初始化延迟发布任务每次运行的最长时间记录变量
35     OSIntQTaskTimeMax = (CPU_TS)0;
36
37     // 将定义的数据连接成一个单向链表
38     p_int_q        = OSCfg_IntQBasePtr;                              (3)
39     p_int_q_next   = p_int_q;
40     p_int_q_next++;
41     for (i = 0u; i < OSCfg_IntQSize; i++)
42     {
43             // 每个信息块都进行初始化
```

```
44              p_int_q->Type      =  OS_OBJ_TYPE_NONE;
45              p_int_q->ObjPtr    = (void         *)0;
46              p_int_q->MsgPtr    = (void         *)0;
47              p_int_q->MsgSize   = (OS_MSG_SIZE)0u;
48              p_int_q->Flags     = (OS_FLAGS   )0u;
49              p_int_q->Opt       = (OS_OPT     )0u;
50              p_int_q->NextPtr   = p_int_q_next;
51              p_int_q++;
52              p_int_q_next++;
53          }
54      // 将单向链表的首尾相连组成一个 "圈"
55      p_int_q--;
56      p_int_q_next           = OSCfg_IntQBasePtr;
57      p_int_q->NextPtr       = p_int_q_next;                                (4)
58
59      // 队列出口和入口都指向第一个
60      OSIntQInPtr            = p_int_q_next;
61      OSIntQOutPtr          = p_int_q_next;                                (5)
62
63      // 清空延迟发布队列中需要进行发布的内核对象个数
64      OSIntQNbrEntries       = (OS_OBJ_QTY)0u;
65      // 清空延迟发布队列中历史发布的内核对象最大个数
66      OSIntQNbrEntriesMax = (OS_OBJ_QTY)0u;
67
68
69      if (OSCfg_IntQTaskStkBasePtr == (CPU_STK *)0)
70      {
71          *p_err = OS_ERR_INT_Q_STK_INVALID;
72          return;
73      }
74
75      if (OSCfg_IntQTaskStkSize < OSCfg_StkSizeMin)
76      {
77          *p_err = OS_ERR_INT_Q_STK_SIZE_INVALID;
78          return;
79      }
80      // 创建延迟发布任务
81      OSTaskCreate((OS_TCB       *)&OSIntQTaskTCB,
82                  (CPU_CHAR      *)((void *)"µC/OS-III ISR Queue Task"),
83                  (OS_TASK_PTR )OS_IntQTask,
84                  (void          *)0,
85                  (OS_PRIO      )0u,                // 优先级最高
86                  (CPU_STK       *)OSCfg_IntQTaskStkBasePtr,
87                  (CPU_STK_SIZE)OSCfg_IntQTaskStkLimit,
88                  (CPU_STK_SIZE)OSCfg_IntQTaskStkSize,
89                  (OS_MSG_QTY )0u,
90                  (OS_TICK      )0u,
91                  (void          *)0,
92                  (OS_OPT        )(OS_OPT_TASK_STK_CHK | OS_OPT_TASK_STK_CLR),
93                  (OS_ERR        *)p_err);                                 (6)
94  }
95
96  #endif
```

代码清单 26-3（1）：延迟发布信息队列的基地址必须不为空指针，μC/OS 在编译时已经静态分配了一个存储空间（大数组），具体参见代码清单 26-4。

代码清单 26-4　中断延迟发布队列存储空间（位于 os_cfg_app.c）

```
1  #if (OS_CFG_ISR_POST_DEFERRED_EN > 0u)
2  OS_INT_Q          OSCfg_IntQ             [OS_CFG_INT_Q_SIZE];
3  CPU_STK           OSCfg_IntQTaskStk      [OS_CFG_INT_Q_TASK_STK_SIZE];
4  #endif
5
6  OS_INT_Q     * const   OSCfg_IntQBasePtr    = (OS_INT_Q    *)&OSCfg_IntQ[0];
7  OS_OBJ_QTY     const   OSCfg_IntQSize       = (OS_OBJ_QTY  )OS_CFG_INT_Q_SIZE;
```

代码清单 26-3（2）：延迟发布队列成员（OSCfg_IntQSize = OS_CFG_INT_Q_SIZE）必须不少于 2 个，该宏在 os_cfg_app.h 文件中定义。

代码清单 26-3（3）：将定义的数据连接成一个单向链表，并且初始化每一个信息块的内容。

代码清单 26-3（4）：将单向链表的首尾相连组成一个"圈"，即环形单链表，处理完成的示意图具体如图 26-5 所示。

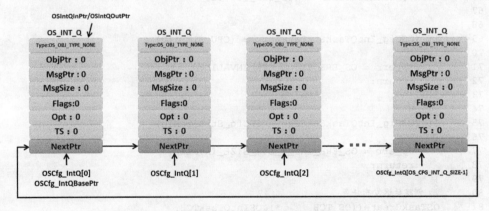

图 26-5　中断延迟发布队列初始化完成示意图

代码清单 26-3（5）：队列出口和入口都指向第一个信息块。

代码清单 26-3（6）：创建延迟发布任务，任务的优先级是 0，是最高优先级任务，不允许用户修改。

26.6.4　中断延迟发布过程函数 OS_IntQPost()

如果启用了中断延迟发布，并且发送消息的函数是在中断中被调用，这种情况下就不应该立即发送消息，而是将消息的发送放在指定发布任务中。此时系统将消息发布到中断消息队列中，等到中断发布任务唤醒时再发送消息。OS_IntQPost() 函数源码具体参见代码清单 26-5。

注意: 为了阅读方便，将"中断延迟发布队列"简称为"中断队列"。

代码清单 26-5　OS_IntQPost() 函数源码

```
1  void   OS_IntQPost (OS_OBJ_TYPE    type,          // 内核对象类型                (1)
2                      void          *p_obj,         // 被发布的内核对象            (2)
3                      void          *p_void,        // 消息队列或任务消息          (3)
4                      OS_MSG_SIZE    msg_size,      // 消息的数目                  (4)
5                      OS_FLAGS       flags,         // 事件                        (5)
6                      OS_OPT         opt,           // 发布内核对象时的选项        (6)
7                      CPU_TS         ts,            // 发布内核对象时的时间戳      (7)
8                      OS_ERR        *p_err)         // 返回错误类型                (8)
9  {
10     CPU_SR_ALLOC();   // 使用临界段(在关/开中断时)时必须用到该宏，该宏声明和定义一个
11     // 局部变量，用于保存关中断前的 CPU 状态寄存器 SR(临界段关中断只需保存 SR)，
12     // 开中断时将该值还原
13
14 #ifdef OS_SAFETY_CRITICAL                          // 如果启用(默认禁用)了安全检测    (9)
15     if (p_err == (OS_ERR *)0) {                    // 如果错误类型实参为空
16         OS_SAFETY_CRITICAL_EXCEPTION();            // 执行安全检测异常函数
17         return;                                    // 返回，不继续执行
18     }
19 #endif
20
21     CPU_CRITICAL_ENTER();                          // 关中断
22     if (OSIntQNbrEntries < OSCfg_IntQSize) {       // 如果中断队列未占满            (10)
23
24         OSIntQNbrEntries++;                                                          (11)
25         // 更新中断队列的最大使用数目的历史记录
26         if (OSIntQNbrEntriesMax < OSIntQNbrEntries) {                               (12)
27             OSIntQNbrEntriesMax = OSIntQNbrEntries;
28         }
29         /* 将要重新提交的内核对象的信息放入中断队列入口的信息记录块 */                 (13)
30         OSIntQInPtr->Type      = type;  /* 保存要发布的对象类型 */
31         OSIntQInPtr->ObjPtr    = p_obj; /* 保存指向要发布的对象的指针 */
32         OSIntQInPtr->MsgPtr    = p_void;/* 将信息保存到消息块中 */
33         OSIntQInPtr->MsgSize   = msg_size; /* 保存信息的大小 */
34         OSIntQInPtr->Flags     = flags; /* 如果发布到事件标志组，则保存标志 */
35         OSIntQInPtr->Opt       = opt; /* 保存选项 */
36         OSIntQInPtr->TS        = ts; /* 保存时间戳信息 */                           (14)
37
38         OSIntQInPtr   = OSIntQInPtr->NextPtr;    // 指向下一个中断队列入口           (15)
39         /* 让中断队列管理任务 OSIntQTask 就绪 */                                    (16)
40         OSRdyList[0].NbrEntries = (OS_OBJ_QTY)1;
41                                       // 更新就绪列表上的优先级 0 的任务数为 1 个
42         // 就绪列表的头尾指针都指向 OSIntQTask 任务
43         OSRdyList[0].HeadPtr    = &OSIntQTaskTCB;
44         OSRdyList[0].TailPtr    = &OSIntQTaskTCB;                                   (17)
45         OS_PrioInsert(0u);                   // 在优先级列表中增加优先级 0          (18)
46         if (OSPrioCur != 0) {                // 如果当前运行的不是 OSIntQTask 任务  (19)
47             OSPrioSaved = OSPrioCur;         // 保存当前任务的优先级
48         }
```

```
48
49          *p_err              = OS_ERR_NONE;// 返回错误类型为 "无错误"        (20)
50      } else {                                // 如果中断队列已占满
51          OSIntQOvfCtr++;                     // 中断队列溢出数目加 1          (21)
52          *p_err          = OS_ERR_INT_Q_FULL;    // 返回错误类型为 "中断队列已满"
53      }
54      CPU_CRITICAL_EXIT();                    // 开中断
55  }
```

代码清单 26-5（1）：内核对象类型。

代码清单 26-5（2）：被发布的内核对象。

代码清单 26-5（3）：消息队列或任务消息。

代码清单 26-5（4）：消息的数目。

代码清单 26-5（5）：事件。

代码清单 26-5（6）：发布内核对象时的选项。

代码清单 26-5（7）：发布内核对象时的时间戳。

代码清单 26-5（8）：返回错误类型。

代码清单 26-5（9）：如果启用（默认禁用）了安全检测，在编译时则会包含安全检测相关的代码。如果错误类型实参为空，则系统会执行安全检测异常函数，然后返回，停止执行。

代码清单 26-5（10）：如果中断队列未占满，则执行（10）～（20）的操作。

代码清单 26-5（11）：OSIntQNbrEntries 用于记录中断队列的入队数量，需要加 1 表示当前有信息记录块入队。

代码清单 26-5（12）：更新中断队列的最大使用数目的历史记录。

代码清单 26-5（13）～（14）：将要重新提交的内核对象的信息放入中断队列的信息记录块中，记录的信息有发布的对象类型、发布的内核对象、要发布的消息、要发布的消息大小、要发布的事件、选项、时间戳等信息。

代码清单 26-5（15）：指向下一个中断队列入口。

代码清单 26-5（16）：让中断队列管理任务 OSIntQTask 就绪，更新就绪列表上的优先级 0 的任务数为 1 个。

代码清单 26-5（17）：就绪列表的头尾指针都指向 OSIntQTask 任务。

代码清单 26-5（18）：调用 OS_PrioInsert() 函数在优先级列表中增加优先级 0。

代码清单 26-5（19）：如果当前运行的不是 OSIntQTask 任务，则需要保存当前任务的优先级。

代码清单 26-5（20）：程序能执行到这里，表示已经正确执行完毕，返回错误类型为 "无错误" 的错误代码。

代码清单 26-5（21）：如果中断队列已占满，记录中断队列溢出数目，返回错误类型为 "中断队列已满" 的错误代码。

26.6.5 中断延迟发布任务函数 OS_IntQTask()

在中断中将消息放入中断队列，那么接下来如何发布内核对象呢？原来 μC/OS 在中断中只是将要提交的内核对象的信息暂时保存起来，然后就绪优先级最高的中断延迟发布任务，接着继续执行中断，在退出所有中断嵌套后，第一个执行的任务就是延迟发布任务。OS_IntQTask() 函数源码具体参见代码清单 26-6。

代码清单 26-6 OS_IntQTask() 函数源码

```
 1  void  OS_IntQTask (void  *p_arg)
 2  {
 3      CPU_BOOLEAN  done;
 4      CPU_TS       ts_start;
 5      CPU_TS       ts_end;
 6      CPU_SR_ALLOC(); // 使用临界段（在关 / 开中断时）时必须用到该宏，该宏声明和
 7                      // 定义一个局部变量，用于保存关中断前的 CPU 状态寄存器
 8                      // SR（临界段关中断只需保存 SR），开中断时将该值还原
 9
10      p_arg = p_arg;
11      while (DEF_ON)                                          // 进入死循环
12      {
13          done = DEF_FALSE;
14          while (done == DEF_FALSE)
15          {
16              CPU_CRITICAL_ENTER();                        // 关中断
17              if (OSIntQNbrEntries == (OS_OBJ_QTY)0u)                      (1)
18              {
19
20                  // 如果中断队列里的内核对象发布完毕
21                  // 从就绪列表中移除中断队列管理任务 OS_IntQTask
22                  OSRdyList[0].NbrEntries = (OS_OBJ_QTY)0u;
23                  OSRdyList[0].HeadPtr    = (OS_TCB   *)0;
24                  OSRdyList[0].TailPtr    = (OS_TCB   *)0;
25                  OS_PrioRemove(0u);        // 从优先级列表中移除优先级为 0 的任务  (2)
26                  CPU_CRITICAL_EXIT();      // 开中断
27                  OSSched();                // 任务调度                            (3)
28                  done = DEF_TRUE;          // 退出循环
29              }
30              else
31              // 如果中断队列里还有内核对象
32              {
33                  CPU_CRITICAL_EXIT();                        // 开中断
34                  ts_start = OS_TS_GET();                     // 获取时间戳
35                  OS_IntQRePost();            // 发布中断队列里的内核对象            (4)
36                  ts_end   = OS_TS_GET() - ts_start;   // 计算该次发布时间
37                  if (OSIntQTaskTimeMax < ts_end)
38                  // 更新中断队列发布内核对象的最大时间的历史记录
39                  {
40                      OSIntQTaskTimeMax = ts_end;
41                  }
42                  CPU_CRITICAL_ENTER();                        // 关中断
```

```
43              OSIntQOutPtr = OSIntQOutPtr->NextPtr;//处理下一个要发布的内核对象 (5)
44              OSIntQNbrEntries--;                  // 中断队列的成员数目减1        (6)
45              CPU_CRITICAL_EXIT();                 // 开中断
46          }
47      }
48   }
49 }
```

代码清单 26-6（1）：如果中断队列里的内核对象发布完毕（OSIntQNbrEntries 变量的值为 0），则从就绪列表中移除中断延迟发布任务 OS_IntQTask，这样的操作相当于挂起 OS_IntQTask 任务。

代码清单 26-6（2）：从优先级列表中移除优先级为 0 的任务。

代码清单 26-6（3）：进行一次任务调度，这就保证了从中断出来后，如果需要发布，则会将相应的内核对象全部发布，直到发布完成，才会进行一次任务调度，然后让其他任务占用 CPU。

代码清单 26-6（4）：如果中断队列里还存在未发布的内核对象，就调用 OS_IntQRePost() 函数发布中断队列里的内核对象，其实这个函数中才是真正的发布操作，该函数源码具体见代码清单 26-7。

代码清单 26-6（5）：处理下一个要发布的内核对象，直到没有任何要发布的内核对象为止。

代码清单 26-6（6）：中断队列的成员数目减 1。

代码清单 26-7　OS_IntQRePost() 函数源码

```
1 void   OS_IntQRePost (void)
2 {
3     CPU_TS  ts;
4     OS_ERR  err;
5
6
7     switch (OSIntQOutPtr->Type)          // 根据内核对象类型分类处理                    (1)
8     {
9     case OS_OBJ_TYPE_FLAG:               // 如果对象类型是事件标志
10 #if OS_CFG_FLAG_EN > 0u                  // 如果启用了事件标志，则发布事件标志
11         (void)OS_FlagPost((OS_FLAG_GRP *) OSIntQOutPtr->ObjPtr,
12                           (OS_FLAGS     ) OSIntQOutPtr->Flags,
13                           (OS_OPT       ) OSIntQOutPtr->Opt,
14                           (CPU_TS       ) OSIntQOutPtr->TS,
15                           (OS_ERR      *)&err);                                        (2)
16 #endif
17         break;                          // 跳出
18
19     case OS_OBJ_TYPE_Q:                  // 如果对象类型是消息队列
20 #if OS_CFG_Q_EN > 0u                     // 如果启用了消息队列，则发布消息队列
21         OS_QPost((OS_Q        *) OSIntQOutPtr->ObjPtr,
22                  (void         *) OSIntQOutPtr->MsgPtr,
23                  (OS_MSG_SIZE  ) OSIntQOutPtr->MsgSize,
```

```
24                            (OS_OPT     ) OSIntQOutPtr->Opt,
25                            (CPU_TS     ) OSIntQOutPtr->TS,
26                            (OS_ERR    *)&err);                          (3)
27 #endif
28          break;                                    // 跳出
29
30      case OS_OBJ_TYPE_SEM:              // 如果对象类型是信号量
31 #if OS_CFG_SEM_EN > 0u                  // 如果启用了信号量，则发布信号量
32          (void)OS_SemPost((OS_SEM *) OSIntQOutPtr->ObjPtr,
33                           (OS_OPT  ) OSIntQOutPtr->Opt,
34                           (CPU_TS  ) OSIntQOutPtr->TS,
35                           (OS_ERR *)&err);                              (4)
36 #endif
37          break;                                    // 跳出
38
39      case OS_OBJ_TYPE_TASK_MSG:        // 如果对象类型是任务消息
40 #if OS_CFG_TASK_Q_EN > 0u              // 如果启用了任务消息，则发布任务消息
41          OS_TaskQPost((OS_TCB    *) OSIntQOutPtr->ObjPtr,
42                       (void       *) OSIntQOutPtr->MsgPtr,
43                       (OS_MSG_SIZE) OSIntQOutPtr->MsgSize,
44                       (OS_OPT     ) OSIntQOutPtr->Opt,
45                       (CPU_TS     ) OSIntQOutPtr->TS,
46                       (OS_ERR    *)&err);                               (5)
47 #endif
48          break;                                    // 跳出
49
50      case OS_OBJ_TYPE_TASK_RESUME:        // 如果对象类型是恢复任务
51 #if OS_CFG_TASK_SUSPEND_EN > 0u     // 如果启用了函数 OS_TaskResume()，则恢复该任务
52          (void)OS_TaskResume((OS_TCB *) OSIntQOutPtr->ObjPtr,
53                              (OS_ERR *)&err);                           (6)
54 #endif
55          break;                                    // 跳出
56
57      case OS_OBJ_TYPE_TASK_SIGNAL:// 如果对象类型是任务信号量
58          (void)OS_TaskSemPost((OS_TCB *) OSIntQOutPtr->ObjPtr,// 发布任务信号量
59                               (OS_OPT  ) OSIntQOutPtr->Opt,
60                               (CPU_TS  ) OSIntQOutPtr->TS,
61                               (OS_ERR *)&err);                          (7)
62          break;                                    // 跳出
63
64      case OS_OBJ_TYPE_TASK_SUSPEND:        // 如果对象类型是挂起任务
65 #if OS_CFG_TASK_SUSPEND_EN > 0u// 如果启用了函数 OS_TaskSuspend()，则挂起该任务
66          (void)OS_TaskSuspend((OS_TCB *) OSIntQOutPtr->ObjPtr,
67                               (OS_ERR *)&err);                          (8)
68 #endif
69      break;                                        // 跳出
70
71      case OS_OBJ_TYPE_TICK:                // 如果对象类型是时钟节拍           (9)
72 #if OS_CFG_SCHED_ROUND_ROBIN_EN > 0u// 如果启用了时间片轮转调度
73          OS_SchedRoundRobin(&OSRdyList[OSPrioSaved]); // 轮转调度相同优先级的任务
74 #endif
75
76      (void)OS_TaskSemPost((OS_TCB *)&OSTickTaskTCB,// 发送信号量给时钟节拍任务
```

```
77                                    (OS_OPT    ) OS_OPT_POST_NONE,
78                                    (CPU_TS    ) OSIntQOutPtr->TS,
79                                    (OS_ERR *)&err);                          (10)
80 #if OS_CFG_TMR_EN > 0u
81 // 如果启用了软件定时器，则发送信号量给定时器任务
82         OSTmrUpdateCtr--;
83         if (OSTmrUpdateCtr == (OS_CTR)0u)
84         {
85             OSTmrUpdateCtr = OSTmrUpdateCnt;
86             ts             = OS_TS_GET();
87             (void)OS_TaskSemPost((OS_TCB *)&OSTmrTaskTCB,
88                                  (OS_OPT  ) OS_OPT_POST_NONE,
89                                  (CPU_TS  ) ts,
90                                  (OS_ERR *)&err);                            (11)
91         }
92 #endif
93         break;                                   // 跳出
94
95     default:                                     // 如果内核对象类型超出预期       (12)
96         break;                                   // 直接跳出
97     }
98 }
```

代码清单 26-7（1）：根据内核对象类型分类处理。

代码清单 26-7（2）：如果对象类型是事件标志，则发布事件标志。

代码清单 26-7（3）：如果对象类型是消息队列，则发布消息队列。

代码清单 26-7（4）：如果对象类型是信号量，则发布信号量。

代码清单 26-7（5）：如果对象类型是任务消息，则发布任务消息。

代码清单 26-7（6）：如果对象类型是恢复任务，则恢复该任务。

代码清单 26-7（7）：如果对象类型是任务信号量，则发布任务信号量。

代码清单 26-7（8）：如果对象类型是挂起任务，则挂起该任务。

代码清单 26-7（9）：如果对象类型是时钟节拍，并启用了时间片轮转调度，则轮转调度相同优先级的任务。

代码清单 26-7（10）：发送信号给时钟节拍任务。

代码清单 26-7（11）：如果启用了软件定时器，则发送信号量给定时器任务。

代码清单 26-7（12）：如果内核对象类型超出预期，则直接跳出。

该函数的整个流程也是非常简单的，首先提取出中断队列中一个信息块的信息，根据发布的内核对象类型分类处理。前面已经讲解过全部内核对象发布（释放）的过程，此处直接在任务中调用这些发布函数并根据对应的内核对象进行发布。值得注意的是时钟节拍类型 OS_OBJ_TYPE_TICK，如果没有启用中断延迟发布的宏定义，那么所有与时钟节拍相关的，包括时间片轮转调度、定时器、发送消息给时钟节拍任务等都是在中断中进行，而使用延迟提交就把这些工作都放到延迟发布任务中执行。如果没有使用延迟发布，提交的整个过程都要关中断。

至此，中断延迟发布的内容讲解完毕，无论是否选择中断延迟发布，都不需要修改用户代码，μC/OS 会根据用户的选择自动处理。

26.7 中断管理实验

中断管理实验是在 µC/OS 中创建了两个任务来分别获取信号量与消息队列，并且定义了按键 KEY1 与 KEY2 的触发方式为中断触发，其触发的中断服务函数则与裸机一样，在中断触发时通过消息队列将消息传递给任务，任务接收到消息后就将消息通过串口调试助手显示出来。该实验也实现了串口的 DMA 传输及空闲中断功能，当串口接收完不定长的数据之后会产生一个空闲中断，在中断中将信号量传递给任务，任务在收到信号量时将串口的数据读取出来并且在串口调试助手中显示，具体参见代码清单 26-8 中的加粗部分。

代码清单 26-8　中断管理实验

```
1  #include <includes.h>
2  #include <string.h>
3
4
5  static   OS_TCB      AppTaskStartTCB;                        // 任务控制块
6
7  OS_TCB               AppTaskUsartTCB;
8  OS_TCB               AppTaskKeyTCB;
9
10
11 static   CPU_STK  AppTaskStartStk[APP_TASK_START_STK_SIZE];      // 任务栈
12
13 static   CPU_STK  AppTaskUsartStk [ APP_TASK_USART_STK_SIZE ];
14 static   CPU_STK  AppTaskKeyStk   [ APP_TASK_KEY_STK_SIZE ];
15
16
17 extern char Usart_Rx_Buf[USART_RBUFF_SIZE];
18
19
20 static   void  AppTaskStart  (void *p_arg);                 // 任务函数声明
21
22 static   void  AppTaskUsart  ( void *p_arg );
23 static   void  AppTaskKey    ( void *p_arg );
24
25
26
27 int   main (void)
28 {
29     OS_ERR   err;
30
31
32     OSInit(&err);                        // 初始化 µC/OS-III
33
34
35     /* 创建初始任务 */
36     OSTaskCreate((OS_TCB        *)&AppTaskStartTCB,
37                     // 任务控制块地址
38                     (CPU_CHAR    *)"App Task Start",
39                     // 任务名称
```

```
40                    (OS_TASK_PTR ) AppTaskStart,
41                    // 任务函数
42                    (void        *) 0,
43                    // 传递给任务函数（形参 p_arg）的实参
44                    (OS_PRIO     ) APP_TASK_START_PRIO,
45                    // 任务的优先级
46                    (CPU_STK     *)&AppTaskStartStk[0],
47                    // 任务栈的基地址
48                    (CPU_STK_SIZE) APP_TASK_START_STK_SIZE / 10,
49                    // 任务栈空间剩下 1/10 时限制其增长
50                    (CPU_STK_SIZE) APP_TASK_START_STK_SIZE,
51                    // 任务栈空间（单位：sizeof(CPU_STK)）
52                    (OS_MSG_QTY ) 5u,
53                    // 任务可接收的最大消息数
54                    (OS_TICK    ) 0u,
55                    // 任务的时间片节拍数（0 表示默认值 OSCfg_TickRate_Hz/10）
56                    (void       *) 0,
57                    // 任务扩展（0 表示不扩展）
58                    (OS_OPT     )(OS_OPT_TASK_STK_CHK | OS_OPT_TASK_STK_CLR),
59                    // 任务选项
60                    (OS_ERR     *)&err);
61                    // 返回错误类型
62
63     OSStart(&err);
64                    // 启动多任务管理（交由 µC/OS-III 控制）
65
66 }
67
68
69
70 static  void  AppTaskStart (void *p_arg)
71 {
72     CPU_INT32U  cpu_clk_freq;
73     CPU_INT32U  cnts;
74     OS_ERR      err;
75
76
77     (void)p_arg;
78     // 板级初始化
79     BSP_Init();
80     // 初始化 CPU 组件（时间戳、关中断时间测量和主机名）
81     CPU_Init();
82
83     // 获取 CPU 内核时钟频率（SysTick 工作时钟）
84     cpu_clk_freq = BSP_CPU_ClkFreq();
85     // 根据用户设定的时钟节拍频率计算 SysTick 定时器的计数值
86     cnts = cpu_clk_freq / (CPU_INT32U)OSCfg_TickRate_Hz;
87     // 调用 SysTick 初始化函数，设置定时器计数值和启动定时器
88     OS_CPU_SysTickInit(cnts);
89     // 初始化内存管理组件（堆内存池和内存池表）
90     Mem_Init();
91
92 // 如果启用（默认启用）了统计任务
```

```
93  #if OS_CFG_STAT_TASK_EN > 0u
94      OSStatTaskCPUUsageInit(&err);
95  #endif
96
97      // 复位（清零）当前最大关中断时间
98      CPU_IntDisMeasMaxCurReset();
99
100
101     /* 配置时间片轮转调度 */
102     OSSchedRoundRobinCfg((CPU_BOOLEAN  )DEF_ENABLED,
103                             // 启用时间片轮转调度
104                             (OS_TICK       )0,
105                             // 把 OSCfg_TickRate_Hz/10 设为默认时间片值
106                             (OS_ERR      *)&err );        // 返回错误类型
107
108
109     /* 创建 AppTaskUsart 任务 */
110     OSTaskCreate((OS_TCB      *)&AppTaskUsartTCB,
111                         // 任务控制块地址
112                         (CPU_CHAR   *)"App Task Usart",
113                         // 任务名称
114                         (OS_TASK_PTR ) AppTaskUsart,
115                         // 任务函数
116                         (void       *) 0,
117                         // 传递给任务函数（形参 p_arg）的实参
118                         (OS_PRIO    ) APP_TASK_USART_PRIO,
119                         // 任务的优先级
120                         (CPU_STK    *)&AppTaskUsartStk[0],
121                         // 任务栈的基地址
122                         (CPU_STK_SIZE) APP_TASK_USART_STK_SIZE / 10,
123                         // 任务栈空间剩下1/10时限制其增长
124                         (CPU_STK_SIZE) APP_TASK_USART_STK_SIZE,
125                         // 任务栈空间（单位: sizeof(CPU_STK)）
126                         (OS_MSG_QTY ) 50u,
127                         // 任务可接收的最大消息数
128                         (OS_TICK    ) 0u,
129                         // 任务的时间片节拍数（0 表示默认值OSCfg_TickRate_Hz/10）
130                         (void       *) 0,
131                         // 任务扩展（0 表示不扩展）
132                         (OS_OPT      )(OS_OPT_TASK_STK_CHK | OS_OPT_TASK_STK_CLR),
133                         // 任务选项
134                         (OS_ERR     *)&err);
135                         // 返回错误类型
136
137
138     /* 创建 AppTaskKey 任务 */
139     OSTaskCreate((OS_TCB      *)&AppTaskKeyTCB,
140                         // 任务控制块地址
141                         (CPU_CHAR   *)"App Task Key",
142                         // 任务名称
143                         (OS_TASK_PTR ) AppTaskKey,
144                         // 任务函数
145                         (void       *) 0,
```

```
146                    // 传递给任务函数（形参 p_arg）的实参
147                    (OS_PRIO      ) APP_TASK_KEY_PRIO,
148                    // 任务的优先级
149                    (CPU_STK      *)&AppTaskKeyStk[0],
150                    // 任务栈的基地址
151                    (CPU_STK_SIZE) APP_TASK_KEY_STK_SIZE / 10,
152                    // 任务栈空间剩下 1/10 时限制其增长
153                    (CPU_STK_SIZE) APP_TASK_KEY_STK_SIZE,
154                    // 任务栈空间（单位：sizeof(CPU_STK)）
155                    (OS_MSG_QTY  ) 50u,
156                    // 任务可接收的最大消息数
157                    (OS_TICK     ) 0u,
158                    // 任务的时间片节拍数（0 表示默认值 OSCfg_TickRate_Hz/10）
159                    (void        *) 0,
160                    // 任务扩展（0 表示不扩展）
161                    (OS_OPT      )(OS_OPT_TASK_STK_CHK | OS_OPT_TASK_STK_CLR),
162                    // 任务选项
163                    (OS_ERR      *)&err);
164                    // 返回错误类型
165
166
167     OSTaskDel ( 0, & err );
168     // 删除初始任务本身，该任务不再运行
169
170
171 }
172
173
174
175 static  void  AppTaskUsart ( void *p_arg )
176 {
177     OS_ERR      err;
178
179     CPU_SR_ALLOC();
180
181
182     (void)p_arg;
183
184
185     while (DEF_TRUE)                                      // 任务体
186     {
187
188         OSTaskSemPend ((OS_TICK    )0,                    // 无期限等待
189                        (OS_OPT     )OS_OPT_PEND_BLOCKING,
190                        // 如果信号量不可用就等待
191                        (CPU_TS    *)0,
192                        // 获取信号量被发布时的时间戳
193                        (OS_ERR    *)&err);               // 返回错误类型
194
195         OS_CRITICAL_ENTER();
196                        // 进入临界段，避免串口打印被打断
197
198         printf(" 收到数据：%s\n",Usart_Rx_Buf);
199
200         memset(Usart_Rx_Buf,0,USART_RBUFF_SIZE);         // 清零
```

```
201
202         OS_CRITICAL_EXIT();                              // 退出临界段
203
204
205
206     }
207
208 }
209
210
211 static   void   AppTaskKey ( void *p_arg )
212 {
213     OS_ERR          err;
214     CPU_TS_TMR      ts_int;
215     CPU_INT32U      cpu_clk_freq;
216     CPU_SR_ALLOC();
217
218
219     (void)p_arg;
220
221
222     cpu_clk_freq = BSP_CPU_ClkFreq();
223                     // 获取 CPU 时钟，时间戳是以该时钟计数
224
225
226 while (DEF_TRUE)                                         // 任务体
227     {
228         /* 阻塞任务，直到 KEY1 被按下 */
229         OSTaskSemPend ((OS_TICK    )0,                   // 无期限等待
230                        (OS_OPT     )OS_OPT_PEND_BLOCKING,
231                        // 如果信号量不可用就等待
232                        (CPU_TS     *)0,
233                        // 获取信号量被发布的时间戳
234                        (OS_ERR     *)&err);              // 返回错误类型
235
236         ts_int = CPU_IntDisMeasMaxGet ();               // 获取最大关中断时间
237
238         OS_CRITICAL_ENTER();
239                     // 进入临界段，避免串口打印被打断
240
241         printf ( " 触发按键中断，最大中断时间是 %dus\r\n",
242                 ts_int / ( cpu_clk_freq / 1000000 ) );
243
244         OS_CRITICAL_EXIT();                              // 退出临界段
245
246     }
247
248 }
```

中断服务函数需要我们自己编写，并且中断被触发时将通过信号量告知任务，具体参见代码清单 26-9。

代码清单 26-9　中断服务函数

```
1  #include "stm32f10x_it.h"
2  #include <includes.h>
3  #include "bsp_usart1.h"
4  #include "bsp_exti.h"
5
6
7  extern OS_TCB   AppTaskUsartTCB;
8  extern OS_TCB   AppTaskKeyTCB;
9
10
11 /**
12  * @brief   USART 中断服务函数
13  * @param   无
14  * @retval 无
15  */
16 void macUSART_INT_FUN(void)
17 {
18     OS_ERR   err;
19
20     OSIntEnter();                                         // 进入中断
21
22
23     if ( USART_GetITStatus ( macUSARTx, USART_IT_IDLE ) != RESET )
24     {
25
26         DMA_Cmd(USART_RX_DMA_CHANNEL, DISABLE);
27
28         USART_ReceiveData ( macUSARTx );  /* 清除标志位 */
29
30         // 清除 DMA 标志位
31         DMA_ClearFlag( DMA1_FLAG_TC5 );
32
33         // 重新赋值计数值, 必须大于等于最大可能接收到的数据帧数目
34         USART_RX_DMA_CHANNEL->CNDTR = USART_RBUFF_SIZE;
35         DMA_Cmd(USART_RX_DMA_CHANNEL, ENABLE);
36
37         // 给出信号量, 发送接收到新数据标志, 供前台程序查询
38
39         /* 发送任务信号量到任务 AppTaskKey */
40         OSTaskSemPost((OS_TCB   *)&AppTaskUsartTCB,      // 目标任务
41                       (OS_OPT   )OS_OPT_POST_NONE,        // 没有选项要求
42                       (OS_ERR   *)&err);                  // 返回错误类型
43
44     }
45
46     OSIntExit();                                          // 退出中断
47
48 }
49
50
51 /**
52  * @brief   EXTI 中断服务函数
53  * @param   无
```

```
54      * @retval 无
55      */
56  void macEXTI_INT_FUNCTION (void)
57  {
58      OS_ERR    err;
59
60
61      OSIntEnter();                                    // 进入中断
62
63  if (EXTI_GetITStatus(macEXTI_LINE) != RESET) // 判断是否产生了 EXTI Line 中断
64      {
65          /* 发送任务信号量到任务 AppTaskKey */
66          OSTaskSemPost((OS_TCB  *)&AppTaskKeyTCB,     // 目标任务
67                       (OS_OPT   )OS_OPT_POST_NONE,   // 没有选项要求
68                       (OS_ERR  *)&err);              // 返回错误类型
69
70          EXTI_ClearITPendingBit(macEXTI_LINE);       // 清除中断标志位
71      }
72
73      OSIntExit();                                     // 退出中断
74
75  }
```

26.8　实验现象

将程序编译好，用 USB 线连接计算机和开发板的 USB 接口（对应丝印为 USB 转串口），用 DAP 仿真器把配套程序下载到野火 STM32 开发板（具体型号根据购买的板子而定，每个型号的板子都配套有对应的程序），在计算机上打开串口调试助手，然后复位开发板就可以在调试助手中看到串口的打印信息。按下开发板的 KEY1 按键触发中断，在串口调试助手中可以看到运行结果，然后通过串口调试助手发送一段不定长信息，触发中断会在中断服务函数中发送信号量通知任务，任务接收到信号量时将串口信息打印出来，具体如图 26-6 所示。

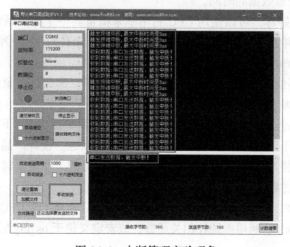

图 26-6　中断管理实验现象

第 27 章
CPU 利用率及栈检测统计

27.1 CPU 利用率的基本概念及作用

CPU 利用率其实就是系统运行的程序占用的 CPU 资源，表示在某段时间程序运行的情况，如果在这段时间中，程序一直占用 CPU，那么可以认为 CPU 的利用率是 100%。CPU 的利用率越高，说明机器在这个时间上运行了很多程序，反之则较少。利用率的高低与 CPU 性能的强弱有直接关系，就像一段一模一样的程序，如果使用运算速度很慢的 CPU，它可能要运行 1000ms，而使用很运算速度很快的 CPU，可能只需要 10ms，那么在 1000ms 这段时间中，前者的 CPU 利用率就是 100%，而后者的 CPU 利用率只有 1%，因为 1000ms 内前者都在使用 CPU 做运算，而后者只使用 10ms 的时间做运算，剩下的时间 CPU 可以做其他事情。

μC/OS 是多任务操作系统，对 CPU 都是分时使用的，比如 A 任务占用 10ms，然后 B 任务占用 30ms，之后空闲 60ms，再又是 A 任务占用 10ms，B 任务占用 30ms，空闲 60ms……如果在一段时间内都是如此，那么这段时间内的 CPU 利用率为 40%，因为整个系统中只有 40% 的时间是 CPU 处理数据的时间。

一个系统设计的好坏，可以使用 CPU 利用率来衡量。一个好的系统必然要能完美地响应紧急的处理需求，并且系统的资源不会过于浪费（性价比高）。举个例子，假设一个系统的 CPU 利用率经常在 90% ～ 100% 徘徊，那么系统就很少有空闲的时候，这时突然有一些事情急需 CPU 处理，但是此时 CPU 很可能被其他任务占用了，那么这个紧急事件就有可能无法得到响应，即使能被响应，那么占用 CPU 的任务又处于等待状态，这种系统就是不够完美的，因为资源处理得过于紧迫；反过来，假如 CPU 的利用率在 1% 以下，那么我们就可以认为这种产品的资源过于浪费，CPU 大部分时间处于空闲状态。设计产品，既不能让资源过于浪费，也不能让资源使用得过于紧迫，这种设计才是完美的。在需要时能及时处理完突发事件，而且资源也不会过剩，性价比更高。

μC/OS 提供的 CPU 利用率统计是一个可选功能，只有将 OS_CFG_STAT_TASK_EN 宏定义启用后才能使用 CPU 利用率统计相关函数，该宏定义位于 os_cfg.h 文件中。

27.2　CPU 利用率统计初始化

µC/OS 中是如何实现 CPU 利用率统计的呢？ CPU 利用率统计的原理很简单，我们知道系统中必须存在空闲任务，当且仅当 CPU 空闲时才会执行空闲任务，那么可以让 CPU 在空闲任务中一直做加法运算。假设某段时间 T 中 CPU 一直都在空闲任务中做加法运算（变量自加），那么算出来的值就是 CPU 空闲时的最大值，假设该值为 100，那么当系统中有其他任务时，CPU 就不可能一直执行空闲任务了。那么同样的一段时间 T 里，通过执行空闲任务算出来的值变成了 80，是否可以说明空闲任务只占用了系统 80% 的资源，剩下的 20% 被其他任务占用了？ 这是显而易见的。利用这个原理，就能知道 CPU 的利用率大约是多少了（这种计算不会很精确）。假设 CPU 在 T 时间内空闲任务中运算的最大值为 OSStatTaskCtrMax（100），而有其他任务参与时 T 时间内空闲任务运算的值为 80（OSStatTaskCtr），那么 CPU 的利用率 CPUUsage 的运算公式应该为 CPUUsage（%）= 100*（1 – OSStatTaskCtr / OSStatTaskCtrMax），假设有一次空闲任务运算的值为 100（OSStatTaskCtr），则说明没有其他任务参与，那么 CPU 的利用率就是 0%，如果 OSStatTaskCtr 的值为 0，那么表示这段时间里 CPU 都没在空闲任务中运算，CPU 利用率为 100%。

注意：一般情况下时间 T 由 OS_CFG_STAT_TASK_RATE_HZ 宏定义决定，这是我们自己在 os_cfg_app.h 文件中定义的，此处定义为 10。该宏定义决定了统计任务的执行频率，即决定了更新一次 CPU 利用率的时间为 1/ OS_CFG_STAT_TASK_RATE_HZ，单位是秒。此外，统计任务的时钟节拍与软件定时器任务的时钟节拍一样，都是由系统时钟节拍分频得到的，如果统计任务运行的频率不是时钟节拍的整数倍，那么统计任务实际运行的频率与设定的就会有误差，这一点与定时器是一样的。

在统计 CPU 利用率之前必须调用 OSStatTaskCPUUsageInit() 函数进行相关初始化，这是为了计算只有空闲任务时 CPU 在某段时间内的运算最大值，也就是 OSStatTaskCtrMax，其源码具体参见代码清单 27-1。

代码清单 27-1　OSStatTaskCPUUsageInit() 函数源码

```
1  void  OSStatTaskCPUUsageInit (OS_ERR  *p_err)
2  {
3      OS_ERR   err;
4      OS_TICK  dly;
5      CPU_SR_ALLOC(); //使用临界段（在关 / 开中断时）时必须用到该宏，该宏声明和
6      //定义一个局部变量，用于保存关中断前的 CPU 状态寄存器
7      // SR（临界段关中断只需保存 SR），开中断时将该值还原
8
9  #ifdef OS_SAFETY_CRITICAL                        // 如果启用了安全检测
10     if (p_err == (OS_ERR *)0)                    // 如果 p_err 为空
11     {
12         OS_SAFETY_CRITICAL_EXCEPTION();          // 执行安全检测异常函数
13         return;                                  // 返回，停止执行
```

```
14      }
15 #endif
16
17     #if (OS_CFG_TMR_EN > 0u)                                // 如果启用了软件定时器
18     OSTaskSuspend(&OSTmrTaskTCB, &err);                     // 挂起软件定时任务              (1)
19     if (err != OS_ERR_NONE)                                 // 如果挂起失败
20     {
21         *p_err = err;                                       // 返回失败原因
22         return;                                             // 返回, 停止执行
23     }
24 #endif
25
26     OSTimeDly((OS_TICK )2,
27     // 先延时两个节拍, 为后面延时同步时钟节拍, 增加准确性
28                  (OS_OPT  )OS_OPT_TIME_DLY,
29                  (OS_ERR *)&err);                            (2)
30     if (err != OS_ERR_NONE)                                 // 如果延时失败
31     {
32         *p_err = err;                                       // 返回失败原因
33         return;                                             // 返回, 停止执行
34     }
35     CPU_CRITICAL_ENTER();                                   // 关中断
36     OSStatTaskCtr = (OS_TICK)0;                             // 清零空闲计数器
37     CPU_CRITICAL_EXIT();                                    // 开中断
38     /* 根据设置的宏计算统计任务的执行节拍数 */
39     dly = (OS_TICK)0;                                       (3)
40     if (OSCfg_TickRate_Hz > OSCfg_StatTaskRate_Hz)
41     {
42         dly = (OS_TICK)(OSCfg_TickRate_Hz / OSCfg_StatTaskRate_Hz);
43     }
44     if (dly == (OS_TICK)0)
45     {
46         dly =  (OS_TICK)(OSCfg_TickRate_Hz / (OS_RATE_HZ)10);
47     }
48     /* 延时累加空闲计数器, 获取最大空闲计数值 */
49     OSTimeDly(dly,
50               OS_OPT_TIME_DLY,
51               &err);                                        (4)
52
53 #if (OS_CFG_TMR_EN > 0u)                                    // 如果启用了软件定时器
54     OSTaskResume(&OSTmrTaskTCB, &err);                      // 恢复软件定时器任务           (5)
55     if (err != OS_ERR_NONE)                                 // 如果恢复失败
56     {
57         *p_err = err;                                       // 返回错误原因
58         return;                                             // 返回, 停止执行
59     }
60 #endif
61     /* 如果上面没有产生错误 */
62     CPU_CRITICAL_ENTER();                                   // 关中断
63     OSStatTaskTimeMax = (CPU_TS)0;                          //
64
65     OSStatTaskCtrMax  = OSStatTaskCtr;                      // 存储最大空闲计数值           (6)
66     OSStatTaskRdy     = OS_STATE_RDY;                       // 准备就绪统计任务             (7)
```

```
67      CPU_CRITICAL_EXIT();                              // 开中断
68      *p_err          = OS_ERR_NONE;                    // 错误类型为"无错误"
69  }
```

代码清单 27-1（1）：如果启用了软件定时器，那么在系统初始化时就会创建软件定时器任务，此处不希望别的任务打扰空闲任务的运算，就暂时将软件定时器任务挂起。

代码清单 27-1（2）：先延时两个节拍，为后面延时同步时钟节拍，增加准确性。为什么要先延时两个节拍呢？是为了匹配后面一个延时的时间起点，当两个时钟节拍到达后，再继续延时 dly 个时钟节拍，这样时间就比较精确，程序执行到这里时，我们并不知道时间过去了多少，所以此时的延时起点并不一定与系统的时钟节拍匹配，具体如图 27-1 所示。

代码清单 27-1（3）：根据设置的宏计算统计任务的执行节拍数，也就是 T 时间。

代码清单 27-1（4）：延时 dly 个时钟节拍（这个时钟节拍的延时会比较准确），将当前任务阻塞，让空闲计数器做累加运算，获取最大空闲运算数值 OSStatTaskCtrMax。

代码清单 27-1（5）：恢复软件定时器任务。

代码清单 27-1（6）：保存空闲任务最大的运算数值 OSStatTaskCtrMax。

代码清单 27-1（7）：准备就绪统计任务。

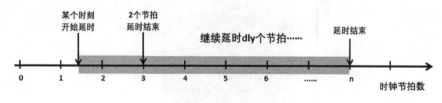

图 27-1　延时误差分析

需要注意，调用 OSStatTaskCPUUsageInit() 函数进行初始化时，一定要在创建用户任务之前，否则当系统有很多任务在调度时，空闲任务就无法在某段时间内完成运算并且得到准确的 OSStatTaskCtrMax，这样的 CPU 利用率计算是不准确的。

注意：统计的过程将在后文讲解。

27.3　栈溢出检测概念及作用

如果处理器有 MMU 或者 MPU，检测栈是否溢出是非常简单的。MMU 和 MPU 是处理器上特殊的硬件设施，可以检测非法访问，如果任务企图访问未被允许的内存空间，就会产生警告。我们使用的 STM32 是没有 MMU 和 MPU 的，但是可以使用软件模拟栈检测。软件的模拟比较难实现，μC/OS 提供了栈使用情况统计功能，直接使用即可，如果需要使用栈溢出检测功能，则需要用户在 App_OS_TaskSwHook() 钩子函数中自定义实现（我们不实现该功能）。要使用 μC/OS 提供的栈检测功能，需要在 os_cfg_app.h 文件中将 OS_CFG_STAT_

TASK_STK_CHK_EN 宏定义配置为 1。

　　某些处理器中有一些栈溢出检测相关的寄存器，当 CPU 的栈指针小于（或大于，取决于栈的生长方向）设置于这个寄存器的值时，就会产生一个异常（中断），异常处理程序就需要确保未允许访问空间代码的安全（可能会发送警告给用户，或者进行其他处理）。任务控制块中的成员变量 StkLimitPtr 就是为此设置的，如图 27-2 所示，每个任务的栈必须分配足够大的内存空间供任务使用。在大多数情况下，StkLimitPtr 指针的值可以设置为接近栈顶（&TaskStk[0]，假定栈是从高地址向低地址生长的。事实上 STM32 的栈生长方向就是从高地址向低地址生长），该值在创建任务时由用户指定。

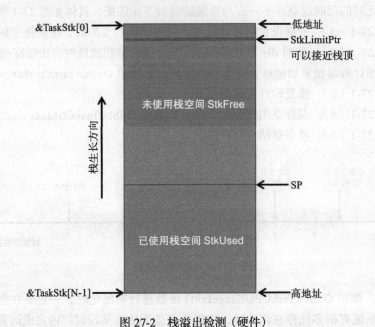

图 27-2　栈溢出检测（硬件）

注意： 此处的栈检测是针对带有 MPU 的处理器。

　　那么 μC/OS 中对于没有 MPU 的处理器是如何进行栈检测的呢？

　　当 μC/OS 从一个任务切换到另一个任务时，会调用一个钩子函数 OSTaskSwHook()，它允许用户扩展上下文切换时的功能。所以，如果处理器没有硬件支持溢出检测功能，就可以在该钩子函数中添加代码软件模拟该功能。在切换到任务 B 前，需要检测将要载入 CPU 栈指针的值是否超出任务 B 的任务控制块中 StkLimitPtr 的限制。因为软件不能在溢出时就迅速地做出反应，所以应该设置 StkLimitPtr 的值尽可能远离栈顶，保证有足够的溢出缓冲，如图 27-3 所示。软件检测不会像硬件检测那样有效，但也可以有效防止栈溢出。

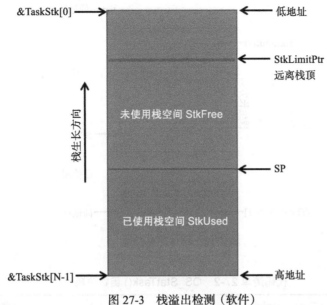

图 27-3　栈溢出检测（软件）

27.4　栈溢出检测过程

在前面的章节中已经详细讲解了栈的相关知识，每个任务的独立的栈空间对任务来说是至关重要的，栈空间中保存了任务运行过程中需要的局部变量、寄存器等重要信息，如果设置的栈太小，任务无法正常运行，可能还会出现各种奇怪的错误，如果发现我们的程序出现奇怪的错误，一定要检查栈空间，包括 MSP 的栈、系统任务的栈以及用户任务的栈。

µC/OS 是怎样检测任务使用了多少栈的呢？以 STM32 的栈生长方向为例（高地址向低地址生长），在任务初始化时先将任务所有的栈都置 0，使用后的栈不为 0，在检测时只需要从栈的低地址开始对为 0 的栈空间进行计数统计，然后通过计算就可以得出任务的栈使用了多少，这样用户就可以根据实际情况调整任务栈的大小，具体如图 27-4 所示，这些信息同样也会在统计任务中每隔 1/OSCfg_StatTaskRate_Hz 秒进行更新。

27.5　统计任务函数 OS_StatTask()

µC/OS 提供了统计任务函数 OS_StatTask()，该函数为系统内部函数（任务），在启用宏定义 OS_CFG_STAT_TASK_EN 后，系统会自动创建一个统计任务——OS_StatTask()，它会在任务中计算整个系统的 CPU 利用率以及各个任务的 CPU 利用率和各个任务的栈使用信息，其源码具体参见代码清单 27-2。

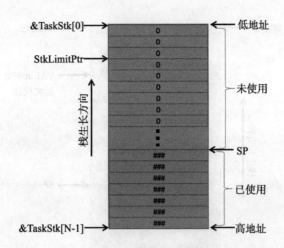

图 27-4 栈检测示意图

代码清单 27-2 OS_StatTask() 函数源码

```
 1 void  OS_StatTask (void  *p_arg)                             // 统计任务函数
 2 {
 3 #if OS_CFG_DBG_EN > 0u
 4 #if OS_CFG_TASK_PROFILE_EN > 0u
 5     OS_CPU_USAGE usage;
 6     OS_CYCLES    cycles_total;
 7     OS_CYCLES    cycles_div;
 8     OS_CYCLES    cycles_mult;
 9     OS_CYCLES    cycles_max;
10 #endif
11     OS_TCB       *p_tcb;
12 #endif
13     OS_TICK      ctr_max;
14     OS_TICK      ctr_mult;
15     OS_TICK      ctr_div;
16     OS_ERR       err;
17     OS_TICK      dly;
18     CPU_TS       ts_start;
19     CPU_TS       ts_end;
20     CPU_SR_ALLOC(); // 使用临界段（在关 / 开中断时）必须用到该宏，该宏声明和
21     // 定义一个局部变量，用于保存关中断前的 CPU 状态寄存器
22     // SR（临界段关中断只需保存 SR），开中断时将该值还原
23
24     p_arg = p_arg;
25         // 没有其他意义，仅为预防编译器警告
26     while (OSStatTaskRdy != DEF_TRUE)                         // 如果统计任务未被允许运行
27     {
28         OSTimeDly(2u * OSCfg_StatTaskRate_Hz,                 // 一直延时
29                 OS_OPT_TIME_DLY,
30                 &err);
31     }
32     OSStatReset(&err);                                                    (1)
```

```
33                    // 如果统计任务已就绪，则复位统计，继续执行
34      /* 根据设置的宏计算统计任务的执行节拍数 */
35      dly = (OS_TICK)0;
36      if (OSCfg_TickRate_Hz > OSCfg_StatTaskRate_Hz)
37      {
38          dly = (OS_TICK)(OSCfg_TickRate_Hz / OSCfg_StatTaskRate_Hz);
39      }
40      if (dly == (OS_TICK)0)
41      {
42          dly =  (OS_TICK)(OSCfg_TickRate_Hz / (OS_RATE_HZ)10);
43      }                                                                      (2)
44
45      while (DEF_ON)                                    // 进入任务体
46      {
47          ts_start      = OS_TS_GET();                  // 获取时间戳
48  #ifdef  CPU_CFG_INT_DIS_MEAS_EN// 如果要测量关中断时间
49          OSIntDisTimeMax = CPU_IntDisMeasMaxGet();     // 获取最大的关中断时间
50  #endif
51
52          CPU_CRITICAL_ENTER();                         // 关中断
53          OSStatTaskCtrRun   = OSStatTaskCtr;           // 获取上一次空闲任务的计数值 (3)
54          OSStatTaskCtr      = (OS_TICK)0;              // 进行下一次空闲任务计数清零
55          CPU_CRITICAL_EXIT();                          // 开中断
56          /* 计算 CPU 利用率 */
57          if (OSStatTaskCtrMax > OSStatTaskCtrRun)                            (4)
58                    // 如果空闲计数值小于最大空闲计数值
59          {
60          if (OSStatTaskCtrMax < 400000u)
61              // 这些分类是为了避免计算 CPU 利用率过程中产生溢出
62              {
63                  ctr_mult = 10000u;
64                  // 就是避免相乘时超出 32 位寄存器范围
65                  ctr_div  =     1u;
66              }
67              else if (OSStatTaskCtrMax <   4000000u)
68              {
69                  ctr_mult =  1000u;
70                  ctr_div  =    10u;
71              }
72              else if (OSStatTaskCtrMax <  40000000u)
73              {
74                  ctr_mult =   100u;
75                  ctr_div  =   100u;
76              }
77              else if (OSStatTaskCtrMax < 400000000u)
78              {
79                  ctr_mult =    10u;
80                  ctr_div  =  1000u;
81              }
82          else
83              {
84                  ctr_mult =     1u;
85                  ctr_div  = 10000u;
```

```
86                          }
87              ctr_max                 = OSStatTaskCtrMax / ctr_div;
88              OSStatTaskCPUUsage = (OS_CPU_USAGE)((OS_TICK)10000u -
89                ctr_mult * OSStatTaskCtrRun / ctr_max);                          (5)
90                if (OSStatTaskCPUUsageMax < OSStatTaskCPUUsage)
91                // 更新 CPU 利用率的最大历史记录
92                {
93                      OSStatTaskCPUUsageMax = OSStatTaskCPUUsage;
94                }
95          }
96      else                                                                       (6)
97          // 如果空闲计数值大于或等于最大空闲计数值
98          {
99              OSStatTaskCPUUsage = (OS_CPU_USAGE)10000u; // 那么 CPU 利用率为 0
100         }
101
102         OSStatTaskHook();                                       // 用户自定义的钩子函数
103
104         /* 下面计算各个任务的 CPU 利用率，原理与计算整体 CPU 利用率相似 */
105 #if OS_CFG_DBG_EN > 0u                                        // 如果启用了调试代码和变量
106 #if OS_CFG_TASK_PROFILE_EN > 0u
107 // 如果启用了允许统计任务信息
108         cycles_total = (OS_CYCLES)0;
109
110         CPU_CRITICAL_ENTER();                                  // 关中断
111         p_tcb = OSTaskDbgListPtr;
112             // 获取任务双向调试列表的首个任务
113         CPU_CRITICAL_EXIT();                                   // 开中断
114         while (p_tcb != (OS_TCB *)0)                            // 如果该任务非空
115         {
116             OS_CRITICAL_ENTER();                               // 进入临界段
117             p_tcb->CyclesTotalPrev =  p_tcb->CyclesTotal; // 保存任务的运行周期 (7)
118             p_tcb->CyclesTotal     = (OS_CYCLES)0;
119                                  // 复位运行周期，为下次运行做准备
120             OS_CRITICAL_EXIT();                               // 退出临界段
121
122             cycles_total+=p_tcb->CyclesTotalPrev;// 所有任务运行周期的总和     (8)
123
124             CPU_CRITICAL_ENTER();                             // 关中断
125             p_tcb                  = p_tcb->DbgNextPtr;
126                                  // 获取列表的下一个任务，进行下一次循环
127             CPU_CRITICAL_EXIT();                              // 开中断
128         }
129 #endif
130
131         /* 使用算法计算各个任务的 CPU 利用率和任务栈用量 */
132 #if OS_CFG_TASK_PROFILE_EN > 0u
133 // 如果启用了任务的统计功能
134
135         if (cycles_total > (OS_CYCLES)0u)                      // 如果有任务占用过 CPU
136         {
137             if (cycles_total < 400000u)
138             // 这些分类是为了避免计算 CPU 利用率过程中产生溢出
```

```
139                {
140                    cycles_mult = 10000u;
141             // 也就是避免相乘时超出 32 位寄存器的范围
142                    cycles_div  =    1u;
143                }
144            else if (cycles_total <   4000000u)
145                {
146                    cycles_mult =  1000u;
147                    cycles_div  =   10u;
148                }
149            else if (cycles_total <  40000000u)
150                {
151                    cycles_mult =   100u;
152                    cycles_div  =  100u;
153                }
154            else if (cycles_total < 400000000u)
155                {
156                    cycles_mult =   10u;
157                    cycles_div  = 1000u;
158                }
159            else
160                {
161                    cycles_mult =    1u;
162                    cycles_div  = 10000u;
163                }
164            cycles_max  = cycles_total / cycles_div;
165        }
166    else// 如果没有任务占用过 CPU
167        {
168            cycles_mult = 0u;
169            cycles_max  = 1u;
170        }
171 #endif
172        CPU_CRITICAL_ENTER();                       // 关中断
173        p_tcb = OSTaskDbgListPtr;
174             // 获取任务双向调试列表的首个任务
175        CPU_CRITICAL_EXIT();                        // 开中断
176        while (p_tcb != (OS_TCB *)0)                // 如果该任务非空
177        {
178 #if OS_CFG_TASK_PROFILE_EN > 0u
179 // 如果启用了任务控制块的统计变量
180            usage = (OS_CPU_USAGE)(cycles_mult *   // 计算任务的 CPU 利用率
181            p_tcb->CyclesTotalPrev / cycles_max);            (9)
182            if (usage > 10000u)                    // 任务的 CPU 利用率为 100%
183            {
184                usage = 10000u;
185            }
186            p_tcb->CPUUsage = usage;                // 保存任务的 CPU 利用率
187            if (p_tcb->CPUUsageMax < usage)
188                 // 更新任务的最大 CPU 利用率的历史记录
189            {
190                p_tcb->CPUUsageMax = usage;
191            }
```

```
192 #endif
193 /* 栈检测 */
194 #if OS_CFG_STAT_TASK_STK_CHK_EN > 0u                     // 如果启用了任务栈检测
195             OSTaskStkChk( p_tcb,                        // 计算被激活任务的栈用量
196                 &p_tcb->StkFree,
197                 &p_tcb->StkUsed,
198                 &err);                                               (10)
199 #endif
200
201             CPU_CRITICAL_ENTER();                       // 关中断
202             p_tcb = p_tcb->DbgNextPtr;
203             // 获取列表的下一个任务，进行下一次循环
204             CPU_CRITICAL_EXIT();                        // 开中断
205         }
206 #endif
207
208         if (OSStatResetFlag == DEF_TRUE)                // 如果需要复位统计
209         {
210             OSStatResetFlag  = DEF_FALSE;
211             OSStatReset(&err);                          // 复位统计
212         }
213
214         ts_end = OS_TS_GET() - ts_start;                // 计算统计任务的执行时间
215         if (OSStatTaskTimeMax < ts_end)
216             // 更新统计任务的最大执行时间的历史记录
217         {
218             OSStatTaskTimeMax = ts_end;
219         }
220
221         OSTimeDly(dly,
222                 // 按照先前计算的执行节拍数延时
223                 OS_OPT_TIME_DLY,
224                 &err);                                               (11)
225     }
226 }
```

代码清单 27-2（1）：如果统计任务未被允许运行，则使其一直延时，直到允许运行为止，当统计任务准备就绪，就会调用 OSStatReset() 函数复位。

代码清单 27-2（2）：根据设置的宏计算统计任务的执行频率，这与前面讲解的定时器任务很像。

代码清单 27-2（3）：进入统计任务主体代码，获取上一次空闲任务的计数值并保存在 OSStatTaskCtrRun 变量中，然后进行下一次空闲任务计数清零。

代码清单 27-2（4）：计算 CPU 利用率，如果空闲任务的计数值小于最大空闲的计数值，表示是正常的，然后根据算法得到 CPU 的利用率。对 OSStatTaskCtrMax 值的大小进行分类是为了避免计算 CPU 利用率过程中产生溢出。

代码清单 27-2（5）：通过算法得到 CPU 的利用率 OSStatTaskCPUUsage。算法很简单，如果不理解，可以代入一个数值计算一下。

代码清单 27-2（6）：如果空闲任务计数值大于或等于最大空闲的计数值，则说明 CPU 利用率为 0，CPU 一直在空闲任务中计数。

代码清单 27-2（7）：下面计算各个任务的 CPU 利用率，原理与计算整体 CPU 利用率相似，不过要启用 OS_CFG_DBG_EN 与 OS_CFG_TASK_PROFILE_EN 宏定义，保存任务的运行周期。

代码清单 27-2（8）：所有被统计的任务运行周期相加得到一个总的运行周期。

代码清单 27-2（9）：与计算整体 CPU 利用率一样，计算得到各个任务的 CPU 利用率。

代码清单 27-2（10）：如果启用了任务栈检测，调用 OSTaskStkChk() 函数进行任务的栈检测，该函数将在 27.6 节介绍。

代码清单 27-2（11）：按照之前计算的执行节拍数延时，因为统计任务也是按照周期运行的。

27.6　栈检测函数 OSTaskStkChk()

μC/OS 提供了 OSTaskStkChk() 函数以用于栈检测，在使用之前必须将宏定义 OS_CFG_STAT_TASK_STK_CHK_EN 配置为 1，对于需要进行任务栈检测的任务，在其被 OSTaskCreate() 函数创建时，选项参数 opt 还需要包含 OS_OPT_TASK_STK_CHK。统计任务会以我们设定的运行频率不断更新栈的使用情况并且保存到任务控制块的 StkFree 和 StkUsed 成员变量中，这两个变量分别表示任务栈的剩余空间与已使用空间大小，单位为任务栈大小的单位（在 STM32 中采用 4 字节）。OSTaskStkChk() 函数源码具体参见代码清单 27-3。

代码清单 27-3　OSTaskStkChk() 函数源码

```
 1 #if OS_CFG_STAT_TASK_STK_CHK_EN > 0u          // 如果启用了任务栈检测
 2 void   OSTaskStkChk (OS_TCB     *p_tcb,        // 目标任务控制块的指针        (1)
 3                      CPU_STK_SIZE *p_free,     // 返回空闲栈大小              (2)
 4                      CPU_STK_SIZE *p_used,     // 返回已用栈大小              (3)
 5                      OS_ERR       *p_err)      // 返回错误类型                (4)
 6 {
 7     CPU_STK_SIZE   free_stk;
 8     CPU_STK        *p_stk;
 9     CPU_SR_ALLOC(); // 使用临界段（在关 / 开中断时）时必须用到该宏，该宏声明和
10     // 定义一个局部变量，用于保存关中断前的 CPU 状态寄存器
11     // SR（临界段关中断只需保存 SR），开中断时将该值还原
12
13 #ifdef OS_SAFETY_CRITICAL                      // 如果启用了安全检测
14     if (p_err == (OS_ERR *)0)                  // 如果 p_err 为空
15     {
16         OS_SAFETY_CRITICAL_EXCEPTION();        // 执行安全检测异常函数
17         return;                                // 返回，停止执行
18     }
19 #endif
```

```
20
21  #if OS_CFG_CALLED_FROM_ISR_CHK_EN > 0u          // 如果启用了中断中非法调用检测
22      if (OSIntNestingCtr > (OS_NESTING_CTR)0)    // 如果该函数是在中断中被调用
23      {
24          *p_err = OS_ERR_TASK_STK_CHK_ISR;       // 错误类型为"在中断中检测栈"
25          return;                                 // 返回，停止执行
26      }
27  #endif
28
29  #if OS_CFG_ARG_CHK_EN > 0u                       // 如果启用了参数检测
30      if (p_free == (CPU_STK_SIZE*)0)             // 如果 p_free 为空
31      {
32          *p_err  = OS_ERR_PTR_INVALID;           // 错误类型为"指针非法"
33          return;                                 // 返回，停止执行
34      }
35
36      if (p_used == (CPU_STK_SIZE*)0)             // 如果 p_used 为空
37      {
38          *p_err  = OS_ERR_PTR_INVALID;           // 错误类型为"指针非法"
39          return;                                 // 返回，停止执行
40      }
41  #endif
42
43      CPU_CRITICAL_ENTER();                       // 关中断
44      if (p_tcb == (OS_TCB *)0)                   // 如果 p_tcb 为空              (5)
45      {
46          p_tcb = OSTCBCurPtr;
47              // 目标任务为当前运行任务（自身）
48      }
49
50      if (p_tcb->StkPtr == (CPU_STK*)0)           // 如果目标任务的栈为空           (6)
51      {
52          CPU_CRITICAL_EXIT();                    // 开中断
53          *p_free = (CPU_STK_SIZE)0;              // 清零 p_free
54          *p_used = (CPU_STK_SIZE)0;              // 清零 p_used
55          *p_err  =  OS_ERR_TASK_NOT_EXIST;       // 错误类型为"任务不存在"
56          return;                                 // 返回，停止执行
57      }
58      /* 如果目标任务的栈非空 */
59      if ((p_tcb->Opt & OS_OPT_TASK_STK_CHK) == (OS_OPT)0)                      (7)
60          // 如果目标任务没选择检测栈
61      {
62          CPU_CRITICAL_EXIT();                    // 开中断
63          *p_free = (CPU_STK_SIZE)0;              // 清零 p_free
64          *p_used = (CPU_STK_SIZE)0;              // 清零 p_used
65          *p_err  =  OS_ERR_TASK_OPT;
66              // 错误类型为"任务选项有误"
67          return;                                 // 返回，停止执行
68      }
69      CPU_CRITICAL_EXIT();
70              // 如果任务选择了检测栈，开中断
71      /* 开始计算目标任务的栈的空闲数目和已用数目 */
72      free_stk  = 0u;                             // 初始化计算栈的工作             (8)
```

```
73 #if CPU_CFG_STK_GROWTH == CPU_STK_GROWTH_HI_TO_LO
74                   // 如果 CPU 的栈是从高向低增长
75    p_stk = p_tcb->StkBasePtr;                                              (9)
76                   // 从目标任务栈最低地址开始计算
77 while (*p_stk == (CPU_STK)0)                         // 计算值为 0 的栈的数目
78    {
79        p_stk++;
80        free_stk++;                                                        (10)
81    }
82 #else
83 // 如果 CPU 的栈是从低向高增长
84    p_stk = p_tcb->StkBasePtr + p_tcb->StkSize - 1u;
85                   // 从目标任务栈最高地址开始计算
86    while (*p_stk == (CPU_STK)0)                        // 计算值为 0 的栈的数目
87    {
88        free_stk++;
89        p_stk--;                                                           (11)
90    }
91 #endif
92    *p_free = free_stk;
93                   // 返回目标任务栈的空闲数目
94    *p_used = (p_tcb->StkSize - free_stk);                                  (12)
95                   // 返回目标任务栈的已用数目
96    *p_err  = OS_ERR_NONE;                              // 错误类型为 "无错误"
97 }
98 #endif
```

代码清单 27-3（1）：目标任务控制块的指针。

代码清单 27-3（2）：p_free 用于保存返回的空闲栈的大小。

代码清单 27-3（3）：p_used 用于保存返回的已用栈的大小。

代码清单 27-3（4）：p_err 用于保存返回的错误类型。

代码清单 27-3（5）：如果 p_tcb 为空，则目标任务为当前运行任务（自身）。

代码清单 27-3（6）：如果目标任务的栈为空，则系统将 p_free 与 p_used 清零，返回错误类型为 "任务不存在" 的错误代码。

代码清单 27-3（7）：如果目标任务的栈非空，但是用户在创建任务时没有选择检测栈，那么系统将 p_free 与 p_used 清零，返回错误类型为 "任务选项有误" 的错误代码。

代码清单 27-3（8）：初始化计算栈的工作。

代码清单 27-3（9）：通过宏定义 CPU_CFG_STK_GROWTH 选择 CPU 栈生长的方向，如果 CPU 的栈是从高向低增长，从目标任务栈最低地址开始计算。

代码清单 27-3（10）：计算栈空间中内容为 0 的栈大小，栈空间地址递增。

代码清单 27-3（11）：如果 CPU 的栈是从低向高增长，从目标任务栈最高地址开始计算内容为 0 的栈大小，栈空间地址递减。

代码清单 27-3（12）：返回目标任务栈的空闲大小与已用大小。

注意：也可以调用该函数统计某个任务的栈空间使用情况。

27.7　任务栈大小的确定

任务栈的大小取决于该任务的需求，设定栈大小时，需要考虑所有可能被栈调用的函数及其函数的嵌套层数、相关局部变量的大小、中断服务程序所需要的空间，另外，栈中还需要存入 CPU 寄存器，如果处理器有 FPU 寄存器，则还需要存入 FPU 寄存器。

嵌入式系统中要避免写递归函数，这样可以人为计算出一个任务需要的栈空间大小，逐级嵌套所有可能被调用的函数，计数被调用函数中所有的参数，计算上下文切换时的 CPU 寄存器空间、切换到中断时所需的 CPU 寄存器空间（假如 CPU 没有独立的栈用于处理中断）、处理中断服务函数（ISR）所需的栈空间，将这些值相加即可得到任务最小的需求空间，但是我们不可能计算出精确的栈空间，通常会将这个值再乘以 1.5 ~ 2.0 以确保任务安全运行。这个值是在假定任务所有的执行路线都已知的情况下得出的，但这在真正应用中不太可能实现，比如调用 printf() 函数或者其他函数，这些函数所需要的空间是很难测得或者说不可能明确的，在这种情况下，这种人为计算任务栈大小的方法就不可行了，我们可以在刚开始创建任务时给任务设置一个较大的栈空间，并监测该任务运行时栈空间的实际使用量，运行一段时间后得到任务的最大栈使用情况（或者叫作任务栈最坏结果），然后用该值乘以 1.5 ~ 2.0，所得的值就可以作为任务栈的空间大小，这样得到的值会精确一些，在调试阶段可以这样进行测试，如果出现崩溃，就增大任务的栈空间，直到任务能正常、稳定地运行为止。

27.8　CPU 利用率及栈检测统计实验

CPU 利用率及栈检测统计实验是在 μC/OS 中创建了四个任务，其中三个任务是普通任务，另一个任务用于获取 CPU 利用率与任务相关信息并通过串口打印出来。具体参见代码清单 27-4。

代码清单 27-4　CPU 利用率及栈检测统计实验

```
 1  #include <includes.h>
 2
 3
 4  static   OS_TCB    AppTaskStartTCB;
 5
 6  static   OS_TCB    AppTaskLed1TCB;
 7  static   OS_TCB    AppTaskLed2TCB;
 8  static   OS_TCB    AppTaskLed3TCB;
 9  static   OS_TCB    AppTaskStatusTCB;
10
11
12
13  static   CPU_STK   AppTaskStartStk[APP_TASK_START_STK_SIZE];
14
15  static   CPU_STK   AppTaskLed1Stk [ APP_TASK_LED1_STK_SIZE ];
```

```
16  static  CPU_STK  AppTaskLed2Stk [ APP_TASK_LED2_STK_SIZE ];
17  static  CPU_STK  AppTaskLed3Stk [ APP_TASK_LED3_STK_SIZE ];
18  static  CPU_STK  AppTaskStatusStk [ APP_TASK_STATUS_STK_SIZE ];
19
20  static  void  AppTaskStart  (void *p_arg);
21
22  static  void  AppTaskLed1  ( void *p_arg );
23  static  void  AppTaskLed2  ( void *p_arg );
24  static  void  AppTaskLed3  ( void *p_arg );
25  static  void  AppTaskStatus  ( void *p_arg );
26
27
28  int  main (void)
29  {
30      OS_ERR  err;
31
32
33      OSInit(&err);                          /* 初始化 μC/OS-III */
34
35
36      OSTaskCreate((OS_TCB      *)&AppTaskStartTCB,
37
38                  (CPU_CHAR    *)"App Task Start",
39                  (OS_TASK_PTR ) AppTaskStart,
40                  (void        *) 0,
41                  (OS_PRIO     ) APP_TASK_START_PRIO,
42                  (CPU_STK     *)&AppTaskStartStk[0],
43                  (CPU_STK_SIZE) APP_TASK_START_STK_SIZE / 10,
44                  (CPU_STK_SIZE) APP_TASK_START_STK_SIZE,
45                  (OS_MSG_QTY  ) 5u,
46                  (OS_TICK     ) 0u,
47                  (void        *) 0,
48                  (OS_OPT      )(OS_OPT_TASK_STK_CHK | OS_OPT_TASK_STK_CLR),
49                  (OS_ERR      *)&err);
50
51      OSStart(&err);
52
53
54
55  }
56
57
58  static  void  AppTaskStart (void *p_arg)
59  {
60      CPU_INT32U  cpu_clk_freq;
61      CPU_INT32U  cnts;
62      OS_ERR      err;
63
64
65      (void)p_arg;
66
67      BSP_Init();
68
```

```
69      CPU_Init();
70
71      cpu_clk_freq = BSP_CPU_ClkFreq();
72
73      cnts = cpu_clk_freq / (CPU_INT32U)OSCfg_TickRate_Hz;
74
75      OS_CPU_SysTickInit(cnts);
76
77
78      Mem_Init();
79
80
81 #if OS_CFG_STAT_TASK_EN > 0u
82
83
84      OSStatTaskCPUUsageInit(&err);
85
86
87 #endif
88
89
90      CPU_IntDisMeasMaxCurReset();
91
92
93
94
95
96      /* 创建Led1 任务 */
97      OSTaskCreate((OS_TCB      *)&AppTaskLed1TCB,
98               (CPU_CHAR    *)"App Task Led1",
99               (OS_TASK_PTR ) AppTaskLed1,
100              (void        *) 0,
101              (OS_PRIO     ) APP_TASK_LED1_PRIO,
102              (CPU_STK     *)&AppTaskLed1Stk[0],
103              (CPU_STK_SIZE) APP_TASK_LED1_STK_SIZE / 10,
104              (CPU_STK_SIZE) APP_TASK_LED1_STK_SIZE,
105              (OS_MSG_QTY  ) 5u,
106              (OS_TICK     ) 0u,
107              (void        *) 0,
108              (OS_OPT      )(OS_OPT_TASK_STK_CHK | OS_OPT_TASK_STK_CLR),
109              (OS_ERR      *)&err);
110
111     /* 创建Led2 任务 */
112     OSTaskCreate((OS_TCB      *)&AppTaskLed2TCB,
113              (CPU_CHAR    *)"App Task Led2",
114              (OS_TASK_PTR ) AppTaskLed2,
115              (void        *) 0,
116              (OS_PRIO     ) APP_TASK_LED2_PRIO,
117              (CPU_STK     *)&AppTaskLed2Stk[0],
118              (CPU_STK_SIZE) APP_TASK_LED2_STK_SIZE / 10,
119              (CPU_STK_SIZE) APP_TASK_LED2_STK_SIZE,
120              (OS_MSG_QTY  ) 5u,
121              (OS_TICK     ) 0u,
```

```
122                 (void       *) 0,
123                 (OS_OPT     ) (OS_OPT_TASK_STK_CHK | OS_OPT_TASK_STK_CLR),
124                 (OS_ERR     *) &err);
125
126     /* 创建 Led3 任务 */
127     OSTaskCreate((OS_TCB      *) &AppTaskLed3TCB,
128                 (CPU_CHAR     *) "App Task Led3",
129                 (OS_TASK_PTR ) AppTaskLed3,
130                 (void       *) 0,
131                 (OS_PRIO    ) APP_TASK_LED3_PRIO,
132                 (CPU_STK     *) &AppTaskLed3Stk[0],
133                 (CPU_STK_SIZE) APP_TASK_LED3_STK_SIZE / 10,
134                 (CPU_STK_SIZE) APP_TASK_LED3_STK_SIZE,
135                 (OS_MSG_QTY ) 5u,
136                 (OS_TICK    ) 0u,
137                 (void       *) 0,
138                 (OS_OPT     ) (OS_OPT_TASK_STK_CHK | OS_OPT_TASK_STK_CLR),
139                 (OS_ERR     *) &err);
140
141     /* 创建 Status 任务 */
142     OSTaskCreate((OS_TCB      *) &AppTaskStatusTCB,
143                 (CPU_CHAR     *) "App Task Status",
144                 (OS_TASK_PTR ) AppTaskStatus,
145                 (void       *) 0,
146                 (OS_PRIO    ) APP_TASK_STATUS_PRIO,
147                 (CPU_STK     *) &AppTaskStatusStk[0],
148                 (CPU_STK_SIZE) APP_TASK_STATUS_STK_SIZE / 10,
149                 (CPU_STK_SIZE) APP_TASK_STATUS_STK_SIZE,
150                 (OS_MSG_QTY ) 5u,
151                 (OS_TICK    ) 0u,
152                 (void       *) 0,
153                 (OS_OPT     ) (OS_OPT_TASK_STK_CHK | OS_OPT_TASK_STK_CLR),
154                 (OS_ERR     *) &err);
155
156     OSTaskDel ( & AppTaskStartTCB, & err );
157
158
159 }
160
161
162
163 static  void  AppTaskLed1 ( void *p_arg )
164 {
165     OS_ERR      err;
166     uint32_t    i;
167
168     (void)p_arg;
169
170
171     while (DEF_TRUE)
172
173     {
174
```

```
175            printf("AppTaskLed1 Running\n");
176
177            for (i=0; i<10000; i++)    // 模拟任务占用CPU
178            {
179                ;
180            }
181
182            macLED1_TOGGLE ();
183            OSTimeDlyHMSM (0,0,0,500,OS_OPT_TIME_PERIODIC,&err);
184        }
185
186
187 }
188
189
190
191 static  void  AppTaskLed2 ( void *p_arg )
192 {
193     OS_ERR       err;
194     uint32_t     i;
195
196     (void)p_arg;
197
198
199     while (DEF_TRUE)
200
201     {
202            printf("AppTaskLed2 Running\n");
203
204            for (i=0; i<100000; i++)    // 模拟任务占用CPU
205            {
206                ;
207            }
208            macLED2_TOGGLE ();
209
210            OSTimeDlyHMSM (0,0,0,500,OS_OPT_TIME_PERIODIC,&err);
211     }
212
213
214 }
215
216
217
218 static  void  AppTaskLed3 ( void *p_arg )
219 {
220     OS_ERR       err;
221
222     uint32_t     i;
223     (void)p_arg;
224
225
226     while (DEF_TRUE)
227     {
```

```
228
229          macLED3_TOGGLE ();
230
231          for (i=0; i<500000; i++)     // 模拟任务占用 CPU
232          {
233              ;
234          }
235
236          printf("AppTaskLed3 Running\n");
237
238
239          OSTimeDlyHMSM (0,0,0,500,OS_OPT_TIME_PERIODIC,&err);
240
241      }
242
243 }
244
245 static void  AppTaskStatus ( void *p_arg )
246 {
247      OS_ERR        err;
248
249      CPU_SR_ALLOC();
250
251      (void)p_arg;
252
253      while (DEF_TRUE)
254      {
255
256          OS_CRITICAL_ENTER();
257                          // 进入临界段，避免串口打印被打断
258          printf("--------------------------------------------------\n");
259          printf ( "CPU 利用率: %d.%d%%\r\n",
260                  OSStatTaskCPUUsage / 100, OSStatTaskCPUUsage % 100 );
261          printf ( "CPU 最大利用率: %d.%d%%\r\n",
262                  OSStatTaskCPUUsageMax / 100, OSStatTaskCPUUsageMax % 100 );
263
264
265          printf ( "LED1 任务的 CPU 利用率: %d.%d%%\r\n",
266                  AppTaskLed1TCB.CPUUsageMax / 100, AppTaskLed1TCB.CPUUsageMax % 100 );
267          printf ( "LED2 任务的 CPU 利用率: %d.%d%%\r\n",
268                  AppTaskLed2TCB.CPUUsageMax / 100, AppTaskLed2TCB.CPUUsageMax % 100 );
269          printf ( "LED3 任务的 CPU 利用率: %d.%d%%\r\n",
270 AppTaskLed3TCB.CPUUsageMax / 100, AppTaskLed3TCB.CPUUsageMax % 100 );
271          printf ( " 统计任务的 CPU 利用率: %d.%d%%\r\n",
272 AppTaskStatusTCB.CPUUsageMax / 100, AppTaskStatusTCB.CPUUsageMax % 100 ) ;
273
274
275          printf ( "LED1 任务的已用栈和空闲栈大小分别为: %d,%d\r\n",
276                  AppTaskLed1TCB.StkUsed, AppTaskLed1TCB.StkFree );
277          printf ( "LED2 任务的已用栈和空闲栈大小分别为: %d,%d\r\n",
278                  AppTaskLed2TCB.StkUsed, AppTaskLed2TCB.StkFree );
279          printf ( "LED3 任务的已用栈和空闲栈大小分别为: %d,%d\r\n",
280                  AppTaskLed3TCB.StkUsed, AppTaskLed3TCB.StkFree );
```

```
281        printf ( "统计任务的已用栈和空闲栈大小分别为: %d,%d\r\n",
282                AppTaskStatusTCB.StkUsed, AppTaskStatusTCB.StkFree );
283
284        printf("--------------------------------------------------\n");
285        OS_CRITICAL_EXIT();                                    // 退出临界段
286
287        OSTimeDlyHMSM (0,0,0,500,OS_OPT_TIME_PERIODIC,&err);
288
289    }
290 }
```

27.9 实验现象

将程序编译好，用 USB 线连接计算机和开发板的 USB 接口（对应丝印为 USB 转串口），用 DAP 仿真器把配套程序下载到野火 STM32 开发板（具体型号根据购买的板子而定，每个型号的板子都配套有对应的程序），在计算机上打开串口调试助手，然后复位开发板就可以在调试助手中看到串口的打印信息，具体如图 27-5 所示。

图 27-5　CPU 利用率及栈检测统计实验现象

附　　录

推荐阅读

- μC/OS-III 官方源代码
- μC/OS-III 中文翻译（电子版）
- 嵌入式操作系统 μC/OS-II(第二版)（电子版）
- 嵌入式实时操作系统 μC/OS-II 原理及应用任哲编著（电子版）
- CM3 权威指南 CnR2（电子版）
- STM32F10xxx Cortex-M3 programming manual（电子版）

本书的配套硬件

本书支持野火 STM32 全套开发板，具体型号如表 1 所示，具体图片如图 1 ～图 5 所示。学习时如果结合这些硬件平台做实验，必会事半功倍，可以避免中间硬件不一样时移植遇到的各种问题。

表 1　野火 STM32 开发板型号汇总

型　　号	区　　别			
一	内核	引脚	RAM	ROM
MINI	Cortex-M3	64	48KB	256KB
指南者	Cortex-M3	100	64KB	512KB
霸道	Cortex-M3	144	64KB	512KB
霸天虎	Cortex-M4	144	192KB	1MB
挑战者	Cortex-M4	176	256KB	1MB

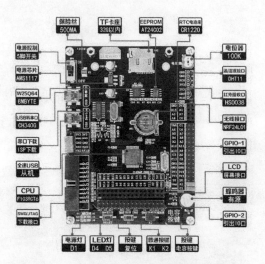

图 1　野火"MINI"STM32F103RCT6 开发板

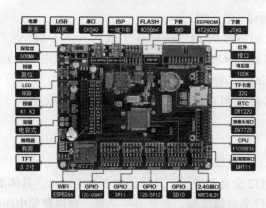

图 2　野火"指南者"STM32F103VET6 开发板

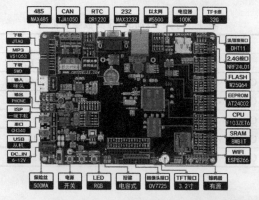

图 3　野火"霸道"STM32F103ZET6 开发板

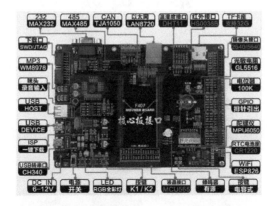

图 4　野火"霸天虎"STM32F407ZGT6 开发板

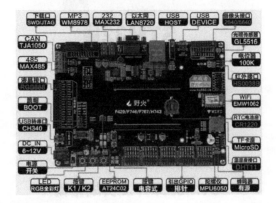

图 5　野火"挑战者"STM32F429IGT6 开发板

推荐阅读

STM32库开发实战指南：基于STM32F103（第2版）

作者：刘火良 杨森 ISBN：978-7-111-56531 定价：99.00元

STM32库开发实战指南：基于STM32F4

作者：刘火良 杨森 ISBN：978-7-111-55745 定价：129.00元

STM32F0实战：基于HAL库开发

作者：高显生 ISBN：978-7-111-61296 定价：129.00元

推荐阅读

FreeRTOS内核实现与应用开发实战指南：基于STM32
作者：刘火良 杨森 ISBN：978-7-111-61825 定价：99.00元

RT-Thread内核实现与应用开发实战指南：基于STM32
作者：刘火良 杨森 ISBN：978-7-111-61366 定价：99.00元

实时嵌入式系统软件设计
作者：[美] 哈桑·戈玛 译者：郭文海 林金龙
ISBN：978-7-111-61530 定价：129.00元

密码技术与物联网安全：mbedtls开发实战
作者：徐凯 崔红鹏 ISBN：978-7-111-62001 定价：79.00元